普通高等教育"十一五"国家级规划教材
国家林业和草原局普通高等教育"十四五"重点规划教材

森林昆虫学

（第2版）

李成德　主编

内 容 简 介

本书分总论和各论两部分，共 11 章。总论部分介绍了我国森林害虫发生与危害概况、森林昆虫学及其研究内容和发展历史、森林昆虫学研究的发展现状以及森林昆虫学基础理论知识，包括昆虫的形态与器官系统、昆虫的生物学、分类学、生态学以及害虫管理的策略及技术方法等；各论部分包括苗圃及根部害虫、顶芽及枝梢害虫、食叶害虫、蛀干害虫、球果种实害虫以及木材害虫，包括 200 余种主要害虫的分布、危害、形态特征、生活史及习性和防治方法等，以及害虫的简要介绍。

本书为高等农林院校林学、森林保护、园林、园艺等专业教材，也可作为广大林业、森林保护、森林病虫害防治与研究工作者的参考用书。

图书在版编目(CIP)数据

森林昆虫学 / 李成德主编 . —2 版 . —北京：中国林业出版社，2022.10
普通高等教育"十一五"国家级规划教材　国家林业和草原局普通高等教育"十四五"重点规划教材
ISBN 978-7-5219-1652-2

Ⅰ.①森…　Ⅱ.①李…　Ⅲ.①森林昆虫学-高等学校-教材　Ⅳ.①S718.7

中国版本图书馆 CIP 数据核字(2022)第 067999 号

中国林业出版社教育分社

责任编辑：范立鹏　　　　　　　责任校对：苏　梅
电　　话：(010)83143626　　　传　　真：(010)83143516

出版发行　中国林业出版社(100009　北京市西城区刘海胡同 7 号)
　　　　　E-mail：jiaocaipublic@163.com
　　　　　http://www.forestry.gov.cn/lycb.html
经　　销　新华书店
印　　刷　北京中科印刷有限公司
版　　次　2004 年 4 月第 1 版(共印 11 次)
　　　　　2022 年 10 月第 2 版
印　　次　2022 年 10 月第 1 次
开　　本　787mm×1092mm　1/16
印　　张　28.5
字　　数　675.8 千字　　　　　数字资源：226 个，480 千字
定　　价　75.00 元

数字资源

未经许可，不得以任何方式复制或抄袭本书之部分或全部内容。

版权所有　侵权必究

《森林昆虫学》(第2版)
编写人员

主　　编：李成德

副 主 编：黄大庄　郝德君　宗世祥

编写人员：(按姓氏笔画为序)

王义平(浙江农林大学)
孙　凡(东北林业大学)
孙守慧(沈阳农业大学)
李成德(东北林业大学)
张龙娃(安徽农业大学)
张志伟(山西农业大学)
阿地力·沙塔尔(新疆农业大学)
周成刚(山东农业大学)
宗世祥(北京林业大学)
孟庆繁(北华大学)
赵吕权(南京林业大学)
郝德君(南京林业大学)
段立清(内蒙古农业大学)
黄大庄(河北农业大学)
韩辉林(东北林业大学)
温秀军(华南农业大学)
熊忠平(西南林业大学)
冀卫荣(山西农业大学)

第1版序

森林昆虫学是昆虫学的一个分支，是研究森林中有害和有益昆虫（包括害螨）的一门学科；美国个别森林昆虫学把船蛆（*Teredo*）及蛀木水虱（*Limnoria*）也写上；我国有人把凡是在森林中及其附近所采到的昆虫都称之为森林昆虫而加以记述。凡此未免把森林昆虫的范围弄得太大了。

作为大专院校教材的森林昆虫学，应该"精""准""新"地把森林昆虫学的全部内容介绍给学生，使他们对这门学科能打好坚实的基础，从而能很好地为今后的教学、研究和防治工作服务。

我国已出版的森林昆虫学教科书及专著为数已不少了；由全国组织编写的大专院校用森林昆虫学已出版了两次；这次准备出版的这本书已是第三次。本书是在前人的基础上，根据现有的情况编写而成，其所写内容基本上已达到"精""准""新"的水平，是一本很好的教科书，值得庆贺。

本书的作者都是40岁左右的青年森林昆虫学工作者，都是各所在单位的骨干。我国有森林昆虫学这一门学科，为时不算太久，而能培养出这么多的精英之士，是非常难能可贵的。希望大家继续钻研高新理论和高新技术，以赶超世界先进水平。本人从事森林昆虫教学、研究及防治工作凡五十余年，自愧学识浅陋，承蒙委以主审任务，非常惶恐，但对各位的盛情难却，只好勉为其难。谢谢各位的美意要我为本书写序。

萧刚柔

2003.12.08 于北京

第 2 版前言

本教材的第 1 版出版于 2004 年。在这近 20 年的时间里，森林昆虫学的研究内容无论是在基础理论、分类系统、治理理念上，还是在具体虫种的学名、分类地位、防治方法等方面均有诸多的新进展和新变化。本次修订保留了第 1 版的框架结构，对个别章节做了适当的调整。总论部分尽可能采用国内外最新理论或研究成果辅以介绍，例如，昆虫纲的分类系统采用了目前国际上普遍接受的最新分类系统，增加了化学生态学方法、"3S"技术等在森林昆虫种群动态监测及防控中的应用等内容；各论部分结合近年来的害虫普查结果，新增了一些近年来新出现的危险性害虫、外来入侵种以及全国林业检疫性有害生物，对虫种的学名、分布及防治方法等进行了适当的修订和补充。另外，本教材以二维码形式引入了丰富的森林昆虫教学数字资源，虽然目前这些资源还有待持续完善，但相信这种直观的内容呈现形式定会为广大读者理解昆虫学基础知识、识别和掌握重要的森林昆虫带来便利和帮助。

本教材包括总论和各论两部分，共 11 章。前 5 章为总论部分，介绍森林昆虫学基础知识；后 6 章为各论部分，介绍当前在我国严重发生和普遍发生的害虫及螨类，共 210 种。另外，在每一类群之后简要列举了一些在局部地区发生较重或具有潜在危险，但由于篇幅所限未能详细介绍的虫种。

本教材由李成德任主编，负责全书统稿。各章节编写分工如下：第 1 章的第 1~4 节、第 7 章象甲类、第 10 章豆象类由孙凡编写；第 1 章的第 5 节，第 2 章概述和第 5、6 节，第 7 章蜱类、蔗扁蛾、螟蛾类，第 8 章竹蝗类、袋蛾类由赵吕权编写；第 2 章的第 1~4 节，第 7 章卷蛾类、瘿蚊类以及各类防治方法由张志伟、冀卫荣编写；第 4 章昆虫生态学由孟庆繁编写；第 5 章第 1 节、第 3 节的第 7 部分，第 11 章由温秀军编写；第 5 章概述、第 2 节、第 3 节的第 1~4 和第 7 小节，第 7 章的第 2 节的蜂类和蝇类由王义平编写；第 3 章的螨类分类、第 5 章第 3 节的化学防治、第 7 章的第 1 节的螨类由周成刚编写；第 7 章概述、蚧类及防治方法，第 10 章蝇类及防治方法由阿地力·沙塔尔编写；第 7 章蚜虫类、蝉类、木虱类以及各类的防治方法由段立清编写；第 8 章食叶害虫概述、巢蛾类、鞘蛾类、卷蛾类、枯叶蛾类、天蛾类、目夜蛾类、刺蛾类、螟蛾类、尺蛾类、舟蛾类由韩辉林编写；第 7 章悬铃木方翅网蝽，第 8 章潜蛾类、斑蛾类、大蚕蛾类、瘤蛾类、夜蛾类以及蛾类的防治方法、蝶类及防治方法由郝德君编写；第 8 章叶蜂类及防治方法、第 9 章栎旋木柄天牛由张龙娃编写；第 9 章蛀干害虫概述、天牛类、吉丁虫类及防治方法由黄大庄编写；第 8 章叶甲类、象甲类，第 9 章小蠹虫类及防治方法由孙守慧编写；第 9 章象甲类、蛾类、树蜂类由宗世祥编写；第 10 章种实害虫概述、象甲类、卷蛾类、螟蛾类、举肢蛾类、小蜂类、蜱类以及各类的防治方法由熊忠平编写；绪论、第 3 章昆虫分类（除螨类外）、第 6 章苗圃及根部害虫由李成德编写；各章插图除特殊标注提供者外，主要源自本教材的第 1 版或由李成德提供。

中国科学院动物研究所牛泽清、周青松、张丹、黄正中、王炳才，河北大学刘柱东，以及中国林业科学研究院森林生态环境与生态保护研究所、北京林业大学、浙江农林大学昆虫学研究领域的多位专家学者为本教材提供了精美的昆虫图片，本教材责任编辑范立鹏博士帮助收集了大部分彩色图片；这些图片很大程度上丰富了教材的内容；另外，北京林业大学宗世祥教授的几位博士研究生帮助参与审稿、校对，在此，对他们的支持和帮助表示衷心的感谢。

由于水平和知识有限，疏漏和不当之处在所难免，恳请广大读者批评指正。

编 者
2021 年 10 月

第1版前言

本教材为全国高等农林院校"十五"规划教材之一，是受中国林业出版社委托编写的，可供林学、森林资源保护与游憩专业使用。

本教材主要采用了过去的全国高等林业院校教材《森林昆虫学》(张执中，1993)的框架结构，在此基础上对个别章节作了适当的调整，如总论部分的昆虫生态学一章中增加了昆虫地理分布和生物多样性与森林害虫控制两节新内容；各论部分中把危害竹子的害虫集中单列了一章竹子害虫；在各虫种的筛选过程中删掉了部分危害并不严重的种类，新增了一批近年来新出现的危险性害虫、外来入侵种以及国内森林植物检疫对象；个别虫种的学名根据最新研究报道作了相应的调整，如黄斑星天牛作为光肩星天牛的异名处理，东北大黑鳃金龟作为华北大黑鳃金龟的异名处理，国内森林植物检疫对象枣大球蚧作为槐花球蚧的异名处理等，同时对个别种的拉丁学名作了谨慎的纠正。

本教材包括总论和各论两部分，共12章。前5章总论部分为森林昆虫学基础；后7章为各论部分，包括当前在我国严重发生和普遍发生的害虫及螨类共235种，另外，在每一类群之后又简要列举了在局部地区发生较重或具有潜在危险，但由于篇幅所限未能详细介绍的一些虫种。

本教材由李成德任主编，负责全书统稿工作。各章节编写分工如下：绪论由李成德编写；第1章由王桂清编写；第2章由孙绪艮编写；第3章由冀卫荣、孙绪艮编写；第4章由孟庆繁编写；第5章由韩桂彪、胡春祥、李成德编写；第6章由唐进根编写；第7章由武三安、王桂清、孙绪艮编写；第8章由李孟楼、韩桂彪、胡春祥编写；第9章由黄大庄、李成德编写；第10章由潘涌智编写；第11章由迟德富编写；第12章由唐进根编写。各章插图由各章节编者提供，由李成德统一修改拼制，主要源于《中国森林昆虫》(第2版)(萧刚柔，1992)和《森林昆虫学通论》(李孟楼，2002)，部分仿自书后所列的相关文献，在书中未作逐一标注。

在本教材的编写过程中，东北林业大学方三阳、胡隐月教授审阅了编写提纲并提出宝贵意见；中国林业科学研究院杨忠岐教授提供部分虫种的资料名录及有关信息；前言及目录的英文稿由中国科学院动物研究所孙江华研究员审阅并修改；全书由中国林业科学研究院萧刚柔教授主审并作序，在此一并向他们表示最诚挚的感谢。

由于时间仓促，编者的水平和掌握的资料有限，难免有疏漏和不当之处，恳请广大读者批评指正。

编 者

2003.11

目 录

第 1 版序
第 2 版前言
第 1 版前言

绪　论 ………………………………………………………………………………………（1）

总　论

第 1 章　昆虫的形态与器官系统 …………………………………………………………（8）
1.1　昆虫的头部 ……………………………………………………………………………（9）
1.1.1　昆虫的头式 ………………………………………………………………………（9）
1.1.2　头部的构造与分区 ………………………………………………………………（9）
1.1.3　触角 ………………………………………………………………………………（10）
1.1.4　复眼与单眼 ………………………………………………………………………（12）
1.1.5　口器 ………………………………………………………………………………（13）
1.2　昆虫的胸部 ……………………………………………………………………………（15）
1.2.1　胸部的基本构造 …………………………………………………………………（16）
1.2.2　胸足的构造和类型 ………………………………………………………………（16）
1.2.3　翅的构造和类型 …………………………………………………………………（18）
1.3　昆虫的腹部 ……………………………………………………………………………（21）
1.3.1　腹部的基本构造 …………………………………………………………………（21）
1.3.2　外生殖器 …………………………………………………………………………（22）
1.3.3　尾须 ………………………………………………………………………………（23）
1.3.4　幼虫的腹足 ………………………………………………………………………（23）
1.4　昆虫的体壁 ……………………………………………………………………………（24）
1.4.1　体壁的结构 ………………………………………………………………………（24）
1.4.2　昆虫的蜕皮过程 …………………………………………………………………（25）
1.4.3　体壁的色彩 ………………………………………………………………………（26）
1.4.4　体壁的衍生物 ……………………………………………………………………（26）
1.4.5　体壁的结构与化学防治的关系 …………………………………………………（27）
1.5　昆虫的器官系统与功能 ………………………………………………………………（28）
1.5.1　血窦和膈膜 ………………………………………………………………………（28）

  1.5.2 肌肉系统 (28)
  1.5.3 消化系统 (29)
  1.5.4 呼吸系统 (30)
  1.5.5 循环系统 (32)
  1.5.6 排泄器官 (33)
  1.5.7 感觉器官 (33)
  1.5.8 神经系统 (34)
  1.5.9 生殖系统 (35)
  1.5.10 分泌系统 (36)
复习思考题 (37)

第2章 昆虫生物学 (38)

 2.1 昆虫的生殖方式 (38)
  2.1.1 两性生殖 (38)
  2.1.2 孤雌生殖 (38)
  2.1.3 多胚生殖 (39)
  2.1.4 卵生和胎生 (39)
 2.2 昆虫的卵和胚胎发育 (40)
  2.2.1 卵的类型和产卵方式 (40)
  2.2.2 卵的基本构造 (41)
  2.2.3 胚胎发育 (42)
 2.3 昆虫的胚后发育 (43)
  2.3.1 孵化 (43)
  2.3.2 生长与蜕皮 (43)
  2.3.3 变态及其类型 (44)
  2.3.4 幼虫期 (46)
  2.3.5 蛹期 (47)
 2.4 昆虫成虫期生物学特征 (48)
  2.4.1 羽化 (48)
  2.4.2 雌雄二型与多型现象 (48)
  2.4.3 昆虫的性成熟 (50)
 2.5 昆虫的世代和生活史 (50)
  2.5.1 世代和生活史 (50)
  2.5.2 休眠和滞育 (52)
 2.6 昆虫的习性和行为 (53)
  2.6.1 活动的昼夜节律 (53)
  2.6.2 食性与取食行为 (53)
  2.6.3 趋性 (54)
  2.6.4 群集性 (54)
  2.6.5 拟态和保护色 (54)

2.6.6　假死性 …………………………………………………………………………………… (55)
　复习思考题 ……………………………………………………………………………………… (55)
第3章　昆虫分类学 ………………………………………………………………………………… (57)
　3.1　昆虫分类的基本原理 ……………………………………………………………………… (58)
　　3.1.1　物种的概念 …………………………………………………………………………… (58)
　　3.1.2　分类的阶元 …………………………………………………………………………… (58)
　　3.1.3　昆虫的命名和命名法规 ……………………………………………………………… (59)
　3.2　昆虫纲的分类系统 ………………………………………………………………………… (60)
　3.3　与林业有关的主要目及其分类概述 ……………………………………………………… (62)
　　3.3.1　直翅目 Orthoptera …………………………………………………………………… (62)
　　3.3.2　䗛目 Phasmida ………………………………………………………………………… (63)
　　3.3.3　蜚蠊目 Blattodea ……………………………………………………………………… (63)
　　3.3.4　缨翅目 Thysanoptera ………………………………………………………………… (65)
　　3.3.5　半翅目 Hemiptera ……………………………………………………………………… (65)
　　3.3.6　鞘翅目 Coleoptera …………………………………………………………………… (71)
　　3.3.7　脉翅目 Neuroptera …………………………………………………………………… (77)
　　3.3.8　鳞翅目 Lepidoptera …………………………………………………………………… (78)
　　3.3.9　双翅目 Diptera ………………………………………………………………………… (85)
　　3.3.10　膜翅目 Hymenoptera ………………………………………………………………… (87)
　　3.3.11　螨类 …………………………………………………………………………………… (92)
　复习思考题 ……………………………………………………………………………………… (94)
第4章　昆虫生态学 ………………………………………………………………………………… (96)
　4.1　昆虫与环境的关系 ………………………………………………………………………… (96)
　　4.1.1　非生物环境因素 ……………………………………………………………………… (96)
　　4.1.2　生物因素 ……………………………………………………………………………… (102)
　4.2　森林昆虫种群及其动态 …………………………………………………………………… (105)
　　4.2.1　种群的数量特征 ……………………………………………………………………… (106)
　　4.2.2　种群的结构特征 ……………………………………………………………………… (107)
　　4.2.3　昆虫种群的空间分布 ………………………………………………………………… (108)
　　4.2.4　森林昆虫种群的数量变动 …………………………………………………………… (109)
　　4.2.5　昆虫生命表 …………………………………………………………………………… (111)
　4.3　昆虫地理分布 ……………………………………………………………………………… (115)
　4.4　森林害虫的预测预报 ……………………………………………………………………… (116)
　　4.4.1　森林昆虫的调查方法 ………………………………………………………………… (116)
　　4.4.2　森林害虫预测预报的类型与方法 …………………………………………………… (118)
　　4.4.3　森林害虫发生期预测 ………………………………………………………………… (119)
　　4.4.4　害虫的发生量预测 …………………………………………………………………… (121)
　　4.4.5　森林害虫种群监测 …………………………………………………………………… (122)
　复习思考题 ……………………………………………………………………………………… (124)

第5章 害虫管理策略及技术方法 (125)

5.1 害虫管理策略及其发展史 (125)
- 5.1.1 初期防治阶段 (125)
- 5.1.2 化学防治阶段 (126)
- 5.1.3 害虫综合管理阶段 (127)
- 5.1.4 森林保健与林业可持续发展 (129)

5.2 害虫管理的基本原理 (130)
- 5.2.1 森林害虫种群数量调节的基本原理 (130)
- 5.2.2 森林对害虫种群的自然控制机制 (131)
- 5.2.3 森林昆虫的生态对策 (131)
- 5.2.4 经济危害水平与经济阈限 (133)

5.3 害虫种群数量调节的技术方法 (134)
- 5.3.1 森林植物检疫 (134)
- 5.3.2 林业技术 (136)
- 5.3.3 生物控制技术 (137)
- 5.3.4 物理机械措施 (139)
- 5.3.5 不育技术 (141)
- 5.3.6 化学防治 (141)
- 5.3.7 化学生态学方法在森林害虫防控中应用 (150)
- 5.3.8 "3S"技术在森林虫害动态监测中的应用 (152)

复习思考题 (154)

各 论

第6章 苗圃及根部害虫 (156)

6.1 蝼蛄类 (156)
东方蝼蛄(157)　单刺蝼蛄(157)

6.2 蟋蟀类 (159)
大蟋蟀(159)　油葫芦(160)

6.3 白蚁类 (160)
黄翅大白蚁(161)　黑翅土白蚁(162)

6.4 金龟类 (163)
江南大黑鳃金龟(164)　东方绢金龟(165)　苹毛丽金龟(168)
大云鳃金龟(165)　铜绿异丽金龟(167)

6.5 叩甲类 (169)
细胸锥尾叩甲(169)　沟线角叩甲(170)

6.6 象甲类 (171)
大灰象(171)　蒙古土象(172)

6.7　地老虎类 ·· (173)
　　　小地老虎(173)　　　　大地老虎(175)
复习思考题 ·· (177)

第7章　顶芽及枝梢害虫 ·· (178)
7.1　刺吸类害虫 ·· (178)
　7.1.1　蚧类 ·· (178)
　　　日本松干蚧(179)　　　水木坚蚧(185)　　　松突圆蚧(190)
　　　吹绵蚧(180)　　　　枣大球蚧(186)　　　杨圆蚧(192)
　　　湿地松粉蚧(181)　　槐花球蚧(187)　　　梨圆蚧(193)
　　　扶桑绵粉蚧(183)　　日本龟蜡蚧(188)　　柳蛎盾蚧(194)
　　　华栗红蚧(184)　　　红蜡蚧(189)　　　　桑白盾蚧(195)
　7.1.2　蚜虫类 ·· (198)
　　　落叶松球蚜指名亚种(198)　桃粉大尾蚜(201)　马尾松长足大蚜(203)
　　　苹果绵蚜(200)　　　白毛蚜(202)　　　　柏大蚜(203)
　7.1.3　蝉类 ·· (205)
　　　大青叶蝉(205)　　　蚱蝉(206)
　7.1.4　木虱类 ·· (208)
　　　梧桐裂木虱(208)　　中国梨喀木虱(209)
　7.1.5　蝽类 ·· (210)
　　　小板网蝽(210)　　　梨冠网蝽(211)
　7.1.6　螨类 ·· (212)
　　　山楂叶螨(212)　　　针叶小爪螨(213)　　柏小爪螨(214)
7.2　钻蛀类害虫 ·· (216)
　7.2.1　象甲类 ·· (216)
　　　松大象甲(216)　　　松梢象(217)
　7.2.2　蜂类 ·· (219)
　　　栗瘿蜂(219)　　　　刺桐姬小蜂(220)　　竹瘿广肩小蜂(221)
　　　桉树枝瘿姬小蜂(220)
　7.2.3　蛾类 ·· (222)
　　　蔗扁蛾(222)　　　　楸螟(226)　　　　　松瘿小卷蛾(229)
　　　微红梢斑螟(224)　　松梢小卷蛾(228)
　　　赤松梢斑螟(225)　　杉梢花翅小卷蛾(228)
　7.2.4　蝇类 ·· (231)
　　　江苏泉蝇(231)　　　毛笋泉蝇(232)
　7.2.5　瘿蚊类 ·· (233)
　　　柳瘿蚊(233)
复习思考题 ·· (234)

第8章 食叶害虫 ……………………………………………………………（236）

8.1 竹蝗类 ………………………………………………………………（238）
黄脊竹蝗(238)

8.2 叶蜂类 ………………………………………………………………（239）
鞭角华扁蜂(240)　　云杉阿扁蜂(240)　　落叶松叶蜂(242)

8.3 叶甲类 ………………………………………………………………（245）
榆紫叶甲(245)　　椰心叶甲(247)　　北锯龟甲(249)
琉璃榆叶甲(246)　　榆毛胸萤叶甲(248)　　花椒潜跳甲(250)
白杨叶甲(246)　　杨梢叶甲(248)

8.4 象甲类 ………………………………………………………………（252）
枣飞象(252)　　杨潜叶跳象(253)　　榆跳象(254)

8.5 蛾类 …………………………………………………………………（255）

8.5.1 袋蛾类 ………………………………………………………（255）
大袋蛾(255)　　茶袋蛾(256)

8.5.2 潜蛾类 ………………………………………………………（257）
杨白潜蛾(257)　　杨银叶潜蛾(258)

8.5.3 巢蛾类 ………………………………………………………（259）
稠李巢蛾(259)

8.5.4 鞘蛾类 ………………………………………………………（259）
兴安落叶松鞘蛾(259)

8.5.5 卷蛾类 ………………………………………………………（260）
枣镰翅小卷蛾(260)　　松针小卷蛾(261)　　落叶松小卷蛾(262)

8.5.6 刺蛾类 ………………………………………………………（263）
黄刺蛾(263)　　纵带球须刺蛾(264)　　白痣姹刺蛾(265)
褐边绿刺蛾(264)

8.5.7 斑蛾类 ………………………………………………………（267）
榆斑蛾(267)　　梨叶斑蛾(268)　　重阳木斑蛾(269)

8.5.8 螟蛾类 ………………………………………………………（270）
黄翅缀叶野螟(270)　　缀叶丛螟(271)

8.5.9 枯叶蛾类 ……………………………………………………（272）
马尾松毛虫(272)　　落叶松毛虫(274)　　油茶大枯叶蛾(276)
赤松毛虫(273)　　云南松毛虫(275)　　黄褐天幕毛虫(277)

8.5.10 天蛾类 ………………………………………………………（278）
南方豆天蛾(278)　　蓝目天蛾(279)

8.5.11 大蚕蛾类 ……………………………………………………（279）
银杏大蚕蛾(279)　　樗蚕(281)

8.5.12　尺蛾类 ·· (282)
　　　春尺蛾(282)　　　　　油茶尺蛾(285)　　　　落叶松尺蛾(287)
　　　槐尺蛾(283)　　　　　枣尺蛾(286)　　　　　刺槐眉尺蛾(288)
　　　黄连木尺蛾(284)　　　八角尺蛾(286)　　　　桑尺蛾(289)

8.5.13　目夜蛾类 ·· (290)
　　　舞毒蛾(290)　　　　　松丽毒蛾(293)　　　　杨雪毒蛾(296)
　　　条毒蛾(291)　　　　　茶毒蛾(295)　　　　　美国白蛾(297)
　　　木毒蛾(292)　　　　　侧柏毒蛾(295)

8.5.14　瘤蛾类 ·· (299)
　　　臭椿皮蛾(299)

8.5.15　夜蛾类 ·· (300)
　　　焦艺夜蛾(300)

8.5.16　舟蛾类 ·· (301)
　　　杨扇舟蛾(301)　　　　杨二尾舟蛾(303)　　　苹掌舟蛾(305)
　　　分月扇舟蛾(302)　　　杨小舟蛾(304)　　　　栎蚕舟蛾(306)

8.6　蝶类 ·· (309)
　　　山楂绢粉蝶(309)　　　柑橘凤蝶(310)

复习思考题 ·· (312)

第9章　蛀干害虫 ·· (313)

9.1　小蠹虫类 ·· (313)
　　　华山松大小蠹(315)　　六齿小蠹(319)　　　　横坑切梢小蠹(324)
　　　红脂大小蠹(316)　　　云杉八齿小蠹(321)　　柏肤小蠹(325)
　　　云杉大小蠹(317)　　　十二齿小蠹(322)　　　杉肤小蠹(326)
　　　落叶松八齿小蠹(318)　纵坑切梢小蠹(323)

9.2　天牛类 ·· (329)

　9.2.1　针叶树天牛 ·· (329)
　　　松墨天牛(329)　　　　云杉大墨天牛(331)　　粗鞘双条杉天牛(333)
　　　云杉小墨天牛(330)　　双条杉天牛(332)

　9.2.2　阔叶树天牛 ·· (334)
　　　光肩星天牛(334)　　　青杨脊虎天牛(339)　　锈色粒肩天牛(342)
　　　星天牛(335)　　　　　栗山天牛(340)　　　　瘤胸簇天牛(343)
　　　桑天牛(336)　　　　　橙斑白条天牛(340)　　桑脊虎天牛(344)
　　　青杨楔天牛(338)　　　云斑白条天牛(341)　　栎旋木柄天牛(345)

9.3　吉丁虫类 ·· (349)
　　　杨锦纹截尾吉丁(350)　白蜡窄吉丁(350)　　　杨十斑吉丁(351)

9.4　象甲类 ··· (353)
　　　杨干象(353)　　　　　锈色棕榈象(355)　　　　　瘤胸雪片象(356)
　　　萧氏松茎象(354)　　　大粒横沟象(355)　　　　　沟眶象(357)
9.5　蛾类 ·· (359)
　　9.5.1　木蠹蛾类 ·· (359)
　　　东方木蠹蛾(359)　　　柳干木蠹蛾(362)　　　　多纹豹蠹蛾(365)
　　　沙柳木蠹蛾(360)　　　沙棘木蠹蛾(363)　　　　荔枝拟木蠹蛾(366)
　　　小木蠹蛾(361)　　　　咖啡木蠹蛾(364)
　　9.5.2　蝙蝠蛾类 ·· (368)
　　　柳蝙蛾(368)
　　9.5.3　透翅蛾类 ·· (369)
　　　白杨透翅蛾(369)　　　杨干透翅蛾(370)
　　9.5.4　织蛾类 ··· (371)
　　　油茶织蛾(371)
9.6　树蜂类 ··· (372)
　　　大树蜂指名亚种(372)　烟扁角树蜂(373)　　　　　松树蜂(374)
复习思考题 ·· (375)

第10章　球果种实害虫 ··· (376)
10.1　蝇类 ·· (376)
　　　落叶松球果花蝇(376)　枣实蝇(377)
10.2　象甲类 ··· (379)
　　　樟子松木蠹象(379)　　山茶象(381)　　　　　　　球果角胫象(383)
　　　核桃长足象(380)　　　栗实象(382)
10.3　蛾类 ·· (384)
　　10.3.1　卷蛾类 ··· (385)
　　　油松球果小卷蛾(385)　云杉球果小卷蛾(386)　　松实小卷蛾(388)
　　　苹果蠹蛾(385)　　　　落叶松实小卷蛾(387)
　　10.3.2　螟蛾类 ··· (389)
　　　果梢斑螟(389)　　　　桃蛀螟(390)
　　10.3.3　举肢蛾类 ·· (391)
10.4　小蜂类 ··· (392)
　　　落叶松种子小蜂(392)　杏仁蜂(393)　　　　　　柳杉大痣小蜂(394)
10.5　蜡类 ·· (396)
　　　杉木扁长蜡(396)
10.6　豆象类 ··· (397)
　　　紫穗槐豆象(397)　　　柠条豆象(398)

10.7 蚁类 ··(400)
　　　红火蚁(400)
复习思考题 ··(401)
第11章　木材害虫 ··(402)
11.1 白蚁类 ··(402)
　　　家白蚁(404)
11.2 天牛类 ··(408)
　　　家茸天牛(408)
11.3 蠹虫类 ··(410)
　　　双钩异翅长蠹(410)　　双棘长蠹(411)
复习思考题 ··(413)
参考文献 ···(414)
昆虫中文名索引 ···(428)
昆虫拉丁学名索引 ···(433)

绪 论

森林昆虫(forest insect)是指生活在森林中与森林有直接或间接关系的昆虫,包括直接危害树木各种器官,影响树木生长发育和林产品品质、产量的大多数植食性昆虫;各种森林昆虫的寄生性或捕食性天敌昆虫;直接或间接向人类提供重要经济产品的资源昆虫,如紫胶虫、白蜡虫、五倍子蚜、蜜蜂等;还包括充当森林垃圾"清理工"的腐食性昆虫。对人类林业生产活动而言,它们可被称为"害虫"或"益虫",但从宏观角度出发,它们都是森林生态系统的重要组成部分,在维持森林生态系统的平衡和物质循环以及维护森林生物多样性等方面起着重要作用。

1 我国森林害虫发生与危害概况

(1) 我国森林虫害发生现状及特点

据统计,我国森林昆虫种类达 3 万余种,其中森林害虫的种类达 5000 余种,经常造成严重危害的约有 200 余种。进入 21 世纪以来,我国森林害虫的发生面积呈加快增长之势,年均发生面积达 $1000 \times 10^4 \ hm^2$,在最近 60 余年的时间里,我国森林害虫的年均发生总面积增长了 10 倍之多。全国每年因森林病虫鼠害造成的损失约 1101 亿元,其中直接经济损失 245 亿元,生态服务功能损失 856 亿元。在直接经济损失中,由森林害虫引起的直接经济损失占整个病虫鼠害直接经济损失的 70% 左右,已成为制约我国林业可持续发展的重要因素之一。杨树是我国三北地区生态建设和速生丰产用材林发展的主要造林树种,我国现有杨树人工林面积达 $700 \times 10^4 \ hm^2$ 以上,蛀干害虫的问题最为突出。如光肩星天牛等杨树天牛发生面积从 1996 年的 $36 \times 10^4 \ hm^2$ 上升到 2007 年的 $90 \times 10^4 \ hm^2$,达到历史新高,此后发生面积呈逐年下降之势,在 2014 年回落到 $50 \times 10^4 \ hm^2$,三北防护林的一期工程已基本被杨树天牛毁掉。2014 年全国松毛虫的发生面积近 $80 \times 10^4 \ hm^2$,杨树食叶害虫发生面积从 1996 年的 $30 \times 10^4 \ hm^2$ 增长到 2013 年的 $147 \times 10^4 \ hm^2$,17 年净增加逾 $110 \times 10^4 \ hm^2$。美国白蛾自 1976 年传入我国以来,到 2013 年发生面积已高达 $78 \times 10^4 \ hm^2$,且目前仍在向南、北不断扩散、蔓延。

近年来,新的危险性虫害和外来入侵种不断暴发成灾,呈愈演愈烈之势。在 1980 年以前入侵我国的外来害虫仅 6 种,而 1980 年以后入侵我国的外来害虫则多达 19 种。例如,被列为世界上最危险的100种入侵有害生物之一的红火蚁，2005年开始在广东、香港、澳门、湖南、广西等地陆续发现入侵危害，已对当地的经济、环境和公共安全构成严重威胁。

我国森林虫害的发生特点可总结为：①常发性森林虫害发生面积居高不下；②偶发性森林虫害来势凶猛，危害不断加剧；③外来入侵种不断增多且增速明显加快，扩散蔓延迅速并暴发成灾；④多种次要害虫在一些地方上升为主要害虫，致使造成重大危害的种类不断增多；⑤经济林虫害日趋严重，发生面积迅速增加；⑥钻蛀类害虫的危害仍有加重之势。

(2) 造成我国森林虫害发生日趋严重的主要原因

①人工林面积不断增加，林分结构的不尽合理。我国现有森林面积 $2.28\times10^8\ hm^2$，森林覆盖率 22.96%。我国人工林面积占森林面积的 30% 以上，其中人工纯林的面积又占人工林面积的 60% 以上，我国已成为世界上人工林面积最大的国家。林分结构单一，生物多样性低，生态系统稳定性差，自控能力弱。由于经营管理粗放，集约化经营程度较低，一些林分长期处在亚健康状态，抵御森林害虫侵害的能力较弱，个别情况下甚至招引森林害虫的侵袭。因此，一旦有害生物传入，在较短的时间内就可大面积暴发流行，从而造成巨大的经济损失。

②国内、国际间的交流日益频繁，危险性有害生物入侵的风险不断增加。外来有害生物入侵已受到世界各国高度重视。据不完全统计，目前我国的主要外来有害植物有107种，外来害虫有32种，外来病原微生物有23种。这些外来有害生物的入侵给我国的生态环境、生物多样性和社会经济造成巨大的危害，其中外来害虫日本松干蚧、美国白蛾、松突圆蚧、湿地松粉蚧、椰心叶甲、红火蚁等的危害，已造成巨大的经济损失，且难以彻底根除。

③灾害性天气导致的森林害虫暴发成灾。季风对我国气候的影响非常大，季风造成的干旱、洪涝、冻害等灾害性天气极易诱发相关害虫的大发生。过去100年来，地球表面的平均温度升高了 $0.3\sim0.6\ ℃$。由于林木对气候变化的适应速度远远低于有害生物对气候变化的适应速度，气候的微小扰动都可能对森林生态系统的结构和演替过程产生巨大影响，其中森林虫害发生是重要的响应过程。

④局部生态环境的恶化导致森林害虫频繁暴发成灾。我国生态环境总体上已扭转恶化加剧的趋势，但局部区域性破坏、结构性解体和功能性紊乱尚存。暖冬、倒春寒、高温干旱、酸沉降、沙尘暴、土地荒漠化、地下水位下降、水资源污染、空气污染等生态环境诱导因素促使森林害虫不可避免地频繁发生。

⑤对森林害虫发生规律认识不够，防治能力不足，不能做到及时有效控制。森林害虫作为森林生态系统的组成部分，其发生、发展和危害有其自身的规律性，由于对这些规律性掌握得不够，预见性和预防性不到位，往往使防治工作处于被动局面，加之防治资金投入有限，防治设备相对老化，防治手段提升缓慢等因素，对一些害虫难以做到及时控灾和减灾。有时由于采用的防治方法不够科学，甚至出现年年防治、年年发生的情况，或者出现目标害虫控制住了，但其他害虫接续发生的局面。

2 森林昆虫学及其研究内容和发展历史

森林昆虫学(forest entomology)是研究各种森林昆虫的发生发展规律，与寄主和环境之间的相互关系，以及对失控种类种群数量的调节和有益种类的利用，维护森林生态系统平衡、保护森林健康和促进林业持续发展的科学。

森林昆虫学是应用昆虫学的一个分支学科，主要研究森林昆虫的外部形态及内部构造、个体发育繁殖习性及分类学地位、种群消长规律及控制技术和策略、有益昆虫的繁殖利用技术等。除了森林昆虫之外，有时还包括森林中的有害螨类、鼠类、线虫以及蛞蝓等。

森林昆虫学是从17世纪开始对森林昆虫研究起，逐渐形成并发展成为一门独立的学科，大致经历了以下几个主要的发展阶段。

(1) 早期阶段

对森林昆虫的研究是从神学家和医生开始的。他们在偶然的机会遇到某种造成严重破坏的森林昆虫，因对其感兴趣而从事研究的。传教士 J. C. Schaffer 发现舞毒蛾(当时尚不知学名)危害严重，于是详细研究了此虫的生长发育规律，猖獗危害与食物、天敌及气候等因素的关系，并于1752年发表了这一研究结果，至今仍有价值。云杉八齿小蠹 *Ips typographus* 引发的巨大灾害和对其观察研究，则进一步推动了森林昆虫学的发展，医学教授 J. C. Gmelin 于1787年就此发表了相关的论著。J. M. Bechstein 和 G. L. Scharfenberg 在1804—1805年出版了3卷《森林害虫自然历史大全》，这一著作可称为森林昆虫学的第一部参考书。Bechstein 出版了第一本森林昆虫教科书。此书是森林和狩猎百科全书的一部分，收集了一些重要虫种，并叙述了它们的危害、生活习性及可能的防治方法。

这一时期，由于德国的林业较为发达，成为当时森林昆虫学兴起的中心。

(2) 自然历史时期

尽管著述较多，但上述种种著作都并非出自真正从事森林昆虫工作的学者之手。被誉为森林昆虫学之父的 J. T. C. Ratzeburg(1801—1870)是倾注毕生精力于森林昆虫研究的人。他的《森林昆虫》(1837、1840、1844，共3卷)至今仍被奉为森林昆虫学领域的经典著作。他还出版一本手册 *Die Waldverderber und ihre Feinde*，以更精简方式概述了《森林昆虫》一书内容。这本手册需求量如此之大，到1869年总计出版了6版。1871年 Ratzeburg 去世后，这本手册被他的继承人以新的版本继续出版。

1885年，J. F. Judeich 和 H. Nitsche 出版了2卷《中欧森林昆虫学教程》，它们是 Ratzeburg 著作的修订本。1914—1942年，K. Escherich 出版了一套4卷新版本，书名为《中欧森林昆虫》，在这套书内，Escherich 充实了许多新的内容并改写了较老的章节，使它成为一本真正的现代森林昆虫著作。

Ratzeburg 一生发表、出版了许多论文和图书，另一本著名的书是 *Die Ichneumonen der Forstinsekten in Forstlicher und Entomologischer Beziehung*(1844、1848、1852)，分3部分。除 Ratzeburg 之外，其他一些工作者对森林昆虫学也做出了很有价值的贡献，如德国的 Köllar、Hartig、Nordinger 和法国的 Perris 等。Perris 是第一位从事森林昆虫学实验研究的人。他在不同季节内采伐树木并研究危害树木的各种害虫的生活史和习性，著有《海滨松昆虫的历史》，在1851—1870年分10部分发表在《法国昆虫科学年刊》里。直到 Ratzeburg 临终时，森林昆虫学研究重点是生物学。这些调查研究通常是在自然条件下，而不是人工条件下进行。

(3) 分类学和生物学时期

W. Eichhoff 著作的出版使森林昆虫学迎来了一个新时代，使之成为比以前更精密的一门科学。他通过精心的生物学实验和详细的分类学研究相结合，弄清楚许多有关小蠹虫生物学的误解并建立供其他调查研究用的模型。他著述的《欧洲小蠹虫》出版于1881年。

与欧洲相似，这一时期北美洲的森林昆虫学研究也主要集中在分类学与生物学范畴。如 Hopkins 在小蠹虫的研究中增加了许多有关生物学和分类学上的内容。

这一时期，分类学与生物学的研究在森林昆虫学著作中占优势。

(4) 现代时期

从20世纪开始，森林害虫问题受到了多数欧美国家学者的重视，各国出版了许多至今仍有影响的森林昆虫学专著，森林昆虫学研究已不再是以德国为首。

这一时期，许多科研工作者把全部精力转移到实用森林昆虫学上。纯观察研究方法基本不再使用，在森林昆虫学中，分类学不再是目的，而是有用的研究工具之一。生活史的研究也只是达到目的的方法，而不是结果。昆虫彼此间相互关系以及与森林环境中其他各因子相互关系的研究逐渐越来越重要。这些方法致使生态学、生理学、遗传学、生物统计学以及害虫管理在近年来迅速发展。

这一时期的主要特点是以生态学为基础，注重多学科理论和技术在森林昆虫学研究中的应用，主要进行森林昆虫的种群动态规律、防治策略及其控制技术的研究，强调了森林生态系统控制虫灾的潜能、实施综合管理措施使害虫种群动态相对稳定而不成灾。

我国森林昆虫学研究同样也经历了上述几个时期。新中国成立前是一个自然历史时期；自新中国成立至70年代中期，可以说是分类学和生物学时期；70年代中期至今，进入现代时期，着重森林昆虫生态学的研究，强调害虫综合管理和生物防治。

现代森林昆虫学在我国的起步较晚。1953年忻介六出版了我国第一部森林昆虫学教科书——《森林昆虫学》，1959年北京林学院总结当时我国森林昆虫的研究成果主编出版了《森林昆虫学》；1979年实施的全国林木病虫害的普查项目基本上摸清了我国主要森林害虫的种类、分布和危害状况，1983年由中国林业科学研究院主持组织全国森林昆虫研究领域专家，系统地总结了我国森林昆虫的研究成果，编写出版了《中国森林昆虫》(1992年由萧刚柔主编再版增订本；2020年由萧刚柔和李振宇共同主编再版增订)。从1983年开始"马尾松毛虫、油松毛虫等综合防治技术研究"被列入"六五"国家重点攻关课题，"七五"科技攻关内容在上述基础上扩大到杨树蛀干害虫、针叶树种子害虫、松突圆蚧等，"十五"更进一步将松毛虫、小蠹虫、杨树蛀干害虫、林鼠、松材线虫、美国白蛾确定为工程治理项目，从而使我国森林害虫的防治和研究进入了新阶段。

虽然我国森林虫害问题仍未得到较彻底的控制，但森林昆虫学作为一门独立的学科在我国已具备了坚实的基础，国家已建立了相当完整的专职研究与技术推广机构，并制定了相关方针、政策和法令，专业人才培养体系也日益完善。所有这些都将进一步推动我国森林昆虫学的发展、害虫控制技术水平的提高。

3　森林昆虫学研究的发展现状

(1) 害虫管理的策略思想不断趋向成熟和完善

随着"可持续发展林业"这一新概念的提出，以及1992年6月联合国世界环境与发展会议的召开，标志着人类对环境与发展关系的认识方面有了质的飞跃，相继提出了一些害虫管理的新策略、新思想。主要有森林保健、害虫生态管理、害虫可持续控制或森林有害生物可持续控制等理论。这些新策略在观念上是一个飞跃，其关键在于把以前对森林害虫"被动防治"变为充分利用、促进、完善森林生态系统和对病虫害的防疫机能，实现"主动预防"，以森林病虫害监测为必要手段，及早准确地采取措施控制害虫种群。

另外，系统思想及系统分析方法在害虫管理中得到广泛应用，如系统分析在马尾松毛虫综合管理系统中的应用。

(2) 高新技术和理论不断向森林昆虫学领域渗透

①害虫监测预警。随着现代科学的三大理论支柱——控制论、信息论和系统论的不断渗透以及信息技术、计算机技术和生物技术等的广泛应用，森林昆虫学研究正在不断迅猛发展。计算机在森林病虫害预测预报、决策支持系统建立、综合管理决策模型以及信息管理等方面，在世界多国家被广泛利用。信息技术广泛应用于森林保护工作，使森林病虫害监测水平得到显著提高。如地理信息系统(geographic information systems，GIS)、遥感技术(remote sensing，RS)、全球卫星导航系统(global navigation satellite system，GNSS)、红外摄影技术以及航空录像技术在许多国家已被广泛用于森林病虫害防治和森林火灾监测，大大提高了森林病虫害防治的管理水平。目前主要应用中分辨率卫星遥感、航空录像、航空电子勾绘等信息采集手段，结合常规抽样和调查技术，开发出的重大森林害虫中长期测报技术，可提高预警水平和防治决策能力，并已在马尾松毛虫的大区域监测与预警中开展示范。随着近年来快速发展的高空间卫星遥感和无人机监测技术的不断完善，作为地面灾害监测的重要补充手段，已显露出良好的应用前景，"3S"技术已成为"数字森防"的重要组成部分，为害虫监测预警提供了新的途径和方法。

②害虫种类的分类、鉴定。酯酶同工酶电泳技术(EST)、随机增扩多态分析技术(RAPD)、限制性片段长度多态性技术(RELP)、聚合酶链式反应技术(PCR)、核酸序列分析技术、DNA探针杂交技术等现代分子生物技术开展了积极的探索和尝试，取得了可喜的进展。目前这些技术已在多种小蠹虫、天牛、金龟、赤眼蜂、松干蚧等昆虫的鉴定中采用。

③害虫防治。"三诱"技术(化学信息物诱杀、灯光诱杀、颜色诱杀)的广泛应用，在森林害虫监测和诱杀中发挥出重要作用，大大提高了防治效率，同时减少了化学农药的大量使用、降低了环境污染，具有显著的经济效益、生态效益和社会效益。

为了解决昆虫病原微生物控害效力低、速度慢的问题，基因工程技术可将外源基因转入病原微生物，提高其效力。利用驱动多角体蛋白的强启动，可使外杀虫毒蛋白在杆状病毒中超量表达，目前已将 Bt 毒蛋白基因、多种神经毒素基因转入杆状病毒，提高了杀虫速度，缩短了杀虫时间。例如，利用生物工程技术已将 Bt 杀虫基因导入树木中，获得了多种表达毒性蛋白的抗食叶害虫的植株。为了解决天敌昆虫对化学农药敏感的问题，目前已将某些昆虫的抗药性基因转入天敌昆虫体内，提高了天敌的抗药性，增强了天敌的竞争力、寄生力和捕食力。美国已培育出一种带有抗药性基因的工程益螨，在进行了风险评估后，开展了释放防治试验和大面积利用。

一些传统的但却具有实际效果的防治措施，在大多数国家仍然在广泛利用。同时，适应林业特点的施药器械和技术更趋多样、高效和安全，多种检疫除害处理技术日趋成熟、完善，生物防治在森林害虫无公害防治中所占的比例不断加大，化学药剂正向着环境友好型快速发展。

总论

第1章

昆虫的形态与器官系统

【本章提要】 对昆虫外部形态与结构的认知是了解昆虫和控制其种群的前提。本章内容是昆虫学的基础，包括昆虫纲在动物界的分类地位及昆虫外部形态的特点，主要介绍昆虫体躯的结构，头、胸、腹部上所着生的附肢或附器的构造、类型、功能，以及昆虫体壁的构造、蜕皮过程、衍生物和体色。

自然界中的昆虫种类繁多、形态各异，这种多样性是昆虫在长期演化过程中与复杂多变的外界环境相适应的结果。但是各类昆虫在结构上都有其共同的一面，形成昆虫纲的特征。人们可据此将昆虫与其他动物相区别。任何一种昆虫，都在昆虫纲共同特征的基础上形成各种结构特化，这类变异的性质与程度是区别不同昆虫类群乃至种的依据。因此，对昆虫形态和结构研究是昆虫分类和识别的重要基础。

结构和功能之间存在着不可分割的联系，形态结构是生理机能的反映，生活方式相似的昆虫，形态结构也多少有些相似。但是，即使生活于同一生境内的昆虫，由于其系统发育不同，对生活空间的适应及种间竞争等原因，形态结构也可能发生各种特化。这些形态结构上的异同，对了解昆虫的生活方式、行为特性及在采取防治措施时，会给我们提供启示和帮助。

昆虫纲（Insecta）隶属动物界（Kingdom Animalia）节肢动物门（Phylum Arthropoda）六足亚门（Hexapoda）。昆虫具有节肢动物所共有的特征，而又具有不同于节肢动物门其他纲的特征。节肢动物门的特征是：体躯分节，即体躯由一系列的体节组成；整个体躯被有含几丁质的外骨骼；有些体节上具有成对的分节附肢，"节肢动物"的名称即由此而来；体腔就是血腔；心脏在消化道的背面；中枢神经系统包括1个位于头内消化道背面的脑和1条位于消化道腹面的、由一系列成对神经节组成的腹神经索。

科学意义上的昆虫是在成虫期具有下列综合特征的一类节肢动物（图1-1）。

①体躯的环节分别集合组成头、胸、腹3个体段。

②头部为感觉和取食的中心，具有3对口器附肢和1对触角，通常还有复眼及单眼。

③胸部是运动的中心，具有3对足，一般还有2对翅。

④腹部是生殖和代谢的中心，其中包含生殖系统和大部分内脏；无运动用的附肢，但多数有由附肢转化成的外生殖器。

除上述特征外，从卵中孵化的昆虫，在生长发育过程中，通常要经过一系列显著的内

昆虫（飞蝗）体躯

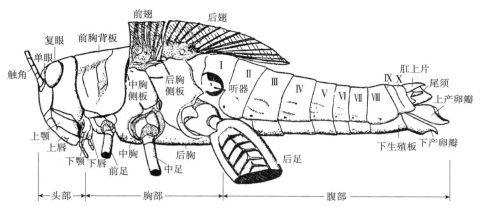

图 1-1 昆虫体躯的基本构造(蝗虫)

部及外部体态上的变化，才能转变为性成熟的成虫。这种发育过程中体态上的改变称为变态(metamorphosis)。

1.1 昆虫的头部

头部(head)是昆虫体躯的第一个体段，由几个体节愈合而成，外壁坚硬，形成头壳，上面着生有主要的感觉器官和口器，里面有脑、消化道的前端及有关附肢的肌肉和神经等，所以头部是感觉和取食的中心。头部体节的愈合及坚硬头壳的形成，在结构上利于保护内部的脑、神经等器官并能承受强大口器肌肉的牵引力。

1.1.1 昆虫的头式

由于取食方式的不同，昆虫口器的结构和着生位置也出现了明显的变化，根据口器着生的方向，可将昆虫的头部形式(头式)分为以下 3 大类型。

下口式(hypognathous type)　口器着生并伸向头的下方，适合于取食植物的叶片、茎秆等。这是最原始的一类头式，大多数具有咀嚼式口器的植食性昆虫和一小部分捕食性昆虫的头式属于此类，如蝗虫、鳞翅目幼虫等。

前口式(prognathous type)　口器着生并伸向头的前方，大多数具有咀嚼式口器的捕食性昆虫、钻蛀性昆虫的头式属于前口式，如步甲。

后口式(opisthognathous type)　口器伸向腹后方。后口式是昆虫为在不取食时保护长喙而形成的，实际上当这些昆虫取食时喙可伸向下方或前方。大多数具有刺吸式口器昆虫的头式属于此类，如蝉、蝽等。

头式的划分并非绝对，一些昆虫多变的头部确实很难归类。尽管一些高级分类阶元的特点称为某种头式，但实际上其成员中有不少例外情况。

1.1.2 头部的构造与分区

昆虫头部的骨板表面，通常都有若干由体壁内陷形成的沟(sulcus)，内陷部分则成为内脊，既加强了头部的强度又可供肌肉着生。头壳上主要的沟有以下几条(图 1-2)。

额唇基沟(frontoclypeal sulcus)　位于两上颚前关节之间的一条横沟。

额颊沟(frontogenal sulcus)　位于复眼下方至上颚前关节之间的一条纵沟。

颊下沟(subgenal sulcus)　位于头壳的侧面、颊的下方，自上颚前关节至后头沟之间的一条横沟。

后头沟(occipital sulcus)　在头部的后面环绕着后头孔的第2条拱形沟。

次后头沟(postoccipital sulcus)　在头部的后面环绕着后头孔的第1条拱形沟。

围眼沟(ocular sulcus)　环绕复眼周围的一条沟。

昆虫的幼期，头部有明显的蜕裂线。蜕裂线呈倒"Y"形，位于头壳的上前方，是幼虫蜕皮时旧头壳裂开的地方，色较浅，骨化较弱。不完全变态的昆虫在成虫期还或多或少地保留此线。头壳上因有许多沟和缝而被划分成若干区，这些区的形状和位置在不同昆虫种类之间随沟的变化而变化。一般分为以下几个区（图1-2）。

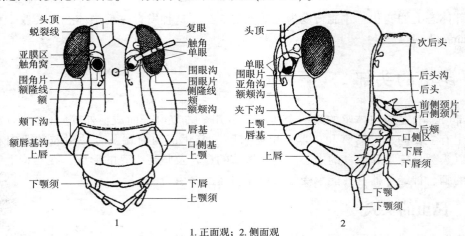

1. 正面观；2. 侧面观
图1-2　蝗虫头部的构造

额唇基区(frontoclypeal area)　是头壳的前面部分，包括额(frons)和唇基(clypeus)。额是蜕裂线侧臂之下和额唇基沟之上的区域，其侧面以额颊沟为界。单眼着生在额区。唇基是额唇基沟下面的部分，一般突出在头壳前面的下缘，上唇就挂在唇基的下方。

颅侧区(parietal)　是头壳的侧面和顶部的总称，前面以额颊沟、后面以后头沟为界。复眼着生于此区域。顶部称头顶或颅顶(vertex)，复眼以下称颊(gena)。

后头区(occipital area)　是后头沟与次后头沟间的拱形区域。通常把颊后的部分称为后颊(postgena)，后颊以上部分称后头(occiput)，二者间无分界的沟。

次后头区(postoccipital area)　是后头区之后环绕头孔的拱形区域，以次后头沟为界。次后头区的后缘与颈膜相连。后头区与次后头区常合称头后区。

颊下区(subgenal area)　是颊下沟下面的狭片，其边缘具有支接口器的关接点，在上颚前后关节间的部分称为口侧区(pleurostoma)，上颚后面的部分称为口后区(hypostoma)。

1.1.3　触角

触角(antenna)是昆虫最重要的感觉器官之一，昆虫纲除高等双翅目和膜翅目幼虫的触角退化外，其他种类都具有1对触角。

1.1.3.1 触角的基本构造

触角一般着生在额区，它的基部在1个膜质的窝即触角窝（antennal socket）内。触角窝周围有一圈狭窄的环形围角片（antennal sclerite），上有1个小突起，称为支角突（antennifer），与触角基部相支接，这是触角的关节，触角靠此关节可以自由转动。

触角是1对分节的构造，基本上由以下3节组成（图1-3）。

柄节（scape） 是基部一节，通常粗短。

梗节（pedicel） 是触角的第2节，较粗短，有些种类具有听觉感觉器官——江氏器（Johnston organ），如雄蚊。

鞭节（flagellum） 是触角的第3节，通常分成很多亚节。各类昆虫的鞭节形态差异很大。

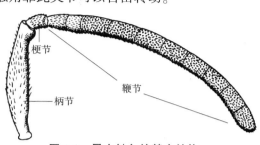

图1-3 昆虫触角的基本结构

1.1.3.2 触角的类型

触角的形态多种多样，大致可归纳为以下类型（图1-4）。

刚毛状（setaceous） 触角很短，基部1、2节较粗大，其余各节突然缩小，细似刚毛。如蜻蜓、叶蝉等。

线状或丝状（filiform） 触角细长，呈圆筒形。除基部1、2节较粗外，其余各节的大小、形状相似，逐渐向端部缩小。如蝗虫、蟋蟀及某些雌性蛾类等。

念珠状（moniliform） 鞭节由近似圆球形的小节组成，大小一致，像一串念珠。如白蚁、褐蛉等。

锯齿状（serrate） 鞭节各亚节的端部一角向一侧突出，形似锯条。如叩头虫、雌性绿豆象等很多甲虫。

鳃片状（lamellate） 端部数节扩展成片状，可以开合，形似鱼鳃。如金龟子等。

具芒状（aristate） 触角短，鞭节不分亚节，较柄节和梗节粗大，其上有一刚毛状或芒状构造，称触角芒。为蝇类特有。

栉齿状（pectinate） 鞭节各亚节向一侧突出很长，形似梳子。如雄性绿豆象。

双栉状（bipectinate）**或羽毛状**（plumous） 鞭节各亚节向两侧突出成细枝状，形似篦子或羽毛。如雄性蚕蛾、毒蛾等。

膝状或肘状（geniculate） 柄节特别长，梗节短小，鞭节由大小相似的亚节组成，在柄节和梗节之间呈膝状或肘状弯曲。如象甲、蜜蜂等。

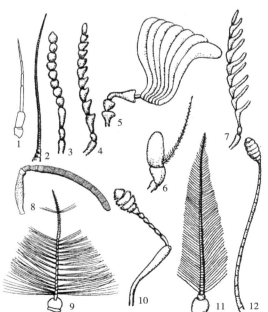

1. 刚毛状；2. 丝状；3. 念珠状；4. 锯齿状；5. 鳃片状；
6. 具芒状；7. 栉齿状；8. 膝状；9. 环毛状；
10. 锤状；11. 羽毛状；12. 棒状

图1-4 昆虫触角的主要类型

环毛状(whorled)　除基部两节外,大部分触角节具有一圈细毛,越近基部的毛越长,逐渐向端部递减。如雄性蚊类和摇蚊等。

锤状(capitate)　类似棒状,但鞭节端部数节突然膨大,形状如锤。如郭公虫等一些甲虫。

棒状或球杆状(clavate)　触角细长如杆,近端部数节逐渐膨大。如蝶类和蚁蛉等。

1.1.3.3　触角的功能

触角的主要功能是感受嗅觉和触觉作用。触角上着生很多感觉器(sensillum),用来感受化学物质和机械作用的刺激,这些感觉器特别灵敏,如嗅觉感觉器(olfaction sensillum)能感觉到分子水平的微小刺激,是昆虫求偶、觅食、避敌等生命活动的基础。有些昆虫的触角(如雄蚊)还有听觉作用。此外,一些昆虫的触角还有其他用处,例如,雄性芫菁在交配时用触角来抱住雌虫;仰泳蝽的触角在水中能用以平衡体躯;水龟虫的触角可用以帮助呼吸等。

1.1.3.4　了解触角类型和功能在实践中的意义

①鉴定昆虫的种类。由于昆虫的种类不同,触角的形状、结构及着生的位置等存在差异。因此,触角的类型是鉴定昆虫的重要依据。

②辨别昆虫的性别。不同性别昆虫的差异除了外生殖器外,不少昆虫触角的形状也明显不同。例如,很多蛾类的雄性触角为羽毛状,雌性触角为丝状。

③用于害虫的监测与防治。昆虫触角上各种各样的感觉器官,对不同的化学信息物质具有特异性。因此,可以利用这一特性对特定害虫进行监测、诱杀、趋避或迷向等。

1.1.4　复眼与单眼

昆虫的复眼

(1) 复眼

昆虫的成虫和不完全变态类昆虫的若虫其头部都有1对复眼(compound eye)。复眼位于颅侧区,形状多为圆形、卵圆形。某些穴居及寄生种类的复眼退化或消失。

复眼由数个小眼组成。小眼面一般呈六角形。小眼面的数量、大小和形状在各种昆虫中变异很大,在有复眼的雄性介壳虫中,仅有数个圆形小眼;家蝇的复眼约由4000个小眼组成;蝶、蛾类的复眼有12 000~17 000个小眼;蜻蜓的复眼约有28 000个小眼。

复眼不仅有感光作用,还能成像;一般认为复眼能感受外部物体的形状、活动和空间位置,辨别照射在眼上的光强度和颜色。有些昆虫具有辨色能力,有许多昆虫能感受不能为人看到的紫外线。在害虫防治及测报中,用色板和黑光灯引诱昆虫是比较常用的手段。

(2) 单眼

昆虫的单眼(ocellus,复数 ocelli)分为背单眼和侧单眼两类。

背单眼(dorsal ocellus)　为一般成虫和不完全变态类的若虫所具有,与复眼同时存在。背单眼生于额区上端两复眼之间,呈小圆形,1~3个,3个时,则排列成倒三角形,位于前方中线上的称为前单眼,后侧方的称为后单眼。单眼由1至数个小眼组成,可形成模糊的物像,也可感受光的强弱。背单眼的有无、数量及着生位置等可作为昆虫的分类特征。

侧单眼(lateral ocellus)　为完全变态类昆虫的幼虫所具有,位于头部的两侧。侧单眼除了对光有定位作用和一些辨色作用外，还能感受附近物体的运动。侧单眼的数量在各类昆虫中变化很大，常为1~7对。如膜翅目的叶蜂幼虫只有1对，鞘翅目的幼虫一般有2~6对，有6对时常排成两行；鳞翅目幼虫多数具6对，常排成弧形。侧单眼着生在复眼的位置，是复眼的代表，所以它不会与复眼同时存在。

1.1.5 口器

口器(mouthparts)是昆虫的取食器官，亦称取食器。

1.1.5.1 口器的类型

昆虫的食性分化十分复杂，形成了多种口器类型。适宜取食固体食物的口器需要有嚼碎食物的构造，这种类型的口器称为咀嚼式口器；适宜取食液体食物的口器需要有将液体吸入消化道的构造，这种口器称为吸收式口器。由于液体食物的来源有些是暴露的(如露水和花蜜等)，而植物的汁液和动物的血液等是非暴露的，为了获得不同来源的液体食物，吸收式口器又必须有不同的适应类型，形成虹吸式、刺吸式、舐吸式、刮吸式等口器。有些昆虫的口器兼有咀嚼和吸收两种功能，这种口器称为嚼吸式口器。从口器的演化来看，咀嚼式口器是比较原始的，其他口器类型都是由咀嚼式口器这一基本形式演变而成。

(1) 咀嚼式口器

咀嚼式口器(chewing mouthparts)由上唇、上颚、下颚、下唇和舌等几个部分组成(图1-5)。

上唇(labrum) 是悬挂在唇基下方的一个双层的薄片。外层骨化，内层膜质并有密毛和感觉器官，称为内唇(epipharynx)。上唇盖在上颚的前面，形成口腔的前壁，阻挡食物外流。

上颚(mandible) 由头部的第1对附肢演化而来，不分节，锥状而坚硬，位于上唇之后。上颚的端部有齿；用以切断和撕裂食物，称为切齿叶(incisor lobe)；后部则有一个用以磨碎食物的粗糙面，称为臼齿叶(molar lobe)。

下颚(maxillae) 是头部的第2对附肢，位于上颚之后，由一个关节与头壳相连，是一对分节的构造，可分为以下5个部分。

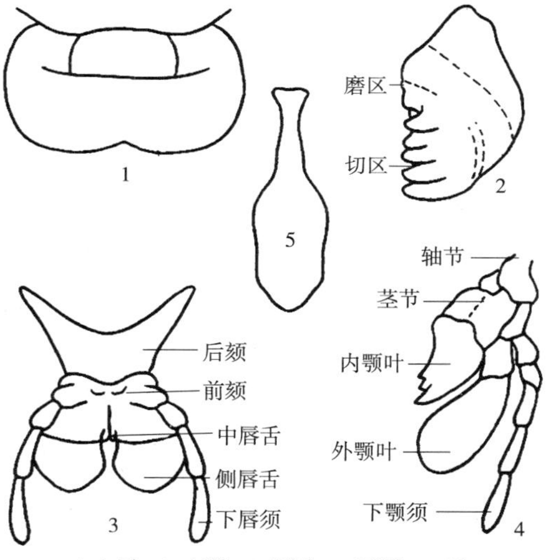

轴节(cardo)：是基部的三角形骨片。

茎节(stipes)：是连接在轴节端部的长方形骨片。

外颚叶(galea)和内颚叶(lacinia)：是着生在茎节端部的两个能活动的叶，外面较软且宽的叶称为外颚叶，里面一个比较骨化、端部细而有齿的叶称为内颚叶。内、外颚叶有协助上颚刮切食物和握持食物的作用。

下颚须(maxillary palp)：是着生在茎节外缘中部的分节构造，是感觉器官，在昆虫取食时具有嗅觉和味觉的功能。

1.上唇；2.上颚；3.下唇；4.下颚；5.舌

图1-5 蝗虫的咀嚼式口器

下唇(labium) 是头部第3对附肢愈合而成的构造,位于下颚的后面,形成口腔的后壁,也由5部分组成。

后颏(postmentum):是下唇的基部,相当于下颚的轴节,它又常被分为后端的亚颏(submentum)和前端的颏(mentum)。

前颏(prementum):是连接在后颏前端的部分,相当于下颚的茎节。

侧唇舌(paraglossa)和中唇舌(glossa):是前颏端部的两对叶状构造。外侧一对大的是侧唇舌,中间一对很小的是中唇舌,分别相当于下颚的外颚叶和内颚叶,具有托持食物和阻挡食物外流的作用。

下唇须(labial palp):着生在前颏的侧后方的分节构造,相当于下颚中的下颚须。

舌(hypopharynx) 袋状构造,位于口腔中央。舌壁上具很密的毛带和感觉器,具味觉作用。舌体内具骨片和肌肉控制其伸缩活动,帮助运送和吞咽食物。

咀嚼式口器的昆虫常取食固体食物,使受害部位遭到破损,产生机械损伤。如叶片被咬成缺刻、孔洞、啃食叶肉仅留叶脉、全部吃光或潜入上下表皮之间蛀食,咬断茎杆、根颈或在枝干组织内蛀凿隧道,蛀空果实、种子等。

(2)刺吸式口器

刺吸式口器(piercing-sucking mouthparts)是吸食动物血液或植物汁液昆虫的口器。该类口器不但需要有吸吮液体的构造,还必须有刺破动植物组织的构造,所以刺吸式口器与咀嚼式口器在结构上有明显的不同。

以蚱蝉为例,其口器上颚与下颚的一部分特化成细长的口针(stylet);下唇延长成喙(rostrum),起保护口针的作用,不取食时口针位于喙内;上唇退化成很小的三角形,盖在喙的基部,无功能;食窦(即口腔中唇基与舌之间的"食物袋")形成强有力的抽吸机构。

上颚口针端部锐利,外侧有倒刺,便于刺入和固定于组织内。两下颚口针的内侧有大小两个凹槽,合并形成食物道和唾液道。上下颚口针包藏在喙中,上颚口针在外,下颚口针在内。取食时,借助于停留在组织表面的喙的支撑和口针基部肌肉的伸缩,上颚两口针交替刺入动植物组织,下颚口针也随之刺入,依靠强有力的抽吸机构将汁液经食物道吸入消化道,同时,唾液由唾液道注入动植物组织内。唾液能阻止组织液凝固,利于吸取(图1-6)。

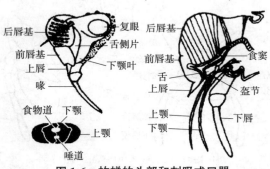

图1-6 蚱蝉的头部和刺吸式口器

刺吸式口器昆虫危害的植物表面所留下的伤口很小,被害处仅出现褪绿斑点、卷叶、虫瘿等。表面看来被害植株仍然完整地存在,但因水分、营养成分的损失使植株生长发育不良,造成严重损失。更为严重的是,一些刺吸式口器昆虫是很多植物病毒病的传播者,其取食危害可导致植物病害流行。

(3)其他类型的口器

虹吸式(siphoning mouthparts)式口器是由下颚外颚叶延长成长而软的喙,不取食时喙一般卷曲似钟表发条,取食时喙伸直吸取花蜜等液体食物,如大多数蛾、蝶类(图1-7)。

刮吸式口器(scratching mouthparts)是用以刮破寄主组织,然后吸吮流出来血液的口器,如牛虻等吸血昆虫。舐吸式口器(sponging mouthparts)是由下唇形成喙,端部有一对唇瓣,吸取暴露在外的液体食物或微粒固体物质,如蝇类。嚼吸式口器(chewing-lapping mouthparts)是既有咀嚼又有吸收功能的口器,具有发达的上颚,可以咀嚼固体食物,同时又有适于吮吸液体食物的构造,如蜜蜂等。锉吸式口器(rasping-sucking mouthparts)呈短喙状或鞘状,喙由上唇、下颚的一部分及下唇组成,

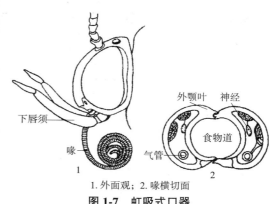

图 1-7 虹吸式口器

右上颚退化或消失,左上颚和下颚的内颚叶变成口针,其中左上颚基部膨大,具有缩肌,是刺锉寄主组织的主要器官;下颚须及下唇须均在;取食时,喙紧贴寄主体表,用口针将寄主组织刮破,然后吸取寄主流出的汁液;各部分的不对称性是其显著特点,为缨翅目蓟马所特有。

鳞翅目、膜翅目和双翅目等完全变态类昆虫,由于成虫和幼虫的生活方式差别很大,口器也极不相同。例如,鳞翅目幼虫的口器基本属咀嚼式,有强大的上颚,用以咀嚼固体食物,但下颚和下唇并合成一复合体,其主要功能已改变为吐丝器;家蝇等的幼虫口器更加退化,只剩下 1 对口钩,用以捣碎食物,口器的其余部分都已消失。

1.1.5.2　了解口器构造和类型在实践上的意义

了解昆虫口器的构造和类型,在识别与防治害虫上具有重要意义。

(1)确定害虫的类别

由于不同口器类型的害虫危害植物的部位和所形成的危害症状不同,不仅可以根据植物的被害症状推断害虫类型,也可根据口器的类型推断被害症状。

(2)指导害虫防治

由于不同口器类型有其不同的取食方式,在进行化学防治时应针对害虫的口器类型选择合适的杀虫剂和施药方法。如针对咀嚼式口器的害虫,可选用各种胃毒作用的药剂;对刺吸式口器的害虫,可选用内吸作用的药剂;对虹吸式口器的害虫,可将胃毒剂制成液体毒饵,如糖、醋、酒的混合液加上适量的药剂进行诱杀。

1.2　昆虫的胸部

胸部(thorax)是昆虫体躯的第 2 体段,明显由 3 个体节组成,即前胸(prothorax)、中胸(mesothorax)和后胸(metathorax)。每一体节有 1 对附肢,即前足、中足和后足。大多数昆虫在中胸和后胸还各有 1 对翅(wing),即前翅和后翅。足和翅均为昆虫的运动器官,因而胸部是昆虫的运动中心。在有翅昆虫中,前胸无翅,所以构造上与中、后胸也不同,特称其为"非具翅胸节",而中、后胸称为"具翅胸节"。

1.2.1 胸部的基本构造

每一胸节都由背板、侧板(左右对称)和腹板4块骨板所组成，各骨板又被若干沟缝划分为一些骨片。

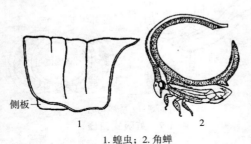

1. 蝗虫；2. 角蝉

图1-8　两种特化的前胸背板

背板　前胸背板的构造比较简单，一般不分片，但形状多变。蝗虫的前胸背板呈马鞍形，常向侧下方延伸，侧板则较小(图1-8：1)。中、后胸的背板，因必须承受强大的飞行压力，所以表面有许多沟槽，内陷部分则形成内脊，以加强胸板的强度和供肌肉着生。这些沟缝将背板分成端背片、前盾片、盾片和小盾片等(图1-9)。

侧板　具翅胸节的侧板很发达，常分成前侧板和后侧板。

腹板　腹板由前腹沟分出前腹片和主腹片，主腹片又被基脊沟分成基腹片和小腹片(图1-9：3)。

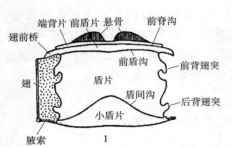 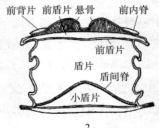 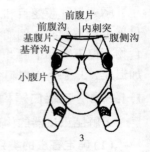

1. 外面观，示后生沟及各骨片；2. 内面观，示内脊；3. 腹板

图1-9　具翅胸节背板及腹板构造图

1.2.2 胸足的构造和类型

1.2.2.1 胸足的基本构造

昆虫的胸足(thoracic leg)是胸部的附肢，前、中、后胸各有1对，分别称为前足(fore leg)、中足(middle leg)和后足(hind leg)，分别着生在各胸节的侧腹面。成虫的胸足分成6节，从基部到端部依次称为基节、转节、腿节、胫节、跗节和前跗节(图1-10)。除前跗节外，各节大致都呈管状，节间由膜相连，是各节活动的部位。节与节之间有一个或两个关节相支接。

基节(coax)　是最基部的一节，通常也是最粗壮的一节，大多为短圆筒形或圆锥形，着生于侧板下方的基节窝内。

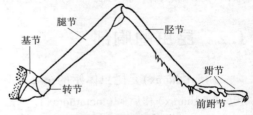

图1-10　胸足的构造

转节(trochanter)　是足的第2节，一端与基节相连，一般较小。在昆虫中，只有蜻蜓的转节分成两节。姬蜂类的转节也仿佛分成两节，但实际上第2节是由一部分腿节划分出

来的，这可由内部肌肉着生位置来证明。

腿节（femur） 常是足的各节中最长、最粗大的一节，腿节的大小常与胫节活动所需肌肉大小有关，因为胫节的肌肉均来自腿节。

胫节（tibia） 较细长，大致稍短于腿节，与腿节间成肘状弯曲。胫节上常有成排的刺或齿，末端有距，这些刺、齿和距的大小、数量及排列常被用作分类特征。

跗节（tarsus） 通常分为2~5个亚节，称跗分节。跗节的各亚节间也都以膜相连，可以活动。跗节数量、形状及功能的变化，是识别昆虫种类的重要特征。有些昆虫（如蝗虫）跗节的腹面有辅助运动用的垫状构造，称为跗垫，利于吸附在光滑物体的表面。

前跗节（pretarsus） 是胸足最末端的构造。包括着生于最末一个跗节端部两侧的爪（claw）和两爪中间的中垫（arolium）。前跗节的构造常有很多变化，因而成为分类上常用的特征。

1.2.2.2 胸足的类型

昆虫的胸足原是适于陆生的运动器官。但在各类昆虫中，因生活环境和生活方式的不同，足的功能有了相应的改变，使足的形状和构造发生了多样化的演变。常见的胸足有以下类型（图1-11）。

昆虫胸足的主要类型

步行足（walking leg） 是足中最常见的一种，常较细长，各节无显著特化，适于行走。如步行虫、萤蠊、瓢虫、蜻等的足。

跳跃足（jumping leg） 腿节特别膨大，胫节细长，末端有距，当腿节内肌肉收缩时，折在腿节下的胫节可突然直伸，使虫体向前和向上跳起。如蝗虫、蟋蟀和跳甲的后足。

捕捉足（grasping leg） 基节延长，腿节的腹面有槽，胫节可以折嵌在腿节的槽内，形似折刀，用以捕捉猎物等。有的腿节和胫节还有刺列，以阻止捕获物逃脱。如螳螂和猎蝽的前足。

开掘足（digging leg） 胫节宽扁，外缘具齿，形似耙子，适于掘土。如蝼蛄和金龟子等土栖昆虫的前足。

游泳足（swimming leg） 足扁平而长，有长的缘毛，形如桨状，用以划水。如仰泳蝽和龙虱等水生昆虫的后足。

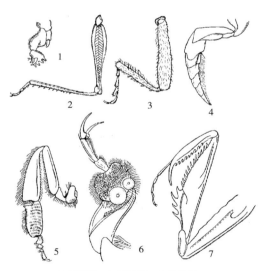

1.开掘足；2.跳跃足；3.步行足；
4.游泳足；5.携粉足；6.抱握足；7.捕捉足

图 1-11 胸足的若干类型

抱握足（clasping leg） 胫节特别膨大，其上有吸盘状的构造，交配时用以挟持雌虫。如雄性龙虱的前足。

携粉足（pollen-carrying leg） 胫节扁宽，外面光滑，两边有长毛相对环抱，用以携带花粉，通称"花粉篮"；基跗节很长，内面有10~12排横列的硬毛，用以梳刷附着在体毛上的花粉，通称"花粉刷"。如蜜蜂的后足。

攀握足（clinging leg, scansorial leg） 各节较短粗，胫节端部具一指状突，与跗节及呈弯爪状的前跗节构成一个钳状构造，能牢牢夹住人畜的毛发等。如虱类的足。

此外，有些昆虫的前足还有清洁触角的特别构造，称为净角器（antenna cleaner），常见于蜂类的前足；足上也具有各种感觉器，多位于跗垫和中垫上，是某些触杀剂进入虫体的孔道；蟋蟀等昆虫前足胫节上还有听器。

1.2.3 翅的构造和类型

昆虫是无脊椎动物中唯一一类有翅的动物，也是整个动物界中最早获得飞行能力的动物。早在三亿年前石炭纪的化石昆虫，就已经在中、后胸上有了同现代昆虫很相似的翅。翅的发生使昆虫在觅食、寻偶、扩大分布和避敌等多方面获得了优越的竞争能力，为昆虫纲成为最繁荣的生物类群创造了重要条件。在各类昆虫中，翅有多种多样的变异，所以翅的特征成了分类和研究演化的重要依据。

昆虫的翅与鸟类的翅来源不同，鸟类的翅是由前肢转变来的，而昆虫的翅与附肢无关，是背板向两侧扩展而成的，呈双层结构。

1.2.3.1 翅的构造

翅一般为三角形，它的角和边都有一定的名称（图1-12）。将翅平展后，前面的边缘称为前缘（costal margin）；后面靠虫体的边缘称为后缘或内缘（inner margin）；在前缘

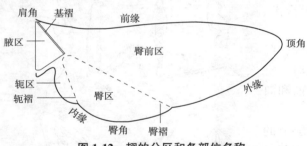

图1-12　翅的分区和各部位名称

与后缘之间的边缘称为外缘（outer margin）。在翅基部的角称为肩角（humeral angle）；前缘与外缘的夹角称为顶角（apical angle）；外缘与内缘的夹角称为臀角（anal angle）。

为了适应翅的折叠和飞行，翅上常发生一些褶线，将翅面划分成若干区域。翅基部具有腋片的三角形区称为腋区（axillary region）；腋区外边的褶称为基褶（basal fold）；腋区以外的区统称翅区，其上分布翅脉。翅区由两条褶分为3个区。臀褶（vannal fold）把翅区分为前面的臀前区（remigium）和后面的臀区（vannus）。臀前区的翅脉分布密而粗，较坚硬；而臀区的翅脉较稀、细和软弱。低等而飞行能力弱的昆虫，臀区多扩大成扇形；较高等而飞行能力强的昆虫臀区不发达。在翅基部后面有一条轭褶（jugal fold），此褶后面的小区称为轭区（jugal region）。

有些昆虫的翅上（如蜻蜓的前、后翅，膜翅目的前翅等），在其前缘的端半部有一深色斑，称为翅痣（pterostigma）。

1.2.3.2 翅的类型

很多昆虫的翅是膜质而透明的，但不少昆虫在演化过程中，翅的质地和被物发生了种种适应性的变化（图1-13），形成不同的类型，翅的常见类型如下。

膜翅（membranous wing）　翅膜质，薄而透明，翅脉明显可见。如蜂类和蜻蜓的前后翅等。

毛翅(piliferous wing)　翅膜质，但翅面和翅脉上被有许多毛。如石蛾的翅。

鞘翅(elytron)　全部骨化，看不见翅脉，坚硬如鞘，不用于飞行，只用于保护背部和后翅。如甲虫类的前翅。

半鞘翅(hemielytron)　基半部较骨化，端半部仍为膜质，有翅脉。如蝽的前翅。

覆翅(tegmen)　质地坚韧如皮革，半透明，有翅脉，已不用于飞行，平时覆盖在体背面和后翅上。如蝗虫等直翅目昆虫的前翅。

半覆翅(hemitegmen)　臀前区革质，其余部分膜质，翅折叠时臀前区覆盖住臀区与轭区起保护作用。如大部分竹节虫的后翅。

鳞翅(lepidotic wing)　翅膜质，但翅上有许多鳞片。如蝶、蛾类的翅。

缨翅(fringed wing)　狭长如带，膜质透明，翅脉退化，在翅的周缘有很多缨状的长毛。如蓟马类昆虫的前后翅。

平衡棒(halter)　是一种特殊的类型，后翅退化成很小的棒状构造，在飞行中起平衡身体的作用，因而称为平衡棒。飞行时与翅相同的频率振动，但方向相反。如双翅目昆虫和介壳虫的雄虫。

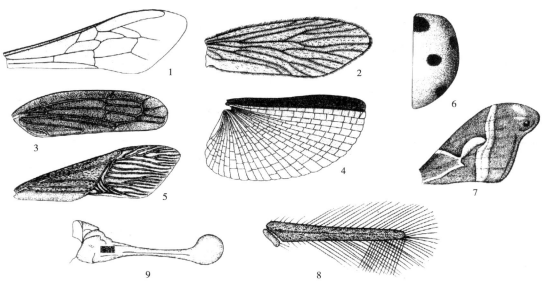

1.膜翅；2.毛翅；3.覆翅；4.半覆翅；5.半鞘翅；6.鞘翅；7.鳞翅；8.缨翅；9.平衡棒

图 1-13　昆虫翅的基本类型(仿彩万志等，2001)

1.2.3.3　翅脉和脉序

翅脉(vein)　是翅的两层薄膜之间纵横行走的条纹，由气管部位加厚所形成，对翅膜起着支架的作用。

脉序或脉相(venation)　是翅脉在翅面上的分布形式。它在不同类型的昆虫中有多种多样的变化，而在同类昆虫中十分稳定和相似，所以脉序在昆虫分类上和追溯昆虫的演化关系上都是重要的依据。各类昆虫的脉序变异很大，但有一定规律可循。通常认为昆虫多种多样的脉序均由一种原始的脉序演变而来。原始的脉序是根据现代昆虫与化石昆虫脉序的比

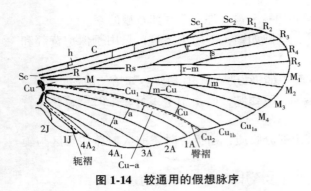

图 1-14 较通用的假想脉序

较,以及翅发生过程中翅芽内气管的分布来推断的。为了更符合实际,多数分类学家建议采用如图 1-14 所示的较通用的假想式脉序。

翅脉一般分为纵脉和横脉两类。

纵脉(longitudinal vein) 是从翅基部通向翅边缘的脉,是在 2 个深入翅原基、起始于足气管的气管干的分支基础上产生的(表 1-1)。

表 1-1 纵脉名称代号、分支及特点

纵脉名称	代号	特点
前缘脉	C	不分支,一般形成翅的前缘
亚前缘脉	Sc	位于前缘脉之后,很少有分支
径脉	R	位于亚前缘脉之后,是最强的翅脉;主干分 2 支,即第一径脉 R_1 和径分脉 R_s,R_s 又经 2 次分支成 4 支即 R_2、R_3、R_4 和 R_5,因此径脉共分 5 支
中脉	M	位于翅的中部,径脉之后;主干分成前中脉 MA 和后中脉 MP,MA 和 MP 又各分 2 支,因此中脉共分 4 支($M_1 \sim M_4$)
肘脉	Cu	位于中脉之后,分成 2 支,称第一肘脉(Cu_1)和第二肘脉(Cu_2)。Cu_1 又分成 2 支即 Cu_{1a} 和 Cu_{1b};Cu_2 不分支
臀脉	A	分布在臀褶之后的臀区内,不分支,通常为 3 条,即 1A、2A、3A,有的多达 12 条
轭脉	J	分布在轭区内,不分支,通常为 2 条,即 1J、2J

横脉(cross vein) 是横列在纵脉间的短脉,是由 1 条不规则的间脉分出,而不是由气管预先形成(表 1-2)。

表 1-2 横脉名称代号及连接的纵脉

横脉名称	代号	连接的纵脉
肩横脉	h	连接 C 和 Sc
径横脉	r	连接 R_1 和 R_2
分横脉	s	连接 R_3 和 R_4,或 R_{2+3} 和 R_{4+5}
径中横脉	r-m	连接 R_{4+5} 和 M_{1+2}
中横脉	m	连接 M_2 和 M_3
中肘横脉	m-Cu	连接 M_{3+4} 和 Cu_1

翅室(cell) 是翅面被翅脉划分的小区。翅室周围都围有翅脉时称为闭室(closed cell),有一边没有翅脉而达翅缘的称为开室(open cell)。翅室的名称是用组成它前缘的纵脉来命名,而且就按这条纵脉的简写来表示。如 R_3 脉后的翅室就称 R_3。如果这一翅室又被横脉划分为几个室,则按照由基部到端部的次序各冠以第一、第二等来区别。如 M_2 室被横脉 m 划分为 2 个室,则基部的一室称为 $1M_2$,端部的一室称为 $2M_2$。

1.2.3.4 翅的连锁

在现代昆虫中，前翅加厚成为保护器官，后翅成为主要飞行器官的昆虫（如直翅目、鞘翅目等），以及只有前翅用于飞行，后翅退化成平衡棒的昆虫（如双翅目），这些昆虫的前、后翅之间不存在连锁器；而前、后翅均用于飞行的昆虫（如鳞翅目、膜翅目等），其前、后翅之间必须存在连锁器（wing-coupling apparatus），主要有以下几种类型（图1-15）。

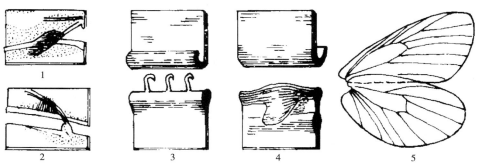

1. 翅轭型（反面观）；2. 翅缰型（反面观）；3. 翅钩型（反面观）；4. 翅褶型（正面观）；5. 翅抱型（反面观）

图1-15 翅的连锁器

翅抱型（amplexi form） 后翅的肩角膨大突出，还具有短的肩脉以加强翅基部的强度，飞行时伸于前翅的后缘之下，靠空气压力使前、后翅紧密贴在一起，以保持飞行动作的一致。如蝶类和少部分蛾类（如枯叶蛾、大蚕蛾等）。

翅轭型（jugum form） 前翅轭区的基部有一指状突起，称为翅轭，伸在后翅前缘的下面，像一个夹子把两翅连接在一起。如低等的蛾类。

翅缰型（frenate form） 翅缰是从后翅前缘基部发生的一至数根硬鬃，翅缰钩是位于前翅下面翅脉上的一簇毛或鳞片所形成。翅缰穿在翅缰钩内作为连锁。一般雄蛾的翅缰仅1根，比较粗长；而雌蛾有2~9根，比较细短。这是区别蛾类雌雄的方法之一。如大部分蛾类。

翅钩列型（hamuli form） 后翅的前缘有一列向上弯的小钩，即翅钩列，钩连在前翅后缘向下的卷褶内，作为前、后翅的连锁器。如膜翅目昆虫。

翅褶型（fold form） 后翅的前缘向上卷褶，而前翅的后缘向下的卷褶，两者互相连接，作为前、后翅的连锁器。如半翅目蝉类昆虫。

1.3 昆虫的腹部

腹部是昆虫的第3个体段，腹内包含多种器官系统，如消化系统、生殖系统和呼吸器官等，是昆虫生殖和新陈代谢的中心。昆虫成虫腹部没有用于行走的附肢，与生殖有关的附肢特化成外生殖器，即雄性的交配器和雌性的产卵器。

腹部的体节数量在各类昆虫中变化较大。胚胎学研究表明，腹部的原始节数应是11个体节和1个尾节，共12节。在现代昆虫中，大多数种类只有9~10个腹节。

1.3.1 腹部的基本构造

昆虫的每一腹节由2块骨板组成，即背板和腹板，两侧均为膜质即侧膜。由于背板向下延伸，侧膜部分常常被遮盖而看不见。相邻的两个腹节常相套叠，后一节的前缘套入前一节的后缘内，各节之间有环状节间膜相连，因此腹部能够纵横伸缩，既利于容纳大量内脏和卵的发育，也利于气体交换和产卵活动。

昆虫腹节的构造总的说来比较简单，但成虫的第8、9节（雌性）或仅第9节（雄性）上着生产卵或交配器官，和其他腹节的构造很不相同，这些腹节特称为生殖节（genital segment）。生殖节前的诸腹节内包含着大量的内脏，称为脏节（visceral segment）。生殖节后的几节称为生殖后节（postgenital segment），通常有不同程度退化或合并，上着生尾须。

昆虫腹部最多有8对气门。气门位于腹节背板和腹板之间的侧膜上。

1.3.2 外生殖器

(1) 雌性外生殖器

雌性外生殖器又称产卵器（ovipositor）。一般为管状，通常由3对产卵瓣组成，着生在第8、9腹节上。第1产卵瓣即腹产卵瓣（ventral valvulae），位于第8腹节上；第2产卵瓣即内产卵瓣（inner valvulae），位于第9腹节上；第3产卵瓣即背产卵瓣（dorso valvulae），位于第9腹节上。昆虫的产卵器通常只由其中的2对产卵瓣组成，其余1对则退化或特化成保护产卵器的构造（图1-16：1）。

很多昆虫都有发达的产卵器，其构造、形状和功能因种类不同而有很大差异。根据产卵器的有无、形状和构造的差异，可以了解昆虫产卵的方式和习性。如螽蟖和蟋蟀的产卵器细而坚硬，背产卵瓣和腹产卵瓣紧密地嵌合在一起，产卵时借助于载瓣片肌肉的力量，使2对产卵瓣前后滑动，刺入植物组织内或土壤中产卵。而具有外露的针状产卵器的蜂类，大多数是寄生性或捕食性的种类，产卵于寄主的体内或体表，甚至有些种类（如姬蜂）可用产卵器对木质部进行钻孔，将卵产于生活于树干内的昆虫体内。

(2) 雄性外生殖器

雄性外生殖器又称交配器（copulatory organ）。雄性交配器的构造比较复杂，而且在各类昆虫中变化很大并高度特化，是分类的重要依据。交配器主要包括将精子送入雌体的阳具（phallus）和交配时挟持雌体的抱握器（harpago）（图1-16：2）。

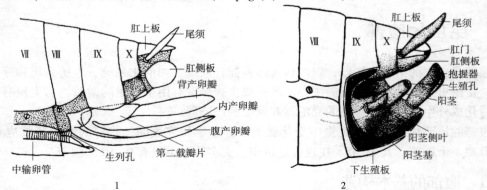

1. 雌性外生殖器；2. 雄性外生殖器

图1-16 雌雄昆虫腹部末端数节侧面观（示外生殖器）

阳具是第9腹板后的节间膜的外长物,生殖孔开于其末端。阳具一般为管状或锥状,大多包括一个较大的阳茎基和从阳茎基伸出的一根细长的阳茎。

抱握器大多属于第9腹节的附肢,其形状变化很大,一般不分节,但在蜉蝣目昆虫中是分节的。蜉蝣目、脉翅目、长翅目、半翅目、鳞翅目和双翅目等昆虫均有抱握器或仅个别种类消失。

1.3.3 尾须(cerci)

尾须通常是1对须状突起,着生在由第11腹节转化成的肛上板和肛侧板之间的膜上(图1-17)。虽然有时好像着生在第10节上,但它是第11腹节的附肢。尾须的形状及长短各异,分节或不分节,其上常有许多感觉毛,是感觉器官。尾须在低等昆虫,如蜉蝣目、蜻蜓目和直翅目等中普遍存在;在蜉蝣目的一些种类中,1对细长的尾须间还有1条与尾须相似的中尾丝(median caudal filament)。中尾丝不是附肢,是第11腹节背板的延伸物。

1.3.4 幼虫的腹足

昆虫只有在幼虫期腹部才有运动用的附肢。属于完全变态的广翅目、鳞翅目、长翅目及膜翅目的叶蜂幼虫(扁蜂科幼虫无腹足)腹部都有运动用的腹足(proleg)。

鳞翅目幼虫通常有5对腹足,着生在第3~6和第10腹节上,第10节上的一对称臀足(caudal leg)。腹足是筒状构造,由亚基节、基节和趾组成。外壁稍骨化,末端的趾(planta)是个能伸缩的泡。趾的末端有成排的小钩,称趾钩(crochet)(图1-17)。趾钩是鉴别鳞翅目幼虫最常用的特征,趾钩的排列方式则是鳞翅目幼虫分类的常用特征。

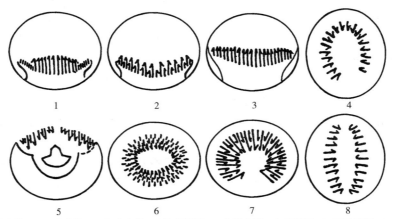

1.异形中带;2.双序中带;3.单序中带;4.单序缺环;5.中断中带;6.多形中带;7.双序缺环;8.二横带

图1-17 鳞翅目幼虫的趾钩排列方式

鳞翅目幼虫的腹足是运动器官,用趾钩抓住物体,在停息或取食时,也以腹足紧握植物的茎叶等。当幼虫在光滑面上爬行时,趾钩上翻,以泡状的趾吸附表面,这时幼虫往往又吐丝覆盖,以利于趾钩攀缘。

膜翅目叶蜂类幼虫腹足从第2腹节开始着生,且一般为6~8对(有的多达10对)。腹足末端有趾,但无趾钩。这些都足以与鳞翅目的幼虫加以区别。

1.4 昆虫的体壁

昆虫的体壁（body wall，integument）是体躯的最外层组织，具有类似皮肤和骨骼的两种功能，又称外骨骼，它既能保护内脏，防止失水和外物的侵入，又能供肌肉和各种感觉器官着生，保证昆虫的正常生活。

1.4.1 体壁的结构

昆虫的体壁，自外向内依次分为表皮层（cuticula）、皮细胞层（epidermis）和底膜（basement membrane）（图1-18）。

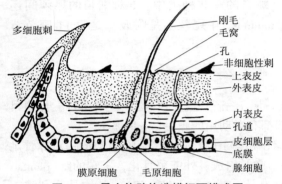

图1-18 昆虫体壁构造横切面模式图

（1）皮细胞层

皮细胞层是单层的活细胞，皮细胞的形态结构随变态和蜕皮周期变化，在蜕皮过程中，皮细胞多呈柱状。

（2）表皮层

表皮层由皮细胞层的分泌物所组成。表皮层依其成分和特性又可分为3层，即内表皮（endocuticle）、外表皮（exocuticle）和位于外表皮之上的上表皮（epicuticle）。内外表皮之间，纵贯许多微细孔道。

内表皮是表皮层中最厚的一层，通常无色而柔软，富延展性。化学成分主要是蛋白质和几丁质。一般以几丁和蛋白质的复合体存在。几丁质是节肢动物表皮的特征性成分，是无色含氮的多糖类。几丁质的化学性质稳定，不溶于水、酒精、乙醚等有机溶剂，也不溶于稀酸和浓碱，在浓酸中水解为氨基葡萄糖，以及分子键较短的多糖和醋酸等。用KOH或NaOH在高温（160℃）条件下，几丁分子虽可水解，但外形不变。在自然界中，只有几丁细菌 *Bacillus chitinovorus* 能够分解几丁质。

外表皮是由内表皮的外层硬化而来的，颜色较深，质地坚硬，主要化学成分是鞣化蛋白、几丁质和脂类等。蛋白质经过鞣化，使几丁质和蛋白质体紧密结合，失去了内表皮的柔软性和亲水性，并对各种消化酶产生抗性。昆虫蜕皮（moulting）时，外表皮不为蜕皮液所吸收，作为"蜕"（exuvia）的主要部分被脱去。正是外表皮坚硬的特点，赋予了昆虫体壁以骨骼的性能。

上表皮是表皮的最外层，也是最薄的一层，厚度通常不超过1 μm，是多层构造，从内到外依次是表皮质层、蜡层和护蜡层。表皮质层又称角质精层，是昆虫蜕皮时最先形成的层次，它对蜕皮液有很强的抗性，所以能保护下面新生的原表皮不被消化和吸收。同时，表皮质层决定虫体表面的特征，如体表的刻纹、小刺、刚毛和鳞片的形成都是皮细胞提供的遗传特性在表皮质层上的表现。对虫体起保护作用的主要是蜡层，由于蜡质分子紧密地定向排列，有很强的疏水性，可以防止体内水分外逸和外界水分内渗，保证体壁的不透水性。但高温和有机溶剂处理，可破坏蜡质分子的排列，使虫体内水分迅速蒸发或促进外界药物渗入虫体。护蜡层在蜡层之外，极薄，含有拟脂类和蜡质，有保护蜡层的作用。

(3) 底膜

底膜是紧贴于皮细胞层的一层薄膜，具有选择通透性，使血液中的部分化学物质和激素进入皮细胞。

体壁的各层次及内含物如下：

$$\text{体壁}\begin{cases}\text{表皮层}\begin{cases}\text{上表皮}\begin{cases}\text{护蜡层(cement layer)：主要含脂类、鞣化蛋白质和蜡质}\\\text{蜡层(wax layer)：含有蜡质，某些昆虫可能有多元酚层}\\\text{表皮质层(cuticulin layer)：主要含脂蛋白复合物}\end{cases}\\\text{外表皮：主要含鞣化蛋白、几丁质和脂类等}\\\text{内表皮：主要含几丁质、黏多糖蛋白质、节肢蛋白和弹性蛋白}\end{cases}\\\text{皮细胞层：活细胞层，分泌蜕皮液，可特化形成体壁内外的各种突起，如刚毛、鳞片和各种腺体}\\\text{底膜：主要含中性黏多糖}\end{cases}$$

根据体壁各层的成分和性质，研究击破其防护作用的药物或方法，在害虫防治上具有重要意义。

1.4.2 昆虫的蜕皮过程

昆虫的体壁由于外表皮的硬化形成外骨骼，限制了虫体的连续生长。因此幼虫只有进行周期性的蜕皮，才能生长发育。蜕皮是复杂的生理过程，受多种激素的调控。从外表看，蜕皮仅是一个短暂的行为过程，但从新皮形成到蜕去旧皮，实际上是一个连续的生理过程。

(1) 皮层溶离与旧表皮的消化

昆虫在蜕皮前，首先停止进食，排空肠道内食物，进入静止状态。皮细胞进行有丝分裂，由原来的扁平状态变为圆柱状，并开始分泌蜕皮液。蜕皮液包含蛋白酶和几丁酶等多种酶类，但这些酶类最初是没有活性的。当皮细胞分泌出表皮质层后，这些酶活化并开始消化旧的内表皮。表皮质层对蜕皮液有很强的抵抗力，防止蜕皮液向内渗漏，保护新生的表皮不被破坏。但被消化的内表皮物质则可以透过表皮质层，被皮细胞吸收成为合成新表皮的原料。

(2) 新表皮的产生

当蜕皮液开始消化旧的内表皮时，皮细胞在表皮质层下面开始分泌几丁质和蛋白质，沉积新的原表皮层，并伸出原生质丝，贯穿新的原表皮层形成孔道。皮细胞通过孔道吸收被消化的旧的内表皮，而又分泌外表皮鞣化所需的原材料——多元酚类和醌类化合物及其相应的酶类，经孔道向上运送，直至表皮层。在昆虫蜕皮前数小时，皮细胞又分泌蜡质，经孔道向上运送，分布到表皮质层上形成蜡层。

(3) 蜕皮

上表皮的蜡层形成后，昆虫就开始蜕皮。幼虫蜕皮时，首先收缩腹部将体液压向头部和胸部，同时吸入空气以增加体内压力，促使旧表皮沿蜕裂线破裂，虫体即从裂缝脱离旧表皮。脱下的旧表皮称为"蜕"。有些昆虫在蜕皮时，还常将身体倒挂在物体上，借重力协助蜕皮。

昆虫蜕皮时，内、外表皮尚未分化，上表皮的下方都是原表皮。所以刚蜕皮的昆虫，体色较浅，体壁柔软而多皱纹。虫体吸入大量空气使虫体膨大，新表皮逐渐展平，同时，新原表皮外层开始鞣化和暗化。蜕皮后的昆虫需经过一段时间才开始活动和取食。

(4) 表皮的鞣化

蜕皮后，虫体完全舒展，上表皮的多元酚类和醌类化合物向下渗透，使蛋白质脱水变硬，形成鞣化蛋白质。由于鞣化过程中所产生的醌常常聚合形成色素，因而蛋白质鞣化的同时发生暗化。经过鞣化的原表皮就成为坚硬的外表皮，未经鞣化的原表皮即内表皮，色泽较浅，仍然保持柔软的特性。

1.4.3 体壁的色彩

昆虫的体壁通常具有不同的色泽，如各种线条、斑纹等。昆虫的颜色，因其形成方式不同而分以下3种类型。

(1) 色素色(pigmentary color)

色素色又称化学色，由于昆虫体内存在某种色素，可以吸收一部分波长的光波和反射另一部分光波，即呈现某种颜色。色素大多都是代谢的产物，有些是贮存的排泄物。如许多呈现黑色或褐色的昆虫，正是由于外表皮内存在代谢产物——黑色素；白粉蝶和黄粉蝶的白色和黄色是由于尿酸盐类色素的存在；而许多幼虫呈现绿色，则是由于体内存在来自于食物的叶绿素和花青素。

色素沉积在表皮内形成的表皮色比较稳定，在昆虫死后仍能保持鲜明的色彩，如蛾、蝶类的翅上的斑纹。而存在于皮细胞或脂肪细胞以及血液中的色素，昆虫死亡后，色素随着有机体的腐败而消失。所有色素色都可经漂白或热水处理而消失。

(2) 结构色(structural color)

结构色又称物理色，这是由于昆虫体壁上有极薄的蜡层、刻点、沟缝或鳞片等细微结构，使光波发生折射、反射或干扰而产生的各种颜色。如甲虫体壁表面的金属光泽和闪光等，是永久不褪的，也不会因化学药品或热水处理而消失。

(3) 结合色(combination color)

结合色又称合成色，这是一种普遍具有的色彩，它是由色素色和结构色混合而成。如一种紫闪蝶，其翅面呈黄褐色(色素色)，而有紫色(结构色)的闪光。

环境因素对色彩改变的影响是很大的，如温度、湿度和光等。高温使色彩变深暗，低温则变淡，因此在不同的季节，同一种蝶类颜色深浅是不同的。湿度大使色彩深暗，而干燥则变淡。光的强度也能使色彩改变，如菜白蝶蛹的体色随化蛹场所的不同而改变，短光波能使之产生黑色素而长光波可以消除黑色素。除了以上环境因素可影响昆虫体壁的色彩外，体色还可受体内咽侧体所分泌激素的影响。

1.4.4 体壁的衍生物

体壁的衍生物既包括体壁的外长物，又包括皮细胞层在某些特定部位形成的腺体。

(1) 体壁的外长物

体壁的外长物包括各种突起、点刻、脊、毛、刺、距、鳞片等,这些外长物可以划分为细胞性和非细胞性两类。非细胞性外长物由体壁表皮向外突出或向内凹入所形成的各种突起、刻点和微毛等,它们不能活动。细胞性外长物主要包括以下几种类型。

刚毛 属于单细胞外长物,是由一个皮细胞所形成,周围被一个由皮细胞转化成的膜原细胞所包围,而且延伸到体壁表面。在刚毛的基部形成毛窝膜,因此刚毛能自由活动。如果毛原细胞与邻近的一个毒腺细胞连结,就会形成毒毛;如毛原细胞与感觉细胞相连,便成为感觉毛;如果外长物成为囊状扁平突起,即成为鳞片(scale)。

刺和距 均属多细胞的外长物。刺是体壁向外突出形成的中空刺状物。该外长物的内壁仍有一层皮细胞,基部与体壁固着不动的称为刺(spine),如许多昆虫后足胫节上的刺列。有的刺状突起在基部周围有薄膜与体壁相连,因而可以活动,称为距(spur)。距常着生在昆虫足的胫节顶端,如飞虱后足顶端的距。昆虫前跗节中的侧爪,也是一种可活动的距。不论是刺或距,其上还可着生单细胞的刚毛。

(2) 腺体

皮细胞内陷可以分化形成各种腺体,称为皮细胞腺。腺体按所含细胞的数量可分为单细胞腺和多细胞腺。腺体细胞是皮细胞的分化,分泌的不是一般的几丁质或表皮蛋白,而能分泌各种功能不同的物质,这些分泌物一般是昆虫生活必需物质或防御物质。如涎腺能分泌唾液,有助于取食和消化;丝腺分泌各种丝;蜡腺能分泌蜡;胶腺能分泌紫胶。一些昆虫具有毒腺或臭腺,用来攻击或排攘外敌。位于昆虫腹末和其他部分的一些腺体分泌性信息素,可以吸引同种的异性个体。另一些则分泌示踪信息素、报警信息素、聚集信息素等。一些腺体开口于体腔内,分泌内激素(蜕皮激素和保幼激素等),控制昆虫的发育、变态、蜕皮等重要的生命活动。昆虫很多分泌物质已经成为人类利用的资源,如蚕丝、白蜡、虫胶等。

1.4.5 体壁的结构与化学防治的关系

触杀性杀虫剂必须透过体壁进入体内才能起到杀虫作用,但昆虫体表具有微毛、小刺、鳞片等,使药液不易接触虫体,特别是体壁表皮层有一层蜡质,使药液更不易黏着和渗透。因此,大多数人工合成的杀虫剂,都是脂溶性的,容易穿透蜡层,如有机磷杀虫剂、拟除虫菊酯类等,都对昆虫体壁具有强烈的亲和力,能很好地附着体壁,使药剂的毒效成分溶解于蜡质,为药剂进入虫体打开通道,能很快地杀死害虫。人工合成的灭幼脲类药剂具有抗蜕皮激素的作用,当幼虫吃下这类药物后,体内几丁质的合成受到阻碍,不能生出新的表皮,因而使幼虫蜕皮受阻而死亡。

昆虫的种类和龄期也与化学防治有密切关系。一般体壁坚厚、蜡层特别发达的昆虫,药剂难以附着和穿透。就同一种昆虫而言,幼龄幼虫的体壁较老龄幼虫的体壁薄,容易触药致死。因而,幼虫的药剂防治,多在3龄幼虫之前。此外,昆虫体上各个部位体壁的厚薄也不同。如膜区比骨片部分薄,感觉器官是最薄的部分,昆虫的口器、触角、跗节、节间膜和气孔等,都是药剂容易透过的部位。了解昆虫体壁的结构和特性,对于化学防治害虫很有指导意义。

1.5 昆虫的器官系统与功能

昆虫身体的外面包着一个由体壁组成的躯壳,所有的内脏全部浸浴在血液里,这个躯壳所包成的腔就是体腔。由于昆虫的背血管是开放式的,血淋巴在循环过程中要流经体腔,再回到心脏,所以昆虫的体腔又称为血腔(图1-19)。

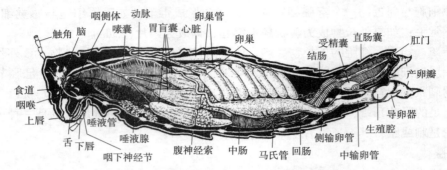

图1-19 蝗虫的纵切面,示内部器官位置

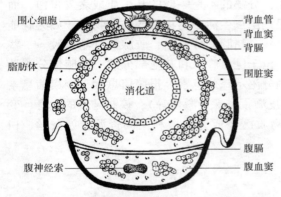

图1-20 昆虫腹部横切面模式图,示膈膜和血窦

1.5.1 血窦和膈膜

昆虫的整个体腔由背膈膜和腹膈膜分割成3个血窦。背膈膜着生于背板两侧,与背板一起围成背血窦,由心脏和大动脉构成的背血管纵贯其中;腹膈膜着生于腹板两侧,与上方的背膈一起围成围脏窦,消化、排泄、生殖等器官系统纵贯其中;腹膈和腹板围成腹血窦,昆虫的中枢神经系统纵贯其中(图1-20)。

1.5.2 肌肉系统

在体壁内侧和内脏上着生许多肌肉,构成肌肉系统,专司昆虫的运动和内脏的活动。昆虫的肌肉大多数是半透明、无色或灰色的,而飞行肌常为淡黄色或淡棕色,肌肉上布满神经,因此,肌肉能表现感应和活动。昆虫肌肉很发达,而且都是横纹肌,一些昆虫能够举起超过自身体重的重量或跳跃相当远的距离。

昆虫肌肉的超强能力主要有两个方面原因。一方面是因其体型小所表现出的相对力量大。因为肌肉的力量与其横切面的大小呈正比,当昆虫体积增大时,肌肉横切面增加的比率不及体积增大的比率,所以相对的肌肉力量是随体躯的增大而变小。另一方面是与昆虫肌肉的排列、生理和杠杆系统有关。例如,蝗虫后足腿节的主肌是由许多短的肌纤维组成,这些短的肌纤维具有反应快和比相同重量的长肌纤维产生更大力量的特性,当肌纤维快速收缩时,瞬间强大的肌肉拉力沿着腿节的纵轴将蝗虫推向空中。

昆虫的肌肉按其所在的位置和作用范围可分为体壁肌和内脏肌两大类。体壁肌由长形的平行肌纤维组成，着生在体壁下或体壁的内突上。内脏肌是包在内脏器官外的肌肉，有的是整齐的纵肌或环肌，有的是错综复杂不规则的网状肌肉层（如嗉囊壁及卵巢膜上的肌肉）。

昆虫的肌肉是由很多平行的横纹肌纤维组成的。肌纤维是一个大型的多核细胞，绝大部分的肌纤维外包有一层薄而无结构的肌膜，每一条肌纤维内包含许多细而平行的肌原纤维和充塞在肌原纤维间的肌浆。每一肌原纤维各具明暗相间的部分，因而使整个肌纤维呈现横条状。用电镜观察，肌原纤维是由粗丝和细丝组成的，每种各数百条，均与肌原纤维的长轴平行，粗丝和细丝均由蛋白质组成，但所含蛋白质的结构不同，粗丝是一种纤维状或棒状的肌球蛋白，细丝是一种球状的肌动蛋白，两者具有不同的折光性质，粗丝无双折射现象，称暗带；细丝有双折射现象，呈现明带。

由于昆虫体躯两侧对称，所以肌肉都是成对排列；每根肌肉的一端（即起源点）附着在外骨骼的固定部位，另一端附着到活动部分。

做长期飞行的昆虫能够维持强烈的代谢活动，这种完全的有氧代谢是与异常高效率产生的三磷酸腺苷（ATP）和高速率的燃料消耗一起产生的。有些昆虫翅的运动常有赖于特殊的机制，因而飞行非常快速有力。

1.5.3 消化系统

昆虫的消化系统包括一根自口到肛门，纵贯于血腔中央的消化道以及与消化有关的唾液腺（salivary gland，sialisterium）。昆虫的消化道主要是摄取、运送、消化食物、吸收营养物质，同时排除未经消化的食物残渣和生理代谢废物。各种昆虫由于取食方式和食物的种类不同，消化道的结构也不同。通常，咀嚼式口器的昆虫，由于取食固体食物，因此其消化道较粗短；吸收式口器的昆虫，由于取食液体食物，因此其消化道较细长，常形成一些特殊的构造。

1.5.3.1 消化系统的组成

(1) 消化道

消化道一般分为前肠（foregut）、中肠（midgut）和后肠（hindgut）3 部分（图 1-21）。

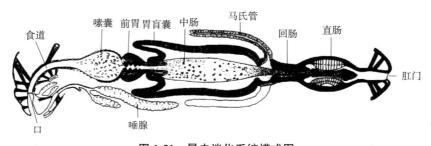

图 1-21 昆虫消化系统模式图

前肠（foregut） 是食物通过或暂存的管道。从口开始，经由咽喉、食道、嗉囊，终止于前胃，以向后伸入的贲门瓣与中肠为界。咽喉是消化道最前面的一段，在咀嚼式口器中，咽喉仅是食物的通道，而在刺吸式口器中，咽喉则特化成咽喉唧筒，吸食时，与食窦唧筒交替伸缩抽吸。食道是咽喉后面的狭长管，可以直接伸入中肠或终止于前胃，仅是食物的通道。嗉囊是食道后端的膨大部分，是暂存食物的场所。直翅目昆虫唾液腺分泌的唾液与食物一起吞入前肠，而中肠分泌的消化液也倒流入前肠，这样嗉囊就变成进行部分消化的场所。在蜜蜂中，花蜜和唾液分泌的酶在嗉囊中混合转变成蜂蜜，因而嗉囊又称为蜜胃。具咀嚼式口器的昆虫在嗉囊后还有一个前胃。前胃内壁有齿，可以进一步磨碎食物。前胃后端是由前肠末端的肠壁向中肠前端内褶而形成的贲门瓣，它具有阻止中肠食物倒流的功能。

中肠(midgut)　分泌消化酶，是消化食物和吸收营养的主要器官。许多昆虫的中肠前端向前突出形成管状或其他形状的胃盲囊，用以扩大分泌和吸收面积。以汁液为食物的昆虫，中肠常常首尾相贴接，包藏于一种结缔组织中，形成滤室。滤室可以将水分直接渗入中肠后端和后肠去，以保证输入中肠的汁液有一定的浓度，提高中肠的效率。

后肠(hindgut)　包括幽门瓣、小肠(回肠)、大肠(结肠)、直肠和肛门等部分，前端以马氏管为界，后端开口于肛门。后肠的主要功能是排除食物残渣，从食物残渣中吸收水分和无机盐，以维持体内水内平衡。

(2)唾液腺

唾液腺是开口于口腔中的多细胞腺体，按开口的位置，可分为上颚腺，下颚腺和下唇腺3类，其中以下唇腺最为普遍。唾液腺分泌的唾液主要功能是润滑口器、溶解食物和分泌消化酶。昆虫分泌的消化酶的种类与食物有关，肉食性昆虫的唾液中含有蛋白酶和脂肪酶；取食花粉的只有蔗糖酶；取食种子的含有脂肪酶；吸血昆虫的唾液中则含有阻止血液凝固的抗凝剂。

1.5.3.2　消化系统与防治关系

酶的活性要求一定的酸碱度，所以昆虫中肠液常有稳定的pH值。大部分昆虫中肠所分泌的消化液，大都呈弱酸性或弱碱性，pH值为6.0~8.0(蛾蝶类幼虫中肠的pH值一般为8.0~10.0)。胃毒剂对昆虫的杀伤作用与中肠液的pH值密切相关，碱性农药对中肠液呈酸性的甲虫具有杀伤力，而酸性农药对中肠液呈碱性的蝶类幼虫杀伤力大。苏云金杆菌、杀螟杆菌、青虫菌使昆虫中毒的原因是，这类细菌在碱性中肠液里能释放有毒蛋白质——伴胞晶体，使昆虫中肠由麻痹到肠壁细胞破损；破坏中肠后，细菌侵入血腔，引起血液pH值的变化，最后导致幼虫产生败血症，全身瘫痪而死。

1.5.4　呼吸系统

大多数昆虫靠气管系统进行呼吸，呼吸是有机体能量的转变过程。在游离氧的参与下，有机物质被分解而释放能量，供昆虫生长、发育、繁殖、运动的需要。这种游离氧即由气管系统直接供应。

昆虫的气管系统由气门、气管、纵干和微气管组成，某些昆虫气管的一定部位扩大形成膜质的气囊，用以增加贮气和促进气体的流通。气门、气门气管和侧纵干是空气进入虫体的通道，背气管、内脏气管是侧纵干上的分支，分别将气体输送到相应的部位。这些气管还一分再分，直到直径小于1 μm的微气管，将气体直接输送到各组织和细胞间(图1-22)。

气门气管在体壁上的开口称为气门，气门一般有10对(中、后胸及腹部第1~8节各1对)。气门的构

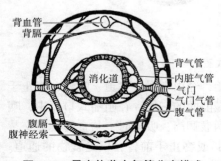

图1-22　昆虫体节内气管分支模式

造变化极多(图1-23),低等无翅类昆虫的气门最简单,只是气管在体壁上的一个简单开口,没有任何附带结构,本身不能开关。其他昆虫气管的开口,一般位于体壁的一个凹陷内;体壁内陷与气管开口处中间形成一个空腔,称为气门腔。此腔向外的开口称为气门口。气门口位于一块骨板上,此骨板称为围气门片。具有上述气门构造的昆虫,常具有调节其开关的结构,以控制气体的出入。

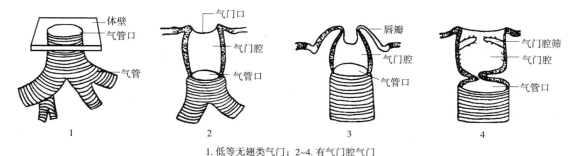

1. 低等无翅类气门; 2~4. 有气门腔气门

图1-23 气门构造的各种类型

气体的交换主要依靠气管内和大气中各种不同气体的分压差而进行:气管内氧的消耗使氧的分压降低,体外氧气经气管系统不断进入虫体;作为代谢产物的二氧化碳在气管内的分压高于体外空气中的分压,不断经气管向体外扩散。另外,昆虫的运动、腹部的胀缩,也有助于气体的交换;温度升高、代谢加强,加强了呼吸作用。因此,在使用熏蒸杀虫剂的时候,提高气温或空气中二氧化碳的浓度,迫使昆虫气门开放,有利于毒剂的气体分子进入虫体,提高药效。昆虫的气门通常属疏水性,水滴本身的表面张力较大,因此水滴不易进入气门,而有机制剂则较容易渗入。所以,同一种毒剂的油乳剂比水剂杀虫力大。某些杀虫剂的辅助剂,如肥皂水、面糊水等,能堵塞气门,使昆虫因缺氧而死亡。

昆虫除利用气管系统呼吸外,根据昆虫体壁的结构、生活习性、生活环境、虫龄和演化程度不同,还可划分出4种其他呼吸方式。

①体壁呼吸。弹尾纲(目)昆虫的绝大部分种类和一些寄生性昆虫的幼虫没有或无完整的气管系统,而以体壁直接进行呼吸或在血液中吸取溶解氧,大多数水生昆虫也是如此。具备完整气管系统和气门的陆栖昆虫,一部分二氧化碳也是经由体壁薄膜排出体外。

②气管鳃呼吸。部分水生昆虫的体壁向外突出形成丝状或片状的结构,其中密布气管的分支,即气管鳃。气体的交换就是在气管分支与水之间的皮细胞层内进行的,常见的蜉蝣目、毛翅目、蜻蜓目等昆虫的幼虫,它们除用气管鳃呼吸外,还用体壁呼吸。

③气泡和气膜呼吸。水生昆虫一部分能吸收溶解在水中的氧,但大部分仍利用大气中的氧,部分水栖昆虫具有完整的气门气管系统,借助体表特定部位的特殊结构携带氧气,当所携带的氧消耗完时,浮出水面更换新鲜空气,该结构类似于鳃的作用,称为"物理性鳃"。在龙虱、仰泳蝽等水栖昆虫的身体腹面具有一层疏水性的毛,当虫体潜入水中时,在毛间形成可携带空气的气膜。此外,龙虱在鞘翅下面还可以贮藏相当量的空气或在腹部顶端携带1个气泡,可使其在水下生活数小时以上,再到水面上来换气。

④内寄生昆虫的特殊呼吸方式。内寄生昆虫的呼吸方式与水生昆虫极相似,其气管系统属于无气门型或后端气门型。

无气门型：膜翅目和双翅目内寄生昆虫的1龄幼虫无气门，气体交换直接在虫体与寄主的组织液和血液间通过体壁进行，到2龄时，气管才充满气体。

后端气门型：很多内寄生的昆虫，如介壳虫体内的潜蝇3龄幼虫，在腹部后端气门处生有尾钩，用以穿透介壳虫的卵囊，从而使气门与大气相通。

1.5.5 循环系统

昆虫的循环系统有很多功能，血液的循环把消化后的液态营养物质运送到各器官组织，还将组织中新陈代谢产出的液态物质输送至马氏管吸收。血液又可作为一个适宜的缓冲剂，使体内各区域保持一定的渗透压。

昆虫和其他节肢动物一样，血液循环的方式为开放式。血液自由运行在体腔内各部分器官和组织间，只有在通过搏动器时才会被限制在血管内流动。

背血管是一条位于消化道背面，纵贯于背血窦中央的管道。背血管的前部称为动脉（大血管），开口于脑和食道之间，是引导血液前流的管道；背血管的后部是心脏，常局限在腹部，通常后端封闭，是循环器官搏动和血液循环的动力机构。心脏由一系列膨大的心室组成。心室的数量一般不超过9个，多的11个，少的则合并为一个。每个心室的两侧都有裂孔，称为心门，心门的边缘向内突入形成心门瓣。除最后一个心室末端封闭外，其余心室之间是相通的，后一心室的前端伸入前一心室的后端，突入部分也起心门瓣的作用。当心室由心肌牵动而扩张时，心门瓣张开，血液由背血窦流入心室，心室收缩时，心门瓣关闭，迫使血液自后向前运动，经过大动脉而进入头腔，再由头腔回流至胸腔和腹腔。背膈和腹膈的波状运动，也驱使血液做自前而后的运动（图1-24）。

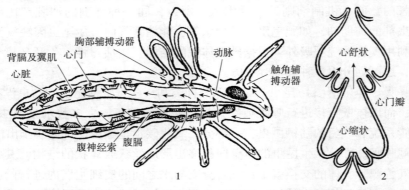

1. 血液循环途径图解，箭头示血液的流向；2. 心室剖面，示心门瓣和心室间瓣及其动作

图 1-24 昆虫循环系统

昆虫的血液就是体液，主要包括两类组分：一类是液体部分的血浆或血淋巴；另一类是悬浮在血浆中的血细胞或血球。血球主要是有吞噬作用的白血球，没有红血球。因此，血液除运送养料及废物外，还有吞噬作用，此外血液还可调节体内水分、传送压力以助孵化、蜕皮、羽化、展翅等生命活动。

杀虫剂对循环系统的影响明显，主要表现在以下方面：砷、氟、汞等无机盐类杀虫剂具有破坏血细胞的作用，使血细胞发生病变，如不能正常膨大、细胞核变形或破裂分散等；对背血管的影响，如砷素剂、烟碱等一些药剂侵入虫体后，开始时心脏的搏动速率加快，而后降低并停止；有的药剂如除虫菊素，可使心脏失去收缩力，心脏停止在心舒张状态；烟碱可使心肌松弛，心脏停止在收缩状态。血液酸碱度对杀虫药效的影响，如舞毒蛾的幼虫，随虫龄的增大，pH 值越高，对除虫菊酯的抗性越强。

1.5.6 排泄器官

排泄器官用以移除新陈代谢产生的含氮废物，并具有调节体液中水分和离子平衡的作用，从而提供各组织进行正常活动的生理环境。

昆虫的排泄器官有两类：一类是马氏管（见图 1-21），马氏管一端游离于血液中，末端封闭，吸收血液中的废物，经后肠排出体外；另一类如脂肪体内的尿盐细胞，它具有积聚尿酸，起贮存排泄的作用。此外，排列于心脏表面的围心细胞，主要功能在于分离血液中暂时不需要的物质，如一些胶体颗粒，而这些物质又是马氏管不能吸收的；位于昆虫（尤其是幼虫）体内的脂肪体有两个主要的功能：一是贮存营养物质和暂时不需要的氮素代谢物，进行中间代谢和解毒代谢；二是迅速供应糖类和进行生化合成、转化反应等，故有多种有关的酶。

马氏管的数量在各类昆虫中差异极大，多的（如直翅目）可达 100 根以上，少的（如介壳虫）仅有 2 根，而蚜虫则没有马氏管。马氏管的数量一般是双数。完全变态昆虫的马氏管数量常比不完全变态昆虫的马氏管少。但数量多的常较短，少的常较长，所以，它们的总表面积与虫体体积的比例差异不大。

杀虫剂对马氏管的影响（如在有机氯化合物中毒后期）主要表现为对组织的破坏，比如细胞界限不清、细胞质内产生空泡等现象。脂肪体对杀虫剂的毒力有较强的抗性，因为脂肪体从血液中吸收代谢物质，所以当杀虫剂进入血液后，也可被脂肪体吸收和贮存，尤其是对脂溶性的杀虫剂，降低了药物的毒效，因此越冬昆虫，特别是蛾蝶幼虫，雌虫比雄虫对药剂有较大的抗性，就是由于体内积累大量脂肪体的缘故。另外，由于积累杀虫剂而产生较长的后效作用，有些杀虫剂也对脂肪体起破坏作用，除虫菊酯可使脂肪体细胞分离等。

1.5.7 感觉器官

对刺激的感受是通过各类感受器完成的。感受器虽有多种分布形式，但都位于虫体周缘的感觉神经末梢，有的以分散形式存在（如触觉感受器），有的则由大量感受器集合而成（如复眼和鼓膜听器）。简单的感受器是由虫体外部表皮质部分同毛原细胞和 1 个双极感觉细胞相连接。各种感受器都由这种刚毛状结构衍生而来。下面是几类常见的感受器。

(1) 机械感受器

机械感受器用于接受使感受器或其附近的表皮暂时变形的刺激，常见的有 3 种类型：感觉毛，用于感觉、触觉或者接受气流或水流对其影响；钟状感觉器，主要位于足和触须的关节附近及翅和平衡棒的基部，主要用于感受张力与保持平衡；弦音感受器，单个或成群地出现于虫体的许多部位，主要用于感受肌肉张力的变化。

(2) 听觉感受器

听觉感受器用于感受通过空气传播的声波，如一些蝗科昆虫第 1 腹节的鼓膜听器、蟋蟀科昆虫前足胫节基部的鼓膜听器。一般能感受声波的昆虫则常有发声能力，如蝗虫、螽斯、蟋蟀、蝉等。

(3) 化学感受器

昆虫的觅食、求偶、产卵和选择栖境等行为都和化学感受器有关,在对昆虫的测报和防治工作中,利用昆虫的化学感受器来研制诱杀剂、性诱剂和忌避剂具有重要意义。化学感受器在功能上主要用作嗅觉或味觉。嗅觉感受器大都呈毛状、栓状或板状,位于触角、下颚须或下唇须上。嗅觉对昆虫寻找异性极为重要,对寻找食物及选择植物产卵等也是必需的,如有些未经交配的雌蛾发出的气味,可将 3 km 以外的雄蛾诱引至身边;再如菜粉蝶选择十字花科植物产卵,就是因为这些植物中含有芥子苷化合物所致。人们常用昆虫的嗅觉习性来防治害虫,如用糖醋酒来诱杀地老虎和黏虫等。味觉感受器有的位于口前腔或口器表面,有的位于触角上或足的跗节上,如一种蛱蝶能用跗节上的感受器区别蒸馏水和 0.78×10^{-4} mol/L 浓度的蔗糖溶液,超过了人类舌头味觉的 200 倍。人们利用昆虫味觉的特性来防治害虫,味觉器官的薄壁易为化学物质透入,易激发味觉,也易为杀虫剂所渗入,许多昆虫的跗节和中垫上的味觉器,在喷有农药的物体表面爬过就会中毒。

(4) 温度和湿度感受器

这类感受器常位于触角、下唇须和跗节上。目前对其了解不多,但一些吸血昆虫和外寄生昆虫可利用这种感受器探测有无温血动物的存在。生活在一定湿度范围的昆虫,可通过毛状、锥状和板状感受器感受湿度的变化。

(5) 感光器

单眼和复眼是两类感光器,许多昆虫同时具有单眼和复眼,或缺其一,或全无。单眼与复眼的最大区别在于单眼只有一个角膜镜,而复眼则有多个。

1.5.8 神经系统

神经系统是生物有机体传导各种刺激,协调各器官系统产生反应的结构。神经系统基本上是由神经原或神经细胞组成。一个神经元包括一个神经细胞及其神经纤维。从神经细胞分出的主枝称为轴状突,轴状突侧生一枝为侧枝,轴状突和侧枝端部一分再分成为树枝状的端丛,从神经细胞本身分出的端丛状纤维称为树状突(图 1-25)。

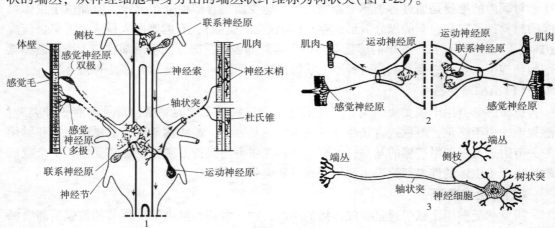

1、2. 一个简单反射弧的传导途径;3. 单极神经元

图 1-25 昆虫神经系统组织图解

一个神经细胞可能只有1个主枝，也可能有2个或更多的主枝，分别称为单极神经元、双极神经元和多极神经元。神经纤维对神经冲动的传导有方向性而不能逆转，因此按其传导方向和功能，又可将神经元分为：①感觉神经元，属于双极神经元或多极神经元，其轴状突能将神经冲动自外而内传入中枢神经系统；②运动神经元，属于单极神经元，将神经传导至各种反应器官；③联系神经元，属于单极神经元，细胞体位于神经节内。

各种神经元相互联系，集合成球，称为神经节。感觉神经元和运动神经元的神经纤维集合成束，称为神经。神经节和神经外面都包裹一层神经衣。

外界刺激与昆虫的反应，就是通过感觉神经元的传入纤维发出相应的冲动，经联系神经元传送至运动神经元而使反应器官做出反应，这是一切刺激与反应相互联系的一条基本途径，这一过程称为反射弧。构成反射弧的各种神经元的神经末端并不直接相连，它们是通过乙酰胆碱来传导冲动的，乙酰胆碱完成传导即被胆碱酯酶水解为胆碱和乙酸而消失，当下一个冲动到来时，重新释放乙酰胆碱而继续实现冲动的传导。

昆虫神经系统最主要的是中枢神经系统，包括起自头部消化道背面的脑，通过围咽神经索与消化道腹面的咽喉下神经节连结，再由此沿消化道腹面与胸部、腹部的一系列神经节相连，组成腹神经索。脑由前脑、中脑、后脑组成，通过神经与复眼、单眼、触角、额和上唇相接；咽喉下神经节的神经通过口器的上颚、下颚和下唇；腹神经索一般有11个神经节，其中胸部3个，腹部8个，各神经节发出神经，通过本节的肌肉和各种内部器官及体壁上的各种感觉器官内，许多昆虫腹部的神经节常数个合成1个。

神经冲动的传导依靠乙酰胆碱的释放与分解而实现。因此，这一过程的破坏也就导致由神经系统控制的各种生理过程的失调，如有机磷农药，就是因为它能够抑制胆碱酯酶的活性，使昆虫持续保持紧张状态，导致过度疲劳而死亡。

1.5.9 生殖系统

昆虫的生殖系统不同于躯体其他各部分的器官，主要功能是繁殖后代。昆虫的雌、雄性生殖器官，都位于腹部消化道的两侧或侧背方。两性的生殖器官大多有其相应部分。

雌性生殖器官包括卵巢、卵巢管和侧输卵管。两侧输卵管于消化道下汇合，与由体壁第8或第9腹节腹面之后的体壁内陷而成的中输卵管相连通。中输卵管之后为生殖腔（又称阴道），生殖腔的开口就是雌性的生殖孔或阴门，生殖腔的背面有1对生殖附腺。此外，生殖腔背面还附有1个受精囊，其上有1个受精囊腺，用以接收储存雄性生殖器输送来的精子，产卵时，精子由此释出而使卵受精（图1-26：1）。

雄性生殖器官主要包括睾丸、输精管、储精囊、射精管、阳茎。睾丸是形成精子的地方，由许多睾丸小管组成。睾丸下接输精管，成熟的精子经输精管而进入储精囊。储精囊末端与生殖附腺的开口相通而合成统一的开口。上述构造左右对称成对，于此汇合通入射精管。射精管是由第9腹节腹面之后的体壁内陷而成，开口于阳茎顶端（图1-26：2，3）。

授精和受精是昆虫生殖的不同过程：授精是指在雌雄交配时，雄虫将精液注入雌虫的生殖道内，在受精囊中暂时贮存起来；受精则指昆虫排卵时，卵经过受精囊口与受精囊中排出的精子会合，精子进入卵内的过程。

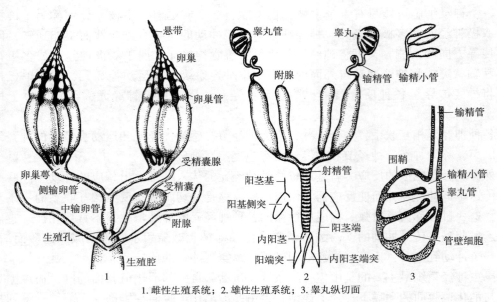

1. 雌性生殖系统；2. 雄性生殖系统；3. 睾丸纵切面

图1-26 昆虫生殖系统结构

1.5.10 分泌系统

昆虫的内分泌系统对生物体本身的生长发育和行为非常重要。能产生内激素以调节其生理机能的细胞、组织或器官有：

①脑神经分泌细胞（neurosecretory brain cell）。位于前脑背面，产生脑激素，促使前胸腺分泌蜕皮激素，控制昆虫幼期蜕皮及化蛹。此外，脑激素与咽侧体有相互刺激的作用，咽侧体可促使脑神经分泌细胞产生更多的分泌球体，可促使卵巢发育和合成胃蛋白酶。

②心侧体（corpora cardiaca）。位于脑后大动脉的一侧或两侧，其功能是作为脑神经激素的储存器，它接受从脑而来的神经纤维；另外，心侧体自身还能产生一种激素，其可影响心脏搏动速率、消化道的蠕动，刺激脂肪体释放海藻糖进入血液，激发磷酸化酶的活性及控制水分代谢等。

③前胸腺（prothoracic gland）。通常位于前胸，低等昆虫则位于头部，主要产生蜕皮激素，以引起昆虫幼期蜕皮，至成虫期才萎缩。

④咽侧体（corpora allata）。位于咽喉两侧，主要产生保幼激素，用以控制出现成虫特征，当分泌足量时，可保证因胸腺引发的蜕皮，使幼虫期的龄次序列保持正常。咽侧体在幼虫期将结束时活动减弱，至成虫期又得以恢复，此时的分泌物对卵巢和两性生殖腺的发育均是必不可少的。

目前对激素类似物的合成和应用，在国内外都做了大量的研究工作。研究发展较快的是昆虫保幼激素类似物。保幼激素是脂溶性的，对昆虫体壁有较强的渗透性，具有抑制卵内胚胎发育的作用（能影响雌虫卵巢内卵的发育或不发育）和扰乱滞育的作用。但由于这类化合物的分子结构中含有双键或环氧键，容易被紫外线光解而残效性较差。

复习思考题

1. 昆虫纲的共同特征有哪些？
2. 简述咀嚼式口器的基本构造，与之相比刺吸式口器发生了哪些变化？口器类型与植物被害状和防治有何关系？
3. 简述触角的基本构造与功能。举例说明昆虫的触角有哪些类型。
4. 翅的构造如何？举例说明昆虫的翅有哪些类型。
5. 胸足的构造如何？举例说明昆虫不同胸足类型的构造并分析其功能。
6. 昆虫体壁有哪些层次构成？各层次对保护昆虫起什么样的作用？
7. 昆虫是如何蜕皮的？"蜕"包含体壁的哪些层次？
8. 哪些因素会影响昆虫对食物的消化以及胃毒剂的杀虫效力？
9. 昆虫的循环系统有何特点？
10. 昆虫的呼吸方式有哪些？分别适应什么样的生活环境？
11. 简述昆虫神经信号的传导特点及其与害虫防治的关系。

第 2 章

昆虫生物学

【本章提要】本章主要介绍昆虫的生殖方式，卵的常见类型和胚胎发育过程，昆虫胚后发育(如幼虫期、蛹期)的特点、变态类型及其特点，成虫的主要习性和行为，世代和生活史等。

昆虫生物学是研究昆虫生活史、习性、行为以及繁殖和适应等方面的科学。其主要研究内容包括昆虫的生殖、生长发育、生命周期、各发育阶段的习性及行为、某一段时间内的发生特点等。昆虫生物学知识是学习和认识昆虫应该掌握的重要基础知识。了解昆虫基本的生物学信息，可为深入研究昆虫的行为以及开展害虫防治、益虫利用等奠定理论基础。

2.1 昆虫的生殖方式

2.1.1 两性生殖

经过交配，雄性个体把精子送入雌性个体，在精子与卵子结合(即受精)后才能形成新个体的生殖方式称为两性生殖(sexual reproduction)。精卵结合后由雌虫将受精卵产出体外，每粒卵发育成 1 个子代个体，因此又称为两性卵生。两性生殖与其他各种生殖方式在本质上的区别是：卵只有接受精子以后，卵核才能进行成熟分裂(减数分裂)；而雄虫在排精时，精子已经是进行过减数分裂的单倍体细胞。这种生殖方式在昆虫纲中极为常见，为绝大多数昆虫所具有。

2.1.2 孤雌生殖

孤雌生殖(parthenogenesis)又称单性生殖，是指卵不经过受精也能发育成新的后代个体的生殖方式。孤雌生殖包括两种情况：不经两性交配即产生新个体；虽经两性交配，但其卵未受精，产下的未受精卵仍能发育为新个体。按出现的频率，孤雌生殖一般又分为以下两种类型。

(1) 兼性孤雌生殖(facultative parthenogenesis)

兼性孤雌生殖又称偶发性孤雌生殖(sporadic parthenogenesis)，是指某些昆虫在正常情况下行两性生殖，但雌成虫偶尔产出的未受精卵也能发育成新个体的现象。常见于家蚕、舞毒蛾和枯叶蛾等昆虫。

(2) 专性孤雌生殖(obligate parthenogenesis)

一些昆虫在整个生活史中或某些世代，由于没有雄虫或只有少数无生殖能力的雄虫，所有的卵均不经受精而能发育成新个体的现象。专性孤雌生殖又可再分为以下 4 种类型。

①经常性孤雌生殖(constant parthenogenesis)。经常性孤雌生殖也称永久性孤雌生殖，其特点是雌虫在正常情况下产下的卵有受精卵和未受精卵，前者发育成雌虫，后者发育成雄虫。这种生殖方式在某些昆虫中经常出现，因而被视为正常的生殖现象。可分为两种情况：第一种是在膜翅目的蜜蜂和小蜂总科的一些种类中，雌成虫产下的卵有受精卵和未受精卵两种，前者发育成雌虫，后者发育成雄虫；第二种是有的昆虫在自然情况下，雄虫极少，甚至尚未发现雄虫，几乎或完全以孤雌生殖繁衍后代，如一些竹节虫、粉虱、蚧和蓟马等。

②周期性孤雌生殖(cyclical parthenogenesis)。周期性孤雌生殖也称异态交替(heterogeny)或世代交替(alternation of generations)，是指一些昆虫两性生殖与孤雌生殖随季节变迁交替进行的现象。这种生殖方法在蚜虫和瘿蜂中最为常见；如棉蚜 *Aphis gossypii* Glover 从春季到秋末，行孤雌生殖 10~20 余代，到秋末冬初则出现雌、雄两性个体，并交配产卵越冬。

③幼体生殖(paedogenesis)。幼体生殖是指一些昆虫在性未成熟的幼期或蛹期就能进行生殖的现象。营幼体生殖的昆虫，其幼体在母体血腔内发育，没有卵期和成虫期，甚至没有蛹期，所以世代历期很短。幼体生殖多见于双翅目、鞘翅目和半翅目的某些种类中，以双翅目摇蚊科和瘿蚊科最为典型。

④地理性孤雌生殖(geographical parthenogenesis)。地理性孤雌生殖是指一些昆虫在靠近南北两极附近或高海拔地区行孤雌生殖，而在其他地区行两性生殖。目前已经在耳象 *Otiorhynchus scaber* (L.)、多露象 *Polydrosus mollis* (Stroem) 和蓑蛾 *Cochliotheca crenulella* Braund 等昆虫中发现。

2.1.3 多胚生殖

多胚生殖(polyembryony)指一粒受精卵产生两个或两个以上的胚胎，每个胚胎发育成一个新个体的生殖现象。多胚生殖仅见于膜翅目的茧蜂科、跳小蜂科、缘腹细蜂科和螯蜂科以及捻翅目等寄生性昆虫的少数种类。

多胚生殖是对活体寄生的一种适应。寄生性昆虫常难以找到适宜的寄主，多胚生殖可使其一旦有适宜的寄主就能繁殖较多的子代。

2.1.4 卵生和胎生

两性生殖的昆虫主要是卵生，少数胎生；胎生在高等的双翅目昆虫中较常见。

(1) 卵生(oviparity)

卵生是指母体产出体外的子代虫态是受精卵，受精卵经过一定时间才能发育成新个体。这是绝大多数昆虫的生殖方法，其卵内的营养物质充足，能满足胚胎发育的需要。

(2) 胎生(viviparity)

胎生是指受精卵在母体内孵化出幼体，然后产出体外。少数昆虫卵内营养物质不能满足胚胎发育的需要，须从母体补充。胎生的优点是保护卵，同时保证胚胎发育在卵营养不足的情况下能在母体内得到补偿，以完成发育。根据幼体产出母体前获取营养方式的不同，胎生又分为以下4种类型。

①卵胎生(ovoviviparity)。卵胎生是指胚胎发育所需营养全部由卵供给，卵在母体内孵化，孵化不久的幼体就离开母体。蜚蠊、蚜虫、介壳虫、蓟马、家蝇、麻蝇和寄蝇等均有进行卵胎生的种类。

②腺养胎生(adenotrophic viviparity)。胚胎发育的营养也由卵供给，但幼体在母体内孵化后继续滞留在母体内，从母体的附腺获取营养，直至接近化蛹才离开母体，刚产出的幼体即在母体外化蛹，所以腺养胎生又称蛹生(pupiparity)。舌蝇、虱蝇、蛛蝇和蝠蝇均有进行腺养胎生的种类。

③伪胎盘生(pseudoplacental viviparity)。一些昆虫的卵无卵黄或卵黄很少，无卵壳，胚胎发育所需要的营养完全依靠伪胎盘(pseudoplacenta)组织从母体中吸收。蚜虫、啮虫、革翅目、半翅目的寄蝽和蜚蠊目的一些种类曾报道有此类生殖方式。

④血腔胎生(haemocoelous viviparity)。在捻翅目和一些行幼体生殖的瘿蚊中，当卵发育成熟后，卵巢破裂，将卵释放到母体血腔内，胚胎发育在血腔中进行。捻翅目昆虫胚胎从血淋巴中直接吸取养分，卵孵化后，幼虫经雌虫的生殖孔出来。而在一些瘿蚊中，卵母细胞不受精就在卵巢管中发育，孵化后幼虫进入血腔，幼虫取食母体的组织，至化蛹前从母体的体壁出来。

2.2　昆虫的卵和胚胎发育

卵(ovum, egg)是昆虫发育的第一个虫态，也是一个不活动的虫态，在此阶段便于进行种群调查和虫情测报。因此，了解昆虫卵的基本类型、产卵方式及胚胎发育等对认识昆虫的某些特殊习性和实际应用都具有重要意义。

2.2.1　卵的类型和产卵方式

(1) 卵的类型

昆虫卵的大小在种间差异很大。多数卵较小，但与高等动物的卵相比则相对很大；其大小既与虫体的大小有关，也同各种昆虫的潜在产卵量有关。例如，一种螽斯的卵近10 mm，而葡萄根瘤蚜的卵长仅0.02~0.03 mm；但大多数昆虫的卵长在1.5~2.5 mm之间。

昆虫的卵一般为卵圆形或肾形，也有的呈桶形、瓶形、纺锤形、半球形、球形、哑铃形，还有一些不规则形等(图2-1)。

大部分昆虫的卵初产时乳白色，还有淡

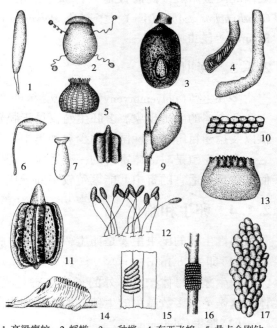

1.高粱瘿蚊；2.蜉蝣；3.一种蟀；4.东亚飞蝗；5.鼎点金刚钻；
6.种子小蜂；7.米象；8.木叶蝶；9.头虱；10.菜蝽；
11.东方叶蟀；12.草蛉；13.美洲蜚蠊；14.中华大刀螳；
15.灰飞虱；16.天幕毛虫；17.亚洲玉米螟

图2-1　昆虫卵的形状

黄色、黄色、淡绿色、淡红色和褐色等，至接近孵化时，通常颜色变深，呈绿色、红色、褐色、黑色等。根据卵的色泽可以推断某种昆虫卵的发育进度。

(2) 昆虫的产卵方式

昆虫的产卵方式有许多类型，有的单产，有的块产；有的产在寄主、猎物或其他物体的表面，有的产在隐蔽的场所，如土中、石块下、树皮下、缝隙中、寄主组织中等。大多数昆虫在产卵方式上表现高度的选择性与适应性，具体表现在以下方面。

①成虫把卵产在幼体食物源上或附近，为幼体提供了觅食之便，如很多植食性昆虫大多将卵产在寄主植物表面或组织内，幼体从卵中孵出后即可找到食物。

②保护卵不受天敌和同类的侵害，如螳螂、蜚蠊的卵包在坚硬的卵鞘内，蜚蠊还常把卵鞘携在腹末；草蛉产卵时，先分泌一点黏胶，随腹部上翘把胶拉成细丝，再将卵产在细丝顶端，这不仅在一定程度上可防止被其他天敌捕食，而且还避免了幼虫孵化后互相残杀。

③使卵有适宜的生长发育环境，如很多块产的卵表面具毛、胶质或蜡等覆盖物或囊被，这可避免在干燥时水分过量蒸发，同时还可以部分避免天敌加害。

2.2.2 卵的基本构造

昆虫的卵是一个大型细胞（图 2-2），最外面为卵壳（chorion, egg shell），卵壳里面的薄层称为卵黄膜（vitelline membrane），围绕着其内的原生质、卵黄及核。丰富的卵黄充塞在原生质网络的空隙内，但紧贴着卵黄膜的原生质中没有卵黄，这部分原生质特称周质（periplasm）。一般将这种形式的卵称为中黄式卵（centrolecithal egg）。卵未受精时，细胞核一般位于卵的中央。

卵有基部和端部之分，其端部常有 1 个或若干个贯通卵壳的小孔，称为卵孔（micropyle），受精时精子可通过此孔进入卵内，因此卵孔也称为精孔或受精孔。卵孔附近常有各种各样的刻纹，可以作为鉴别不同物种虫卵的依据之一。

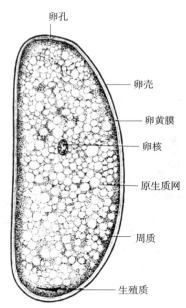

图 2-2 昆虫卵的结构

卵壳是由卵巢管中卵泡细胞分泌的一种十分复杂的结构，多较厚而坚硬，但亦可薄或膜质而能够伸缩（如很多膜翅目寄生性昆虫的卵）。胎生性昆虫的卵壳消失。在卵壳与卵黄膜之间由卵细胞分泌一薄蜡层，有防止卵内水分过量蒸发和水溶性物质侵入的作用。复杂的卵壳结构能防止卵内水分过度蒸发，使适量的水分和空气进入卵内。卵壳可分为若干层次，如普热猎蝽 *Rhodnius prolixus* 的卵壳由外向内可分为抗性外卵壳层、软外卵壳层、软内卵壳层、琥珀层、外多元酚层、鞣化蛋白质层、内多元酚层等，共 7 层；其中外面的 2 层组成外卵壳（exochorion），里面的 5 层组成内卵壳（endochorion）；这 7 层均具亲水性，水分可以自由通透。雌虫排卵前，在卵壳与卵黄膜之间由卵细胞分泌一薄层疏水性的蜡层紧贴在卵壳下，有防止卵内水分蒸发和水溶性物质侵入的作用。卵孔只终止于蜡层，当精子从卵孔进入卵内时要穿破蜡层，但数小时后，蜡层又重新愈合。雌虫产卵时，其附腺分泌由鞣化蛋白组成的黏胶层，附着于卵壳外面,卵孔也为之封闭。黏胶层可以阻止杀卵剂的侵入。

2.2.3 胚胎发育

(1) 卵裂与胚盘形成

精子从卵孔进入卵内与卵核相结合形成合核后,胚胎发育(embryonic development)随即开始。合核以一分为二的方式不断分裂,形成多数子核,子核向外移动,与卵膜下的周质结合形成胚盘(blastoderm)。

(2) 胚带、胚膜及胚层的形成

胚盘形成后,位于卵腹面的胚盘细胞分裂增厚形成胚带(germ band),胚盘的其余部分细胞则变薄,形成胚膜(embryonic envelope);接着,胚带自前向后沿中线内陷,进而分化为外、中、内3个胚层。

(3) 胚胎的分节与附肢的形成

在胚层形成的同时,胚胎开始分节。在多数昆虫中,中胚层最先分节,然后外胚层上出现横沟。在胚胎的早期,胚带前端的较宽部分称为原头(protocephalon),由此分化出上唇、口、眼和触角等;其余较狭的部分称为原躯(protocorm),由此分化出颚节、胸部和腹部,多数昆虫原躯的分节是自前向后进行的,但是一些甲虫则由胸部向前、后两端进行。在胚胎发育的中期,颚节与原头合并成为昆虫的头部。

胚胎分节后,每个体节上发生1对囊状突起——附肢原基;随着分节的进行,附肢原基延伸、分节,到胚胎发育的后期,一些附肢原基发育成附肢(appendage),另一些则退化。

胚体的附肢自前至后相继形成。根据附肢原基的出现、发展和消失过程,昆虫的胚胎发育从外观上可以分为原足期、多足期和寡足期3个连续的阶段(图2-3)。胚胎发育终止的阶段与孵化后的幼虫类型有关。

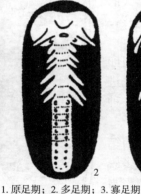

1. 原足期;2. 多足期;3. 寡足期

图 2-3 昆虫胚胎发育的 3 个阶段

① 原足期(protopod phase)。胚胎没有分节或分节不明显,或仅头部与胸部出现分节并有附肢原基。

② 多足期(polypod phase)。腹部明显分节,且每个腹节上有1对附肢。

③ 寡足期(oligopod phase)。胚胎有明显的分节,头部和胸部上的附肢发达,但腹部除生殖附肢以外,其他的附肢都退化或消失。

(4) 器官和系统的形成

当胚胎分节后,胚层就分化出昆虫的内部器官和系统。外胚层形成体壁,体壁再内陷形成内骨骼、消化道的前肠与后肠、气管系统、腺体以及神经系统;中胚层形成背血管、血淋巴、脂肪体和肌肉组织;内胚层形成消化道的中肠。

(5) 胚动

在胚胎发育过程中,胚胎在卵内改变其位置的运动称为胚动(blastokinesis)。胚动主要与充分利用卵内的营养物质有关,并使胚胎处于孵化前的合适位置。

(6)背面封合和胚膜消失

随着胚胎发育的进行,胚带两侧围绕着卵黄不断向背面延伸,胚胎逐渐变大,卵黄则作为营养物质逐渐被胚胎利用而减少,最后胚胎的两侧伸至背中线而闭合,形成一个完整的胚胎,这一闭合过程称为背面封合(dorsal enclosure),简称背合。在进入胚胎发育后期时,浆膜和羊膜从各自的愈合处破裂,背合时逐渐被拉到胚胎的背面,陷入卵黄中成为背器(dorsal organ);背合末期,背器逐渐解体并被卵黄吸收,这时胚膜完全消失,胚胎发育即告完成。

2.3 昆虫的胚后发育

昆虫从卵中孵化而出至羽化为成虫的发育过程称为胚后发育(postembryonic development)。昆虫从卵到成虫在外观上表现为体积的增大与外形的改变。体积的增大是生长的结果;体形的改变则是通过孵化、蛹化、羽化及一系列蜕皮而实现。当一个较大外形变化出现的同时,其内部器官与系统也进行着一系列的改变。

2.3.1 孵化

大多数昆虫完成胚胎发育后脱卵而出的过程或现象称为孵化(hatching,eclosion)。昆虫的孵化有多种方法,多数昆虫用上颚咬破卵壳,部分昆虫用刺状、刀状或锯状的破卵器破开卵壳,少数昆虫通过扭动身体或吸入空气来脱离卵壳。从卵内孵出到取食之前的幼虫称为初孵幼(若)虫。

2.3.2 生长与蜕皮

昆虫自卵中孵化出来后随着虫体的生长,经过一定时间,重新形成新表皮而将旧表皮脱去的过程称为蜕皮(moulting)。昆虫蜕皮的次数因种类而异,大多数有翅类昆虫一生的蜕皮次数在4~12次之间,如直翅目、半翅目、鳞翅目的若虫或幼虫通常蜕皮5次左右。仅有少数的昆虫蜕皮的次数很少或很多,如双尾纲(目)*Campodea*属和*Japyx*属的昆虫只蜕皮1次,而蜉蝣目、襀翅目昆虫可蜕皮二三十次。有些昆虫的雌虫比雄虫常多蜕1~2次皮,如蝗虫、衣鱼、皮蠹、介壳虫等。

绝大多数昆虫仅在幼期蜕皮,广义无翅亚纲的昆虫进入成虫期仍可蜕皮。有些昆虫的蜕皮次数会受环境条件的影响,不良的环境条件可能导致蜕皮次数的增加或减少。如欧洲粉蝶 *Pieris brassicae* 在14~15℃时可蜕皮5次,而在22~27℃时减少至3次。

根据蜕皮的性质,可将蜕皮分为3类:幼期伴随着生长的蜕皮为幼期蜕皮;老熟幼虫或若虫蜕皮后变为蛹或成虫的蜕皮为变态蜕皮;因环境条件改变导致增加或减少的蜕皮称为生态蜕皮。

在昆虫的胚后发育中,虫体的生长主要在幼期进行,其生长速率很高。例如,家蚕老熟幼虫的体长为初孵幼虫的24倍,而体重可增加至10 000多倍。

昆虫的生长和蜕皮交替进行,在正常情况下,昆虫幼体每生长到一定时期就要蜕一次皮，虫体的大小或生长的进程可用虫龄（instar）来表示。从孵化至第 1 次蜕皮以前的幼虫或若虫称为第 1 龄幼虫或第 1 龄若虫；第 1 次蜕皮后的幼虫或若虫称为第 2 龄幼虫或若虫，依次类推。相邻的两次蜕皮所经历的时间称为龄期（stadium）。

种内同龄幼体间的体长常有差别，但头壳宽度变异很小，可以此作为识别虫龄的重要依据。这种现象最早为 Dyar 发现并加以研究，他在 1890 年通过对 28 种鳞翅目幼虫头壳宽度的测量发现各龄间的头宽是按一定的几何级数（常为 1.2~1.4）增长的，即各龄幼虫的头壳宽度之比为一常数，即：上一龄头壳宽÷下一龄头壳宽＝常数。这一现象被称为戴氏法则（Dyar's rule）或戴氏定律（Dyar's law）。Dyar 的数据虽然不能适用于所有种类，但可以帮助我们从不连续或不完整的蜕皮材料中推断出某种昆虫的实际蜕皮次数，特别是对钻蛀性昆虫的龄级推断很有价值。例如，已知欧洲粉蝶的第 1 龄幼虫的头宽为 0.4 mm，最后 2 龄的头宽分别为 1.8 mm 和 3.0 mm，我们可根据戴氏法则推断出各龄的头宽增长率为：1.8÷3.0＝0.6，从而推知各龄的大致头宽。第 3 龄头宽：1.8×0.6＝1.08 mm，实测为 1.1 mm；第 2 龄头宽：1.08×0.6＝0.65 mm，实测为 0.72 mm；第 1 龄头宽：0.65×0.6＝0.39 mm，实测为 0.4 mm。

2.3.3　变态及其类型

昆虫在个体发育过程中，特别是在胚后发育阶段要经过的一系列形态变化，称为变态（metamorphosis）。根据各虫态体节数量的变化、虫态的分化及翅的发生等特征，可把变态分为以下 5 大类。

（1）增节变态（anamorphosis）

增节变态是六足亚门中最原始的一类变态，其特点是幼期与成虫之间腹部的体节数量逐渐增加。这种变态在六足亚门中仅见于原尾纲（目）昆虫：初孵化时腹部只有 9 节，以后逐渐增加至 12 节为止。

（2）表变态（epimorphosis）

表变态的主要特点是幼体从卵中孵化出来后已基本具备成虫的特征，在胚后发育过程中仅表现为个体增大、性器官成熟等，但到成虫期仍然继续蜕皮。见于弹尾纲（目）、双尾纲（目）和昆虫纲的石蛃目和衣鱼目昆虫。

（3）原变态（prometamorphosis）

原变态是有翅类昆虫中最原始的变态类型，其特点是从幼期变为成虫期之间要经过一个亚成虫（subimago）期，亚成虫外形与成虫相似，初具飞行能力并已达性成熟，一般经历 1 至数小时，再进行一次蜕皮变为成虫。为蜉蝣目昆虫独具，幼期虫态称为"稚虫"。

（4）不完全变态（incomplete metamorphosis）

不完全变态亦称直接变态（direct metamorphosis），只经过卵期、幼期、成虫期 3 个阶段，翅在幼体的体外发育，成虫的特征随着幼期虫态的生长发育逐步显现，为"外翅类"除蜉蝣目以外的昆虫所具有。不完全变态又分 3 个亚型。

①半变态（hemimetamorphosis）（图 2-4）。幼体水生，成虫陆生；二者在体形、呼吸器官、取食器官、运动器官及行为等方面均有不同程度的分化，以致成、幼体间的形态分化显著。其幼体特称为稚虫（naiad）。见于蜻蜓目、襀翅目昆虫。

②渐变态(paurometamorphosis)(图2-5)。昆虫的幼期与成虫期在体形、生境、食性等方面非常相似，但幼期的翅发育不全，称为翅芽；性器官也未发育成熟，所以成虫在形态上除了翅和性器官外，与幼期没有其他显著区别。它们的幼期昆虫通称为若虫(nymph)。属于渐变态的昆虫有䗛螳目、螳螂目、直翅目、蜚蠊目、革翅目、纺足目、啮目、虱目和绝大部分半翅目等。

③过渐变态(hyperpaurometamorphosis)(图2-6)。幼体与成虫均陆生，形态相似，在末龄幼体向成虫期转变时要经过一个不食不动的类似"蛹"的时期，比渐变态显得复杂所以被称为过渐变态。一般认为，过渐变态是昆虫从不完全变态向完全变态演化的一个过渡类型。缨翅目、半翅目粉虱科和雄性蚧类等属于这种类型。

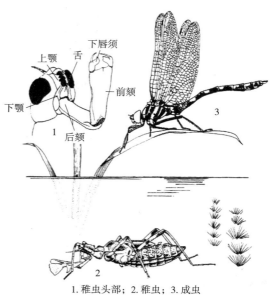

1.稚虫头部；2.稚虫；3.成虫

图2-4　蜻蜓的半变态

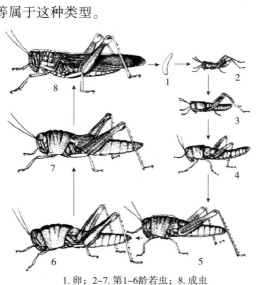

1.卵；2~7.第1~6龄若虫；8.成虫

图2-5　棉蝗的渐变态

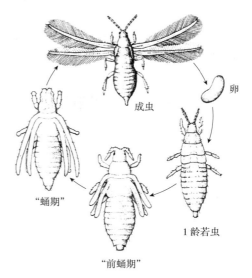

图2-6　梨蓟马的过渐变态

(5)完全变态(complete metamorphosis)

完全变态也称间接变态(indirect metamorphosis)。完全变态类昆虫一生经过卵、幼虫、蛹和成虫4个不同的虫态，为"内翅类"昆虫所具有。该类昆虫的幼虫和成虫不仅在外部形态与内部结构上不同，而且大多食性和生活习性也差异很大。如鳞翅目昆虫的幼虫为植食性，以食料植物为栖息环境，而成虫则访花吮蜜，有的种类成虫不取食；双翅目、膜翅目等寄生性种类的成、幼虫形态和习性则相差更大(图2-7)。

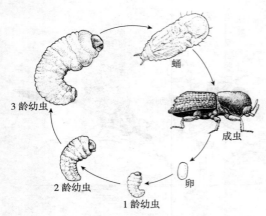

图 2-7 小蠹虫的完全变态

在完全变态类昆虫中，某些幼虫营寄生生活，其幼虫各龄级间形态、生活方式等明显不同，比一般完全变态昆虫的变态复杂得多，因而特称为复变态（hypermetamorphosis）。

2.3.4 幼虫期

幼虫（larva，复数 larvae）期是完全变态类昆虫主要的取食阶段，常对植物造成危害。由于完全变态类昆虫种类繁多，生境、食性和习性等差别很大，所以幼虫的形态远比稚虫、若虫等复杂。根据足的数量及发育情况可把完全变态类昆虫的幼虫分为以下 4 大类。

（1）原足型幼虫（protopod larva）

在胚胎发育的原足期孵化，有的连腹部的分节也没完成，胸足只是简单的突起，神经系统和呼吸系统简单，器官发育不全；幼虫为寄生性，浸浴在寄主体液或卵黄中，通过体壁吸收寄主的营养，如膜翅目某些种类。根据腹部的分节情况，原足型幼虫又分为以下两类。

①寡节原足型幼虫（oligosegmented protopod larva）（图 2-8：1）。形似胚胎，腹部不分节，胸足及其他附肢仅为几个突起。如某些广腹细蜂科昆虫的低龄幼虫。

②多节原足型幼虫（polysegmented protopod larva）（图 2-8：2）。此类幼虫附肢虽未发育，但腹部已明显分节。如环腹蜂科、姬蜂总科、小蜂总科和细蜂总科的某些低龄幼虫。

（2）无足型幼虫（apodous larva）

无足型幼虫又称蠕虫型幼虫（vermiform larva），其显著特点是胸部和腹部无足，见于双翅目、蚤目、部分膜翅目及鞘翅目等的昆虫。按照头部的发达或骨化程度又可分为以下 3 类。

①全头无足型幼虫（eucephalous larva）（图 2-8：3）。头部骨化，全部露出体外。如低等的双翅目、蚤目、膜翅目的细腰亚目、部分蛀干性鞘翅目、部分潜叶性鳞翅目的幼虫及捻翅目的末龄幼虫等。

②半头无足型幼虫（hemicephalous larva）（图 2-8：4）。头部仅前端骨化，外露，后端常缩入胸部。如双翅目的短角亚目和一些寄生性膜翅目的幼虫。

③无头无足型幼虫（acephalous larva）（图 2-8：5）。又称蛆形幼虫；头部十分退化，完全缩入胸部，或仅有外露的口钩。如

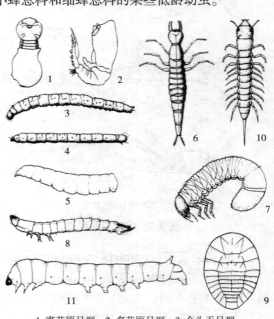

1. 寡节原足型；2. 多节原足型；3. 全头无足型；
4. 半头无足型；5. 无头无足型；6. 步甲型；7. 蛴螬型；
8. 叩甲型；9. 扁型；10. 蛞型；11. 蠋型

图 2-8 幼虫的类型

双翅目短角亚目环裂部的幼虫。

(3) 寡足型幼虫（oligopod larva）

胸足发达，但无腹足或仅有 1 对尾须。如步甲、瓢虫、草蛉等捕食性昆虫的幼虫及金龟甲的幼虫等。其形态变化较大，又可分为以下类型。

①步甲型幼虫（carabiform larva）（图 2-8：6）。口器前口式，胸足很发达，行动较迅速。如步甲、瓢虫、水龟虫、草蛉等捕食性昆虫的幼虫。

②蛴螬型幼虫（scarabaeform larva）（图 2-8：7）。体肥胖，常弯曲呈"C"形，胸足较短，行动迟缓。如金龟甲的幼虫。

③叩甲型幼虫（elateriform larva）（图 2-8：8）。体细长，略扁平，胸足较短。如叩甲、拟步甲等的幼虫。

④扁型幼虫（platyform larva）（图 2-8：9）。体扁平，胸足有或退化。如一些扁泥甲科及花甲科的幼虫。

(4) 多足型幼虫（polypod larva）

除具胸足外，腹部尚有多对附肢，各节两侧有气门。如大部分脉翅目、广翅目、极少数甲虫、长翅目、鳞翅目和膜翅目叶蜂类等的幼虫。根据腹部的构造，可把多足型幼虫分为以下两类。

①蛃型幼虫（campodeiform larva）（图 2-8：10）。形似石蛃，体略扁，胸足及腹足较长。如一些脉翅目、广翅目、毛翅目的幼虫。

②蠋型幼虫（eruciform larva）（图 2-8：11）。体圆筒形，胸足及腹足较短。如鳞翅目、部分膜翅目、长翅目的幼虫。

2.3.5 蛹期

完全变态类昆虫的幼虫在获取足够的营养之后从自由活动的虫态进入不食不动的虫态的过程或现象称为蛹化（pupating, pupation）或化蛹。蛹是完全变态类昆虫在胚后发育过程中，由幼虫变为成虫时必须经过的一个特有的静止虫态。蛹的生命活动虽然在外表是相对静止的，但其内部却进行着某些器官消解和某些器官形成的剧烈变化。

(1) 预蛹和蛹

完全变态类昆虫的末龄幼虫蜕皮化蛹前，停止取食，为安全化蛹，寻找适宜的化蛹场所，有的吐丝结茧，有的构筑土室。随后，幼虫身体缩短，体色变浅或消失，不再活动，此时称为预蛹或前蛹。预蛹实际上为末龄幼虫化蛹前的静止时期。在预蛹期，幼虫表皮已部分脱离，成虫的翅和部分附肢已翻出体外，只是被末龄幼虫表皮包围掩盖。待蜕去末龄幼虫的表皮之后，翅和附肢显露于体外，即为化蛹。自末龄幼虫蜕去表皮起至变为成虫时期止所经历的时间，称为蛹期。

(2) 蛹的类型

根据蛹壳、附肢、翅与体躯的接触情况等，常将昆虫的蛹分为以下 3 种类型（图 2-9）。

蛹的类型

①离蛹（exarate pupae）。又称裸蛹，其附肢和翅不贴附在身体上，可以活动，腹节间也能活动。如脉翅目、鞘翅目、毛翅目、长翅目、膜翅目和鳞翅目轭翅亚目的蛹；在脉翅目和

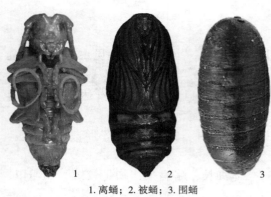

1. 离蛹；2. 被蛹；3. 围蛹
图 2-9　昆虫蛹的类型

毛翅目昆虫中，蛹甚至可以爬行和游泳。

②被蛹(obtect pupae)。被蛹的体壁多坚硬，附肢和翅紧贴在蛹体上不能活动，腹部各节不能扭动或仅个别节能动。如大多数鳞翅目、鞘翅目隐翅甲科、双翅目短角亚目直裂部的蛹。

③围蛹(coarctate pupae)。围蛹的蛹体本身是离蛹，只是蛹体被末龄幼虫所蜕的皮构成的蛹壳所包围，即直接在末龄幼虫的皮壳内化蛹。如双翅目短角亚目环裂部昆虫的蛹及部分捻翅目昆虫的雄蛹。

2.4　昆虫成虫期生物学特征

2.4.1　羽化

昆虫的成虫从其前一虫态蜕皮而出的过程或现象称为羽化(emergence)。完全变态类昆虫在将近羽化时，蛹体颜色变深，成虫在蛹内不断扭动，致使蛹壳破裂。一些蝇类羽化时，成虫身体收缩，将血液压向头部的额囊，将蛹壳顶破。蛹外包有茧的昆虫，在羽化时，或用上颚咬破茧(如一些鞘翅目、膜翅目昆虫)；或用身体上坚硬的突起，将茧穿破；或自口内分泌一种溶解丝的液体，将茧一段软化溶解出孔洞，成虫由洞钻出(如家蚕、柞蚕等鳞翅目昆虫)；草蛉在羽化之前，以强大的上颚将茧撬破，破茧而出；也有些昆虫如三化螟，在幼虫化蛹前，先做好羽化孔，以便于羽化。

刚羽化的成虫身体柔软，色淡，翅皱缩，常爬至高处，借血液压力将翅展平，并从肛门排出黄褐色的浓混浊液即蛹便，是蛹期的代谢物。羽化不久，成虫体色加深，体壁硬化，并开始飞翔、觅食、寻偶、交配、产卵等活动。

不完全变态类昆虫在羽化前，其若虫或稚虫先寻找适宜场所，用胸足攀附在物体上不再活动，准备羽化。羽化时，成虫头部先从若虫的胸部裂口处伸出，后逐渐脱出全身。

成虫是昆虫个体发育的最后一个虫态，是完成生殖使种群得以繁衍的阶段。昆虫发育到成虫期，雌雄性别已明显分化，性腺逐渐成熟，并具有生殖能力，所以成虫的一切生命活动都是围绕着生殖展开的。

2.4.2　雌雄二型与多型现象

在正常情况下，昆虫个体的性别有3种情况：雄性、雌性和雌雄同体。雌性(female)常用符号"♀"表示，雄性(male)常用符号"♂"表示。大多数种类中，雌性成虫略比同种的雄性个体大，颜色较暗淡，活动能力较差，寿命较长；多数昆虫的雄性个体比同种雌性体小，色泽鲜艳，活动能力强，寿命短。

(1) 雌雄二型现象

雌雄二型现象也称性二型(sexual dimorphism)，是指同种的雌、雄个体，除生殖器官的结构差异和第二性征的不同外,在大小、颜色、结构等方面存在明显差异的现象。例如,一些蛾类雌性的触角为丝状,翅缰为1根,而雄性的触角为羽状,翅缰在2根以上;有些昆虫雌性个体显著大于雄性个体;有些昆虫的雌性个体小于雄性个体,如大部分锹甲科昆虫;雌雄两性颜色明显不同的现象在鳞翅目蝶类昆虫中较为常见。在结构上,有些昆虫两性个体的差别更大,介壳虫、袋蛾、捻翅目的雌性不仅无翅,而且在体形及其他结构上也与雄性不同;不少锹甲科昆虫雄性的上颚特别发达,而雌性个体的上颚则明显较小;一些犀金龟科的雄性个体头部及胸部有巨大的突起,而雌性个体的头部和胸部则无相应的突起等(图2-10)。

(2)多型现象

同种昆虫同一性别的个体间在大小、颜色、结构等方面存在明显差异的现象称为多型现象(polymorphism)。多型现象不仅出现在成虫期,也可出现于卵、幼虫或若虫期及蛹期。昆虫本身的遗传物质、激素动态和外部的气候条件、食物等是多型现象产生的主要原因,这些因子综合作用常使昆虫多型现象与特定的季节及地理位置相适应。如鳞翅目昆虫色斑多型现象常随季节变化而产生;半翅目的蚜虫、飞虱的多型现象常与食物的质量有关。社会性昆虫的多型现象则更为复杂,不同类型间不仅形态有别,而且其行为也有相应的分化,并能随着种群的变化而调整各类型的比例。如蜜蜂有蜂王、蜂后、工蜂等明显的分工;蚂蚁的种群中至少有蚁后、生殖型雌蚁、生殖型雄蚁、工蚁、兵蚁等类型,因而被称为社会性昆虫(图2-11)。

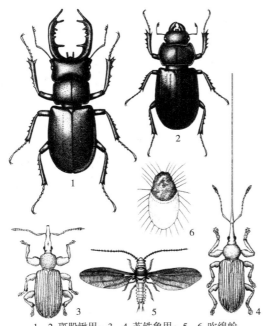

1、2.斑股锹甲;3、4.苏铁象甲;5、6.吹绵蚧
1,3,5.雄性;2,4,6.雌性

图2-10 几种昆虫的雌雄二型现象

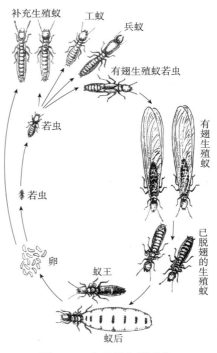

图2-11 白蚁的多型现象

2.4.3 昆虫的性成熟

(1) 性成熟

性成熟是指成虫体内的性细胞,即精子和卵发育成熟。一般刚羽化的成虫,其细胞尚未完全成熟,但不同种类或同种昆虫不同性别个体的性成熟早晚也有差别,通常雄虫性成熟较雌虫为早。完全变态类昆虫的雄虫往往在羽化时精子已经成熟,成虫性成熟所需营养主要在幼虫阶段积累,所以性成熟的早晚在很大程度上取决于幼虫期的营养,如毒舞蛾、家蚕等成虫的口器退化,不需取食,羽化时性成熟便能交配产卵,寿命很短,常只有数天,甚至数小时。蜉蝣就有"朝生暮死"之称,就是因为其羽化后性已成熟,羽化当日即交配产卵,并很快死亡。

(2) 补充营养

大多数昆虫,尤其是直翅目、半翅目、鞘翅目、鳞翅目夜蛾科的昆虫,在幼虫期积累的营养不足,其成虫羽化后尚未性成熟,需要继续取食,才能达到性成熟,这种为完成性成熟而进行的取食活动称为补充营养。有些昆虫的性成熟还需要一些特殊的刺激才能完成,如东亚飞蝗、黏虫等,必须经过长距离的迁飞;一些蚊、跳蚤必须经过吸血刺激;飞蝗的雌虫必须经过交配,在接受雄虫体表的外刺激后才能达到性成熟。

(3) 交配与产卵

昆虫性成熟后就要进行交配。其交配次数因种而异,有的一生只交配1次,有的交配多次,一般雄虫交配次数比雌虫多。每种昆虫一生交配的次数是由种的特性决定的。了解昆虫交配的次数与不育防治的效果有密切关系。

昆虫的生殖力在不同种类间有很大的差异,但总的来说,生殖力是较高的。生殖力的大小既取决于种的遗传性,也受生态环境的影响。事实上,只有在最适宜的环境条件下才能实现最大的生殖力。如白蚁的生殖力极大,一头蚁后每分钟可产卵60粒,1天产卵高达1万粒以上,一生能产5亿粒卵。由此可见,昆虫的生殖力极大,是非常惊人的。

成虫从羽化到第1次产卵的间隔期,称为产卵前期。从开始产卵到产卵结束的时间,称为产卵期。成虫的防治,应掌握在产卵前期内进行。成虫产完卵后,多数种类很快死亡,雌虫的寿命一般较雄虫为长。社会性昆虫的成虫有照顾后代的习性,它们的寿命较一般昆虫长得多。

2.5 昆虫的世代和生活史

2.5.1 世代和生活史

了解昆虫的世代和生活史对害虫防治以及天敌昆虫的利用等均具有重要的理论和实践意义。

(1) 世代和生活史的概念

昆虫的卵(或幼体)从离开母体开始到成虫性成熟并能产生后代为止称为1个世代

(generation)或生命周期(life cycle)。在正常情况下，昆虫的新个体从离开母体到死亡所经历的时间称为昆虫的寿命(life-span)。所以，昆虫的寿命往往比其生命周期长，两者差异的大小取决于成虫进行生殖后所存活的时间。

昆虫的生活史(life history)是指一种昆虫在一定阶段的个体发育史。生活史常以1年或1个世代为时间范围，昆虫在1年中的生活史称为年生活史或生活年史(annual life history)，而昆虫完成一个生命周期的发育史称为代生活史或生活代史(generational life history)。

昆虫的生活史是昆虫生物学研究的基本内容之一，为了清楚地描述昆虫在1年中的生活史特征，可采用各种图、表、公式来表达或用图表混合的形式来表达(表2-1)。

表2-1 天牛卵长尾啮小蜂年生活史(山东泰安)

世代	4月			5月			6月			7月			8月			9月			10月			11月至翌年3月		
	上	中	下	上	中	下	上	中	下	上	中	下	上	中	下	上	中	下	上	中	下	上	中	下
越冬代	(-)	(-)	-	-	-	-	-																	
						△	△	△																
							+	+															
第1代								●	●															
								-	-														
									△	△	△	△											
										+	+	+											
第2代											●	●	●					-	-	-	-	(-)	(-)	(-)
													-	-	-	-	-						
													△	△									
第3代 (越冬代)													+	+	+									
													●	●	●								
															-	-	-	-	-	-	(-)	(-)	(-)

注：● 卵；- 幼虫；(-) 越冬幼虫；△ 蛹；+ 成虫。

(2) 昆虫生活史的多样性

①昆虫的化性(voltinism)。昆虫在1年内发生的世代数称为化性。1年只发生1代的称为一化性(univoltine)，1年发生2代的称为二化性(bivoltine)，1年发生3代以上的称为多化性(polyvoltine)，2年以上才完成一个生命周期者称为部化性(parvoltine)。例如，舞毒蛾 *Lymantria dispar* 1年发生1代，为典型的一化性昆虫；而很多蚜虫1年发生几代至几十代，为典型的多化性昆虫；很多蛀干性和土栖性昆虫几年甚至十几年才完成1代，为典型的部化性昆虫。

少数昆虫的化性因地理位置的不同而异，如小地老虎 *Agrotis ipsilon* 大致在长城以北1年发生2~3代；长城以南，黄河以北1年3代；黄河以南至长江沿岸1年4代；长江以南1年4~5代；南部亚热带地区包括广东、云南南部每年多达6~7代。

②世代重叠(generation overlapping)。二化性和多化性昆虫由于发生期及产卵期较长，因而使前后世代间明显重叠的现象称为世代重叠。一化性昆虫前后世代间重叠的现象较少，但有些昆虫由于越冬期、出蛰期的差异也会出现世代重叠的现象。在多化性昆虫中，世代完全不重叠或只有极少一部分重叠的现象很少，要弄清各世代的发生情况比较困难。

③局部世代(partial generation)。同种昆虫在同一地区具有不同化性的现象叫局部世代。例如，榆绿毛萤叶甲 *Pyrrhalta aenescens* 在北京地区第1代成虫6月下旬羽化，其中绝大部分个体经过半个月左右的取食后就开始越冬，但有一小部分则继续产卵，发生2代；又如桃小食心虫 *Carposina sasakii* 第1代幼虫蜕皮后，大多数在地面结茧化蛹继续发生第2代，但另一部分幼虫入土结越冬茧进入越冬状态。

④世代交替(alternation of generations)。又称异态交替。有些多化性昆虫在1年中的若干世代间生殖方式甚至生活习性等方面有着明显差异，两性生殖与孤雌生殖交替发生，称世代交替。如瘿蜂科一些种类，1年发生2代，春季世代只有雌虫，夏季世代则有雌虫和雄虫，行两性生殖；又如蚜虫，从春季到秋末，没有雄蚜，行孤雌生殖，到秋末冬初才出现雄性个体，雌雄交配产有性卵越冬。

2.5.2　休眠和滞育

在昆虫生活史的某一阶段，当遇到不良环境条件时，生命活动会出现停滞现象以安全渡过不良环境阶段。这一现象常和盛夏高温和隆冬的低温相关，即越夏或夏眠(aestivation)和越冬或冬眠(hibernation)。根据引起和解除停滞的条件，可将停滞现象分为休眠和滞育两类。

(1)休眠

休眠(dormancy)是指由不良环境条件直接引起的，当不良环境条件消除后昆虫马上能恢复生长发育的现象。因此，休眠是昆虫对不良环境条件的暂时性适应。有些昆虫需要在一定的虫态或虫龄休眠，如东亚飞蝗均在卵期休眠，有些昆虫在任何虫态均可休眠，如小地老虎在我国江淮流域以南以成虫、幼虫或蛹均可休眠越冬。

(2)滞育

滞育(diapause)是由遗传性决定的，同时也受光周期、温度、湿度、营养等因素共同作用的结果，并受体内激素的调控。昆虫一旦进入滞育，即使给予适宜的环境条件也不能立即恢复发育，而需经一定的物理或化学条件(如低温、光照等)刺激才能解除滞育。滞育有兼性滞育和专性滞育两类。

①专性滞育(obligatory diapause)。又称绝对滞育，一般发生于固定的世代和固定的虫态，到了一定的时期必然发生，该滞育常常为一化性昆虫所具有。如春尺蛾、大豆食心虫等。

②兼性滞育(facultative diapause)。又称任意性滞育，滞育可以发生在任何一个世代，常存在一部分个体进入滞育而其他个体则继续生长发育的现象。如柳毒蛾。

引起昆虫滞育的外界环境条件有光照、温度、湿度和食物等。在自然界所有变化的物理因素中，光周期的变化最为规律，它给昆虫提供的环境变化信息最为稳定，因此光周期是影响昆虫滞育最主要的因素。引起昆虫种群中50%个体进入滞育的光周期，称为临界光周期(critical photoperiod)。不同昆虫或同种不同地理种群的昆虫,其临界光周期也不同。如三化螟南京种群和广州种群分别为 13.75 h 和 12 h。感受光照刺激的虫态,称为临界光照虫态。临界光照虫态常常是滞育虫态的前一个虫态,如家蚕以卵滞育,其临界光照虫态为上一代成虫。

引起昆虫滞育的内因是激素。卵滞育是由于雌成虫的感觉器官接受外界刺激,引起脑神经分泌细胞分泌脑激素,进而活化咽下神经节,使之分泌滞育激素,再通过血液传送而作用于卵。幼虫和蛹的滞育则是由于脑神经节分泌细胞停止分泌活动,前胸腺不被活化,不能分泌蜕皮激素,使幼虫和蛹的发育受到抑制而形成滞育幼虫和滞育蛹。成虫滞育主要是在不良环境下,脑神经分泌细胞的分泌受到抑制,不能分泌脑激素,咽侧体不被活化,不能分泌保幼激素,而使性腺和性细胞发育受到抑制。

进入滞育的昆虫要经过一定时间的滞育代谢才能解除滞育。光周期、温度及湿度是解除滞育的主要因子,如多数冬季滞育的昆虫一般要经过一段时间的低温(0~10 ℃)处理才能解除滞育;而一些蟋蟀和一些脉翅目昆虫当春天时数超过临界光周期时才能解除滞育。

2.6 昆虫的习性和行为

习性(habit)是昆虫种或种群具有的生物学特性,亲缘关系相近的昆虫常具有相近的习性。行为(behavior)是昆虫的感觉器官接受刺激后通过神经系统的综合而使效应器官产生的反应。因昆虫种类多,其习性和行为非常复杂。

2.6.1 活动的昼夜节律

昼夜节律(circadian rhythm)是指昆虫的活动与自然中昼夜变化规律相吻合的变化规律。绝大多数昆虫的活动,如飞翔、取食、交尾等,甚至有些昆虫的孵化、羽化,均有它的昼夜节律。这些都是种的特性,是有利于该种生存、繁育的生活习性。通常,白昼活动的昆虫称为日出性或昼出性(diurnal)昆虫,如蝶类、蜻蜓、虎甲、步行虫等;夜间活动的昆虫称为夜出性(nocturnal)昆虫,如绝大多数蛾类;另一些只在弱光下(黎明或黄昏时)活动的昆虫称为弱光性(crepuscular)昆虫,如蚊子、少数蛾类等。

由于自然界中昼夜长短随季节变化,所以许多昆虫的活动节律也有季节性。1 年发生多代的昆虫,各世代对昼夜变化的反应也会不同,明显地表现在迁移、滞育、交配、生殖等方面。

2.6.2 食性与取食行为

(1) 食性

食性即取食的习性(feeding habits)。昆虫多样性的产生与其食性的变化是分不开的。根据昆虫所取食的食物性质,分为植食性(phytophagous)、肉食性(carnivorous)、腐食性(saprophagous)、杂食性(omnivorous)等几个主要类别。植食性和肉食性一般分别指以植物和动物的活体为食物的食性,而以动物的尸体、粪便等为食的均可列为腐食性。既取食植物又取食动物的昆虫为杂食性昆虫,如蜚蠊等。当然,还可进一步细分,如菌食性、粪食性、尸食性等。

根据取食食物范围，可将其食性分为单食性（monophagous）、寡食性（oligophagous）和多食性（polyphagous）3 类。能取食不同科多种植物的称为多食性，多为害虫，如玉米螟能取食危害 40 科 181 属 200 多种植物；能取食 1 个科（或个别近缘科）的若干种植物的称为寡食性害虫，如菜粉蝶取食十字花科植物。只取食 1 种植物或极近缘的少数几种植物的称为单食性害虫，如葡萄根瘤蚜只危害葡萄。

昆虫的食性具有相对的稳定性，但也有一定的可塑性，在食料缺乏时，其食性也可能会被迫改变或发生分化。

（2）取食行为

昆虫的取食行为多种多样，但取食的步骤大体相似。例如，植食性昆虫取食一定要经过兴奋、试探与选择、取食、清洁等过程；捕食性昆虫的取食过程一般分为兴奋、接近、试探与猛捕、麻醉猎物、进食、抛开猎物、清洁等阶段。有些捕食性昆虫还具有将取食过的猎物空壳背在体背的习性，如部分猎蝽的若虫和部分草蛉的幼虫等。

2.6.3 趋性

趋性（taxis）是指昆虫对某种外界刺激源表现出的趋向或躲避的行为。根据刺激源可将趋性分为趋光性、趋化性、趋热性、趋湿性等。根据反应的方向，可将趋性分为正趋性和负趋性（躲避）两类。许多昆虫（如大多数夜出性蛾类）有趋光性；而蜚蠊类昆虫经常藏身于黑暗的场所，见光便躲，即有负趋光性或称为背光性。趋化性在昆虫寻找食物、异性和产卵场所等活动中起着重要作用。

不论哪种趋性，都是相对的，对刺激的强度和浓度有一定的可塑性。如有趋光性的昆虫对光的波长和光的照度也有选择。蚜虫黑夜不起飞，白天起飞，而且光对它的迁飞有一定的导向作用；蝴蝶多在白天活动，但当夜里光源较强时，距光源较近的一些蛱蝶和粉蝶具有微弱的趋光性。昆虫对化学刺激也具有相似的反应，如过高浓度的性引诱剂不但起不到引诱作用，反而成为抑制剂。

了解昆虫的趋性可以帮助我们管理昆虫，如人们可以利用昆虫的趋性采集标本，进行害虫和天敌预测预报，诱杀害虫等活动。

2.6.4 群集性

群集性（aggregation）是指同种昆虫的个体大量聚集在一起的习性。许多昆虫具有群集性，根据群集的时间长短可将群集分为临时性群集和长久性群集两类，前者只是在某一虫态或一段时间内群集在一起，过后就分散；后者则终身群集在一起。例如，马铃薯瓢虫、榆蓝叶甲等有群集越冬的习性，天幕毛虫幼虫有在树杈结网，并群集栖息在网内的习性，这些均属于临时性群集；具有社会性生活习性的蜜蜂为典型的长久性群集。但有时二者的界限并不明显，如东亚飞蝗有群居型和散居型之别，两者可以互相转化。

2.6.5 拟态和保护色

一种生物模拟另一种生物或模拟环境中的其他物体从而获得好处的现象，称为拟态

(mimicry)或生物学拟态(biology mimicry)。这一现象广泛见于昆虫中,卵、幼虫(若虫)、蛹和成虫阶段都可有拟态,所拟的对象可以是周围的物体或生物的形状、颜色、化学成分、声音、发光、行为等。拟态对昆虫的取食、避敌、求偶等有着重要的生物学意义。

最常见的拟态有两种类型。一类称为贝氏拟态(Batesian mimicry),以该类拟态记述者 H. W. Bates 的名字而得名。其经典性实例发生在君主斑蝶 *Danaus plexippus*(被拟者)和副王蛱蝶 *Limenitis archippus*(拟态者)之间,这两种蝴蝶的色斑型非常相似。但前者的幼虫因取食萝藦科植物而体内含有食物所具有的有毒物质,并积累贮存到成虫期,鸟捕食了这种蝴蝶后会出现呕吐、痉挛等中毒症状。因此,凡是首次捕食过君主斑蝶的鸟,以后对副王蛱蝶也采取回避的态度。没有经验的鸟如果首次碰到并取食了无毒的副王蛱蝶,它以后可能还会捕食君主斑蝶。所以,对于贝氏拟态系统中的拟态者是有利的,而对被拟昆虫是不利的。另一类常见的拟态称为缪氏拟态(Müllerian mimicry),以记述者 F. Müller 的姓氏而得名。其被拟者和拟态者都是不可食的,捕食者无论先捕食其中哪一种,都会引起对两种昆虫的回避。因此,该类拟态无论对拟态者还是对被拟者都有利。这类拟态在红萤科昆虫、蜂类、蚁类中均可见到。

有些昆虫具有同它的生活环境中的背景相似的颜色,这有利于"欺骗"捕食性动物的视线而达到保护自己的效果。例如,在草地上的绿色蚱蜢、栖息在树干上的翅色灰暗的夜蛾类昆虫。有些还随环境背景颜色的改变而变换身体的颜色。这类拟态者的体色被称为保护色(protective coloration)。

昆虫的保护色还经常连同形态也与背景相似联系在一起。例如,尺蠖幼虫在树枝上栖息时,以后部的腹足固定在树枝上,身体斜立,很像枯枝;枯叶蝶 *Kalima* spp. 停息时双翅竖立,翅反面极似枯叶,甚至还有树叶病斑状的斑点。

一些鞘翅目、半翅目、双翅目、鳞翅目等昆虫模拟具有蜇刺能力的胡蜂的色斑,通常称其为警戒色(warming coloration)。

有些昆虫既有保护色,又具有警戒色。例如,一些蛾类前翅有与环境相似的色斑,后翅有类似鸟、兽类眼睛的斑纹;在休息时以前翅覆盖腹部和后翅,当受到袭击时,突然张开前翅,展现颜色鲜明的后翅眼斑,这种突然的变化往往能把袭击者吓跑。很多绿色的蚱蜢具有鲜红色的后翅,一些竹节虫后翅臀区樱红色或具有其他花斑,也有类似的作用。

2.6.6 假死性

一些金龟子、象甲、叶甲的成虫和有些尺蠖的幼虫,在受到突然的振动或触动时,就会立即收缩其附肢而掉落,称"假死现象"。这是昆虫对外界刺激的防御性反应。许多昆虫凭借这一简单的反射来逃脱敌害的袭击。在害虫防治上,人们可利用其假死习性,进行振落捕杀。

复习思考题

1. 昆虫变态有哪些主要类型?各有什么特点?分别包括哪些昆虫类群?
2. 完全变态昆虫的幼虫有哪些类型?各有什么特点?

3. 如何区别离蛹、被蛹和围蛹？
4. 什么是雌雄二型、多型现象？请举例说明。
5. 昆虫的休眠与滞育有何异同点？引起滞育的主要环境因子有哪些？
6. 昆虫的食性有哪些类型？
7. 林业害虫的防治中，应特别注意害虫的哪些行为和特点？
8. 拟态主要有哪两种类型？二者之间有何区别？

第 3 章

昆虫分类学

【本章提要】本章主要介绍昆虫分类的基本原理,包括物种的概念、分类的阶元、昆虫的命名和命名法规,以及昆虫纲的分类系统,并对与林业有关的主要目及其分类进行了概述。

昆虫是自然界中最昌盛的动物类群,其种类及数量极多。据报道,全世界估计现有昆虫约 1000 万种,而已描述的昆虫种类约 110 万种,约占整个已知生物总数的 65%。

我国幅员辽阔,环境复杂多样,生物资源极为丰富,是世界上昆虫种类最多的国家之一。据报道,我国的昆虫种类约占世界昆虫种类的 1/10,按这个比例,我国昆虫种类应超过 100 万种,而我国目前已记载鉴定的昆虫种类仅约 15 万种,还有更多的昆虫尚未被发现,而且,有不少种类在未被我们认识之前就已灭绝。因此,查清自然界昆虫资源及区系是当代科学研究的一项重要内容和任务。在这方面,我国的任务尤为繁重。

昆虫不仅种类繁多,数量庞大,而且分布范围之广也是惊人的,地球上的每个角落几乎都有它们的踪迹,其中有很多种类与人类有着极为密切的利害关系。人类在生产活动和科学实验中,不但有许多害虫和益虫要认识,而且有许多在生产上迫切需要解决的近似种类或易混淆的种类要区别。

昆虫分类学(insect taxonomy)是昆虫学(entomology)的一个分支学科,是研究昆虫种的鉴定(identification)、分类(classification)和系统发育(phylogeny)的科学。在数以百万计的昆虫种类中,存在着血缘的远近和亲疏关系。亲缘关系越近,其形态特征和对环境的要求、生活习性以及发生发展规律也越相近,而昆虫分类就是在这种亲缘关系的基础上,运用分析、比较、综合、归纳的科学方法,对地质年代中的化石昆虫与现存的昆虫种类之间、现存昆虫彼此之间以及近缘生物之间进行对比研究,以了解种与种、类与类间的异同,揭示不同类型昆虫间的亲缘关系,进而阐明昆虫的起源和进化以及各类昆虫的系统发生,探讨种和种群的形成与变异,从而建立一个客观完整的分类系统来反映自然谱系的一门基础学科,其最终的目标是建立一个具有高度预见性的分类系统和丰富的信息存取系统,为人类开发和利用益虫(包括资源昆虫及天敌昆虫)、测报及控制害虫,提供基础理论知识和科学依据。

3.1 昆虫分类的基本原理

3.1.1 物种的概念

物种(species)是由可以相互配育的自然种群(又称居群)组成的繁殖群体,与其他群体存在生殖隔离,占有一定生态空间,具备特有的基因遗传特征,是生物进化和分类的基本单元和客观存在的实体。

3.1.2 分类的阶元

昆虫分类的阶元(也称单元)和其他生物分类的阶元相同。分类学中有 7 个主要阶元包括:界(kingdom)、门(phylum)、纲(class)、目(order)、科(family)、属(genus)、种(species)。为了更详细地反映物种之间的亲缘关系,还常在这些主要阶元之间加上次生阶元,如"亚""总"级阶元等。例如,在门下添加亚门(subphylum),纲下添加亚纲(subclass),目下添加亚目(suborder)及总科(superfamily),科下添加亚科(subfamily)及族(tribe),属下添加亚属(subgenus)等。通过分类阶元,我们可以了解一种或一类昆虫的分类地位和进化程度。现以马尾松毛虫 Dendrolimus punctatus (Walker)为例,说明昆虫分类的一般阶元。

  界:动物界 Animalia
   门:节肢动物门 Arthropoda
    纲:昆虫纲 Insecta
     亚纲:双髁亚纲 Dicondylia
      目:鳞翅目 Lepidoptera
       亚目:有喙亚目 Glossata
        总科:枯叶蛾总科 Lasiocampoidea
         科:枯叶蛾科 Lasiocampidae
          属:松毛虫属 Dendrolimus
           种:马尾松毛虫 Dendrolimus punctatus (Walker)

种以上的分类阶元(如属、科、目、纲等)是代表形态、生理、生物学等相近的若干种的集合单元,也就是说集合亲缘关系相近的种为属,集合亲缘相近的属为科,再集合亲缘相近的科为目,如此类推以至更高的等级。

除上述阶元外,还有一些种下阶元,如:

①亚种(subspecies)。亚种是指具有地理分化特征的种群,不存在生理生殖隔离,但有可分辨的形态特征差别。

②型(forma)。型多用来指同一种内外形、颜色、斑纹等差异显著的不同类型。

③生态型(ecotype)。生态型是指同种昆虫由于对不同生活环境的适应而在习性、体色甚至遗传上发生的变异或分化,但彼此仍能交配的不同类型。这种变异不能遗传,随着生态条件的改变,其子代可能丧失这种变异,如飞蝗的群居型和散居型。

④生物型(biotype)。生物型多指形态极为相似，只能根据对寄主的选择特性或在不同寄主上的存活率才能区分的种下类型。

3.1.3 昆虫的命名和命名法规

(1) 学名

按照国际动物命名法规，昆虫的科学名称采用林奈的双名法(binomen)命名，即一种昆虫的学名由1个属名及1个种加词两个拉丁词或拉丁化的词组成。属名在前，首字母大写，种加词在后，首字母小写，在种加词之后通常还附上命名人的姓，首字母也要大写。属名和种加词打印时用斜体字，手写稿时应在下面划一横线，命名人的姓用正体字排印，手写时不用划横线，如舞毒蛾 *Lymantria dispar* (Linnaeus)。若是亚种，则采用三名法(trinomen)，将亚种名排在种加词之后，首字母小写，亚种名也用斜体字排印，如黄褐天幕毛虫 *Malacosoma neustria testacea* (Motschulsky)。

将命名人的姓加上括号，是因为这个种已从原来的 *Clisiocampa* 属移到 *Malacosoma* 属，这称为新组合。命名人的姓不应缩写，除非该命名人由于他的著作的重要性以及由于他的姓的缩写能被认识，如将 Linnaeus 缩写为 L.。属名只有在前面已经提到的情况下可以缩写，如 *M. neustria testacea* (Motschulsky)；当属名首次提及时不能缩写。

如果一个种只能鉴定到属而尚不能确定种加词时，则用 sp. 来表示，如 *Lymantria* sp.，表示毒蛾属的一个种；多于1个种时用 spp.，表示毒蛾属的多个种。

同一分类阶元的名称首次公开发表以后，如果没有特殊理由，不能随意更改。凡后人将该阶元定名为别的学名，按国际动物命名法规的规定，应作为(同物)异名(synonym)而不被采用。因此，科学上采用最早发表的学名，这称为优先权。优先权的最早有效期公认从林奈的《自然系统》第10版出版的时间，即1758年1月1日开始。

不同的分类阶元采用相同的名称，即为(异物)同名(homonym)。先发表者为首同名，予以保留；后发表者为次同名，应废弃，并命以新名，新命名时加上新名"nom. n. 或 nom. nov."字样。同名的产生原因主要有两个方面：一是同属内不同的种给予了相同的名称；二是原本不同属的种，由于重新组合移到同一属或因属的合并而产生了相同的名称。

在动物分类学上，对部分高级分类阶元(不包括属级)的词尾作了规定，如总科(-oidea)、科(-idae)、亚科(-inae)、族(-ini)、亚族(-ina)；目以上阶元无固定词尾。高级分类阶元的首字母均应大写，正体字排印，书写时不划横线。

(2) 模式方法

为了使一个种有明确的标准，仅仅依靠文字描述，把分类对象的特点描述清楚是不容易的，因此有必要把学名与实物标本联系起来，即用模式标本来固定一个具体种的学名，同样可用模式种和模式属来分别固定属和科，这种固定名称的方法称为模式方法。

记录新种用的标本称为模式标本(type)，在一批同种的新种模式标本系列中，应选出其中一个典型的作为正模(holotype)，其余的统称为副模(paratype)，副模中另选一个与正模不同性别的作为配模(allotype)。

模式标本是建立一个新种的物质依据，它提供鉴定种的参考标准。在鉴定种类中，如对原记录发生疑问或记录不详尽时，若能核对模式标本，可避免误定。因此，模式标本必须妥善保存，以供长期参考使用。此外，模式标本还需采用特殊的标签以显著地与其他标本相区别。一般常用的红色、蓝色、黄色标签，分别标注正模、配模、副模。如果可能的话，在标签上可加注有关论文的出处。

过去的分类学由于受形态学的限制，缺乏空间和时间的概念，往往根据少数标本命名，以个体作为分类学的基本单位，定种时单纯采用模式标本，故影响了分类的质量。现代生物分类学主张，在生物体与环境辨证统一规律的指导下，将纯粹以形态作为依据，扩大到从生态学、地理学、遗传学等多方面的学科作为基础，以充足的样本所代表的群体作为分类的基本单元，即以种群概念，把各地搜集的大量标本，进行种群分析，并依靠统计学等方法进行分类，这样才能使分类学更近于客观实际，在科学研究与生产实践中发挥更大的作用。

3.2 昆虫纲的分类系统

昆虫纲的分类系统常因各分类学家的不同观点而异。因此，分多少目，如何排序，以及亚纲和各大类的设立等，在不同时期和不同的分类文献中不尽相同。

昆虫纲各目的分类依据，主要采用翅的有无及其特点、口器的构造、触角形状、跗节及古化石昆虫的特征等。林奈(Linnaeus，1758)最初将昆虫纲分为 7 个目，之后 Brauer (1885)根据形态和系统发育将昆虫分为 2 个亚纲，原始的无翅亚纲和有翅亚纲，下分 17 个目。Borner(1904)又根据变态将有翅亚纲分为不完全变态和完全变态 2 大类，他把昆虫共分为 22 个目；Brues et al.(1932)将昆虫纲分为无翅和有翅 2 个亚纲，共 34 个目。我国昆虫学家周尧(1947、1950、1964)将昆虫纲分为 4 个亚纲，33 个目；陈世骧(1958)将昆虫纲分为 3 个亚纲 3 股 5 类 33 个目；蔡邦华(1955)将昆虫纲分为 2 个亚纲，3 大类，10 类，共 34 个目。

目前，原昆虫纲中的原尾目、弹尾目和双尾目已归入内口纲(Entognatha)，或均已提升为纲，与昆虫纲一同包括在六足亚门(Hexapoda)中。现在的昆虫纲分为 42 个目，包括 15 个化石目，现生的昆虫种类包含在 27 个目中。其中，鞘翅目 Coleoptera 昆虫约占昆虫总数的 36.65%，位居第一；双翅目 Diptera 昆虫约占 15%，由原来的第 4 位，现已跃居至第 2 位；鳞翅目 Lepidoptera 昆虫约占 14.81%；膜翅目 Hymenoptera 昆虫约占 14.52%；半翅目 Hemiptera 昆虫约占 9.73%，其余各目合计不足昆虫总数的 10%。

昆虫纲 Insecta 分类系统

一、单髁亚纲 Subclass Monocondylia
  1. 石蛃目 Order Archaeognatha
二、双髁亚纲 Subclass Dicondylia
  A. 衣鱼部 Division Zygentoma
    2. 衣鱼目 Order Zygentoma

B. 有翅部 Division Pterygota
 Ⅰ. 蜉蝣总目 Superorder Ephemeropterodea
  3. 蜉蝣目 Order Ephemeroptera
 Ⅱ. 蜻蜓总目 Superorder Odonatodea
  4. 蜻蜓目 Order Odonata
 Ⅲ. 襀翅总目 Superorder Plecopterodea
  5. 襀翅目 Order Plecoptera
  6. 纺足目 Order Embioptera
 Ⅳ. 直翅总目 Superorder Orthopterodea
  7. 直翅目 Order Orthoptera
  8. 螳目 Order Phasmatodea
 Ⅴ. 蜚蠊总目 Superorder Blattodea
  9. 蜚蠊目 Order Blattaria
  10. 螳螂目 Order Mantodea
  11. 革翅目 Order Dermaptera
  12. 蛩蠊目 Order Notoptera
  13. 缺翅目 Order Zoraptera
 Ⅵ. 半翅总目 Superorder Hemipterodea
  14. 啮虫目 Order Psocodea
  15. 缨翅目 Order Thysanoptera
  16. 半翅目 Order Hemiptera
 Ⅶ. 鞘翅总目 Superorder Coleopterodea
  17. 鞘翅目 Order Coleoptera
 Ⅷ. 脉翅总目 Superorder Neuropterodea
  18. 广翅目 Order Megaloptera
  19. 蛇蛉目 Order Raphidioptera
  20. 脉翅目 Order Neuroptera
 Ⅸ. 膜翅总目 Superorder Hymenoptrodea
  21. 膜翅目 Order Hymenoptera
 Ⅹ. 长翅总目 Superorder Mecopterodea
  22. 毛翅目 Order Trichoptera
  23. 鳞翅目 Order Lepidoptera
  24. 长翅目 Order Mecoptera
  25. 蚤目 Order Siphonaptera
  26. 双翅目 Order Diptera
  27. 捻翅目 Order Strepsiptera

3.3 与林业有关的主要目及其分类概述

3.3.1 直翅目 Orthoptera

直翅目

主要包括蝗虫、蚱蜢、螽斯、蟋蟀、蝼蛄、蚤蝼等类群。

体中至大型。口器咀嚼式。复眼通常发达。触角常为丝状，少数为剑状、棒状等。翅一般2对，前翅覆翅、革质；后翅膜质，臀区大；少数种类无翅或短翅。大多数种类的后足为跳跃足，蝼蛄类前足为开掘足。雌虫产卵器通常发达。尾须1对，多不分节。常有发达的发音器和听器。

渐变态。若虫的形态、生活环境、取食习性均与成虫相似。多数为植食性，少数为捕食性，如螽斯科的一些种类。多数白天活动，部分夜间活动。除少数为肉食性，捕食其他昆虫外，绝大多数为植食性，其中不少是重要的农林害虫。

目前全世界已知29 000余种，分为3亚目，包括1化石亚目。

3.3.1.1 蝗亚目 Caelifera

触角丝状、剑状或棒状，30节以下，末端不尖锐，明显短于体长；如有听器，则位于腹部第1节。现生种类分为2个次亚目、11总科。

1）蝗总科 Acridoidea

分为11科，国内常见科有：蝗科 Acrididae、癞蝗科 Pamphagidae、瘤蝗科 Dericorythidae。

(1) 蝗科 Acrididae

触角长于前足腿节；前翅长于后翅，少数无翅或短翅；跗节3节，爪间有中垫；腹部气门位于背板侧面的下缘；腹部第1节背板两侧有1对听器——鼓膜器，少数无翅或翅退化种类无；产卵器较短。是一类重要的农林害虫。目前，国际上将蝗科分为28亚科，常见亚科如：剑角蝗亚科 Acridinae、斑腿蝗亚科 Catantopinae、槌角蝗亚科 Gomphocerinae、斑翅蝗亚科 Oedipodinae 等，而这些亚科在国内文献中常作为独立的科归入蝗总科中。常见种如东亚飞蝗 *Locusta migratoria migratorioides* (Reiche et Fairmaire)、黄脊竹蝗 *Ceracris kiangsu* Tsai、棉蝗 *Chondracris rosea* (De Geer)、中华剑角蝗 *Acrida cinerea* (Thunberg) 等。

3.3.1.2 螽斯亚目 Ensifera

触角丝状、细长，末端尖锐，超过30节；如有听器或退化的听器遗迹，则在前足胫节上。现生种类被分为2次亚目、7总科。

1）螽斯总科 Tettigonioidea

仅1个现生科。

(1) 螽斯科 Tettigoniidae

体粗壮，头下口式，触角超过体长。听器位于前足胫节基部，跗节4节。雄虫以两前翅磨擦发音。产卵器发达，呈刀状。栖息于草丛或树木上，产卵于植物枝条或叶片内，可造成枝梢枯萎或落叶、落果。多为肉食性，少数植食性或杂食性。有良好的保护色与拟态。全世界已知约1283属7570种，常见种如乌苏里蝈螽 *Gampsocleis ussuriensis* Adelung 和

纺织娘 *Mecopoda elongata* (L.) 等。

2) 蟋蟀总科 Grylloidea

包括 5 个现生科。

(1) 蟋蟀科 Gryllidae

体粗壮，头下口式，触角超过体长。听器位于前足胫节基部，跗节 3 节。雄虫以两前翅磨擦发音。产卵器发达，剑状。尾须长而不分节。多植食性或杂食性，穴居，常栖息于地表、砖石下或土中。全世界已知约 370 属 3180 余种，我国已知 55 属，约 200 种，常见种类如北京油葫芦 *Teleogryllus mitratus* (Burmeister)、长瓣树蟋 *Oecanthus longicauda* Matsumura 等。

3) 蝼蛄总科 Gryllotalpoidea

包括蝼蛄科和蚁蟋科 Myrmecophilidae。

(1) 蝼蛄科 Gryllotalpidae

触角较体短。前足开掘足，胫节上的听器退化，状如裂缝，跗节 3 节。前翅短，后翅长，纵卷成尾状伸过腹末。尾须长，不分节。产卵器不外露。通常栖息于地下，咬食植物根部，对作物幼苗破坏性极大，是重要的地下害虫类群。全世界已知现生种类 8 属 115 种，我国仅知 1 属 13 种，常见种类有东方蝼蛄 *Gryllotalpa orientalis* Burmeister 和单刺蝼蛄 *G. unispina* Saussure。

3.3.2 䗛目 Phasmida

䗛目

又称竹节虫目，多分布于热带、亚热带地区。

体中至大形，呈竹节状或叶片状，体表无毛，多为绿色或褐色。口器咀嚼式。复眼小，单眼 2 或 3 个，或缺如。体形竹节状者，前胸短小，中、后胸极长；叶状者则中、后胸不特别伸长。有翅或无翅；前翅短，鳞片状或全缺。雌雄异形，雌虫多短翅或无翅，雄虫则反之。后胸与腹部第 1 节常愈合，腹部长，环节相似；足基节左右远离，跗节 3~5 节。产卵器不发达，尾须 1 节。

渐变态。成虫多不能或不善飞翔。成虫和若虫喜在高山密林等生境复杂的环境中生活，有明显的拟态和保护色。

全世界已知 3 亚目 13 科 490 余属，3400 余种；我国已知 73 属 380 余种。

(1) 䗛科 Phasmatidae

触角分节明显，通常短于前足腿节。雌性腿节基部背面有锯齿。若触角长于前足腿节，则短于体长，且中、后足腿节腹面隆脊均具明显锯齿。一般中胸长于后胸，腹部细长，长于头和胸部之和。本科有些种类严重危害农林作物，如断沟短角枝䗛 *Ramulus intersulcatus* (Chen et He)、平利短角枝䗛 *R. pingliense* (Chen et He) 等。

3.3.3 蜚蠊目 Blattodea

蜚蠊目

包括蜚蠊(俗称蟑螂)和白蚁(或蠥)。

蜚蠊体扁平；头小，颜面强烈向后倾斜；咀嚼式口器，上颚短而强壮；复眼发达，呈肾形围绕触角基部；单眼 2 个；触角细长，丝状。前胸背板较大，通常覆盖头部和整个胸部。前、后翅发达或退化。前翅通常为革质，相互重叠覆于腹部之上；后翅膜质。足为步行足，多刺；基节扁平而扩大，几乎占据整个腹板；跗节5节，具爪。尾须分节。蜚蠊一般生活在石块、树皮、枯枝落叶、垃圾堆下，或朽木和各种洞穴内，尤以生存于居室的种类为人类所熟悉。

白蚁体小至中型，长扁、柔软。头大，前口式或下口式，口器咀嚼式。大翅成虫复眼发达，工蚁和兵蚁复眼退化或无。触角念珠状。有翅或无翅，有翅者，翅2对，狭长，膜质，前后翅大小、形状和脉序都很相似。白蚁之翅，经一度飞翔后，即从翅基肩缝处折断脱落，残存部分称为翅鳞。跗节常4节，少数3或5节。腹部10节，尾须1~8节。白蚁多见于热带、亚热带，少数分布于温带，在我国长江以南各省危害较严重。常危害农林作物、房屋、桥梁、交通工具、堤围等，给生产建设和人民生活带来严重的危害和损失。

渐变态。蜚蠊卵产于卵鞘中。白蚁根据生境可分为木栖型、土栖型、土木栖型。白蚁营群体生活，群体可达180万头，若虫和成虫生活于1个巢内，同一群体有明显的分工，每个巢内有蚁王、蚁后以及为数极多的生殖蚁（长翅型、短翅型、无翅型）和非生殖蚁（工蚁、兵蚁）等。蚁后为雌性，无翅，腹部常极大，专事与蚁王交配产卵。蚁王为雄性，每巢1至数只，主要职能是与蚁后交配授精。生殖蚁包括雌雄两性，多具翅，每年春夏之交即达性成熟，大多数在气候闷热、下雨前后从巢内飞出，经过群集飞舞后，求偶交配，脱翅入土，繁殖后代，为新巢的创始者。生殖蚁还有无翅、短翅、微翅等品级，都是蚁王、蚁后的补充者。工蚁无翅，近白色，在群体内占绝大多数，群体生活的大部分工作如觅食、筑巢、喂育幼蚁、培养菌圃等均由工蚁承担。兵蚁无翅，近白色，一般头部发达，上颚强大，有的常有分泌毒液的额管，专事守巢、警卫、战斗等活动。

白蚁类曾单独成一目，即等翅目 Isoptera。然而，Hagen（1854）早已指出白蚁和蜚蠊的密切关系。尤其是澳白蚁具有更为典型的特征，如口器咀嚼式、复眼大、无囟孔、触角多节、后翅臀域宽大、跗节5节、尾须短、雌虫具有退化的产卵器、卵堆集成块具卵鞘、卵为香蕉形等原始形状充分说明了等翅目昆虫与蜚蠊有着共同的起源。近年来的分子系统发育分析研究更是进一步证实了这一观点。

蜚蠊目分3个总科：鳖蠊总科 Corydioidea、硕蠊总科 Blaberoidea 和蜚蠊总科 Blattoidea，全世界已知8640余种。原等翅目白蚁类均归入蜚蠊总科内，作为白蚁领科 Epifamily Termitoidae；我国白蚁类已知4科45属470余种。

（1）木白蚁科 Kalotermitidae

头部无囟；有翅成虫有单眼；前胸背板等于或宽于头部；前翅鳞大，覆盖住后翅鳞；跗节4节，胫节有2~4个端刺；尾须2节。无工蚁，其职能由若蚁完成。木栖。常见种如铲头堆砂白蚁 *Cryptotermes declivis* Tsai et Chen 等。

（2）鼻白蚁科 Rhinotermitidae

兵蚁上唇比较发达，伸向前方呈鼻状，因此而得名。头部有囟；有翅成虫一般有单眼；前胸背板狭于头；前翅鳞一般明显大于后翅鳞，并与后翅鳞重叠；尾须2节。土木栖。我国常见种有家白蚁 *Coptotermes formosanus* Shiraki 和黑胸散白蚁 *Reticulitermes chinensis* Snyder 等。

(3) 白蚁科 Termitidae

头部有囟；前胸背板狭于头；前翅鳞稍大于后翅鳞，不与后翅鳞重叠；跗节 3~4 节；尾须 1~2 节。以土栖为主。如黑翅土白蚁 *Odontotermes formosanus* (Shiraki) 和黄翅大白蚁 *Macrotermes barneyi* Light 等。

3.3.4 缨翅目 Thysanoptera

通称蓟马。体微小至小型(0.4~14.0 mm)，细长而扁，或圆筒形。口器锉吸式。触角 6~9 节，鞭状或念珠状。复眼发达，有翅种类单眼 2 或 3 个，无翅种类无单眼。翅 2 对，狭长，膜质，边缘有长缨毛，故称缨翅，有的种类翅退化或无翅。跗节 1~2 节，或无，末端常有可伸缩的的泡囊。腹部一般 10 节，产卵器锯状或无，无尾须。

过渐变态。多数种类栖息于植物的花中取食花蜜和花粉，或生活在植物叶面上，取食植物的汁液；少数种类生活在枯枝落叶中，取食真菌孢子；还有一些种类捕食其他蓟马、螨类等。

分为 2 个亚目，全世界已知 6090 余种，我国已知 155 属 566 种。

3.3.4.1 管尾亚目 Tubulifera

(1) 管蓟马科 Phlaeothripidae

触角 7~8 节，有锥状感觉器。腹部末节管状，后端较狭，生有较长的刺毛，无产卵器。翅表面光滑无毛，前翅无脉纹。全世界已知 456 属 3554 种，我国已知 76 属 250 余种，常见种有中华简管蓟马 *Haplothrips chinensis* Priesner 等。

3.3.4.2 锯尾亚目 Terebrantia

下分 13 科，包括 5 个化石科。常见科有：

(1) 纹蓟马科 Aeolothripidae

触角 9 节。翅较阔，前翅末端圆形，有明显的环脉和横脉，翅上常有暗色斑纹。产卵器锯状，向上弯曲。全世界已知 31 属 220 余种，我国已知 3 属 18 种，常见害虫如横纹蓟马 *Aeolothrips fasciatus* (L.) 等。

(2) 蓟马科 Thripidae

触角 6~9 节，末端 1~2 节形成端刺，第 3、4 节上常有感觉锥。翅狭而端部尖，或无翅。雌虫腹部末端圆锥形，产卵器发达，向下弯曲。全世界已知 305 属 2109 种，我国已知 74 属 290 种，重要害虫如烟蓟马 *Thrips tabaci* Lindeman 等。

3.3.5 半翅目 Hemiptera

主要包括蝽、蝉、沫蝉、叶蝉、角蝉、蜡蝉、蚜虫、粉虱、木虱、飞虱、介壳虫等。

体形多样，微小至大型。复眼多发达，单眼 2~3 个，或无；触角丝状、刚毛状、念珠状等；头后口式；口器刺吸式，喙 1~4 节，多为 3 或 4 节；无下颚须和下唇须。前胸背板大，中胸小盾片发达，外露；前翅半鞘翅或质地均一，膜质或革质，休息时常呈屋脊状。有些蚜虫和雄性介壳虫无翅，雄性介壳虫后翅退化成平衡棒。跗节 1~3 节。很多种类有臭腺或蜡腺。

多数为渐变态，少数为过渐变态。性二型及多型常见。多数种类为两性卵生，少数为卵胎生；有一些为孤雌胎生或孤雌卵生；也有一些种类两性和孤雌生殖交替进行。大多数种类吸食植物的汁液，为农林作物的重要害虫，一部分种类捕食其他小动物，为益虫，少数种类吸食血液、传播疾病。有些种类可分泌蜡、胶或形成虫瘿，产生五倍子，为重要的资源昆虫，还有一些种类具有药用和观赏价值。

半翅目全世界目前已知 83 000 余种，包括 1400 余个化石种；分类系统具有较大分歧，本教材按 4 亚目系统介绍，即头喙亚目、胸喙亚目、异翅亚目和鞘喙亚目 Coleorrhyncha。

3.3.5.1 头喙亚目 Auchenorrhyncha

喙着生于头下基部，跗节 3 节。分为 2 个次亚目、4 个总科。

1）蝉总科 Cicadoidea

隶属于蝉次亚目 Cicadomorpha，包括蝉科和螽蝉科 Tettigarctidae 2 个科。

(1) 蝉科 Cicadidae

体中至大型。触角刚毛状。单眼 3 个，呈三角形排列。翅膜质、透明。前足腿节粗大，常有齿或刺；跗节 3 节。雄虫一般在腹部腹面基部有发达的发音器。雌虫具发达的产卵器，产卵于枝条中，导致枝条枯死。若虫孵化后，入土营地下生活，危害植物根部，发育期较长，可达 4~17 年，羽化时才从土中爬出，在树干上蜕皮，脱下的皮称"蝉蜕"，可入中药。全世界已知 460 余属 3100 余种，我国已知约 210 种，常见种如黑蚱蝉 *Cryptotympana atrata* (Fabricius)。

2）角蝉总科 Membracoidea

隶属于蝉次亚目，分为 5 科，我国已知 3 科：犁胸蝉科 Aetalionidae、叶蝉科、角蝉科。

(1) 叶蝉科 Cicadellidae

体小至中型，狭长。触角刚毛状。单眼 2 个，少数无单眼。前翅革质，后翅膜质。后足胫节有棱脊，棱脊上生 3~4 列刺状毛。叶蝉能飞善跳，有横走习性。雌虫产卵时用产卵器在茎、叶上锯逢，卵成排产于其中。成、若虫刺吸植物汁液，并能传播植物病毒。全世界已知 2400 余属 19 400 余种，我国已知 1300 余种，常见种如大青叶蝉 *Cicadella viridis* (L.)。

(2) 角蝉科 Membracidae

前胸背板特别发达，向后延伸形成后突起盖住小盾片、腹部一部分或全部，常有背突、前突或侧突。中胸背板无盾纵沟。前翅 M 脉基部与 Cu 脉愈合，横脉 r 常存在。后足胫节多有 3 列（稀 1~2 列）小基兜毛，端部有 1 横列端距。若虫分泌蜜露，常有蚂蚁伴随。全世界已知 400 余属 3180 余种，分为 12 亚科，我国已知 2 亚科 41 属约 300 种，常见种如黑圆角蝉 *Gargara genistae* (Fabricius) 等。

3）沫蝉总科 Cercopoidea

隶属于蝉次亚目，分为 5 科，我国已知 3 科：沫蝉科 Cercopidae、棘沫蝉科 Machaerotidae、尖胸沫蝉科。

(1) 尖胸沫蝉科 Aphrophoridae

体小至中型，褐色或灰色。复眼长卵圆形，单眼 2 个。前胸背板前缘向前突出或呈角状，小盾片短于前胸背板；前翅有 Sc 脉；后足胫节有 2 个粗刺。若虫一般隐蔽在自身分泌的白色泡沫中，1 个泡沫团内有 1 至数头虫，故有吹泡虫之称，但成虫无吹泡能力。全世界已知 157 属 927 种，我国已知约 110 余种，常见种如柳尖胸沫蝉 *Aphorphora pectoralis* Matsumura、鞘圆沫蝉 *Lepyronia coleoptrata* (L.) 等。

4) 蜡蝉总科 Fulgoroidea

隶属于蜡蝉次亚目 Fulgoromorpha，分为 22 个现生科 9 个化石科；我国已知 18 个现生科和 4 个化石科。

(1) 蜡蝉科 Fulgoridae

体中至大型，体色美丽。头大多圆形，有些具大型头突，直或弯曲。前胸背板横形，前缘极度突出，达到或超过复眼后缘；中胸盾片三角形，翅发达，膜质，端部翅脉多分叉，并多横脉，呈网状，休息时翅呈屋脊状；后足胫节多刺。腹部通常大而宽扁。常分泌蜜露。全世界已知 142 属 770 余种，我国已知 10 属 38 种，常见种类如斑衣蜡蝉 *Lycorma delicatula* (White)，危害臭椿、刺槐、果树等。

(2) 飞虱科 Delphacidae

体小型。多呈灰白色或褐色。触角锥状。胸部短，一般具中脊线和侧脊线。前胸常呈衣领状，中胸三角形。翅膜质，静止时合拢呈屋脊状。有长翅型和短翅型。后足胫节有 2 个大刺，端部有 1 个可以活动的距，是本科最显著的鉴别特征。善跳跃。多生活于禾本科植物上，产卵于植物组织中。全世界已知 400 余属 2100 多种，我国已知 120 余属近 300 种。有许多种类是经济植物的重要害虫，如褐飞虱 *Nilaparvata lugens* (Stål)、白背飞虱 *Sogatella furcifera* (Horváth) 等。

3.3.5.2 胸喙亚目 Sternorrhyncha

喙着生于前足基节之间或之后，跗节 1~2 节。包括 6 个现生总科：木虱总科、粉虱总科、蚜总科、蚧总科、根瘤蚜总科、球蚜总科，以及 7 个化石总科。

1) 木虱总科 Psylloidea

体小型，活泼善跳。触角 10 节；复眼发达，单眼 3 个。两性均有翅，前翅革质或膜质，R、M 和 Cu_1 脉基部愈合，形成主干，到近中部分成 3 支，到近端部每支再分为 2 支。后翅膜质，翅脉简单。跗节 2 节；后足基节有疣状突起，胫节端部有刺。雌虫有 3 对产卵瓣；背生殖板上有肛门及肛环。两性卵生。若虫群居。有的形成虫瘿，若虫生活于虫瘿内；有些产生蜜露，常有蚂蚁伴随。成、若虫刺吸植物汁液，有些种类可严重危害果树及林木。包括 7 个现生科和 3 个化石科。

(1) 木虱科 Psyllidae

前翅脉呈二叉状分支，呈"介"字形，翅痣明显，前缘有断痕。后足胫节具 1 基齿或无，胫节端距 4 个以上，少数 3 个；基跗节具 1 对爪状距。全世界已知 1380 余种，我国已知 430 余种，重要害虫有中国梨喀木虱 *Cacopsylla chinensis* (Yang et Li)、槐豆木虱 *Cyamophila willieti* (Wu) 等。

(2) 个木虱科 Triozidae

前翅缘完整，无断痕；脉呈三叉，呈"个"字形。后足胫节具基齿或无，端距 3~4 个；

基跗节无爪状距。全世界已知约1073种，我国已知约290种，重要害虫有枸杞木虱 *Bactericera gobica* (Loginova) (=*Paratrioza sinica* Yang et Li) 等。

2）粉虱总科 Aleyrodoidea

仅1科。

(1) 粉虱科 Aleyrodidae

体小型。两性均有翅，表面被白色蜡粉。复眼小眼分为上、下两群，分离或连在一起。单眼2个。触角7节。喙3节，自前足基节间生出。前翅脉序简单，R、M和Cu_1合并在1条短的主干上，后翅只有1条纵脉。跗节2节，爪1对，有中垫。两性生殖或孤雌生殖。过渐变态。卵有短柄。成虫羽化时从末龄若虫背面的"T"形裂口蜕皮而出，蜕皮称蛹壳，是重要的分类特征。全世界已知158属1560余种，我国已知49属250余种，重要种类如黑刺粉虱 *Aleurocanthus spiniferus* (Quaintance)、温室粉虱 *Trialeurodes vaporariorum* (Westwood) 等。

3）蚜总科 Aphidoidea

统称蚜虫。孤雌蚜胎生，性蚜卵生。生活史极复杂，行两性生殖和孤雌生殖。寄主广泛。被害叶片常常变色、卷曲凹凸不平、形成虫瘿或使植物畸形。蚜虫还可传带植物病害，可使植物严重病变受损，是重要的害虫类群。由肛门排出的蜜露有利于菌类繁殖，而使植物发生病害，并常与蚂蚁共生。分为1现生科和7个化石科。

(1) 蚜科 Aphididae

前翅有4斜脉；触角4~6节。如为3节，则尾片烧瓶状；头胸部之和大于腹部；尾片形状多样，腹管有或无；产卵器缩小成被毛状的隆起。全世界已知620余属近5600种，分为24亚科，我国已知约1100种，重要种类有棉蚜、桃蚜 *Myzus persicae* (Sulzer)、苹果绵蚜 *Eriosoma lanigerum* (Hausmann) 等。

4）球蚜总科 Adelgoidea

包括球蚜科，以及2个化石科。

(1) 球蚜科 Adelgidae

体小型，长约1~2 mm。常有蜡粉或蜡丝覆于体上。无翅蚜及幼蚜触角3节，复眼只有3小眼面。尾片半月形，腹管缺。雌蚜有产卵器。有翅型触角5节，有宽带状感觉圈3~4个。前翅只有3条斜脉：1条中脉和2条互相分离的肘脉；后翅只有1条斜脉，静止时翅呈屋脊状。性蚜有喙，活泼。雌性蚜触角4节。

孤雌蚜和性蚜均卵生。大多营异寄主全周期生活。第一寄主为云杉类，第二寄主为松、落叶松、冷杉、铁杉、黄杉等。生活周期中有干母、瘿蚜、伪干母、侨蚜、性母、性蚜。全世界已知2属66种，我国已知2属13种，是松、杉类的重要害虫，如落叶松球蚜指名亚种 *Adelges laricis laricis* Vallot 等。

5）蚧总科 Coccoidea

统称介壳虫或蚧，形态奇特，雌雄异性。雌虫无翅，体圆形、椭圆形或圆球形。口器发达，喙短，口针很长，常超过身体的数倍。多数种类的触角、复眼和足消失，如有，触角 1~13 节, 足的跗节 1~2 节, 只 1 爪。头胸腹常愈合。体常被蜡粉或蜡块, 或有介壳保护。无产卵器。雄虫体长形, 具 1 对膜质前翅, 后翅退化成平衡棒。触角念珠状。单眼多。口器退化。足跗节 1 节。腹末有 1 突出的交配器, 有些种类还有 2 条长蜡丝。寿命短, 交配后即死去。孤雌生殖或两性生殖, 卵生或卵胎生。多寄生于木本植物或多年生草本植物, 是重要的园艺和林木害虫。有些种类分泌蜡、胶、色素, 为重要的资源昆虫, 如白蜡虫、紫胶虫、胭脂蚧等。

蚧总科的分类具有较大分歧, 现生种类分为 20~30 余科, 还有 16 个化石科。

（1）绵蚧科 Monophlebidae

雌虫体肥大, 体壁柔软, 体节明显。触角通常 6~11 节。口器和足发达。腹气门 2~8 对, 如缺, 常缺前数对。可自由活动, 至产卵前才固定下来并分泌蜡质卵囊。雄虫翅黑色或烟煤色, 有复眼, 触角 10 节, 丝状, 第 3 节以上每节常呈双瘤式或三瘤式。腹末常有成对向后突出的肉质尾瘤。

全世界已知 47 属 280 余种, 我国已知 5 属 20 种。本科昆虫均生活在植物的枝叶表面, 有些为林木和果树的重要害虫, 如吹绵蚧 *Icerya purchasi* Maskell、草履蚧 *Drosicha corpulenta* (Kuwana) 等。

（2）粉蚧科 Pseudococcidae

雌成虫体一般卵圆形, 体壁柔软, 体节明显, 体表被蜡粉或蜡丝。触角 5~9 节。常有足, 跗节 1 节。体背缘常有由锥刺和三孔腺组成的刺孔群, 三孔腺是本科重要的分类特征之一。无腹气门, 有肛叶、肛环及肛环刺毛。雄虫体小而柔软, 触角 10 节, 通常有 1 对翅及 1 对平衡棒, 腹末有 1~2 对长蜡丝。

全世界已知 270 余属近 2000 种, 我国已知 70 余属 200 余种。多生活在枝、叶表面。常见害虫如康氏粉蚧 *Pseudococcus comstocki* (Kuwana)、湿地松粉蚧 *Oracella acuta* (Lobdell) 等。

（3）蚧科 Coccidae

雌虫卵圆形、圆形、半圆形或长形, 裸露或稍被蜡质, 体壁坚实, 体节分节不明显。触角通常 6~8 节, 第 3 节最长。腹部无气门, 腹末有臀裂; 肛门上盖有 2 块三角形的肛板。雄虫有翅, 触角 10 节, 单眼一般 4~10 个, 腹部末端有 2 根长蜡丝。

全世界已知约 173 属 1200 余种, 我国已知 48 属约 140 种, 寄生于乔木、灌木和草本植物上, 常见种如日本龟蜡蚧 *Ceroplastes japonicus* Green、水木坚蚧 *Parthenolecanium corni* (Bouché)。

（4）盾蚧科 Diaspididae

雌成虫体通常为圆形、卵圆形或长椭圆形, 头与前胸愈合, 中、后胸与腹部前几节分节明显, 腹末 5~8 节常愈合成一整块骨板, 称为臀板。触角退化呈瘤状, 无眼。足消失。雄成虫常有翅, 头、胸部连接紧密, 触角 10 节。腹末无蜡丝。本科主要特征是虫体被由分泌物和若虫的蜕皮组成的介壳所遮盖。

本科为蚧类中最大的科。全世界已知约 420 属 2650 余种, 我国已知近 100 属 560 种, 包括许多重要害虫, 如松突圆蚧 *Hemiberlesia pitysophila* Takagi、杨圆蚧 *Diaspidiotus gigas* (Thiem et Gerneck) 等。

3.3.5.3 异翅亚目 Heteroptera

前翅多为半鞘翅，基半部革质，端半部膜质。喙着生在头的前端。包括各种蝽类。通常分为7个次亚目。

1) 臭蝽次亚目 Cimicomorpha

陆生。头平伸。触角4节。前翅为典型的半鞘翅，常有前缘裂和中裂，膜片上有1翅室，或无。包括1总科：臭蝽总科 Cimicoidea。

(1) 猎蝽科 Reduviidae

体小型至大型。头部较窄，后部细缩如颈状。多有单眼；触角常有许多环节状印痕，看似象很多节；喙多为3节，粗短，弯曲或直。前翅无前缘裂，膜片常有2大室，可有短脉从室端发出，室端亦可开放。跗节多为3节，但可减少至1节，前足尤甚。腹部中段常膨大。多数种类捕食其他昆虫，有些种类吸食哺乳动物及鸟类的血液并可传播锥虫病。全世界已知约980余属6800种，我国已知118属约400种，常见种如黄足直头猎蝽 *Sirthenea flavipes* Stål、短斑普猎蝽 *Oncocephalus simillimus* Reuter 等。

(2) 盲蝽科 Miridae

体小至中型。多数无单眼；触角4节；喙4节。中胸盾片常部分外露。前翅具中裂，前缘裂（=楔片缝）发达，有楔片，前翅常以前缘裂下折；膜片基部有1~2封闭的翅室；跗节2~3节。大多数为植食性，少数捕食性。全世界已知1616属约1.11万种，我国已知约100余属520余种，常见种如条赤须盲蝽 *Trigonotylus caelestialium* (Kirkaldy)、绿后丽盲蝽 *Apolygus lucorum* (Meyer-Dür) 等。

(3) 花蝽科 Anthocoridae

体小型，椭圆形，背面扁平。常有单眼；触角4节；喙4节，第1节极小。前翅具明显的前缘裂和楔片，膜片基部沿基缘有1横脉，有不明显的纵脉2~4条或缺；跗节3节。雌虫有针状产卵器。栖息于植物叶片间或花朵、叶鞘内，少数栖息于地被物或动物巢穴内，捕食蚜虫、蓟马、螨类等。全世界已知约90属500余种，我国已知18属90余种，常见种如微小花蝽 *Orius minutus* (L.) 等。

(4) 网蝽科 Tingidae

体小至中型，多扁平。触角4节，第1、2节较短，第3节长，第4节纺锤形。喙4节。前胸背板及前翅网格纹。前胸背板后端向后形成三角形延伸遮盖中胸小盾片，侧方呈叶状突，称为侧叶，中央前方可隆起成一泡状构造，称为头兜。前翅质地均一，革质，坚硬。跗节2节。植食性，常群集危害。全世界已知约280余属2350余种，我国已知约55属220余种，常见种如梨冠网蝽 *Stephanitis nashi* Esaki et Takeya 等。

2) 蝽次亚目 Pentatomomorpha

陆生。体壁多较坚硬。触角4或5节，稀3节。喙4节，第1节明显可见。翅为典型的半鞘翅，无前缘裂，无楔片，膜片上多具5条以上纵脉，简单或有分支，或呈网状，少数无脉。前跗节的1对爪同形。包括5总科41科。

(1) 蝽科 Pentatomidae

体小型至大型。触角5节，稀4节。有单眼，常2个。前胸背板常为六角形；小盾片通常三角形，较大，超过爪片长度。跗节 3 节。前翅有爪片、革片和膜片，膜片具多数纵脉，多从 1 基横脉发出，很少分支。多数种类植食性，少数捕食性。全世界已知近 900 属 4720 余种，我国已知超过 500 种，常见种如麻皮蝽 *Erthesina fullo* (Thunberg) 危害多种林木，蠋蝽 *Arma chinensis* Fallou 可捕食多种鳞翅目幼虫。

(2) 长蝽科 Lygaeidae

体小至中型，椭圆形或长椭圆形。触角 4 节。有单眼。喙 4 节。膜片上有 4~5 条纵脉。跗节 3 节，部分种类前足腿节粗大，下方具刺。大多数种类取食种子或吸食植物汁液，少数种类为捕食性。全世界已知约 110 属近 1000 种，我国已知 23 属约 78 种，常见的林业害虫如杉木扁长蝽 *Sinorsillus piliferus* Usinger 等。

(3) 缘蝽科 Coreidae

体中至大型。触角 4 节。具单眼。喙 4 节。前胸背板两侧常具叶状突起或尖角，小盾片三角形，较小，明显短于前翅爪片，爪片结合缝明显。膜片有多条平行纵脉，基部通常无翅室。足较长，有些种类后足腿节膨大，一些种类后足胫节呈叶状或齿状扩展，跗节 4 节。臭腺发达。植食性。全世界已知约 440 属 2500 余种，我国已知 63 属近 200 种，常见林业害虫如瓦同缘蝽 *Homoeocerus walkerianus* Lethierry et Severin 等。

(4) 红蝽科 Pyrrhocoridae

体中至大型，椭圆形，多鲜红色有黑斑。无单眼；触角 4 节。前胸背板具扁薄而上卷的侧边。前翅膜片基部具 2~3 翅室，具多条纵脉，分支或呈不规则网状。植食性。全世界已知约 30 属 300 种，我国已知 12 属 36 种，如地红蝽 *Pyrrhocoris tibialis* Stål、直红蝽 *Pyrrhopeplus carduelis* (Stål) 等。

3.3.6 鞘翅目 Coleoptera

通称甲虫，是昆虫纲中种类最多、分布最广的目。体壁坚硬。复眼发达，一般无单眼，少数种类具 1 中单眼或具 2 背单眼。口器咀嚼式。触角形状多样。前胸发达，中胸小盾片外露。前翅鞘翅，休息时两鞘翅在背部中央相遇成一直缝。后翅膜质，比前翅大，不用时折叠于前翅下。少数种类无翅、无后翅。跗节 3~5 节。腹部可见腹板 5~8 节，无尾须。雌虫无产卵器。幼虫体狭长，头部高度骨化，单眼 0~6 对，口器咀嚼式；腹部 8~10 节，3 对胸足发达或退化，无腹足。

完全变态，少数种类复变态。绝大多数两性生殖，也有孤雌生殖、幼体生殖、卵胎生等。大多数种类植食性，少数种类肉食性、腐食性或寄生性。

鞘翅目分 5 个亚目，包括 1 化石亚目；现生亚目包括：原鞘亚目 Archostemata、藻食亚目 Myxophaga、肉食亚目和多食亚目。全世界已知 39 万多种，包括 2900 多化石种。

3.3.6.1 肉食亚目 Adephaga

前胸有背侧缝；后翅具 2 条 m-Cu 横脉构成的小纵室；后足基节固定在后胸腹板上，不能活动，并将第 1 可见腹板完全分割开（图 3-1：1）；跗节 5 节；触角多为丝状。水生或陆生，成虫和幼虫多为捕食性，仅少数植食性。分为 11 个现生科和 6 个化石科。

(1) 步甲科 Carabidae

通称步行虫。多数黑色，有光泽。头前口式。触角 11 节，丝状，极少数端部几节膨

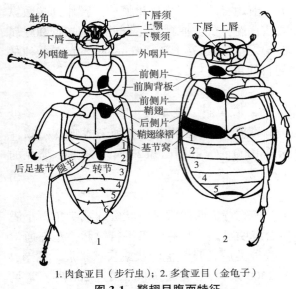

1. 肉食亚目（步行虫）；2. 多食亚目（金龟子）
图 3-1 鞘翅目腹面特征

大成棒状或叶片状，触角间距大于上唇宽度；复眼完整，不分裂。鞘翅末端通常圆形，少数横截；鞘翅上多具刻点、颗粒或脊纹等；有些种类无后翅，同时两鞘翅愈合。后胸腹板在后足基节前有横缝；后胸侧板与第 1 腹板接触，第 1 腹节可见。后足基节不达鞘翅边缘。腹部腹板 6 节或 6 节以上，极少数 4 节。成、幼虫均肉食性，多生活在地下、砖石、瓦块下面、潮湿地上、朽木中、树皮下等，主要捕食一些小型昆虫、蜗牛、蚯蚓等，少数种类危害农林作物的嫩芽、种子等。全世界已知 2000 余属约 4 万种，我国大陆地区已知约 3300 种，常见捕食性种类如中华金星步甲 *Calosoma chinense* Kirby，兼植食性种类如谷婪步甲 *Harpalus calceatus*（Duftschmid）等。

（2）虎甲科 Cicindelidae

体中型，具金属光泽和鲜艳斑纹。头下口式，略宽于胸部。复眼大而突出。触角丝状，11 节，生于额区复眼之间，其基部间的距离小于上唇宽度。前胸窄于鞘翅基部。足细长。鞘翅光滑，后翅发达。雌腹部可见 6 节，雄 7 节。成虫行动迅速，常静伏地面或低飞捕食小虫。常见种有中华虎甲 *Cicindela chinensis* De Geer 等。

（3）龙虱科 Dytiscidae

体小至大型，长卵形，扁平、光滑。头缩入前胸内；触角 11 节，线状。鞘翅具条纹和刻点，后翅发达；后胸腹板缺横缝；后足基节左右接触形如腹板，但不覆盖在转节上；胫节和跗节扁平并有缨毛。雄虫前足跗节膨大，能分泌黏性物质抱握雌虫。可见腹板 6 或 8 节。成、幼虫均生活在静水或流水中，捕食水中软体动物、昆虫、蝌蚪或小鱼等。成虫趋光。全世界已知约 180 属 4200 种，我国已知近 400 种，常见种如黄缘大龙虱 *Cybister chinensis* Motschulsky。

3.3.6.2 多食亚目 Polyphaga

前胸常无背侧缝；后翅无小纵室；后足基节不固定在后胸腹板上，不将第 1 可见腹板完全分割开（图 3-1：2）；跗节 3~5 节；触角多样。食性杂。本亚目包括鞘翅目绝大多数种类，目前通常分为 16 总科 169 科，包括 10 个化石科。

1）水龟甲总科 Hydrophiloidea

（1）水龟甲科 Hydrophilidae

亦称牙甲科。体小至大型，外形似龙虱，但背面更隆起，腹面较平坦，黑色或鞘翅具浅色斑纹。触角 6~9 节，棒状部被密毛；下颚须长于或近等于触角，线状。中胸腹面常有中脊突；中、后足不扁平，边缘具长毛可在水中交替划水，跗节 5 节。可见腹板 5~7

节。成、幼虫均生活在淡水、沼泽、植物残体或兽粪中，食腐败的动、植物质。幼虫可捕食小鱼、蝌蚪，危害稻苗、麦苗等。成虫趋光。分为9亚科，全世界已知约200属3400种；常见种如尖突巨牙甲 *Hydrophilus acuminatus* Motschulsky 等。

2）隐翅甲总科 Staphylinoidea

（1）埋葬甲科 Silphidae

体小至中型，宽短，体壁较软，黑色或红色，常有淡色花纹。触角位于额前缘，棍棒状，10节；有或无复眼。前足基节窝开式，基节大，圆锥形，左右相接，跗节5节；前翅端部截状或圆形，常露出端部3个腹节，腹部4~7节。成虫和幼虫腐食性或尸食性，尸食性种类成虫掘松土壤，埋葬小动物尸体供幼虫食用。分为2亚科；全世界已知180余种，我国已知70余种，常见种如亚洲尸葬甲 *Necrodes littoralis* L.。

（2）隐翅甲科 Staphylinidae

体小至中型，细长，两侧近于平行或末端尖削，黑、褐色或色彩鲜艳。头前口式；有时无复眼，单眼1或2个；触角9~11节，线状或棍棒状；鞘翅末端截状，露出大部分腹节或至少露出末端2~3节；后翅发达或退化，卷褶在鞘翅下；跗节5节。食腐败动、植物质，亦可危害烟草，捕食软体动物和昆虫。现生种类分为32亚科；全世界已知3900余属，约64 000种，我国大陆地区已知约6500种，广布种如大隐翅虫 *Creophilus maxillosus* (L.)。

3）金龟总科 Scarabaeoidea

共14科，包括2个化石科。我国已知10个现生科：毛金龟科 Pleocomidae、粪金龟科 Geotrupidae、黑蜣科 Passalidae、皮金龟科 Trogidae、漠金龟科 Glaresidae、锹甲科、红金龟科 Ochodaeidae、驼金龟科 Hybosoridae、绒毛金龟科 Glaphyridae、金龟科。

（1）锹甲科 Lucanidae

体中至大型，长椭圆形，黑、黄褐色或具黑、黄色斑纹，有光泽。头前口式；触角11节，膝状，端部3~6节向一侧延伸；复眼完整或分裂成上、下两部分；雄虫上颚几可长于身体其余部分，前翅盖住腹部，表面无纵痕纹；第5跗节长；可见腹板5节。成虫趋光，植食性或腐食性，可危害果树和林木。共分7亚科，包括3个化石亚科；全世界已知131属约1716种，包括化石10属19种；我国已知26属266种。

（2）金龟科 Scarabaeidae

触角端部3~8节鳃片状。前足胫节外缘具齿；跗节5节，极少数4或3节。幼虫称蛴螬，体肥胖，呈"C"形弯曲，具3对胸足。常栖息于土中或有机质丰富的腐殖质中生活。分为19亚科，包括3化石亚科，常见有：花金龟亚科、鳃金龟亚科、丽金龟亚科、犀金龟亚科 Dynastinae、金龟亚科 Scarabaeinae、蜉金龟亚科 Aphodiinae 等，但也有一些学者将这些亚科按科级对待。全世界已知约1900属27 000种。

①花金龟亚科 Cetoniinae。体中至大型，体阔，背面扁平，颜色鲜明。触角10节，鳃状部3节；前胸背板前狭后宽；小盾片发达；鞘翅背面常有2条强直纵肋，侧缘近肩角处向内凹入。成虫日间活动，常钻入花朵取食花粉、花蜜，咬坏花瓣和子房，故有"花潜"之称。常见种如白星花金龟 *Protaetia brevitarsis* (Lewis)等。

②鳃金龟亚科 Melolonthinae。体多为中型，卵圆形或椭圆形。触角8~10节，鳃状部

3~8节，多为3节。前胸背板通常宽大于长，基部等于或略狭于鞘翅基部；鞘翅常有4条纵肋可见。腹部气门生于腹节背面，最后1对气门位于鞘翅末端之外；臀板外露。幼虫生活于地下，危害植物根部；成虫取食植物叶部，很多种类为重要的农林害虫。常见的林业害虫如灰胸突鳃金龟 *Melolontha incana* (Motschulsky)、灰东玛绢金龟 *Maladera orientalis* (Motschulsky) 等。

③丽金龟亚科 Rutelinae。体多为中型，背腹两面均较隆拱，多具金属光泽。触角9~10节，鳃状部3节。前胸背板横阔，前狭后阔；后足胫节有2枚端距；跗节2爪不等长，前、中足2爪中较大的爪末端常裂为2支。腹部气门6对，前3对在腹部的侧膜上，后3对在腹板上；臀板外露。成虫主要取食花和叶，幼虫食害植物根部。常见的林业害虫如铜绿异丽金龟 *Anomala corpulenta* Motschulsky 等。

4) 吉丁虫总科 Buprestoidea

包括吉丁虫科和伪吉丁虫科 Schizopodidae，我国各地均有分布。

(1) 吉丁虫科 Buprestidae

体小至大型。常具鲜艳的金属光泽。触角11节，多为短锯齿状。前胸与鞘翅相接处不凹下；前胸腹板发达，端部达及中足基节间，与中胸密接，不能活动；前胸背板无突出的后侧角。前、中足基节球形，后足基节板状，跗节5节。幼虫体扁，头小内缩，前胸大，多呈鼓锤状。幼虫大多数在树皮下、枝干或根内钻蛀危害。全世界已知500余属近15 000种，隶属于7亚科，我国大陆地区已知650余种，重要害虫如白蜡窄吉丁 *Agrilus planipennis* Fairmaire、杨锦纹截尾吉丁 *Poecilonota variolosa* (Paykull) 等。

5) 叩甲总科 Elateroidea

共20科，包括3个化石科。常见科有：叩甲科、萤科、花萤科、红萤科 Lycidae 等。

(1) 叩甲科 Elateridae

体中至大型，狭长，两侧平行。触角多样，11~12节。前胸背板后侧角突出呈锐刺状，前胸与鞘翅相接处下凹，前胸腹板有向后延伸的刺状突，插入中胸腹板的凹沟内，组成弹跳的构造，当后体躯被抓住时，不断叩头，故有"叩头虫"之称。跗节5节。幼虫称金针虫，生活于地下，危害种子、块根及幼苗等，是重要的地下害虫。全世界已知近600属约1万种，我国大陆地区已知1400余种，重要种类如沟线角叩甲 *Pleonomus canaliculatus* (Faldermann)、细胸锥尾叩甲 *Agriotes subvittatus* Motschulsky 等。

(2) 萤科 Lampyridae

体小至中型，体壁与鞘翅柔软。头隐于前胸背板下；雄虫复眼发达，雌虫复眼小，触角柄节靠近，11节，丝状或栉状；前足基节圆锥形，具亚基节，中足基节相连，后足基节横扁；跗节5节。腹部7或8节。雄虫发光器位于第6、7节，雌虫的在第7节。雌虫常无翅，形似幼虫。成虫一般不取食，幼虫捕食昆虫、蜗牛、蚯蚓或甲壳类，栖息于河岸、树皮、瓦砾堆、蔬菜堆下。许多种的各个虫态均能发出荧光。全世界已知132属2250种，隶属于7亚科，我国大陆地区已知120种，常见种如中华晦萤 *Abscondita chinensis* (L.)。

(3) 花萤科 Cantharidae

体小至中型，体壁与鞘翅柔软，似萤火虫。但头不被前胸遮住，从背面可见；触角基部不靠近，11节，丝状或锯齿状；前足亚基节显著，转节斜接于腿节上，中足基节相连，后足基节横宽，跗节5节，第4节膨大呈2叶状。腹部7或8节，无发光器；性二型不明显。成虫白天在花草、灌木上捕食小昆虫，有时危害瓜蔓。幼虫在土壤、苔藓或树皮下吃蝗卵、鳞翅目和双翅目幼虫；有些杂食性，咬食麦种等农作物。全世界已知约160属5100种，隶属于9亚科，我国大陆地区已知约660种，常见种如蓝黄褐花萤 *Themus coelestis* (Gorham)。

6) 长蠹总科 Bostrichoidea

包括3科：长蠹科、皮蠹科 Dermestidae、蛛甲科 Ptinidae，我国各地均有分布。

(1) 长蠹科 Bostrichidae

体小至大型。头部显露，或被前胸背板遮盖。触角基部相互远离，8~11节，端部2~4节呈棒状。多数种类前胸背板发达，呈帽状，表面多有颗粒突起，鞘翅末端向下倾斜并具齿。跗节5节；后足基节无沟槽。腹部可见5节，第1腹板长。幼虫蛴螬型。成、幼虫均蛀食木材、竹子等，少数危害粮食、书籍、电缆铅皮等。全世界已知90属570余种，隶属于9亚科；我国已知18属39种，重要害虫有双钩异翅长蠹 *Heterobostrychus aequalis* (Waterhouse)、褐粉蠹 *Lyctus brunneus* (Stephens) 等。

7) 郭公虫总科 Cleroidea

共11科，常见科有：郭公虫科、谷盗科 Trogossitidae、拟花萤科 Melyridae 等。

(1) 郭公虫科 Cleridae

体小至中型，长形，多鲜艳并具金属光泽，体表具竖毛。触角11节，多为棍棒状，少数为锯齿状或栉齿状。前胸背板多长大于宽，鞘翅两侧平行；前、中足基节隆突、圆锥形；后足基节横形；跗节5节，1~4节双叶状。腹部腹板可见5~6节。幼虫头部背面扁平，腹面突出；腹部末端具尾突。成、幼虫多为捕食性，部分种类为重要的仓库害虫。全世界已知约200属3400种，我国大陆地区已知约180种，常见种如红胸郭公虫 *Thanasimus substriatus* (Gebler)。

8) 扁甲总科 Cucujoidea

共38科，包括2个化石科，常见科有：瓢虫科、大蕈甲科 Erotylidae、露尾甲科 Nitidulidae 等。

(1) 瓢虫科 Coccinellidae

体小至中型，呈半球形或卵圆形，常具有鲜明的色斑，腹面扁平，背面拱起，外形似瓢而得名。头小，后部隐藏于前胸背板下。触角棒状，常11节，棒状部3节。下颚须多斧形。跗节隐4节，第2节多为双叶状，第3节小，隐藏于第2节的双叶之间，故跗节看似3节，因而又称"似为3节"。第1腹板最大，多数种类有后基线。幼虫体上多有枝刺或瘤突。全世界已知约360属6000种，我国大陆地区已知720种。本科绝大多数种类捕食蚜、蚧、粉虱等其他小虫，如七星瓢虫 *Coccinella septempunctata* L.，有的则取食菌类孢子，另有些为植食性害虫，如马铃薯瓢虫 *Henosepilachna vigintioctomaculata* (Motschulsky)。

9) 拟步甲总科 Tenebrionoidea

共28科，常见科有：拟步甲科、芫菁科、花蚤科 Mordellidae 等。

(1) 拟步甲科 Tenebrionidae

体小至大型，形态多变化，黑或赤褐色。头前口式，触角 10 或 11 节，棍棒状或丝状。鞘翅常在中部以后愈合，后翅退化；前足基节窝闭式，前、中足基节分离，跗节 5-5-4 式，爪简单，生活在沙漠中的种类足和胫节延长，跗节加宽，爪发达，足的背腹面密生长毛。腹部腹面可见 5 节。成虫趋光，生活在地面，见于石头、垃圾、土壤、松散树皮下。食种子、根、菌类、粪便等腐败物，或在蚁巢中。在荒漠、沙丘、干燥地区常成群出现危害作物，也是仓库中的重要害虫。全世界已知约 2300 属 2 万种，我国大陆地区已知 1885 种，常见地下害虫如网目土甲 *Gonocephalum reticulatum* Motschulsky，重要仓库害虫如黄粉虫 *Tenebrio molitor* L.、黑粉虫 *T. obscurus* Fabricius 等。

(2) 芫菁科 Meloidae

体中型，长圆筒形。头下口式，后头收缩如颈。前胸背板窄于鞘翅基部。足细长，跗节 5-5-4 式，爪 1 对，每爪双裂。鞘翅较柔软，2 翅在端部分离，不合拢。复变态。幼虫以寄生于蜂巢，或食蝗卵，成虫危害豆科植物及杂草，多生活于半干旱地区。成虫体液含有斑蝥素 (cantharidin)，可入药。全世界已知 120 属近 3000 种，我国已知 26 属 200 余种，如眼斑芫菁 *Mylabris variabilis* (Pallas)、中华豆芫菁 *Epicauta chinensis* (Laporte) 等。

10) 叶甲总科 Chrysomeloidea

共 7 科，常见科有：天牛科、叶甲科。

(1) 天牛科 Cerambycidae

体小至大型，长筒形。前口式或下口式；复眼发达，多为肾形，或分裂为上下 2 个。触角丝状，11 节，着生于额的突起上，是区别于叶甲科的重要特征。前胸背板多具侧刺突或侧瘤突；跗节隐 5 节。腹部腹板可见 5~6 节。幼虫圆筒形，头部多缩入前胸内，胸足退化，无腹足，但腹部前 6、7 节背、腹面一般有卵形的肉质突起，称为步泡突，具有在坑道内行动的功能。幼虫钻蛀树干、树根或树枝，为林木、果树的重要害虫。本科分 9~13 亚科，全世界已知约 5000 属 34 000 种，我国已知 600 余属 3600 余种，重要种类如光肩星天牛 *Anoplophora glabripennis* (Motschulsky)、双条杉天牛 *Semanotus bifasciatus* (Motschulsky) 等。

(2) 叶甲科 Chrysomelidae

共分为 13 亚科：叶甲亚科、肖叶甲亚科、龟甲亚科、豆象亚科、茎甲亚科 Sagrinae、水叶甲亚科 Donaciinae、负泥虫亚科 Criocerinae、萤叶甲亚科 Galerucinae、隐肢叶甲亚科 Lamprosomatinae、隐头叶甲亚科 Cryptocephalinae、锯胸叶甲亚科 Synetinae、Spilopyrinae 以及化石亚科 Protoscelidinae。全世界已知 2100 余属约 32 500 种。

①叶甲亚科 Chrysomelinae。因成虫、幼虫均取食叶部而得名，又因成虫体多闪金属光泽，所以又有"金花虫"之称。体小至中型。头多为亚前口式。唇基不与额愈合，前唇基明显分出。触角多 11 节，一般短于体长之半，不着生在额的突起上。复眼圆形，不环绕触角。跗节隐 5 节。腹板可见 5 节。幼虫肥壮，3 对胸足发达，体背常具枝刺、瘤突等附属物。本亚科很多为重要的农林害虫，如白杨叶甲 *Chrysomela populi* L.、榆紫叶甲 *Ambrostoma quadriimpressum* (Motschulsky) 等。

②肖叶甲亚科 Eumolpinae。体小至中型，圆柱形或卵形，背面常有瘤突。头下口式；

复眼圆形或内缘凹。前唇基不明显。触角 11 节。鞘翅缘折发达并在肩胛下鼓出。跗节隐 5 节。本亚科很多为重要的农林害虫,如杨梢叶甲 *Parnops glasunowi* Jacobson。

③龟甲亚科 Cassidinae。体小型,长圆柱形、圆形或背面隆起似龟形。头后口式,额前方突出,口器在腹面或不外露;触角 11 节或 9 节,丝状或端部 4 节稍膨大。林业重要害虫有椰心叶甲 *Brontispa longissima*(Gestro)、大锯龟甲(中华波缘龟甲)*Basiprionota chinensis*(Fabricius)等。

④豆象亚科 Bruchinae。体小型,卵圆形,灰、褐或黑色。头下口式,额延长呈短喙状;触角位于复眼前方,11 节,锯齿状或棍棒状;复眼前缘具"U"形缺刻并围住触角基部。前胸背板近三角形;鞘翅末端截形,臀板外露;前足基节窝闭式,跗节隐 5 节,爪具基沟。第 1 腹板与第 2~4 腹板之和近等长。成虫善于飞行,访花;产卵于豆荚、种子或成虫所蛀的孔道内;幼虫一般危害豆科植物种子或椰子、棕榈的坚果。重要种类有紫穗槐豆象 *Acanthoscelides pallidipennis*(Motschulsky)、柠条豆象 *Kytorhinus immixtus* Motschulsky 等。

11)象甲总科 Curculionoidea

本总科的分类系统较混乱,少则分为 8 科,多则达 21 科,但无论分为多少科,国际上通常将小蠹科 Scolytidae 和长小蠹科 Platypodidae 降为亚科归入象甲科。常见科有:卷象科、象甲科。

(1)卷象科 Attelabidae

体长形;体色鲜艳具光泽;头及喙前伸,无上唇;触角不呈膝状,末端 3 节呈松散棒状;鞘翅宽短,两侧平行,前足基节大,强烈隆突;各足腿节膨大,内侧具齿,胫节弯曲,跗节隐 5 节,腹部可见 5 节,1~4 节愈合。成虫多卷叶成筒状,产卵于其中,幼虫孵化后在卷叶内取食。全世界已知 200 余属 5500 余种,常见种如杨卷叶象 *Byctiscus populi*(L.)、榛卷叶象 *Apoderus coryli*(L.)等。

(2)象甲科 Curculionidae

包括象甲类和小蠹类。象甲类体坚硬,长椭圆形或卵形,体表多被鳞片,鞘翅两侧多呈圆弧形;头部前方延长成象鼻状喙,末端着生口器,颚唇须退化;触角膝状,其末端 3 节膨大呈棒状。小蠹类体圆柱形,具毛鳞;无象鼻状喙,下颚须通常 2~3 节;触角棒状或锤状,膝状弯曲,端部 3~4 节呈锤状;前足基节多数相互靠近,各足胫节强大,外缘具齿列;绝大多数种类跗节隐 5 节,少数 4 节。腹部腹板可见 5 节,少数为 6 节,第 1 和第 2 腹板通常愈合。幼虫多为黄白色,体肥壮,常弯曲,头部发达,无足,称为象虫型。成、幼虫均为植食性。成虫多产卵于植物组织内,幼虫钻蛀危害,少数可以产生虫瘿或潜居叶内。全世界已知 6100 余属 82 300 余种,分为 18 亚科;林业重要害虫如杨干象 *Cryptorhynchus lapathi*(L.)、纵坑切梢小蠹 *Tomicus piniperda*(L.)等。

3.3.7 脉翅目 Neuroptera

脉翅目昆虫包括草蛉、蚁蛉、螳蛉、粉蛉、蝶角蛉、褐蛉等,很多种类为农林害虫的重要天敌,不仅对控制害虫种群、保持生态平衡具有重要意义,而且还在害虫生物防治中具有重要的应用价值。

脉翅目昆虫口器咀嚼式；触角长；复眼发达。前胸明显，中、后胸相似；两对翅的大小、形状和翅脉均相似，大多数种类的翅脉相原始，横脉多，翅脉在翅缘二分叉；跗节5节，爪成对。腹部10节，无尾须。幼虫寡足型。上颚长镰刀状，口器为吮吸式；胸足发达，无腹足。完全变态。蛹为离蛹，在丝茧内化蛹。成虫、幼虫均陆生，少数水生或半水生；捕食性。脉翅目具众多的化石科，现生种类包括在15~19个科中。

(1) 草蛉科 Chrysopidae

体中至大型，体与翅脉多绿色。复眼半球形，金黄色。触角线状。上颚发达，内缘具齿，或左右不对称。下颚须5节，下唇须3节。头部多有黑斑。翅宽大透明，后翅较狭；翅无缘饰，横脉较多，前缘横脉简单不分叉，阶脉2~3组或更多。卵具细长的丝柄。幼虫称蚜狮，体背侧多毛或瘤突。全世界已知82属1400余个现生种，我国已知27属约250种，常见的为草蛉属 Chrysopa 的种类，一些种类已用于生物防治，如大草蛉 Chrysopa pallens (Rambur)、丽草蛉 Ch. formosa Brauer 等。

(2) 蚁蛉科 Myrmeleontidae

体大型。触角短，端部渐膨大，呈棒状或匙状。头胸部多长毛，足多短粗而有毛，胫节有发达的爪状端距。翅多狭长，脉呈网状，前缘横脉列简单或分叉，痣脉下方有一延长的翅室。腹部很长。幼虫称蚁狮，多在沙土中做漏斗状穴，捕食滑入的蚂蚁等昆虫。全世界已知198属1686个现生种，我国已知35属约127种。常见种如条斑次蚁蛉 Deutoleon lineatus (Fabricius)。

(3) 蝶角蛉科 Ascalaphidae

体大型，外形似蜻蜓。触角细长，端部膨大呈球杆状，像蝶类触角。复眼大而突出，多数复眼有一横沟分成上下两半。头、胸多密生长毛，足短小多毛，胫节有1对发达的端距。翅脉网状，翅痣下无狭长的翅室。腹部狭长。成虫白天在林间捕食。全世界已知100属430余个现生种，我国已知12属约30余种，常见种如黄花丽蝶角蛉 Libelloides sibiricus (Eversmann)、黄脊蝶角蛉 Ascalohybris subjacens (Walker)等。

3.3.8 鳞翅目 Lepidoptera

包括蛾类和蝶类。体小至大型。体、翅和附肢均密被鳞片。绝大多数种类口器虹吸式；复眼发达。翅2对，膜质，横脉极少；有些种类雌虫无翅。跗节5节，少数种类前足退化，跗节减少。腹部10节，无尾须。幼虫蠋型，除3对胸足外，腹部还有2~5对腹足，分布于第3~6和第10腹节，足端部有趾钩。完全变态。绝大部分为植食性，除少数成虫外，均以幼虫危害。幼虫生活习性和取食方式多样，大多在植物表面取食，咬成孔洞、缺刻，有的卷叶、潜叶、钻蛀种实、枝干等，或在土内危害植物的根、茎等。分为4个亚目：轭翅亚目 Zeugloptera、无喙亚目 Aglossata、异蛾亚目 Heterobathmiina 和有喙亚目 Glossata，而绝大多数常见种类均隶属于有喙亚目。

1) 蝙蝠蛾总科 Hepialoidea

(1) 蝙蝠蛾科 Hepialidae

体小至极大型，多杂色斑纹。头较小，缺单眼，喙退化。触角短，丝状，少数栉齿状。中室内有 M 脉干；前后翅均有肩脉，前翅有翅轭。足较短，胫节无距。飞行状类似蝙蝠而得名。幼虫腹足趾钩多序缺环；蛀茎或根，或在地下做隧道，幼虫被虫草菌寄生后产生的子实体即为冬虫夏草。全世界已知 62 属 606 种，我国已知 7 属 82 种，如虫草钩蝠蛾 *Thitarodes armoricanus*（Oberthür）（= 虫草蝙蝠蛾 *Hepialus armoricanus* Oberthür），重要的林业害虫有柳蝙蛾 *Endoclita excrescens*（Butler）（= *Phassus excrescens* Butler）等。

2）谷蛾总科 Tineoidea

包括 4 科，常见科有：蓑蛾科和谷蛾科。

（1）蓑蛾科 Psychidae

又名袋蛾科。雌雄异形。雄蛾有翅，喙消失，下唇须短，触角栉齿状，翅面鳞片薄，近于透明，几乎无任何斑纹，翅缰异常大。雌蛾无翅，形如幼虫，触角、口器和足有不同程度的退化，生活于幼虫所织的巢内；少数雌蛾有翅，短翅型。幼虫吐丝缀叶，造袋形巢，隐居其中，并携之取食。全世界已知 241 属 1350 种，我国已知 32 属 50 余种，常见林木害虫如大袋蛾 *Eumeta variegata*（Snellen）。

（2）谷蛾科 Tineidae

体小。头通常被有粗糙毛状鳞片；无单眼；触角柄节长有栉毛；下颚须长，5 节；下唇须平伸，第 2 节常有侧鬃。后足胫节被长毛；翅脉分离，后翅窄。幼虫腹足趾钩单序椭圆或缺环，臀足趾钩为单横带。多取食干的植物或动物材料，或取食真菌。全世界已知约 360 属 2500 余种，我国已知约 40 属近 100 种，重要害虫如蔗扁蛾 *Opogona sacchari*（Bojer）。

3）巢蛾总科 Yponomeutoidea

包括 8~10 科，常见科有：巢蛾科、雕蛾科 Glyphipterigidae、举肢蛾科、潜蛾科等。

（1）巢蛾科 Yponomeutidae

体小至中型。下唇须上举，末端尖。前翅多为白色或灰色，上具多数小黑点；各脉分离，R_5 止于外缘，有副室；后翅 Rs 和 M_1 脉彼此分离，中室有 M 脉残存。幼虫一般吐丝筑巢，群居危害，也有在枝、叶、果内潜食的种类。全世界已知 120 余属近 600 种，我已知 16 属 77 种，常见的林业害虫如苹果巢蛾 *Yponomeuta pedalla*（L.）。

（2）举肢蛾科 Heliodinidae

体小型。日出性。有单眼。前翅至少有 3 条脉从中室顶端分出，R_5 与 M_1 共柄；后翅极窄，披针形，具宽缨毛。后足各跗节末端和胫节有轮生刺群。休止时通常后足竖立于身体两侧，高出翅面。幼虫腹足有时退化，趾钩为单序环。幼虫潜叶、缀叶或蛀果。全世界已知 66 属 352 种，我国已知 18 种，重要害虫如核桃举肢蛾 *Atrijuglans hetaohei* Yang、柿举肢蛾 *Stathmopoda masinissa* Meyrick 等。

（3）潜蛾科 Lyonetiidae

体小型。无单眼；触角丝状。前翅披针形，脉序不完全，中室细长，顶端常有数条脉，在基部合并成 1 支；后翅线形，有长缘毛。幼虫有腹足，趾钩为单序。幼虫潜叶危害，潜痕形状可用以种类鉴别。全世界已知 32 属 204 种，重要害虫有杨白潜蛾 *Leucoptera sinuella*（Reutti）、桃潜蛾 *Lyonetia clerkella*（L.）等。

4) 麦蛾总科 Gelechioidea

包括约 20 科，常见科有：祝蛾科 Lecithoceridae、织蛾科 Oecophoridae、小潜蛾科 Elachistidae、鞘蛾科、尖蛾科 Cosmopterigidae、麦蛾科等。

(1) 鞘蛾科 Coleophoridae

体小型。翅狭长而端部尖，前翅中室斜形；Cu 脉短，R_4 与 R_5 合并为 1 支且与 M_1 共柄。休息时触角前伸。幼虫趾钩为单序二横带；早龄潜叶，稍长即结鞘，随身带鞘取食，所结鞘随种类而不同。全世界已知 7 属 1300 余种，我国已知 2 属 100 余种，重要的林业害虫有兴安落叶松鞘蛾 *Coleophora obducta* (Meyrick)。

(2) 麦蛾科 Gelechiidae

头部鳞片光滑。下唇须长，向上弯曲。前翅宽披针形，R_4 与 R_5 常共柄，R_5 达顶角前缘。后翅菜刀状，顶角多突出并向后弯曲，后缘常内凹，Rs 与 M_1 共柄或接近，缘毛长。幼虫腹足趾钩为双序缺环或二横带。幼虫有卷叶、缀叶、潜叶或钻蛀茎干、种实等习性。全世界已知约 500 属，近 4700 种，我国已知 380 余种，常见的林业害虫如杨背麦蛾 *Anacampsis populella* (Clerk) 等。

5) 卷蛾总科 Tortricoidea

仅 1 科。

(1) 卷蛾科 Tortricidae

体小至中型。常有单眼；触角一般线状，偶尔栉状。前翅略呈长方形，一些种类静止时两翅合成吊钟状。前后翅脉多分离，后翅 M_1 不与 Rs 共柄。幼虫腹足趾钩为单序、双序或三序环，危害植物的叶、茎和果实等，可卷叶、潜叶、蛀茎、造瘿等。全世界已知 1150 余属 11 300 余种，我国已知近 1200 种，许多为重要的农林业害虫，如油松球果小卷蛾 *Gravitarmata margarotana* (Heinemann)、松梢小卷蛾 *Rhyacionia pinicolana* (Doubleday) 等。

6) 木蠹蛾总科 Cossoidea

包括 4 科：木蠹蛾科、拟蠹蛾科 Metarbelidae、伪蠹蛾科 Dudgeoneidae、缺缰蛾科 Ratardidae。

(1) 木蠹蛾科 Cossidae

体小至大型，粗壮。喙非常短或缺；触角双栉齿状、单栉齿状或线状。翅一般为灰色或褐色，具有黑斑纹；翅脉几乎完整，M 脉强，常在中室内分叉。幼虫粗壮；腹足趾钩为 1~3 序，缺环、环或横带，蛀食木本植物的茎、根和枝条。全世界已知 150 余属 1000 余种，我国已知 2 亚科 13 属约 65 种(亚种)，重要害虫如东方木蠹蛾 *Cossus orientalis* Gaede (=芳香木蠹蛾东方亚种 *Cossus cossus orientalis* Gaede)、多纹豹蠹蛾 *Zeuzera multistrigata* Moore 等。

7) 透翅蛾总科 Sesioidea

包括 3 科：透翅蛾科、短翅蛾科 Brachodidae、蝶蛾科 Castniidae。一些学者或将该类群归入木蠹蛾总科内。

(1) 透翅蛾科 Sesiidae

体小至中型。翅狭长，大部分透明，外形似蜂类。触角棒状，顶端生 1 刺或毛丛，有时线状、栉状或双栉状。前、后翅有特殊的类似膜翅目的连锁机制。腹末有一特殊的扇状鳞簇。白天活动。幼虫腹足趾钩单序横带，蛀食树干、枝条、根或草本植物的茎和根，极少数做虫瘿。全世界已知 160 属 1450 余种，我国已知 26 属 100 余种，重要的林业害虫如白杨透翅蛾 *Paranthrene tabaniformis*（Rottemburg）、杨干透翅蛾 *Sesia siningensis*（Hsu）等。

8）斑蛾总科 Zygaenoidea

包括 12~13 科，常见科有：刺蛾科和斑蛾科。

(1) 刺蛾科 Limacodidae

体中型，粗短。喙退化。翅鳞片松厚，多呈黄、褐或绿色。中室内的中脉主干常分叉；前翅无副室，R_5 常与 R_4 共柄，M_2 近 M_3；后翅 $Sc+R_1$ 与 Rs 在基部并接。幼虫蛞蝓形，头小内缩；胸足小，腹足由吸盘取代；体常具瘤和刺，人被刺后皮肤痛痒；常在卵圆形石灰质茧内化蛹。本科多危害果树和林木。全世界已知约 300 余属 1600 余种，我国已知 64 属 230 种，常见害虫如黄刺蛾 *Monema flavescens* Walker、褐边绿刺蛾 *Parasa consocia* Walker 等。

(2) 斑蛾科 Zygaenidae

体小至中型，色彩常鲜艳。有喙。翅中室内有简单或分支的 M 脉主干；前翅中室长，R_5 脉独立；后翅的 $Sc+R_1$ 与 Rs 合并至中室末端之前或有一横脉与之相连，有些种类后翅有尾突。绝大多数白天活动。幼虫称星毛虫，体粗短，毛瘤上有稀疏长刚毛，腹足趾钩半环形。全世界已知 170 属 1000 余种，我国已知约 140 余种，如榆斑蛾 *Illiberis ulmivora*（Graeser）等。

9）凤蝶总科 Papilionoidea

目前所有蝶类均包括在该总科内，下设 5~7 科：凤蝶科、粉蝶科、灰蝶科、蛱蝶科、弄蝶科、广蝶科 Hedylidae、蚬蝶科 Riodinidae。有的学者将广蝶科和弄蝶科分别独立成为总科，亦有学者将蚬蝶科降为灰蝶科的一亚科。

蝶类通常可由下列几点与蛾类相区别：蝶类触角为球杆状，翅的连锁通常为翅抱形，静止时两对翅竖立于体背，白天活动；而蛾类的触角为丝状、羽毛状、栉齿状等，翅的连锁通常为翅缰形，静止时两翅平铺或呈屋脊状，多夜间活动。

(1) 凤蝶科 Papilionidae

包括 3 亚科：宝凤蝶亚科 Baroniinae、凤蝶亚科、绢蝶亚科。

①凤蝶亚科 Papilioninae。多为大型，色彩鲜艳。喙发达。翅三角形，前翅径脉 5 条，臀脉 2 条，并有 1 臀横脉；后翅外缘呈波状，内缘直或凹入，臀脉 1 条，基部有 1 条钩状肩脉，多数种类 M_3 常延长成尾突，有的具 2 条以上尾突或无。幼虫前胸背中央有 1 个臭丫腺，受惊时可外翻。本亚科种类常危害芸香科、樟科、伞形花科等植物。全世界已知 23 属 485 种，我国已知 16 属 89 种，常见林业害虫有柑橘凤蝶 *Papilio xuthus* L. 等；多种被列入国内保护物种，如国家 I 级保护物种金斑喙凤蝶 *Teinopalpus aureus* Mell。

②绢蝶亚科 Parnassiinae。中至大型种类。翅半透明，后翅无尾突。前足发达。前翅 R_4 分支，Cu 与 1A 间无横脉。后翅中室封闭式；臀褶小或无。幼虫与凤蝶幼虫相似。全世界已知 7 属 67 种，我国已知 2 属 34 种，常见种如红珠绢蝶 *Parnassius bremeri* Bremer 等；阿波罗绢蝶 *Parnassius apollo*（L.）被列入国际贸易公约 II 级保护濒危物种，我国重点保护 II 级野生动物。

(2) 粉蝶科 Pieridae

体多小至中型。翅面常为白、黄、橙等色，并常有黑、红色等斑纹。前翅三角形，R 脉 3~4 条，极少数 5 条，基部多合并，A 脉 1 条；后翅卵圆形，无尾突，A 脉 2 条。3 对胸足发达；爪分叉。一些种类雌雄二型，少数有多型现象。幼虫每体节可分 4~6 个小环，趾钩为 2 或 3 序中带。全世界已知 4 亚科 85 属 1100 余种，我国已知 3 亚科 24 属 154 种，常见的林业害虫如绢粉蝶 *Aporia crataegi*（L.）。

(3) 灰蝶科 Lycaenidae

多为小型。翅正面常呈红、橙、蓝、绿、紫、古铜等色，颜色单纯而有光泽，翅背面的图案、颜色与正面不同。触角短，每节有白环，复眼周围有白色鳞片环。前翅 R 脉 3 或 4 支；后翅常有 1~3 个纤细的尾状突，A 脉 2 条。全世界已知 600 余属 6700 余种，我国已知 600 余种，常见种如蓝灰蝶 *Everes argiades*（Pallas）。

(4) 蛱蝶科 Nymphalidae

分为 12~14 亚科，常见有：闪蛱蝶亚科 Apaturinae、线蛱蝶亚科 Limenitidinae、蛱蝶亚科 Nymphalinae、眼蝶亚科 Satyrinae 等。全世界已知 500 多属 6400 余种。

①蛱蝶亚科 Nymphalinae。体多中至大型，色彩多艳丽；雌、雄前足退化，无爪，通常缩在前胸下，不用于行走。翅形状多变，前翅外缘常有角状突起，有些种类后翅有尾突；前翅 R 脉 5 条，常共柄，后翅中室开式或闭式，但仅有细的横脉。有肩脉。性二型明显。常见种如大红蛱蝶 *Vanessa indica*（Herbst）、孔雀蛱蝶 *Inachis io*（L.）等。

②眼蝶亚科 Satyrinae。体小至中型，多为黑色或褐色。翅上多有眼斑，尤其后翅反面。前翅 R 脉 5 条，常共柄，一些种类前翅通常有 1~3 条脉的基部膨大；后翅有肩脉。前足退化。性二型现象明显。幼虫体表常有棘刺，有的头上有角状突起。常见种如蛇眼蝶 *Minois dryas*（Scopoli）、矍眼蝶 *Ypthima balda*（Fabricius）等。

(5) 弄蝶科 Hesperiidae

体小至中型，粗壮，纺锤形，被鳞片且多毛。色多暗，黑或褐色，有淡的斑纹或透明窗斑。头大，宽于或等于胸宽。触角棒明显呈钩状。眼前方有睫毛。前翅三角形，中室通常开式。后足胫节有 2 对距。幼虫腹足趾钩三序环式，腹末有臀栉。全世界已知约 570 属 4100 余种，我国已知 370 余种，常见种如花弄蝶 *Pyrgus maculatus*（Bremer et Grey）。

10) 螟蛾总科 Pyraloidea

包括 2 科：草螟科和螟蛾科。

(1) 草螟科 Crambidae

前翅 R_5 脉独立，1A+2A 脉基部有卵形硬斑；腹部鼓膜室开放，鼓膜与节间膜形成钝角，有鼓膜瓣，有听器间突，后基节后方有副鼓膜器；雄外生殖器无爪形突臂；幼虫第 8

腹节无围绕 SD1 毛基部的骨化环。全世界已知 1000 余属近 1 万种，分为 16 亚科；我国已知约 200 余属 1200 余种。重要害虫如楸螟 Sinomphisa plagialis（Wileman）、稻纵卷叶螟 Cnaphalocrocis medinalis（Guenée）等。

（2）螟蛾科 Pyralidae

前翅 R_5 与 R_{3+4} 脉共柄或合并，1A+2A 脉基部无卵形硬斑；腹部鼓膜室闭合，鼓膜与节间膜位于同一平面，缺鼓膜瓣，无听器间突，无副鼓膜器；雄外生殖器有爪形突臂；幼虫第 8 腹节几乎总有围绕 SD1 毛基部的骨化环。幼虫多数为植食性，喜隐蔽生活，有卷叶、蛀茎干和蛀食果实、种子等习性。全世界已知 1067 属 5970 余种，分为 4 亚科；我国已知约 171 属 520 种，重要林业害虫如微红梢斑螟 Dioryctria rubella Hampson、果梢斑螟 D. pryeri Ragonot 等。

11）枯叶蛾总科 Lasiocampoidea

包括 2 科：枯叶蛾科和澳蛾科 Anthelidae。

（1）枯叶蛾科 Lasiocampidae

体中至大型，粗壮多毛。后翅肩区发达，静止时形似枯叶。单眼与喙退化。前翅 R_5 通常与 M_1 共柄，M_2 与 M_3 共柄或至少基部靠近；后翅有 1~2 根肩脉。幼虫粗壮，多毛，趾钩为双序中带。本科大多数种类为重要的林木和果树害虫，全世界已知 224 属 1950 余种，我国已知 39 属约 220 种（亚种），重要林业害虫如马尾松毛虫 Dendrolimus punctata（Walker）、黄褐天幕毛虫 Malacosoma neustria testacea（Motschulsky）等。

12）蚕蛾总科 Bombycoidea

包括 10 科，常见科有：水蜡蛾科 Brahmaeidae、桦蛾科 Endromidae、蚕蛾科 Bombycidae、大蚕蛾科、天蛾科等。

（1）大蚕蛾科 Saturniidae

体大至极大型。喙退化。翅中央有一透明眼状斑；前翅顶角大多向外突出，M_2 靠近 M_1 或与之共柄；后翅肩角膨大，$Sc+R_1$ 与中室分离或以横脉相连，无翅缰。幼虫通常有瘤突或枝刺。丝坚韧，常可利用。全世界已知约 180 属 3450 余种，我国已知 15 属 58 种（亚种），重要种类如柞蚕蛾 Antheraea pernyi Guérin-Méneville、樗蚕 Samia cynthia（Drury）等。

（2）天蛾科 Sphingidae

体中至大型，纺锤形。喙极长。触角末端弯曲成钩状。前翅狭长，外缘倾斜；后翅 $Sc+R_1$ 与 Rs 之间在中室中部有 1 横脉相连。幼虫粗大，体光滑或密布细颗粒，第 8 腹节背面有 1 斜伸的尾角；趾钩为双序中带。全世界已知约 200 属 1600 余种，我国已知 54 属 187 种，常见种如蓝目天蛾 Smerinthus planus Walker、南方豆天蛾 Clanis bilineata（Walker）等。

13）尺蛾总科 Geometroidea

包括 3 科：尺蛾科、锤角蛾科 Sematuridae、燕蛾科 Uraniidae。

（1）尺蛾科 Geometridae

体小至大型。翅大而薄，休止时常 4 翅平铺，前、后翅常有波状花纹相连；少数种类雌虫翅退化。喙发达。前翅可有 1~2 个副室，R_5 与 R_3、R_4 共柄，M_2 通常靠近 M_1，但也有居中的；后翅 Sc 基部常强烈弯曲，与 Rs 靠近或部分合并。鼓膜器位于第 1 腹板两侧。幼虫通常仅第 6 腹节和末节具腹足，行动时一曲一伸，故称尺蠖、步曲、造桥虫。幼虫裸栖食叶危害，有很多林木和果树害虫。全世界已知约 2000 属 2.3 万种，重要种类如春尺蛾 *Apochima cinerarius* Erschoff、槐尺蛾 *Semiothisa cinerearia*（Bremer et Grey）等。

14）夜蛾总科 Noctuoidea

本总科的分类系统近年来有较大变动，学者们根据分子系统学研究结果结合形态学特征，将传统的毒蛾科、灯蛾科以及部分夜蛾科种类均归入目夜蛾科内。本总科目前包括：尾夜蛾科 Euteliidae、目夜蛾科、夜蛾科、瘤蛾科 Nolidae、澳舟蛾科 Oenosandridae、舟蛾科等。

（1）目夜蛾科 Erebidae

本科包括大部分原属夜蛾科的后翅四叉形种类及毒蛾科和灯蛾科所有种类。喙发达或退化。单眼有或无。后翅 $Sc+R_1$ 和 Rs 在中室基部 1/3 处、中部或中部以后一小段并接或接近，肘脉四叉形（M_2 脉为实线，且位于中室端靠近 M_3 脉，因而在中室端部下方由 M_2、M_3、Cu_1 和 Cu_2 形成四分叉）。全世界已知约 1760 属 24 500 余种，分 21 亚科，常见亚科包括：髯须夜蛾亚科 Hypeninae、毒蛾亚科 Lymantriinae、长须夜蛾亚科 Herminiinae、灯蛾亚科 Arctiinae、壶夜蛾亚科 Calpinae、目夜蛾亚科 Erebinae、猎夜蛾亚科 Eublemminae、拟灯蛾亚科 Aganainae 等。

①毒蛾亚科 Lymantriinae。体中型。喙退化；无单眼。后翅 $Sc+R_1$ 在中室前缘 1/3 处与中室接触或接近，然后分开，形成封闭或半封闭的基室，M_2 非常靠近 M_3；有些雌虫翅退化。雌蛾腹末常有大毛丛。幼虫被毛长短不一，在瘤上形成毛束或毛刷，有时具螯毛，腹部第 6~7 节背面有翻缩腺。多为重要的林业害虫，如舞毒蛾 *Lymantria dispar*（L.）、模毒蛾 *Lymantria monacha*（L.）等。

②灯蛾亚科 Arctiinae。体中至大型。体色鲜艳，尤其腹部。多有单眼，喙退化。后翅 $Sc+R_1$ 与 Rs 愈合至中室中央或中央以外，M_2 靠近 M_3。幼虫密被毛丛，生于毛瘤上。幼虫多杂食性，幼龄有群居性。重要的林业害虫有美国白蛾 *Hyphantria cunea*（Drury）等。

（2）夜蛾科 Noctuidae

体小至大型。喙通常发达。前翅狭长，颜色多昏暗，常有横带和斑纹；后翅较宽，多为浅色。前翅肘脉四叉形，后翅三叉形（后翅 M_2 脉为虚线，或实线且位于中室端中央或靠近 M_1 脉，因而在中室端部下方由 M_3、Cu_1 和 Cu_2 形成三分叉），后翅 $Sc+R_1$ 和 Rs 在中室中部前有一小段并接，但不超过中室之半。幼虫毛少，常有纵条纹；有植食性、粪食性、杂食性等，有的蛀茎、果和根。全世界已知 1000 余属 11 000 余种，我国已知约 2500 种，如重要的地下害虫小地老虎 *Agrotis ipsilon*（Hufnagel）等。

（3）舟蛾科 Notodontidae

旧称天社蛾科。体中至大型。喙不发达。前翅 M_2 居中或靠近 M_1，后缘亚基部常有后伸鳞簇；后翅 $Sc+R_1$ 与 Rs 靠近但不接触，或有 1 短横脉相连。幼虫多鲜艳具斑，臀足常退化或特化成细枝或刺状，不用于行走，栖息时一般靠腹足攀附，头尾翘起，似舟形。全世界已知 730 余属近 4000 种，我国已知 137 属 516 种，其中不少为重要的林业害虫，如杨扇舟蛾 *Clostera anachoreta*（Denis et Schiffermüller）、杨二尾舟蛾 *Cerura erminea*（Esper）等。

3.3.9 双翅目 Diptera

包括蚊、蠓、蚋、虻、蝇等，是昆虫纲中第二大目。头部球形或半球形；口器刺吸式或舐吸式；复眼发达；单眼 3 个或无；触角丝状或具芒状。前翅发达，膜质；后翅特化成平衡棒；跗节 5 节。腹部 11 节或 4~5 节，雌虫常无产卵器；雄虫常有抱握器。幼虫根据头部发达程度，分全头型（蚊）、半头型（虻）、无头型（蝇），口器和足退化。完全变态。

生活习性复杂，不少种类喜欢湿润环境。成虫多数以花蜜或腐烂的有机物为食；有的捕食其他昆虫（食虫虻、食蚜蝇科等）；有的吸食人畜血液（蚊、虻、蚋科等），为重要的医学昆虫；有的则营寄生生活（寄蝇、麻蝇科等）。植食性的种类有潜叶（潜叶蝇科），蛀茎（黄潜蝇科），蛀根、种实（花蝇科），钻蛀果实（实蝇科）和做虫瘿（瘿蚊科）等，常给农林业带来较大的危害。全世界已知约 16 万种，分为 2 或 3 亚目。

3.3.9.1 长角亚目 Nematocera

体纤细；成虫体小型，纤细。触角一般长于头、胸部之和，6 节以上，各鞭节相似；下颚须 3~5 节；翅脉较退化，R 脉 5 分支，常无中室和臀室；足细长。幼虫全头型，口器咀嚼式；离蛹或被蛹。包括 37 个现生科和 32 个化石科。

（1）蚊科 Culicidae

体小至中型，纤细，体表与附肢具鳞片。头小、近球形，细颈；复眼肾形；触角丝状，有环状毛，雄虫羽状，14 或 15 节；口器刺吸式。翅狭长，6 条纵脉达外缘，翅脉上各有 2 列鳞片，后缘具缘毛和鳞片；足基节短，跗节长。腹部细长，10 节，雄虫末端 2 节变成交配器。幼虫称孑孓，具明显的头部。大多数成虫在黄昏及夜间活动，雄蚊食花蜜及其他物质，雌蚊吮吸动物的血液，部分种类能传播疟疾、流行性脑炎、黄热病等疾病。目前全世界已知 115 属 3500 余种，分为 2 亚科；我国已知 46 属 418 种（亚种），常见致病媒介昆虫如中华按蚊 *Anopheles sinensis* Wiedemann、埃及伊蚊 *Aedes aegypti*（L.）等。

（2）瘿蚊科 Cecidomyiidae

体小型，细弱，外观似蚊。触角念珠状，10~36 节，雄虫触角节上具环状毛；复眼发达或小，常左右愈合成 1 个，多无单眼；前翅有 3~5 条纵脉，Rs 脉不分支，横脉不明显，只有 1 个基室。足细长。腹部 8 节。幼虫多呈纺锤形，全头型或头部完全退化，末龄幼虫胸部腹面常有 "Y" 形剑骨片，用以弹跳。幼虫食性多样：捕食性，取食蚜、蚧等小虫；腐食性，取食腐殖质；植食性，危害植物的花、果、茎等各部分。很多种类还能形成虫瘿。全世界已知约 710 属 6100 余种，我国已知 81 属 180 种，常见种如柳瘿蚊 *Rabdophaga salicis*（Schrank）。

3.3.9.2 短角亚目 Brachycera

体中至大型，粗壮。触角 3 节，第 3 节常延长或分出亚节，或具端刺；下颚须 1~2

节；前翅 Cu_2 与 2A 在末端接近或愈合，Rs 与 M 脉各 2 或 3 支，中室几乎总是存在。幼虫半头型；被蛹，偶见围蛹；成虫羽化时蛹壳呈"T"形开裂。

(1) 虻科 Tabanidae

体中至大型，粗壮。头半球形；触角第 3 节延长，牛角状；前翅透明或具斑纹，R_3 室"V"字形，包括顶角；爪垫和爪间突均垫状。雄虫复眼为合眼式，雌虫为离眼式。复眼常具色彩或彩虹。雌虫吸血，常为人畜的重要害虫；雄虫主要取食花蜜和花粉。全世界已知 137 属 4400 余种，我国已知 14 属 460 余种，常见种如中华虻 *Tabanus mandarinus* Schiner、华广虻 *T. amaenus* Walker 等。

(2) 食虫虻科 Asilidae

又称盗虻科。体小至大型，体表多毛。头宽阔，头顶凹陷，颈细。复眼大，分离；3 个单眼位于瘤状体上。触角第 3 节延长，端部常有 1 端刺。翅狭长，R 脉 4 条，M 脉 3 条；爪间突针状。成虫多为捕食性。全世界已知 510 属 7400 余种，我国已知 59 属 300 余种，常见种如中华单羽食虫虻 *Cophinopoda chinensis*（Fabricius）、蓝弯顶毛食虫虻 *Neoitamus cyanurus*（Loew）等。

3.3.9.3 环裂亚目 Cyclorrhapha

体小至中型，粗壮，常多毛。触角常为 3 节，偶见 4 节，第 3 节背面常具触角芒，有时具端芒；口器适于舐吸或退化，下颚须常 1 节；额囊有或无，腋瓣发达或退化，前翅 R 脉一般 3 分支，一些无翅；幼虫无头型，蛆状；围蛹，成虫羽化时蛹壳环裂。包括各种蝇类，分为无缝组和有缝组。

(1) 潜蝇科 Agromyzidae

体微小至小型，黑色或黄色。触角芒着生在第 3 节基部背面，光裸或具毛；具单眼；额鬃 3~5 支，其粗细和距离与 2 支向后弯的眼眶鬃相似，单眼后鬃分歧。C 脉只在 Sc 端部折断 1 次，Sc 退化或端部与 R_1 合并，M 间有 2 个闭室，臀室小；腹部扁平，雌蝇第 7 节长而骨化，不能伸缩。幼虫食根、茎、叶或造成虫瘿，受害叶片叶肉被食尽，仅留下表皮而成各种形状的蛀道。全世界已知 30 余属约 3000 种，我国已知超过 150 种，重要种类如美洲斑潜蝇 *Liriomyza sativae* Blanchard、豆秆黑潜蝇 *Melanagromyza sojae*（Zehnther）等。

(2) 食蚜蝇科 Syrphidae

体小至中型，外观似蜜蜂。体暗色带有黄色或白色的条纹、斑纹。触角 3 节，具芒。前翅 R_{4+5} 与 M_{1+2} 脉之间有 1 条两端游离的皱褶状或骨化的伪脉，极少数种类缺；翅外缘常有与边缘平行的横脉，把缘室封闭起来。成虫常在花上悬飞或猛然前飞。幼虫似蛆，腐生或捕食蚜虫等。全世界已知 200 余属约 6200 种，我国已知 97 属 580 种，常见种类如黑带食蚜蝇 *Episyrphus balteatus*（De Geer）等。

(3) 寄蝇科 Tachinidae

体中等。常为黑、褐、灰等色。触角芒光滑。中胸下侧片具鬃。胸部后小盾片发达。成虫产卵于寄主体上、体内或寄主食料上等。寄蝇科的幼虫多寄生于鳞翅目、鞘翅目、直翅目等昆虫体内，对抑制害虫的大量繁殖有较大的作用。全世界已知近 1600 属约 9600 余种，我国已知 190 属 750 余种，如松毛虫天敌蚕饰腹寄蝇 *Blepharipa zebina*（Walker）和伞裙寄蝇 *Exorista civilis*（Rondani）等。

（4）丽蝇科 Calliphoridae

体中至大型，常有蓝绿光泽，或淡色粉被。雄虫合眼式，雌虫离眼式，触角芒羽状或栉状。前胸背板和腹板具毛，最后的肩后鬃在缝前鬃的侧面，中侧片和下侧片后缘的鬃排列整齐，腹侧片鬃前面 2 根，后面 1 根；前翅 M_1 急剧向前弯曲，使 R_{4+5} 室端部变窄或闭式；腹部短阔，末端节有粗毛或鬃；雄虫第 5 腹板后缘分裂。成虫栖居在厕所、粪堆中，常污染食物并传播疾病；幼虫生活在动物尸体、腐肉或粪便中；少数捕食白蚁、蚂蚁或蝗卵。全世界已知 97 属 1500 余种，我国已知 47 属约 240 种，常见种如丝光绿蝇 *Lucilia sericata*（Meigen）、大头金蝇 *Chrysomya megacephala*（Fabricius）等。

（5）实蝇科 Tephritidae

体小至中型，常为黄、橙、褐色等。触角短，芒着生背面基部，光裸或具细毛。翅多有雾状斑纹；Sc 脉端呈直角状弯向前缘；臀室末端呈锐角状。雌虫产卵器长而突出，3 节明显。幼虫植食性，许多种类危害果实。全世界已知 480 余属 4700 余种，我国已知 570 余种，如橘小实蝇 *Bactrocera dorsalis*（Hendel）等。

（6）花蝇科 Anthomyiidae

体小至中型，细长多毛。触角芒光滑、有毛或羽毛状。前翅的 M_{1+2} 不向上弯（与其近似的蝇科 M_{1+2} 则向上弯）。中胸下侧片裸。本科的多数种类为腐食性，有些种类为植食性，能潜叶或钻蛀危害，故对农林业带来一定危害。全世界已知 54 属 1900 余种，我国已知 36 属 680 余种，重要的林业害虫如落叶松球果花蝇 *Strobilomyia laricicola*（Karl）等。

（7）麻蝇科 Sarcophagidae

体中至大型，多毛和鬃，有粉被，背面有银色云斑或镶嵌斑纹；复眼不接近。胸部无成块丛毛，前胸背板与侧板无毛，最后的肩后鬃位置高于缝前鬃或与缝前鬃位于同一水平位置，常具 4 条背侧鬃，下侧片鬃排列呈弧形；腋瓣内缘向内凹入与小盾片镶贴，M_1 急剧向前弯，在转弯处有的具 1 距状短脉（M_2）；腹部至少基部 2 节腹板外露，中部各节很少有粗毛。幼虫食腐败动、植物、粪便或从伤口侵入体内，引起人畜蝇蛆症；寄生节肢动物和软体动物；与蜂类共生。全世界已知 173 属约 3000 种，我国已知 320 余种，常见种如棕尾别麻蝇 *Sarcophaga peregrina*（Robineau-Desvoidy）、松毛虫缅麻蝇 *Sarcophaga beesoni* Senior-White 等。

3.3.10 膜翅目 Hymenoptera

包括各种蜂类和蚂蚁等。口器咀嚼式或嚼吸式；复眼发达。触角丝状、膝状、念珠状、栉齿状等。大部分种类的腹部第 1 节常与后胸连接称为并胸腹节。翅 2 对，膜质，前翅大，后翅小，后翅前缘有翅钩列与前翅连锁。雌虫产卵器发达，锯状、刺状或针状。完全变态。

大多数种类为寄生性或捕食性，少数植食性；一些种类为重要的传粉昆虫。分为 2 亚目；全世界已知 15 万多种，我国已知 1.2 万余种。

3.3.10.1 广腰亚目 Symphyta

胸、腹连接处宽阔而不收缩；各足转节 2 节；翅脉较多，后翅至少有 3 个基室；产卵器多为锯状。幼虫有胸足，多数有腹足 6~8 对，分布于第 2~7(8) 和第 10 腹节，但无趾钩。本亚目幼虫均为植食性种类，食叶、蛀茎或形成虫瘿。现生种类分为 7~8 总科 14 科。

1) 茎蜂总科 Cephoidea

包括 1 现生科和 1 化石科，我国均有分布。

(1) 茎蜂科 Cephidae

体纤细，头部近球形，后头明显延长；上颚粗壮，左右不对称；上唇退化。触角丝状或棒状；前胸背板后缘平直；前足胫节具 1 个端距，腹部第 1、2 节之间略缢缩；雌虫产卵器较短。幼虫钻蛀禾本科等植物的茎秆。全世界已知 21 属 160 余种；我国已知 15 属约 60 种，常见种类如梨简脉茎蜂 *Janus piri* Okamoto et Muramatsu、单带哈茎蜂 *Hartigia agilis* (Smith) 等。

2) 扁蜂总科 Pamphilioidea

分 5 科，包括 3 化石科；现生科有：广背蜂科 Megalodontesidae、扁蜂科。

(1) 扁蜂科 Pamphiliidae

体中至大型。触角丝状，超过 25 节；腹部极扁平，两侧具锐利边缘，第 2 背板中央具裂缝。前翅 Rs 脉不分叉，臀室完整并具端位横脉。后翅 7 个闭室，M 与 Cu 脉基部不分离，Sc 脉游离。前足胫节具 2 个端距。产卵器短小。幼虫无腹足，幼龄时常群集生活，且常生活于丝网或卷叶中。全世界已知 10 属 290 余种，我国已知 7 属 85 种，常见林木害虫如松阿扁蜂 *Acantholyda posticalis* Matsumura、鞭角华扁蜂 *Chinolyda flagellicornis* (Smith) 等。

3) 叶蜂总科 Tenthredinoidea

下分 6 个现生科：三节叶蜂科 Argidae、梨室叶蜂科 Blasticotomidae、锤角叶蜂科 Cimbicidae、筒腹叶蜂科 Pergidae、松叶蜂科、叶蜂科，以及 2 个化石科。

(1) 松叶蜂科 Diprionidae

体小至中型，宽短，飞行缓慢。触角短，14~32 节，雄性羽状，雌性短锯齿状。前翅 R 脉端部下垂，2r 脉缺如，臀室完整；后翅具 6 个闭室，R_1 室端部开放。腹部第 1 背板具中缝，无侧缘脊。产卵器短小。幼虫具 8 对腹足，均危害针叶树针叶或蛀食球果。全世界已知 11 属约 90 种，我国已知 7 属 38 种，常见害虫如浙江黑松叶蜂 *Nesodiprion zhejiangensis* Xiao et Huang、靖远松叶蜂 *Diprion jingyuanensis* Xiao et Zhang 等。

(2) 叶蜂科 Tenthredinidae

体小至中型。触角短，通常 9 节，少数属种少至 7 节或多达 30 节。前胸背板中部极短，后缘强烈前凹；前翅 R 脉端部平直或下垂，2r 脉常存在，少数无，至少有 1 个完整的端臀室；后翅通常具 5~7 个闭室。前足胫节端距 1 对，内距常分叉。腹部无侧缘脊，第 1 背板常具中缝。产卵器短小，常略伸出腹端。幼虫腹足 6~8 对。全世界已知 450 余属 6000 余种，我国已知超过 300 属 2200 种，常见害虫如红腹锉叶蜂 *Pristiphora erichsonii*

(Hartig)、红胸樟叶蜂 *Moricella rufonota* Rohwer 等。

4) 树蜂总科 Siricoidea

包括1现生科和4化石科。

(1) 树蜂科 Siricidae

体多大型，粗壮，长筒形。头部近方形或半球形，后头膨大；口器退化；触角丝状，有时侧扁，12~30节，第1节通常最长。前翅前缘室狭窄，翅痣狭长，纵脉较直，臀室完整；后翅常具5个闭室；前足胫节有1个端距。腹部圆筒形，无缘脊，第1节背板具中缝，末节背板发达，具长突。产卵器细长，伸出腹端很长。幼虫蛀茎。全世界已知20属124种，我国已知7属54种，重要林木害虫如松树蜂 *Sirex noctilio* Fabricius、烟扁角树蜂 *Tremex fuscicornis* (Fabricius) 等。

3.3.10.2 细腰亚目 Apocrita

胸、腹间显著收缩如细腰，或具柄。各足转节为1节或少数为2节。翅脉大多减少，后翅最多只有2个基室。产卵器锥状或针状。幼虫无足，多居于巢室内或寄生于其他昆虫体内，少数可在植物上做虫瘿或危害种子。现生种类分为14~15总科80余科。

1) 小蜂总科 Chalcidoidea

下分23科，包括1化石科。绝大多数种类为寄生性，是害虫生物防治的重要类群。

(1) 蚜小蜂科 Aphelinidae

体多扁平，胸部与腹部广阔相连，无金属光泽；触角3~8节。中胸盾片盾纵沟明显，三角片前伸突出，明显超过翅基连线。前翅缘脉长，亚缘脉及痣脉短，后缘脉不发达。中足胫节端距长但不粗壮。跗节4~5节。主要以蚜虫、介壳虫和粉虱为寄主。全世界已知43属1400余种，我国已知16属近250种，重要种类如苹果绵蚜蚜小蜂 *Aphelinus mali* (Haldeman)、温室粉虱恩蚜小蜂 *Encarsia formosa* Gahan 等。

(2) 跳小蜂科 Encyrtidae

体有金属光泽。触角5~13节。中胸盾片横形，常无盾纵沟，如有则浅；三角片横形，内角常相接。中胸侧板隆起，常向后伸达腹部。前翅缘脉短，后缘脉及痣脉也相对较短。前翅具无毛斜带由痣脉下方斜伸向后缘。跗节4~5节。中足胫节端距发达。腹部宽，无柄，常呈三角形；腹末背板侧方常前伸，尾须通常发达。寄主极为广泛，可寄生昆虫纲绝大多数的目以及螨、蜱和蜘蛛等的卵、幼虫、蛹。全世界已知约490属4600余种；我国已知128属500余种，重要种类如指长索跳小蜂 *Anagyrus dactylopii* (Howard)、纽绵蚧跳小蜂 *Encyrtus sasakii* Ishii 等。

(3) 姬小蜂科 Eulophidae

体骨化程度常弱，具斑或金属光泽；触角7~9节（不包括环状节），部分雄性索节具分支；盾纵沟常显著；小盾片常具亚中纵沟；三角片常前伸，超过翅基连线。前翅缘脉长，后缘脉和痣脉一般较短。跗节4节；腹部具明显的腹柄。绝大多数为寄生性天敌，极少数为捕食性或植食性。全世界已知320余属5800余种；我国已知近70属410余种，如重要寄生性种类白蛾周氏啮小蜂 *Chouioia cunea* Yang 以及植食性害虫刺桐姬小蜂 *Quadrastichus erythrinae* Kim 等。

(4) 广肩小蜂科 Eurytomidae

体通常黑色无光泽。触角洼深，触角 11~13 节，雄性触角索节常有长轮毛。前胸背板宽阔，长方形；中胸背板常有粗密的顶针状刻点，盾纵沟深而完整。并胸腹节常有网状刻纹。前翅缘脉一般长于痣脉。跗节 5 节。腹部光滑，雌性腹部长侧扁，末端延伸呈犁头状；雄性腹部圆形，具长柄。多数为寄生性，少数为植食性或捕食性。全世界已知 72 属 1600 余种，我国已知 21 属约 80 种，重要的林业害虫如落叶松种子小蜂 *Eurytoma laricis* Yano、竹瘿广肩小蜂 *Aiolomorphus rhopaloides* Walker 等。

(5) 金小蜂科 Pteromalidae

体常具绿、蓝色金属光泽。触角 11~13 节，包括 0~3 个环状节；前胸短；中胸常有盾纵沟；并胸腹节一般具中纵脊和侧褶脊；跗节 5 节；前翅缘脉一般长于痣脉和后缘脉。多数为其他昆虫幼虫和蛹的寄生蜂。全世界已知 634 属约 4100 种；我国已知 120 余属 470 余种，重要寄生性天敌如松毛虫卵宽缘金小蜂 *Pachyneuron solitarium*（Hartig）、蝶蛹金小蜂 *Pteromalus puparum*（L.）等。

(6) 大痣小蜂科 Megastigmidae

曾作为长尾小蜂科 Torymidae 的一亚科，现独立为科，与长尾小蜂科的主要区别在于：体黄色并具暗色部分(稀具金属光泽)；唇基或者深凹呈双叶状，或者中部凸出呈 1 中齿状；头和胸部背面刚毛较少、通常暗色且两侧对称；前胸背板较长，通常几乎等长于中胸盾中叶；前翅缘脉常短于后缘脉，痣脉发达，几乎与缘脉呈直角，翅痣膨大，通常高大于宽，其高度近等于或大于前缘室宽(如翅痣不甚发达，则痣脉显著长)，翅痣通常被烟色区包围，基毛列通常着色，在一些属发育成基脉弯向后部；后足基节相对较短，不超过中足基节长的 2 倍。植食性，危害植物的种子或形成虫瘿。全世界已知 12 属 213 种，我国已知 3 属 23 种。大痣小蜂属的所有种类 *Megastigmus* spp. 均曾被列为全国林业检疫性有害生物。

(7) 赤眼蜂科 Trichogrammatidae

成虫体微小，无金属光泽。触角 5~9 节；翅面纤毛多排列呈行；跗节 3 节。均为昆虫卵寄生蜂。全世界已知 96 属 1980 余种，我国已知 45 属 200 余种，重要天敌如松毛虫赤眼蜂 *Trichogramma dendrolimi* Matsumura、褐腰赤眼蜂 *Paracentrobia andoi*（Ishii）等。

2) 姬蜂总科 Ichneumonoidea

下分 3 科，包括 1 化石科，是重要的天敌类群。

(1) 姬蜂科 Ichneumonidae（图 3-2-1，2）

体纤细。触角丝状。前翅第 1 肘室与第 1 盘室合并形成盘肘室，有第 2 回脉和小翅室，有 3 个盘室。腹部细长或侧扁。产卵器常露出。寄生于完全变态类昆虫的幼虫和蛹内，一般单寄生，对抑制害虫种群增长有重要作用。全世界已知 1540 余属约 24 000 种，我国已知约 2300 余种，如舞毒蛾黑瘤姬蜂 *Coccygomimus disparis*（Viereck）、松毛虫黑胸姬蜂 *Hyposoter takagii*（Matsumura）等。

(2) 茧蜂科 Braconidae（图 3-2-3，4）

体小至或中型。外形与姬蜂科相似，但肘脉第 1 段常存在，将肘室和第 1 盘室分开；

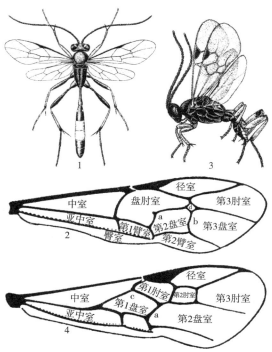

1. 姬蜂科；2. 姬蜂科前翅；3. 茧蜂科；4. 茧蜂科前翅
（a. 第1回脉；b. 第2回脉；c. 肘脉第1段；d. 小翅室=第2肘室）

图 3-2　膜翅目细腰亚目：姬蜂总科

无第2回脉；有2个盘室。腹部圆筒形或卵圆形，第2、3背板愈合，有时虽有横凹痕，但无膜质的缝，不能自由活动。单寄生或聚寄生，对抑制害虫种群增长有重要作用。全世界已知1000余属19 000余种，常见种如两色刺足茧蜂 *Zombrus bicolor*（Enderlein）、松毛虫脊茧蜂 *Aleiodes esenbeckii*（Hartig）等。

3）瘿蜂总科 Cynipoidea

下分8科，包括3个化石科，常见科有：瘿蜂科、环腹瘿蜂科 Figitidae、枝跗瘿蜂科 Ibaliidae、光翅瘿蜂科 Liopteridae 等。

（1）瘿蜂科 Cynipidae

体小至中型。触角非膝状，雌虫13～14节，雄虫14～15节。前胸背板与中胸背板愈合，侧方延伸至翅基片；有短翅型或无翅型；前翅无翅痣，翅脉较少，最多有5个封闭的翅室。足转节1节，中后足胫节各有2个距。腹部卵形或侧扁，第2背板或愈合的第2+3背板最大。产卵器自腹末前方腹面伸出。全世界已知约80属1400余种，我国仅记载10属27种，多数寄生壳斗科植物，造成虫瘿。如栗瘿蜂 *Dryocosmus kuriphilus* Yasumatsu。

4）青蜂总科 Chrysidoidea

包括7个现生科和2个化石科。

（1）肿腿蜂科 Bethylidae

体多小型，光滑，多为黑色。头长而扁，前口式；上颚强大；唇基上常具1中纵脊；触角12～13节。雌、雄个体均有无翅或有翅者。有翅种类前翅无封闭的亚缘室，盘室最多1个，后翅有臀叶，无封闭翅室。足常强壮，腿节常膨大。腹部具柄，可见7～8节，通常第1节很小。外寄生及聚寄生。全世界已知现存种84属2340种，我国仅知约16属34种，重要种类如管氏硬皮肿腿蜂 *Sclerodermus guani* Xiao et Wu，寄生多种天牛。

5）胡蜂总科 Vespoidea

下分10科，常见科有：蚁科 Formicidae、蛛蜂科 Pompilidae、土蜂科 Scoliidae、胡蜂科 Vespidae 等。

（1）蚁科 Formicidae

统称蚂蚁。微小至小型。触角膝状，4～13节，柄节很长，末2～3节膨大。腹部与胸部连接处有1～2节呈结节状或鳞片状。有翅或无翅。足转节1节，胫节发达，前足的距大，疏状，为净角器，跗节5节。腹末具螯针或退化。为筑巢群居的多型性昆虫，有蚁后、雄蚁及工蚁。蚁后和雄蚁均有复眼和单眼，有2对翅，可繁殖后代，工蚁为生殖系统不完全的雌蚁，数量最多，体小、无翅、复眼不发达，专司筑巢、觅食、饲育幼虫、清洁蚁巢、安全保卫等职能。肉食性、杂食性或植食性。全世界已知现存种约300属1.2万种，我国已知100余属近1000种(亚种)。常见种如小家蚁 *Monomorium pharaonis* (L.)是家庭、仓库等室内重要害虫。

(2)胡蜂科 Vespidae

体型较大，色泽鲜艳，体黄色或红色，有黑色或褐色的斑和带；前胸背板后缘深凹，伸达肩板；前翅第1盘室狭长，远长于亚基室；上颚短，完全闭合时呈横形，不相互交叉；触角略呈膝状；中足胫节有2个端距；爪不分叉；翅休息时能纵折。有简单的社会组织，筑巢群居，蜂群中有后蜂、职蜂和专司交配的雄蜂。全世界已知约270属近5000种，常见种如黄边胡蜂 *Vespa crabro* L.、黄喙螺蠃 *Rhynchium quinquecinctum* (Fabricius)、陆马蜂 *Polistes rothneyi grahami* Vecht 等。

6) 蜜蜂总科 Apoidea

下分13科，包括3个化石科，常见科有：蜜蜂科、地蜂科 Andrenidae、隧蜂科 Halictidae、切叶蜂科 Megachilidae、准蜂科 Melittidae、泥蜂科 Sphecidae 等。

(1)蜜蜂科 Apidae

体小至大型，多数体被绒毛或由绒毛组成的毛带，少数光滑。雌虫后足胫节外侧有长毛形成的花粉篮，胫节顶端内缘和宽大的基跗节内侧有刚毛组成的花粉梳；前翅一般有3个亚缘室，前缘脉末端与两条回脉的距离约为第2回脉长的2倍，而且长于第1回脉；腹部无臀板。本科昆虫营社会性生活，同巢内有蜂王、雄蜂、与工蜂。许多种类对植物异花授粉，保证农林果实、种子产量有重要作用。全世界已知现存种约210属5700余种，我国已知15属250余种。常见的有东方蜜蜂 *Apis cerana* Fabricius、西方蜜蜂 *A. mellifera* L. 等。

3.3.11 螨类

螨类属于节肢动物门蛛形纲 Arachnida 蜱螨亚纲 Acari。蜱螨亚纲包括螨类(mites)和蜱类(ticks)。与林业有密切关系的螨类主要包括真螨目 Acariformes 中的叶螨总科和瘿螨总科的一些种类。

1) 叶螨总科 Tetranychoidea

叶螨俗称红蜘蛛、黄蜘蛛、火龙等。体微小，多在2 mm以下；体躯柔软，多为红色、绿色、黄色等。足4对，无触角和翅，其体躯划分如下(图3-3)。

颚体是分类的重要特征，由螯肢(chelicera)、须肢(palpus)、气门沟(peritreme)等组成。螨类身体背面常有许多刚毛，根据功能分为触毛(tactile seta)、感毛(化学感受毛 chemosensory seta)和黏毛(tenent hair)等，其数量和排列形式是分类的依据。

成螨和若螨具足4对，幼螨具足3对。叶螨的足由6节组成，即基节、转节、股节、膝节、胫节和跗节，基节与体躯腹面愈合而不能活动。足Ⅰ、Ⅱ跗节多具特殊的双毛，是由2根基部紧靠在一起的刚毛组成，一根为感毛，粗而长，也称为大毛，基侧的一根为触毛，细小，又称为小毛。各足跗节的顶端具1对跗节爪和1个爪间突，爪上有黏毛。爪和爪间突的形状变化多样，是重要的分类依据。

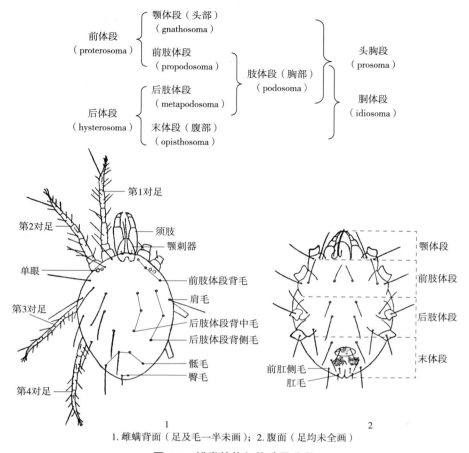

1. 雌螨背面（足及毛一半未画）；2. 腹面（足均未全画）

图 3-3　螨类的体躯构造及分段

体躯背毛较腹毛长，数量不等，形状各异，有刚毛状、棒状、叶状、刮铲状等，在体躯的分布因属种而不同，也是分类的重要依据之一。

雄性的外生殖器——阳具，比较坚硬，形状多样。基部与螨体平行而宽阔的部分称为柄部（shaft），柄部的末端尖细可以弯向背面或腹面，称为钩部（hook），有时形成各种形状的膨大部分称为端锤（terminal knob）。

叶螨的生长发育过程一般经过卵、幼螨、若螨、成螨4个阶段。雌雄二性发育过程相同。雌螨羽化为成螨后随即交尾，1~3 d 开始产卵。卵较小，多为圆形、扁圆形或椭圆形，红色、白色或绿色。雌雄均可多次交尾。雌成螨寿命较长，产卵期一般在 20~25 ℃下为 15~25 d；雄螨交尾后 1~2 d 死亡。生殖方式主要有两性生殖和产雄孤雌生殖，即经雌雄交配后所繁殖的后代雌雄性均有，未经交配受精所繁殖的后代全为雄性。

叶螨大多数种类以危害植物叶片为主。叶片受害后表面呈现灰白色小点，失绿，失水，影响光合作用，导致生长缓慢甚至停滞，严重时落叶枯死。主要种类有二斑叶螨 Tetranychus urticae、山楂叶螨 Amphitetranychus viennensis、针叶小爪螨 Oligonychus ununguis、柏小爪螨 O. perditus、柑橘全爪螨 Panonychus citri、苹果全爪螨 P. ulmi、竹裂爪螨 Schizotetranychus bambusae 等。

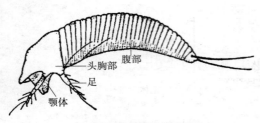

图 3-4 瘿螨体躯侧面观

2) 瘿螨总科 Eriophyoidea

体躯分为颚体（喙）、前足体（头胸部）、后半体（腹部）3 部分（图 3-4）。颚体部由须肢围成，有 5 条口针，为取食器官。前足体背面通常三角形，亦称背板或头胸板，其上常有背瘤和背毛，是分类的依据之一。

瘿螨的 2 对足着生于前足体。基节上有刚毛 3 对，转节无刚毛。股节一般有腹毛 1 根，但也有缺如者。膝节上有 1 根大的上毛；胫节上通常有前胫毛，但无后胫毛；跗节一般有 2 根跗亚基毛，如无胫毛或膝毛，则跗毛通常大而长。这些刚毛的有无和数量是重要的分类依据。跗节末端有羽状爪，其分枝称为放射枝，一般为 4~6 枝，少数 2 枝或 10 枝。羽状爪的数量和形状是分类的特征。后半体（腹部）是头胸板以后的部分，一般为蠕虫形，较宽阔，表面有横环纹。在侧面常有数根长短不等的刚毛。肛门位于腹部后端。外生殖器位于腹部前端，恰在基节后方，在其侧角后方有 1 对生殖毛。若螨期无外生殖器，但有 1 对生殖毛。雄螨外生殖器是一个向前凸出的横向开口，位于基节之后生殖毛之前。瘿螨无明显的单眼，有的在头胸板后侧的圆形突起可能是感光器。无气管亦无气门，而由外生殖器、口针、羽状爪等进行气体交换。

瘿螨危害多种农林植物，是一类重要害螨，主要包括 3 个科：大嘴瘿螨科 Rhyncaphyoptidae、瘿螨科 Eriophyidae、西植羽瘿螨科 Sierraphyoptidae。

瘿螨的卵较小，约为雌螨的 1/5。无幼螨期，有两个若螨期，在若螨蜕皮之前各有静止期，而第 2 若螨的静止期称为拟蛹，由拟蛹变为成螨。若螨与成螨除大小不同外，微瘤数量也不同。第 1 若螨腹面有生殖毛，基节腹中线两侧有少数体环。

雄螨无阳茎，将精球落在叶面上，由雌螨将精球取入。未受精的雌螨所产的后代均为雄螨。生活史有简单和复杂二型，简单型的雌螨形状相同，而复杂型的雌螨有正常的雌螨与休眠雌螨两种；正常雌螨的形状与雄螨相似，称为原雌，休眠雌螨形状与雄螨不同，称为冬雌。原雌只在寄主植物的叶上栖息，冬雌则在植物老熟或气温下降时出现，在充分吸取养分后离开叶片，移至树皮缝或芽中越冬。到春天从越冬场所到新叶上产卵（在越冬前已受精），孵化为原雌。复杂型的瘿螨，雌螨有时进行卵胎生。冬雌与原雌形态上也不同，由于有些种类没有冬雌，所以瘿螨主要根据原雌分类。

瘿螨危害植物引起的各种损害及变形成为螨瘿，瘿螨即由此得名，但瘿螨形成螨瘿的只是其中一部分，其他则称为疱螨、芽螨、锈螨、毛螨等。栖息在叶肉中使叶肉组织成海绵状的称为疱螨，栖息在芽中的称为芽螨，在叶片背面产生毛毯物的称为毛螨，而在叶上产生锈斑的称为锈螨。有的种类并不引起变形，有的种类能传播植物病毒而引起植物病毒病。

复习思考题

1. 举例说明昆虫分类的主要阶元。
2. 何谓双名法和三名法？书写或印刷排版时有何具体规定？举例说明。

3. 何谓(同物)异名和(异物)同名？国际动物命名法规对异名和同名有何具体规定？
4. 昆虫的种下阶元主要有哪些？各阶元是如何定义的？
5. 在动物分类学上，对部分高级分类阶元的词尾做了哪些规定？举例说明。
6. 何谓模式方法？对新种正模、副模、配模的标签颜色有何具体规定？
7. 如何区别下列目的不同亚目(或类)：半翅目(头喙亚目、胸喙亚目与异翅亚目)、鞘翅目(肉食亚目与多食亚目)、鳞翅目(蝶类与蛾类)、膜翅目(广腰亚目与细腰亚目)、双翅目(长角亚目、短角亚目与环裂亚目)、螨类(叶螨与瘿螨)。
8. 如何区别下列各组昆虫：蟋蟀与螽蟖、蚜虫与球蚜、步甲与虎甲、吉丁虫与叩头虫、象甲与卷象、丽金龟与鳃金龟、毒蛾与灯蛾、螟蛾与草螟、粉蝶与蛱蝶、姬蜂与茧蜂。
9. 如何区分膜翅目广腰亚目幼虫和鳞翅目幼虫？
10. 下列昆虫的俗名或旧称分别指哪类昆虫？蟑螂、蠿、金花虫、牙甲、花潜、蛴螬、金针虫、蚜狮、蚁狮、天社蛾、星毛虫、尺蠖。

第 4 章

昆虫生态学

【本章提要】本章绍昆虫与环境间的相互关系、森林昆虫种群及其动态、昆虫地理分布,以及森林害虫预测预报。掌握本章内容有助于全面了解森林害虫的发生规律,探索合适的害虫控制途径。

昆虫个体生长发育和种群变动不仅与昆虫本身的生物学特性有关,而且还受环境因子的影响。研究昆虫与环境之间关系的科学称为昆虫生态学。即是以个体昆虫、昆虫种群和昆虫群落为主要对象,研究其与周围各种生物与非生物环境间的相互关系,进而揭示环境对个体昆虫生长发育、繁殖,地理分布,昆虫种群数量变动和群落组织方式等的影响。

对昆虫与环境关系的研究有助于深入认识昆虫种群的动态机制,对森林害虫的预测预报和害虫种群数量的控制等具有重要意义。

4.1 昆虫与环境的关系

昆虫生态学中的环境是指与昆虫发生存在直接或间接联系的外部空间事物的总和,可分为非生物环境和生物环境两部分。环境影响昆虫的个体生长、发育、繁殖和昆虫种群的数量动态。对昆虫与环境关系的深入研究可以揭示害虫种群暴发原因和寻找害虫控制的途径。

4.1.1 非生物环境因素

非生物环境因素包括气候因子(如温度、湿度、光、降水、风、气压和雷电等)、土壤因子(如土壤的质地、结构、理化性质)和地形因子(如坡度、坡向、坡位等)。它直接或间接作用于昆虫个体或种群。

4.1.1.1 温度对昆虫的影响

温度是昆虫生命活动的重要外部条件之一,它影响昆虫的生长、发育、繁殖等生命活动过程。昆虫正常的新陈代谢要求一定的温度条件,温度的改变可以加速或抑制代谢过程,也可使代谢停止。

(1)温区的概念

每一种昆虫都有一定的适宜温度范围,在该温度范围内,生命活动最旺盛,繁殖能力最强，而超过这一范围则生长、繁殖停滞或死亡。根据昆虫对温度条件的适应性，可以划分出以下几个温度区域。

①致死高温区。一般为 45~60 ℃，在该温区内，高温直接破坏酶或蛋白质，昆虫短期兴奋后随即死亡。此过程是不可逆的。

②亚致死高温区。一般为 40~45 ℃，在该温区内，昆虫各种代谢过程速率不一致，从而引起各种功能失调，表现出热昏迷状态。如果继续维持在这样的温度条件下，也会导致死亡。死亡与否取决于温度的高低和持续时间的长短。

③适温区。一般为 8~40 ℃，在该温区内，昆虫生命活动正常进行，处于积极状态，昆虫能量消耗少，死亡率低，生殖力大。该温区又称有效温区或积极温区。

④亚致死低温区。一般为 -10~8 ℃，在该温区内，昆虫各种代谢过程的速率不同程度减慢或处于冷昏迷状态。如果继续维持在这样的温度条件下，也会引起死亡。死亡与否取决于温度的高低和持续时间的长短。若恢复到正常温度，短暂的冷昏迷通常能恢复正常的生活。

⑤致死低温区。一般为 -40~-10 ℃，在该温区内，昆虫体内的液体析出水分结冰，不断扩大的冰晶可使原生质遭受机械损伤、脱水和生理结构破坏，细胞膜受损，从而引起组织或细胞内部产生不可复原的变化而导致死亡。

一些昆虫在冬季低温来临之前，生理上发生明显变化，过冷却点(supercooling point)降低，形成了忍耐体液结冰的生理功能，甚至能在部分体液的水分已经结成冰晶，虫体僵硬的状态下渡过整个冬季，不但没有引起死亡，而且由于体内代谢水平的下降，储藏物质消耗较少而保持充沛的生命力。可见昆虫在不同温区的反应在很大程度上取决于昆虫的生理状态。

(2) 适温区内温度与昆虫生长发育

在生态学上常用发育历期或发育速率作为衡量生长发育速率的指标。发育历期是指完成一定发育阶段(一个世代、一个虫期或一个龄期)所经历的天数；发育速率则是指一天完成的发育进度，其值为发育历期的倒数。即

$$V = 1/N \tag{4-1}$$

式中，V 为发育速率；N 为发育历期。

一般来说，在适温区内，温度升高昆虫生长发育速率加快，即昆虫的发育速率与外界温度成正比，而发育历期与温度成反比。例如，在 18 ℃ 恒温下，小地老虎卵的发育历期 N 为 7.75 d，则其发育速率为：

$$V = 1/N = 1/7.75 = 0.129 \tag{4-2}$$

(3) 有效积温法则

昆虫的生长发育除了要求一定的温度范围和温度持续期外，对持续期温度的逐日累计总和也有一定的要求。只有累计到一定温度总和才能完成生长发育。昆虫完成一定发育阶段所需的累计温度的总和称为积温。可用公式表示：

$$K = NT \tag{4-3}$$

式中，N 为发育历期；T 为发育期间平均温度；K 为总积温。

但昆虫的发育并不是从 0 ℃ 开始，而是从高于 0 ℃ 的某一特定温度以上时才开始发育，通常称此特定温度为发育起点温度或生物学最低温度。日平均温度减去发育起点温度

所得到温度才是对昆虫发育有效的温度。昆虫在一定发育阶段内全部有效温度累计的总和就是这一阶段的有效积温,通常为一常数,称为有效积温法则。即

$$K = N(T-C) \tag{4-4}$$

式中,N 为发育历期;T 为日平均温度;C 为发育起点温度;K 为有效积温,其单位为"日度(d·℃)"。

若将 $N=1/V$ 代入,则 $V=(T-C)/K$。其中有效积温 K 和发育起点温度 C 求解过程如下:

设有个温度处理,其处理温度分别为 T_1, T_2, ……T_n,测得的相应发育速率分别为 V_1, V_2, ……V_n,采用数理统计中的"最小二乘方法"求得 K 和 C。其公式为:

$$K = \left[n\sum VT - \sum V \sum T \right] / \left[n\sum V^2 - \left(\sum V \right)^2 \right] \tag{4-5}$$

$$C = \left[\sum V^2 \sum T - \sum V \sum VT \right] / \left[n\sum V^2 - \left(\sum V \right)^2 \right] \tag{4-6}$$

而 C 的标准误分别为:

$$S_C = \left[\sum (T_i - T_i')^2 / 2 \right]^{1/2} \tag{4-7}$$

式中,T_i' 为 T_i 的理论值。

昆虫的有效积温和发育起点温度在不同昆虫物种间不同,同种昆虫不同世代、不同虫态或龄期不同,而且同种昆虫在不同地点也不同。因此,在应用有效积温时一定不可机械搬用。

(4) 有效积温的应用

预测某一地区某种害虫可能发生的世代数:以 K 代表某种昆虫发生一代所需的有效积温,K_1 代表当地全年有效总积温,则当地可能发生的世代数为 K_1/K。

①预测害虫地理分布的界限。对于 1 年 1 代的昆虫而言,如果当地的有效总积温不能满足某种昆虫一个世代的 K 值时,则这种昆虫在当地就不能发生。

②预测害虫的发生期。在求得某种昆虫各虫态 K 和 C 的基础上,结合当地的气温预测,应用有效积温公式可以预测该虫的发生期。

③控制昆虫的发育期。可通过控制饲养温度,调节昆虫的发育速率,以便获得所需的虫期。如已知松毛虫赤眼蜂蛹的有效积温 K 为 161.36 d·℃,发育起点温度为 10.34 ℃,要求 20 d 后散放成蜂,所需的培养温度应为:

$$T = K/N + C = 161.36/20 + 10.34 = 18.408 \text{ ℃}$$

虽然有效积温法则很有用处,但也有局限性。原因在于其假定发育速率与温度呈线性关系,其实在整个适温区内,发育速率与温度的关系更接近于"S"形曲线关系;有些昆虫有滞育或夏蛰;昆虫生长发育还受温度以外的环境因素影响等。

4.1.1.2 湿度、降水对昆虫的影响

湿度影响昆虫的生长、发育、繁殖和生存,影响昆虫的地理分布,但湿度对昆虫的影响不如温度那样明显。湿度可通过影响昆虫的新陈代谢直接影响昆虫,也可通过影响食物、天敌间接影响昆虫。

(1) 湿度对昆虫发育速率的影响

对小地老虎幼虫的研究表明,不同的土壤湿度对小地老虎幼虫的发育速率和死亡率的

影响不同。当土壤含水量在30%~70%时，小地老虎幼虫的发育历期基本相同，死亡率也较小；当土壤含水量在90%时，发育历期延长，死亡率增大。

(2) 湿度对昆虫繁殖的影响

东亚飞蝗在不同相对湿度下，蝗蝻发育到性成熟所需时间以相对湿度70%时最快，相对湿度的降低和提高都会延缓性成熟时间。湿度也影响东亚飞蝗的产卵量，当相对湿度为70%时，产卵量最大。

(3) 降水对昆虫的影响

降水通过影响昆虫生活环境或直接作用于虫体而影响昆虫的行为或生死。表现为如下方面。①降水显著提高空气湿度，从而对昆虫发生影响。②降水影响土壤含水量，对土壤昆虫作用明显，同时土壤含水量影响昆虫的食物，进而对昆虫产生影响。③降水是一些昆虫繁育的重要条件。附在作物上的水滴，常常对一些昆虫卵的孵化和初孵幼虫的活动起着重要作用；早春降水对解除越冬幼虫滞育状态有密切的关系。④冬季降雪在北方形成地面覆盖，有利于保持地温，对土中和地表越冬昆虫起着保护作用。⑤降水常常可以直接杀死害虫。如暴雨后，蚜虫、介壳虫、蛾类初孵幼虫种群数量往往减少。⑥降雨影响昆虫的活动。降雨使很多昆虫停止飞翔活动；远距离迁移的昆虫常因雨而被迫降落；连续降雨也常常会影响赤眼蜂、姬蜂、茧蜂的寄生率。

降水与昆虫种群的动态具有相关性。生产上常常应用月、旬、年降水量来统计和预测害虫的发生数量。

4.1.1.3 温湿度的综合作用对昆虫的影响

自然界中温湿度是相互影响、共同作用于昆虫的，并表现在影响昆虫的发育速率、死亡率、存活率和生殖率。对于同一种昆虫，在一定的温度范围内，影响随湿度的变化而变化；在一定的湿度范围内，影响随温度的变化而变化。因此，在一定的温湿度范围内，相应的温湿度组合可以产生相近的生物效应。

(1) 温湿度组合对昆虫发育速率的影响

不同温湿度组合下，昆虫的发育历期不同。例如，三化螟卵期在温度26~30℃、湿度84%~96%范围内发育历期最短。

(2) 温湿度组合对昆虫死亡率的影响

不同的温、湿度组合对昆虫的死亡率或存活率有很大的影响。例如，大地老虎卵在高温、低湿和高温、高湿下死亡率均大；温度在20~30℃，相对湿度50%的条件下，对其生存都不利，其适宜的温湿度范围为温度25℃，相对湿度70%左右(表4-1)。

表4-1 大地老虎卵在不同温湿度组合下的死亡率

温度 (℃)	湿度(%)		
	50	70	90
20	36.67	0	13.5
25	43.46	0	2.5
30	80.00	7.5	97.5

(3) 温湿度组合对昆虫生殖率的影响

不同的温湿度组合对昆虫的生殖率影响显著。例如,温湿度组合对落叶松叶蜂产卵量的影响(表 4-2)。

表 4-2 温湿度组合对落叶松叶蜂产卵量(粒数)的影响

温度(℃)	湿度(%)									
	92.8	84.4	93.3	81.5	93.7	80.7	64.0	94.5	78.0	72.0
12.5	5.67	19.00								
15.0			21.25	31.36						
20.0					36.33	35.67	61.33			
25.0								73.33	70.00	54.75

注:引自李孟楼,2002。

(4) 温湿度系数与气候图

温湿度的相互关系在生物气候学上常用温湿度系数和气候图来表示。

①温湿度系数。温湿度系数是降水量与平均温度总和的比值。它可以表示昆虫所在地区月、季或年的气候特点,其公式可有 3 种形式。

$$Q = M/\sum T \tag{4-8}$$

式中,Q 为温湿度系数;M 为降水量;T 为平均温度。

$$Q_e = (M - P)/\sum (T - C) \tag{4-9}$$

式中,Q_e 为有效温湿度系数;P 为发育起点温度以下的降水量;C 为发育起点温度。

$$Q_w = RH/T \tag{4-10}$$

式中,Q_w 为温湿度系数;RH 为相对湿度。

温湿度系数作为一个指标可用于比较不同地区、同一地区不同年份或月份气候特点,并在害虫种群发生趋势预测中具有一定的参考价值。但在实际应用中具有一定的局限性,可能出现不同地区温湿度系数相同,但气候条件相差悬殊的情况,造成测报结果失真。

②气候图。气候图是在坐标纸上以纵轴表示月平均温度,横轴表示月总降水量,并以线条依次连接各月温湿度交合点所成的图。它可以表示不同地区的气候特征。如果两个地区的气候图基本重合,可以认为两个地区的气候条件基本相近;同一地区不同年份的气候图基本重合,表示这些年份的气候条件基本相似。

在实际应用中,常将气候图分成 4 个区域,左上方为干热型,右上方为湿热型,左下方为干冷型,右下方为湿冷型。这样,就可以利用气候图分析昆虫在新区分布的可能性,也可以预测不同年份昆虫的发生数量。

4.1.1.4 光与昆虫生长发育

昆虫直接或间接地利用植物源作为食物,获取生长发育所需的能量。同时,光对昆虫也具有信号作用,直接或间接地调控昆虫的生长、发育和行为。

(1) 光的性质对昆虫的影响

昆虫的视觉光区一般为 $2.5×10^{-7} \sim 7×10^{-7}$ m，但不同的昆虫种类之间也有差异。例如，蜜蜂可见光区为 $2.97×10^{-7} \sim 6.5×10^{-7}$ m，果蝇可见 $2.57×10^{-7}$ m，麻蝇甚至可见 $2.53×10^{-7}$ m。多数昆虫对 $3.3×10^{-7} \sim 4×10^{-7}$ m 的紫外光有强烈的趋性。因而，实践中常用黑光灯来诱杀害虫和进行害虫种群预测预报。

此外，光的性质对昆虫体色变异也有影响。如菜粉蝶的蛹色随栖息背景的颜色而改变。

(2) 光强度对昆虫的影响

光强度主要影响昆虫的昼夜节律行为、飞翔活动、交尾产卵、迁飞性昆虫的起飞迁出、取食、栖息等。例如，很多蛾类成虫均在黄昏或清晨活动，而蝶类则在白天活动。依据昆虫活动与光强度的关系，可将昆虫分为3类：日出性昆虫，如双翅目的蝇类、鳞翅目的蝶类、半翅目的蚜虫等；夜出性昆虫，如鳞翅目的蛾类、鞘翅目的金龟子；昼夜活动的昆虫，如某些天蛾、天蚕蛾成虫等。

此外，光强度对昆虫的趋光性也有影响。通常，趋光性随光强度的增强而增强，但不呈直线关系，而呈"S"形曲线关系。

(3) 光周期对昆虫的影响

光周期对昆虫的生活主要起着一种信号作用，影响昆虫的发育和繁殖，也是诱导昆虫进入滞育的重要环境因素。引起昆虫种群50%左右个体进入滞育的光周期的界限，称为临界光周期。不同昆虫的临界光周期不同。昆虫对光周期变化的反应可分为以下4大类型。

①短日照滞育型。大多发生在温带和寒温带地区，当每日在 12~16 h 以上的长日照条件下不产生滞育。相反，当日照逐渐缩短到其临界光照时数以下时，滞育的比例明显增大。我国大部分冬季进入滞育的昆虫均属此型。

②长日照滞育型。当每日在 12 h 以下的短日照下，可以正常发育，相反，当日照时数逐渐加长，超过其临界日照时数时，大部分个体进入滞育。我国大部分夏季进入滞育的昆虫均属此型。

③中间型。如桃小食心虫，在 25 ℃下，每日光照时数短于 13 h，老熟幼虫全部进入滞育，光照 15 h 时则大部分不滞育，而光照 17 h 以上时又有 50% 以上的个体滞育。

④无光周期反应型。光周期变化对滞育没有影响。

昆虫滞育主要是由光周期变化引起的，但温度、湿度、食物以及纬度也有一定的影响。同一种昆虫，分布于不同纬度的种群，要求的临界光周期常常不同。此外，高纬度地区的昆虫对光周期反应明显，而低纬度地区的昆虫对光周期的反应不明显。

4.1.1.5 风对昆虫的影响

风对昆虫的影响是多方面的。它不但直接影响昆虫的活动和生活方式、扩散和分布，而且还通过影响环境的温度、湿度而间接地影响昆虫的新陈代谢。

(1) 风对昆虫活动和体形的影响

昆虫一般喜欢微风的天气，大多数在微风或无风的晴天飞行。在强风下，昆虫很少起飞。当风速超过 15 km/h 时，所有的昆虫都停止自发的飞行。在多强风的地域有翅昆虫明显减少，多数种类无翅或翅退化。例如，青藏高原多风的高山草甸上的蝗虫是无翅的或翅退化。在南极各岛，不仅大多数甲虫无翅，甚至蝶、蝇的翅也消失。

（2）风对昆虫迁飞的影响

风对昆虫迁移和传播的影响非常明显。许多昆虫可借风力传播到很远处。例如，蚜虫可以借助风力迁移 1200~1440 km。在辽东半岛，春季当天气干旱、刮风次数多时，日本松干蚧每年扩散速率约为 10 km。风向、风速已经成为预测某些昆虫种群发生的重要因素。

4.1.1.6 土壤对昆虫的影响

土壤是一种特殊的生态环境，它既区别于地上环境，又与地面生物群落和环境密切相关。大多数昆虫的生命活动与土壤存在直接联系。

（1）土壤温湿度对昆虫的影响

与大气一样，土壤温度也受太阳辐射的影响，有日变化和年变化，日变化只涉及土壤表层；年变化在低纬度地区涉及土深 5~10 cm、中纬度 15~20 cm、高纬度区深达 25 cm。土壤温度的日、年变化使土壤中的昆虫在行为上产生上迁和下迁的习性。如北方各地，华北蝼蛄在地温 13~26 ℃之间，活动于 25 cm 以上的土表中；26 ℃以上，则向下迁移。多数在土壤中越冬的昆虫常常潜于一定深度的土壤中，冬季积雪有利于土壤中的昆虫越冬。

土栖昆虫或某一阶段在土壤中度过的昆虫，常常要求一定的土壤含水率。例如，在陕西武功，棕色金龟的卵在土壤含水率为 5%时，全部干瘪而死；在 10%时，部分干瘪而死；在 15%~35%时，均能孵化；超过 40%时易于感染病菌而死。

（2）土壤理化性质对昆虫的影响

土壤的理化性质包括土壤成分、土粒的大小、土壤的紧密度、透气性、团粒结构、含盐量、pH 值、有机质含量等。不同理化性状的土壤决定着土壤中昆虫的种类和数量。

许多地下害虫的地理分布与土壤性质和结构有关。例如，华北蝼蛄主要分布在淮河以北砂壤土地区，而东方蝼蛄则主要分布在南方较黏重土壤的地区。日本金龟子常选择沙壤土产卵，越疏松的土壤其产卵深度越深。

土壤的化学性状，如含盐率、pH 值等均影响昆虫的生存和生长。土壤含盐率是东亚飞蝗发生的重要限制因子。土壤含盐率在 0.5%以下的地区是东亚飞蝗的常年发生区，它产卵的最低含盐率临界值为 0.3%；含盐率在 0.7%~1.2%的地区是其扩散区或轮生区；而含盐率在 1.2%~2.5%的地区则无分布。不同昆虫对土壤 pH 值的要求也不同，金针虫喜栖息于 pH 值为 4.0~5.2 的土壤中；大栗鳃金龟适宜在 pH 值为 5.0~6.0 的土壤中生活，而欧云鳃金龟则适宜在 pH 值为 7.0~8.0 的土壤中生活。

（3）土壤有机质与昆虫

土栖昆虫在土壤中生活必须以有机质或植物的根系为食料。因此，在土壤中施用有机肥料必对土壤昆虫产生很大影响。施肥不当，如施用未腐熟的厩肥常常导致地下害虫发生。

4.1.2 生物因素

生物因素包括作为食物的动物、植物以及与昆虫发生联系的所有其他生物，也包括昆虫本身。生物因素常常通过捕食、寄生、竞争和共生等方式影响昆虫的生长、发育、繁殖、分布和昆虫种群的动态。

4.1.2.1 食物对昆虫的影响

昆虫是异养生物，它必须利用植物或其他动物制成的有机物来获得生命活动所需的能量。因此，食物成为决定昆虫生存，影响昆虫生长、发育、繁殖和种群数量的重要生态因素之一。昆虫在长期的进化过程中与食物形成了复杂、多样化的关系。

(1) 昆虫的食性及其特化

昆虫种类不同，其食物种类也不同；即使取食同一类食物的昆虫，在种间也有喜爱程度的差异。食性是指昆虫在自然情况下的取食习性，包括食物的种类、性质、来源和获取食物的方式等。按照食物性质的不同可将昆虫归为4类(见本书2.6.2)。

昆虫在进化过程中形成了对食物的一定要求，即食性的专门化。不同昆虫的食性专门化程度不同。据此可将昆虫划分为3类(见本书2.6.2)。

(2) 食物质量对昆虫的影响

食物的质量对昆虫的生长发育速率、成活率、生殖率均有影响。幼虫取食的食物与营养积累有关。大多数昆虫羽化后不再取食。

(3) 昆虫对植物的选择性和植物对害虫的抗性

植食性昆虫对寄主的选择性和植物对害虫的抗性是一个问题的两个方面，是寄主植物和昆虫协同进化的表现。当一种植物被昆虫取食时，植物在形态和生理上向避免被取食的方向演化，昆虫也相应地向适应植物演化的方向演化。

①植食性昆虫对寄主的选择性。从昆虫的成虫开始建立取食过程的序列为：产卵、幼虫孵化并取食、要求营养、要求含有特殊生理物质，选择性在上述每一个环节中皆有表现。

产卵的选择　寄主植物的生境与昆虫的要求一致，其颜色、气味对成虫的刺激作用引起昆虫趋向这种植物产卵。

取食选择　植物表面的物理状态常常对昆虫是否开始取食起着重要作用；植物组织中的化学物质和物理状态对是否继续取食起着重要作用。

营养的选择　昆虫取食后的营养效应对幼虫期的生长发育速率、变态、生殖力等方面都存在影响，对昆虫种群数量的增减起着重要作用。

特殊物质的选择　不同种类植物中的特殊物质，除对昆虫的行为起刺激作用外，还有一些特殊物质对一些昆虫是必须的。例如，合成激素物质的缺乏，将对昆虫的发育产生不利的影响；如果植物含有对昆虫有毒的物质，或在昆虫取食后植物产生的有毒物质或其他不良反应，可能引起昆虫不取食甚至死亡。

②植物对害虫的抗性。植物在长期进化过程中形成的抵御害虫取食的能力即为抗虫性。其抗虫机制表现在不选择性、抗生性和耐害性3个方面。

不选择性　是指植物不具备产卵或刺激取食的特殊化学物质或物理性状；或者植物有拒避产卵或抗拒取食的化学物质或物理性状；或昆虫的发育期与植物的发育期不同步等而使得昆虫不产卵、不取食或少取食。

抗生性 是指昆虫因某些植物产生对它有害的次生代谢物质而不危害该种植物的现象。

耐害性 是指植物在遭到昆虫危害后所表现出的忍耐被害或再生补偿能力。例如，禾本科植物的分蘖力较强，当主蘖被害后的分蘖使被害后的损失降低；又如，大多数树木能忍耐食叶害虫取食其叶量的40%左右。

植物的抗虫性是普遍存在的，但植物的抗虫机制可能各不相同。有的植物可能表现上述3种抗虫机制，也可能表现为其中之一或二。同种植物的不同品种往往具有不同的抗虫性，因而，植物的抗性育种在害虫综合治理中具有重要的意义。但抗性亦具有其局限性，对一种或几种害虫具有抗性，可能对其他某些害虫则不具有抗性。

4.1.2.2 昆虫的天敌

天敌是控制害虫种群数量的重要生态因子。自然界中，昆虫的天敌种类众多。大致可分为病原微生物、天敌昆虫、捕食昆虫的其他动物或植物。

(1) 病原微生物

病原微生物主要包括病毒、细菌、真菌、立克次体、线虫、原生动物等。

①病毒。病毒是没有细胞的生命体。全世界已发现的昆虫病毒1100余种。其中DNA病毒862种，RNA病毒331种。昆虫病毒中常见的是核型多角体病毒NPV、质型多角体病毒CPV、颗粒体病毒GV等。昆虫病毒因其专化性很强，在生物防治中很有发展前景。如松毛虫NPV、松毛虫CPV、舞毒蛾NPV等在生产实践中均取得了很好的防治效果。

②细菌。与昆虫有关的细菌已发现数百种。大致可分为不形成芽孢的无芽孢杆菌和形成芽孢的芽孢杆菌。

无芽孢杆菌寄主范围很广，这类细菌一般存在于昆虫消化道中，多缺乏进入中肠肠壁的能力，常常不引起疾病。除非中肠受损，细菌进入体腔而引起败血症。

芽孢杆菌还可分为不形成伴孢晶体的和形成伴孢晶体的2个类群。不形成伴孢晶体的芽孢杆菌从口腔进入消化道后，可在肠内萌发，形成营养细胞进入体腔内分裂增殖，破坏体内组织而形成败血症。如蜡样芽孢杆菌 *Bacillus cereus* 和日本金龟子芽孢杆菌 *B. popilliae*。产生伴孢晶体的芽孢杆菌所产生的蛋白质伴孢晶体在碱性溶液中可被蛋白质酶分解成对昆虫有毒的内毒素。其在增殖的过程中还分泌出多种外毒素，因此这类细菌不但破坏昆虫组织而引起昆虫的死亡，所产生的外毒素也可将昆虫迅速杀死。如著名的苏云金杆菌 *Bacillus thuringiensis*（简称Bt）及其变种。

③真菌。寄生昆虫的真菌大约有750余种。真菌孢子或菌丝接触昆虫体壁后，在体壁上发芽而穿入昆虫体内，最终贯穿于各组织中而导致昆虫死亡。担子菌纲的真菌寄生虫体后，菌丝充满虫体致使死虫体僵硬，称为僵病。一些菌丝穿出体壁甚至包围整个虫体，外表可以看到白色、绿色或其他颜色的绒状物。如白僵菌导致的白僵病，绿僵菌导致的绿僵病等。还有一些真菌可以产生毒素而导致虫体死亡，如白僵菌产生的白僵素，绿僵菌产生的绿僵素等。

④线虫。线虫属于线形动物门线虫纲Nematoda。寄生昆虫的线虫主要属于索线虫Mermithidae和新线虫Neoaplextanidae两个类群。线虫分卵、幼虫和成虫3个虫态。多数线

虫以幼虫直接穿透昆虫表皮和中肠而侵入虫体，进入血腔后，幼虫迅速发育并离开寄主进入土壤，再蜕一次皮，即为成虫。线虫虽然是重要的害虫天敌，但线虫的侵袭受到湿度等外界环境的影响很大。

（2）天敌昆虫

能寄生或捕食昆虫或其他动物的昆虫称为天敌昆虫，可分为捕食性和寄生性两类。

①捕食性天敌昆虫。昆虫纲中有 18 目近 200 余科中存在捕食性天敌昆虫。其中以植食性昆虫为捕食对象的多属于害虫的天敌。捕食性昆虫在生产实践中应用成功的例子很多，例如，用澳洲瓢虫 Rodolia cardinalis 防治吹绵蚧。

②寄生性天敌昆虫。包括内寄生和外寄生 2 个类群。按寄主的发育阶段可分为卵寄生、幼虫寄生、蛹寄生和成虫寄生。寄生性天敌昆虫的发育期占寄主 2 个以上发育阶段的称为跨期寄生。如广黑点瘤姬蜂 Xanthopimpla punctata 在寄主体内跨幼虫和蛹 2 个虫期。1 个寄主体内只有 1 个寄生物的寄生现象称为单寄生，如姬蜂科昆虫；1 个寄主体内有 2 头以上同一种寄生物的寄生现象称为多寄生，如赤眼蜂；1 个寄主体内有 2 种以上寄生物寄生的现象称为共寄生，如落叶松毛虫卵内，常有赤眼蜂、黑卵蜂同时寄生；一个寄主被第 1 个寄生物寄生，第 2 种寄生物又寄生在第 1 种寄生物的现象称为重寄生。

（3）其他捕食性天敌

捕食昆虫的其他动物种类很多，主要包括鸟纲、蛛形纲和两栖纲等动物类群。

4.2 森林昆虫种群及其动态

种群（population）是指在特定时间内占据特定空间的同种有机体的集合。种群的边界有时是非常清楚的，如一片孤立人工落叶松林中的落叶松毛虫；有时是非常模糊的，其边界常常根据调查目的来划分。种群由相互间存在交互作用的个体组成，在总体上存在着一种有组织、有结构的特性。

生物种群一般具有 3 个特征：①空间特征，即种群具有一定的分布区域和分布形式；②数量特征，单位面积（或空间）内的个体数量（密度）及其随时间的变化；③遗传特征，即具有一定的基因组成，以区别于其他种群，但基因组成同样处于变动之中。种群是物种的存在形式，在一个物种的分布区内，由于生境的异质性，适宜于生物种生存和繁衍的场所往往是不连续的，每个物种都在分散的场所中居住着大小不一的种群（图 4-1）。

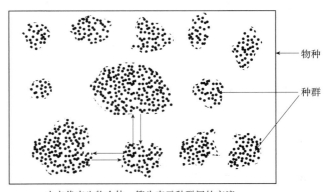

小点代表生物个体；箭头表示种群间的交流

图 4-1 物种与种群关系示意图
（仿陈世骧）

虽然同一物种各种群间也常常存在基因交流，但种群还是物种实际的生活单元和繁殖单元。因此，种群成为生态学研究中的基本生物单元。

4.2.1 种群的数量特征

种群动态分析在昆虫种群生态学中具有重要的地位，而种群数量特征（种群统计学特征）是种群数量动态分析的基础。种群的数量特征包括种群密度、出生率、死亡率、增长率、迁移率和种群平均寿命等。

4.2.1.1 种群密度

昆虫的种群密度（population density）是指单位空间内昆虫的个体数，常以单位面积或单位空间内的虫数表示，如每平方米林地内越冬虫数，每株树上的虫数等，称为绝对密度（absolute density）。在实际工作中，由于密度的测定往往是很困难的，而且有时掌握种群数量的变动情况往往比测定种群数量更重要，因此种群的相对密度（relative density）有时就显得更为重要和方便。相对密度是人为的标准指标，是表示昆虫数量的相对指标。

(1) 种群绝对密度的估计

①总数量调查（total count）。计数某一空间内生活的全部的昆虫的数量，如一片草地上全部甲虫的数量。但对于绝大多数昆虫难以做到。

②取样调查（sampling methods）。在大多数情况下，总数量调查比较困难，研究者只须计数种群的一小部分，即可估计种群整体数量，称为取样调查法。

样方法　在种群整个分布的空间内抽取少量样方，仔细计数每个样方中的个体数，再求出平均一个样方中的虫数，以此推算整个空间内的总个体数。将在"4.4.1.1 取样方法"中详细介绍。

标记重捕法　先捕捉一定数量的活个体，人工标记后再释放到自然界中，被标记的个体均匀地分布到自然群体中和未标记的混合在一起，再捕捉时，已标记和未标记的个体被捕捉的机会相等。根据再捕捉到的标记个体所占比例，估计自然种群的全体。标记可采用喷染料、饲食颜料、荧光物质、示踪原子等方法。估计公式：

$$N = M \times n/m \tag{4-11}$$

$$S = N[(N-M)(N-n)/Mn(N-1)]^{1/2} \tag{4-12}$$

式中，N 为全部个体数；M 为标记个体数；n 为再捕到个体数；m 为再捕到个体中的标记个体数；S 为标准差。

(2) 种群相对密度的估计

可以用时间表示，如单位时间内灯诱或网捕到的昆虫；也可以用百分比表示，如有虫株率等。

4.2.1.2 种群出生率和死亡率

种群出生率（natality）和死亡率（mortality）是影响昆虫种群动态的两个重要因素。出生率是指种群增长的固有能力，它描述昆虫种群产生新个体的情况。出生率分为生理出生率和生态出生率。生理出生率是指昆虫种群在理想环境条件下产生新个体的理论上最大数量，对于特定昆虫种群，它是一常数。生态出生率是指特定生态条件下的实际出生率。

种群死亡率与种群出生率相对应，用于描述昆虫种群个体的死亡情况。死亡率也分为生理死亡率和生态死亡率。生理死亡率是指种群在理想环境条件下，种群中个体均因年老而死亡，即昆虫个体都活到了生理寿命后才死亡的情况。生理寿命是指种群在理想条件下的平均寿命。生态死亡率是指特定生态条件下的实际死亡率。

种群出生率常用单位时间内种群新出生的个体数来表示，即

$$B = \Delta N/\Delta t \qquad (4-13)$$

式中，B 为种群出生率；ΔN 表示在 Δt 内新出生的个体数。

种群出生率也可以用单位时间内平均每一个体所产的后代个体数来表示，称为种群的特定出生率，即

$$b = \Delta N/\Delta t \times N \qquad (4-14)$$

式中，b 为种群的特定出生率；N 为种群个体数量。

种群死亡率常用单位时间内种群死亡个体数来表示，即

$$M = N_d/\Delta t \qquad (4-15)$$

式中，M 为种群死亡率；N_d 为在 Δt 内种群死亡的个体数。

种群死亡率也可用在特定时间内种群死亡个体数与种群总个体数之比来表示，即

$$m = N_d/N \qquad (4-16)$$

式中，m 为种群特定死亡率；N_d 为死亡个体数；N 为种群总个体数。

4.2.1.3 内禀增长率

内禀增长率(innate capacity for increase)是指在最适环境条件下，维持在最适生活水平的动物种群所具有的最大增长能力，即在食物极丰富，空间无限制，气候条件适宜，无天敌袭击和其他物种竞争的情况下，具有稳定年龄结构和最适密度的动物种群表现出的最大瞬时增长率。常用 r_{max}、r_m 或 r 表示，其常被用作考察物种在繁殖生态对策的指标。r_m 值越大，意味着该物种在自然状态下的死亡率可能越高。

4.2.1.4 种群迁移率

迁入(immigration)和迁出(emigration)是昆虫种群的常见现象，尤其出在成虫期。迁移率是指一定时间内种群迁入数量与迁出数量之差占种群个体数量的百分率。它影响昆虫种群变动，描述了种群之间进行基因交流的过程和频度。

4.2.2 种群的结构特征

组成昆虫种群的个体，由于性别、年龄、大小等的不同，其生物学特性也不相同。例如，多数蛾类成虫不取食，仅担负繁殖功能，而幼虫危害林木却不具有繁殖能力。可见，在昆虫种群动态研究中对昆虫种群结构的研究是十分重要的。

4.2.2.1 性比

性比(sex ratio)是反映种群中雌性个体与雄性个体比例的参数。一般用雌虫占种群总个体数的比率来表示。大多数物种的性比趋向于1∶1，但也随种类而异，同一种群的性比会因环境条件的变化而改变，从而引起种群数量的消长。例如，在食物短缺时，赤眼蜂雌性占比下降。迁飞昆虫雌雄迁飞能力不同，影响迁入地昆虫性比。一些营孤雌生殖的昆

虫，如蚜虫、介壳虫等在进行种群结构分析时可不考虑性比。种群的性比对种群的出生率和死亡率均有影响。

4.2.2.2 年龄组配

种群的年龄组配（age distribution）是指昆虫种群中各年龄组（各虫期、各虫态）个体数的相对比例。在自然昆虫种群内，世代重叠的现象比较普遍，一般种群内均包含不同年龄的个体。

种群的年龄组配与出生率和死亡率密切相关。一般而言，如果其他条件相同，种群中具有繁殖能力的个体占比越大，种群的出生率越高；老龄个体的占比越大，种群死亡率越高。

利用年龄组配可以预测未来种群的动态。如果幼体较多而成体较少，种群呈上升趋势；如果成体多而幼体少，种群呈衰落趋势；如果种群具有大致均匀分布的年龄结构，表示出生率和死亡率大致相等，种群趋于稳定。若以不同发育阶段，各年龄组的个体在总体中所占的百分比为横坐标，以年龄组为纵坐标，即可绘制成年龄金字塔（age pyramid）（图4-2）。

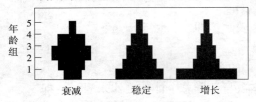

图4-2 种群不同发育阶段的年龄组配

4.2.3 昆虫种群的空间分布

由于生境的多样性，以及昆虫种内、种间个体之间的竞争，每一种群在一定空间中都会呈现特有的分布形式。种群在空间扩散分布的形式称为种群的空间分布型。昆虫的种群空间分布型因种而异，同种昆虫不同阶段的分布型也会有所不同。

研究昆虫的空间分布型有助于了解昆虫的扩散行为、生物学特性，还可为正确处理昆虫种群研究的数据和改进抽样方法提供依据。

4.2.3.1 空间分布类型

昆虫的空间分布型一般分为均匀分布（uniformity distribution）、随机分布（random distribution）和聚集分布（aggregated distribution）（图4-3）。

①均匀分布。个体间彼此保持一定的距离，通常是在资源均匀的条件下，由种群内竞争引起的。现实中，均匀分布的昆虫种群较罕见。

②随机分布。每个个体在种群领域中各个点出现的机会均等，且某一个体的存在不影响其他个体的分布，随机分布比较少见。因为只有在环

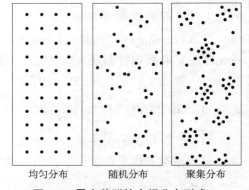

图4-3 昆虫种群的空间分布形式

境资源分布均匀，种群内个体间没有彼此吸引或排斥的情况下才易于产生。例如，森林地被物中的一些蜘蛛，落叶松树冠上的落叶松毛虫卵块等。

③聚集分布。较常见，原因在于环境资源分布的不均匀、富饶与贫乏镶嵌、昆虫的生物性特性。例如，初孵的落叶松毛虫幼虫常集聚在卵块周围，蚜虫聚集在植株顶部取食等。

4.2.3.2 空间分布型的判定方法

昆虫的空间分布型可以通过频次分布法和集聚度指标法来确定。

①频次分布法。频次分布法是判定昆虫空间分布型的一种比较经典的方法。通过卡方检验方法检验实测昆虫种群频次与各分布型理论频次的符合程度,凡是吻合的,即可判断为实测组合属于该种分布型。一般说来,均匀分布的理论分布是正二项分布;随机分布的理论分布为泊松分布(Poisson distribution),聚集分布的理论分布为负二项分布(negative binomial distribution)和奈曼分布(Neyman distribution)。

②方差/平均数比率(s^2/m)方法。对于均匀分布,所有取样样本的个体数均相等,方差等于0,那么方差/平均数等于0;对于随机分布,方差等于平均数,那么方差/平均数等于1;对于聚集分布,在抽样时就会发现,含有很少个体数和很多个体数的样本出现的频率比泊松分布的期望值高;而含接近平均数的中等大小的样本的出现频率比泊松分布的期望值低。因此,其方差/平均数比率必然明显大于1。

根据以上分析,可知用方差/平均数之比,即 s^2/m 来判断种群的分布形式。

若 $s^2/m = 0$ 均匀分布
若 $s^2/m = 1$ 随机分布
若 s^2/m 明显 >1 聚集分布

其中:
$$m = \sum fx/N \tag{4-17}$$
$$s^2 = \left[\sum (fx)^2 - \left(\sum fx\right)^2/N\right]/(N-1) \tag{4-18}$$

式中,x 为样本中含有昆虫的个体数;f 为出现频率;N 为样本总数。

4.2.4 森林昆虫种群的数量变动

种群的数量动态是种群生态学研究的核心内容,涉及种群的密度、种群数量如何变动以及种群数量为何变动等内容。研究森林昆虫种群的数量变动有助于揭示森林害虫暴发的原因和找到有效的控制途径。种群动态的研究方法一般包括野外观察法、实验研究法和数学模型法。

4.2.4.1 表征单种种群增长的基本模型

在现实中,任何昆虫的种群都不是孤立的,均与生物群落中的其他生物紧密联系。因此,严格意义上的单种种群只有实验室内方能存在。研究种群的动态规律往往从单种种群入手。

(1) 种群的离散增长模型

有些昆虫物种1年只有1次生殖,寿命只有1年,世代不相重叠。其种群增长模型多采用差分方程。

①模型假设。种群增长是无限的,即种群增长不受资源和空间等限制;昆虫世代不重叠;种群无迁入和迁出;种群无年龄结构。

②数学模型。最简单的增长率不变的离散增长模型可用下式表示:
$$N_{t+1} = \lambda N_t \tag{4-19}$$

式中,N_{t+1} 为 $t+1$ 世代昆虫种群大小;N_t 为 t 世代昆虫种群大小;λ 为内禀增长率。

$\lambda > 1$ 　　　　种群上升
$\lambda = 1$ 　　　　种群稳定
$0 < \lambda < 1$ 　　　种群下降
$\lambda = 0$ 　　　　雌体无繁殖，种群在下一代灭绝

(2) 种群连续增长模型

① 种群在无限环境下的数量动态模型。假设某一世代重叠的种群孤立地生活在稳定的环境之中，其净迁移率为零，瞬时增长率 r 既不随时间序列变化，也不受种群密度影响，那么该种群的数量动态可用以下微分方程表示。

$$dN/dt = rN \tag{4-20}$$

式中，dN/dt 为种群瞬时增长率；r 为内禀增长率；N 为种群在 t 时刻的种群数量。

其积分式为：

$$N_t = N_0 e^{rt} \tag{4-21}$$

式中，N_t 为种群在 t 时刻的种群数量；N_0 为种群在 t_0 时刻的种群数量；e 为自然对数的底；r 为内禀增长率。

当 $r>0$ 时，种群呈无限制的指数增长；当 $r<0$ 时，种群下降；当 $r=0$ 时，种群数量不变。

该模型比较简单，在种群初始数量较小，需要预测时间较短时比较准确，但在种群初始数量较大，预测时间较长时，准确性较低。

② 种群在有限环境下的数量动态模型。现实中不受限制的种群增长几乎是不可能的，种群总会受到资源和空间的限制，亦即资源总有一个上限。随着生物种群数量的增加，个体间对有限资源的竞争将进一步加剧，种群的出生率将逐渐降低，死亡率将逐步增加，从而使得种群不能充分发挥内禀增长能力所允许的增殖速度。种群增长越接近这个上限，其增长越慢，直至停止增长。这个上限在生态学中称为环境容量（carrying capacity），记为 K。它取决于食物、空间等的影响。种群瞬时增长速度 r 随种群密度的增加而下降，乘上一个阻尼因子 $(K-N)/K$，即可用来描述种群在有限环境下的增长行为。即微分式为：

$$dN/dt = rN(K-N)/K \tag{4-22}$$

式中，dN/dt 为种群瞬时增长率；r 为内禀增长率；N 为种群在 t 时刻的种群数量；K 为环境容量。

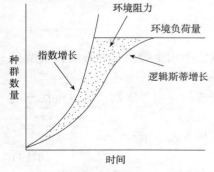

图 4-4　种群增长型比较

其积分式为：

$$N_t = K/(1 + e^{a-rt}) \tag{4-23}$$

式中，N_t 为种群在 t 时刻的种群数量；e 为自然对数的底；r 为内禀增长率；a 为常数。

这就是著名的逻辑斯蒂（Logistic）方程，解为一条"S"形曲线。曲线在 $N=K/2$ 处有拐点，此时 dN/dt 最大。在到达拐点前，dN/dt 值随种群数量增加而上升；在拐点以后，dN/dt 值逐渐下降，趋近于零。该方程揭示了种群瞬时增长率与种群密度间的负反馈机制（图 4-4）。

4.2.4.2 森林害虫的发生类型

①低发型。当森林害虫发生于其分布区的边缘地带或临近发生地时,或因遗传特性及环境条件的影响而繁殖率低,或死亡率高,种群基数较小,保持在很低的水平;此时不论环境条件如何变化,其种群的变幅不大,难以形成明显的种群消长,对森林不产生明显的危害。

②偶发型。有些森林害虫一般年份数量少,属于低发型;个别年份偶然出现可促使其大量发生的有利因素时猖獗危害。但扩展范围不大,延续时间较短,往往只经过少数几代即衰落。

③常发型。有些森林害虫的种群密度在林分中保持较高的水平,经常造成严重危害,形成发生基地或虫源地。如油松球果小卷蛾、白蜡大叶蜂 *Macrophya fraxina* 等。

4.2.4.3 影响森林害虫种群动态的因素

影响森林害虫种群动态的因素十分复杂,主要包括种群外部因素和种群内部因素。

①气候。气候因素同时作用于昆虫、天敌及其寄主植物,并调整三者之间的关系。从而直接或间接地影响昆虫的生长发育、繁殖和存活。

②食物。食物的质和量对昆虫的存活、生长发育和繁殖均有显著的影响。寄主植物的物候与昆虫发育的吻合程度、寄主植物种类、分布以及密度与昆虫种群数量变动密切相关。

③天敌。生境中天敌的种类和数量对昆虫种群数量及其变动影响很大。天敌种群数量增加,害虫种群数量减少;随着害虫种群数量的减少,天敌的种群数量也相应地减少,对害虫的控制能力减弱,因而害虫种群数量再次上升;随后害虫天敌的种群数量由于食物的丰富而上升,对害虫的控制能力提高,害虫种群数量下降。

④林分。林分的组成、结构、林龄、郁闭度、卫生状况等影响昆虫种群的数量动态。幼龄林中食叶害虫、嫩枝幼干害虫种群数量较高,中龄林中食叶害虫种群数量较高,成、过熟林中蛀干害虫种群数量较高。郁闭度较小的林分,易于暴发喜温和强光的害虫种类,而郁闭度大的林分喜阴的害虫种类易暴发。

⑤立地。林分所处的地形、地势、坡度、坡向、海拔、土壤等因子直接影响环境中的光、温、水、气、热的再分配。直接或间接地作用于昆虫或林分的本身,进而影响昆虫的生长发育、繁殖和存活等。

⑥干扰。森林采伐、抚育、化学防治等干扰活动常常改变森林的林分组成、郁闭度、生物群落的结构等要素,从而间接地影响昆虫的生长发育和繁殖。

4.2.5 昆虫生命表

生命表(life table)是系统描述同期出生的某一昆虫种群在各发育阶段存活过程的一览表,或系统地描述某一昆虫种群在各连续时段(发育阶段)内的死亡数量、死亡原因以及繁殖数量,按照一定格式详细列出而构成的表格。

昆虫生命表具有系统性、阶段性、综合性和主次分明的特点,可完整地展现昆虫种群在整个生活周期中数量变化的过程,使影响种群动态各因子的作用具体化、数量化,且能分辨其中的关键因子。在实践中,生命表可用于建立种群生命过程的数学模型、害虫种群的预测，以及选择防治对策和评价各种防治措施的实施效果等。

4.2.5.1 生命表的类型

根据研究目的和研究内容的不同，可分为特定时间生命表和特定年龄生命表。

(1) 特定时间生命表(time-specific life table)

特定时间生命表又称垂直生命表或静态生命表，是在年龄组配稳定的前提下，以特定时间(如天、周、月等)系统调查并记载在 x 时刻开始时种群的存活数量(存活率)或 x 期间的死亡数量，有时也包括产雌数量(m_x)。特定时间生命表适用于世代重叠的昆虫种群，特别适用于实验种群。特定时间生命表又可进一步分为生命期望表和生殖力表。

①生命期望表(life expectation table)。专门用于描述昆虫种群死亡率，不考虑生殖率，着重估计进入各年龄组的个体的生命期望或平均余生。对个体寿命较长的昆虫较为合适。下面以假设的生命期望表来说明生命期望表的组成(表4-3)。

生命期望表包括以下项目：x 代表单位时间内年龄等级的中值；l_x 代表在 x 年龄开始时的存活数量；d_x 代表在 x 年龄期间死亡数量；e_x 代表进入 x 年龄个体的生命期望或平均余生；L_x 代表在 x 和 $x+1$ 年龄期间还活着的个体数；T_x 代表年龄只超过 x 年龄的总个体数。以上各项中，只有 l_x 或 d_x 是实际观察值，其余各项均为计算所得。

其中：
$$L_x = (l_x + l_{x+1})/2 \tag{4-24}$$

或

$$L_x = l_x - 1/2\, d_x \tag{4-25}$$

$$T_x = L_x + L_{x+1} + \cdots + L_{x+w} \tag{4-26}$$

式中，$x+w$ 为最高年龄，在实际计算中，可将 L_x 栏自上而下累加即可。

$$e_x = T_x / l_x \tag{4-27}$$

$1000q_x$ 为每个年龄间隔的死亡率，一般常折算成 1000 个个体在该年龄期间的死亡率。

$$1000q_x = d_x \times 1000 / l_x \tag{4-28}$$

②生殖力表(reproductive table)。与生命期望表不同，一般不再计算生命期望，所以除保留基本的 l_x 栏外，其余各栏均被取消，而增加了 m_x 栏。m_x 是年龄 x 期间单雌产雌量。

表4-3 一个假设的生命期望表

x	l_x	d_x	L_x	T_x	e_x	$1000q_x$
1	1000	300	850	2180	2.18	3000
2	700	200	600	1330	1.90	285
3	500	200	400	730	1.46	400
4	300	200	200	330	1.10	666
5	100	50	75	130	1.30	500
6	50	30	35	55	1.10	600
7	20	10	15	20	1.10	500
8	10	10	5	5	0.50	1000

假设性比为1:1，则 $m_x=N_x/2$，N_x 是在 x 年龄单雌的总生殖数量，l_xm_x 为每个年龄期间雌虫的生殖数量。下面以丽金龟 Phyllopertha sp. 的生殖力表加以说明（表4-4）。

表4-4 丽金龟 Phyllopertha sp. 的生殖力表

x（周）	l_x	m_x	l_xm_x	l_xm_xx
0	1.00	—		
49	0.49	—		
50	0.45	—		
51	0.42	1.0	0.42	21.42
52	0.31	6.9	2.13	110.76
53	0.05	7.5	0.38	20.14
54	0.01	0.9	0.01	0.54
Σ			$R_0=2.94$	152.86

根据表中数据可以求出整个世代的净增殖率：$R_0=\sum l_xm_x=2.94$。这表明每个雌性个体在经历一个世代后，可产生2.49个雌性后代。显然，当 $R_0>1$，则表示种群上升；当 $R_0<1$，则表示种群下降；当 $R_0=1$，则表示种群维持不变。

(2) 特定年龄生命表(age-specific table)

特定年龄生命表又称水平生命表或动态生命表。是以种群的年龄阶段（如虫态或虫龄）作为划分的标准，系统观察并记录不同发育阶段或年龄期间的死亡数量、死亡原因以及成虫阶段的繁殖数量。它适用于世代离散的昆虫种类，特别适用于自然种群。下面以落叶松毛虫的生命表来说明特定年龄生命表的组成（表4-5）。

表4-5 落叶松毛虫自然种群生命表

x	l_x	d_xF	d_x	$100q_x$	S_x
卵期	3717.00	松毛虫黑卵蜂等寄生	1170.48	31.49	0.6851
	2546.52	未受精	196.63	7.73	0.9227
一龄幼虫	2349.89	降温，鸟类捕食	687.46	29.26	0.7074
越冬前期	1662.43	越冬死亡	139.93	8.42	0.9158
越冬后期	1522.50	松毛虫绒茧蜂寄生，鸟类捕食，细菌病	1054.50	69.27	0.3073
蛹期	468.00	寄生蝇寄生	379.08	81.00	0.1900
成虫期	88.92	性比	14.40	16.20	0.8380
♀×2	74.52	鸟类捕食及成虫死亡	46.60	62.54	0.3746
世代总计			3689.08	99.25	

注：期望卵量：74.52/2×208=7750；实际卵量：(74.52-46.60)/2×208=2904；种群趋势：期望值 $I=7750/3717=2.09$，实际值 $I=2904/3717=0.78$。

表中 x 为虫期或取样时的年龄间隔;l_x 为年龄间隔 x 开始时的存活个体数;d_x 为年龄间隔 x 到 $x+1$ 的死亡数;d_xF 为与 d_x 相对应的死亡因子;$100q_x$ 为年龄间隔 x 到 $x+1$ 的死亡率×100;S_x 为年龄间隔 x 到 $x+1$ 的存活率。

以上各项,除由文字说明外,其余各项数据的关系为:

$$l_x - d_x = l_{x+1} \tag{4-29}$$

$$d_x / l_x \times 100 = 100q_x \tag{4-30}$$

$$1 - q_x = S_x \tag{4-31}$$

4.2.5.2 生命表分析

生命表分析是通过生命表研究昆虫种群数量动态的必经途径。可以透过表面现象找到昆虫种群数量变动的内在规律,预测昆虫种群的发展趋势,揭示影响昆虫种群数量动态的关键因子等,对控制森林害虫种群具有重要意义。

(1) 种群发展趋势指数 I

种群发展趋势指数是估计未来或下一代种群数量增减的指标。用当代某一虫态与下一代同一虫态的种群数量之比表示,即 $I = N_n+1/N_n$。当 $I<1$ 时,下代种群数量下降;当 $I=1$ 时,下代种群数量与当代相同;当 $I>1$ 时,下代种群数量上升。用生命表中的数据表示,则

$$I = S_1 S_2 \cdots S_i \cdots S_n P_♀ F P_F \tag{4-32}$$

式中,S_i 为幼虫各龄或各虫态的存活率;$P_♀$ 为雌虫占成虫总数的百分比;F 为标准产卵量;P_F 为达到标准产卵量成虫的百分比。

为了分析诸组分对 I 值的贡献,常常比较抽出各组分后对 I 值的影响程度。如从 I 中抽出 S_i,则 I 值变为 $I(S_i) = S_1 S_2 \cdots S_{i-1} S_{i+1} \cdots S_n P_♀ F P_F$,那么抽出 S_i 后引起 I 值的变化可用 M_{S_i} 来表示。

$$M_{S_i} = I(S_i)/I = 1/S_i \tag{4-33}$$

可见,S_i 越大,则 M_{S_i} 越小,表示 S_i 所对应的死亡原因对 I 值的作用较小,反之 S_i 越小,M_{S_i} 越大,表示 S_i 所对应的死亡原因对 I 值的作用较大。

(2) 关键因子分析

关键因子是指对下一代种群数量变动起主导作用的因子。关键因子分析是生命表研究中的重要方面。

①Morris-Watt(1959) 回归分析法。根据种群趋势指数公式:

$$I = S_1 S_2 \cdots S_i \cdots S_n P_♀ F P_F \tag{4-34}$$

两端取对数,则

$$\lg I = \lg S_1 + \lg S_2 + \cdots + \lg S_i + \cdots + \lg S_n + \lg P_♀ + \lg F + \lg P_F \tag{4-35}$$

如果有若干张生命表,则可以以等式右边的各项为自变量,以 $\lg I$ 为因变量,分别作回归求其 r^2 值。r^2 越小,则 S_i 对 I 的影响越小,反之,S_i 对 I 的影响越大。对 I 影响最大的 S_i 所对应的虫态称为关键虫期,所对应的死亡因子称为关键因子。r^2 可用下式求得。

$$r^2 = \left[\sum xy - \left(\sum x \sum y\right)/n\right]^2 / \left[\sum x^2 - \left(\sum x\right)^2/n\right]\left[\sum y^2 - \left(\sum y\right)^2/n\right] \tag{4-36}$$

式中,r^2 为决定系数;x、y 为变量;n 为样本数。

②K 值法(Varley et al., 1960)。K 值即前后相邻的两个阶段种群存活数比值的常用对数；或前阶段存活数的对数与相邻后一阶段存活数对数的差。

$$k_i = \lg(l_{x_i}/l_{x_{i+1}}) = \lg l_{x_i} - \lg l_{x_{i+1}} \tag{4-37}$$

或

$$k_i = \lg(l_{x_i}/l_{x_{i+1}}) = \lg 1/S_i = \lg M_{S_i} \tag{4-38}$$

因此，各期的也可以定义为其存活率倒数的对数值。

全世代的 K 值为各虫态 k_i 值之和，$k = \sum k_i$ $i = 1, 2, \cdots, I, \cdots, n$。

或

$$K = \lg x_1 - \lg x_n$$

根据生命表资料求出各虫态的 k_i 和全世代的 K 值后，即可进行 K 值图解分析。只须以纵坐标表示 k_i 和 K，以横坐标表示年份或世代，将连续若干代中各因子或虫期的 k_i 及 K 值标在坐标纸上，然后按先后顺序连接，看各 k_i 曲线和 K 值曲线的相似程度。k_i 曲线与 K 值曲线变化趋势最相近的，则该 k_i 所代表的因子为关键因子。

4.3 昆虫地理分布

陆地昆虫种类繁多，每一种昆虫均具有一定的分布范围，而一定的空间范围内都有一定昆虫组成的昆虫类群。这种昆虫在长期演化过程中形成的适应地理条件的分布格局称为昆虫地理分布。对昆虫地理分布的研究不仅可以揭示昆虫的演化史，而且可以预测重大害虫侵入的可能性。

世界陆地动物区系通常分为六个区(界)，即古北区、东洋区、新北区、澳洲区、新热带区、非洲区或埃塞俄比亚区。六大区系界之间都有海洋或沙漠(撒哈拉沙漠)、高山(喜马拉雅山脉)阻隔，形成明显的地理分界线。只有中国东部的古北区与东洋区之间缺乏明显的自然分界标志。昆虫区系的划分采用动物区系划分方案。区是区系划分的最高单位，区下再分亚区。

①古北区(Palearctic realm)。包括欧洲的全部、非洲北部、地中海沿岸，以撒哈拉沙漠与非洲区为界；以及亚洲大部分，以喜马拉雅山脉至黄河长江地带与东洋区相连。

②东洋区(Oriental realm)。包括自亚洲的喜马拉雅山脉至黄河长江之间的地带以南的热带亚洲，包括亚洲南部的半岛及岛屿，可分为印度和马来西亚 2 个亚区。

③非洲区(Afrotropical realm)。包括撒哈拉沙漠及以南的非洲地区、阿拉伯半岛南部和马达加斯加，撒哈拉沙漠形成了一条与古北区相连的过渡带。

④澳洲区(Australasian realm)。包括新几内亚及其邻近各岛、大洋洲大陆、塔斯马尼亚及新西兰。

⑤新北区(Nearctic realm)。包括丹麦格陵兰岛、加拿大、美国(包括阿拉斯加和阿留申群岛，但不包括夏威夷)、墨西哥的沙漠和半沙漠地区，南至南回归线。

⑥新热带区(Neotropical realm)。包括墨西哥的热带部分、大安的列斯群岛以及中美和南美。

我国昆虫地理区划分为古北、东洋两区，各区内还划分为亚区、地区，但具体划分的界限尚存在较大的分歧。

4.4 森林害虫的预测预报

森林害虫的预测预报是森林害虫防治和检疫的基础，是进行各种相关规划的依据。在森林害虫暴发之前尽早知道哪些害虫将在何时、何地发生至何种程度，就为尽早采取预防措施，将害虫危害控制在灾害发生之前或及时采取治理措施，将灾害损失控制在最低限度提供可靠理论依据。

4.4.1 森林昆虫的调查方法

森林昆虫调查是获得森林生态系统内昆虫的种类、虫口数量、种群结构及危害程度等基础数据的主要途径，可以为明确害虫发生类型、虫情预测预报、防治指标及防治方案的制定等提供科学依据。调查方法包括全查法和抽样调查法。由于森林占地广阔、树木高大，加之受时间和人力、物力等条件的限制，往往不可能也没有必要应用全查法，一般采用科学的抽样方法。

4.4.1.1 取样方法

森林昆虫调查取样方法包括取样方式，取样数量和取样单位。

(1) 取样方式

为了保证取样结果的准确性，常根据昆虫水平分布格局差异，将样方排布在样地上。常用的取样如下（图 4-5）。

①平行线取样法。适于成行的植物、害虫为核心分布的结构。

②对角线取样法。适于密集的或成行的植物和随机分布的结构，有单对角线和双对角线两种。

③棋盘方式取样法。适于密集的或成行的植物、害虫为随机分布的结构。

④"Z"字形取样法。适于嵌纹分布的结构。

⑤五点式抽样。适于密集的或成行的植物以及害虫分布为随机分布型的情况，可按一定的面积、长度或株数选取样点。

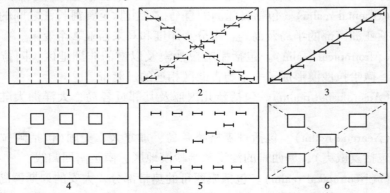

1.平行线抽样；2.双对角线抽样；3.单对角线抽样；4.棋盘式抽样；5."Z"字形抽样；6.五点式抽样

图 4-5 调查取样方式示意图

(2) 取样的数量

一般而言,取样的数量越多,越能代表总体,但增加取样数量,就得增加人力和物力,为此,应根据调查精度的要求,选取适当的取样数量。

此外,也应考虑每一抽样单位中的某种昆虫的数量是否准确查明;每一个抽样单位的单位、大小、边界是否准确弄清。

(3) 取样单位

昆虫的种类和生境的不同,所采用的调查单位往往不同,森林昆虫调查中常用的抽样单位包括:

①长度单位。常用于调查一些虫口密度较大的小型昆虫。例如,调查落叶松鞘蛾常以样枝作为调查单位。如 10 头/枝。

②面积单位。调查地下害虫、枯枝落叶层下越冬的害虫常以一定面积作为取样单位。例如,调查苗圃地下害虫、落叶松毛虫越冬幼虫均用面积为抽样单位。如 15 头/m^2。

③体积单位。调查木材害虫时常用体积单位。如 10 头/m^3。

④重量单位。调查种实害虫常用重量单位。如 50 头/kg。

⑤时间单位。用于调查活动力强的害虫,观察单位时间内经过、起飞或捕获的虫数。如 100 头/h。

⑥植株单位。常用于食叶害虫。例如,落叶松毛虫的虫口密度可表示为 150 头/株。

⑦诱集物单位。对于有趋性的昆虫,常用一定时间内,一定诱集物诱集到的虫数为计算单位。如灯诱中的灯、色盘诱集中的色盘等。

⑧网捕单位。一般用一定口径、一定柄长的捕虫网,以网来回摆动一次(一定网程),称为一网单位。

4.4.1.2 各类森林害虫的调查

(1) 食叶害虫的调查

在树上结茧化蛹或产卵(卵块)的昆虫,可根据昆虫的分布型和昆虫的理论取样数,按对角线法等排布样点或样株。调查有虫株率、树冠上或树冠上一定部位、一定长度枝条上的虫数。

在枯枝落叶层下或土壤中越冬或化蛹的害虫,块状样方大小一般为 0.5 m×2.0 m,0.5 m 的一边应靠近树干。

在害虫活动期的调查往往以整株树为单位。在幼树或虫体较大时较为容易。但高大乔木树冠上的昆虫调查有难度,幼虫期往往用机械振落法或冠层喷雾法等振落害虫。对活动力强的成虫,常用冠层拦截器收集或采用灯光诱集等方法。

(2) 蛀干害虫的调查

在样地内调查统计有虫株率;选取 3 株虫害木,伐倒后由干基至树梢剥去一条约 10 cm 宽的树皮,分别记录不同部位出现的害虫种类,然后在害虫寄居部位的中央选取大小为 1000 cm^2 的样方,统计害虫数量。对于小蠹虫,分别计数穴数、母坑数,以及幼虫、蛹、新成虫数或羽化孔数。对于天牛或吉丁虫,则计数其幼虫数、侵入孔和羽化孔数;象鼻虫则计数其幼虫、成虫和蛹数。

(3) 苗圃和地下害虫调查

调查应在害虫活动季节进行。春末至秋初，地下害虫大多在土壤浅层活动，便于调查。每 $10\sim 20\ hm^2$ 设样地一块，每块样地选取 $10\sim 20$ 个样方($1\ m^2$)。确定好样方的边界后，用铁锹将样方周围的边界切出，然后以每 $20\ cm$ 深为一层，逐层取出土壤，计数害虫的数量。

另外，对于个体小的介壳虫、蚜虫或螨类，可根据害虫所占据的叶面积或枝条的比例进行统计。

4.4.1.3 林木受害情况表示

①虫口密度。虫口密度即昆虫种群密度。在林业生产实践中，虫口密度一般用绝对密度来表示。虫口密度一般用取样单位内害虫平均个体数量来表示。

$$虫口密度 = 调查的总虫数/取样单位数量 \tag{4-39}$$

②被害株率。被害株率即林分中被害株数占调查总株数的百分比。

$$P = (n/N) \times 100\% \tag{4-40}$$

式中，P 为被害株率(%)；n 为被害株数；N 为调查总株数。

③被害指数。被害指数是建立在分级计数法的基础之上的虫害程度表示方法。分级计数法是按照虫害轻重划分为若干等级，调查时按林木被害的程度分别将标准地内的标准株归入合适的等级中，然后统计各级被害木的数量。被害指数是指各被害级的总代表数值（虫害级的代表数值与该级标准株数之积）相加，再除以最高一级的代表数值与总株数之积。用公式表示如下：

$$被害指数 = \frac{\sum(各级值 \times 相应级的株数)}{调查总株数 \times 最高级值} \times 100\% \tag{4-41}$$

用被害指数可以非常直观地表示虫害的危害程度。

④损失率。林分因虫害每取样单位减少的生物量(产量)占总生物量(产量)的百分比。

$$损失率 = \frac{未受害取样单位的生物量 - 受害取样单位的生物量}{未受害取样单位的生物量} \times 100\% \tag{4-42}$$

4.4.2 森林害虫预测预报的类型与方法

森林害虫的预测预报是指根据害虫的生物、生态学特性，结合林木的物候、气象资料，进行全面分析，对害虫未来的发生趋势(发生期、发生量、危害程度等)做出预测，及时提供虫情报告，以便提前做好防治准备。

4.4.2.1 森林害虫预测预报的类型

根据预测的内容和预测时间的不同，可将预测预报分为以下几种类型。

(1) 按预测内容分

①发生期预测。预测某种森林害虫的某一虫态或虫龄的出现期或危害期；对具有迁飞、扩散习性的害虫，预测迁出或迁入本地的时间，从而为害虫防治时期的选择提供依据。

②发生量预测。预测害虫的发生数量或林间虫口密度。主要用于估计害虫种群未来的消长趋势，以便作为害虫未来是否大发生的依据。

③危害程度的预测。在发生期和发生量的基础上，根据林木的生长发育和害虫的猖獗发生情况，进一步预测林分受害程度和造成的经济损失的大小，为选择合适的防治方法和防治次数提供依据。

（2）按预测时间的长短分

①短期预测。短期预测的期限大约在 20 d 以内，一般只有几天到十几天。其准确性高，应用范围广。一般根据害虫前一虫期发生状况，推测后一虫期的发生期和发生量。为未来防治适期、次数和防治方法的选择提供依据。

②中期预测。中期预测的期限一般为 20 d 到一个季度，通常在 1 个月以上。但时间的长短可根据害虫的种类而定。主要是根据害虫前一世代的发生状况，预测下一世代的发生动态，以便确定害虫的防治对策。

③长期预测。长期预测的期限常在一个季度以上。预测时间的长短仍视害虫种类和生殖周期的长短而定。生殖周期短，预测期限短，否则就长，有时可以跨年。通常根据越冬后或年初某种害虫的越冬有效虫口基数及气象资料等做出，于年初展望其全年发生动态和灾害程度。

4.4.2.2 害虫预测的方法

根据害虫预测的基本方法，可将其分为以下 3 类。

①统计法。根据多年的气候、物候等因素与害虫某一虫态发生期、发生量之间的关系资料，或害虫种群本身前、后不同发生期、发生量之间的关系资料，进行回归分析、数理统计计算，构建各种预测式。

②实验法。应用实验生物学方法，主要求出害虫各虫态的发育速率和有效积温，然后应用当地的气象资料预测其发生期。也可探讨营养、气候和天敌等因素对害虫生存、繁殖能力的影响，提供发生量预测的依据。

③观察法。直接观察害虫的发生期和作物物候的变化，明确其虫口密度、生活史与作物生育期的关系，应用物候现象、发育进度、虫口密度和虫态历期等观察资料进行预测。主要用于预测发生期、发生量和灾害程度。

4.4.3 森林害虫发生期预测

害虫的发生时期按各虫态可划分为始见期、始盛期、高峰期、盛末期和终见期。预报时着重始盛、高峰和盛末 3 个时期。在统计学上常将上述 3 个时期分别定义为：出现 16%——始盛期；出现 50%——高峰期；出现 84%——盛末期。

4.4.3.1 发育进度预测法

发育进度预测也称历期推算预测，是根据害虫在林间发育进度的系统调查结果，参照当地的气温预报，结合各虫态的相应历期，从而推算出以后诸虫态的发生期。

进行害虫发育进度预测，应该查准害虫的发育进度和发育历期。利用实际调查的结果，做出害虫发育进度或虫龄分布曲线，以此曲线作为预测的起始线，称为"基准曲线"。自该线各点加上害虫某一、二个虫态的发育历期，向后顺延，就可做出与基准曲线平行的未来某虫态的发育进度曲线，称为"预测曲线"。再根据实际调查结果，做出某一预测虫态

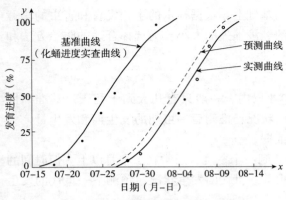

图 4-6 二化螟化蛹进度预测发育进度

的实际发育进度曲线，称为"实测曲线"（图 4-6）。实测曲线是用来检测预测曲线准确程度的。

基准曲线所需的数据常常通过如下途径获得。

①林间调查法。在害虫发生阶段，定期、定点（甚至定株）调查其发生数量，统计各虫态的百分比，将逐期统计的百分比顺序排列，便可以看出害虫发育进度的变化规律，发生的始盛期、高峰期、盛末期的时间及各个期距。

②人工饲养法。对于一些在林间难以观察的害虫或虫态，可以在调查的基础上结合进行人工饲养观察。根据各虫态（及龄期）发育的饲养记录，求出平均发育期，必要时计算标准差，估计置信区间。

③诱集法。一般用于能够飞翔、迁飞活动范围较大的成虫。利用它们的趋性进行诱集。每年从开始发生到发生终了，长期设置，逐日计算，同时应注意积累气象资料，以便对照分析。

获得符合当地情况的昆虫发育历期或期距资料是确保发育历期预测准确程度的另一关键。害虫发育历期资料一般通过如下途径获得。

①搜集资料。从文献上搜集有关主要森林害虫的历期与温度关系的资料，做出历期与温度的关系曲线。在预测时，可结合当地的气温资料，求出适合的历期。

②实验法。在人工控温或在自然变温条件下饲养昆虫，观察、记录各世代、各虫期的发育情况。总结出各虫态、各级卵巢等的历期与温度的关系。

③统计法。根据当地的实验观察、林间调查等获得的多年资料，应用统计学方法进行分析，找出害虫各世代、虫态和各级卵巢的历期。

(1) 历期预测法

该方法是通过林间某种害虫前一、二个虫态发生数量的调查，查明其发育进度，如化蛹率、羽化率、孵化率等，并确定其发育百分率达到始盛期、高峰期和盛末期的时间，在此基础上分别加上当时、当地气温下各虫态的平均历期，即可推算出后一虫态发生的时期。

(2) 分龄分级预测法

根据各虫态的发育与内外部形态或解剖特征的关系细分等级，进行预测。如卵的发育、蛹和雌蛾的发育可再细分等级，分别称为卵分级、蛹分级、雌成虫卵巢分级。此种方法在害虫发生期的中、短期预报中，准确性较高。其具体做法是：不需要定期、系统地检查害虫的发育进度，而只要选择害虫某一虫态的关键时期做 2~3 次发育进度检查，在检查时仔细分龄或分级，并计算出各龄各级占总虫数的百分比；再按发育先后将各百分率进行累加，当分别累加到 16%、50% 和 84% 时，即可分别得出始盛期、高峰期和盛末期的数量标准；然后加上该虫龄和蛹的历期，即可推测出下一虫龄或虫态的始盛期、高峰期和盛末期。分龄分级预测法一般适用于各虫态历期较长的害虫。

(3) 卵巢发育分级预测法

在害虫发生期预报上，常常应用害虫卵巢发育程度等内部解剖特征来预测害虫的发生期。卵巢发育分级预测的做法一般是：首先解剖雌蛾的卵巢，观察卵巢管的发育状况，以此了解雌虫产卵的规律；再根据昆虫卵巢的分级特征预测产卵盛期等。

4.4.3.2 期距预测法

根据当地多年积累的有关害虫发生规律的资料，总结出害虫前后世代之间或同一世代不同虫龄之间高峰期的间隔，即为期距。期距并不等同于害虫各虫态的历期，它是一个统计值和经验值。

此法简便易行，准确性也较高。但不同地区、季节、世代的期距差别很大，每个地区应以本地区常年的数据为准，其他地区不能随便代用。这需要在当地有代表性的地点进行系统调查，从当地多年的历史资料中总结出来。有了这些期距的经验或历年平均值，就可以依此来预测发生期。也应注意当气候异常年份或林分受到重大干扰时，往往预测的偏差较大，应辅以其他中、短期预报加以校正。

4.4.3.3 有效积温预测法

在适宜害虫生长发育的季节，温度的高低是影响害虫生长发育快慢的主导因素。只要了解了一种害虫某一种虫态或全世代的发育起点温度和有效积温及当时田间的虫期发育进度，便可以根据短期气象预报的平均温度条件，推算这种害虫某一虫态或下一世代的出现期。

4.4.3.4 物候预测法

物候是指各种生物现象出现的季节规律性，是季节气候(如温度、湿度、光照等)影响的综合表现。各种物候之间的联系是间接的，是通过气候条件起作用的。但是要进行预报，仅仅注意与害虫发生在同一时间的物候是不够的，必须把观察的重点放在发生期以前的物候上。为了积累这方面的资料，测报工作人员应该在观察害虫发育进度的同时经常留意记录各种动植物的物候期(如吐芽、初花、盛花、展叶等)，用简明符号标出，经过多年积累，从中找出与害虫发生期联系密切，可用作预报的物候指标。

4.4.4 害虫的发生量预测

预测害虫的发生量是确定害虫防治次数和防治方法的依据。一般而言，昆虫的发生量预测比发生期预测复杂。因为食物的质和量、气候条件、天敌的作用和人为干扰等诸多因素直接或间接作用于昆虫，影响害虫的生长发育和繁殖，常常导致害虫种群数量发生波动。

害虫发生量的预测方法包括有效虫口基数预测法、气候图法、经验指数预测法和形态指标预测法等。

4.4.4.1 有效虫口基数预测法

害虫的发生量常常与前一世代种群基数密切相关。种群基数大，下一代发生量可能也大，反之，则可能小。尤其是早春的有效基数，常用作第 1 代害虫发生量的重要依据。

根据害虫前一世代的有效基数推测后一世代发生量的公式为：

$$p=p_0[ef/(m+f)(1-M)] \tag{4-43}$$

式中，p 为下一代种群数量；p_0 为上一代种群基数；e 为单雌平均产卵量；f 为雌虫数；m 为雄虫数；M 为死亡率；$(1-M)$ 为存活率，可分为 $(1-a)(1-b)(1-c)(1-d)$，其中 a、b、c、d 分别为卵、幼虫、蛹和成虫生殖前的死亡率。

此种方法的工作量较大，要真正查清前一代的虫口密度也非易事。对于单食性的和越冬场所单纯的害虫，如落叶松毛虫，虫口基数较易查清；但对一些多食性害虫和越冬虫源复杂的种类则较为困难。

4.4.4.2 生物气候图预测法

生物气候图（bioclimatic graph，bioclimatograph）是描述昆虫种类、数量、分布与气温、雨量等气候因子关系的图形。通常以月（旬）总降水量或相对湿度为纵坐标，以月（旬）平均温度为横坐标，将各月（旬）的温度、湿度或降水量的组合绘成坐标点，然后用直线按月（旬）的先后顺序连接成闭合曲线。并配合目标昆虫的最适温湿度范围，即可比较某一地区不同年份、或不同地点的常年温湿度变化趋势间的差异，从而找出影响该害虫大发生的关键月份及主要气候要素，为预测森林害虫提供依据。

4.4.4.3 经验指数预测

经验指数是在深入分析影响害虫猖獗发生的主导因素的基础上总结出来的，可以用于害虫发生量预测。常用的经验指数有温雨系数、温湿系数、天敌指数等。

$$温雨系数 = P/T \text{ 或 } P/(T-C) \tag{4-44}$$
$$温湿系数 = RH/T \text{ 或 } R \cdot H/(T-C) \tag{4-45}$$

式中，P 为月或旬的总降雨量(mm)；T 为月或旬的平均温度；C 为该虫的发育起点温度；$R \cdot H$ 为月或旬的平均相对湿度。

在应用中，可根据不同地区、不同虫种的实际情况加以应用。如温湿系数大于某一数值时，某一害虫可能大发生，而小于某一数值时则发生较轻。

4.4.4.4 形态指标预测

环境条件对昆虫的影响都要通过昆虫本身的内因起作用；昆虫对外界环境条件的适应也会从内外部形态特征上表现出来。如虫型、生殖器官、性比的变化，以及脂肪的含量与结构等均会影响下一虫态的数量和繁殖力。为此，可根据这些形态指标作为数量预测指标和迁飞预测指标，来推算害虫的未来种群数量。

例如，蚜虫处于不利的条件时，常表现为生殖力的下降，此时种群中的若蚜比例及无翅蚜的比例下降。可以根据有翅蚜比例的增减或若蚜与成蚜比例的变化来估算有翅成蚜的迁飞扩散和数量消长。

4.4.5 森林害虫种群监测

森林害虫系统监测调查是为了及时准确地掌握监测对象发生发展规律和种群动态，以便进行害虫预测预报而展开的调查活动。监测对象通常是当地曾经大发生过或目前在局部地块大发生的害虫；或在其他省份或邻近地区大发生，而本地是该种的适生区的害虫以及疫区周边地区及适生区内的检疫害虫。

4.4.5.1 监测林分与标准地

监测林分内的标准地主要用于监测对象的发生数量、林木受害程度的监测调查。监测标准地以外的监测林分主要用于监测对象的发生期及害虫存活率的监测调查。

监测林分的选择应以害虫常发地和具有代表性为基本原则。监测林分除采取正常的抚育间伐等经营措施外，一般不采取防治措施。监测林分内标准地一般应设在下木及幼树较少、林分分布均匀、代表性较强的地域。同一监测林分内两块标准地应保持一定的距离。监测标准地选定后，要标明其边界，并对林木统一编号，绘制平面坐标图。

4.4.5.2 监测调查内容

监测调查的内容主要根据监测的目的和对象而定。

(1) 森林害虫发生期监测

①孵化进度监测。对于卵期较长的害虫种类，从成虫开始产卵起直至全部孵化为止，每隔1 d在监测林分内调查一定数量的卵粒，并按以下公式计算孵化率。

$$孵化率 = 初孵幼虫数/总卵数 \times 100\% \tag{4-46}$$

②越冬幼虫活动进程监测。在越冬幼虫进入越冬或复苏前，在监测林分内，选择一定数量的监测样株，按虫种逐日调查幼虫上树和下树的数量，直至全部上树和下树为止。分别统计其始盛、高峰和盛末期。

③羽化进度监测。从结茧盛期始直至全部羽化止，每天在监测林分内观察一定数量的茧。按以下公式统计羽化率。

$$羽化率 = 蛹壳数/(幼虫数 + 蛹数 + 蛹壳数) \times 100\% \tag{4-47}$$

④灯光诱集监测。监测对象成虫期即将临近时，在监测点每晚19:00~21:00开灯诱集，并逐日统计诱虫数量。诱虫灯的功率、设灯距离与数量要统一。

⑤信息化合物诱剂监测。监测对象成虫期即将临近时，在监测点设信息化合物诱捕器诱集，并逐日统计数量。

(2) 种群密度监测

①卵密度监测。成虫产卵始见期后，在检测林分的标准地内，根据害虫的分布型，采取相应的取样方法选取20~50株调查样株，统计样株及树冠投影范围内植被或样枝上的卵数。

②幼虫密度监测。在幼虫暴食期、越冬前、越冬后，在监测标准地内，随机选取20~50株调查样株，统计样株、样方和样枝上的幼虫数。

③蛹密度监测。幼虫始见期后，在监测林分内，随机选取20~50株调查样株，统计样株及树冠投影范围内植被或样枝上的蛹数。

④成虫期监测。于羽化终见期，在监测林分内，按蛹密度调查方法，调查羽化蛹壳数量，也可以用灯光诱集或信息化合物诱捕器诱集法，逐日统计诱集的数量。

(3) 害虫成活率监测

①卵成活率监测。于幼虫孵化终见期，对于卵期长的种类可以分别于不同的时期分别观测，在监测林分中采集一定数量的卵粒(块)，分别计算孵化卵数、被寄生卵数及未孵化卵数。

②幼虫存活率监测。在进行幼虫各时期密度监测调查的同时，在调查样株上，采集100头健康的幼虫就地在活枝上套笼或带回室内饲养观察，统计各期存活头数及化蛹、羽化虫数。

③蛹存活率监测。在化蛹终见期,在监测林分内采集一定数量的蛹,记录已羽化数并将其检出,剩余部分置于纱笼内直至羽化结束时,统计羽化蛹数、寄生蛹数。

④生殖力监测。在进行蛹存活监测时,将刚羽化的成虫拣出20~25对,成对放入带有新枝叶的养虫笼中,直至成虫全部死亡,统计产卵数和遗腹卵数。

复习思考题

1. 如何理解环境因子对昆虫个体和种群的综合作用?
2. 试述昆虫种群动态研究在害虫控制中的地位。
3. 评述并展望害虫预测预报的方法和技术。
4. 昆虫的生命表有哪些类型?研究昆虫的生命表对控制森林害虫种群具有哪些重要意义?
5. 目前世界陆地动物区系通常分为哪六个区(界)?
6. 简述有效积温法则,并说明其用途。
7. 简述影响森林害虫种群动态的因素。

第 5 章

害虫管理策略及技术方法

【本章提要】 森林害虫综合管理涉及生态学、经济学、环境保护学和系统科学等领域，并与社会生产技术水平有密切关系。本章主要介绍害虫管理策略及其发展史、害虫管理的基本原理，以及害虫种群数量调节的技术方法等内容。

森林害虫管理的策略与技术方法日新月异，特别是随着科学技术的发展、社会进步、人民生活品质的改善，以及人类对自身生存环境与自然界认识的提高，森林害虫防治所采用的器材与技术措施不断更新，防治策略与理念也在不断改进，更加注重环境保护、食品安全以及生态系统的完整性与可持续性。

5.1 害虫管理策略及其发展史

随着社会发展和经济技术条件的改善，害虫的管理策略处于不断发展变化中。从人类控制害虫策略的本质上讲，害虫管理大致经历了4个主要的发展阶段。

5.1.1 初期防治阶段

20世纪40年代以前，害虫管理处于初期防治阶段。原始农业出现以后，人们在生产实践中即开始了与害虫的斗争。据记载，公元前2500年，苏美尔人就曾使用硫化物除治昆虫和螨类；《诗经》《吕氏春秋》等也记载我国人民早在3000年前就使用篝火和植物杀虫剂来消灭害虫，这便是最早的害虫防治。随着中国古代文明的发展和欧洲文艺复兴的兴起，害虫防治方法也不断发展。最典型的是，公元304年《南方草木状》一书中记载的我国南方人民用黄猄蚁防治柑橘害虫，另一个著名的例子是1882年美国昆虫学家雷利等人从澳洲引进澳洲瓢虫防治加利福尼亚的柑橘吹绵蚧。这一阶段虽然也有了各种防治害虫的方法，都能抑制害虫数量到一定程度，减少一定的危害。但一般来说都不是十分有效的。为此，当时提出了综合防治(integrated control)的原则，就是把各种防治方法结合起来一同防治害虫。这是根据各种防治方法都有其优缺点，把它们结合起来，取长补短，就能发挥最大的效力。因此，在这一时期对一种害虫，往往一方面用农业技术防治(如灌溉、轮作、选用抗虫品种等)；另一方面使用农药(当时都是天然的植物性和矿物性农药)或引入天敌等，有时还配合人工捕捉、机械捕捉等。在1940年以前，害虫防治都是采用综合防治的原则，强调对害虫生物学、生态学习性的研究，因为许多防治方法都与害虫的习性有关。这一时期，人们虽然认识到害虫能够防治，也应该防治，但由于科技的落后，人们并不能找到解决害虫问题的根本办法，只能是有限地除治，不情愿地容忍。虽然说这一阶段的害虫防治已包含了生态学的观点和现代害虫综合管理方案的雏形，但这种朴素害虫观的局限性及潜在的对害虫防治的要求和渴望，使人们在此后必然屈从于"农药万能"的观点。随着人工合成化学杀虫剂的问世，这一阶段随即宣告结束。

5.1.2 化学防治阶段

20世纪40年代至70年代中期，害虫管理处于化学防治阶段。第二次世界大战期间，由于蚊、蝇、跳蚤等昆虫传播疟疾、伤寒等疾病，严重影响了部队的战斗力。为了战争需要，各国大力开展了化学杀虫剂的研制工作。1939年，瑞士的缪勒发现DDT具有显著的杀虫活性，于是将其最先用于防治马铃薯甲虫，后又成功用于杀灭多种其他害虫和体虱，从而开始了其在害虫防治上的广泛应用。DDT的问世对经典的生物防治和农业防治产生了巨大的冲击，之后又出现了一系列高效有机化学农药，如六六六、对硫磷等。这些农药杀虫效果好、使用方便，应用也越来越广。DDT等化学农药的大面积使用，标志着害虫管理进入了化学防治阶段，这一阶段又可分为以下两个时期：

(1) 1946—1962年

该时期被认为是"农药时代"的前期。在此期间，除DDT外，英、法又发现了六六六（其合成较DDT更早），后又相继出现了氯丹、毒杀芬等一系列高效、持久的有机氯杀虫剂，在害虫防治上一度发挥巨大作用。这些杀虫剂防治害虫的效率极高，并且对各种害虫均有效，有些被当时的农民称为"一扫光"。这一时期，人们曾十分乐观地认为，害虫防治的问题已经基本上得到解决，只要喷洒DDT等杀虫药剂就能彻底消灭害虫，从而把人们引入了农药万能的境地。人们在发现使用化学杀虫剂特殊效果的狂喜中，将以农业措施和生物防治为主的策略转变为把害虫全部、彻底地消灭掉。这样，一个给后来的害虫防治带来灾难性后果的策略思想——消灭哲学(philosophy of eradication)形成了。当时，我国农林部也将植物保护方针确定为"治早、治小、治了"。

这一时期，害虫的防治确实收到了极好的效果，各种杀虫药剂也得到了极大的发展，许多其他防治害虫的方法已很少有人研究，甚至害虫的基础生物学研究也被放松了。

(2) 1962年至20世纪70年代中期

该时期是"农药时代"的后期。由于当时人们错误地认为"打药"是唯一的方法，于是"有虫打三遍，无虫打三遍"，单纯使用农药和不合理滥用农药在国内外十分普遍，因而产生了"农药合并症"，即害虫产生抗药性，害虫再增猖獗以及农药在人体内的积累和环境污染。

美国科普作家蕾切尔·卡逊在1962年出版了《寂静的春天》(Silent Spring)一书，作者以文学的笔调、科学的事实，描述了大规模长期使用化学农药带来的不良后果，立即引起了美国政府和公众的重视。美国农业部统计了数十年的虫害损失情况，发现虫害损失并没有因长期大规模使用农药而下降，反而从1904年起，杀虫剂用量增加了十倍，药剂种类由几种增加到1978年的300多种，而作物的虫害损失却从1904年的7%增加到1978年的13%。这些事实使化学防治常引为自豪的巨大效力受到了质疑，应用杀虫剂带来的这些不良后果，迫使人们不得不重新考虑害虫防治的策略。

5.1.3 害虫综合管理阶段

20世纪70年代中期至90年代中期为害虫综合管理阶段。在60年代末至70年代初，开始酝酿并先后提出了很多害虫防治的新策略，主要包括害虫综合管理、全部种群管理、大面积种群管理等，其共同特点是企图改变及消除单独依靠杀虫剂所产生的副作用，主张以生物学为基础，强调各种防治方法的配合等。

(1) 害虫综合管理(integrated pest management，IPM)

Stern等于1959年最早提出害虫综合防治(integrated pest control，IPC)一词。1967年联合国粮食及农业组织(FAO)在罗马召开的"有害生物综合防治"会议上给IPC下了一个定义："害虫综合防治是一套害虫管理系统，它按照害虫的种群动态及与之相关的环境关系，尽可能协调地运用适宜的技术和方法，把害虫种群控制在经济危害水平之下。"当时已具有IPM的初步概念，但IPC毕竟与IPM不同，在1972年又将IPC改名为IPM，其定义为："害虫综合管理就是明智地择及应用各种防治方法来保证有利的生态、经济及社会方面的后效。"

我国著名生态学家马世骏(1979)对IPM的解释为："综合防治是从生物与环境的整体观念出发，本着'预防为主'的指导思想，和安全、有效、经济、简易的原则，因地、因时制宜，合理运用农业的、化学的、生物的、物理的方法，以及其他有效的生态学手段，把害虫控制在不足危害的水平，已达到保证人畜健康和增加生产的目的。"这是一个全新的概念，主要是从生态学角度出发，全面考虑生态平衡、社会安全、经济效益及防治效果。主要包含以下3个基本观点：

①生态学观点。害虫是其所在生态系统的一个组成部分，把森林昆虫和它所处的环境作为一个整体看待。与农业生态系统相比，森林生态系统具有稳定性、复杂性和自然调节能力更强的特点，因此，测定林木生长及受害程度后，决定是否要改变害虫种群数量，如果害虫数量不引起经济、生态、社会效益的损害时，就没有必要调节它们的数量。

②经济学观点。综合管理的目的是将昆虫大发生的危害减低到经济容许水平之下。如果害虫种群密度超过了经济容许水平，则需要进行人为干预。一般表达式为：

$$净活动收益 = 挽救资源的价值 - 活动费用 \tag{5-1}$$

实际上，估计害虫危害对各类森林造成的损失、评级各种有效防治措施的费用、选择最经济实用的措施，是一个十分复杂的问题。

③辩证的观点。昆虫的"益"和"害"不是绝对的。一些经常大发生，给国民经济造成损失的昆虫被称为害虫。但就是这些昆虫，只要其数量不达到经济危害水平，它们的存在不仅没有害，而且还会有好处，它们能维持生态系统和遗传的多样性，同时这些残存的害虫可以成为天敌的食物和寄主，使天敌得以存活，以加强和维持自然控制力。

由此可见，IPM对害虫采取容忍哲学(philosophy of containment)的思想，不求彻底消灭害虫。强调自然控制，只求调节害虫数量，在IPM中占首位；营林措施、抗虫品种的选用和生物防治是辅助自然控制的，占第二位；化学和物理防治占第三位。

国内外关于害虫综合管理成功的事例很多。例如，20世纪50～60年代山东昆嵛山林场松毛虫频频发生，由于连年使用六六六，虽然暂时压制了松毛虫，但也将天敌普遍杀灭，故之后又在60～70年代暴发了日本松干蚧，使大批松林衰退死亡。1974年开始对该虫进行综合管理，引进抗virus、抗逆、速生等优良树种110个，因地制宜，适地适树，扩大阔叶树比例，营造大面积混交林。10年后对赤松纯林及赤松栎类混交林的松毛虫天敌数量调查中发现，后者比前者高出34.8%，并通过合理修枝和间伐降低虫源，使山东昆嵛山和北海林场有虫不成灾。

（2）全部种群管理（total population management，TPM）

TPM是试图寻找替代单一的化学防治的另一种治虫策略。其发展过程大致与IPM平行。TPM策略是在意大利Knippling设计对棉花害虫采取繁殖-滞育防治与不育技术相结合措施的基础上形成的。所谓繁殖-滞育，是尽量压低越冬前棉铃虫种群以减少下一年的种群数量，最后以不育技术控制低密度种群，达到全部消灭这一害虫的目的。其所以提出上述设想，是Knippling从一个简单的数学模型导出一个有趣的结论：化学防治对控制高密度种群最为有效，在低密度种群情况下则相反；而不育技术，则以低密度种群下应用最为有效，因此，两者的结合可以达到全部种群控制的最佳效果。由此可见，其基础哲学是消灭哲学。

TPM主要针对对人类真正危险的害虫，这类害虫有时可造成大量人畜死亡，如跳蚤、蚊子、家蝇、螺旋锥蝇（羊体上的一种寄生虫）等，对这些害虫人们往往要求彻底消灭。早在1953年，昆虫学家于委内瑞拉北部40英里的Curacao岛170平方英里土地上，释放了用Co^{60}处理过的不育雄蝇，彻底消灭了羊群体上的螺旋锥蝇。TPM这一策略也可考虑用于很少数几种危害严重的森林害虫，如传播松材线虫的松墨天牛、蛀干害虫光肩星天牛、林业检疫性害虫杨干象等。

我国著名昆虫学家张宗炳（1988）曾就IPM和TPM进行比较，认为：①TPM是针对卫生害虫，而对大多数农林害虫则应采取IPM，原因之一是目前尚无可行的消灭措施，但TPM在特殊情况下也是可行的。②对化学防治的态度不同，虽然两种策略都反对单纯依赖杀虫剂，但IPM则考虑尽量避免使用，而TPM则将杀虫剂作为消灭害虫的一种主要手段，因不育释放技术一般需要有化学防治配合先行压低虫口密度。③对生物防治态度也有差异，IPM强调自然控制，而生物防治则是助增自然控制。TPM虽不反对生物防治，却对之持怀疑态度。④在费用和收益问题方面，TPM更注重长期效益，而IPM则多考虑短期收益。⑤TPM注重消灭技术，而IPM着重于生态学原则。

（3）大面积种群管理（areawide population management）

大面积种群管理是对IPM和TPM进行某种调和的产物，其目标是控制大面积内的害虫种群密度，使之在一个较长时期内保持在经济阈值之下，并尽可能设法使之继续降低。在技术措施上采用所有的防治方法，特别是害虫全部种群管理的方法，在理论上采用综合管理理论的生态系统和经济阈值的概念，但在经济上着重长期效益，面向整个社会。

注：1英里≈1.61千米；1平方英里≈2.59平方千米。

5.1.4 森林保健与林业可持续发展

在 20 世纪 20 年代，美国曾先后提出可持续发展农业（sustainable agriculture）及可持续发展林业（sustainable forestry），并开始对此进行了探索。1992 年 6 月，联合国环境与发展会议的召开标志着人类对环境与发展关系认识方面的质的飞跃，这一会议的原则声明发表以来，立即在世界各国引起了强烈的反响，日益引起人们对人类可持续发展的不断认识，同时相继提出了一些害虫的管理新策略、新思想。

这一阶段提出的主要策略有森林保健（forest health protection，FHP）、害虫生态管理（ecological pest management，EPM）、害虫可持续控制（sustainable pest management，SPM）或森林有害生物可持续控制（sustainable pest management in forest，SPMF）等，但它们的实质是相同的。它们都把包括森林害虫在内的森林生态系统看作一个具有高度组织层次的生命实体，强调维持系统的长期稳定性和提高系统的自我调控能力，并从生态系统结构完整、功能完善出发，充分发挥系统自身对病虫害的免疫机能，通过有效的病虫监测，及时准确地预报森林害虫的爆发趋势，并在初期采取适当的方法（林业措施、生物防治等），将害虫的种群密度控制在该生境、社会及经济效益可容许的范围内。主要内容包括：良种选育、栽培技术、经营措施、病虫害监测、及时发现虫源地并对害虫加以消灭。其主要理论依据是森林生态系统的多样性、稳定性和森林害虫种群动态的可预测性。

森林保健必须从保持系统的长期稳定入手，一切防治措施都必须有利于系统的长期稳定。在长期进化中形成的自然生态系统具有较强的自我调节能力，系统的各组分之间是相互平衡的。我们常可看到，顶极群落的原始森林和处于进展演替中的天然次生林从未发生大面积的森林病虫害，相反，大面积的人工纯林、不合理的采伐方式、过度放牧、采脂、破坏林相等人类经营活动导致森林免疫机能下降使病虫害频繁发生。

过去的防治主要着重于降低害虫的数量，其结果是虽然害虫数量暂时降低了，但没有降低害虫种群的增长率，反而由于数量降低减轻了种间竞争而增加了种群增长率，这样种群数量在一定时期内又迅速上升，导致害虫反复发生，所以不能以杀死害虫的数量作为防治的目标，必须着重实施森林保健，降低害虫的增长率。其主要途径是：探索掌握森林中各种植物、昆虫、其他动物及病原微生物等功能类群的种类组成及多样性与稳定性的关系；重点研究主要易于或潜在易于成灾的害虫种群及与天敌的动态机制。在此基础上，应用各种林业措施，使森林生态系统各组分，在结构上达到完整，功能上达到完善，系统中的能流、物流及信息流畅通，系统抗干扰能力强，对森林病虫害具有很强的防御机能。如封山育林可使植物种类增多，植物的垂直和水平结构复杂，导致昆虫区系复杂，能流、物流通道增多且畅通，从而使森林抗虫害能力加强。林中适当配置灌木层和草本可以增加寄生性天敌昆虫，如再配合林木抗性树种的利用可有效地控制害虫。利用"干涉"作为一种影响和调控生态系统组成的方式和过程，从而改变森林生态系统中植物、植食性昆虫和天敌之间数量动态关系，使森林能长期地稳定高效生长，实现森林生物多样性保护和森林的可持续经营。

森林保健、害虫生态管理或害虫可持续控制，在观念上是一个飞跃，其关键在于把以前对森林害虫被动的防治变为充分利用、促进、完善森林生态系统和对病虫害的防御机能，实现主动的预防，并将森林病虫害监测作为必要手段，及早准确地采取措施控制害虫种群。

2014年5月，国务院办公厅发布了《关于进一步加强林业有害生物防治工作的意见》（以下简称《意见》），标志着我国的林业有害生物防治工作步入以强化政府责任、强化预防为重点的新阶段。《意见》明确了以减轻林业有害生物灾害损失，促进现代林业发展为总体目标，提出了加强能力建设，健全管理体系，完善政策法规，突出科学防治，提高公众防范意识为重点任务。通过在防治对策上加强灾害预防，在防治措施上强化应急防治，在防治组织形式上完善社会化防治三项主要任务的完成，努力实现林业有害生物无公害防治率超过85%，测报准确率超过90%，种苗产地检疫率达100%的灾害控制目标。

5.2　害虫管理的基本原理

5.2.1　森林害虫种群数量调节的基本原理

森林害虫是森林生态系统的组成成分之一。在森林生态系统中，树木与周围环境中的动物、植物、昆虫、微生物等生物因素和水、土、光、热、气等非生物因素间关系不是孤立的、隔离的，而是相互联系、相互依赖、相互制约的，往往动一隅而影响全局，森林生物群落随着环境的不断变化、发展、进化，形成一种自然协调和相对稳定的自然平衡状态。从这个观点出发，防治工作面临的任务就不仅是个别害虫的问题，所涉及的对象是整个生态系统，在使用农药时要考虑生物种群之间的关系，要考虑对森林生态系统其他有益动物和树木的影响。

每一个生态系统均具有内稳定机制，即自我调控机制，才使整个生态系统维护相对稳定性，生态系统内部各生物组分表现为生产者、消费者、分解者的密切关系。在一个相对稳定的生态系统中，生物种群之间具有自我调控机制，这归因于生态系统中的能流、物流、信息流存在负反馈机制。例如，寄生性和捕食性昆虫的数量通常在寄主或猎物多时因营养食料丰富，便大量繁殖而增多；当寄生性和捕食性昆虫大量增加后，寄主又会因大量被寄生和捕食而减少，随之，寄生性和捕食性昆虫种群也下降。进行生物防治就是利用这种负反馈机制。当在一定时间、一定空间条件下生物间的繁殖达到相对稳定状态，即通常所说的系统处于平衡状态时，一般不会出现害虫的大发生和造成灾害，对这种生物之间保持相对平衡的力量，称之为生物潜能（biotic potential）。如果能充分利用生物潜能就可以避免害虫猖獗成灾，这就是通常所说的利用自然天敌控制虫害。基于这个基本原理，害虫综合管理理论认为：①综合治理并非以消灭害虫为准则，容许害虫存在，也容许寄主受害，甚至容许有损失，只要危害不达到经济危害水平。②害虫是相对的、可变的。昆虫本身无所谓害虫和益虫，当它损害人及其生活资料时才划分为害虫和益虫，实际上保留一部分所谓害虫还有好处，它可以作为寄生者的贮存库，还可以作为其他生物的食料，使天敌可以保存下来。③只控制害虫种群降低到一定水平，而不要求过高的防治率。

生态系统的稳定和平衡主要靠生物种类的多样性、食物链关系的复杂性、各物种之间恒定及共同适应的相互关系作用。因此，原始森林的生态系统较人工林稳定，混交林较纯林稳定。在不同稳定性的生态系统中，天敌利用的效果也不同，果园和森林的生物防治的效果往往较农田的效果持久稳定。只要重视预防工作，使害虫数量保持在维持生态系统相对平衡的水平，虽有害虫也不致成灾。一旦生态系统失去平衡，害虫大发生，非采取措施不可，也只是将害虫数量压低到不造成经济损失的水平即可。

不论采取何种防治措施，都不要杀伤天敌、污染环境、伤害人畜。由于森林多位于较高山地，水源缺乏，所用方法以不用水或少用水为宜。防治措施除安全有效外，还必须价廉易行。

5.2.2 森林对害虫种群的自然控制机制

在一般情况下，森林昆虫除非生存环境发生剧烈变化或受到人为措施的干扰，其密度一般不会发生大幅度的急剧变化，而是以平衡密度为中心来回变动，这一过程称为自然控制，可分为以下3类。

(1) 调节过程

当有害生物种群数量处于平衡密度以下时，则存在促进个体数增加的反馈机制，这种作用过程称调节过程。调节过程是由密度制约因素引起的。所谓密度制约因素就是作用强度的变化与密度有关的因素。如害虫的生殖能力、死亡率、迁移率等。高密度时，繁殖率下降，死亡率上升，迁移率升高；低密度时，繁殖率升高，死亡率降低，迁移率下降。

(2) 扰乱过程

扰乱过程是指促使有害生物密度离开平衡密度的过程。扰乱过程主要由非密度制约因素和逆密度制约因素引起。所谓非密度制约因素是指其作用的强度变化与密度无关的因素；所谓逆密度制约因素是指随密度增加而促进繁殖的因素。气候因素的作用方式通常是非密度制约的，它在森林害虫种群数量变动中，作为扰乱过程有重大作用。交配率和飞聚集效应在扰乱过程中常以逆密度制约因素起作用，种群密度大，个体间相遇概率增加，交配率提高，繁殖率升高。有些种类密度增大时对其繁殖率有刺激作用。

(3) 条件过程

条件过程是指栖息场所的物理化学条件、结构、食物量及供给率等构成了环境的负载力，决定密度上限。这种具有界限作用、规定调节密度水平的因素，其作用过程称为条件过程。

5.2.3 森林昆虫的生态对策

森林昆虫种群由于生境不同，各种群的世代存活率变化差别较大，这种变化既是其对该环境特有的适应性特征及死亡年龄分布特征的反映，也是在该生境下求得生存的一种对策，即生态对策(bionomic strategy)。生态对策是昆虫种群在进化过程中，经自然选择获得的对不同栖境的适应方式。种群的生态对策与其生态学特征和遗传性密切相关，当处于不同生境时，种群通过改变其个体大小、年龄组配、扩散力、基因频率以使其与环境条件相适应。

5.2.3.1 生态对策的类型及一般特征

在自然条件下，有机体的环境条件大不相同。就其栖境而言，有的极为短暂(如雨后的临时积水坑)，有的相对持久(如热带雨林)。在这些栖境中生活的有机体向着两个不同的方向演化，形成两类截然不同的适应。一类是 K 选择(K-selected)，K 选择的有机体称为 K 类有机体。K 类有机体适应于稳定的栖境，它的世代(T)与栖境保持有利期的长度(H)之比(T/H)通常<1，所以它们的进化方向是使种群数量维持在平衡水平 K 值附近，以及不断地增加种间竞争的能力。它们的食性比较专一，与同一分类单位的其他成员相比，它们的体型较大，寿命与世代也较长，但内禀增长能力小。这种生态对策的优点是：使种群数量比较稳定地保持在 K 值附近，但不超过 K 值，若超过 K 值，就将导致生境退化；若明显下降到 K 值以下时，则不太可能迅速地恢复，甚至可能灭绝。出生率降低，必须增加其存活率以相适应。因此，一般说来，K 类有机体常有较完善的保护后代的机制。

另一类进化正好相反，常称为 r 选择(r-selected)，r 选择的有机体称为 r 类有机体。r 类有机体所具有的栖境由于常常是临时的、多变的和不稳定的，所以自然选择了向内禀增长能力提高的方向演化，而提高内禀增长能力的途径，可通过提高增殖率和缩短世代周期来实现。此外，个体小、寿命短也有利于内禀增长能力的提高。r 类有机体常能填补生态真空，在微小的生态空隙处建立种群。一般而言，其竞争能力不强，对捕食者的防御能力较弱，死亡率较高。由于 r 类有机体既具有较高的内禀增长能力，又具有较高的死亡率，因此，其种群密度经常剧烈变动，种群数量经常处于不稳定状态。然而，种群的不稳定性并不一定就是进化上的不利因素。当种群数量很低时，高的内禀增长能力是有用的，它能迅速增殖其个体，以避免种群灭绝的风险。当种群密度很高时，虽然由于过分拥挤和资源的枯竭，但由于 r 类有机体通常具有较强的迁移扩散能力，以一个小的集群侵入某一新的、没有密度制约效应的栖境中，建立起新的种群。由于 r 类有机体繁殖力强、死亡率高、迁移扩散能力强，以及经常处于环境变化之中，使得它们有更多的机会发生变异，为新种的形成提供了丰富的资源。

5.2.3.2 生态对策与管理对策

以上根据生态对策将害虫相应地划分为 r 类害虫(r-pests)和 K 类害虫(K-pests)。由于这两种类型的害虫各有不同的种群特征，因此在实施害虫管理时，应根据害虫的不同生态对策相应地采取不同的防治策略。

r 类害虫通常以巨大数量的大发生方式出现，具有频繁的或不频繁的发生间隔期，通常危害作物的叶和根。在这类害虫造成严重危害之前，其天敌的作用是很小的。由于 r 类害虫具有高的内禀增长能力，它对环境的扰动具有弹性，甚至在种群大量死亡之后，种群密度仍会迅速回升。因此，尽管农药有其内在的缺点，只有它具备所需要的速度和灵活性，以应对 r 类害虫猖獗成灾的挑战。所以应对 r 类害虫所采取的防治策略是，以抗虫品种为基础，化学防治为主，生物防治为辅的综合管理措施。

对于 K 类害虫来说，它具有低的内禀增长能力、较大的竞争能力、更专一的食性，与同一分类单位的其他成员相比，体形较大。K 类害虫种群密度常处于较低的水平，但因为 K 类害虫往往直接危害植物的产品，如果实和种子，而不是叶和根，所以仍能造成相当大的损失。当天敌少，死亡率低时，种群密度可以回升；但在死亡率很高的情况下，种群很难恢复原状，从而有可能灭绝。因此，K 类害虫是遗传防治的最适对象。当果实直接被害时，也可使用化学防治，但最优的防治策略是采取林业技术措施和选育抗虫品种，以及采用不育交配技术来根除它。

5.2.4 经济危害水平与经济阈限

Stern et al. (1959)根据经典的经济学原理提出了经济危害水平与经济阈值的概念。经济危害水平(economic injury level, EIL)是指将会引起经济损失的最低害虫种群密度。经济阈值(或经济阈限)(economic threshold, ET)是为防止害虫达到经济危害水平应进行防治的害虫种群密度。防治指标是国内害虫防治工作者在生产实际中提出的一个通俗性概念,是经济阈值的代名词。

5.2.4.1 经济阈值的研究方法

在森林害虫的经济阈值研究工作中,由于生态环境复杂多样,树体高大,不同于研究农业害虫那样易于控制试验对象,所以主要采用人工模拟危害和直接调查危害法两种方法进行研究。

(1) 人工模拟危害法

人工模拟危害法是指通过人为方式去除林木某一器官的部分或全部组织来模拟害虫危害的方法。由于该方法具有操作方便、易于控制试验条件和危害量,以及对害虫危害造成的直接损失能有效地进行测定等优点,目前已广泛应用于食叶害虫的研究中。

食叶害虫的取食是一个随机、不连续的过程,不同的取食时间、取食部位和取食方式对林木生长所造成的影响差异很大。因此,在利用人工去叶方式模拟害虫危害时,应充分考虑去叶时间、去叶部位和去叶方式,以使模拟危害尽可能地接近害虫的实际危害情况。

(2) 直接调查危害法

直接调查危害法是指在自然环境中,在相似的林地条件下,直接考察不同密度的害虫种群对林木生长发育所造成的影响。这种方法能直观、真实地揭示害虫危害与林木产量、质量损失之间的关系,因而所得结果相较模拟研究具有更大的可靠性。但利用这种方法进行研究时,需采取一定措施控制林木上的害虫种群密度,使其具有一定的梯度关系,否则难以获得预期的害虫密度与产量损失之间的相关资料。目前,枝干害虫、球果害虫和某些食叶害虫的防治指标研究,采用的就是这一方法。

5.2.4.2 一般平衡位置

一般平衡位置(equilibrium place)是指害虫在长时期内没有受到干扰影响时的平均种群密度。由于与密度有关的因素(如寄生性昆虫、捕食者、疾病等)影响的结果,害虫种群密度在中间水平周围变动。经济受害水平可能处于一般平衡位置上下的某一水平上。据此,可将昆虫分为以下4大类(图5-1)。

①非害虫(non pest)。由于自身的繁殖力及自然控制等因素的作用,种群密度永远达不到经济受害的程度,也没有变为害虫的潜在能力,是一类最多的植食性昆虫。如大多数灰蝶、弄蝶等(图5-1-1)。

②偶发性害虫(occasional pest)。当其种群密度在环境适合、天敌减少、食物增多、气候异常或杀虫剂使用不当时,会超过经济受害水平。如美国白蛾(图5-1-2)。

③周期性害虫(periodic pest)。一般平衡位置略低于经济受害水平,其发生原因可能与自然控制因子的削弱有关,当种群数量向上变动时,需要进行人为干预。如舞毒蛾、松

毛虫等(图 5-1-3)。

④主要害虫(primary pest)。这类昆虫的一般平衡位置高于经济受害水平,亦即此类昆虫永远需要防治,自然控制因子不能控制其危害。如苹果蠹蛾、美洲棉铃虫等(图 5-1-4)。

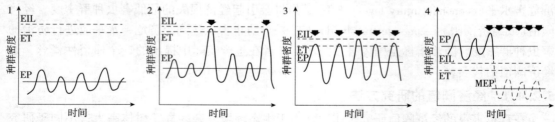

EIL：经济受害水平；ET：经济阈限；EP：平衡位置；MEP：已修正的平衡位置；箭头表示防虫干预

图 5-1　经济受害水平和经济阈值

测定经济受害水平和经济阈限通常是复杂的事情,它是以害虫生态学信息的详细运用为基础的,而且与气候、捕食、疾病、寄主植物抗性的影响和防治后的环境等有关系。经济受害水平的概念是灵活的,它随地区、林木品种甚至不同用途的两块相邻林地之间都可能有所差异。经济受害水平同林木的价值成反比,而同防治费用成正比。

5.3　害虫种群数量调节的技术方法

5.3.1　森林植物检疫

5.3.1.1　植物检疫的定义

植物检疫(plant quarantine)是为防止人为传播危害植物的危险性有害生物,保护本国与本地区农林业生产及生态环境稳定,促进农林业生产的发展和商品的流通,由法定的专门机构依据有关法规(章程、条例、文件),应用相应的科学技术,对在国内、国际间流通的动植物及其产品、装运工具,在整个流通采取的一系列旨在预防危险性有害生物传播和定殖的措施。植物检疫实质上是由法制管理、行政管理和技术管理组成的预防有害生物危害的综合管理体系。

森林动植物检疫是植物检疫的一部分。它的主要任务是保护一个国家或地区的林业生产安全,根据国家和地方政府颁布的植物检疫相关法规,由法定的专门机构,对在国际间或国内各地间流通的、应施检疫的森林植物及其产品,在原产地、流通过程中、到达新的种植或使用地点后,所采取的一系列旨在防止危险性有害生物通过人为活动远距离传播和定植的措施。

危险性森林有害生物一旦传入一个新的地区,由于失去了原产地的天敌及其他环境因子的控制,其猖獗程度较原产地往往要大得多。例如,美国白蛾、松材线虫病、薇甘菊等传入我国后对我国林木及生态环境造成了非常严重的灾害。因此,严格执行检疫条例,阻止危险性有害生物的入侵是森林有害生物防治的首要工作。

5.3.1.2　森林动植物检疫的对象

森林动植物检疫的对象包括两方面。一方面,研究能对人与森林生态系统产生危害或灾害的有害生物，包括有害植物、动物、真菌、细菌、病毒等，但主要是那些能使森林动植物受到严重侵害，而现在人类又缺乏有效防治手段的各类有害生物，如松材线虫病、美国白蛾等。由于野生资源正在被不断地开发利用，野生动植物和饲养动物与农林业生产有着千丝万缕的联系，许多有害生物常能在家养和野生动植物之间、在动物与人之间进行交叉传播。因此，森林动植物检疫的对象也常涉及动物检疫、植物检疫，甚至人类疾病检疫的范畴。另一方面，研究有害生物的监测、检疫、除治、隔离与扑灭的方法，这主要包括检疫政策法规和检疫检验技术。政策法规是检疫的核心，具有行政强制执行的特点，能保证相应的检疫措施顺利实施，而检疫技术是实现检疫政策法规功能和目标的技术保证。要制定切实可行、效果良好的政策法规，必须对检疫性有害生物的生物学、生态学特性与检疫检验方法有透彻研究和了解，否则所制定的政策法规也难以达到预期效果。因此，制定检疫政策法规实质上是将控制有害生物的关键技术与措施转变成政策法规的过程。

确定林业检疫性有害生物名单的原则是：凡危害严重，防治不易，主要由人为传播的国外危险性森林害虫应列为对外检疫对象；凡已传入国内的对外检疫对象或国内原有的危险性害虫，当其在国内的发生地还非常有限时应列入对内检疫对象。

我国于1984年9月首次制订了国内森林植物检疫对象名单。最近一次于2013年1月，国家林业局又重新制定颁布了"全国林业检疫性有害生物名单"，共计14种，包括1种线虫、2种病害、1种植物、10种昆虫。昆虫种类包括美国白蛾、苹果蠹蛾、红脂大小蠹、双钩异翅长蠹、杨干象、锈色棕榈象、青杨脊虎天牛、扶桑绵粉蚧、红火蚁、枣实蝇。

【资 料】

◆1984年制订的国内森林植物检疫对象包括昆虫11种、线虫1种、病害8种；其中，昆虫种类包括美国白蛾、杨干象、松突圆蚧、日本松干蚧、落叶松种子小蜂、白杨透翅蛾、杨圆蚧、牡蛎蚧、柠条豆象、紫穗槐豆象、黄连木种子小蜂。

◆1996年1月进行了首次修订，共35种，包括昆虫19种、线虫1种、病害15种；其中昆虫种类包括美国白蛾、杨干象、松突圆蚧、日本松干蚧、落叶松种子小蜂、双钩异翅长蠹、苹果蠹蛾、枣大球蚧、杨干透翅蛾、黄斑星天牛、湿地松粉蚧、泰加大树蜂、大痣小蜂、柳蝙蛾、锈色粒肩天牛、双条杉天牛、苹果绵蚜、梨圆蚧、杏仁蜂。

◆2004年8月，国家林业局公布了19种"森林植物检疫对象"名单，包括昆虫11种、线虫1种、病害6种、植物1种；后又陆续补充3种；其中昆虫种类包括美国白蛾、杨干象、松突圆蚧、双钩异翅长蠹、苹果蠹蛾、枣大球蚧、红脂大小蠹、青杨脊虎天牛、锈色棕榈象(=红棕象甲)、椰心叶甲、蔗扁蛾。

5.3.1.3 检疫的类型

按照应检物品流动的行政区域和范围，森林动植物检疫可分为对外检疫和国内检疫两类，这两类检疫的性质和意义不同，所涉及的程序和检疫方法常有较大的区别。应检物是指在森林动植物检疫中，按照有关规定应进行检疫与检验的货物、运载工具、包装材料，对应检物进行检疫检验就是要从中找出危险性有害生物。

①对外检疫。对外检疫指在森林动植物及其产品跨国流动过程的检疫，按其内容应包括制订法规、措施与制度，确定检疫对象，禁止进境与限制进境，入境检疫、出境检疫、过境检疫、旅客携带物检疫、国际邮包检疫、隔离试种检疫、第三国检疫、紧急除治等。

②国内检疫。国内检疫措施包括制订检疫法规与政策、确定检疫对象、划定疫区与保护区、建立无有害生物的繁育基地、产地检疫、关卡检疫、调运检疫、邮包检疫，其中产地检疫和农、林产品货物的调运检疫是国内检疫的重点。

按照检疫实施的地点和性质，检疫可分为产地检疫和调运检疫。

①产地检疫。产地检疫是指国内调运、邮寄或出口的应施检疫的森林植物及其产品在原产地进行的调查检验、除害处理，并得出检疫结果过程中所采取的一系列旨在防止检疫对象传出的措施。

②调运检疫。调运检疫是指在森林植物及其产品调离原产地之前、运输途中以及到达新的种植或使用地点之后，根据国家和地方政府颁布的检疫法规，由法定的专门机构对森林植物及其产品携带的检疫对象所采取的检疫检验和除害处理措施。

按照应检物品的性质，检疫可分为植物检疫和动物检疫。

①植物检疫。植物检疫是指对植物及其产品的检疫，包括树木、竹类、农林产品、花卉及其种子、苗木等其他繁殖材料及植物产品。

②动物检疫。动物检疫是指所有的家禽家畜、各类宠物、全部野生动物，也包括动物产品，如鲜肉及其加工制品等。

5.3.1.4 除治方法

检疫性有害生物的除治方法主要包括药剂熏蒸处理、高热或低温处理、喷洒药剂处理以及退回或销毁处理等。

5.3.2 林业技术

林业技术防治是防治森林害虫的基本方法，是应用林业技术措施来防止害虫的发生。即在选种、育苗、造林、经营管理、采伐、运输、贮藏等各种林业措施中都要考虑防虫的问题。

①选种。种子是树木繁衍和苗壮成长的基础。如对种子不加以选育，不择优而用(包括抗虫品种)，无异于自毁基础。因此必须重视良种培育，建立母树林、种子园；重视种子检验，凡是不合规格的种子包括有虫种子，一概不能使用。

②育苗。良种出壮苗，壮苗具有较强的抗虫能力。有虫苗木必须加以处理后才能出圃使用。

③造林。造林时必须考虑土壤中的害虫问题，如果土壤中蛴螬等地下害虫过多，必须对土壤进行消杀后才能考虑造林。适地适树是造林时必须考虑的另一问题。不同树种生长发育所需要的最适条件是不完全相同的，只有在适宜的条件下树木才能茁壮生长、具有较强的抗病虫能力。如果条件不适宜，树木的生长情况不良，抗病虫能力降低，许多病虫害可能会相继发生。尽可能多营造混交林，要考虑树种搭配比例和配置方式，尤其提倡营造

针阔混交林。混交林可使不同种类的树木充分利用环境中的养分，促进林木的生长，并对病虫害有天然的阻隔作用，有利于天敌昆虫的繁衍。但也有些树种，如将落叶松与云杉混交，易导致落叶松球蚜大发生，要避免这种混交。封山育林事实上就是使纯林变为混交林的方法之一。实践证明，只要切实实行封山育林，可有效防止森林害虫的大发生。造林密度直接影响虫害的发生，应根据树种的不同采用既能使林木生长良好而又不易发生虫害的密度。适当密植不但可使林木干形生长良好，还可影响林分的环境，如温度、湿度、光和通风等，可有效阻止喜光性害虫的发生，而且还可使许多不耐阴的杂草及灌木不易生长，从而减少某些害虫的中间寄主。

④经营管理。造林后，树木长到一定阶段必须进行疏伐。疏伐可促进林木生长，减少虫灾。适当修枝也可减少部分害虫的危害，例如，将杨树树冠下部的枝条适当修除可减少光肩星天牛的产卵。有些害虫（如透翅蛾、木蠹蛾等）有产卵于林木伤口的习性，所以，修枝最好在产卵期后进行。施肥灌水可使树木生长组织迅速增加，从而可使某些虫态的害虫死亡；清除林内杂草、灌木，以切断某些害虫的中间寄主，也可减少林内虫害。

⑤采伐运输。林木达到采伐年龄应及时采伐更新，否则林木过熟容易招致次期性害虫大发生，影响林木材质及尚未到成熟年龄林木的生长。采伐方式不同对害虫发生的影响也不同。例如，落叶松林在皆伐后第一年、第二年松大象甲对林内存留的幼树危害极为严重，应引起注意。择伐应首先伐除树冠差的最老的树木，以清除虫害。对于小蠹虫的危害可以进行卫生伐。林内枯枝落叶层太厚，将会妨碍某些林木种子的发芽，因此采伐后必须对枯枝落叶层采取措施，以促进种子的发芽。采伐后的原木必须及时运出林外，并加以处理。采伐剩余物要及时清除处理，以免次期性害虫大发生。水运可以杀死原木中一部分或全部害虫。

⑥贮藏。贮木场木材应及时进行除虫处理，以免害虫滋生。

5.3.3 生物控制技术

一切利用生物有机体或自然生物产物来防治森林病虫害的方法都属于生物控制的范畴。森林生态系统中的各种生物都是以食物链的形式相互联系起来的，害虫取食植物，捕食性、寄生性昆虫（动物）和昆虫病原微生物又以害虫为食物或营养，正因为生物之间存在着这种食物链的关系，森林生态系统具有一定的自然调节能力。结构复杂的森林生态系统由于生物种类多较易保持稳定，天敌数量丰富，天然生物防治的能力强，害虫不易猖獗成灾；而成分单纯、结构简单的林分内天敌数量较少，对害虫的抑制能力差，一旦害虫大发生就可能造成严重的经济损失。了解这些特点，对人工保护和繁殖利用天敌具有重要指导意义。

5.3.3.1 天敌昆虫的利用

森林既是天敌的生存环境，又是天敌对害虫发挥控制作用的舞台，天敌和环境的密切联系是以物质和能量流动来实现的，这种关系是在长期进化过程中形成的。害虫的生物控制主要是通过保护利用本地天敌、输引外地天敌和人工繁殖优势天敌，以增加天敌的种群数量及效能来实现控制害虫的种群增长。

(1) 保护利用本地天敌

在不受干扰的天然林内，天敌的种类是十分丰富的。它们的栖息、繁殖要求一定的生态环境，所以必须深入了解天敌的生物学、生态学习性，据此创造有利于它们栖息、繁殖的条件，最大限度地发挥它们控制害虫的作用。

①人工补充中间寄主。一种很有效的关键天敌，如在某一种环境中的某些时候缺少中间寄主，其种群就很难增殖，也就不能发挥它的治虫效能。补充中间寄主的功能首先要改善目标害虫与非专化性天敌发生期不一致的缺陷；其次是缓和天敌与目标害虫密度剧烈变动的矛盾，缓和天敌间的自相残杀以及提供越冬寄主等。例如，浙江常山曾做过试验，于4月下旬分别将3批松毛虫卵放入林间作为松毛虫黑卵蜂的补充寄主，结果处理区第1代松毛虫卵的寄生率比对照区高1.43倍。国外也有不少类似的报道。

②增加天敌的食料。许多食虫昆虫，特别是大型寄生蜂和寄生蝇往往需要补充营养才能促使性成熟。因此，在有些金龟子猖獗发生的地区，尤其是在苗圃地分期播种蜜源植物，吸引土蜂，可以得到较好的控制效果。

在林间的蜜源植物几乎对需要补充营养的天敌昆虫都是有益的，只要充分了解天敌昆虫与这些植物的关系，研究天敌昆虫的取食习性，在天敌昆虫生长发育的关键时期安排花蜜植物，对保护天敌、提高它们的防治效能是十分重要的。

③直接保护天敌。在自然界中，害虫的天敌可能由于气候恶劣、栖息场所不适等因素引起种群密度下降，可以采取适当的措施对其加以保护。如很多寄生性或捕食性天敌昆虫在寒冷的冬季死亡率较高，可将其移至室内或温暖避风的地带越冬，以降低其冬季死亡率，翌年春季再移至林间。

(2) 人工大量繁殖与利用天敌昆虫

当害虫即将大发生而林内的天敌数量又非常少，不能充分控制害虫危害时，就要考虑通过人工的方法在室内大量繁殖天敌，在害虫发生的初期释放于林间，增加其对害虫的抑制效能，达到防止害虫猖獗危害的目的。在人工大量繁殖之前，要了解欲繁殖的天敌能否大量繁殖和能否适应当地的生态条件，对害虫的抑制能力如何等。要弄清天敌的生物学习性、生态学特性、寄主范围、生活历期、对温湿度的要求以及繁殖能力等，还要有适宜的中间寄主。中间寄主应具备下列条件：①中间寄主能为天敌所寄生或捕食，而且是天敌所喜爱的。②天敌在寄主体内或捕食后能顺利完成发育。③寄主的内含物质对天敌发育时期的营养质量要好，数量要充足。④寄主的体积要大。⑤如果天敌是卵寄生蜂，则寄主的卵壳要坚韧，不要扁缩，而且寄主产卵量要大。⑥寄主昆虫的食料可常年供应，而且价格低廉。⑦寄主昆虫每年世代数量要多。⑧寄主易于饲养管理。

在我国已经繁殖和利用的天敌昆虫种类较多，但大量繁殖和广为利用的当属赤眼蜂类。另外，松毛虫平腹小蜂、管氏肿腿蜂、草蛉、异色瓢虫、蠋蝽等也有一定规模的繁殖和利用。

在人工繁殖天敌时，应注意欲繁殖天敌昆虫的种类（或种型）、天敌昆虫与寄主或猎物的比例、温湿度控制和卫生管理。对于寄生性天敌应注意控制复寄生数量和种蜂的退化、复壮等；对于捕食性天敌昆虫应注意个体之间的互相残杀。在应用时应及时做好害虫的预测预报，掌握好释放时机、释放方法和释放数量。

(3) 天敌的人工助迁

人工助迁是一种较早使用的生物防治方法，这种方法既经济、简便、易行，往往又能取得良好的防治效果。天敌昆虫的人工助迁是利用自然界原有天敌储量，从天敌虫口密度大或集中越冬的地方采集后，运往害虫危害严重的林地释放，从而实现控制害虫的目的。

5.3.3.2 病原微生物的利用

病原微生物主要包括病毒、细菌、真菌、立克次体、原生动物和线虫等，它们在自然界都能引起昆虫的疾病，在特定的条件下，往往还可导致昆虫的流行病，是森林害虫种群自然控制的主要因素之一。

(1) 昆虫病原细菌

在农林害虫防治中常用的昆虫病原细菌杀虫剂主要有苏云金杆菌和日本金龟子芽孢杆菌等。苏云金杆菌是一类广谱性的微生物杀虫剂，对鳞翅目幼虫有特效，可用于防治松毛虫、尺蠖、舟蛾、毒蛾等重要林业害虫。苏云金杆菌目前能进行大规模的工业生产，并可加工成粉剂和液剂。日本金龟子芽孢杆菌主要对金龟子类幼虫有致病力，能用于防治苗圃和幼林的金龟子。细菌类引起的昆虫疾病症状为食欲减退、停食、腹泻和呕吐，虫体液化，有腥臭味，但体壁有韧性。

(2) 昆虫病原真菌

昆虫病原真菌主要有白僵菌、绿僵菌、虫霉、拟青霉、多毛菌等。白僵菌可寄生7目45科的200余种昆虫，也可进行大规模的工业发酵生产；绿僵菌可用于防治直翅目、鞘翅目、半翅目、膜翅目和鳞翅目等的200多种昆虫。真菌引起昆虫疾病的症状为食欲减退、虫体颜色异常（常因病原菌种类不同而有差异）、尸体硬化等。昆虫病原真菌孢子的萌发除需要适宜的温度外，主要依赖于高湿的环境，所以，要在温暖潮湿的环境和季节使用，才能取得良好的防治效果。

(3) 昆虫病原病毒

在昆虫病原物中，病毒是种类最多的一类，其中以核型多角体病毒、颗粒体病毒、质型多角体病毒为主。昆虫被核型多角体病毒或颗粒体病毒侵染后，表现为食欲减退、动作迟缓、虫体液化、表皮脆弱、流出白色或褐色液体，但无腥臭味，刚刚死亡的昆虫倒挂或呈倒"V"字形。病毒专化性较强，交叉感染的情况较少，一般一种昆虫病毒只感染一种或几种近缘昆虫。昆虫病毒的生产只能靠人工饲料饲养昆虫，再将病毒接种到昆虫的食物上，待昆虫染病死亡后，收集死虫尸捣碎离心，加工成杀虫剂。

5.3.3.3 捕食性鸟类的利用

捕食性益鸟的利用主要是通过招引和采取保护措施来实现。招引益鸟可悬挂各种鸟类喜欢栖息的鸟巢或木段，鸟巢可用木板、油毡等制作，其形状及大小应根据不同鸟类的习性而定。鸟巢可以挂在林内或林缘，吸引益鸟前来定居繁殖，达到控制害虫的目的。林业上招引啄木鸟防治杨树蛀干性害虫，收到了较好的效果。在林缘和林中保留或栽植灌木树种，也可招引鸟类前来栖息。

5.3.4 物理机械措施

物理机械防治是指利用机械和物理方法对林业害虫生长发育和繁殖进行干扰，以达到防治害虫的目的。物理方法主要包括放射能、声、电、光、温度等多种措施；机械防治主要包括人工捕杀、使用简单的器具和器械等装置，甚至应用现代化的装置和设备等。这类防治方法可减少对生态环境的破坏，有利于保持生态系统平衡，保持林业可持续发展。

5.3.4.1 捕杀法

根据害虫生活习性，凡能以人力或简单工具（如石块、扫把、布块、草把、铁丝等）将害虫杀死的方法均属于本法。例如：剪除虫瘿、网巢、卵块等；振落捕杀具有假死性害虫；用铁丝钩捕杀树干蛀道内害虫等。

5.3.4.2 诱杀法

诱杀法是指利用害虫趋性将其诱集而杀死的方法。具体又可分为以下几种方法。

①灯光诱杀。利用普通灯光或黑光灯诱集害虫并杀死的方法。绝大多数蛾类害虫均可用此方法大量消灭其成虫。

②潜所诱杀。利用害虫越冬、越夏和白天隐蔽的习性，人为设置潜所，将其诱杀的方法。例如，秋后在树干基部绑草把或旧麻袋片等，诱集害虫越冬，然后集中杀灭。

③食物诱杀。利用害虫所喜食的食物，于其中加入杀虫剂而将其诱杀的方法。例如，竹蝗喜食人尿，可将加药的人尿置于竹林中诱杀竹蝗；又如桑天牛喜食桑树及构树的嫩梢，可在杨树林周围人工栽植桑树或构树，并在天牛成虫出现期于树上喷药，成虫取食树皮即可致死。此外利用饵木、饵树皮、毒饵、糖醋酒液等诱杀害虫，均属于食物诱杀。

④信息素诱杀。利用信息素诱集害虫并将其消灭或直接于信息素中加入杀虫剂，使诱来的害虫中毒而死。例如，应用白杨透翅蛾、杨干透翅蛾、云杉八齿小蠹、舞毒蛾等的性信息素诱杀，已获得较好的效果（详见本书5.3.7）。

⑤颜色诱杀。利用害虫对某种颜色的喜好性而将其诱杀的方法。例如，以黄色粘胶板诱捕刚羽化的落叶松球果花蝇成虫；蓝色粘胶板可以诱杀蓟马等。

5.3.4.3 阻隔法

在害虫通行道上设置障碍物，使害虫不能通行，从而达到防治害虫的目的。例如，用塑料薄膜帽或环阻止松毛虫越冬幼虫上树；将粘虫胶在树干上涂一闭合的粘胶环，可粘捕上下树的害虫；开沟阻止松大象甲成虫从伐区爬入针叶人工幼林和苗圃；在榆树干基堆集细沙，阻止春尺蠖爬上树干；在杨树林的周缘用楝树作为隔离带防止光肩星天牛进入等。

5.3.4.4 温湿度灭虫法

即利用烘干、日光暴晒、高温处理种子、水中浸泡等方法将其中害虫杀死。例如，通过烘干木材可杀死其内的蛀干害虫；日光暴晒林木种子，可防治多种种子害虫；用45~60℃温水浸泡橡实可杀死其中的象甲幼虫；新采伐原木可通过水中浸泡杀死其内害虫等。

5.3.4.5 现代物理技术的应用

采用微波、超声波和激光技术等方法来灭虫。①微波处理的原理是使林业害虫体内外的温度迅速上升，在短时间内达到致死温度。实验表明，采用微波炉处理林木种子，可杀死刺槐种子小蜂、皂荚豆象的幼虫和落叶松种子广肩小蜂等。②超声波和激光技术的利用

即利用 $50×10^4$ Hz 超声波处理害虫的幼虫,可使幼虫体内细胞遭到破坏致死,但因成本过高,室外使用较少。③激光是防治林业害虫的一种新技术,用波长 450~500 nm 的激光能杀死螨类和蚊虫。

5.3.5 不育技术

应用不育昆虫与天然条件下害虫交配,使其产生不育群体,以达到防治害虫的目的,称为不育害虫防治。包括辐射不育、化学不育和遗传不育。如应用 25 000~30 000 R 的 $Co^{60}\gamma$ 射线处理马尾松毛虫雄虫使之不育,羽化后雄虫虽能正常与雌虫交配,但卵的孵化率只有 5%,甚至完全不孵化。同样处理油茶尺蠖的蛹,使其羽化的成虫与林间的成虫交配,绝育率达 100%。

5.3.6 化学防治

化学防治法就是使用农药(包括人工合成化学品和天然的动植物及微生物的代谢产物)防治害虫的方法。化学防治作用快、效果好、使用方便、防治费用较低,能在短时间内大面积降低虫口密度;但易于污染环境,杀伤天敌,容易使害虫再增猖獗。近年来在农药的开发方向上注重摒弃灭生性、广谱性,大力研制和开发选择性和驱避性、拒食性等特异性农药,充分发挥农药的优点,克服以往的不足,因此化学防治的副作用已有所降低。

化学农药必须在预测害虫的危害将达到经济危害水平时方可考虑使用,并根据害虫的生活史及习性,在使用时间上要尽量避免杀伤天敌,同时应遵循对症下药、适时施药、交替用药、混合用药、安全用药的原则。

5.3.6.1 农药的分类

农药的品种很多,随着科学的发展和生产实际的需求,其品种也在不断增加。由于农药的用途、成分、防治对象、作用方式和作用机理的不同,农药的分类方法也多种多样,按防治对象可分为:杀虫剂、杀螨剂、杀菌剂、除草剂、杀线虫剂、杀鼠剂及植物生长调节剂等。

(1)按成分和来源划分

杀虫剂和杀螨剂按其成分和来源可分为无机杀虫剂和有机杀虫剂。无机杀虫剂是一类无机物杀虫剂,如砷酸钙、砷酸铝、氟化钠等。有机杀虫剂是一类有机物杀虫剂,可分为:①天然有机杀虫剂,包括植物源类杀虫剂、抗生素和矿物油类杀虫剂;②人工合成杀虫剂,包括如有机氯类杀虫剂、有机磷类杀虫剂、氨基甲酸酯类杀虫剂、拟除虫菊酯类杀虫剂、沙蚕毒素类杀虫剂、新烟碱类(氯化烟酰类)杀虫剂、特异性昆虫生长调节剂、信息素等等。

(2)按毒性和作用方式划分

按杀虫剂对昆虫的毒性和作用方式可分为:

①触杀剂。只需触及昆虫的体表或昆虫在喷洒有这类杀虫剂的植物表面爬行,杀虫剂就可通过昆虫的体壁进入虫体而毒杀昆虫。主要作用于昆虫的神经系统。如辛硫磷、氰戊菊酯等。

②胃毒剂。必须在害虫取食之后,才能通过肠壁进入血腔,发挥其毒力。例如,砷酸

铅、砷酸钙等矿物杀虫剂。

③熏蒸剂。此类杀虫剂易于挥发，以气态分子充斥其作用空间，通过昆虫体壁及气孔等进入虫体而毒杀昆虫。在密闭的场合下易于最大限度地发挥其作用。如氯化苦、磷化铝、溴甲烷等。

④内吸剂。此类杀虫剂易于被植物组织吸收、传输，昆虫在取食这些植物组织时摄入而中毒。例如，有机磷类的乐果、久效磷等。

⑤拒食剂、忌避剂、引诱剂。这几类农药的特点均是农药本身对昆虫并无太大的毒性，只是由于其化学特性使昆虫在其作用下拒绝取食，如拒食胺、三苯基乙酸锡等；或使昆虫因其被迫离开这一生境，如雷公藤根皮粉、香苯油等；或者昆虫被大量吸引前来，如舞毒蛾、白杨透翅蛾性诱剂等。

5.3.6.2 农药的剂型

目前使用的农药大多是有机合成农药，工厂生产的农药未经加工前均称为原药。固体的原药称为原粉，液体的原药称为原油。原药除了熏蒸剂及水溶性农药外，一般不宜直接使用，因为在每公顷面积上农药有效成分用量很少，往往只有几百克，几十克，甚至不足 10 g。如果不加以稀释，就无法将如此少的农药均匀撒布到如此大的面积上，因而不能充分发挥农药的作用。使用农药时，还要求它能够附着在作物上或虫体上、杂草上，所以还必须加入一些其他辅助材料，以改善其湿润、黏着性能。必须根据原药的性质、使用方式及防治对象等配用适当的助剂(如填充剂、湿展剂、乳化剂、增效剂、溶剂、分散剂、黏着剂、稳定剂、防解剂、发泡剂等)，经过加工制成适宜的剂型(称为农药制剂)，以增加其分散性，便于充分发挥其药效，同时也减少单位面积的用药量，降低防治费用，增加其对森林植物的安全性。

一种农药制剂名称通常包括 3 个部分，即有效成分含量、农药名称和剂型，如 2.5% 溴氰菊酯乳油、5%敌百虫粉剂、10%敌敌畏烟剂等。剂型实际上是制剂的一种形态特征，主要有下述几种：

①粉剂(dustable powder，DP)。毒剂的有效成分和填充料经过机械粉碎而制成粉末状机械混合物。粉剂一般含有 0.5%~10%的有效成分。粉剂不易被水湿润，不能分散和悬浮于水中，不能加水喷雾使用。低浓度的粉剂可供喷粉使用，高浓度的粉剂可供拌种、制作毒饵和土壤处理用。

②可湿性粉剂(wettable powder，WP)。由固体的原药、填料、湿润剂经机械粉碎加工成粒径 70 μm 以下的混合物。可湿性粉剂可被水湿润而悬浮于水中供喷雾使用。由于可湿性粉剂分散性能差，浓度高，易于产生药害，故不适于喷粉使用。

③可溶性粉剂(soluble powder，SP)。由农药、水溶性填料及少量吸收剂制成的水溶性粉状制剂。要加水后才能使用。这种制剂是高浓度可溶性粉剂或水溶性制剂，具有使用方便、分解损失小、包装和贮运经济、安全，又无有机溶剂和表面活性剂对环境的污染。如敌百虫可溶性粉剂、乙酰甲胺磷可溶性粉剂。

④粒剂(granule)。粒剂是用农药原药、辅助剂和载体制成的粒状制剂。一般供直接施药，其有效成分含量通常在 1%~20%。根据制成固体颗粒的大小可分为块粒剂、颗粒剂、微粒剂等。

⑤水分散性粒剂(water dispersible granule，WDG 或 WG)。由原药、填料或载体、润湿剂、分散剂、稳定剂、黏着剂及其他助剂组成。水分散性粒剂使用时将其加入水中，制剂很快崩解、分散，形成悬浮液，稀释至一定浓度后喷施，其有效成分含量通常在 70% 以上。

⑥乳油(emulsifiable concentrate，EC)。由原药、溶剂和乳化剂经过溶化、混合制成的透明单相油状液体制剂。乳油加水稀释可自行乳化，分散成不透明的乳液(乳剂)，当乳剂被喷雾器喷出时，每个雾滴含有若干个小油珠，油珠微滴的直径为 $0.1 \sim 2.0$ μm 时为半透明状乳液；直径为 $2.0 \sim 10.0$ μm 时为白色乳液。小油珠落在植物或害虫表面时，水分蒸发，剩下的小油珠随即在平面上展布，形成一个油膜。乳油是农药制剂中的主要剂型之一。

⑦水乳剂(emulsion in water)和微乳剂(microemulsion，ME)。这两种剂型均由以难溶于水的原药、乳化剂、分散剂、稳定剂、防冻剂及水为原料，经匀化工艺而成，一般不用或用少量有机溶剂。浓乳剂的粒径多数在 $0.5 \sim 1.0$ μm 之间，外观是乳白色，是热力学不稳定体系，而微乳剂的粒径多在 $0.01 \sim 0.1$ μm 之间，外观呈透明的均相液，是热力学稳定体系。水乳剂的有效成分通常在 20%～50% 之间，微乳剂的有效成分含量通常在 5%～50% 之间，加水稀释成一定浓度后供喷雾用。

⑧水悬浮剂(aqueous suspension concentrate，SC)。将不溶于水的固体原药、湿润剂、分散剂、增稠剂、抗冻剂及其他助剂经加水研磨分散在水中的可流动剂型。其有效成分含量通常在 40%～60% 左右，使用时加水稀释至一定浓度的悬浊液，供喷雾用。

⑨油剂(oil solution，OS)。油剂也称为超低容量制剂，是农药的油溶液剂，有些品种含有助溶剂或稳定剂。油剂的有效成分含量一般为 20%～50%，使用时不需稀释以超低容量喷雾机具喷雾。国内常用的超低容量喷雾剂有敌敌畏、马拉硫磷、乐果、百菌清、辛硫磷等。

⑩烟剂(smokes)。烟剂是用农药原药、燃料、氧化剂等配制而成的粉状制剂。点燃时药剂受热气化，在空气中凝结成固体微粒而起杀虫、杀菌和杀鼠作用。如敌敌畏插管烟剂、百菌清烟剂等。

⑪种衣剂(seed dressing agent)。是在悬浮剂、可湿性粉剂、乳油等剂型的基础上，加入一定量的黏合剂、成膜剂而形成的一种特殊剂型。用种衣剂处理种子后，即在种子表面形成一层牢固的药膜。在森林苗圃种子育苗中可考虑使用种衣剂。

⑫缓释剂(controlled release formulation，CRF)。可以控制农药有效成分从制剂中缓慢释放的农药剂型。使用较多的是微胶囊剂(miocrocapsule formulation)，将液态或固态农药包被在粒径 $30 \sim 50$ μm 的胶囊中，使用时农药通过囊壁缓慢释放出来发挥生物效应。

此外，还有水剂、气雾剂、涂抹剂、毒饵、糊剂、膏剂等剂型。

5.3.6.3 农药的使用方法

不同的农药剂型有其不同的使用方法，各种使用方法又有其各自的特点。森林害虫常用的施药方法主要有：

①喷粉法。适于干旱、交通不便和水源缺乏的山区、林区使用。要求喷粉均匀，使带虫的植物体表面均匀地覆盖一层极薄的药粉。可用手指按叶片来检查，如看到只有一点药粒在手指上即为比较合适。如看到植物叶面发白说明药量过多，不仅造成浪费，又易引起

药害。喷粉的时间一般以早晨和晚间有露水时效果较好，因为药粉可以更好地黏附于植物上。喷粉应在无风、无上升气流时实施，喷粉后一天内遇雨，最好重喷。喷粉人员应该在上风头顺风喷药（1~2级风速下可以喷粉）。

由于粉剂的沉降率仅为20%左右，喷粉法飘移性强，造成药粉的浪费，污染环境严重，因此国外已趋于以喷雾法为主，特别是飞机喷粉已基本被淘汰。

②喷雾法。喷雾法是药物在使用时以液态或与一种液态介质相混合用喷雾机具喷雾施用的施药方法。农药制剂中除超低量油剂不需加水稀释而直接喷洒外，可供液态使用的其他农药制剂如乳油、可湿性粉剂、水溶剂、胶体剂和可溶性粉剂等，均需加水调成乳液、悬浮液、胶体液或溶液后才能供喷洒用。喷雾的技术要求是使药液雾滴均匀覆盖在带虫植物体的表面或害虫体上，对常规喷雾一般应使叶面充分湿润，以不使药剂从叶上流下为宜。

喷雾法的药剂沉降率比喷粉法高，可达40%左右，雾滴在植物受药表面覆盖面积大，比较耐雨水冲刷，残毒期长，用于防治对象广泛，因此内吸杀虫剂的喷洒多用此法。

③超低容量喷雾与低容量喷雾。使用常规喷药方法大约有70%~80%的农药损失掉，而这些被浪费的药剂则全部成为环境污染源。低容量和超低容量喷雾法由于喷液量少，药液在植物上的有效沉积率大为增加，不仅提高了工效，也减少了对环境的污染。

超低容量喷雾是指每公顷喷药量在5000 mL以下的喷雾方法。它是利用特别高效的喷雾机械将极少量的药液雾化成为直径在100 μm以下极小的雾滴，并使之均匀分布在植物体上。供地面超低容量喷雾的油剂主要有25%敌百虫油剂、25%杀螟松油剂、25%辛硫磷油剂、25%乐果油剂等。

低容量喷雾是指每公顷喷药量为7500~15 000 mL的一种喷雾方法。雾滴直径为100~150 μm。低容量喷雾用的农药剂型同常规喷雾用的剂型，只是兑水要少得多，药液浓度高，喷量小，比大容量喷雾节省用药20%~30%，而药效不减。

另外还可用飞机进行高容量、低容量和超低容量喷雾。高容量防治飞机喷洒量每公顷大于75 000 mL。航空施药的最大优点是作业效率高，适合大面积单一作物、果园、草原、森林病虫害的防治，但要特别注意对非靶标生物的杀伤、对环境污染以及次生灾害的产生。

④烟雾法。烟雾法适用于树高、林密、交通不便、水源缺乏的林区。由于药剂转变成烟以后，颗粒变得非常小，能够到达茂密的树冠、叶子的正反面、树皮缝隙等处，大大提高了防治病虫害的效果。施放烟剂的效果常常受到气象、地形等条件的限制。气象条件中以气温逆增和风速为主。气温逆增是上层的气温高于下层气温，到一定高度以上气温又开始降低，这时放烟，烟在上升过程中遇冷，一般到最高点以下时就不再继续上升而呈低垂状态，可收到良好的防治效果。一般在早晨或晚间容易出现这种逆增现象。在林内放烟时，如风速太大会把烟吹散，失去防治作用。完全无风又不利于烟的扩散。一般来说，林内风速在0.3~1.0 m/s最适于放烟。地形对放烟的影响主要是风向，山地放烟时主要受山风和谷风的影响。夜间常出现从山顶向山下吹的风称为山风；而白天从山谷向山顶吹的风称为谷风。所以，在山地傍晚放烟时，发烟线应布置在山上，但应距山脊5 m左右的坡上设置。在山风的控制下使烟云顺利沿坡下滑。早晨放烟时，则发烟线应紧靠山脚设置，利

用谷风使烟云沿坡爬上山。确定好放烟线后,在放烟线上每隔 5~7 m 远设一发烟点,如果坡长超过 300 m 时,可在坡下 300 m 处适当增设补助发烟点。

⑤熏蒸法。利用能在一般温度下可以气化的药剂,蒸发成气体以毒杀害虫或病原菌,称为熏蒸法。使用溴甲烷(30~40 g/m³)、磷化铝(10 g/m³)熏蒸 3 d 防原木天牛、小蠹虫等均可获得较好的杀虫效果。熏蒸法常用于防治危害仓库中贮藏的农林产品的害虫、害螨、鼠或病原菌,因为仓库里的有害动物或病菌多隐藏在不易发现和无法接触的地方,使用一般药剂难以收到好的效果,只有熏蒸药剂的气体才能渗入,起到毒杀作用。但此法需要有封闭的条件,使用时也要特别注意安全。

⑥拌种法。将药粉、药液或种衣剂与种子按一定重量比例放在拌种器内混合拌匀,防治地下害虫。拌种的方法有:干拌种(农药为粉剂);湿拌种(农药为液体或先用水把种子浸湿,然后拌粉剂农药);闷种(用较大量的液体药剂闷种 24 h,阴干后播种)。拌种用的药量应根据药剂的种类、种子种类及防治对象而定。

⑦土壤处理法。将农药施在土壤的不同深度或范围内防治害虫。该法持效期长、不飘移,适于防治土壤中的有害生物。

⑧毒饵法。将农药与饵料及其他填加剂混匀制成毒饵,撒在害虫经常活动的地方,使其食入中毒而死。此法常用以防治地下害虫和害鼠。

⑨种苗浸渍法。用稀释一定的药浸渍种子或苗木,以消灭其中的病虫害,或使它们吸收一定量的有效药剂,在出苗后达到防治的目的。一般浸种后的种子需要清水洗净后再催芽或晾干后播种。此法对侵入种苗内部的病虫害防治效果较好。浸渍种苗的防治效果与药剂浓度、温度、浸渍时间等关系密切,应根据种子的种类和防治对象来选择所用药剂、浓度和处理时间。

⑩毒环法。将毒剂配制成油剂或毒胶,涂抹在树干周围,使地面上的害虫向树干爬行时接触毒剂而致死。该法适用于以幼虫在地下越冬的害虫种类。如落叶松毛虫即可在上树前用此法防治。

⑪树干注射法。一般在树干基部打孔将内吸剂注入后,药剂在树体内传导到各部位,害虫取食后中毒死亡的方法。

5.3.6.4 常用杀虫剂、杀螨剂的性能及使用方法

敌百虫 为高效、低毒、低残留、广谱性有机磷杀虫剂,有强烈胃毒和触杀作用。有 50% 可湿性粉剂,50%、80% 和 95% 可溶性粉剂,25% 和 50% 超低容量制剂,5% 粉剂,2.5% 和 5% 颗粒剂,90% 晶体。防治蛾类及叶蜂可用 90% 敌百虫晶体加水 1000~1500 倍喷雾;防治蛀梢或蛀果蛾类和食叶甲虫则可用 500~800 倍液喷雾。

敌敌畏 为高效、中毒、低残留、广谱性有机磷杀虫剂;有触杀、熏蒸和强烈的胃毒作用,击倒力强,药效短。有 50%、80% 乳油,50%、70% 油雾剂,5%、10% 烟雾剂。防治蛾类可用 50% 乳油加水 1000~1500 倍,或 80% 乳油加水 2000~3000 倍进行喷雾,还可用敌马油雾剂(敌敌畏与马拉硫磷混合制剂),每公顷用药 2500~3500 mL 进行喷雾。

乐果 为高效、中毒、低残留、广谱性有机磷杀虫剂;有内吸及触杀作用。有 40% 乳油、60% 可湿性粉剂、25% 超低容量制剂。防治象甲、叶甲及微红梢斑螟成虫可用 300~800 倍液喷雾;防治木蠹蛾初孵幼虫可加水 1000~1500 倍喷雾;防治各种卷蛾幼虫可用

2000~3000 倍液喷雾；防治各种食叶害虫幼虫可用 25%乐果超低容量制剂，每公顷 3000~4000 mL；防治红蜡蚧可用 500~1000 倍液喷雾。

氧化乐果 为高效、高毒、广谱性有机磷杀虫剂；有触杀及内吸作用。有 40%乳油。防治松干蚧可用刮皮涂药法，浓度为 3~5 倍液；或打孔注入 5~10 倍液 5 mL；防治红蜡蚧可用 500~7000 倍液喷雾。在蔬菜（甘蓝）、果树（柑橘）、茶叶、中草药材上禁止使用，在该类产区需慎用。

马拉硫磷 又名马拉松，为高效、低毒、广谱性有机磷杀虫剂；有触杀和胃毒作用。有 50%乳油和 25%超低容量制剂。防治蝶、蛾幼虫可用 50%乳油 800~1000 倍液喷雾；防治松毛虫、舟蛾、林螨可用 25%超低容量制剂，每公顷 3000~4000 mL，进行超低容量喷雾；对天牛幼虫可用 50%乳油加柴油（1∶20）滴入天牛虫孔。

毒死蜱 又名乐斯本，为高效、中毒、广谱性有机磷杀虫剂；具有触杀、胃毒和熏蒸作用。有 40.7%和 48%乳油，5%和 14%颗粒剂。适于防治多种农林害虫、害螨和地下害虫。

杀螟硫磷 又名杀螟松，为高效、中等毒性；有强烈触杀作用。有 2%粉剂、50%乳油、25%超低容量制剂。防治松墨天牛、叶甲成虫可用 50%乳油 500 倍液喷雾或用 25%超低容量制剂进行超低容量喷雾。

亚胺硫磷 为高效、中等毒性、广谱性有机磷杀虫剂；有触杀及胃毒作用。有 2.5%粉剂、25%可湿性粉剂、25%乳油、25%亚胺硫磷和 25%乐果混合乳油，防治云南松叶甲及豆荚螟幼虫可用 25%乳油 400~600 倍液喷雾。

辛硫磷 为高效、低毒、低残留、广谱性有机磷杀虫剂；有较强的触杀和胃毒作用。有 50%、75%乳油、5%颗粒剂，25%超低容量制剂。防治蛾类幼虫可用 75%乳油 1000~2000 倍液喷雾；用 25%超低容量制剂喷雾时每公顷用药 2300~3000 mL。

乙酰甲胺磷 为高效、低毒、无残留、广谱性有机磷杀虫剂；有内吸、胃毒、触杀和杀卵作用。有 25%可湿性粉剂，80%可溶粉剂，25%乳油。防治蚜虫、蓟马、叶蜂、潜叶蝇和鳞翅目幼虫一般使用浓度为 0.05%~0.1%（有效成分），每公顷 450~900 g 有效剂量。

灭蚜松 为低毒而具有选择性的有机磷类杀虫剂；有内吸作用，对各种蚜虫有特效，可用 70%可湿性粉剂 1000~1500 倍液喷雾。

丙线磷 高效、高毒、广谱性有机磷类杀虫剂；具有触杀作用。有 5%、10%、20%颗粒剂和 20%、50%、72%乳油。能有效防治多种蝼蛄、蛴螬、金针虫、地老虎、根蛆等地下害虫和线虫。

西维因 高效、低毒、氨基甲酸酯类杀虫剂；有 50%粉剂，25%、50%可湿性粉剂，防治叶蝉、蛾类、龟蜡蚧可用 50%可湿性粉剂 500~800 倍液喷雾。

呋喃丹 高效、剧毒、低残留、氨基甲酸酯类杀虫剂；有内吸、触杀、胃毒作用。有 3%颗粒剂，75%可湿性粉剂。能杀昆虫及线虫，叶面施药，每公顷用有效成分 250~1000 g；土壤施药每公顷用有效成分 500~2500 g。

叶蝉散 又名异丙威、灭扑散，为中等毒性的氨基甲酸酯类杀虫剂；具有触杀作用，药效残效期短，并具有一定的选择性。有 2%、4%粉剂，20%乳剂。对叶蝉、飞虱类、潜叶蛾、木虱等的防治效果好。

硫双灭多威 又名拉维因，为中等毒性的双氨基甲酸酯类杀虫剂；具有胃毒、触杀作用。有75%可湿性粉剂和37.5%悬浮剂。能防治鳞翅目害虫的卵、幼虫和成虫。

唑蚜威 又名灭蚜灵、灭蚜唑，为中等毒性的氨基甲酸酯类杀虫剂；具有高效触杀和内吸作用的专性杀蚜剂。有15%、25%乳剂。

杀虫双 为高效、低毒、仿沙蚕毒素类广谱性杀虫剂；有胃毒、触杀和强内吸作用。有25%水剂，3%颗粒剂。防治蚜虫、梨叶斑蛾用25%水剂800~1000倍液喷雾；防治杨扇舟蛾可用25%水剂500倍液喷雾，还可于其中加入1%洗衣粉。

二氯苯醚菊酯 又名氯菊酯、除虫精，为高效、低毒、低残留的拟除虫菊酯类杀虫剂；有强烈的触杀作用。有3.2%、10%、20%乳油，3%、6.7%、10%超低容量制剂。用10%乳油加水1500倍(含有效成分0.0066%)可防治松毛虫、刺蛾幼虫；可用10%乳油20~50倍液滴注蛀孔防治蝙蝠蛾幼虫。

溴氰菊酯 为超高效、中等毒性、低残留的拟除虫菊酯类杀虫剂；有极强的触杀作用，并有胃毒、忌避和一定杀卵作用。有2.5%乳油(敌杀死)，2.8%可湿性粉剂(凯素灵)，0.05%、0.1%、0.2%粉剂，2.5%胶悬剂，1%超低容量制剂，2.5%热雾剂。已知可用来防治140多种害虫，对鳞翅目幼虫及半翅目害虫有特效。防治马尾松毛虫3~4龄幼虫每公顷用2.5%乳油7.5 mL，4~5龄幼虫15 mL，5~6龄30 mL，加水稀释1000~2000倍进行飞机低容量喷雾；5000~1000倍进行飞机超低容量喷雾；2000~5000倍地面低容量或超低容量喷雾，均可达到95%以上效果。应用本种药剂毒笔、毒纸防治松毛虫，效果很好。

氯氰菊酯 为拟除虫菊酯类杀虫剂，有强烈的触杀和胃毒作用。有5%、10%、20%乳油，1.5%超低容量制剂。对蝶、蛾幼虫防效很好；用10%乳油5000~8000倍液可防治松毛虫、木尺蠖、茶毒蛾等。

氰戊菊酯 又名速灭杀丁、杀灭菊酯，为高效、低毒的拟除虫菊酯类杀虫剂；有强烈的触杀和胃毒作用。有10%、20%、30%乳油。对马尾松毛虫3~4龄幼虫每公顷用20%乳油15 mL，5~6龄幼虫30 mL，稀释1000~2000倍飞机低容量喷雾；500~1000倍飞机超低容量喷雾；2000~5000倍液地面低容量或超容量喷雾均可达95%以上防效。在茶树上禁止使用，在茶产区需慎用。

灭幼脲1号、灭幼脲2号(虫草脲)、灭幼脲3号(苏脲1号) 是一类昆虫几丁质合成抑制剂。生物活性高，用量小，对人畜安全、低残毒，对天敌较安全，害虫不会产生交互抗性，对一些害虫有负交互抗性，是较好的选择性杀虫剂。但杀虫作用较慢，化学性能不太稳定。主要是胃毒作用。对松毛虫、舞毒蛾每公顷用量为120~150 g(有效成分)，地面或飞机超低容量喷雾均可。

定虫隆 又名抑太保，为低毒特异性昆虫生长调节剂；对鳞翅目幼虫有特效，对粉虱、蓟马及某些螨类也有防效，但对家蚕毒性高，使用时要谨慎。有5%乳油。

氟苯脲 又名农梦特、伏虫隆、特氟脲，为低毒特异性昆虫生长调节剂；对鳞翅目幼虫有特效，宜在卵期和低龄幼虫期应用，但对飞虱、蚜虫等刺吸式口器害虫无效。剂型为5%乳油。

氟虫脲 又名卡死克，为低毒特异性酰基脲类杀虫、杀螨剂；具有触杀和胃毒作用，可有效防治鳞翅目、鞘翅目、双翅目、半翅目害虫及各种害螨。剂型为5%乳油。

杀铃脲　又名杀虫隆、氟幼脲，为苯甲酰基脲类杀虫剂，属昆虫几丁质合成抑制剂，具有高效、低毒、低残留等特点，与25%灭幼脲悬浮剂相比，杀卵、虫效果更好，持效期长。剂型为20%悬浮剂。防治潜叶蛾类的适宜浓度为8000倍液；防治食心虫类，在成虫产卵初期，幼虫蛀入前喷6000~8000倍液。

噻嗪酮　又名扑虱灵、优乐得，是一种特异性选择杀虫活性的昆虫生长调节剂，对飞虱科、叶蝉科、粉虱科的一些害虫有特效，对蜘蛛、瓢虫等天敌及双翅目中性昆虫无害。其作用机理也是抑制害虫几丁质的合成，使若虫在蜕皮过程中死亡。药效高，残效期达30~45 d，对人畜安全。剂型为25%可湿性粉剂。

噻虫啉　新型氯代烟碱类杀虫剂，具有较强的内吸、触杀和胃毒作用，与常规杀虫剂如拟除虫菊酯类、有机磷类和氨基甲酸酯类没有交互抗性，因而可用于抗性治理，是防治刺吸式和咀嚼式口器害虫的高效药剂，防治蚜虫用4000~8000倍液喷雾。常用剂型有48%悬浮剂。

噻虫嗪　为新烟碱类杀虫剂，具有触杀、胃毒、内吸活性，具有杀虫谱广、活性高、作用速度快、持效期长等特点，其持效期可达1个月左右。对各种蚜虫、飞虱、粉虱等刺吸式口器害虫有特效，对多种咀嚼式口器害虫也有很好的防效。剂型为25%水分散粒剂。

吡虫啉　为新型拟烟碱类、低毒、低残留、超高效、广谱、内吸性杀虫剂，并有较高的触杀和胃毒作用。害虫接触药剂后，中枢神经传导受阻，使其麻痹死亡。速效、持效期长，对人、畜、植物和天敌安全。适于防治蚜虫、粉虱、木虱、叶蝉、蓟马、甲虫、白蚁及潜叶蛾等害虫。剂型为10%和25%可湿性粉剂，60%种子处理悬浮剂、70%拌种剂、70%水分散剂等。

啶虫咪　毒理和作用对象与吡虫啉基本相同。剂型有3%、5%乳油，1.8%、2%高渗乳油，3%、5%、20%可湿性粉剂，3%微乳剂。

虫酰肼　又名米满。低毒，为促进鳞翅目幼虫蜕皮的新型仿生杀虫剂，具胃毒作用，幼虫取食后6~8 h停食，3~4 d后死亡。剂型为24%悬浮剂。

氟虫腈　又名锐劲特，为中等毒性的苯基吡唑类杀虫剂，杀虫谱广，胃毒为主、兼有触杀和一定的内吸作用。其杀虫机制是阻碍γ-氨基丁酸控制的氯化物代谢，对蚜虫、叶蝉、飞虱、粉虱、鳞翅目幼虫、蚊、蝇、蝗虫类和鞘翅目等重要害虫有很高的杀虫活性。剂型为5%悬浮剂、0.3%颗粒剂、5%和25%悬浮种衣剂、0.4%超低容量喷雾剂。

烟碱　为传统植物性杀虫剂之一，主要来源于茄科烟草属植物。对害虫有胃毒、触杀和熏蒸作用，并有杀卵作用，无内吸性。烟碱的蒸气可从虫体任何部位侵入体内而发挥毒杀作用。烟碱易挥发，故持效期短。对蚜虫有特效，对多种害虫有较好的防治效果。可与多种杀虫剂混用以提高药效或扩大杀虫谱。剂型有10%乳油，10%高渗水剂。

鱼藤酮　为传统植物性杀虫剂之一。杀虫谱广，有触杀和胃毒作用，并有一定的驱避作用。杀虫作用缓慢，但较持久，可维持10 d左右。对鳞翅目、鞘翅目害虫及蚜虫防治效果较好。剂型有7.5%、2.5%、4%乳油，5%微乳剂。

楝素　为低毒植物源杀虫剂，具有胃毒、触杀和拒食作用，但药效缓慢，主要用于鳞翅目害虫的防治。剂型为0.5%楝素杀虫乳油、0.3%印楝素乳油。

苦参碱　从苦参中提取的低毒、广谱性植物源杀虫剂，具有胃毒、触杀作用，对蚜虫、蚧、螨、地下害虫等有明显的防治效果。剂型为0.2%、0.3%和3.6%水剂，1%醇溶液，1.1%粉剂。

阿维菌素 由真菌 Streptomyces avernitilis MA-4680 菌株发酵产生的抗生素类杀虫、杀螨剂，对人畜毒性高，对蚜虫、叶螨及多种害虫、害螨有很好的触杀和胃毒作用。剂型为0.9%、1.8%乳油或水剂。

甲氨基阿维菌素 为大环内酯类化合物，是一种高效广谱的杀虫、杀螨剂，是阿维菌素结构的改造产物，毒性较阿维菌素低，对天敌、人畜安全。剂型为1%或2%乳油。

多杀霉素 是土壤微生物代谢产生的纯天然高活性大环内酯类化合物，以胃毒为主，兼具触杀作用，有很强的杀虫活性和较高的安全性，对多种害虫、害螨有很好的防治效果；对人畜基本无毒。剂型为2.5%、4.8%悬浮剂。

松脂合剂 用生松香2份、烧碱(或碳酸钠)1.5份、水12份，先将清水与碱放入锅中煮沸，溶化后，再把碾成细粉的松香慢慢撒入共煮，边煮边搅拌，并注意用热水补充，使保持原来水量，直至熬成黑褐色液体为止，约需0.5 h。可防治蚧、粉虱。冬季稀释10~20倍，夏季稀释20~25倍。

矿物油及其乳剂 防治害虫的矿物油主要指煤油、柴油和机(润滑)油。常配成一定浓度的乳剂使用，无内吸及熏蒸作用的杀虫杀螨剂，对虫、卵具有杀伤力，低毒、低残留，对人畜安全，不伤天敌，持效期较长。在害虫体表覆盖一层油膜，封闭气孔，螨类、介壳虫、粉虱、部分蚜虫等小虫被窒息而死。这类矿物油在有机农药出现之前就已经广泛用于害虫防治。现已商品化生产，剂型有99%、97%、95%乳油。

磷化铝 吸湿后产生磷化氢气体，起熏蒸和触杀作用。有56%磷化铝片，每片重3 g，约可产生磷化氢毒气1 g。用此药配制的"熏蒸毒签"可防治多种蛀干害虫。

硫酰氟 广谱性熏蒸剂，对昆虫的胚胎后期特别有效。有99%原液(装在钢瓶中)。防治家白蚁，用量30 g/m³，48 h 全歼；黑翅土白蚁用药0.75 kg/巢，2~18 d 全歼。对天牛、木蠹蛾、透翅蛾幼虫及蛹，按用塑料薄膜围住有孔的树干的长短及树干大小计算体积，在20 ℃下用药量40 g/m³。对木材可在塑料帐幕内熏蒸，用药量也为40 g/m³，熏蒸时间为1~2 d。对种子害虫在17.5~19 ℃下用药25 g/m³，在密闭种子箱中处理1 d 即可。

三氯杀螨醇 高效、低毒，有强烈的触杀作用。有20%乳油。用20%乳油的1000倍液可防治红蜘蛛；1500~2000倍液可防治锈壁虱。在茶树上禁止使用，在茶产区需慎用。

三唑锡 杂环类广谱性杀螨剂，触杀作用较强，可杀灭若螨、成螨和夏卵，对冬卵无效。对光和雨有较好的稳定性，持效期较长。剂型有20%可湿性粉剂，20%、25%悬浮剂，8%、10%、20%乳油。

噻螨酮 又名尼索朗，属于噻唑烷酮类低毒杀螨剂，对害螨具有强烈的杀卵、幼螨和若螨作用，不杀死成螨，但接触药剂的雌成螨所产的卵不能孵化。药效期可保持50 d左右。对叶螨防治效果好，对瘿螨防治效果差。剂型为5%乳油和5%可湿性粉剂。

苯丁锡 是一种非内吸杀螨剂，与有机磷杀虫剂无交互抗性，对害螨的毒力以触杀作用为主，起始毒力缓慢，3 d 后活性开始增加，到14 d 达到高峰。对幼螨和成、若螨的杀伤力较强，对卵的作用不明显，对捕食螨、瓢虫、草蛉等天敌影响小。剂型有50%悬浮剂、80%水分散粒剂、10%乳油、20%、25%或50%可湿性粉剂。

  克螨特 低毒、广谱性有机硫类杀螨剂，具有触杀和胃毒作用，对成螨、若螨有效，杀卵效果差。药效期可保持15 d左右。常用剂型为73%乳油。

  双甲脒 又名螨克，中等毒性，具有触杀、拒食、驱避作用，也有一定的胃毒、熏蒸和内吸作用。对叶螨科各虫态都有效果，同时对木虱、粉虱具有良好的防效。剂型为20%乳油。

  四螨嗪 又名阿波罗，低毒，不能杀死成螨，但能使其产下的卵不能孵化，是胚胎发育抑制剂，并抑制幼螨、若螨的蜕皮，但无明显的不育作用。一般施药后10~15 d见效，持效期50~60 d。适于防治叶螨和瘿螨。剂型为50%和20%悬浮剂。

  哒螨灵 为杂环类速效广谱杀螨剂，能抑制螨的变态，对螨的各个发育阶段（卵、幼螨、若螨及成螨）都有效。触杀作用强，但无内吸、传导及熏蒸作用，喷药时必须均匀周到。药效迅速，持效期长，通常为14~30 d，耐雨水冲刷，杀螨效果不受温度影响。防治对噻螨酮、苯丁锡、三唑锡、三氯杀螨醇已产生抗药性的害螨种群仍有高效。剂型有10%、15%、20%乳油，15%、20%、30%、40%可湿性粉剂，6%、9%、9.5%、10%高渗乳油，5%增效乳油，20%悬浮剂，15%水乳剂。

  浏阳霉素 是一种从链霉素浏阳变种所产生的农用抗生素杀螨剂，对人畜、天敌、蜜蜂和家蚕毒性低，对鱼类有毒，对螨有很好的触杀作用。剂型为10%乳油。

5.3.7 化学生态学方法在森林害虫防控中应用

  化学生态学（Chemical Ecology）属于生态学和化学的交叉学科，是研究生物之间以及生物与环境之间化学联系与作用的学科。昆虫化学生态学是研究昆虫种内、种间以及与其他生物和环境之间的化学联系与作用的学科，是化学生态学主要研究领域，也是当前昆虫学最活跃的研究领域之一。在自然界，昆虫与昆虫、昆虫与植物之间的联系在很大程度上是依靠化学物质传递信息，例如昆虫求偶、寻找食物、定位寄主、找寻栖息场所、寻求保护、向同类告警等行为都存在着化学信息物质的作用。

5.3.7.1 化学信息物质的分类

  昆虫化学信息物质（insect semiochemicals）包括昆虫信息素和他感化合物，是昆虫化学生态学研究的核心，也是害虫综合治理中害虫监测和调控先进技术。

（1）信息素

  信息素（pheromone）是指一种昆虫分泌并释放到体外引起同种昆虫其他个体产生行为反应的化学物质，主要包括以下类型。

  ①性信息素（sex pheromone）。由昆虫某一性别个体分泌，可被同种异性个体所接受，并引起异性个体产生一定的行为和生理反应（如觅偶、定向求偶、交配等）的微量化学活性化合物。它能够保证昆虫种内两性间性的联系及种的繁衍。

  ②聚集信息素（aggregation pheromone）。由昆虫分泌，招引同种个体一起取食、交配和繁殖的一种信息素。

  ③示踪信息素（trail pheromone）。蚂蚁、白蚁等社会性昆虫个体分泌、标记其活动踪迹的信息素。

  ④报警信息素（alarm pheromone）。昆虫分泌，向同种其他个体告警的信息素。

⑤疏散信息素(dispersal pheromone)。昆虫分泌,可使同种其他个体趋于分散,降低其种群密度的信息素。

⑥标记信息素(mark pheromone)。昆虫用于标记产卵的化学物质,可控制其本身和同种其他个体再次在同一寄主上产卵,也称产卵驱避信息素。

(2) 他感化合物

他感化合物(allelochemicals)又名种间信息物质或种间信息素,由昆虫或植物个体分泌,并可引起异种昆虫产生行为反应的化学物质,可分为以下4类。

①利己素(allomone)。由昆虫或植物释放,并引起他种昆虫对释放者有利行为反应的化学物质。

②利他素(kairomone)。一种生物释放对另一种生物有利的化学物质。

③协同素(synomones)。亦称互利素,是由一种生物释放,产生对释放者和接受者双方都有利行为反应的化学物质。

④非气信息素(apneumones)。亦称非生素,是由非生命物质释放,对接受者有利的化学物质。例如,某些寄生蝇可通过腐肉的气味找到腐肉中的寄主。

5.3.7.2 昆虫性信息素在害虫管理中的应用

近年来对各种昆虫信息化学物质的研究方兴未艾,其中研究与应用最多的是性信息素。目前已鉴定出90余科1600多种昆虫性信息素的化学结构,有数百种昆虫性信息素和引诱剂应用于害虫测报和防治。昆虫性信息素在害虫管理中的应用如下:

①虫情监测。由于性信息素具有灵敏度高、使用简便、费用低廉等优点,已经获得广泛的应用。使用信息素测报诱捕器,根据诱蛾量的多少预测害虫的发生期、发生量、分布区和危害程度,对指导害虫防治发挥着重要作用。

②大量诱捕。是用性信息素直接防治害虫的一种方法,简称诱捕法或诱杀法。其原理是在防治区设置适当数量的诱捕器,把田间出现的求偶交配的雄虫尽可能及时诱杀,使雌虫失去交配的机会,使下一代虫口密度大幅度下降。雌雄比例接近,且雌雄均为单次交配的害虫是大量诱捕法防治的最佳对象。大量诱捕法对舞毒蛾、梨小食心虫、白杨透翅蛾、华北落叶松鞘蛾等的防治均已获得很好的效果。

③干扰交配。亦称迷向法,其基本原理是在防治区设置大量的性信息素释放器,使雄蛾在充满性信息素气味的环境中丧失寻找雌蛾的定向能力,降低其田间交配概率,使得下一代虫口密度急剧下降,达到防控害虫的目的。迷向法在梨小食心虫、苹果蠹蛾、舞毒蛾等多种害虫的防治实践中取得了良好效果。迷向法具有省工、省事、持效期长,一次性设置数月有效等优点,缺点是性信息素用量较大,成本较高。

④与其他生物农药的配合使用。将性信息素与化学不育剂、病毒、细菌等配合使用也是很有前景的一项技术方法。用性信息素把害虫诱来,使其与不育剂、病毒、细菌等接触后,再飞走与其他个体接触、交配。这样,对害虫种群造成的损害可能更大,尤其对雄性多次交配或雄虫性比明显高于雌性的害虫可能更有实用价值。昆虫信息素与速效杀虫剂混用也有应用前景。

⑤害虫检疫。由于昆虫的性信息素具有种间特异性,且灵敏度高,常用于害虫的检疫工作中,尤其在害虫分布区的调查中显得尤为重要。

5.3.7.3 昆虫聚集信息素在害虫管理中的应用

昆虫聚集信息素主要应用于虫情监测和大量诱杀。聚集信息素最早且最多的应用是对小蠹虫的防治。目前，国外已从 6 目 12 科近 70 种昆虫中分离并鉴定出聚集信息素，多为鞘翅目昆虫。昆虫聚集信息素与寄主植物挥发物的混用可以起增效作用。近年来，聚集信息素对松墨天牛的发生动态监测和防治亦取得了良好的效果。

5.3.7.4 植物挥发物在害虫管理中的应用前景

近年来，植物-植食性昆虫-天敌昆虫三重营养关系中的信息化合物及化学通讯成为昆虫化学生态学中十分活跃的研究领域。植物挥发物是引导植食性昆虫寄主定位的利他素，是植物-植食性昆虫二级营养关系建立过程中的信息化合物，其中植食性昆虫对绿叶气味的趋向性反应普遍。植食性昆虫释放的信息化合物包括作用于种内的各种信息素和对其他种产生作用的信息化合物，其中作用于种间的一些信息化合物还能吸引寄生性或捕食性天敌。此外，害虫对植物的危害还能促使植物合成并释放一些新的挥发物组分，可作为互益素引诱害虫的天敌。即植物可通过释放引诱天敌的挥发物，以控制相关害虫对其自身的危害。因此，植物挥发物在害虫管理中亦有潜在的应用前景。

5.3.8 "3S"技术在森林虫害动态监测中的应用

"3S"技术是遥感技术(remote sensing，RS)、全球导航卫星系统(global navigation satellite system，GNSS)和地理信息系统(geography information systems，GIS)的统称，是空间技术、传感器技术、卫星定位与导航技术和计算机技术、通讯技术相结合，多学科高度集成的对空间信息进行采集、处理、管理、分析、表达、传播和应用的现代信息技术。传统的动态监测方法由于实时性差，不能进行大范围的宏观动态监测，且无法阐明特定生态系统的可入侵性，以及入侵与灾变的关系。因此，在传统的监测理论和技术研究的基础上，应用"3S"技术对森林虫害进行动态监测已成为近年来研究的热点问题。

5.3.8.1 RS 在虫害动态监测中的应用研究

①对害虫本身的监测研究。目前对害虫本身的监测研究多采用雷达、光学系统及航空摄影、摄像的方式直接监测迁飞性害虫的动态。如采用雷达监测沙漠蝗 *Schistocerca gregaria* 的迁飞路线等。雷达在害虫管理中的应用范围已涉及到如沙漠蝗、草地蝗 *Mecostethus parapleurus*、舞毒蛾及非洲黏虫 *Spodopetera exempta* 等几乎所有重要的迁飞性害虫。

②对害虫产生危害的监测研究。对害虫危害的识别主要通过航空遥感的手段来实现。例如，用 TM 数据监测云杉虫害，发现 TM 5/4 及 TM 7/4 完全可用于定量研究灾害程度，TM 2、TM 5、TM 5/4 合成的影像上可清晰地辨认出红色的针叶林重灾区；又如，利用 TM 数据对马尾松毛虫危害的监测，认为 TM 5/4 及 TM 4/3 是监测虫害的有效参数，据此，建立了针叶损失率与 TM 5/4 之间的非线性关系，为区分各级松毛虫灾提供了有利的数据依据。

③对害虫栖息环境的监测研究。对害虫栖息环境的监测是遥感在害虫管理中较重要的应用，需遥感监测的主要环境因子有寄主植物、降雨和大气温湿度。寄主植物是监测害虫种群动态的基础，而应用遥感影像对其监测的可行性则取决于影像对寄主植物的可靠识

别。例如,利用 TM 影像对各景观类型上的蝗虫分布进行定量评估,得出了蝗虫在各景观类型上的危害程度,结果与实地调查吻合率达 80.77%。

5.3.8.2　GNSS 在害虫动态监测中的应用

在虫害监测研究领域,GNSS 已被广泛应用于林地标准地放样、地理信息系统数据更新及辅助遥感数据处理与信息提取中。在应用航空影像对松毛虫危害进行研究时,应用 GNSS 进行图像辐射校正 GCP 点的定位,达到了对灾害点的准确定位。

在飞防与监测路线导航应用方面,差分全球定位系统(DGPS)航空导航系统可引导飞行员从机场直接前往作业区,并能以 2 m 的精度记录飞机的轨迹、喷洒作业所处的状态,同时对来自地面传感器的数据进行准确的偏离计算并及时通告相关人员。此外,美国林务局开发的 GypsES 软件系统,具模拟药物沉降和漂移的算法,能加载相应的坐标数据,且可下载飞行数据用于计算杀虫剂的漂移或预测虫口密度,帮助分析虫害的蔓延趋势,给出应治理的区域及方案。

5.3.8.3　GIS 在害虫动态监测中的应用

①组建害虫管理数据库。利用与害虫管理相关的数据(如不同地点和时间的害虫发生情况、森林状况、气象及地形数据等)组建数据库是应用 GIS 研究的前提。

②种群发生的时间动态分析。常用的方法有时空格局法和叠置法。时空格局分析常从同区域不同时间观察害虫发生变量在时间上的变化,以及不同区域结合时序分析揭示害虫在空间和时间上的变化 2 个角度进行分析。叠置法主要用于害虫适宜性生境的分析与评估。例如,将失叶频率图与森林类型图、生物地理气候图叠加用于研究由某种害虫引起的失叶与生境和气候带的空间关系,并预报害虫的暴发地区等。

③种群发生动态的时空模拟研究。进行害虫发生动态的时空模拟,需将 GIS 同有关的时空模型相联系。例如,运用 GIS 分析舞毒蛾的扩散范围及其与气候、地理变异的关系,建立舞毒蛾扩散的空间模型,由此获得易受危害的森林景观类型。在害虫时空动态研究中,GIS 常与地统计学结合使用。

④开发组建害虫综合管理地理信息系统。为测报服务的系统至少要有网络、可视化的地图界面、专家咨询和决策及对害虫的发生能进行有效的监测和预测 4 种功能。为此,需通过有关的程序将 GIS、决策支持系统(DDS)、专家系统(EXS)、数据库、模型库以及网络等融为一体,以实现害虫管理的实时化、自动化和智能化。

5.3.8.4　"3S"集成技术在森林虫害管理中的应用

①RS 与 GIS 集成模式及其在虫害管理中的应用。RS 与 GIS 是"3S"集成中最重要、最核心的内容,也是在虫害动态监测中研究较多的一种集成方式。例如,将遥感影像和 GIS 结合用于大范围杀虫剂效用的评估,评价多种防治方法的效果;将遥感数据和实地调查数据结合,利用 GIS 研究虫害的分布及种群密度与环境因子的关系,预测害虫的栖息带及潜在的发生带、迁飞害虫生境的季节性分布及扩散范围,实现对危害区域的实时观测和评估。

②GIS、RS 与 GNSS 集成及在虫害动态监测中的应用。GIS 与 GNSS 集成是通过同一大地坐标系统建立联系,常应用在电子导航和实时数据采集与更新等既需空间点动态绝对位

置，又需地表地物静态相对位置的领域。RS 与 GNSS 集成的主要目的是，利用 GNSS 的精确定位解决传统 RS 定位困难的问题，并利用 GNSS 定位辅助对遥感图像的处理和信息提取。

③"3S"整体集成及其在森林虫害动态监测中的应用。"3S"整体集成包括以 GIS 为中心的集成和以 GNSS/RS 为中心的集成。前者可认为是 RS 与 GIS 集成的一种扩充，后者则以同步数据处理为目的。应用"3S"整体集成进行虫害动态监测的实例如：我国在环青海湖地区，使用 TM 和 DEM、草地类型图以及 GNSS 定位的野外调查资料，从遥感图像处理、地理数据及专家知识一体化的角度出发，进行草地蝗虫生境类型的分类，精度达 84.23%，比最大似然法提高 10.2%。

复习思考题

1. 害虫管理主要经历了哪几个主要阶段？
2. 什么是经济危害水平、经济阈限和一般平衡位置？
3. 什么是害虫综合管理（IPM）？它包含了哪些基本观点？
4. 简述害虫综合管理（IPM）与全部种群管理（TPM）的主要区别。
5. 为什么说森林保健、害虫生态管理或害虫可持续控制策略在观念上是一个飞跃？
6. 森林对害虫种群的自然控制机制包括哪几个过程？
7. 害虫的种群数量调节主要有哪些技术方法？
8. 目前我国林业检疫性有害生物有哪些？确定检疫性有害生物的原则是什么？
9. 什么是昆虫化学信息物质和昆虫信息素？昆虫信息素按其功能划分主要有哪几种？
10. 昆虫性信息素在害虫管理中的应用包括哪些方面？
11. 害虫防治工作中，使用化学农药的原则是什么？

各论

第 6 章

苗圃及根部害虫

【本章提要】 苗圃及根部害虫以成虫或幼虫取食播下的种子、苗木的幼根、嫩茎等，给苗木带来很大危害，严重时常常造成缺苗、断垄等。本章介绍苗圃及根部主要害虫的分布、寄主、形态、生活史及习性和防治方法。

苗圃及根部害虫种类繁多。由于我国南北气候差异很大，苗木种类繁多，加之各地苗圃用地及其周围环境、地势、土壤理化性质、茬口、施肥、苗木覆盖物等情况不同，各地的苗圃及根部害虫种类有很大差异。我国西北地区以地老虎、蛴螬为主；秦岭、淮河以北地区以蝼蛄、蛴螬为主，以南地区以地老虎为主；江浙一带蝼蛄、蛴螬、地老虎危害均较重；华南地区则以大蟋蟀危害较突出；灰种蝇在部分地区的危害也比较严重。

苗圃及根部害虫的分布、发生量及危害与土壤的理化性质，特别是土壤的质地、含水量、酸碱度有密切的关系。如金针虫、蛴螬等主要发生在地下水位较高、土壤湿度较大的地方；地老虎在沙壤土中发生量较大；蝼蛄、金针虫在有机质含量丰富的土壤中危害最重；蛴螬则喜中性或微酸性土壤，在碱性土壤中发生较轻。苗圃及根部害虫的发生也常与苗圃的前茬作物有很大关系，如在蔬菜地建立苗圃后地老虎发生较多，在采伐迹地上建立的苗圃金龟子危害较重。所以划定苗圃用地时首先应进行地下害虫调查，并根据需要进行土壤杀虫处理；所用厩肥必须腐熟，施用需均匀，要施入土壤不外露，以免招引害虫或把厩肥内的害虫（主要是金龟子的卵和幼虫）带入苗床。

由于地下害虫长期生活于土壤环境中，因而土壤耕作、施肥和灌溉等措施可抑制并减轻其危害；在土壤中施药防治地下害虫时还可兼治其他地上害虫，药剂处理种子及施用毒饵亦有兼治之效。在苗圃地及其附近，尽量减少安装灯光以避免将地下害虫诱至苗圃，但可设置人工鸟巢招引和保护食虫鸟类。对地下害虫的治理必须采取综合性的保护措施，采用地下害虫地上治、成虫和幼虫结合治、苗圃内外选择治的策略，以预防其危害。

6.1 蝼蛄类

隶属直翅目蝼蛄科，是常见的地下害虫之一。此类昆虫喜居于温暖、潮湿、多腐殖质的壤土或沙土内，昼伏夜出活动危害。成虫、若虫均喜食刚发芽的种子，危害林木、果树及农作物的幼苗根部、接近地面的嫩茎。被害部分呈丝状残缺，致使幼苗枯死；同时成虫、若虫在表土层内钻筑隧道，可使幼苗根土分离，因失水而枯死。

东方蝼蛄 *Gryllotalpa orientalis* Burmeister（图6-1）
（直翅目：蝼蛄科）

东方蝼蛄

分布于全国各地；朝鲜、日本、澳大利亚及美国夏威夷，东南亚地区。辽宁及长江以南等地发生量大。食性杂，对针叶树播种苗、多种农作物和经济作物苗期危害甚重。

形态特征

成虫 体长30~35 mm，近纺锤形，黑褐色，密生细毛。前胸背板卵圆形，长4~5 mm，中央有1暗红色长心脏形凹斑。前翅短，后翅纵褶成条伸出腹末。前足腿节下缘平直，后足胫节背面内侧有3~4枚棘刺。

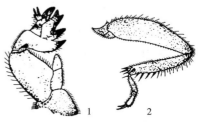

1. 前足；2. 后足

图6-1 东方蝼蛄的足

卵 椭圆形，长2.0~2.4 mm、宽1.4~1.6 mm，初产时灰白色，有光泽，后渐变为灰黄褐色，孵化前呈暗褐或暗紫色。

若虫 初孵若虫乳白色，复眼淡红色，体长约4 mm。头、胸及足渐变暗褐色、腹部淡黄色。2~3龄以上同成虫，6龄若虫体长24~28 mm。

生活史及习性

华北以南及西北地区1年1代，东北地区2年1代。西北地区以成虫或6龄若虫越冬，翌年3月下旬越冬若虫开始上升至表土取食活动，4~5月份是危害盛期，5~6月羽化为成虫，5月中旬至6月下旬产卵，若虫7~8月孵化。越冬成虫4~5月在距土表5~10 cm深处做扁椭圆形卵室产卵，5月下旬至6月上旬为产卵盛期，6月下旬为末期，单雌每室产卵30~60粒；9月中、下旬为第2次危害高峰。若虫孵出3 d后能跳动，渐分散危害，昼伏夜出，21:00~23:00为取食高峰，共6龄。11月上旬陆续潜至距土表60~120 cm深处越冬。

有较强的趋光性，嗜食有香、甜味的腐烂有机质，喜马粪及湿润土壤。土壤质地与虫口密度有关，在轻盐碱地虫口密度最大、壤土次之、黏土地最小。

单刺蝼蛄 *Gryllotalpa unispina* Saussure（图6-2）
（直翅目：蝼蛄科）

单刺蝼蛄

又名华北蝼蛄。分布于我国北纬32°以北的河北、山西、内蒙古、辽宁、吉林、江苏（北部）、山东、河南、陕西；土耳其及俄罗斯西伯利亚地区。危害植物同东方蝼蛄。

形态特征

成虫 体长36~55 mm。黄褐色，近圆桶形。前翅覆盖腹部不到1/3，前足腿节下缘弯曲，后足胫节背面内侧有棘刺1~2枚或消失。

卵 椭圆形，长1.6~1.8 mm、宽1.1~1.3 mm。初产乳白色有光泽，后变黄褐色、暗灰色。

若虫 初孵若虫乳白色、体长2.6~4.0 mm；5~6龄后体色与成虫相似，末龄若虫体长36~40 mm。

1. 前足；2. 后足

图 6-2　单刺蝼蛄的足

生活史及习性

约 3 年 1 代，若虫 13 龄，以成虫和 8 龄以上的各龄若虫在距土表 150 cm 以内的深土中越冬。翌年 3~4 月，当 10 cm 深地温达 8 ℃ 左右时若虫开始上升危害，地面可见长约 10 cm 的虚土隧道，4~5 月地面隧道大增即危害盛期；6 月上旬当隧道上出现虫眼时已开始出窝迁移和交尾产卵，6 月下旬至 7 月中旬为产卵盛期，8 月为产卵末期。越冬成虫于 6~7 月间交配、产卵。

初孵若虫最初较集中，后分散活动，至秋季达 8~9 龄时即入土越冬；翌年春季越冬若虫上升危害，到秋季达 12~13 龄时，又入土越冬；第 3 年春再上升危害，8 月上、中旬开始羽化，入秋后以成虫越冬。成虫虽有趋光性，但飞行能力差，灯下的诱杀率低于东方蝼蛄。单刺蝼蛄在土质疏松的盐碱地、沙壤土地发生较多。

该虫在 1 年中的活动规律和东方蝼蛄相似，即当春天气温达 8 ℃ 时开始活动，秋季低于 8 ℃ 时则停止活动；春季随气温上升危害逐渐加重，地温升至 10~13 ℃ 时在土表下形成长条隧道危害幼苗；地温升至 20 ℃ 以上时活动频繁，进入交尾产卵期；地温降至 25 ℃ 以下时成、若虫开始大量取食积累营养准备越冬，秋播作物受害严重。土壤中大量施用未腐熟的厩肥、堆肥，易导致该虫发生，受害较重。当深 10~20 cm 处地温在 16~20 ℃、含水量 22%~27% 时，有利于该虫活动；土壤含水量小于 15% 时，其活动减弱；所以春、秋有 2 个危害高峰，在雨后和灌溉后危害常常加重。

蝼蛄类的防治方法

(1) 诱杀

蝼蛄的趋光性很强，在羽化期间，晚上 19:00~22:00 可用灯光诱杀；也可在苗圃步道间每隔 20 m 左右挖一小坑，将马粪或带水的鲜草放入坑内诱集，再加上毒饵更好，次日清晨可到坑内集中捕杀。

(2) 保护天敌

可在苗圃周围栽植杨、刺槐等防风林，招引红脚隼、戴胜、喜鹊、黑枕黄鹂和红尾伯劳等食虫鸟类以利于控制虫害。

(3) 林业措施

施用厩肥、堆肥等有机肥料要充分腐熟；深耕、中耕也可减轻蝼蛄危害。

(4) 化学防治

做苗床 (垅) 时，用 40% 乐果乳油或其他药剂 0.5 kg 加水 5 kg 拌饵料 50 kg，傍晚将毒饵均匀撒在苗床上诱杀。饵料可用多汁的蔬菜、鲜草以及蝼蛄喜食的块根和块茎，或炒香的麦麸、豆饼和煮熟的谷子等。用 25% 西维因粉 100~150 g 与 25 g 细土均匀拌和，撒于土表再翻入土下毒杀。也可采用药剂拌种处理。

6.2 蟋蟀类

隶属直翅目蟋蟀科，危害苗木的主要有大蟋蟀、油葫芦等，均以成、若虫危害叶片和顶芽或咬断刚出土的嫩茎。

大蟋蟀 *Tarbinskiellus portentosus* (Lichtenstein)（图 6-3：1）
（直翅目：蟋蟀科）

分布于西南、华南、东南沿海和台湾地区；日本、印度，东南亚。杂食性，常咬断农林植物幼苗茎部，有时还爬上 1~2 m 高的苗木或幼树上部，咬断顶梢或侧梢，造成严重缺苗、断苗、断梢等危害。

形态特征

成虫 体长 30~40 mm，体暗黑色或棕褐色，头部较前胸宽，复眼间具"Y"形纹沟，触角比虫体稍长。前胸背板中央具 1 纵线，两侧各有 1 横向圆锥状纹。后足腿节强大；胫节粗，具两排刺，每排有刺 4~5 枚。腹部尾须长，雌虫产卵器短于尾须。

若虫 与成虫相似，体较小，色较浅。共 7 龄。翅芽在 2 龄后出现。

生活史及习性

1 年 1 代，以 3~5 龄若虫在土穴中越冬。翌年 2~3 月恢复活动，出土危害各种苗木和农作物幼苗；5~7 月羽化，6 月成虫盛发，7~8 月为交尾盛期，7~10 月产卵，8~10 月孵化，卵期 20~25 d。10~11 月若虫仍常出土危害，11 月初若虫开始越冬。若虫期 7~9 个月，共 7 龄。成虫寿命 2~3 个月，于 8~9 月陆续死亡。

大蟋蟀通常昼伏夜出，白天穴居洞中取食以前储备的食物，傍晚再外出咬食附近的

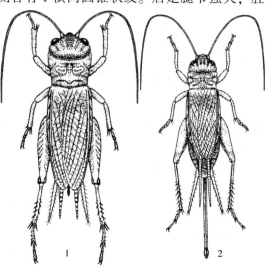

1. 大蟋蟀；2. 油葫芦

图 6-3 两种蟋蟀

嫩苗，将嫩茎切断或连枝叶拖回洞内。若虫和成虫均喜欢在疏松的沙土中营造土穴而居，常 1 穴 1 虫，不群居，性凶猛，能自相残杀，雌雄交尾期间才同居一穴。雌虫产卵于洞穴底部，一次可产 150~200 粒，20~30 粒一堆。初孵若虫常二三十头暂时群居于母穴中，取食雌虫储备于洞中的食料，稍大后即分散营造土穴独居。

穴道深度因虫龄、地温、土质而异。一般幼龄的洞浅，老龄和成虫的洞深，低温季节的洞较深；1 龄若虫的洞深 3~7 cm，2 龄深 10~20 cm、且分布较集中，老龄及成虫洞穴可深达 80 cm，分布也较分散；沙质土壤表土层厚的洞可深达 1.5 m。通常 5~7 d 出穴一次、多在 19:00~20:00 出洞，但 7~8 月交尾盛期外出较频繁，如遇惊扰，即迅速退回洞内。成虫和若虫都喜干燥，每逢雨后或久雨不晴，多移居于近地面的洞穴上段，出穴最多；阴

雨、风凉的夜晚则很少出穴；外出活动回穴后，即用洞内泥土堆塞洞口。洞口堆积一堆松土，是洞穴内有大蟋蟀的标志。

土质疏松、植被稀少或低洼、撂荒的沙壤旱地，山腰以下的苗圃和全垦林地，沿海台地等发生量大。其危害与气候关系密切，如秋旱冬暖有利于幼龄若虫的生长发育，常给秋播冬种作物及苗圃幼苗造成较大危害；3~6月如遇春旱及气温偏高的年份，有利于越冬后的若虫和成虫活动。6~7月正是成虫交尾产卵前的大量取食期，故常对当时作物和苗木造成严重危害。此虫对霉、酸、甜的物质相当喜好。

油葫芦 *Teleogryllus mitratus* (Burmeister)（图6-3：2）
（直翅目：蟋蟀科）

油葫芦

分布于我国华北、华东、西北、西南地区，尤以河北、山东、山西、安徽、河南等地最多。危害农作物和苗木的叶、茎、枝、种子及果实，缺乏食物时亦可互相残杀取食。

形态特征

成虫 体长18~24 mm，黑褐色或黑色。头方形，与前胸等宽。触角细长。前胸背板两侧各有1个近月牙形斑纹。后足胫节特长，有刺5~6对。雌虫产卵管细长，褐色，微曲。

若虫 共6龄，翅芽出现较迟，雄虫5龄时出现，而雌虫翅芽还未出现，其产卵管已达第10腹节后缘，直到6龄时雌雄翅芽均已发达，产卵管超过尾端。

生活史及习性

1年1代，以卵在土壤内越冬。翌年4月下旬开始孵化，6月中旬至8月上旬为若虫、成虫活动期。成虫白天多躲在杂草丛内及洞穴中，一般适生于湿润而疏松的土壤中。成虫有相互残杀的习性，雄虫善鸣好斗。8~9月交尾产卵，卵多产于杂草丛生且向阳的土壤中。一雌可产卵34~114粒，成虫寿命约145 d。

蟋蟀类的防治方法

(1) 毒饵诱杀

用炒过的麦麸、米糠或炒后捣碎的蔬菜残叶作饵料，掺拌90%的敌百虫10倍液制成毒饵，于傍晚在有松土堆的洞口附近放1~2团花生米大小的毒饵，也可直接放在苗圃的株行间诱杀。

(2) 地面施药

秋播耕地后，可参考防治蛴螬方法，地面施药毒杀若虫。

(3) 药液灌洞

找到大蟋蟀洞穴后，扒去封土，灌入80%敌敌畏1000倍液毒杀（也可用辛硫磷或其他药剂）。

6.3 白蚁类

白蚁类隶属蜚蠊目蜚蠊总科，在各大洲均有分布，尤其在热带、亚热带地区危害严重。我国已知470余种，主要分布在长江以南地区及西南各地，是园林树木的重要害虫。在南方危害苗圃苗木的白蚁主要有黄翅大白蚁和黑翅土白蚁。

黄翅大白蚁 *Macrotermes barneyi* Light（图6-4）
（蜚蠊目：白蚁科）

分布于华东、华中地区及广东、广西、四川、贵州、云南；越南。为土栖型白蚁，被害林木有桉、杉木、橡胶树、刺槐、樟、檫、泡桐、栗等100多种。

形态特征

有翅成虫　体长14~16 mm，翅长24~26 mm。体背面栗褐色，足棕黄色，翅黄色。头宽卵形。复眼及单眼椭圆形，复眼黑褐色，单眼棕黄色。触角19节，第3节微长于第2节。前胸背板前宽后窄，前后缘中央内凹，背板中央有一淡色的"十"字形纹，其两侧前方有一圆形淡色斑，后方中央也有一圆形淡色斑，前翅鳞大于后翅鳞。

卵　乳白色，长椭圆形。长径0.60~0.62 mm，一面较平直；短径0.40~0.42 mm。

大工蚁　体长6.00~6.50 mm。头棕黄色，近垂直；胸腹部浅棕黄色。触角17节，第2~4节大致相等。腹部膨大如橄榄状。

小工蚁　体长4.16~4.44 mm，体色较大工蚁浅，其余形态基本同大工蚁。

大兵蚁　体长10.51~11.00 mm。头深黄色，上颚黑色。头及胸背板上有少数直立的毛。腹部背面毛少，腹面毛较多。囟很小，位于中点之前。上颚粗壮，镰刀形。左上颚中点之后有数个不明显的浅缺刻及一个较深的缺刻；右上颚无齿。上唇舌形，

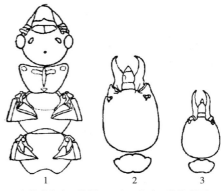

1.有翅成虫头、胸部；2.大工蚁头、前胸背面；
3.小工蚁头、前胸背面

图6-4　黄翅大白蚁

先端白色透明。触角17节。前胸背板略狭于头，呈倒梯形，四角圆弧形，前后缘中间内凹。中后胸背板呈梯形，中胸背板后侧角呈明显的锐角。

小兵蚁　体长6.80~7.00 mm，体色较淡。头卵形，侧缘较大兵蚁更弯曲，后侧角圆。上颚与头的比例较大兵蚁为大，并较细长而直。触角17节，第2节长于或等于第3节。

生活史及习性

营群体生活，整个群体包括许多个体，其数量随巢龄而不同。婚飞时间因地区和气候条件不同而异。据观察，在江西、湖南婚飞在5月中旬至6月中旬；广州地区3月初蚁巢内出现有翅繁殖蚁，婚飞多在4~5月。在一天中，江西多在23:00至翌日2:00，广州地区多在4:00~5:00婚飞。婚飞前由工蚁在主巢附近的地面筑成婚飞孔。婚飞孔在地面较明显，呈肾形凹入地面，深1~4 cm，长1~4 cm。孔口周围散布许多泥粒。一巢白蚁有婚飞孔几个到一百多个。有翅成虫婚飞后，雌雄脱翅配对，然后寻找适宜的地方入土营巢。营巢后约6 d开始产卵。初建群体发展很慢，以后随着时间推移和群体的扩大巢穴逐步迁入深土处，一般到第4年或第5年才定巢在适宜的环境和深度，不再迁移。在巢内出现有翅繁殖蚁婚飞时，此巢即称为成年巢。

黄翅大白蚁对林木的危害有一定的选择性。一般对含纤维素丰富、糖分和淀粉多的植物危害严重，对含脂肪多的植物危害较轻。黄翅大白蚁危害与树木体内所含的保护物质（如单宁、树脂、酸碱化合物）以及树木生长状况有十分密切的关系。树木本身对黄翅大白蚁有一定的抗性，既使是黄翅大白蚁嗜好的树种，若生长健壮，黄翅大白蚁也极少危害。一般危害幼苗较大树严重，旱季危害较雨季严重。

黑翅土白蚁 *Odontotermes formosanus* (Shiraki)（图 6-5）
（蜚蠊目：白蚁科）

分布南至海南，北抵河南，东至江苏，西达西藏东南部；缅甸、泰国、越南。危害乔、灌木及杂草，取食苗木的根、茎，被害苗木生长不良或整株枯死。也危害园林植物、果树、甘蔗、黄麻、药材，以及地下电缆、水库堤坝等，是农林和水利方面的重要害虫。

形态特征

有翅成虫　体长 12~14 mm，翅长 24~25 mm。头、胸、腹背面黑褐色，腹面棕黄色。全身密被细毛。触角19节，第2节长于第3、4、5节中的任何一节。前胸背板略狭于头，前宽后狭，前缘中央无明显的缺刻，后缘中部向前凹入。前胸背板中央有两个淡色"十"字形纹，纹的两侧前方各有一椭圆形的淡色点，纹的后方中央有带分枝的淡色点。前翅鳞大于后翅鳞。

卵　乳白色，椭圆形，长径 0.6 mm，一边较平直；短径 0.6 mm。

工蚁　体长 5~6 mm。头黄色，胸腹灰白色。头后侧缘圆弧形。囟位于头顶中央，呈小圆形的凹陷。后唇基显著隆起，长相当于宽之半，中央有缝。触角17节，第2节长于第3节。

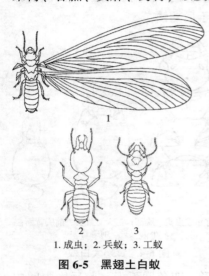
1. 成虫；2. 兵蚁；3. 工蚁
图 6-5　黑翅土白蚁

兵蚁　体长 5.44~6.03 mm。头暗黄色，被稀毛。胸腹部淡黄色至灰白色。头部背面卵形；上颚镰刀形；左上颚中点前方有一显著的齿；右上颚有一不明显的微齿。触角15~17节，第2节长等于第3、4节之和。前胸背板前狭后宽，前部斜翘起。前后部在两侧交角之前有一斜向后方的裂沟，前后缘中央皆有凹刻。

生活史及习性

栖于生有杂草的地下。有翅成虫于3月初出现于蚁巢内，4~6月在靠近蚁巢附近的地面出现成群的分群孔。

黑翅土白蚁当年羽化，当年婚飞。纬度越小，婚飞越早，一般在3月下旬到5月下旬在气温达22℃以上、相对湿度达95%以上的闷热天气或雨前。婚飞开始前由工蚁修筑婚飞孔，在靠近蚁巢附近的地面出现成群的分群孔。孔突高 3~4 cm，底径 4~8 cm，外形呈不规则的小土堆状。每个群体的婚飞孔数量不等，几个至几十个，多的可超过100个。婚飞通常发生在 18:00~20:00。群飞和脱翅后雌雄成对钻入地下建新巢，成为新巢的蚁王和蚁后。

蚁巢深 0.3~2.0 m。初建新巢不断发展，3个月后巢内出现菌圃。一个大巢群内，工蚁、兵蚁和幼蚁的数量可达200万头以上。兵蚁在每遇外敌即以上颚进攻,并能分泌黄褐色液体。工蚁数量最多,负责筑巢、修路、抚育幼蚁、寻找食物等,在树木上采食和取食时所做泥被或泥线可高达数米,有时泥被环绕整个树干形成泥套。婚飞时有强烈的趋光性。黑翅土白蚁活动虽然比较隐蔽,但在活动中常受到各种蚂蚁、蜘蛛和穿山甲的捕食,有翅成虫婚飞时常被蝙蝠、青蛙、蟾蜍、蜥蜴等动物捕食。

白蚁类的防治方法

(1) 选择壮苗,加强幼林抚育

白蚁通常危害生长衰弱的植株,所以造林时首先要选择壮苗,并严格按造林技术规程操作。栽植后要加强管理,使苗木迅速恢复生机,增强抵抗力。对一些萌芽力强的树种,如桉树、池杉等,在遭白蚁危害后,根际下部被白蚁咬成环状剥皮,地上部分开始凋萎,可截去部分枝干,在根部淋透药液驱除白蚁,培上较多的土,使苗木在根颈部萌出新的不定根,逐渐恢复生机。

(2) 毒饵诱杀

苗圃地中如有大量白蚁危害,可以用桉树皮、松木、蔗渣等作为诱饵,诱杀坑防治;也可用蔗渣粉或桉树皮粉、食糖、灭蚁灵粉按4:1:1的比例均匀拌和,每4g一袋。投药时,在林地或苗圃内白蚁活动处,将表土铲去一层,铺一层白蚁喜食的枯枝杂草,放上毒饵后仍用杂草覆盖,上面再盖上一层薄土。每公顷放毒饵900 g,便能收到显著的防治效果。

(3) 挖窝灭蚁

土栖白蚁的巢虽筑在地下,在外出活动取食时留有泥被、泥线、婚飞孔等外露迹象,跟踪追击即可找到蚁道。在蚁道内插入探条,顺蚁道追挖,便可找到主道和主巢。每年芒种、夏至时节,凡是地面上生长有鸡枞的地方,地下常有土栖白蚁的窝。

(4) 灯光诱杀

黑翅土白蚁、黄翅大白蚁的成虫都有较强的趋光性,可在每年4~6月有翅成虫婚飞期,采用黑光灯和其他灯光诱杀。

(5) 化学防治

在种植经济价值较高的林木、药材、果树时,为了防止白蚁危害,可考虑在种植坑中和填土上喷撒5%毒杀酚粉等,保苗率可提高20%~30%,并可兼治其他地下害虫,有效期长达3~5个月。对能直接找到白蚁活动的标志,如婚飞孔、蚁路、泥被线等,可直接喷撒灭蚁灵粉;在难于找到外露迹象和蚁巢时,可采用土栖白蚁诱饵剂诱杀。找到通向蚁巢的主道后,将压烟筒的出烟管插入主道,用泥封住道口,以防烟雾外逸,再将杀虫烟雾剂放入压烟器内点燃,拧紧上盖,烟便从蚁道自然压入巢内。

6.4 金龟类

隶属鞘翅目金龟总科,其中对林木有危害的大多隶属金龟科Scarabaeidae。金龟类幼虫统称蛴螬。蛴螬种类多、分布广，取食危害多种农、林、牧、药用和花卉植物的幼苗，环剥大苗、幼树的根皮。幼虫食量大，在土内取食萌发的种子，咬断根、茎，轻则造成缺苗断垄，重则毁圃绝苗。成虫出土取食叶、花蕾、嫩芽和幼果，常将叶片咬成缺刻和孔洞，残留叶脉基部，严重时可将叶全部吃光。

江南大黑鳃金龟 *Nigrotrichia gebleri* (Faldermann)（图 6-6）
（鞘翅目：金龟科）

江南大黑鳃金龟

国内熟知的华北大黑鳃金龟 *Holotrichia oblita* (Faldermann)、东北大黑鳃金龟 *H. diomphalia* (Bates)，以及四川大黑鳃金龟 *H. szechuanensis* Zhang，现均已被证实为本种的同物异名。分布于东北、华北、西北、华中、华东地区；日本、蒙古、俄罗斯。成虫取食杨、柳、榆、桑、核桃、苹果、刺槐、栎类等多种林木和果树的叶片，幼虫危害针、阔叶树根部及幼苗。

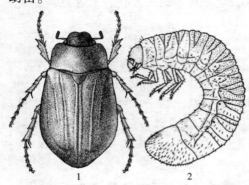

1. 成虫；2. 幼虫

图 6-6　江南大黑鳃金龟

形态特征

成虫　长椭圆形，体长 16~23 mm、宽 8~12 mm，黑色或黑褐色，有光泽。胸、腹部生有黄色长毛；前胸背板宽为长的两倍，前缘角钝，后缘角几乎呈直角。每鞘翅具 3 条纵隆线。前足胫节外侧具 3 齿，中、后足胫节末端有 2 枚距。雄虫末节腹面中央凹陷，雌虫隆起。

卵　乳白色，椭圆形。

幼虫　体长 35~45 mm，乳白色。头部前顶毛每侧 3 根。肛孔 3 裂状，腹末钩毛区约占腹毛区的 1/3~1/2。

蛹　黄白色至红褐色，椭圆形，尾节具突起 1 对。

生活史及习性

东北、西北和华东地区 2 年 1 代，华中及江浙等地 1 年 1 代；以成虫或幼虫越冬。河北越冬成虫约 4 月中旬出土活动直至 9 月入蛰，前后持续达 5 个月，5 月下旬至 8 月中旬产卵，6 月中旬幼虫陆续孵化，危害至 12 月以第 2 龄或第 3 龄越冬；第 2 年 4 月越冬幼虫继续发育危害，6 月初开始化蛹，6 月下旬进入盛期，7 月始羽化为成虫后即在土中潜伏、相继越冬，直至第 3 年春天才出土活动。

成虫白天潜伏土中，黄昏活动，20:00~21:00 为出土高峰，有假死性和趋光性。出土后尤喜在灌木丛或杂草丛生的路旁、地旁群集取食、交尾，并在附近土壤内产卵，故地边苗木受害较重。成虫有多次交尾和陆续产卵习性，产卵次数多达 8 次，雌虫产卵后约 27 d 死亡。卵多散产于 6~15 cm 深的湿润土中，单雌产卵量 32~193 粒、平均 102 粒，卵期 19~22 d。幼虫 3 龄、均有相互残杀习性，常沿垄向及苗行向前移动危害。幼虫随地温升降而上下移动：春季 10 cm 处地温约达 10 ℃ 时幼虫由土壤深处向上移动，地温约 20 ℃ 时主要在 5~10 cm 处活动取食；秋季地温降至 10 ℃ 以下时又向深处迁移；越冬于 30~40 cm 处。土壤过湿或过干都会造成幼虫大量死亡（尤其是 15 cm 以下的幼虫），幼虫的适宜土壤含水量为 10.2%~25.7%，当低于 10%时，初龄幼虫会很快死亡；如遇降雨或灌水则暂停危害下移至土壤深处，若遭水浸则在土壤内做一穴室，如浸渍 3 d 以上则常窒息而死，故可灌水减轻幼虫的危害。老熟幼虫在土深 20 cm 处筑土室化蛹，预蛹期约 22.9 d，蛹期 15~22 d。

大云鳃金龟 *Polyphylla laticollis* Lewis（图 6-7）
（鞘翅目：金龟科）

分布于除华南地区外的大部分地区；蒙古、朝鲜、韩国、日本。危害油松、落叶松、樟子松、杨、柳、榆等树种。

形态特征

成虫　体长约 40 mm。红褐色至黑褐色，密生淡褐色及白色鳞毛，组成不规则的云状斑。头部密布淡黄色茸毛。小盾片与前胸背板间白毛较多。唇基前缘平直，侧缘向后方斜切。触角 10 节（鳃状部 7 节）。雄虫鳃状部大，且呈波状弯曲，鳃角片共 7 片；雌虫触角鳃叶部短小，共 6 片。胸部腹板密生黄色长毛，腹部腹板分节明显，臀板三角形。雄虫前足胫节外侧具 2 齿，雌虫具 3 齿。

幼虫　体长 50~60 mm，头部红褐色，前顶毛每侧 6~7 根，后顶毛每侧 3 根。背板淡黄色，臀板腹面刺毛列每列由 9~11 根短锥刺组成，排列不整齐。肛门孔为横裂状。

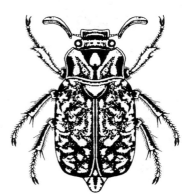

图 6-7　大云鳃金龟

生活史及习性

通常 3 年完成 1 代，有时能延续 4 年，以幼虫在地下 100 cm 附近土中越冬。春季当气温达 10 ℃，10 cm 深地温达 12 ℃时，幼虫在 20 cm 深处危害，秋季当气温下降到以上指标时，幼虫即向土层深处移动。6 月上旬开始化蛹于土室中，经 20~28 d 羽化为成虫，6 月下旬开始羽化，7~8 月上旬成虫大量出现；8 月中旬出现第 1 代幼虫。成虫有假死性，趋光性极强，活动多集中在 17:00~22:00。成虫羽化出土数量与地温和降水量密切相关。如果地温在 25~26 ℃，又有一定的降水量，就有大量成虫羽化出土。白天成虫躲在土中或树上。傍晚雄虫的鞘翅与臀板摩擦能发出"吱吱"声，故有"读书郎"之称，雌虫闻声而来交尾。交尾后一周产卵，一般散产在植物茂盛以及 1~2 年生幼苗根系多的沙壤土和沙土中，所以沙壤土和沙土地上的苗木受害严重。8 月中旬出现新孵化幼虫。

东方绢金龟 *Maladera orientalis*（Motschulsky）（图 6-8）
（鞘翅目：金龟科）

又名黑绒鳃金龟。分布于东北、华北、华东、西北地区及福建、河南、台湾、云南、四川、贵州；朝鲜、日本、俄罗斯、蒙古。食性杂，可危害 140 余种植物。成虫喜食杨、柳、榆、苹果、梨、桑、杏、枣、梅等的叶片；幼虫取食苗木及幼林的根系。

形态特征

成虫　体长 7~8 mm，宽 4.5~5.0 mm；卵圆形，前狭后宽；雄虫略小于雌虫。初羽化为

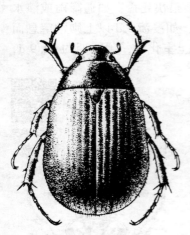

图 6-8 东方绢金龟

褐色,后渐转黑褐至黑色,体表具丝绒般光泽。唇基黑色,有强光泽,前缘与侧缘均微翘起,前缘中部略有浅凹,中央处有一微凸起的小丘。前胸背板宽为长的 2 倍,前缘角呈锐角状向前突出,侧缘生有刺毛,前胸背板上密布细小刻点。鞘翅上各有 9 条浅纵沟纹,刻点细小而密,侧缘列生刺毛。前足胫节外侧生有 2 齿,内侧有 1 刺。后足胫节有 2 枚端距。

幼虫 乳白色,3 龄幼虫体长 14~16 mm。头部前顶毛每侧 1 根,额中毛每侧 1 根。臀节腹面钩状毛区的前缘呈双峰状;刺毛列由 20~23 根锥状刺组成弧形横带,位于复毛区近后缘处,横带的中央处有明显中断。

生活史及习性

河北、宁夏、甘肃等地 1 年 1 代,一般以成虫在土中越冬。翌年 4 月中旬出土活动,4 月末至 6 月上旬为成虫盛发期,在此期间可连续出现几个高峰。高峰出现前多有降雨,故有雨后集中出土的习性。6 月末虫量减少,7 月很少见到成虫。成虫活动适温为 20~25 ℃。日平均温度 10 ℃以上,降水量大、温度高有利于成虫出土。

成虫有假死性和趋光性。飞行能力强,傍晚多围绕发芽开花的苹果、梨、杏、柳树、桃、榆树等果树、林木的树冠飞翔,取食幼芽及嫩叶。雌、雄交尾呈直角形,交尾时雌虫继续取食,交尾盛期在 5 月中旬。雌虫产卵于 10~20 cm 深的土中,卵散产或 10 余粒堆产。产卵量与雌虫取食寄主种类有关,以榆叶为食的产卵量大。一般 1 雌产卵数约 10 粒。卵期 5~10 d。

幼虫以腐殖质及少量嫩根为食,对农作物及苗木危害不大。幼虫共 3 龄,约需 80 d。老熟幼虫在 20~30 cm 较深土层化蛹,预蛹期约 7 d,蛹期 11 d。羽化盛期在 8 月中、下旬。当年羽化成虫个别有出土取食的,但大部分不出土即蛰伏越冬。

此外,鳃金龟亚科重要种类还有:

大栗鳃金龟 Melolontha hippocastani Fabricius:分布于内蒙古、四川、青海、陕西等地。危害杉木、桦木、杨、云南松等。5~6 年 1 代,以成虫和幼虫越冬。

小云鳃金龟 Polyphylla gracilicornis (Blanchard):分布于西北、华北地区及四川、河南等地。食性杂。青海 4 年 1 代,以幼虫越冬。

毛黄鳃金龟 Miridiba trichophora (Fairmaire):分布于河北、山西、河南、山东等地。危害杨、泡桐、水杉等。1 年 1 代,10 月下旬入土以蛹越冬。

暗黑齿爪鳃金龟 Pedinotrichia parallela (Motschulsky):分布于东北地区及甘肃、青海、河北、山西、陕西、山东、河南、江苏、安徽、湖北、浙江、湖南、四川、福建等地。危害榆、柳、核桃、桑等林木及农作物。1 年 1 代,以老熟幼虫和少数羽化的成虫在土中越冬。

棕色齿爪鳃金龟 Eotrichia niponensis (Lewis):分布于东北地区及山东、山西、河南等地。取食危害榆、刺槐、紫藤等。陕西 2 年 1 代,以成虫或幼虫在土中越冬。

铜绿异丽金龟 *Anomala corpulenta* Motschulsky（图6-9）
（鞘翅目：金龟科）

分布于除西藏外的全国各地；朝鲜、日本。成虫危害柳、榆、槭类、杨、核桃、栗、乌桕、油茶、油桐、落叶松，以及果树、豆类等几十种树木和植物的叶部；幼虫则取食危害植物及苗木的根部。

形态特征

成虫 体长15~21 mm，体背铜绿色，有金属光泽，前胸背板及鞘翅侧缘黄褐色或褐色。唇基褐绿色且前缘上卷；复眼黑色；触角9节，黄褐色。前胸背板前缘弧状内弯，侧、后缘弧形外弯，前角锐而后角钝，密布刻点。鞘翅黄铜绿色且纵隆脊略见，合缝隆起较明显。雄虫腹面棕黄且密生细毛，雌虫腹面乳白色，末节横带棕黄色，臀板黑斑近三角形。足黄褐色，胫、跗节深褐色，前足胫节外侧具2齿，内侧有1棘刺，2跗爪不等长，后足大爪不分叉。

幼虫 3龄幼虫体长29~33 mm。头部暗黄色，近圆形；头部前顶毛每侧8根，后顶毛10~14根，额中侧毛两侧各2~4根。前爪大，后爪小。臀部腹面具刺毛列，多由13~14根长锥刺组成，两列刺尖相交或相遇，其后端稍向外岔开，钩状毛分布在刺毛列周围。肛门孔横裂状。

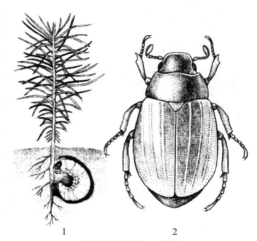

1. 幼虫及危害状；2. 成虫

图6-9 铜绿异丽金龟

生活史及习性

1年1代，以3龄或少数以2龄幼虫在土中越冬。翌年4月越冬幼虫上升表土危害，5月下旬至6月上旬化蛹，6~7月为成虫活动期、9月上旬停止活动；成虫高峰期开始见卵，7~8月为幼虫活动高峰期，10~11月进入越冬。如5~6月雨量充沛，成虫羽化出土较早，盛发期提前，一般南方的发生期约比北方早月余。

成虫趋光性强，有多次交尾及假死习性；白天隐伏于地被物或表土，黄昏出土后多群集于树上先交尾，再大量取食。气温25 ℃以上、相对湿度为70%~80%时活动较盛，闷热无雨、无风的夜晚活动最盛，低温或雨天较少活动；21:00~22:00为活动高峰；食性杂、食量大，群集危害时林木叶片常被吃光。

卵多散产于根系附近5~6 cm深的土中，单雌产卵量约40粒、卵期10 d。幼虫主要危害植物的根系，多在清晨和黄昏由土壤深层爬到表层咬食。被害苗木根茎弯曲、叶枯黄、甚至枯死。1、2龄食量较小，9月进入3龄后食量猛增，越冬后3龄又继续危害至5月，因此春秋两季均为危害盛期。老熟幼虫在土深20~30 cm处筑土室化蛹，预蛹期13 d，蛹期9 d。

苹毛丽金龟 *Proagopertha lucidula* (Faldermann)(图 6-10)
(鞘翅目：金龟科)

分布于东北、华北、华东、华中地区及四川、贵州、陕西、甘肃；俄罗斯远东地区。危害杨、柳、榆、刺槐、苹果、梨、山楂等。

形态特征

成虫 体长 8~11 mm。头、前胸背板、小盾片褐绿色，带紫色闪光。头部较大，头顶多刻点，唇基前缘略向上卷。复眼黑色。触角 9 节，棒状部 3 节。雄虫棒状部十分长大，较额宽为长，雌虫只及额宽之半。前胸背板密被刻点及绒毛，前缘内弯有膜状缘，沿前缘角生有灰黄色长毛，侧缘弧形，后缘角较钝，略呈直角，具边框，后缘中央微呈圆形凸出，无边框。鞘翅短宽光滑，棕黄色，有闪绿光泽，翅上有 9 条刻点列，列间尚有刻点散布。胸部腹面密生灰黄色长毛，中胸具有伸向前方的尖形突起。前足胫节外缘具 2 齿，雌虫内缘有距。前、中足均着生 1 对不等大的爪，大爪端部分叉。腹部黑褐色，分节明显，可见 6 节，具紫色光泽及粗大刻点，臀板密被长毛。

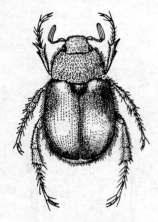

图 6-10 苹毛丽金龟

幼虫 体长 12~16 mm，头黄褐色，足深黄色，上颚端部黑褐色。头部前顶毛每侧 7~8 根，1 纵列，后顶毛各 10~11 根，排列成不太整齐的斜列，额中毛各 5 根成一斜向横列。臀节腹面复毛区的钩状毛群中间的刺毛列前段由短锥刺组成，后段由长锥刺组成。

生活史及习性

1 年 1 代。翌年 4 月中旬越冬成虫出土活动。成虫出现高峰第 1 次在 4 月下旬，占总虫数的 30%；第 2 次在 5 月中旬，占总虫数的 65% 以上。5 月上旬开始产卵，卵散产于植被稀疏、土质疏松的表土层中，5 月中旬为产卵盛期，5 月下旬产卵完毕。卵于 5 月下旬开始孵化。幼虫共 3 龄，经 55~69 d，蜕皮 2 次后于 8 月化蛹，化蛹前老熟幼虫下迁到 80~120 cm 深处(东北西部)或 40~50 cm 深处(河南、山东)筑长椭圆形蛹室，蛹期 16~19 d，9 月上旬左右羽化，成虫羽化后当年不出地面，即于蛹室越冬。

成虫出现和活动与温度及降水量有密切关系，当地表温度达 12 ℃，平均气温达 10 ℃ 以上时，常在雨后有大量成虫出现。出现初期，气温达 20 ℃ 左右时，多在向阳处沿地表成群飞舞或在地面上寻求配偶，至 14:00 以后当气温下降又潜入土中。成虫无趋光性，有假死性。成虫喜食花、嫩叶和未成熟的种实，并随寄主植物物候而转移危害。在辽宁彰武地区先集中在早期开花的黄柳上危害花和未成熟的果实；至 4 月下旬、5 月初，旱柳、梨、小叶杨等陆续开花和展叶时，成虫即依次转移到旱柳、小叶杨、梨、榆上危害；5 月中旬苹果花盛开，又集中到苹果上危害。在没有苹果的地区，成虫常分散在欧美杨等寄主上危害。

此外，丽金龟亚科重要种类还有：

四纹丽金龟 *Popillia quadriguttata* (Fabricius)：又名中华弧丽金龟。几乎分布于全国各地。危害栎类、榆、杨、紫穗槐、苹果、梨等。1 年 1 代，以 3 龄幼虫在土中越冬。

红脚绿异丽金龟 *Anomala cupripes* (Hope)：分布于浙江、福建、台湾、广东、海南、广西、云南等地。成虫危害小叶榕、大叶榕、油茶、柯、荔枝、龙眼、阳桃、橄榄等多种林木和果树；幼虫危害幼苗根部。

金龟类的防治方法

(1) 林业技术防治

在蛴螬密度大的宜林地，造林前应先适时整地，以降低虫口密度。苗圃地秋末深耕可增加蛴螬的越冬死亡率；避免使用未腐熟的厩肥；在蛴螬危害高峰期灌水，可溺死部分幼虫；秋末大水冬灌可减轻翌春的危害；及时清除田间及地边杂草可减少虫口数量；在成虫产卵期及时中耕也可消灭部分卵和初孵幼虫。

(2) 人工防治

在成虫羽化盛期用黑光灯或其他引诱物诱杀；利用成虫的假死习性于傍晚振落捕杀成虫；秋季耕翻时人工捕捉幼虫。

(3) 化学防治

种子与 50%~75% 辛硫磷 2000 倍液按 1:10 拌种防治蛴螬。在播种前将辛硫磷等药剂均匀喷洒地面，然后翻耕或将药剂与土壤混匀；还可在播种时将颗粒药剂与种子混播、药肥混合后在播种时沟施或将药剂配成药液顺垄浇灌或围灌防治幼虫。成虫盛发期喷 25% 西维因粉或 15% 的乐果粉 1000~1500 倍液或其他药剂防治。

(4) 生物防治

招引食虫鸟类；采用蛴螬乳状杆菌乳剂、大黑臀土蜂防治幼虫，可利用金龟子性腺粗提物或未交配的雌活体诱杀成虫。

6.5 叩甲类

隶属鞘翅目叩甲科。在土壤中危害树木及许多农作物种子刚发出的芽或刚出土幼苗的根和嫩茎，造成连片的缺苗现象。主要有细胸锥尾叩甲和沟线角叩甲。

细胸锥尾叩甲 *Agriotes subvittatus* Motschulsky（图 6-11）

（鞘翅目：叩甲科）

细胸锥尾叩甲

又名细胸金针虫。分布于东北、华北地区及江苏、福建、山东、河南、湖北、甘肃、陕西、宁夏；俄罗斯、日本。危害杨、桑、竹等多种苗木种子的幼芽及幼苗的根和嫩茎。

形态特征

成虫 体长 8~9 mm，宽约 2.5 mm。体形细长扁平，被黄色细卧毛。头、胸部黑褐色；鞘翅、触角和足红褐色，光亮。触角细短，向后不伸达前胸后缘，第 1 节最粗长，自第 4 节起略呈锯齿状，各节基细端宽，彼此约等长，末节呈圆锥形。前胸背板长稍大于

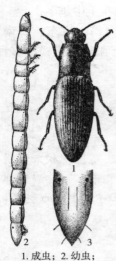

1. 成虫；2. 幼虫；3. 幼虫尾部

图 6-11　细胸锥尾叩甲

宽，后角尖锐，顶端略微上翘；鞘翅狭长，末端趋尖，每翅具 9 行深的刻点沟。

幼虫　淡黄色，光亮。老熟幼虫体长约 32 mm，宽约 1.5 mm。头扁平，口器深褐色。第 1 胸节较第 2、3 节稍短。1~8 腹节略等长，尾节圆锥形，近基部两侧各有 1 个褐色圆斑和 4 条褐色纵纹，顶端具 1 个圆形突起。

生活史及习性

东北约 3 年 1 代。内蒙古河套平原 6 月见蛹，蛹多在 7~10 cm 深的土层中，6 月中、下旬羽化为成虫。成虫活动能力较强，对禾本科草类刚腐烂发酵时的气味有趋性。6 月下旬至 7 月上旬为产卵盛期，卵产于表土内。黑龙江克山地区，卵历期 8~21 d。幼虫要求偏高的土壤湿度，耐低温能力强。河北 4 月平均气温 0 ℃时，即开始上升到表土层危害。一般 10 cm 深地温 7~13 ℃时危害严重。黑龙江 5 月下旬 10 cm 深地温 7.8~12.9 ℃时危害，7 月上、中旬地温升达 17 ℃时即逐渐停止危害。

沟线角叩甲 *Pleonomus canaliculatus* (Faldermann)（图 6-12）

（鞘翅目：叩甲科）

沟线角叩甲

又名沟金针虫。分布于辽宁、河北、山西、内蒙古、陕西、甘肃、青海、山东、江苏、安徽、河南、湖北。危害松柏类、刺槐、梧桐、悬铃木、元宝枫、丁香、海棠等苗木种子的幼芽及幼苗的根和嫩茎，曾是平原旱作区重要的地下害虫，近些年很少发生。

形态特征

成虫　栗褐色。体长 14~18 mm。体扁平，全体被金灰色细毛。头部扁平，头顶呈三角形凹陷，密布刻点。雌虫触角短粗，11 节，第 3~10 节各节基细端粗，各节近等长，约为前胸长度的 2 倍。雄虫触角较细长，12 节，长及鞘翅末端；自第 6 节起渐向端部趋狭略长，末节顶端尖锐。雌虫前胸较发达，背面呈半球状隆起，后缘角突出外方；鞘翅长约为前胸长度的 4 倍，后翅退化。雄虫鞘翅长约为前胸长度的 5 倍。足浅褐色，雄虫足较细长。

幼虫　老熟幼虫体长 25~30 mm，体形扁平，全体金黄色，被黄色细毛。头部扁平，口部及前头部暗褐色，上唇前缘具 3 齿状突起。由胸背至第 8 腹节背面正中有 1 明

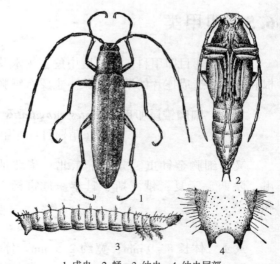

1. 成虫；2. 蛹；3. 幼虫；4. 幼虫尾部

图 6-12　沟线角叩甲

显的细纵沟。尾节黄褐色,其背面稍呈凹陷,且密布粗刻点,尾端分叉,各叉内侧各有 1 小齿。

生活史及习性

完成 1 个世代约需 2 年以上,以幼虫和成虫越冬。河南南部越冬成虫于 2 月下旬开始出蛰,3 月中旬至 4 月中旬为活动盛期。成虫白天多潜伏于表土内,夜间交尾产卵。雌虫无飞行能力,每头产卵 32~166 粒,平均 94 粒。雄虫善飞,有趋光性。卵于 5 月上旬开始孵化,卵历期 33~59 d,平均 42 d。初孵幼虫体长约 2 mm,在食料充足的条件下,当年体长可达 15 mm 以上;到第 3 年 8 月下旬,老熟幼虫多于 16~20 cm 深的土层内筑土室化蛹,蛹历期 12~20 d,平均 16 d。9 月中旬开始羽化,当年在原蛹室内越冬。在北京,3 月中旬 10 cm 深地温平均为 6.7 ℃ 时,幼虫开始活动。3 月下旬地温达 9.2 ℃ 时开始危害,4 月上、中旬地温为 15.1~16.6 ℃ 时危害最为严重。5 月上旬地温为 19.1~23.3 ℃ 时,幼虫则渐趋 13~17 cm 深土层栖息。6 月 10 cm 深处地温升达 28 ℃,最高达 35 ℃ 以上时,幼虫下移到深土层越夏。9 月下旬至 10 月上旬,地温下降到 18 ℃ 左右时,幼虫又上升到表土层活动。10 月下旬地温持续下降后,幼虫开始下移越冬。11 月下旬 10 cm 深地温平均为 1.5 ℃ 时,幼虫多在 27~33 cm 深的土层越冬。

叩甲类的防治方法

①在整地播种前,特别是前作为苜蓿或新垦的荒地,要测查土壤。根据各地经验,幼虫超过 1000 头/亩或 2~3 头/m³ 即须防治。

②在做床育苗时,用 5% 辛硫磷颗粒剂按 30~37.5 kg/hm² 施入表土层防治。

③用辛硫磷或其他药剂与种子混合播种,种苗出土或栽植后如发现幼虫危害,可用毒土逐行撒施并随即锄掩入苗株附近表土内,也能取得良好效果。

④苗圃地精耕细作,以便通过机械损伤或将虫体翻出土面供鸟类捕食,以降低幼虫密度。此外,要加强苗圃管理,避免施用未腐熟的草粪等诱来成虫繁殖。

6.6 象甲类

属于鞘翅目象甲科。幼虫危害幼苗细根,或在地下根茎及插条上啃食皮层,造成苗木枯死。成虫喜食幼苗的幼芽、嫩叶及嫩茎。

大灰象 *Sympiezomias velatus* (Chevrolat)(图 6-13)

(鞘翅目:象甲科)

大灰象

分布于东北、华北地区及甘肃、陕西、山东、河南、湖北、福建;日本。食性杂,危害 40 余科 100 余种农林植物。成虫取食初出土的林木幼苗、幼树嫩芽等,幼虫取食危害植物根系,主要在成虫期造成严重的损失。

形态特征

成虫 体长约 10 mm,黑色,全体密被灰白色鳞毛。前胸背板中央黑褐色,两侧及鞘翅上的斑纹褐色。头部较宽，复眼黑色，卵圆形。头管粗而宽，表面具3条纵沟，中央1沟黑色，先端呈三角形凹入。鞘翅卵圆形，末端尖，基部急剧形成边缘，鞘翅上各具1近环形的褐色斑纹和10条刻点列，后翅退化。腿节膨大，前胫节内缘具1列齿状突起。

幼虫　老熟幼虫体长14 mm。乳白色，头部米黄色，上颚褐色，先端具2齿，后方具1钝齿，内齿前缘具4对齿状突起，中央具3对齿状小突起，后方的2个褐色纹均呈三角形，下颚须和下唇须均2节。第9腹节末端稍扁，先端轻度骨化，褐色。肛门孔暗色。

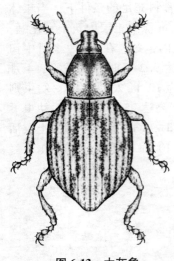

图6-13　大灰象

生活史及习性

辽宁南部2年1代，以幼虫和成虫在土壤中越冬。4月中、下旬成虫出土活动，5月下旬产卵，6月上旬幼虫开始陆续孵化，9月下旬幼虫筑土室越冬；翌年春暖后继续取食，6月下旬化蛹；蛹历期约15 d，7月中旬成虫羽化即在原处越冬。

成虫不能飞翔，4月下旬温度较低时很少活动，多潜伏在土缝中或植物残株下面。随气温升高活动也增多，以日平均温度20 ℃以上时最为活跃，但在6~7月也惧高温，常在10:00前及15:00后活动，地面匍匐植物叶下常有成虫潜藏，甚至离开地面爬到叶背或枝干庇荫处。成虫有隐蔽性和假死性。成虫喜取食幼苗、幼芽，尤以早春早期出土的幼苗受害最重。成虫交尾时间长，产卵时用足将叶片正向合拢，在叶缝中产卵并用分泌物黏合。卵块状，卵块以30~50粒为多，单雌产卵量374~1172粒，卵期10~11 d。雌虫寿命较长。幼虫孵化后迅速潜入松土中，仅取食腐殖质及微细的根，不造成大的损害。9月下旬幼虫开始移向土中60~80 cm深处越冬。翌年6月上旬开始化蛹，新羽化的成虫当年蛰伏土中不外出。

蒙古土象 *Meteutinopus mongolicus* (Faust)（图6-14）
（鞘翅目：象甲科）

分布于东北、华北地区及山东、宁夏；蒙古、朝鲜及俄罗斯远东地区。危害80余种农林植物，紫穗槐、刺槐、栗、核桃、桑、加杨、甜菜、大豆等最为嗜食，常造成大面积缺苗、断垄，甚至毁种。主要以成虫啃食幼苗等方式进行危害。

形态特征

成虫　体长4.4~5.8 mm。体被褐色或白色鳞片。头部吻状部在眼前无深凹陷。鞘翅略呈卵形，末端稍尖，表面密被黄褐色绒毛。第3、4纵行的基部有白斑，鞘翅基部逐渐倾斜，不急剧形成边缘。

幼虫　体长6~9 mm。内唇侧后方2个三角形褐色纹于基部联结在一起，并延长呈舌形。

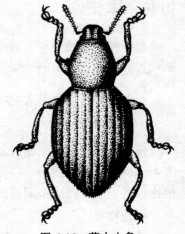

图6-14　蒙古土象

生活史及习性

辽宁、吉林2年1代，以成虫和幼虫在土中越冬。4月中旬日平均温度达10℃左右时成虫即出土活动；5月上旬产卵，下旬幼虫孵化；9月下旬幼虫筑土窝休眠，继而越冬；翌年6月中旬化蛹，7月上旬成虫羽化，在原处越冬。成虫有假死和群集取食习性。卵散产于表土中，单雌产卵量80~90粒。卵历期约13 d，幼虫孵化后钻入土中取食腐殖质及植物根系。蛹历期17~20 d，雌成虫寿命57~157 d，雄成虫46~96 d。成虫活动习性与大灰象类似。

象甲类的防治方法

因成虫出现早、寿命长，危害严重，应集中防治成虫。

(1) 人工捕杀

早春集中危害初出土的幼苗时，或利用在田间植株附近土块地面叶下、匍匐植物叶下集中潜伏和假死的习性，进行人工捕杀。

(2) 喷洒药剂

成虫活动盛期，可选用90%敌百虫晶体、80%敌敌畏乳油、75%辛硫磷、50%马拉硫磷、50%杀螟松等乳油1000倍液或2.5%溴氰菊酯10 000倍液喷雾。

6.7　地老虎类

地老虎是鳞翅目夜蛾科切根虫亚科一些种类幼虫的总称，俗称地蚕、切根虫、土蚕等。危害农林植物的幼苗，切断根茎部，造成缺苗断行，是一类危害严重的苗圃及根部害虫。

小地老虎 *Agrotis ipsilon*（Hufnagel）（图6-15）

（鳞翅目：夜蛾科）

小地老虎

世界各地均广泛分布。以幼虫危害苗木，夜出活动，将幼苗茎干距地面1~2 cm处咬断，拖入土穴中取食；也爬至苗木上咬食嫩茎和幼芽，造成缺苗或严重影响幼苗生长。

形态特征

成虫　体长17~23 mm，翅展40~54 mm。头部与胸部褐色至灰黑色，额上缘有黑条，头顶有黑斑，颈板基部及中部各有1条黑横纹。腹部灰褐色。前翅红褐色，前缘区色较深，基线双线黑色，波浪形；内横线双线黑色，剑状纹小，暗褐色，黑边，环状纹小，扁圆形，有1圆灰环，肾状纹黑色黑边，外侧中部有1条楔形黑纹伸至外横线；中横线黑褐色，波浪形；外横线双线黑色，锯齿形，齿尖在各翅脉上为黑点；亚外缘线微白，锯齿形，内侧M_3至M_1间有2条楔形黑纹，内伸至外横线，外侧为2个黑点，外缘线由1列黑点组成。后翅白色，翅脉褐色，前缘、顶角及外缘线褐色。

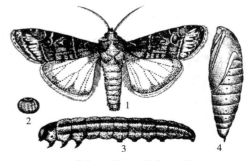

1.成虫；2.卵；3.幼虫；4.蛹

图6-15　小地老虎

卵 馒头形，直径约 0.5 mm，高约 0.3 mm，表面有纵横隆线。初产乳白色，后渐变为黄色，孵化前卵顶上呈现黑点。

幼虫 圆筒形，体长 37~50 mm。头部褐色，具有黑褐色不规则网状纹，额中央亦有黑褐色纹。体灰褐至暗褐色，体表粗糙，布满大小不均匀而彼此分离的颗粒，这些颗粒稍微隆起。背线、亚背线及气门线均黑褐色，但不甚明显。前胸背板暗褐色，臀板黄褐色，其上具有 2 条明显的深褐色纵带。胸、腹足黄褐色。

蛹 体长 18~24 mm，赤褐色，有光泽。口器末端约与翅芽末端相齐，均伸达第 4 腹节后缘。腹部前 5 节呈圆筒形，近与胸部同粗，第 4~7 腹节各节背面前缘中央深褐色，有粗大的刻点，两侧有细小刻点，延伸至气门附近，第 5~7 腹节腹面前缘也有细小的刻点。腹部末端臀棘短，具短刺 1 对。

生活史及习性

各地发生代数因气候不同而异。大致为：长城以北，1 年 2~3 代；长城以南，黄河以北 1 年 3 代；黄河以南至长江沿岸，1 年 4 代；长江以南 1 年 4~5 代；南部亚热带地区包括广东、广西、云南南部，1 年 6~7 代。无论年发生代数多少，造成严重危害的均为第 1 代幼虫。在长江流域及其以南地区，小地老虎以蛹及幼虫在土壤及枯枝落叶层中越冬。南部亚热带地区，由于气候温暖，冬季无休眠现象，各虫态都能正常活动。

越冬代成虫在南方最早于 2 月出现，全国大部分地区发蛾盛期在 3 月下旬至 4 月上、中旬；宁夏、内蒙古地区则在 4 月上旬；华南有些地区从 10 月至翌年 4 月都有小地老虎危害发生。成虫白天潜伏于土隙、枯叶、杂草等隐蔽物下，夜晚飞翔、觅食、交尾、产卵，以 22:00 前后活动最盛。成虫羽化后经 3~5 d 开始产卵，卵多散产于低矮密集的杂草上，少数产于枯叶下及土隙内，一般以靠近土面的杂草叶片上产卵最多。成虫产卵量较大，平均 2400 粒，最多可达 3000 余粒。

幼虫共 6 龄，少数 7~8 龄。1~2 龄幼虫多群集于杂草、林木幼苗顶芽及苗株嫩叶上取食危害。3 龄以后分散活动，白天潜伏于杂草及幼苗根部附近的表土干、湿层之间，夜出咬断苗茎，尤以黎明前露水多时更烈。3 龄前的取食量仅约占幼虫期取食量的 3%。4 龄后食量逐渐增大。当食料缺乏或环境不适时，常导致幼虫夜间成群迁移危害。老熟幼虫约在 5 cm 深表土层筑土室化蛹，蛹历期约 15 d。

影响小地老虎发生数量和苗木被害程度的因素虽然很多，但最主要的是土壤湿度。长江流域雨量较充沛，土壤湿度常年较大，因而危害较重。北方沿河靠湖滩地、低洼内涝区以及常年灌溉地区发生严重，丘陵及旱地发生极轻。发生面积与当地前一年积水面积有关，积水面积大，害虫发生面积也大。危害程度与积水地区的退水迟早也有关，凡是在前一年晚秋至当年早春退水的地区受害严重。高温对小地老虎的生长发育与繁殖不利，因而夏季发生数量较少。温度在 30 ℃ 以上时，幼虫难以完成发育。冬季温度过低，小地老虎幼虫的死亡增多；冬季气温越低，翌春蛾量越少。越冬成虫当旬平均气温达 7 ℃ 时开始活动，16~20 ℃ 是成虫活动的最适温区。小地老虎的分布危害也受制于土壤类型，一般沙壤土、壤土、黏壤土地的虫口密度都较沙土地为多。此外，播种前苗圃地杂草也能诱集较多的小地老虎成虫产卵，受害偏高。成虫对普通灯光趋性不强，但对黑光灯有很强的趋性；喜食糖、醋等酸甜及有芳香气味的食料。

小地老虎有迁飞现象。据测定，一次迁飞距离可达到 1000 km 以上，估计需时 6 d 左右，除了能在南北方向或东西方向水平迁飞外，还可以向上迁飞到海拔 3000~4000 m 的地区。

大地老虎 *Agrotis tokionis* **Butler**（图 6-16）
（鳞翅目：夜蛾科）

分布于全国各地，以长江流域的局部地区危害严重，北方较轻，有时与小地老虎混同发生；朝鲜、韩国、日本及俄罗斯远东地区。大地老虎食性很杂，除林木及果树的幼苗和农作物苗株外，也危害蔬菜。

形态特征

成虫 体长 20~23 mm，翅展 42~52 mm。前翅前缘自基部至 2/3 处呈灰黑色，肾状纹及环状纹明显，其周围有黑褐边。肾状纹外侧有一不规则的黑纹，亚基线、内、外横线均为明显的双曲线，中横线、亚缘线不明显，无剑状纹。后翅灰褐色，外缘污黑色。雄蛾触角双栉状，分枝达末端。

幼虫 体长 40~60 mm，黄褐色，多皱纹，光滑无颗粒；腹背毛片前后一样大小；幼虫唇基三角形，底边大于斜边；臀板深褐色、无斑纹；腹足趾钩一般在 20 根以下。

生活史及习性

1 年 1 代，以幼虫在土中越冬。北京越冬幼虫于 4 月中、下旬陆续开始危害；南方一般于 3 月中旬至 4 月上旬开始活动取食。5~6 月以老熟幼虫行夏眠，夏眠的时期在南京和杭州分别为 5~9 月和 6~7 月。夏眠结束后，即在土壤内筑椭圆形蛹室化蛹，历期 32~27 d。成虫于 10 月上旬出现，白天潜伏于枯叶、杂草丛中，夜间活动，具趋光性和趋化性。成

图 6-16 大地老虎成虫

虫补充营养后 3~5 d 即交尾、产卵。卵散产于杂草和幼苗上，也产于落叶上及土缝中。产卵量的多少与成虫期获得补充营养的质量及在幼虫期营养状况成正相关。幼虫孵出后于 11 月中旬进入越冬。幼虫共 7 龄，1~3 龄幼虫多群集于杂草及林木幼苗的顶心嫩叶上，昼夜取食，4 龄后扩散危害，昼伏夜出；但其活动远较小地老虎迟钝。

此外，地老虎类重要种还有：

黄地老虎 *Agrotis segetum* Schiffermuller：几乎分布于全国各地，危害多种林木及农作物幼苗。新疆 1 年 2 代，河北、陕西、甘肃 2~3 代，山东 3~4 代，黄淮地区 3 代；以蛹及幼虫在土中越冬。

地老虎类的虫情监测和预报

地老虎幼虫在 3 龄以前群集危害，抗药性低，是防治的关键时期，因此，做好地老虎测报的同时应做好防治准备工作，对及时控制地老虎危害具有重要意义。现以小地老虎为主介绍虫情测报与防治。

(1) 虫情调查

①监测越冬代蛾量。越冬代蛾量是预测第 1 代幼虫发生数量的重要依据。一般用黑光灯和糖醋液诱蛾(糖醋液的配制：红糖、醋、酒、水按 6∶3∶1∶10 的比例配合并加少量农药均匀混合而成)，糖醋液在容器内深度通常为 3.5~5.0 cm，置于空旷田间，并使高出地面约 70~100 cm 处；每隔 1~2 d 诱蛾 1 次，翌日清晨检查记录诱到的蛾数；每 5 d 补充 1 次糖醋液，10 d 换新液 1 次。诱蛾时间在黄淮地区约于 3 月中旬开始，南方地区要适当提早。

②查卵。发蛾盛期后，开始调查苗圃地及其周围杂草上的卵量和孵化情况。当进入盛孵期就应作出预报，准备及时清除卵的寄主杂草或喷药防治。

③查幼虫。卵孵化后，选择具有代表性的苗圃地，检查苗木和杂草心叶及嫩叶，以及受害植株附近的干湿土层之间的虫数；分别记录各龄期的幼虫数，同时调查苗木被害株率。当大部分幼虫进入 2 龄时，就应作出预报，组织普查。在苗木定植以前，平均每平方米有虫 0.5~1.0 头，或苗木被害株率达 10% 时，或定苗后，平均每平方米有虫 0.1~0.3 头，苗木被害株率在 5% 时，应及时进行防治。

(2) 预报

根据对当地 5 年以上的上述测报资料的分析，可得出越冬代第 1 次发蛾高峰期与防治适期(田间卵孵化 80% 或幼虫 2 龄盛期)之间的平均期距，就可用期距法提前于发蛾高峰期预测幼虫防治适期。

地老虎类的防治方法

(1) 诱杀成虫

在越冬代发蛾期用黑光灯或糖醋液诱杀成虫，可有效压低第 1 代虫量。

(2) 清除杂草

杂草是地老虎的产卵寄主和幼龄幼虫的食料。在苗圃地幼苗出土前或 1、2 龄幼虫期清除圃地及附近杂草并及时运出沤肥或烧毁，可防止杂草上的幼虫转移到林木幼苗上危害。

(3) 药剂防治

用 90% 敌百虫 1000 倍液、20% 乐果乳油 300 倍液或 75% 辛硫磷乳油 1000 倍液喷于幼苗或四周土面上；或将 90% 敌百虫 1 kg 加水 5~10 kg，拌鲜草 100 kg，于傍晚撒于苗圃地上，可诱杀 4 龄以上幼虫；2.5% 溴氰菊酯 1000 倍喷雾防治，保苗效果良好。

(4) 人工捕捉

在苗圃地于清晨进行检查，如发现新鲜被害状，则在苗株附近刨土，捕杀幼虫，可收到显著效果。

复习思考题

1. 地下害虫有哪些主要类群和重要种类？
2. 简述地下害虫的发生危害特点与土壤条件的关系。
3. 苗圃地如何进行处理防治地下害虫？
4. 蝼蛄、地老虎、金龟类有哪些主要习性？如何根据其习性进行防治？
5. 如何进行地老虎类害虫的虫情监测和预报？

第 7 章

顶芽及枝梢害虫

【本章提要】 顶芽及枝梢害虫主要包括刺吸类和钻蛀类害虫，危害幼树的顶芽、嫩叶、嫩梢以及幼干，导致树干分叉、枝芽丛生、卷叶、瘿瘤等。本章介绍其主要种类的分布、寄主、形态、生活史及习性和防治方法。

顶芽及枝梢害虫主要包括刺吸类和钻蛀类害虫，危害幼树的顶芽、嫩叶、嫩梢以及幼干，导致树干分叉、枝芽丛生、卷叶、产生瘿瘤等，甚至可导致整株枯死，是对林木危害最严重的害虫类群之一。

7.1 刺吸类害虫

刺吸类害虫是森林害虫中的一个重要类群，主要包括半翅目的蚧类、蚜虫类、蝉类、木虱类、粉虱类、蝽类，以及缨翅目蓟马类和蜱螨目的螨类。其共同特点是刺吸危害林木，造成被害部位呈现褪色斑点，幼叶卷曲、皱缩，枝叶丛生、形成虫瘿或枯萎，树势衰弱，甚至整株死亡。一些种类的排泄物污染枝叶，可诱发煤污病；还有一些种类在取食或刺伤植物皮层产卵时可传播植物病毒。

这类害虫种类多、繁殖快、虫口密度大、生活习性复杂，常常点片发生，并可通过各种途径传播蔓延。

7.1.1 蚧类

蚧又称介壳虫，隶属半翅目胸喙亚目蚧总科。绝大多数介壳虫一生大部分虫态和虫期均固定在寄主上营固着生活，仅初孵若虫可爬行，活动性强，是自然扩散蔓延的主要虫态；初孵若虫一旦将口器刺入寄主组织后，大多雌蚧终生不动，直至产卵死去；雄虫则在羽化后，靠爬行或飞行寻找配偶交配。

介壳虫具有很强的分泌功能，多数在体外形成各种蜡质介壳，起保护作用；还可排泄大量蜜露诱发煤污病，影响寄主的光合作用，常与蚂蚁形成共生关系；少数种类还能传播植物病毒，从而对寄主产生更大的伤害。

介壳虫的远距离传播主要靠苗木的运输、动物、风、雨水冲刷等，因而植物检疫措施对防止介壳虫的扩散蔓延尤为重要。

7.1.1.1 松干蚧类

日本松干蚧 *Matsucoccus matsumurae* (Kuwana)（图7-1）
（半翅目：干蚧科）

分布于吉林、辽宁、山东、上海、江苏、浙江、安徽；朝鲜、韩国、日本。危害马尾松、黑松、赤松、油松等多种松树。以若虫、成虫在寄主植物的枝干、梢和针叶上刺吸危害。松树被害后造成树势严重衰弱，针叶枯黄，枝叶自下而上枯死，甚至全树逐渐枯死。曾在1984年和1996年连续2次被列入全国林业检疫性有害生物名单。

形态特征

成虫 雌性体长2.5~3.3 mm，卵圆形，橙褐色，体壁柔软，体节不明显，前端略狭，后部较宽。触角9节，基部2节粗大，其余各节念珠状，其上生有鳞纹。口器退化仅留痕迹。足3对，胫节弯曲，跗节2节，腿节以下具鳞纹。腹气门7对。腹部第2~7节背面有圆形疤排成横列。腹末有一"∧"形臀裂。雄性体长1.3~1.5 mm，翅展3.5~3.9 mm。头胸部黑褐色，腹部淡褐色。复眼大而突出，紫褐色。触角丝状，10节。前翅发达，膜质半透明，有明显的羽状纹。腹部第7节背面有一马蹄形的硬化片，其上排列有12~18个腺管，由此分泌白色长蜡丝。

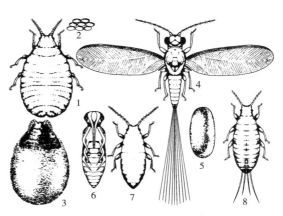

1.雌成虫；2.卵；3.卵囊；4.雄成虫；5.茧；6.雄蛹；
7.3龄雄若虫；8.初孵若虫

图7-1 日本松干蚧

卵 长约0.24 mm，椭圆形。初产时黄色，后变为暗黄色，包被于白絮状卵囊中。

若虫 初孵若虫长0.26~0.34 mm，长椭圆形，橙黄色。触角6节。胸足发达，腹末具长短尾毛各1对。1龄寄生若虫梨形或心脏形，虫体背面有成对白色蜡条。2龄若虫触角和足退化，因而称为无肢若虫，口器特发达，虫体周围有白色长蜡丝。雌雄分化明显。无肢雌虫体较大，圆珠形或扁圆形，橙褐色；无肢雄虫体较小，椭圆形，黑褐色。3龄雄若虫体长约1.5 mm，橙褐色，口器退化，触角和足发达。外形和雌成虫相似，但腹部较窄，无背疤，末端无"∧"形臀裂。

雄蛹 包被于椭圆形白色小茧中，分预蛹和蛹2个时期。预蛹与雌若虫相似，胸背隆起，形成翅芽。蛹头部淡褐色，眼器紫褐色，附肢灰白色。腹部9节，褐色，末端呈圆锥形。

生活史及习性

1年2代，以1龄寄生若虫潜于树皮裂缝内越冬或越夏。成虫第1次集中出现在5月中旬至6月上旬；第2次集中出现在8月上旬至9月中旬。若虫每个世代各有一次隐蔽期和显露期。越冬代若虫的隐蔽期，自9月上旬开始，到翌年3月下旬及4月上旬。4月中旬至6月上旬为越冬代若虫的显露期，此期各虫态均大量出现，比较集中。第1

代若虫的隐蔽期在 6 月上旬至 8 月上旬，显露期在 7 月下旬至 9 月中旬。此期各虫态参差不齐。

3 龄雄若虫经结茧化蛹羽化为成虫；雌若虫最后一次蜕皮后即为成虫。成虫羽化后可交配，第 2 天开始产卵，经 3~5 d 产完。交配后的雌成虫存活 5~7 d，未交配的最长可达 16 d。雄成虫寿命最短为 5 h，最长为 13 h。雌虫平均可产卵 223 粒，最高达 520 粒。产卵盛期出现在 5 月中、下旬及 8 月下旬和 9 月上旬。产卵后分泌蜡丝，将卵包裹起来，形成卵囊。卵主要产在轮枝节、树皮裂缝、球果鳞片、新梢叶基等处。第 1 代卵期 9~12 d，第 2 代 13~21 d。初孵若虫沿树木枝干爬行，1~2 d 后寻找背阴面的树皮缝、顶芽及顺鞘基部潜伏固定，开始营寄生生活。该虫主要寄生于 3~4 年生枝条及 10 年以下的主干上。1 龄寄生若虫蜕皮后，虫体逐渐增大，开始显露。2 龄无肢雄若虫蜕皮成为 3 龄雄若虫后沿树木的枝干爬行，在粗糙的树皮缝、球果鳞片、树根附近和枯枝落叶层及石块缝隙等处，由体壁分泌白色蜡丝结茧化蛹。预蛹期 2~3 d，第 1 代蛹期 5~7 d，第 2 代蛹期 7~12 d。

捕食性天敌有 100 多种，其中主要以异色瓢虫、蒙古光瓢虫、黄斑盘瓢虫、隐斑瓢虫、日本松花蝽等为主。捕食作用较大。

此外，干蚧科还有以下重要种类：

中华松针蚧 *Matsucoccus sinensis* Chen：分布于陕西、安徽、浙江、福建、河南、湖南、四川、贵州、云南等地。危害马尾松、黄山松、油松和黑松。河南 1 年 1 代，以 3 龄若虫在松针上越冬。3 月下旬越冬若虫开始活动，4 月中旬至 5 月下旬为成虫出现及交尾期，5 月上旬为成虫出现盛期。

7.1.1.2 绵蚧类

吹绵蚧 Icerya purchasi Maskell（图 7-2）
（半翅目：绵蚧科）

吹绵蚧

又名绵团介壳虫、白条介壳虫。分布于除西北地区以外的全国各地；朝鲜、日本、菲律宾、印度尼西亚、斯里兰卡、新西兰、澳大利亚、欧洲、非洲、北美洲。危害芸香科、蔷薇科、豆科、葡萄科、木樨科、天南星科及松杉目等 200 多种植物。以成虫群集在植物的叶、芽、枝、果上危害，使叶片变黄，枝梢枯萎，并诱发煤污病而使叶、果皮变黑。

形态特征

成虫 雌成虫椭圆形，体长 5~6 mm，宽约 4 mm，橘红色。体表生有黑色短毛，在体缘明显密集成毛簇。触角、眼、喙和足均为黑褐色。腹面平，背面隆起，被白色蜡粉。产卵期腹面有隆起的白色蜡质卵囊，卵囊表面有明显的 15 条纵条纹。触角 11 节。眼发达，具有硬化的眼座。足 3 对。腹气门 2 对，脐斑 3 个，椭圆形，中间者较大。雄成虫体长约 3 mm，翅展 5~7 mm，腹部橘红色。触角长，具轮毛状。前翅狭长，紫黑色，有翅脉 2 条，后翅退化为平衡棒。腹部末端有 2 个肉质突起，其上各生有 4 根刚毛。

卵 长椭圆形，橘红色，包藏在卵囊内。

若虫 1 龄若虫椭圆形，橘红色，体背被有少量黄白色蜡粉。触角、眼、足黑色。触角6节，末端膨大，顶端生有4根长毛，腹末有6根细长毛。2龄若虫橘红色，体缘出现毛簇。3龄雌若虫同雌成虫，但体较小，触角9节。

雄蛹 椭圆形，橘红色，腹面凹入呈叉状。预蛹和蛹均藏于白色椭圆形茧内。

生活史及习性

发生世代因地区而异。广东、四川南部1年3~4代，冬季可见各虫态；长江流域2~3代，以若虫和雌成虫越冬。第1代卵始见于3月上旬，5月最盛。若虫发生于5月上旬至6月下旬，若虫期平均50 d左右。成虫盛发期7月中旬，产卵期平均30 d左右。第2代卵盛期在8月上旬，若虫发生于7月中旬至11月下旬，以8~9月最盛。雄成虫量少，多行孤雌生殖，单雌产卵量200~679粒。卵期平均14~26 d。初孵若虫很活泼，多寄生在新梢和叶背主脉两侧，2龄后向枝、干转移。成虫喜集居在小枝上，特别是阴面及枝杈处，并分泌卵囊产卵，不再转移。雄若虫2龄后常爬到枝

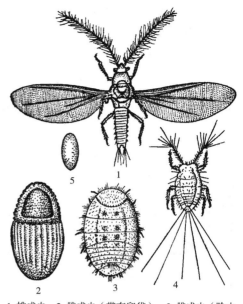

1.雄成虫；2.雌成虫（带有卵袋）；3.雌成虫（除去蜡粉）；4.1龄若虫；5.卵

图7-2 吹绵蚧

干裂缝处结白色薄茧化蛹。吹绵蚧发生适温为23~26℃，夏季高温或冬季低温对其发育不利，高于39℃或低于12℃均会导致其大量死亡。

天敌主要有澳洲瓢虫、大红瓢虫、红环瓢虫及小草蛉等，其中澳洲瓢虫能有效抑制该蚧的大发生。

此外，绵蚧科还有以下重要种类：

草履蚧 *Drosicha corpulenta*（Kuwana）：分布于华北、华东地区及辽宁、新疆、河南、陕西、四川、福建、贵州、云南、西藏等地。危害泡桐、杨、柳、楝、栗、刺槐、白蜡树、悬铃木、柿、石榴、核桃、苹果、梨、樱桃、柑橘、荔枝、无花果、桑、栎类、月季等。1年1代，以卵在土壤或树木附近的建筑物缝隙、砖石堆等处越冬，翌年2月越冬卵孵化为若虫，开始上树危害，在嫩枝、幼芽处吸汁危害。

7.1.1.3 粉蚧类

湿地松粉蚧 *Oracella acuta*（Lobdell）（图7-3）

（半翅目：粉蚧科）

湿地松粉蚧

又称火炬松粉蚧。分布于江西、湖南、福建、广东、广西。危害湿地松、火炬松、马尾松、加勒比松和裂果沙松等。1988年传入我国，1996年曾被列为全国林业检疫性有害生物。

形态特征

成虫 雌成虫梨形，中后胸最宽，粉红色。体长1.5~1.9 mm，宽1.0~1.2 mm。触角

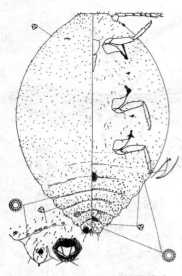

图 7-3 湿地松粉蚧雌成虫

7 节。有单眼。前、后背孔存在。刺孔群 4~7 对，在腹末几节背面两侧。末端刺孔群由 2 根锥刺、几根附毛和少数三格腺组成，位于浅硬化片上，其余各对无附毛。肛环在背末，由 2~3 圈小孔和 6 根刚毛组成。足 3 对、不退化，爪下无齿。腹脐 1 对，椭圆形，位于 3、4 腹节腹板间。三格腺和短毛散布背、腹两面。多格腺分布于第 3~8 腹板和第 4~8 腹节背板上。雄成虫分有翅型和无翅型。有翅型粉红色，触角基部和复眼朱红色。中胸大、黄色。有 1 对白色翅、翅脉简单。腹末有 1 对白色长蜡丝。体长 0.88~1.06 mm，翅展 1.50~1.66 mm。无翅型浅红色，第 2 腹节两侧各具一明显的白色蜡质环，腹末无白色蜡丝。

卵　长椭圆形，浅红色至红褐色，(0.32~0.36) mm×(0.17~0.19) mm。

若虫　椭圆形至梨形，浅黄色至粉红色，体长 0.44~1.52 mm，宽 0.18~1.03 mm。足 3 对，腹末有 3 条白色蜡丝。中龄若虫体上分泌出白色粒状蜡质物，高龄若虫营固定生活，分泌出的蜡质物形成蜡包，覆盖虫体。

雄蛹　粉红色，复眼朱红色，足浅黄色。体长 0.89~1.03 mm，宽 0.34~0.36 mm。

生活史及习性

广东 1 年 4~5 代，以 4 代为主，以 1 龄若虫聚集在老针叶的叶鞘内或叶鞘层之间越冬。越冬若虫在冬季气温较高时能够缓慢发育，在春季到来前完成越冬若虫的发育历期。1 龄若虫发育 10~13 d 后出现蜕皮进入 2 龄若虫；2 龄若虫发育 7~10 d 后，群体开始出现性分化。雄若虫虫体较长，在老针叶、枝条或树干上爬动，最终在老针叶的叶鞘内、枝条或树干的树皮裂缝内定居并化蛹。雌若虫顺着松梢向顶端爬动，最终在松梢顶端的松针叶基部固定下来，泌蜡形成蜡包。雌成虫寄生于松针基部或叶鞘内取食，分泌的蜡质物形成蜡包覆盖虫体，并将卵产于蜡包内。产卵期 20~24 d。产卵量因代而异，越冬代最多，为 213~422 粒，其他代 52~372 粒。卵期 8~18 d。初孵若虫先在蜡包停留 2~5 d，然后从蜡包边缘的裂缝爬出，于松针上四处爬动。1~4 d 后，主要聚集、固定在老针叶束的叶鞘内，少数寄生在球果靠松梢侧、未展开的春梢新叶叶束之间。无翅型雄虫主要出现在越冬代种群中，但在第 1 代种群中也出现部分个体，其虫体长、个体较大，且很活跃，在春梢上的粉蚧蜡包堆之间不停爬动。有翅型雄虫主要出现在非越冬代种群中，在较干旱和气温较高的夏、秋季节比较常见，预蛹期和蛹期时间短，雄虫羽化后虫体较弱，很容易死亡。

全年的种群数量消长规律表现为：上半年虫态整齐，虫口密度大；下半年世代重叠，种群密度小。5 月中旬虫口密度最大，7 月下旬至 9 月上旬虫口密度最小。气温和寄主物候期是影响湿地松粉蚧种群数量消长的主要因素。在 6 月中旬至 9 月中旬，月平均气温超过 27 ℃，高温造成夏季林间粉蚧种群数量剧减。

扶桑绵粉蚧 *Phenacoccus solenopsis* Tinsley
（半翅目：粉蚧科）

扶桑绵粉蚧

又名棉花粉蚧。分布于浙江、湖南、江西、福建、广东、广西、云南、四川、海南、台湾；巴基斯坦、印度、泰国、澳大利亚、美洲等。危害棉花、朱槿、橙、西瓜、三角梅、梧桐等多种植物。我国自2010年开始一直将其列为全国林业检疫性有害生物。

形态特征

成虫 雌成虫卵圆形，浅黄色；足红色。体被有薄蜡粉。胸部有0~2对黑色斑点，腹部有3对；体缘有蜡突，均短粗，腹部末端4~5对较长。除去蜡粉后，在前、中胸背面亚中区可见2条黑斑，腹部1~4节背面亚中区有2条黑斑。玻片标本体宽卵圆形，长3.0~4.2 mm，宽2.0~3.1 mm，臀瓣发达。触角9节，单眼发达，突出。足粗壮。雄成虫活体微小，形似小蚊虫。体红色。触角10节，足细长。有1对翅，后翅变成平衡棒。腹部末端有2对白蜡丝。玻片标本体长约1.41 mm。触角约为体长的2/3。体有少量刚毛。

生活史及习性

1年10~15代，若虫3龄。大多聚集在寄主植物的茎、花和叶腋处取食。卵产在卵囊内，单雌产卵量400~500粒，卵期很短，孵化多在母体内进行，因而产下的是小若虫，属于卵胎生，且多数孵化为雌虫。1龄若虫行动活泼，从卵囊爬出后很短时间内即可取食危害。3龄若虫蜕皮后固定取食。多营孤雌生殖，种群增长迅速，世代重叠。扶桑绵粉蚧分泌的蜜露可诱发煤污病，并可导致叶片脱落，严重时可造成棉株成片死亡。

主要寄生性天敌有亚利桑那跳小蜂 *Aenasius arizonensis* (Girault)（=班氏跳小蜂 *A. bambawalei* Hayat）。

此外，粉蚧科还有以下重要种类：

槭树绵粉蚧 *Phenacoccus aceris* (Signoret)：分布于辽宁、山西、甘肃、山东、河南、浙江、安徽、云南等地。危害柿、桑、白蜡树、臭檀、臭椿、玫瑰、槭类、榆、三角槭、苹果等。山西1年1代，雌虫以第3龄若虫在椭圆形白茧，雄虫以蛹在树皮缝、翘皮下或枝杈处成群越冬。翌年3月下旬，雌若虫由越冬茧爬至1、2年生枝条上或芽腋处刺吸取食，4月中旬羽化为成虫，继续在枝条上危害。

橘臀纹粉蚧 *Planococcus citri* (Risso)：分布于辽宁、华北、华中、江苏、浙江、安徽、福建、四川、云南、西藏、陕西、宁夏、台湾、香港。危害柑橘、柚、橙、茶、桑、构树、柿和松科植物。长江流域1年3代，主要以受精雌成虫和部分带卵囊成虫在叶丛顶梢的叶柄基部、枝干分叉处、裂缝等隐蔽场所越冬。翌年4月中旬越冬雌成虫开始产第1代卵。

白尾安粉蚧 *Antonina crawi* Cockerell：又名鞘竹粉蚧。分布于华北、华东、华中、华南、西南地区及甘肃等地。危害各种竹类。北京1年2代，以雌成虫在1年生枝条及嫩枝节周围或叶鞘、隐芽中越冬，寄生叶鞘基部和枝茎分叉处为多。

竹巢粉蚧 *Nesticoccus sinensis* Tang：广泛分布于山东、江苏、浙江、安徽等地。危害刚竹属的多种竹类。1年1代，以受精后的雌成虫在当年新梢的叶鞘内越夏、越冬。翌年2月，雌成虫边取食、边孕卵、边膨大，形成灰褐色球状蜡壳，外露于小枝上。

椰子堆粉蚧 *Nipaecoccus nipae* (Maskell)：又名乳突堆粉蚧。广泛分布于热带、亚热带区，现新疆南疆地区发生较严重。危害无花果、石榴、椰子、番荔枝、枣、桑、梨、葡萄、柳、天门冬、美人蕉等。新疆1年3代，世代重叠。以若虫和雌成虫在果树的主干、枝条和树皮裂缝内越冬。翌年3月下旬开始取食活动。

真葡萄粉蚧 *Pseudococcus maritimus* (Ehrhorn)：分布于新疆、山东、福建、广东等地。危害葡萄、柑橘、苹果等多种果树和槐树、油桐、椴树、桑、花楸树、核桃、银杏等多种树木和一些观赏花卉。1年3代，世代重叠。以若虫在老蔓的翘皮下，裂开处和根颈部分的土壤内群集越冬。翌年3月中下旬葡萄树出土萌动时开始活动危害。

枣星粉蚧 *Heliococcus zizyphi* Borchsenius：分布于新疆、甘肃、宁夏、陕西、山西、河北、河南和山东。危害枣、苹果、沙果、杏、梨等。1年3代，以成虫或若虫在树皮缝中越冬。翌年枣树萌芽初期出蛰活动，以若虫扩散在芽基部和幼叶上吸食。

7.1.1.4 红蚧类

华栗红蚧 *Kermes castaneae* Shi et Liu（图7-4）

（半翅目：红蚧科）

华栗红蚧

又名板栗球蚧、华栗绛蚧，俗称水痘子。广泛分布于安徽、江苏、浙江、湖南、湖北、贵州、四川、江西等地。板栗枝干上主要的刺吸性害虫之一。该虫以若虫和雌成虫寄生于板栗枝干上刺吸汁液危害，轻则导致新芽萌发推迟，影响生长和结实，重则造成枯枝、枯顶，甚至整株乃至成片枯死，易遭其他病虫危害。

形态特征

成虫 雌成虫近球形或半球形，直径4.0~6.5 mm，体色由嫩绿色至淡黄白色变为褐色或紫色。体表有4~5条黑色或深褐色的横条纹，有的呈不连续的斑点。臀部分泌白色蜡粉和2条卷曲的蜡丝。触角6节，第3节最长。气门发达。足细长。背缘毛28~32对。雄成虫体细长，黄褐色。体长1.2~1.6 mm；翅展3~4 mm。触角丝状，10节，每节具数根刚毛。翅土黄色、透明。腹末具1对细长蜡丝。

若虫 1龄若虫椭圆形，体长0.15~0.31 mm，淡红褐色，复眼深红色。触角丝状，6节。足淡橘红或淡橘黄色，腹末具2根细长的刚毛。2龄雌若虫纺锤形，暗红褐色，体长0.27~0.39 mm，背面稍凸起，前腹背两侧各具1白色蜡点，被有白色蜡粉及蜡质刚毛。触角6节。雄若虫卵圆形，黄褐色，体长0.22~0.35 mm。触角7节。3龄雌若虫卵圆形，红褐色，体长0.37~0.54 mm。触角6节，基节最宽，第3节最长。足发达。

生活史及习性

1年1代，以2龄若虫在枝条基部、枝干伤疤、芽痕、树皮裂缝等隐蔽处越冬。翌年3月上旬日平均温度达10 ℃以上时越冬若虫恢复取食。3月中旬以后，部分若虫蜕皮变为成虫，继续取食危害，3月下旬至4月下旬雌蚧迅速膨大，介壳变硬，此阶段是主要危害期。2龄雄若虫迁移到树皮裂缝、树基部凹陷处、树洞或苔藓层下面结茧化蛹。4月上旬雄成虫开

图7-4 华栗红蚧雌成虫

始羽化,下旬为羽化盛期。雄成虫羽化后即可交尾,平均寿命 2.5 d。交尾后的雌成虫发育很快,背面凸起呈球形,4 月中旬开始孕卵,单雌产卵量约 3975 粒。卵期约 7 d。卵在母体内孵化;5 月中旬当气温为 25~26 ℃ 时,1 龄初孵若虫从母体的肛门爬出;6 月中下旬开始 1 龄若虫蜕皮变为 2 龄,取食一段时间后,于 7 月上中旬开始越夏,至秋末开始越冬,翌年 3 月上中旬恢复取食。

华栗红蚧的天敌资源比较丰富。据报道,捕食性天敌有黑缘红瓢虫 *Chilocorus rubidus*、红点唇瓢虫 *C. kuwanae*。寄生性天敌包括细柄跳小蜂 *Psilophrys* sp.、中国花角跳小蜂 *Blastothrix chinensis*、白腊虫花翅跳小蜂 *Microterys ericeri*、胶虫长尾啮小蜂 *Aprostocetus purpureus*、啮小蜂 *Tetrastichus* sp.、楔缘金小蜂 *Pachyneuron* sp.、桑名长角象 *Anthribus kuwanai* 等,其中寄生蜂的寄生率高达 65.33%,这些天敌在华栗红蚧轻发年或中等偏轻发生年份可有效控制其危害。

7.1.1.5 蜡蚧类

水木坚蚧 *Parthenolecanium corni* (Bouché)(图 7-5)

(半翅目:蚧科)

水木坚蚧

又称东方盔蚧、褐盔蜡蚧、扁平球坚蚧、糖槭蚧。分布于东北、华北地区及陕西、青海、新疆等地。危害桃、扁桃、杏、李、欧洲樱桃、梅、葡萄、梨、苹果、沙果、山楂、桑、文冠果、核桃等果树及数十种林木。以若虫和雌成虫吸食幼树主干、嫩枝、叶片和果实上的汁液。林木被害后造成叶片枯黄、早脱落;枝条干枯,导致树木生长衰弱,甚至整株干枯。特别是对葡萄危害最严重,受害后的果粒重减少,含糖量降低,其产量和质量明显下降。该虫在取食的同时还排泄大量深褐色油渍状蜜露污染枝条、叶片和果实,易诱发煤污病。

形态特征

成虫 雌体长 4.0~6.5 mm,宽 3.0~5.5 mm,椭圆形,黄褐色或棕红色。体背龟甲状,有光泽,并有 4 条凹线和 5 条隆脊,边缘有许多横列的皱褶。背中央呈梭形隆起,表面有许多不规则横沟和凹点,腹面凹陷。个体向后倾斜,腹末端具臀裂缝;初期的介壳背面还有 5~8 根细长白色的蜡丝,5~10 d 后便消失。腹末有 2 根白色细长的蜡丝;抱卵前的介壳较软,腹面可见到胸足和触角;抱卵期介壳从边缘分泌白色蜡层并逐渐硬化;抱卵后触角、足、口器等器官全消失;雄介壳长椭圆形,长 1.8~2.5 mm。淡紫色,半透明;雄体长 1.2~1.5 mm,红褐色,头及复眼黑红色,触角丝状,翅展 3.0~4.0 mm,棕色。足发达,腹末端交尾器两侧各有一根白色蜡丝。

卵 长椭圆形,淡黄白色,长径 0.5~0.6 mm,短径 0.25 mm,近孵化时呈粉红色,

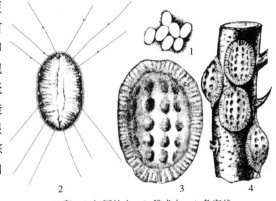

1. 卵;2. 初孵幼虫;3. 雌成虫;4. 危害状

图 7-5 水木坚蚧

卵上微覆蜡质白粉。

若虫　若虫分为活动和固定两种形态：活动若虫体长0.4~1.0 mm，灰黄色或淡灰色，体扁平，具足、触角和尾须；固定若虫体长1.2~4.5 mm，灰黄色或浅灰色。

生活史及习性

新疆北部1年1~2代，吐鲁番3代；以2~3龄活动若虫和固定若虫越冬。翌年4月上旬当树木萌芽后，若虫开始活动寻找1~2年生枝条固定其上刺吸危害，并排出大量黏液，污染叶面和枝条。5月上中旬若虫发育为成虫。雌成虫5月中下旬产卵，单雌产卵1300~2500粒。以孤雌生殖为多。卵由雌成虫分泌的白色蜡粉黏结成块。雌成虫随着产卵量增多虫体渐向前皱缩、腹面向上凹陷，直至腹背壁相接。雌成虫产卵后随之硬化，变成干燥硬化的死蚧壳固定在果树枝、干上经久不脱落；卵于5月底至6月初孵化，卵期12~18(15)d；初龄若虫密集在雌介壳下，经2~3 d陆续从母壳臀裂处爬出，迁移于叶背面或嫩枝干上吸食，蜕皮发育为3龄若虫后固定在果实上和枝干危害。若虫喜阴怕光，1~2龄若虫活动在嫩枝和叶片背面；3龄若虫多固定在嫩枝下部，少数在枝干的侧面或果实上。蛹期10~12 d；雄成虫数量极少。第2代雌成虫于8月下旬产卵，卵于9月上、中旬孵化，1龄若虫期7~10 d；2龄期为50~60 d。2~3龄活动若虫于10月上中旬逐渐迁移到果树的枝条和和主干的嫩皮上或树皮裂缝内越冬。

天敌昆虫有黑缘红瓢虫、红点唇瓢虫和寄生蜂等。

枣大球蚧 *Eulecanium giganteum* (Shinji)
（半翅目：蚧科）

枣大球蚧

又名瘤坚大球蚧、大球蚧、枣球蜡蚧、红枣大球蚧。分布于辽宁、北京、天津、河北、内蒙古、山东、河南、山西、陕西、甘肃、宁夏、青海、新疆、四川、江苏、安徽等地。主要危害栎类、槭类、杨、柳、枣、核桃、扁桃、桃、杏、梨、苹果、海棠、山楂、槭梓、李、蔷薇、榆、槐树、锦鸡儿、皂荚、合欢、悬铃木、小叶梣、沙枣、文冠果、葡萄、花椒、石榴、桑等树种。寄主树木受害后，轻者影响树木发芽抽梢，树势衰弱，重者形成干枝枯梢，甚至整株枯死。我国曾在1996年、2005年连续2次将其列为全国林业检疫性有害生物。

形态特征

成虫　雌体长18.8 mm，宽18.0 mm，高14.0 mm，黑褐色至紫褐色，或有些发绿红色，其色泽常随寄主有变。触角7节，第3节最长，第4节变细，足3对，足细小但分节明显，腿节短于气门盘直径，胫节为跗节的1.3倍，胫、跗节的关节不硬化；五格腺20个左右，在气门路上成不规则排列；多格腺在腹面中央，以腹部为密集；肛板2块，合成正方形，前后缘相等。介壳半球形，长径约10 mm，短径约8 mm，略向前倾斜。背面有暗红色或红褐色花斑组成的4个纵列，各斑块间不连续。靠近背中央的2列花斑最小，呈明显的3~4对，外侧2纵列斑块常由6块组成。介壳上有绒毛状蜡被。死后雌成虫介壳硬化，花斑和蜡被消失，红色消失，体背除有个别凹陷外光滑锃亮，颜色由红褐色变为黑褐色。雄体长3.0~3.5 mm，头部黑褐色，前胸、腹部、触角、足均黄褐色，中、后胸红棕色。触角10节，各节具毛。前翅膜质乳白色，后翅退化为小平衡棒，交配器细长。腹部末端有 2 根白色蜡丝。介壳长椭圆形，长径 2~3 mm，短径 1 mm，灰白色。

卵 藏于雌成虫介壳之下，卵白色或粉红色，椭圆形。孵化前卵的颜色为红褐色，卵的表面覆有白色蜡粉。

若虫 1 龄若虫长椭圆形，肉红色，体节明显。触角 6 节，足 3 对发达。臀末有 2 根长尾丝。体背具白色透明蜡质，成平滑的薄蜡壳，透过蜡壳可见体色淡黄。眼淡红色。2 龄若虫前期长椭圆形，体长 1.0~1.3 mm，宽 0.5~0.7 mm，黄褐至栗褐色。越冬后体被一层灰白色半透明呈龟裂状蜡层，蜡层外附少量白色蜡丝，体缘的缘丝被蜡层覆盖呈白色。雄虫 2 龄若虫体背具一层污白色毛玻璃状蜡壳。

雄蛹 预蛹近梭形，体长 1.5 mm，宽 0.5 mm，黄褐色。具有触角、足、翅芽的雏形。蛹体长 1.7 mm，宽 0.6 mm，触角、足均可见，翅芽半透明，交配器长锥状。

生活史及习性

新疆 1 年 1 代，以 2 龄后期若虫在枝条上越冬。翌年 3 月下旬越冬若虫开始刺吸树木汁液。4 月下旬在日平均温度 16~18 ℃时越冬若虫雌雄分化，一部分越冬若虫在介壳下化蛹，以后羽化为雄虫；另一部分越冬若虫发育为雌虫。雌成虫取食量大，虫体迅速膨大，由越冬期的长径 1.33 mm 的长椭圆形膨大到长径 10 mm 的半球形。4 月底至 5 月初雄虫羽化飞出介壳，寻找雌成虫交尾，交尾后雄成虫死亡。雌成虫在虫体膨大的同时不断分泌黏液。5 月上旬为雌成虫产卵盛期，产卵量 400~5000 粒，最多可达 9000 粒，卵直接产于雌成虫介壳之下。5 月中旬为卵的孵化始盛期，5 月底至 6 月初为卵的孵化高峰期。6 月中下旬 1 龄若虫爬出雌成虫介壳，在枝条和叶片上活动。1 龄若虫活动 1~2 d 后，大多在叶片正面主脉两侧固定刺吸危害，并蜕皮为 2 龄前期若虫。10 月上旬 2 龄前期若虫变为 2 龄后期若虫，并从叶片上转移到枝条上固定越冬，越冬若虫在冬季不刺吸危害。越冬若虫在枝条下面和枝条分叉处比较集中。

捕食枣大球蚧 1~2 龄若虫的天敌有双斑唇瓢虫 *Chilocorus bipustulatus*（L.），寄生 2 龄若虫和雌成虫的优势天敌有球蚧花角跳小蜂 *Blastothrix sericea*（Dalman），应注意保护利用，并人工助迁扩大繁殖。

槐花球蚧 *Eulecanium kuwanai* Kanda（图 7-6）
（半翅目：蚧科）

槐花球蚧

又名皱大球蚧、皱球坚蚧。分布于东北、西北、西南等地区；日本。危害杨、槐树、柳、合欢、刺槐、悬铃木、栾树、紫穗槐、榆、复叶槭、紫薇、栎类、桃、杏、苹果、沙果、沙棘、蔷薇、桦木类、紫叶李、玫瑰等。低龄若虫刺吸嫩枝和叶片进行危害，主要在枝条上取食，受害枝条呈煤污状且有汁液，若站在树下似有雾状蒙蒙细雨之感，树冠下似有油脂物洒至地面，受害株长势严重衰弱，甚至死亡。

形态特征

成虫 雌介壳有二型性：一种椭圆状半球形，表面光滑，红褐色，长 12~18 mm，宽 11~15 mm，高 9.5~11.0 mm，产卵前灰黑色，背中带和锯齿状缘带间有灰黑色斑，有绒毛状蜡被，产卵后硬化，斑纹和蜡被消失；另一种半球形，表面皱缩，淡黄褐色，直径 6.0~6.7 mm，高约 5.5 mm，产卵前花纹较明显，产卵后体壁皱缩硬化、黄褐色，其余特征相同。雌虫触角 7 节，臀裂浅，肛环有孔纹及环毛。雄虫体长 1.8~2.0 mm，头黑褐色，胸腹部褐色，腹末有白色长蜡丝 2 条，触角 10 节，单眼 5 对，前翅乳白色膜质，后翅小棒状，端部有 2 根毛，交配器细长。

卵 长圆形，粉红色或乳白色。表面光滑、大型的卵为粉红色，表面皱缩、小型的卵为乳白色。

若虫 初孵若虫椭圆形、肉红色，长 0.3~0.5 mm、宽 0.2~0.3 mm。触角 6 节，足发达，臀末 2 根长刺毛，肛环毛 6 根。固定若虫呈扁草履形，淡黄褐色，长 0.6~0.7 mm，宽 0.3~0.5 mm，被白色蜡丝。2 龄若虫椭圆形，黄褐至栗褐色，长 1.0~1.3 mm，宽 0.5~0.7 mm，被白色蜡层，并有白色蜡

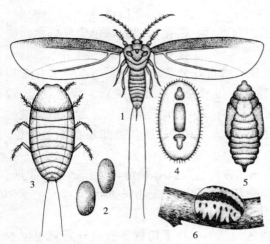

1. 雄成虫；2. 卵；3. 初孵若虫；4. 2龄雄若虫；
5. 雄蛹；6. 雌成虫

图 7-6 槐花球蚧

丝，形成污白色蜡壳。

生活史及习性

1 年 1 代，以 2 龄若虫固定在当年生枝条上群聚越冬，翌春继续危害。4 月中下旬 2 龄若虫开始雌雄分化，雌虫蜕皮为成虫；雄虫经预蛹和蛹期于 5 月上中旬羽化为成虫；雌虫交配后于 5 月中、下旬产卵。表面光滑、大型的粉红色卵，孵化时间为 6 月 1~8 日，表面皱缩、小型的乳白色卵，孵化时间为 6 月 5~14 日，两者相差 3~4 d；前者产卵量为 3000~5000 粒，且孵化率高，后者产卵量为 800~2000 粒，孵化率较低。卵于 6 月上中旬孵化。初孵若虫爬行到叶片和嫩枝上刺吸危害，叶片上的若虫 10 月再转移到新枝上越冬。全年危害，4 月中下旬至 5 月末为危害严重期。雌成虫产卵前向腹下分泌白色蜡粉，粘在卵粒表面，母体腹面随着产卵渐向背面收缩，最后与体背相贴，而整个虫体下则充满卵粒。

日本龟蜡蚧 *Ceroplastes japonicus* Green（图 7-7）
（半翅目：蚧科）

又名枣龟蜡蚧、龟蜡蚧。分布于黑龙江、辽宁、内蒙古、甘肃、山西、陕西、北京、天津、河北、山东、河南、山西、上海、浙江、江苏、湖北、湖南、安徽、福建、广西、四川、云南、贵州、台湾；日本、朝鲜、亚美尼亚、保加利亚、克罗地亚、法国、英国、意大利、俄罗斯、斯洛文尼亚。主要危害悬铃木、刺桐、黄杨、梨、枣、柿、苹果、桃、杏、李、雪松等林木和果树，以若虫和雌成虫刺吸枝、芽、叶汁液，排泄蜜露诱发煤污病，衰弱树势，严重时可致枝条枯死。

形态特征

成虫 雌体长 3~5 mm，椭圆形，体背有较厚的白色蜡壳，背面隆起似球形，表面具龟甲状凹纹，边缘蜡层厚且弯曲，由 8 块组成，虫体淡褐至紫红色。雄体长 1.0~1.4 mm，

淡红至紫红色,眼黑色,翅 1 对白色透明,具 2 条粗脉,足细小。

若虫　初孵若虫扁平椭圆形,体长约 0.5 mm,淡红褐色,触角和足发达,灰白色,24 h 后分泌蜡丝,7~10 d 形成蜡壳,周边有 12~15 个蜡角,后期雌若虫与雌成虫相似,雄若虫蜡壳长椭圆形,周边有 13 个蜡角似星芒状。仅雄虫在蜡壳下化裸蛹,长约 1 mm,梭形,棕褐色,翅芽色淡。

生活史及习性

1 年 1 代,主要以受精雌成虫在 1~2 年生枝条上越冬。翌年梨发芽时开始危害,虫体迅速膨大,成熟后产卵于腹下,产卵盛期在 6 月中、下旬,初孵若虫多爬到嫩枝、叶面上吸食汁液,8 月初雌雄分化,8 月中旬

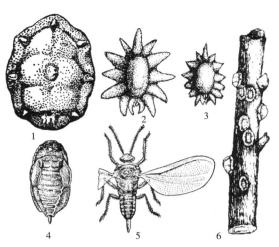

1. 雌成虫蜡壳；2. 雌成虫蜡壳；3. 若虫蜡壳；
4. 雄蛹；5. 雄成虫；6. 危害状

图 7-7　日本龟蜡蚧

至 9 月为雄虫化蛹期,羽化期为 8 月下旬至 10 月上旬,交尾后,雄虫死亡,雌虫转移至越冬场所越冬。

红蜡蚧 *Ceroplastes rubens* Maskell（图 7-8）

（半翅目：蚧科）

红蜡蚧

分布于华北、华中、华南、西南地区及辽宁、陕西、青海；日本、印度、菲律宾、斯里兰卡、缅甸、印度尼西亚、美国、大洋洲。危害柑橘、枸骨、白玉兰、桂花、茶、山茶、樟、苏铁、黄杨、雪松、罗汉松、大叶黄杨等 100 多种寄主植物。主要群集危害嫩枝,少数危害叶柄和叶片,通过吸取韧皮部汁液危害。严重时,可使树势生长衰弱、枝梢枯死,其排泄物容易诱发煤污病,影响果树的产量和品质,果小而味酸,甚至枯枝、死树和毁园。

形态特征

成虫　雌蜡壳坚厚,暗红色至红褐色,背面观近椭圆形,侧面观半球形。长 1.5~5.0 mm。蜡壳边缘向上翻卷,形成大的缘褶。头、尾和 4 个气门白色带处向外突出,使周缘成近 6 边形。背壳呈 5~6 块。蜡芒位于缘褶与背壳交界处,头部 3 个,尾部 2 个。虫体亦椭圆形,暗红色。触角 6 节,第 3 节最长。口器发达。足短。气门洼深。雄蜡壳椭圆形,暗紫红色。雄成虫暗红色,体长约 1 mm。头部较圆。单眼 6 个,颜色较深。触角 10 节,淡黄色。前翅白色半透明,沿翅脉常有淡紫色带状纹。足细长。交尾器淡黄色。

若虫　1 龄若虫椭圆形,较扁平,淡红褐色,体长约 0.4 mm。触角 6 节。足和口器发达。腹末有 2 根长毛。2 龄雌若虫椭圆形,红褐色至紫红色,体长约 0.9 mm；2 龄雄若虫体长约 1.5 mm,紫红色。

生活史及习性

1 年 1 代,以受精雌成虫在枝条及叶背上越冬。在杭州越冬雌虫于翌年 5 月中下旬至 6 月上中旬产卵。卵期 2~4 d。若虫发生期在 5 月下旬至 8 月上旬。8 月中旬出现成虫。1

龄若虫期 15~20 d，2 龄雌若虫期 20~25 d，3 龄雌若虫期 30~35 d；2 龄雄若虫期 35~40 d，预蛹期 2~3 d，蛹期 3~5 d。雄虫寿命 1~2 d。卵产在蜡壳下，单雌产卵量 100~500 粒。初孵若虫从蜡壳母体下爬出后，移至新梢，群集于新叶和嫩枝上，多在受阳光的外侧枝梢上寄生危害。

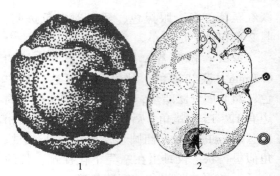

1. 雌成虫蜡壳；2. 雌成虫

图 7-8 红蜡蚧

此外，蚧科还有以下重要种类：

油桐大绵蚧 *Megapulvinaria maxima* (Green)：分布于台湾、湖南、广西、四川等地。主要危害油桐。1 年 1 代，以若虫在枝条上越冬。

日本卷毛蜡蚧 *Metaceronema japonica* (Maskell)：分布于湖南、江西、浙江、安徽、四川、云南、贵州、台湾。危害油茶、油桐等。1 年 1 代，以授精后的雌虫在树干基部、小枝、叶片上越冬。翌年 3 月中旬开始活动，当寻找到合适的寄居场所后就营固定生活。

蒙古杉苞蜡蚧 *Physokermes sugonjaevi* Danzig：分布于山西、新疆。危害西伯利亚云杉。新疆阿勒泰 1 年 1 代，以 2 龄若虫在针叶背面或表面越冬。翌年 4 月上中旬越冬雌若虫开始迁向 1~2 年生的小枝基部危害。分布于黑龙江、山西、陕西的应为山西杉苞蜡蚧 *Physokermes shanxiensis* Tang，危害云杉。

吐伦褐球蜡蚧 *Rhodococcus turanicus* (Archangelskaya)：又名吐伦球坚蚧。国内仅分布于新疆。危害杏、扁桃、桃、苹果、梨、李等。南疆 1 年 1 代，以 2 龄若虫在枝条裂缝、伤口边缘及粗皮处越冬。翌年 3 月开始活动，爬至枝条上群集危害。

7.1.1.6 盾蚧类

松突圆蚧 *Hemiberlesia pitysophila* Takagi（图 7-9）

（半翅目：盾蚧科）

松突圆蚧

分布于福建、台湾、广东、广西、香港、澳门；日本。危害马尾松、黑松、湿地松、火炬松、加勒比松、光松等松属植物。曾在 1984 年、1996 年、2005 年连续 3 次被列入全国林业检疫性有害生物名单。

形态特征

成虫 雌介壳圆形或椭圆形，白色或浅灰黄色。1、2 龄若虫蜕皮壳橙黄色，偏于介壳一端近边缘部分。雄介壳长椭圆形，前端稍宽，后端略狭。头端微隆起，淡褐色。雌成虫体宽梨形，淡黄色，长 0.7~1.1 mm。头胸部最宽，0.5~0.9 mm。体侧边第 2~4 腹节稍突出。触角疣状，具刚毛 1 根。口器发达。胸气门 2 对。臀叶 2 对，中臀叶突出，长略大于宽，顶端圆，每边有 2 凹刻；第 2 对臀叶小；在中臀叶和第 2 臀叶间有 1 对硬化棒。臀棘细而短，其长度不超过中臀叶，在中臀叶间有 1 对，在中臀叶和第 2 臀叶间有 1 对，第 2 臀叶前各 3 对。背管腺细长，中臀叶间 1 个，中臀叶与第 2 臀叶间 3 个，在第 2 臀叶前 2 纵列：一列 4~8 个，另一列 5~7 个。腹面的管腺细小，分布在头胸部和前 5 腹节的边缘。

无围阴腺。雄成虫体橘黄色，细长，长 0.8 mm。触角 10 节。单眼 2 对。翅膜质 1 对，翅脉 2 条。后翅退化成平衡棒，端部有 1 条长刺毛。

卵　椭圆形，卵壳白色透明。雌成虫产卵于腹膜内，卵的表面被有细小的分泌物。

若虫　初孵若虫卵圆形、扁平，淡黄色，长 0.25~0.35 mm。单眼 1 对。触角 4 节，第 4 节长，其长度约为基部 3 节之和的 3 倍。口器和足发达。中胸到体末的边缘有管腺分布。臀叶 2 对，中臀叶发达，外缘有齿刻；第 2 臀叶小，不二分。中臀叶间有长、短刚毛各 1 对。2 龄若虫性分化前近圆形，淡黄色，长约 0.35 mm，宽约 0.34 mm，

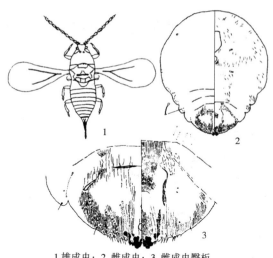

1.雄成虫；2.雌成虫；3.雌成虫臀板
图 7-9　松突圆蚧

足和触角退化，腹部末端出现臀板，其外形近似雌成虫。雄性通常比雌的狭，臀板的附属物与雌性相同。

蛹　预蛹黄色，棒锤状，后端略小，长约 0.72 mm，宽约 0.40 mm，前端出现眼点。在前蛹期出现一些成虫器官芽体如触角、复眼、翅、足和交配器。蛹淡黄色，棒锤状，长约 0.75 mm，宽约 0.41 mm。触角、足及交配器淡黄色而稍显透明。

生活史及习性

广东 1 年 5 代。每年的 3~5 月是该蚧发生的高峰期，9~11 月为低谷期。3 月中旬至 4 月中旬为第 1 代若虫出现的高峰期，以后各代依次为：6 月初至 6 月中旬，7 月底至 8 月中旬，9 月底至 11 月中旬。4~7 月是全年虫口密度最大、危害最严重时期。世代重叠，任何一个时间都可见到各虫态的不同发育阶段，无明显越冬现象，越冬种群以 2 龄若虫为主。该蚧少数卵胎生，多数卵生。初孵若虫一般先在母体介壳内停留一段时间，待环境适宜时从介壳边缘的裂缝爬出。刚出壳的若虫非常活跃，温度越高越活跃，在松针上来回爬动，找到适合的寄生部位后将口针插入针叶内取食，固定不动。固定后 5~19 h 开始泌蜡，20~32 h 可遮盖全身，再经 1~2 d 蜡质增厚变白，成为圆形介壳。2 龄若虫后期，一部分若虫蜡壳颜色加深，尾端伸长，虫体前端出现眼点，继续发育为前蛹，再蜕皮成为蛹；另一部分 2 龄若虫虫体和蜡壳继续增大，不显眼点，蜕皮成为雌成虫。雄蛹发育 3~5 d 后羽化为雄成虫。羽化后的雄成虫在介壳内蛰伏 1~3 d，出壳后数分钟翅完全展开，后沿松针爬行或做短距离飞翔，待找到合适雌蚧后，与其交尾。雄虫有多次交尾的习性，交尾后数小时死去。雌成虫一般交尾后 10~15 d 开始产卵，产卵期因季节而异，少则 1 个月，多则 3 个月以上；产卵量亦随季节、代别不同而异，以越冬代和第 1 代最多，64~78 粒；8~9 月的第 3 代最少，约 39 粒。影响松突圆蚧种群数量消长的气候因子有气温、相对湿度、降水量和风等，其中气温是主导因子。

天敌有 20 多种，其中松突圆蚧异角蚜小蜂 *Coccobius azumai* 最为重要。

杨圆蚧 *Diaspidiotus gigas* (Thiem et Gerneck)（图 7-10）
（半翅目：盾蚧科）

杨圆蚧

分布于东北、华北、西北、华东地区；加拿大，中亚、西亚、欧洲。危害各种杨树，也危害旱柳、白皮柳等。此虫寄生在树木主干和枝条上，以其口针刺入韧皮部吸取树液。介壳虫密度大时，封闭树干皮孔，使树皮下陷，后期树木组织变褐、坏死、干裂，整个树干枯黄，严重影响树木生长。1984 年曾被列为全国林业检疫性有害生物。

形态特征

成虫 雌成虫倒梨形，体长 1.4 mm，浅黄色；臀板黄褐色，臀叶 3 对。老熟时体壁硬化。口器发达，触角瘤状，生有刚毛 1 根。无气门腺。雌介壳近圆形，直径约 2 mm，略突，有 3 圈明显轮纹。壳点位于介壳中心，介壳中部褐色，内圈深褐色，外圈灰白色。雄虫体长 0.6 mm，翅展 1.3 mm，橙黄色；触角 9 节，丝状。单眼 2 对。前翅透明。腹末交尾器细长，约占体长的 1/4。雄介壳椭圆形，长约 1.5 mm，宽约 1 mm，灰白色，壳点突出于一端，褐色，外圈黑褐色，较底的一端灰色。

卵 长椭圆形，长约 0.13 mm，淡黄色。

若虫 初孵若虫淡黄色，长椭圆形，长约 0.13 mm。触角 5 节。足和口器发达。臀叶 1 对。腹末生有 2 根长毛。2 龄雌若虫似雌成虫，但体较小，长约 0.87 mm。

蛹 预蛹体前窄后宽，长 0.93 mm，浅黄色。触角、翅和足的器官芽可见。眼点 4 个，黑色。蛹体略细长，长 0.96 mm，黄色。各器官芽比预蛹更明显。交尾器圆锥形。

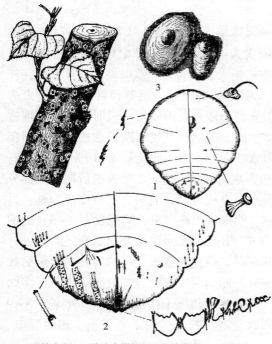

1. 雌成虫；2. 雌成虫臀板；3. 雌雄介壳；4. 危害状

图 7-10 杨圆蚧

生活史及习性

北方地区 1 年 1 代，以 2 龄若虫越冬。翌年 4 月中旬树液流动时开始取食。雄若虫于 4 月下旬开始化蛹，5 月上中旬羽化为成虫。雄成虫日羽化高峰在 17:00~18:30。飞行能力弱，但爬行活跃，交尾后死去，寿命 29.2 h。6 月上旬，雌成虫开始将卵产在介壳内尾部。产卵量 70~137 粒，平均 92 粒。卵经 1~2 d 孵化。初孵若虫从母介壳下爬出后沿树干向上爬行扩散，约经 1 d 固定。固定后脱去尾毛并分泌蜡质形成介壳。7 月下旬，1 龄若虫开始蜕皮，8 月上旬为蜕皮盛期。2 龄若虫继续取食到 9 月陆续越冬。该蚧发育不整齐，各虫态出现期可延续 1~2 个月。

杨圆蚧在平原人工林、行道树、中幼龄林和疏林中危害较严重，但坡地人工林和山地杨树未见受害。新疆杨、德杂杨、大冠杨、格利卡和俄罗斯杨对杨圆蚧具有抗虫性，而青杨、辽杨、北京杨，以及一些杂交品种属于感虫品种。

捕食性天敌主要有红点唇瓢虫、龟纹瓢虫、二星瓢虫等；寄生性天敌主要有杨圆蚧恩蚜小蜂 *Encarsia gigas*、长棒四节蚜小蜂 *Pteroptrix longiclava*、桑盾蚧黄蚜小蜂 *Aphytis proclia*、双带巨角跳小蜂 *Comperiella bifasciata*。

梨圆蚧 *Comstockaspis perniciosa* (Comstock)（图7-11）
（半翅目：盾蚧科）

又称梨笠圆盾蚧、轮心介壳虫。分布于全国各地；全世界各大洲均有分布。除危害梨、苹果、枣、核桃等多种果树外，还可危害毛白杨、刺槐、樱花、柳、榆等200多种植物。以雌成虫、若虫刺吸枝干、叶、果实汁液，轻则造成树势衰弱，重则造成枯死。在果实上寄生时多集中在萼洼和梗洼处，围绕介壳形成紫红色斑点，降低果品价值；1996年曾被列为全国林业检疫性有害生物。

形态特征

成虫 雌介壳斗笠形，蟹青色至灰白色，中央隆起处从内向外为灰白、黑、灰黄3个同心圆，隆起外的介壳亦有暗色轮纹；直径0.7~1.7 mm，介壳中央有一突起称壳点，脐状、黄色或褐色。雄介壳长圆形，灰白色，一端隆起，另一端扁平，长0.75~0.95 mm，宽0.35~0.50 mm；冬季型雄介壳为圆型。雄虫介壳长椭圆形，比雌虫介壳小，壳点位于介壳一端。雌虫卵圆形，长0.8~1.4 mm；乳黄色至鲜黄色，臀板褐色；臀叶2对，中臀叶发达，左右接近，第2臀叶较小，第3臀叶退化为三角形突起，无围阴腺。雄虫体长0.6~0.8 mm，宽0.25 mm，口器退化，触角念珠状10节。前翅膜质、半透明，有1条简单分叉的翅脉。足3对，腹末交尾器细长，约占体长的1/3。

若虫 初孵若虫椭圆形，乳黄色；体长0.25~0.27 mm，宽0.18~0.19 mm；触角5节；足发达；腹末有1对白色尾毛。固定后分泌灰白色圆形介壳，身体可稍长大，且渐成圆形，但足与触角仍保留。介壳直径0.25~0.40 mm。2龄若虫触角和足退化；介壳直径0.65~0.90 mm；雄若虫体形与介壳至2龄呈长圆形或圆形。

蛹 圆锥形，淡黄色。

生活史及习性

新疆南疆地区1年2~3代，以1~2龄若虫群集固定在2年生枝条的芽腋、分枝或果实上越冬。翌年4月中旬气温升至15℃以上树液流动时，越冬若虫开始取食活动并蜕皮为3龄；1龄者大多死亡。雄若虫5月上旬化蛹，5月中下旬羽化，雄成虫寿命短，

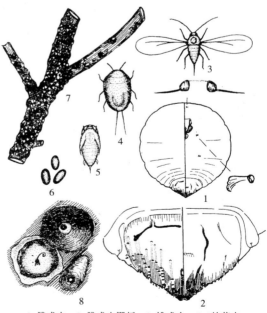

1.雌成虫；2.雌成虫臀板；3.雄成虫；4.1龄若虫；
5.雄蛹；6.卵；7.危害状；8.雌雄介壳

图7-11 梨圆蚧

交尾后即死亡。5月中旬可见雌成虫，5月下旬日平均温度升至20℃以上时雌虫开始胎生若虫，可孤雌生殖。单雌抱卵量100~200粒，产仔可延续1个月；每天可产仔2~8头。产仔高峰期为6月中上旬，世代重叠。若虫期50 d左右，活动期在5~6月、7~8月、9~10月，活动若虫多顺着树枝干向上爬行，1 d后选择嫩枝和果实开始危害，一般在2~5生的枝干上较多。8月下旬为第2代成虫期；9月初为第2代若虫期，至11月初，以第3代的1~2龄若虫在介壳下越冬。成虫和若虫多见群聚在嫩枝干向阳面。雌成虫主要在枝、干及枝的分权处。雄虫则常在叶的主脉两侧，夏季也蔓延到果实上取食并分泌绵毛状蜡丝，逐渐形成介壳。寄生在枣树上的若虫生长较缓慢，大部分不能成熟。

梨圆蚧营两性胎生繁殖。各代雌雄性比不同，第1代为1.7:1，第2代为1:1.2。各代产仔数在54~108头之间，以第2代产仔数最高，单雌最大产仔量362头。初龄若虫产出后向嫩枝、果实、叶片上爬行；在1~2 d内找到合适部位，将口器插入寄主组织内，则固定不再移动，分泌蜡丝，逐渐形成白色介壳。危害果实时，晚熟品种受害重，早熟品种受害轻。梨圆蚧远距离传播主要靠苗木、接穗和果品调运。

柳蛎盾蚧 *Lepidosaphes salicina* Borchsenius（图7-12）
（半翅目：盾蚧科）

又名牡蛎蚧。分布于东北、华北、西北地区及山东；朝鲜、日本、蒙古、俄罗斯远东地区。主要危害杨、柳、核桃、白蜡树、忍冬、卫矛、丁香、枣、银柳、胡颓子、桦木类、椴树、稠李、榆、茶藨子、红瑞木和多种果树，是我国北方的一种严重枝梢害虫。以若虫和雌成虫在枝、干上吸食危害，引起植株枝、干畸形和枯萎，幼树被害后常在3~5年内全株死亡，以致成片幼林枯死；1984年曾被列为全国林业检疫性有害生物。

形态特征

成虫 雌介壳牡蛎形、直或弯曲，长3.2~4.3 mm，栗褐色、边缘灰白色，被薄层灰色蜡粉；前端尖、向后渐宽，背部突起，表面尤其是后部粗糙、有鳞片状横向轮纹，2个淡褐色壳点突出于前端；腹壳完全、平而黄白色，在近末端处分裂成"∧"形。雄介壳与雌介壳相似，仅体形较小，淡褐色壳点1个。雌虫乳白色，长纺锤形，前狭后宽。长约1.3~2.0 mm、宽约0.68~0.88 mm，臀板黄色，末端宽圆。触角粗短，先端呈锯齿状、具长毛2根。前气门腺14~17个，后气门后方的2~3根锥状刺横向排列。雄虫黄白色，长约1 mm，头小、眼黑色，念珠状触角10节、淡黄色，中胸黄褐色、盾片五角形，翅透明，长0.7 mm，腹部狭，交配器长0.3 mm。

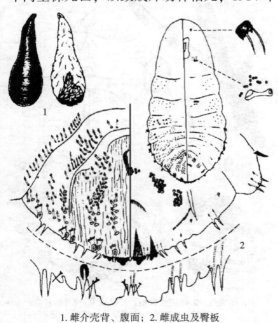

1.雌介壳背、腹面；2.雌成虫及臀板

图7-12 柳蛎盾蚧

卵 椭圆形，黄白色，长 0.25 mm。

若虫 1 龄若虫椭圆形，扁平。侧单眼 1 对，口器发达；触角 6 节，柄节较粗，末节细长有横纹，生有长毛。3 对胸足腿节均粗大。臀板臀叶 2 对，中臀叶小，侧臀叶大。第 2 龄若虫纺锤形，腹部第 4~7 节每侧有 1 缘腺，亚缘及亚中管腺较小，臀板在肛门侧后方、及前 2 腹节各有 1 亚中管腺。臀叶和成虫相似，雄性通常狭于雌性。

蛹 黄白色，长近 1 mm，口器消失，具成虫器官的雏形。

生活史及习性

1 年 1 代，以卵在雌介壳内越冬。翌年 5 月中旬卵始孵化，5 月中、下旬为盛期。先孵化的少数若虫固定在雌介壳下，后大量孵化的若虫壳沿树干、枝条向上迁移，1~2 d 后寻找到合适的部位固定危害，6 月上旬初孵若虫多已固定在枝干上、并分泌白色蜡丝覆盖虫体，至 6 月中旬蜕皮进入 2 龄，整个若虫期 30~40 d。2 龄若虫出现性别分化，雌若虫于 7 月上旬蜕皮成为雌成虫；雄若虫蜕皮变为预蛹，7~10 d 后进入蛹期，7 月上旬羽化。雄虫羽化后在树干上爬行寻找雌成虫交尾，以傍晚交尾最多，雌雄成虫均能多次交尾，雌雄性比为 7.3∶1。交尾后的雌成虫于 8 月初开始产卵，产卵前雌虫腺体分泌蜡丝形成介壳中发达的背膜和腹膜，卵产于其中。随着产卵，虫体逐渐向介壳前端收缩，介壳下逐渐充满卵粒。单雌产卵量 77~137 粒，产卵后雌成虫亦死去。卵期 290~300 d，其抗逆性很强，越冬存活率达 98% 以上。

桑白盾蚧 *Pseudaulacaspis pentagona* (Targioni-Tozzetti)（图 7-13）
（半翅目：盾蚧科）

又名桑盾蚧。分布于辽宁、北京、河北、山西、陕西、甘肃、山东、上海、河南、福建、广西、重庆、四川、云南；亚洲、欧洲、南美洲、北美洲、大洋洲。危害桑、无花果、核桃、苹果、梨、李、杏、桃、樱桃、梅、葡萄、茶、油桐、刺槐等多种果树和林木。该虫多聚集在树木的背阴处危害，严重时被害枝条凹凸不平，发育不良，枝、梢枯萎，大量落叶，甚至整枝或整株死亡。被害的果实表面凹陷、变色，降低果品产量和质量。

形态特征

成虫 雌介壳圆形或卵圆形，直径 2.0~2.5 mm，乳白色或灰白色，中央略隆起似笠帽形，表面有螺旋纹。若虫蜕皮壳点 2 个，在介壳边缘但不突出。第 1 壳点淡黄色，有的突出介壳边缘；第 2 壳点红褐色或橘黄色；雌成虫淡黄或橘红色，宽卵圆形，扁平，臀板红褐色。臀叶 3 对，中臀叶大，近三角形，基部桥联，第 2 臀叶双分，内分叶长齿状，外分叶短小。第 3 对臀叶亦双分，较短。雄介壳长约 1 mm，白色，长筒形，两侧平行，丝蜡质或绒蜡质。体背面有 3 条纵沟，前端有 1 橘红色蜕皮壳，略显中脊；雄虫体长 0.7 mm，橙色至橘红色，眼黑色；足 3 对，细长多毛；腹末无蜡质丝，交配器狭长。

卵 椭圆形，长径 0.3 mm，初呈淡粉红色，渐变淡黄褐色，孵化前为杏黄色。

若虫 初孵若虫长形或椭圆形，橘黄色，头、触角和足明显；随后体表形成一层白色蜡质，逐渐变成粉红色。最后若虫被蜕皮和分泌物组成的白色或灰白色盾状介壳。

生活史及习性

新疆南疆 1 年 2 代，以第 2 代受精的雌成虫在枝条上越冬。翌年春季当寄主树木萌动

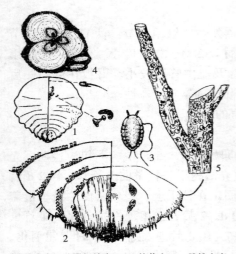

1. 雌成虫；2. 臀板放大；3. 1龄若虫；4. 雌雄介壳；
5. 危害状

图 7-13　桑白盾蚧

之后开始活动取食，虫体迅速膨大，越冬代雌成虫在4月下旬产卵，产卵量较高。5月上旬为产卵盛期，卵期9~15 d；5月中旬卵孵化为第1代若虫，若虫孵化后在母壳下停留数小时后逐渐爬出分散活动1 d左右，然后固定在2~5年生枝条上危害，以分杈处的阴面较多，5~7 d后若虫分泌绵毛状白色蜡粉覆盖虫体。若虫经2次蜕皮后形成介壳。第1代若虫期30~40 d，7月上中旬成虫开始产卵，卵期约10 d，单雌产卵量150余粒。雌虫在新感染的植株上数量较大，感染已久的植株上雄虫数量逐渐增加。危害严重时，雌雄介壳遍布枝条，雌虫密集重叠3~4层，连成一片；雄虫群聚排列整齐，集中数量比雌虫多；8月初为第2代卵孵化期；9月中旬雄虫交尾后死亡。受精的雌成虫在介壳下越冬。

天敌种类较多，其中主要种类有桑盾蚧黄蚜小蜂、纯黄蚜小蜂 *Aphytis holoxanthus*、红点唇瓢虫、日本方头甲 *Cybocephalus nipponicus* 和普猎蝽 *Oncocephalus plumicornis* 等。

此外，盾蚧科还有以下重要种类：

日本围盾蚧 *Fiorinia japonica* Kuwana：广泛分布于北京、河北、山东、河南、陕西、江苏、江西、福建、香港、台湾等地。主要危害雪松、油松、白皮松等。1年2代，以1龄若虫在针叶上越冬。第2年3月下旬开始活动，虫体膨大，沿针叶爬行，后固定取食。

卫矛矢尖蚧 *Unaspis euonymi* (Comstock)：分布于河北、河南、山东、陕西、四川、广东、广西等地。危害卫矛科、冬青科、黄杨科、木樨科、忍冬科的多种植物。1年2代，以受精的雌成虫在寄主植物的茎、叶上介壳内越冬。翌年春季，随着植物的萌动，继续刺吸取食，4月底5月初开始产卵。

檫树白轮蚧 *Aulacaspis sassafris* Chen, Wu et Su：分布于安徽、江西和湖南。危害檫和山苍子。湖南湘潭1年3代，以2龄若虫和雄蛹在嫩梢上越冬。

樟白轮蚧 *A. yabunikkei* Kuwana：分布于浙江、台湾、江西、湖南、广东、广西、陕西、四川、贵州、云南等地。危害樟、钓樟、肉桂、胡颓子等。广西1年5代，世代重叠，多以受精雌成虫在树干上越冬。

突笠圆盾蚧 *Diaspidiotus slavonicus* (Green)：分布于西北地区及内蒙古、山西、河南等地，危害胡杨、杨、柳。新疆1年1~2代，1代者以2龄若虫在寄主枝干越冬。第2代仅发育到不能越冬的1龄若虫，至翌年3月树液开始流动时越冬若虫出蛰危害。

中国晋盾蚧 *Shansiaspis sinensis* Tang：分布于内蒙古、山西、陕西、宁夏等地。主要危害旱柳。1年2代，以1龄若虫在树干、树枝及芽腋处越冬。越冬代若虫于4月上旬开始取食，并分泌蜡质。

橄榄片盾蚧 *Parlatoria oleae* (Colvée)：分布于新疆、云南。危害香梨、苹果、桃、山楂、葡萄、核桃、无花果、樱桃、石榴、桑、杨、榆、丁香、白蜡树等。南疆1年2代，以受精雌成虫在寄主枝条上越冬。翌年 3 月中下旬日平均温度 10 ℃以上时开始危害并继续发育。

7.1.1.7 其他蚧类

毛竹根毡蚧 *Rhizococcus rugosus*（Wang）：又名皱绒蚧，属于半翅目毡蚧科。分布于河南、江苏、江西、浙江、安徽、山东、上海等地。危害毛竹、早竹、黄槽竹和紫竹。1 年 1 代，以 2 龄若虫和雄预蛹越冬。越冬的 2 龄若虫至翌年 2 月中、下旬进入 3 龄。3 月下旬雄成虫羽化，盛期在 4 月上旬。

半球竹链蚧 *Bambusaspis hemisphaerica*（Kuwana）：属于半翅目链蚧科。分布于福建、江苏、安徽、浙江、江西、台湾、广东、广西、四川、云南。主要危害绿竹，其次危害毛竹、淡竹、红竹等。1 年 1 代，个别发生 2 代，以若虫越冬。翌年 5 月上旬羽化为成虫。

蚧类的防治方法

(1) 检疫

加强检疫措施，严禁携虫花木、接穗、原木调运和引进。有虫苗木可用 6.6 g/m³、52%磷化铝片剂熏蒸 1~2 d。

(2) 林业技术措施

合理调控林分密度，选育抗虫树种、营造混交林；清除受害木，结合林木修剪工作剪除虫口密度大的枝条；针对枣星粉蚧等在树干越冬的种类，刮除老树皮涂白，可降低当年危害程度。

(3) 物理防治

根据草履蚧、枣星粉蚧等越冬出蛰后向树上转移危害的习性，可在春季出蛰前于主枝涂粘虫胶环，阻止其上树危害。

(4) 生物防治

对已明确防治效果的天敌，如寄生蜂、瓢虫等，应加以保护利用。人工饲养释放天敌，当天敌寄生率达 50%或羽化率达到 60%时严禁采取化学防治；天敌繁殖季节禁止防治。

(5) 药剂防治

主要包括喷药、涂干、注射等施药方式。

①喷药。春季喷施 0.5°Bé~10°Bé 石硫合剂、冬季可用 3°Bé~50°Bé 石硫合剂、夏季 0.3°Bé~0.50°Bé 石硫合剂或 8~10 倍松脂合剂。在初孵若虫发生盛期，使用化学农药喷洒树冠 1~3 次。常用的药剂有 10%吡虫啉乳油 1000 倍液、40%速捕杀乳油 1000~2000 倍液、5%蚧螨灵乳油 1500~2000 倍液、40%速蚧克乳油 1000~1500 倍液、0.9%爱福丁乳油 4000~6000 倍液、48%乐斯本乳油 1000 倍液。此外，还可以用醋盐合剂(食醋 5 mL，食盐 10 g，水 1000 mL)、肥皂液(制作方法：150~300 g 固体洗衣粉加入 10 000 mL 温水，500 mL 酒精，1 汤勺食盐溶解均匀即可)；对草履蚧、枣星粉蚧等粉蚧科、绵蚧科的种类用烧碱溶液(20%烧碱溶液 15 mL、洗衣粉 15 g、水 1000 mL)有很好的防治效果；对

扶桑绵粉蚧可用10%氟氯氢菊酯乳油825 mL加水4500 kg/hm²、10.5%溴氰菊酯乳油825 mL加水4500 kg/hm²或20%康福多可溶剂300 mL加水1000 kg/hm²喷洒进行防治。

②涂干。3月初树液开始流动时，在树干基部刮1个宽20~30 cm宽的闭合环，老皮见白，嫩皮见绿，然后涂上10%吡虫啉乳油10倍液。

③注射。危害期用10%吡虫啉乳油30倍液打孔注入受害株基部，即在受害树树干钻深7 cm、直径1.5 cm、倾斜角为45°的孔，按胸径10~20 cm注4 mL、21~30 cm注8 mL、31~40 cm注10 mL、50 cm以上注12 mL，注药后用泥堵孔。

7.1.2 蚜虫类

包括蚜虫和球蚜，种类繁多，其中除五倍子蚜是经济益虫外，绝大多数是农林害虫。蚜虫危害后，常引起枝叶变色、卷曲皱缩或形成虫瘿，影响林木生长；蚜虫还大量分泌蜜露、黏污叶面，不但影响植物正常的光合作用，还常常诱发煤污病，使叶片变黑；有些种类的蚜虫还是植物病毒的重要传播媒介。

蚜虫生殖方式特殊，常具有世代交替和转主寄生的习性。生活史复杂，有干母、干雌、迁移蚜、侨蚜、性母和性蚜等不同的生活型。蚜虫生活周期有侨迁型、留守型和复迁型。

①侨迁型。在1年中必须经过2个寄主，即春季先在越冬（第一）寄主上繁殖危害，后又到中间（第二）寄主上繁殖多代，秋季又迁回原越冬寄主。越冬寄主一般是木本植物，第二寄主多是草本植物。如棉蚜。

②留守型。终年只在1种或近缘种的寄主上完成生活周期，无中间寄主和迁飞现象。如松大蚜等。

③复迁型。在生活周期中有2个寄主，经过几年进行1次寄主交换，每年既有迁移蚜，也有留守蚜。如落叶松球蚜、油松球蚜。蚜虫每年发生代数很多，有的1年十几代甚至30多代，多以卵在树木的枝条上越冬。

蚜虫对橙黄色光有趋性，用黄盘诱蚜器可预测预报蚜虫的迁移动态及防治。在有翅蚜迁移时期，风对其迁飞和扩散起重要作用，强风、雨冲击可使蚜虫种群数量急剧下降。蚜虫的捕食性天敌主要有瓢虫、步甲、草蛉、食蚜蝇、螳螂等；寄生性天敌主要有蚜茧蜂、小蜂、细蜂等，其中瓢虫类对抑制蚜虫的种群数量起着重要作用。

落叶松球蚜指名亚种 Adelges laricis laricis Vallot（图7-14）
（半翅目：球蚜科）

落叶松球蚜指名亚种

分布于北京、黑龙江、吉林、辽宁、宁夏、新疆、陕西、山西、青海、四川等。在云杉及落叶松枝干吸食危害，并在云杉枝芽处形成虫瘿，致使受害部以上枝梢枯死，严重影响树木生长、成林、成材。

形态特征

落叶松球蚜在一个生活周期中有多种生活型，是多型性昆虫，而且需2个寄主植物才能完成一个生活周期，主要生活型如下：

干母　生活在第一寄主上，源于有性蚜所产的受精卵。卵橘红色，被浓密的白色絮状物。越冬若虫长椭圆形，棕黑色至黑色，体长0.4~0.7 mm。触角6节，第3节最长。体表被有蜡孔分泌的6列整齐竖起的分泌物，蜡孔群位于骨化程度较强的蜡片上。成虫黄绿色，密被一层很厚的白色絮状分泌物。

瘿蚜　越冬干母的后代，羽化后飞往第二寄主。卵初产时淡黄色，孵化前暗褐色。1龄若蚜淡黄色，体表裸露；2龄以后，体表色泽逐渐加深，并出现白色粉状蜡质分泌物。4龄若蚜紫褐色，翅芽显著。

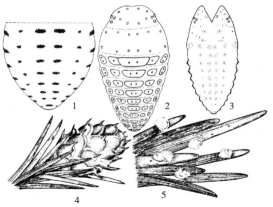

1. 性母成虫腹背腺板；2. 停育型若虫；3. 进育型若虫；
4. 虫瘿；5. 侨居蚜若虫及危害状

图7-14(1)　落叶松球蚜指名亚种

伪干母　生活在第二寄主上，源于瘿蚜所产的无性卵。卵初产时橘黄色，孵化前呈暗褐色。越冬若虫黑褐色至黑色。体表裸露，无分泌物，骨化程度很强。蜡孔消失。触角3节，端节最长。腹气门无。成虫半球形，黑褐色，长1~2 mm，宽0.7~1.1 mm。背面有6纵列明显的疣。仅腹末端2节有少量分泌物。

侨蚜　生活在第二寄主上，是伪干母营孤雌生殖产生的大部分无翅型后代。若虫有2种类型：进育型和停育型。进育型若虫初孵时暗棕色，长约0.6 mm；体表裸露，蜡孔缺如；触角长。自2龄起，体表出现白色分泌物，并随虫体的增长分泌物愈加丰富。3龄后，分泌物把虫体完全覆盖。成虫外观呈一绿豆粒大小的"棉花团"，长椭圆形，棕褐色，长约1.5 mm。停育型若虫形态上与伪干母的越冬若蚜完全相同。

性母　是伪干母营孤雌生殖产生的另一部分有翅蚜，羽化后迁回第一寄主。卵初产时橘黄色，孵化前灰褐色。卵的一端具丝状物，彼此相连。初孵若虫至2龄体表无分泌物。3龄若虫红褐色，胸侧微微隆起。4龄体色更淡，胸侧翅芽明显，背面6纵列疣清晰可见。成虫黄褐色至褐色，腹部背面蜡片行列整齐、明显。有性蚜为性母的后代。卵黄绿色。雌虫橘红色，雄虫色泽较暗，触角和足较长。

性蚜　起源于性母所产之卵，生活在原生寄主上。雌蚜只产1粒卵。由此孵化出1龄干母。

生活史及习性

经2年完成全部生活史；在第一寄主云杉上以干母若虫在冬芽上越冬，在第二寄主落叶松上以伪干母若虫在冬芽腋和枝条皮缝中越冬。在东北，寄居云杉上的干母若虫于翌年4月中下旬开始活动，5月发育为成虫并产卵。卵多产在冬芽处，单雌产卵量520~980粒。孵化前，云杉冬芽已萌动，由于受干母取食刺激，云杉的新芽变形、膨大，形成长约15 mm的球状虫瘿，初为淡绿色，后被白色分泌物。孵化后的若虫即生活在虫瘿内，至8月中旬，多数虫瘿变为淡紫色，沿开裂线裂开，若虫从瘿内爬出停留在附近的针叶上，随即蜕皮羽化为有翅瘿蚜飞离云杉，迁移到落叶松针叶上。孤雌生殖，卵多产在针叶背面，平均产卵30粒左右。8月中旬卵孵化为伪干母若蚜，爬至新梢皮缝等处，9月中旬起进入越冬状态。翌年4月下旬，越冬伪干母若蚜开始活动，蜕皮3次后于5月发育为伪干母成虫，进行孤雌产卵，产卵量59~142粒。卵孵化后，一部分分化为停育型若蚜，于5月末羽化为具翅的性母成虫，飞回云杉，在云杉叶尖背部产卵，平均产卵量10粒左右。6月上旬卵孵化，至6月下旬长成性蚜。7月初，在云杉幼树主干和大树粗枝下方的皮裂下，可见到性蚜所产的受精卵。单雌产卵1粒。8月初受精卵孵化，9月在云杉冬芽处越冬。另一部分分化为进育型若蚜，发育成无翅侨蚜，在落叶松上孤雌生殖，每年可发生4~5代，是危害落叶松的主要阶段。

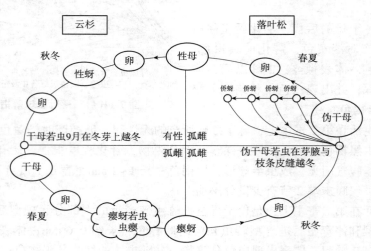

图7-14(2)　落叶松球蚜生活史

该虫多发生于郁闭度较大的林分中，但郁闭度太高不利其繁衍，控制林分的郁闭度可抑制其大发生。幼龄若蚜对杀虫剂敏感，早春第1代侨蚜初孵若虫阶段防治最有利。天敌有异色瓢虫、七星瓢虫、食蚜蝇等。

苹果绵蚜 Eriosoma lanigerum (Hausmann)（图7-15）
（半翅目：蚜科）

苹果绵蚜

又名血色蚜、赤蚜、绵蚜。分布于天津、河北、辽宁、江苏、安徽、山东、河南、云南、西藏、陕西；朝鲜、韩国、日本、印度、欧洲、大洋洲、美洲（原产于美国）、非洲。寄主包括苹果属、梨属、山楂属、花楸属、李属等多种植物，1996年曾被列为全国林业检疫性有害生物。

形态特征

无翅孤雌蚜　卵圆形，肥大。体长1.7~2.2 mm，黄褐色至赤褐色。复眼有3个小眼，暗红色。触角6节，粗短，暗灰色，有微瓦纹。足粗短，光滑少毛。腹管退化，呈半圆形裂口，位于第5、6腹节间，围绕腹管有短毛11~16根。体背有明显4纵列蜡腺，分泌大量白色绵状长蜡毛。

有翅孤雌蚜　暗褐色。体长1.7~2.0 mm，翅展5.5 mm。头和前胸黑色。复眼暗红色，有眼瘤。触角6节，第3节特别长。翅透明，翅脉和翅痣棕色，前翅中脉有1个分支。腹管退化为环状黑色小孔。

有性雌蚜 淡黄褐色。体长约 1 mm。触角 5 节。口器退化。腹部赤褐色，稍被绵状毛。

有性雄蚜 黄绿色。体长约 0.7 mm。触角 5 节。口器退化。腹部各节中央隆起，有明显的沟痕。

卵 椭圆形，长约 0.5 mm。初产时为橙黄色，后变为褐色。表面光滑，外覆白粉。较大的一端精孔突出。

若虫 共 4 龄。体略呈圆筒形，赤褐色，被白色绵状物。触角 5 节。

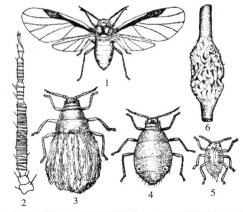

1.有翅孤雌蚜；2.有翅雌蚜触角；3.无翅雌蚜（除去胸部蜡毛）；4.无翅雌蚜（除去全部蜡毛）；5.若虫；6.危害状

图 7-15 苹果绵蚜

生活史及习性

在我国无转换寄主现象。东部地区 1 年 12~18 代，西藏 7~23 代，主要以若蚜在树干伤疤裂缝和近地表根部越冬。春季树液开始流动时，蚜虫开始活动，5 月上旬，越冬若蚜发育为成蚜，开始胎生，多在原处危害。5 月下旬至 6 月为繁殖盛期，1 龄若蚜四处扩散、蔓延危害。7~8 月受高温和寄生蜂影响，数量下降。9 月后，气温下降，繁殖加快，并产生大量有翅蚜迁飞扩散，虫口密度又回升，出现第 2 次危害高峰。发生严重时，可布满全树，见白色棉絮状、丝状蜡质物，剥开露出龄期混杂的红褐色虫体。枝干和根的被害处形成平滑的肿瘤，破裂后造成大小、深浅不一的伤口。叶被害后变成黑褐色，早落。果实受害后发育不良，易脱落。侧根受害形成肿瘤，不再生须根，并逐渐腐烂。11 月中旬，开始越冬。

苹果棉蚜的近距离传播以有翅蚜迁飞和作业人员携带为主，远距离主要靠苗木、接穗、果实和包装物传播。天敌主要有苹果绵蚜蚜小蜂 *Aphelinus mali*，多种瓢虫和食蚜蝇等。

桃粉大尾蚜 *Hyalopterus amygdali* (Blanchard)

（半翅目：蚜科）

桃粉大尾蚜

又名杏大尾蚜、桃粉绿蚜等。分布于全国大部。危害桃、李、杏、樱桃、山楂、梨、梅及禾本科植物等。以成、若蚜群集于新梢和叶背刺吸汁液，被害叶失绿并向叶背对合纵卷，卷叶内积有白色蜡粉，严重时叶片早落，嫩梢干枯。排泄蜜露常诱发煤污病。

形态特征

无翅孤雌蚜 体长 2.3 mm，卵形。体草绿色，被白粉。体表光滑。头部有骨化，胸、腹淡色，无斑纹。第 8 腹节有微瓦纹。缘瘤小，馒头状，淡色透明，位于前胸及第 1、7 腹节。体背毛长、尖锐。中额瘤及额瘤稍隆；触角光滑，微显瓦纹，为体长的 1/3，第 5、6 节灰黑色，第 6 节鞭部长为基部的 3 倍；腹管圆筒形、光滑、无缘突、有切迹，基部稍狭长，端部 1/2 灰黑色；尾片长圆锥形，有长曲毛 5~6 根。

有翅孤雌蚜 体长 2.2 mm，呈长卵形，头、胸部黑色，腹部黄绿色或橙绿色，有斑，有时模糊不清。体被白色蜡粉。触角为体长的2/3，第3节有圆形感觉圈18~26个，散布全节，第4节0~7个，第6节鞭部约为基部长的3倍。腹管筒形，基部收缩，收缩部有褶曲横纹多条；尾片圆锥形，上长曲毛4~5根，其他特征与无翅蚜相似。

生活史及习性

我国北方1年发生10多代，南方20余代；生活周期类型属侨迁式，以卵在冬寄主的芽腋、裂缝及短枝叉处越冬。在北方4月上旬越冬卵孵化为若蚜，危害幼芽嫩叶，发育为成蚜后，进行孤雌胎生繁殖。5月出现胎生有翅蚜，迁飞传播，继续胎生繁殖。5~7月繁殖最盛，危害严重，此期间叶背布满虫体，叶片边缘稍向背面纵卷。8、9月迁飞至其他植物上危害，10月又回到冬寄主上，危害一段时间，出现有翅雄蚜和无翅雌蚜，交配后进行有性繁殖，在枝条上产卵越冬。在南方2月中、下旬至3月上旬，卵孵化为干母，危害新芽嫩叶。干母成熟后，营孤雌生殖，繁殖后代。4月下旬至5月上旬是雌蚜繁殖盛期，也是全年危害最严重的时期。5月中至6月上旬，产生大量有翅蚜，迁移至其他寄主上继续胎生繁殖。10月下旬至11月上旬，又产生有翅蚜，迁回越冬寄主上。11月下旬至12月上旬进入越冬期。

白毛蚜 *Chaitophorus populialbae* (Boyer de Fonscolombe)（图7-16）
（半翅目：蚜科）

分布于北京、天津、河北、山西、辽宁、吉林、山东、河南、陕西、宁夏；西欧、北非。寄主有毛白杨、银白杨、大官杨、河北杨、唐柳，其中以毛白杨受害较重。

形态特征

有翅孤雌胎生蚜（干母） 翠绿色，体长2.4~2.6 mm。触角浅黄色，但第5和第6节端部黑褐色。复眼赤褐色。喙浅绿色，其端部色较深。足跗节和爪黑褐色，其余浅黄色。前胸背板中央有1条黑横带。中、后胸黑色。翅痣灰褐色。腹部背面有6条黑横带，中间2条较粗，前、后2条较细并与其邻近的黑带相距较远。

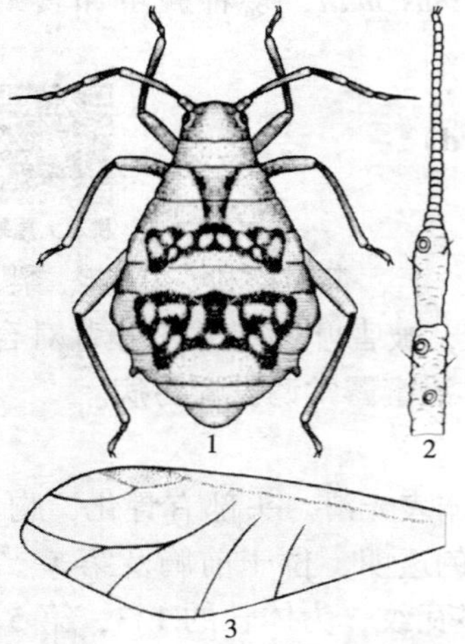

无翅孤雌胎生蚜 长椭圆形，绿色，体长1.8~3.0 mm。头部和前胸浅黄绿色。足与触角同有翅孤雌胎生蚜。腹部背面中央有1深绿色"U"形斑，有时此斑中央色浅。

若虫 初产时体长0.6~0.8 mm，白色，以后渐变为绿色。老熟时腹部背面显现斑纹。

生活史及习性

河北、山东1年18~20代，以卵在当年枝条芽腋处越冬。当叶芽萌发时越冬卵开始孵化。干母多在新叶背面，每叶1~2头。干母出现后约15~20 d，大量有翅胎生蚜飞迁到附近的毛白杨幼林、苗圃里的当年留茬苗和插条苗上，产仔繁殖。种群数量在1年内有2个高峰期，分别在5月下旬和8月中下旬。其发生与湿度关系密切，干旱年份危

1. 无翅孤雌胎生蚜；2. 有翅孤雌蚜触角；3. 有翅孤雌蚜前翅

图7-16 白毛蚜

害严重，多雨年份数量少。

天敌种类较多，有异色瓢虫、七星瓢虫、龟纹瓢虫、丽草蛉、中华草蛉、杨腺溶蚜茧蜂。在河北正定，杨腺溶蚜茧蜂为优势天敌，其寄生率为36%~42%。

马尾松长足大蚜 *Cinara formosana* (Takahashi)（图7-17）
（半翅目：蚜科）

分布于华北、西北、东北地区及福建、台湾、山东、河南、广东、广西；日本、朝鲜、欧洲和北美洲。危害红松、油松、赤松、樟子松、马尾松等。松大蚜 *Cinara pinitabulaeformis* Zhang et Zhang 为该种的异名。

形态特征

成虫　体形较大。触角6节，第3节最长。复眼黑色，突出于头侧。雌性分有翅型和无翅型2种。有翅孤雌蚜体长2.8~3.0 mm，黑褐色。体上有黑色刚毛，足上最多。翅膜质透明，前缘黑褐色。腹末稍尖。无翅孤雌蚜较有翅蚜粗壮，腹部散生黑色颗粒状物，并被有白色蜡质物，末端钝圆。雄成虫似无翅孤雌蚜，但体较小，腹部稍尖。

若虫　共4龄。体态与无翅成虫极相似。由干母胎生出的若虫为淡红褐色，体长约1 mm。4~5 d后变为黑褐色。

生活史及习性

1年10多代，以卵在针叶上越冬。在辽宁，越冬卵于翌年4月下旬至5月上旬孵化为若虫，在松枝上危害。吸液时常头部朝下，后足抬起；当受到外来刺激时，即迅速爬开，隐藏于松针基部。5月中旬出现干母，并进行孤雌胎生繁殖。1头干母可生产30多头雌若虫。若虫取食、发育，长成后继续胎生繁殖。6月中旬，出现侨蚜，飞往附近松树上繁殖危害，

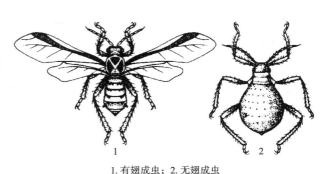

1.有翅成虫；2.无翅成虫

图7-17　马尾松长足大蚜

直到10月中旬出现性蚜（有翅雄、雌成虫）。性蚜交尾后，雌蚜产卵越冬。卵常8粒，偶有9~10粒，最多22粒，成行排列在松针上。松大蚜的繁殖力很强。在辽宁阜新，4月下旬孵化的第1代松大蚜发育历期为19~22 d；5月下旬，由于气温升高，发育历期缩短为16~18 d。

天敌主要有多种瓢虫、食蚜蝇、蚜小蜂、蜘蛛等。

柏大蚜 *Cinara tujafilina* (del Guercio)（图7-18）
（半翅目：蚜科）

国内在分布于辽宁、河北、山东、江苏、河南、浙江、福建、台湾、江西、广东、广西、云南、陕西、宁夏。危害侧柏、金钟柏、铅笔柏等。

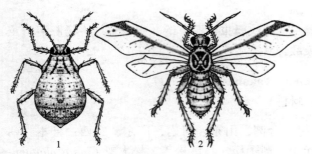

1. 无翅雌成虫；2. 有翅成虫
图 7-18 柏大蚜

形态特征

成虫 咖啡色。触角端部、复眼、喙第 3~5 节、足腿节末端、跗节和爪及腹管均为黑色。触角 6 节，第 3 节最长。雌性分有翅型和无翅型 2 种。有翅孤雌蚜体长 3.0~3.5 mm，翅展 7.5~9.0 mm。体毛白色，在足及背侧较密。中胸背板骨片凹陷形成"X"形斑。翅面亦有白绒毛，前翅前缘脉黑褐色，近顶角有 2 个小暗斑。腹部背面前 4 节各节整齐排列 2 对褐色斑点，腹末稍尖。无翅孤雌蚜体色较有翅型稍浅，体长 3.7~4.0 mm。胸部背面有黑色斑点组成的"八"字形条纹。腹背有 6 排黑色小点，每排 4~6 个。腹部腹面覆有白粉，腹末钝圆。雄成虫与无翅孤雌蚜很相似，体长约 3.0 mm，腹末稍尖。

若虫 体长约 1.8 mm。初产时橘红色，3 d 后变为咖啡色，形态似无翅孤雌成虫。

生活史及习性

北京 1 年 10 余代，以卵在柏叶上越冬；河南新乡 1 年 17~22 代，以卵和无翅胎生雌蚜越冬。翌年 2 月中旬，越冬卵孵化为无翅胎生雌蚜，3 月中旬出现干母成蚜，干母多集中于有叶的小枝上。繁殖危害到 10 月底出现雌、雄性蚜。性蚜交配后，雌性蚜于 11 月上中旬产卵越冬。4~6 月种群数量最大，危害也最严重。

天敌有异色瓢虫、七星瓢虫、草蛉、食蚜蝇等。

此外，重要的蚜虫类还有：

核桃黑斑蚜 *Chromaphis juglandicola* (Kaltenbach)：分布于北京、辽宁、河北、新疆、甘肃、山西。主要危害核桃。山西 1 年约 15 代，以卵在枝杈、叶痕等处在树皮缝中越冬。山西核桃产区有蚜株率高达 90%，以成、若蚜在核桃叶背及幼果上刺吸危害。

板栗大蚜 *Lachnus tropicalis* (van der Goot)：分布于北京、河北、吉林、辽宁、江苏、浙江、台湾、江西、山东、河南、湖北和西南各地。危害栗和其他栎类。山东泰安 1 年 10 余代，以卵在枝干背阴面越冬。

柳瘤大蚜 *Tuberolachnus salignus* Gmelin：分布于东北地区及北京、内蒙古、山东、江苏、浙江、河南、福建、台湾、云南、宁夏。危害各种柳树。在宁夏每年发生 10 代以上，以成虫在柳树主干下部皮缝内越冬。

桃蚜 *Myzus persicae* (Sulzer)：分布于全国各地。危害桃、李、梅、樱桃等蔷薇科果树，以及白菜、甘蓝、萝卜、芥菜、芸薹、甜椒等 74 科 285 种植物。以卵在桃、李、梅、樱桃等蔷薇科果树腋芽处越冬。

黑腹四脉绵蚜 *Tetraneura nigriabdominalis* (Sasaki)(=秋四脉绵蚜 *T. akinire* Sasaki)：分布于华北、东北地区及上海、江苏、浙江、台湾、山东、河南、湖北、云南、新疆。危害各种榆树，以卵在榆树枝干的粗糙部位越冬。

部灰褐色，后半部黑褐色，脉纹明显。

生活史及习性

山西南部4年1代，以卵和若虫分别在被害枝木质部和土壤中越冬。老熟若虫于6月下旬出土羽化，7月上旬至8月上旬达到高峰。成虫于7月中旬开始产卵，8月中、下旬为盛期。越冬卵于7月上旬开始孵化，7月中旬达到高峰。若虫的平均发育历期为1127 d。老熟若虫出土后常在附近徘徊，遇物则爬上去固定、蜕皮羽化。成虫羽化后栖息于树木枝干上，经15~20 d补充营养后交尾产卵。交配多集中在9:00~14:00，一生可交尾3~4次。雌虫产卵多选择当年萌发的、直径4~6 mm的枝条；产卵时，先用产卵器刺破枝条木质部，然后把卵产在枝条髓心部分。卵槽多呈梭形。单雌产卵量500~700粒。被产卵的枝条产卵部位以上部分很快萎蔫。成虫具有一定的趋光性和趋火性，趋火性表现更为明显。具群居性和群迁性，上午成群由大树向小树迁移，晚上又成群从小树向大树集中。雄成虫善鸣。卵期平均334 d。降水多、湿度大，卵孵化早、孵化率高；气候干燥，卵孵化期推迟、孵化率也低。若虫孵化后即坠地钻入土中，以刺吸植物根系汁液养分为食。1、2龄若虫多附着在细根或须根上，而3、4龄若虫多附着在粗根上。若虫在土壤中越冬、蜕皮和危害均筑一椭圆形土室。土室四壁光滑，紧靠根系，1虫1室。

成虫天敌有红尾伯劳、灰椋鸟、布谷鸟、喜鹊等多种鸟类和蝙蝠、螳螂、蜘蛛、蜈蚣等捕食性动物以及寄蛾等；卵期天敌有1种寄生蜂；若虫天敌有蚂蚁、螳螂、蝼蛄、瓢虫等。

此外，本类群还有以下重要种类：

葡萄二星叶蝉 *Arboridia apicalis* (Nawa)：隶属半翅目叶蝉科。我国各葡萄产区均有发生。危害葡萄。河北北部1年2代，山东、山西、河南、陕西3代；成虫在果园杂草丛、落叶下、土缝、石缝等处越冬。

松沫蝉 *Aphrophora flavipes* Uhler：隶属半翅目尖胸沫蝉科。分布于辽宁、河北、山东、浙江、福建、四川。危害赤松和油松。1年1代，以卵在当年生的松针叶鞘内越冬。

柳尖胸沫蝉 *Aphrophora pectoralis* Matsumura：隶属半翅目尖胸沫蝉科。分布于河北、山西、内蒙古、吉林、黑龙江、陕西、甘肃、青海、新疆。危害柳树和杨树。1年1代，以卵在枝条上或枝条内越冬。

斑衣蜡蝉 *Lycorma delicatula* (White)：隶属半翅目蜡蝉科。分布于北京、河北、江苏、浙江、台湾、山东、河南、广东、四川、陕西。危害臭椿、香椿、刺槐、楝、槭类等。北方1年1代，以卵在树皮上越冬。

柿广翅蜡蝉 *Ricania sublimata* Jacobi：隶属半翅目广翅蜡蝉科。分布于黑龙江、山东、江苏、浙江、湖北、江西、福建、广东、四川、海南、台湾等。危害柿、山楂、咖啡等21科39种植物。浙江1年2代，以卵在寄主枝条、叶脉或叶柄内越冬。成虫羽化高峰期在6月中旬和8月下旬。

> **蝉类的防治方法**
>
> **(1) 营林措施**
> 加强林木管理，增强树势；营造混交林。
> **(2) 人工防治**
> 冬季结合修枝，剪去被产卵枝；夏季成虫羽化期组织群众人工捕捉，或在树干基部包扎一圈宽 8 cm 的塑料薄膜带，用图钉钉牢，阻止老熟若虫上树蜕皮，并在树干基部设置陷井(用双层薄膜做成，高 8 cm)和诱杯(埋入靠近树干基部的地下，杯与地面平)捕捉若虫，用于防治蚱蝉。
> **(3) 诱杀防治**
> 在成虫发生期，利用黑光灯、高压汞灯诱杀大青叶蝉，利用举火诱杀蚱蝉成虫。
> **(4) 涂干防治**
> 秋季大青叶蝉产卵前，在枝干上喷刷涂白剂或防啃剂；在沫蝉若虫群集危害期，刮去寄主粗树皮，涂刷 40%氧化乐果乳油 10 倍液。
> **(5) 化学防治**
> 于大青叶蝉秋季成虫迁回果林后但尚未产卵前，喷施菊酯类乳油 4000~5000 倍液；沫蝉、蜡蝉若虫危害期，向树冠喷洒 25%西维因可湿性粉剂 300~400 倍液，或 25%速灭威可湿性粉剂 300~400 倍液。

7.1.4 木虱类

隶属半翅目木虱总科。体小型，能飞善跳，若虫群栖。常以成虫在杂草中越冬，早春在嫩叶上产卵。成虫和若虫均可刺吸嫩枝嫩叶危害。

梧桐裂木虱 *Carsidara limbata* (Enderklein) (图 7-21)
(半翅目：裂木虱科)

又名梧桐木虱、青桐木虱。分布于辽宁、河北、北京、河南、陕西、山西、青海、山东、湖北、安徽、江苏、上海、江西、浙江、福建、广东、湖南、贵州、重庆。仅危害梧桐。

形态特征

成虫 体黄色，具褐斑。体长 5.6~6.9 mm，翅展 13 mm。头端部明显下陷。复眼半球状突起，红褐色。单眼 3 个，橙黄色。触角 10 节，褐色，基部 3 节的基部黄色，端部 2 节黑色。前胸背板横条形，中央、后缘和凹陷处均为黑色。中胸隆起，前盾片有 1 对褐斑。盾片中央凹，有 6 条黑褐色纵纹，两侧有圆斑。小盾片黄色；后小盾片黑褐色，有 1 对突起。足黄色，胫节端部及跗节褐色。前翅透明，后缘有间断的褐纹。腹部褐色。雄虫第 3 腹节背板及腹端黄色；雌虫腹面及腹端黄色。

若虫 共 3 龄。末龄若虫身体近圆筒形，茶黄色常带绿色，腹部有发达的蜡腺，分泌白色的絮状物覆盖虫体。触角 10 节。翅芽发达，可见脉纹。

生活史及习性

陕西武功1年2代,湖南永州1年2~3代,贵州铜仁1年4代,均以卵越冬。陕西关中地区,枝干上的越冬卵于翌年4月底至5月初陆续孵化,多群集于嫩梢和叶背危害。若虫行动迅速,无跳跃能力,潜居在自身分泌的白色蜡质絮状物中。第1代

图7-21 梧桐裂木虱

成虫于6月上中旬出现,约经10 d补充营养后进行交尾、产卵。交尾以8:00前和17:00左右为最多。卵多产在叶背面、卵散产,单雌产卵量约50粒。第2代若虫于7月中旬开始出现,8月上中旬羽化为成虫,8月下旬开始产卵于主枝下面靠近主干处、侧枝下方和主侧枝表皮粗糙处,以备越冬。此虫发生极不整齐,在同一时期可见各种不同虫态。

天敌有异色瓢虫、红点唇瓢虫、食蚜齿爪盲蝽、大草蛉、中华草蛉、绿姬蛉、深山姬蛉、食蚜蝇和2种寄生蜂。

中国梨喀木虱 *Cacopsylla chinensis* (Yang et Li)(图7-22)
(半翅目:木虱科)

分布于吉林、辽宁、内蒙古、新疆、陕西、宁夏、甘肃、北京、河北、山西、山东、浙江、安徽、湖北、广东、贵州、台湾。成虫及若虫群集吸食危害梨的嫩芽、新梢和花蕾,受害叶皱缩,产生枯斑,并逐渐变黑,提早脱落。若虫在叶片上分泌大量黏液,使叶片粘在一起或粘在果实上,诱发煤污病。

形态特征

成虫 体长2.5~3.0 mm,翅展7~8 mm。触角褐色,末端2节黑色。足色较深。前翅端部圆形,膜区透明,脉纹黄色。成虫分为冬型和夏型两种。冬型成虫体形较大,灰褐色或深黑褐色,前翅后缘臀区有明显褐斑;夏型体形较小,黄绿色,单眼3个,金红色,复眼红色。成虫胸背均有4条红黄色(冬型)或黄色(夏型)纵条纹。冬型翅透明,翅脉褐色,夏型前翅色略黄,翅脉淡黄褐色。静止时,翅呈屋脊状叠于体上。

若虫 扁椭圆形,淡黄色,3龄后呈扁圆形,绿褐色,翅芽显著增大,体扁圆形,突出于身体两侧。体背褐色,其中有红绿斑纹相间。

生活史及习性

辽宁1年3~4代,河北、山东4~6代,浙江5代,世代重叠,各地均以冬型成虫在树皮缝、落叶、杂草及土缝中越冬。梨树花芽萌动时开始活动危害。

图7-22 中国梨喀木虱
(引自李法圣,2011)

此外,本类群还有以下重要种类:

槐豆木虱 *Cyamophila willieti* (Wu):隶属半翅目木虱科。分布于全国大部分地区,危害槐树和龙爪槐。辽宁抚顺1年1代,北京1年数代,均以成虫越冬。

沙枣个木虱 *Trioza magnisetosa* Loginova:隶属半翅目个木虱科。分布于内蒙古、陕西、山西、甘肃、宁夏、新疆、河北。危害沙枣、沙果、梨等,以沙枣受害最重。1年1代,以成虫在沙枣卷叶内、树

皮裂缝中、落叶杂草间和房舍墙缝内越冬。

枸杞木虱 *Bactericera gobica* (Loginova)：隶属半翅目个木虱科。分布于西北、华北地区。危害枸杞。内蒙古1年3~4代，以成虫在树皮缝、枯枝落叶、土块下或屋墙缝中越冬，翌年枸杞发芽时开始活动。

木虱类的防治方法

①加强检疫，严禁木虱随苗木的调运传入或传出。
②清理林下杂草和枯枝落叶，破坏木虱的越冬场所，降低越冬虫口基数。
③注意保护天敌，在天敌数量多时少用或不用广谱性化学农药。
④在若虫发生期，可喷布25%扑虱灵乳油1000~1500倍液、50%杀螟松1000倍液、10%敌虫菊酯3000倍液或20%杀灭菊酯2000~3000倍液，均有良好的防治效果。

7.1.5 蝽类

隶属半翅目异翅亚目，与林业关系密切的类群有蝽科、盾蝽科、网蝽科和长蝽科等。成、若虫均可刺吸危害，常造成寄主叶色变黄，提早脱落，植株生长缓慢，甚至枝梢枯死；其分泌物污染叶片、诱发煤污病；也是植物病毒的传播媒介。

小板网蝽 *Monosteira discoidalis* (**Jakovlev**)（图7-23）

（半翅目：网蝽科）

又名杨网蝽、柳网蝽。分布于西北地区；西亚、中东、欧洲南部、非洲北部。危害多种杨、白柳、梨、李、山楂、樱桃、扁桃和棉花，以小叶杨、箭杆杨、钻天杨和多种杂交杨受害严重。

形态特征

成虫 体长1.9~2.3 mm，宽0.8~1.1 mm。头和胸部灰黑色。复眼圆形，红黑色。触角棒状，4节；第1、2节粗短，第3节细长，第4节膨大；基部和顶端黑褐色。头上生有4个刺状突起，中间有一个椭圆形斑块。前胸背板两侧向上隆起并具网纹刻点。前翅和足黄褐色。小盾片和前翅具有清晰的网状纹。翅面折合后中部呈现"X"形或"大"字形灰褐色斑纹。虫体腹面黑色。

卵 长椭圆形，上端略平稍弯曲，下端椭圆。长0.2 mm，宽0.07 mm。卵壳上有微显的网状纹。

若虫 共3龄。1龄浅黄色；2龄浅

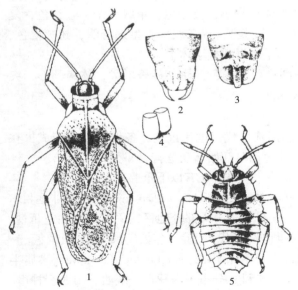

1. 成虫；2. 雄成虫腹末；3. 雌成虫腹末；4. 卵；5. 若虫
图7-23 小板网蝽

黄褐色；3龄若虫浅灰色或黄色，体长1.6~1.9 mm，体宽0.9~1.1 mm。头上有4个突起，后2个较大。前胸背板中部色较深，向外渐变淡黄。翅芽中段灰黄色，两端灰黑色。腹部边缘凹凸明显，在凸起的分节处均有一个肉刺。腹部第4、7、10节背中部各有一个黑斑，其中第7节者较大。

生活史及习性

新疆1年5代，以成虫在树皮裂缝内和落叶层下越冬。翌年4月中旬越冬成虫上树活动并不断补充营养，吸食12~15 d后开始交尾。5月初产第1代卵，卵期7~8 d。若虫期平均12 d。以后每完成一个世代约需30 d，但前后2个世代历期较长。成虫于9月底10月初进入越冬状态。成虫不飞或少飞，活动主要靠爬行。受惊动迅速逃逸或坠地假死。交尾多在夜晚进行，雄成虫有多次交尾习性。一生可交尾2~4次，雌成虫大多只交尾1次。卵主要散产在叶背主脉两侧的叶肉内，有卵盖的一端约有1/3外露。单雌平均产卵量11.4粒。1、2龄若虫常数十头群集在叶背吸食，并有成群转移的习性。3龄后分散为若干个小群体，并有少数单独活动。若虫一生能危害5~11个叶片，从树下部向上蔓延。1年中对林木有两个危害高峰期，分别在第3代和第5代若虫期。

天敌有捕食成虫的灰蜘蛛和咬食若虫的黑蚂蚁。

梨冠网蝽 *Stephanitis nashi* Esaki et Takeya（图7-24）
（半翅目：网蝽科）

又名梨网蝽、梨花网蝽、军配虫等。分布于东北、华北、华东、华中地区及广东、广西、四川、云南、陕西、甘肃；朝鲜、日本、俄罗斯；危害梨、苹果、沙果、杏、樱桃、月季、樱花、山茶、茉莉、紫藤等。以成、若虫群集在叶背刺吸取食，受害叶正面呈黄白色斑点，随着危害加重，斑点可扩大至全叶；叶背有黏性分泌物和粪便形成的黄褐色的锈状斑并杂有黑点，导致早期落叶。

形态特征

成虫　体长约3.5 mm，扁平，暗褐色。头小，复眼暗黑色。触角4节，丝状。前胸背板中央隆起，向后延伸如扁板状，盖住小盾片，两侧向外突出呈翼片状。前胸和前翅面呈密网纹状。前翅长方形，半透明，具黑褐色斑纹，静止时两翅叠起黑褐色斑纹呈"X"状；后翅膜质白色。胸部腹面黑褐色。足黄褐色。腹部金黄色，有黑色斑纹。

卵　长椭圆形，一端弯曲，长约0.6 mm，淡黄色。

若虫　共5龄。初孵若虫乳白色，后渐变为深褐色。3龄时翅芽明显，外形似成虫，腹部两侧及后缘有1个黄褐色刺状突起。成虫和若虫头、胸、腹部均有锥状刺突。

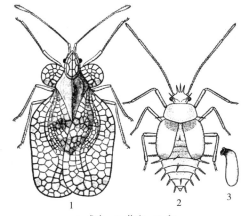

1.成虫；2.若虫；3.卵

图7-24　梨冠网蝽

生活史及习性

华北地区1年3~4代，长江流域4~5代，华南地区5~6代，均以成虫在枯枝落叶、杂草、树皮裂缝，以及土、石缝中越冬。在华北地区，越冬成虫于翌年4月上中旬开始活动，飞到寄主叶背集中刺吸危害。4月下旬至5月上旬为出蛰盛期。4月下旬成虫开始产卵，卵产于叶背面叶肉内，每次1粒，常数粒至数十粒相邻产于主脉两侧。单雌产卵量15~60粒。卵期15 d。初龄若虫不甚活动，有群集性，2龄后逐渐扩大活动范围。由于成虫出蛰期不整齐，5月中旬以后出现世代重叠。1年中以7~8月危害最重。10月中旬以后成虫陆续越冬。天敌有瓢虫、草蛉等。

此外，本类群还有以下重要种类：

小皱蝽 *Cyclopelta parva* Distant：隶属半翅目兜蝽科。分布于内蒙古、辽宁、江苏、福建、江西、山东、湖北、湖南、广东、广西、四川、云南。危害刺槐和多种豆科植物。山东1年1代，以成虫在杂草里及石块下越冬。

麻皮蝽 *Erthesina fullo* (Thunberg)：隶属半翅目蝽科。分布于华东、华南、华北、西北和四川。危害油桐、臭椿、桑、刺槐、杨、榆。北方1年1代，南方1年3代，均以成虫在落叶或潜入建筑物内越冬。

油茶宽盾蝽 *Poecilocoris latus* Dallas：隶属半翅目盾蝽科。分布于浙江、福建、江西、广东、广西、贵州、云南。危害油茶和茶的果实。广西1年1代，以老熟若虫在叶背或地面杂草中越冬。

长脊冠网蝽 *Stephanitis svensoni* Drake：隶属半翅目网蝽科。分布于福建、湖南、广东。危害樟和八角属植物。广东1年6~7代，世代重叠，以成虫在枯枝落叶及地被物中越冬。

红足壮异蝽 *Urochela quadrinotata* Reuter：隶属半翅目异蝽科。分布于北京、河北、山西、东北、陕西。危害榆。山西1年1代，以成虫在向阳的崖缝、墙缝和堆积物内越冬。

蝽类的防治方法

①进行冬耕，将落叶、杂草深埋，破坏蝽类的越冬场所，减少来年种群基数。

②保护干粗的植株，冬季涂白，可防止小板网蝽危害。

③保护利用各种天敌，发挥自然控制能力。

④树冠喷雾，多在越冬成虫出蛰活动到第1代若虫孵化阶段，使用药剂有：80%敌敌畏乳油1000倍液、40%氧化乐果乳油1000~1500倍液、50%杀螟松1000倍液、20%杀灭菊酯乳油2500倍液；量大时，每隔10~15 d喷施1次，连续2~3次，消灭成虫和若虫。

7.1.6　螨类

山楂叶螨 *Amphitetranychus viennensis* (Zacher)（图7-25）

（蛛形纲：叶螨科）

山楂叶螨

又名山楂红蜘蛛。广泛分布于东北、华北、西北、华东、华中地区。寄主植物有山楂、苹果、杏、桃、李、梨、海棠、樱花、樱桃、月季、玫瑰，以及黑莓、草莓、榛、栎类、核桃、刺槐等。其中以苹果、桃、樱桃、梨等受害严重。叶片被害后表面呈现灰白色失绿的斑点，早春在刚萌发的芽、小叶和根蘖处危害，随着叶片生长，逐渐蔓延全树。受害严重者，6月上中旬叶片脱落，常造成二次开花，大量消耗树体营养。

形态特征

雌螨　体长0.45~0.50 mm，宽0.25 mm，椭圆形，深红色，足及颚体部分橘黄色，越冬雌成螨橘红色。须肢端感器短锥形，其长度与基部宽度略相等；背感器小枝状，其长略短于端感器。口针鞘前端略呈方形，中央无凹陷。气门沟末端具分支，且彼此缠结。背毛正常。肛侧毛1对。

雄螨　体长0.35~0.43 mm，宽0.2 mm，橘黄色。须肢端感器短锥形，但较雌螨细小；背感器略长于端感器。足第1跗节爪间突呈1对粗壮的刺毛；足第1跗节双毛近基侧有4根触毛和3根感毛，其中1根感毛与基侧双毛位于同一水平。阳具末端与柄部呈直角弯向背面，形成与柄部垂直的端锤，其近侧突起短小、尖利，远侧突起向背面延伸，其端部逐渐尖细。

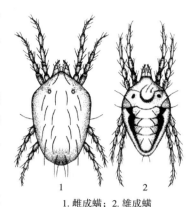

1. 雌成螨；2. 雄成螨

图7-25　山楂叶螨

生活史及习性

山东、山西、河北、河南等地1年9~11代，南方可达10代以上；以受精雌成螨在树皮裂缝、虫孔、枯枝落叶、杂草、根茎周围的土缝等处越冬。越冬雌成螨多在3月下旬苹果花芽萌动时开始出蛰，4月中旬为出蛰盛期。在根茎处越冬的个体出蛰略早，出蛰后先在附近早萌发的根蘖芽、杂草等的叶片上吸食，随着气温升高，逐渐转移至树上刚萌发的新叶、花柄、花萼上吸食危害，常造成嫩芽枯黄，不能开花展叶。当日平均温度达15℃以上时开始产卵。梨树盛花期第1代幼螨开始孵化。发生盛期在盛花期后1个月左右。此后世代重叠。在27.5℃气温条件下，山楂叶螨卵期5.2 d，幼若螨期6.8 d。营两性生殖，也可孤雌生殖。雄螨一生可与多个雌螨交配。单雌产卵量平均约70粒。该螨种群数量消长与春季的气温和7~8月的降水量有关。一般6月上旬以前种群增长缓慢，中旬开始数量激增。进入雨季后，种群密度骤降。雨季过后8月下旬至9月中旬出现第2个小高峰。自9月下旬开始部分成螨进入越冬状态，10月底至11月上旬可全部进入越冬状况。

针叶小爪螨 *Oligonychus ununguis* (Jacobi)（图7-26）
（蛛形纲：叶螨科）

针叶小爪螨

又称板栗红蜘蛛、杉木红蜘蛛。主要分布于华东和华北地区。主要危害松科、柏科、杉科、壳斗科、蔷薇科植物。我国北方板栗产区受该螨危害严重。被害叶轻则呈现灰白色小点，重则全叶变为红褐色，硬化，甚至焦枯，宛如火烧状，致使树势衰弱，严重影响板栗生长发育和果实产量。

形态特征

雌螨　体长0.4~0.49 mm，宽0.31~0.35 mm。椭圆形，褐红色，足及颚体橘红色。须肢端感器顶端略呈方形，其长约为宽度的1.5倍；背感器小枝状，较细，短于端感器。口针鞘顶端圆钝，中央有一凹陷。气门沟末端膨大。背表皮纹在前足体为纵向，后半体第

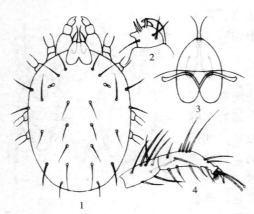

1. 雌成螨背面；2. 须肢跗节；3. 气门沟；4. 足Ⅰ胫节与跗节

图 7-26　针叶小爪螨

1、2 对背毛之间横向；第 3 对背中毛之间基本呈横向，但不规则。背毛末端尖细，具茸毛，不着生于突起上，共 26 根，其长均超过横列间距。足Ⅰ跗节爪间突的腹基侧具 5 对针状毛。前双毛的腹面仅具 1 根触毛。

雄螨　体长 0.28~0.33 mm，宽 0.12 mm。须肢端感器短锥形，其长与基部的宽度相等；背感器小枝状，与端感器等长。阳具末端与柄部呈弧形弯向腹面，其顶端逐渐收窄。

生活史及习性

1 年发生 6~12 代，均以滞育卵在 1~4 年生枝条上越冬。山东、河北等地翌年 4 月中旬越冬卵开始孵化，孵化盛期在 4 月下旬至 5 月上旬。幼螨孵化后爬到新叶上吸食危害。林间种群消长因地区、年份而有差异。6 月上旬至 8 月上旬是种群数量最大的时期。发育历期随温度增高而缩短，在平均气温 20 ℃左右时，完成一代需 20 d 左右；7~8 月高温季节完成一代需 10~13 d。雌成螨交尾后 1 d 左右开始产卵，第 6~8 d 达产卵高峰。夏卵多产于叶片正面的叶脉两侧。平均产卵历期 14.7 d，平均单雌产卵量为 43 粒。雌成螨寿命约 15 d，雄成螨寿命约 6 d。滞育卵的出现受温度、光照、食物、降雨等多种因子的影响。产滞育卵的盛期在 7 月上旬至 8 月上旬，但在发生密度高时 6 月中旬即开始产滞育卵。滞育卵在树体上的分布，以上部枝条最多，中部次之，下部最少。

柏小爪螨 *Oligonychus perditus* Pritchard et Baker（图 7-27）

（蛛形纲：叶螨科）

柏小爪螨

又称柏红蜘蛛。分布于华北、华东、华南、西南地区。危害多种柏树，如侧柏、线柏、福建柏、圆柏、龙柏、刺柏、鹿角桧等。树木受害后，鳞叶基部枯黄色，严重时树冠显黄色，鳞叶之间有丝网。

形态特征

雌螨　体长 0.35~0.40 mm，宽 0.25~0.35 mm，椭圆形，褐绿色或红褐色。足及颚体橘黄色。须肢跗节端感器柱形，其长为宽的 2 倍，背感器小枝状，短于端感器。气门沟末端膨大，前足体背表皮纹纵向，后半体基本为横向，生殖盖及生殖盖前区表皮纹横向。

雄螨　体长 0.3~0.35 mm，宽 0.20 mm，近菱形。须肢端感器短小，背感器小枝状。阳具末端与柄部成直角弯向腹面，顶端渐尖，柄部的基部具宽的凹陷。

生活史及习性

1 年 7~9 代，以卵在枝条、针叶基部、树干缝隙等处越冬。越冬卵次年 3 月下旬 4 月上旬开始孵化。4 月底至 5 月上旬发育为第 1 代成螨，并开始产卵。种群数量逐渐增高。5 月至 7 月上旬是该螨发生盛期，世代重叠。7 月中旬至 8 月下旬，因气温高、雨水多等原因，种群密度较低。9~10月种群密度回升。10月中旬后开始产卵越冬。该螨的发生与环境温度和降水关系密切，夏季的高温多雨是抑制种群数量的关键因子。

此外，本类群重要种类还有：

棒毛小爪螨 *Oligonychus clavatus* (Ehara)：分布于辽宁、江西、山东、广西。危害马尾松、油松、日本黑松、红松、落叶松，5~10年生幼林受害较重。辽宁辽阳1年7代，以卵在1~2年生枝条皮缝中越冬。

六点始叶螨 *Eotetranychus sexmaculatus* (Riley)：分布于台湾、江西、湖北、湖南、广东、广西、海南、四川、云南。危害油桐、橡胶树、樱桃、梅、柑橘、槭类、胡颓子、大把果和油梨。在海南、广东1年约23代，四川约17代；高山地区以成螨越冬，低山地区以成螨和卵越冬。

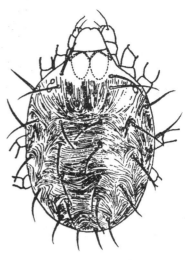

图7-27　柏小爪螨

榆全爪螨 *Panonychus ulmi* Koch：分布于华北、西北（除新疆）地区及辽宁、江苏、山东、河南、湖北。危害榆树、椴树、朴树、槭类、刺槐及多种果树。辽宁1年6~7代，山东4~8代，河北9代；以滞育卵在2~4年生侧枝分叉处、果台短枝等处越冬。

叶螨类的防治方法

(1) 保护和助迁天敌

因地制宜，区别对待，树冠下草耕，增加天敌的种类、数量。水浇条件较好的经济林和果园，在树冠下种植矮杆作物或绿肥等草本植物(如苜蓿、燕麦、荞麦等)，增加林内生物群落的多样性，为天敌提供栖息、繁殖场所，增加天敌的种类、数量。叶螨的天敌种类较多，常见的有中华草蛉、大草蛉、深点食螨瓢虫、塔六点蓟马、小花蝽、捕食螨等，食量较大，有较好的控制作用。

(2) 合理施肥

不施高氮化肥，增施有机肥。氮肥施用过多，营养比例失调，不仅造成徒长，树势内虚，而且使叶螨繁殖能力增强，山楂叶螨表现尤为突出。因此，强调在山楂叶螨发生较重的林地或果园，不施用纯氮化肥，增施圈肥、绿肥等有机肥。

(3) 诱集

树干绑草，诱集越冬。每年8月下旬至9月上旬期间，将杂草绑缚在树干主枝分叉或树皮粗糙处，秋后清除干净，对以雌成螨越冬的种类能够减少越冬螨口基数，效果较好。

(4) 冬季全面清理林地和果园

落叶后，进行全面彻底的清理。重点清理杂草、枯枝落叶，刮除粗皮、翘皮。对枝干上的虫孔，用石硫合剂废渣堵塞，具有较好的防治效果。冬季清理果园不仅对叶螨类有良好的防治作用，而且对多种病、虫害也有很好的防治作用。

(5) 药剂防治

在预测预报的基础上，检测螨口密度发展状况。

①春季越冬雌成螨出蛰盛期和越冬卵孵化盛期，可在树干或树冠喷布0.5%烟碱棟素乳油500倍液、10%三磷锡乳油（邦螨克）2000倍液、20%哒螨灵三氯杀螨砜乳油（卵螨特）5000倍液、0.3%苦参碱水剂（绿灵）600倍液或1%阿维菌素乳油4000~6000倍液，对控制全年发生起着重要作用。

②5月下旬至麦收前是叶螨第1代成螨大量发生期。在发生密度大且有可能造成严重危害的地区，应及时使用农药控制危害。决定是否用药的指标为平均每100叶或50叶螨口密度。调查方法是：5月下旬至麦收前，在林内随机选择3株发生中等偏重的树，每株随机抽取内膛和外围叶各30片，调查叶片上的活动螨数（卵除外），计算平均每叶螨口数。当平均每叶活动螨达3~5头时，即可用药。可喷布1%或3%阿维菌素乳油4000~6000倍液、10%吡虫啉乳油2000~2500倍液、15%达螨酮乳油1500倍液或20%螨死净悬浮剂1500~2000倍液等，间隔10 d再喷一次，可控制危害。

③秋季无果期防治。苹果、桃、梨、山楂等果园，果实采收后，有部分发育较晚的个体仍在叶片危害，尚未进入滞育状态，此期及时全面细致喷布一遍杀螨剂或杀虫剂，对减少越冬螨口基数至关重要。可用3%或1%阿维菌素乳油4000倍液、27.5%油酸烟碱乳剂300~500倍液或20%克螨氰菊乳油1500倍液。

7.2 钻蛀类害虫

7.2.1 象甲类

松大象甲 *Hylobius haroldi* Faust（图7-28）

（鞘翅目：象甲科）

松大象甲

又名松树皮象。分布于黑龙江、吉林、辽宁、山西、陕西、河北、湖北、福建、四川、云南；朝鲜、韩国、日本、俄罗斯。主要危害松、落叶松、云杉等针叶树。以成虫危害，咬食幼树主干的韧皮部，形成块状疤痕，并流出大量树脂，造成梢头枯死，致多梢丛生，难以成材，严重者全株枯死。

形态特征

成虫 体长6~12 mm，深褐色。头部背面布满大小不等的不规则刻点。触角膝状，着生于喙的前半部。前胸前部较狭，具明显的脊和不规则粗刻点，并且有由金黄色鳞片构成的圆点4个（背中线两侧各2个）。鞘翅红褐色，较前胸宽，上有近长方形呈虚线状排列的刻点和金黄色鳞片构成的花纹，形成3条不规则的横带或构成"X"形（外出活动较久的成虫由于鳞片脱落，花纹逐渐消失）。雌虫腹部背面7节，第1腹节腹面微凸；雄虫腹部背面8节，第1腹节腹面不凸。

幼虫 老熟时体长10~15 mm。白色、无足、微弯。头部红褐色或黄褐色，两边近平行，后部圆形，具2个强大的齿形上颚。第1胸节与第1~8腹节上各有1对椭圆形气门。

蛹 长度与成虫相等。除上颚与复眼黑色外，全体白色。身体上布满对称排列的刺。腹端方形，有 1 对大的保护刺。

生活史及习性

小兴安岭林区和湖南山区 2 年 1 代，以成虫和幼虫越冬。陕西和河北等地 1 年 1 代，偶有跨年现象。小兴安岭林区越冬成虫 5 月中、下旬开始活动，危害 2 年生以上的幼树，咬食树干韧皮部补充营养。6 月中旬至 7 月底，成虫扩散到伐根下产卵，将卵产在松树和云杉的新鲜伐根皮层上或泥土中。单雌产卵量 60~120 粒。

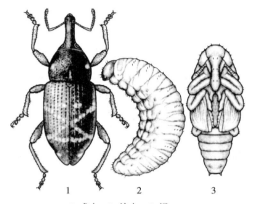

1. 成虫；2. 幼虫；3. 蛹

图 7-28 松大象甲

卵经 2~3 周孵化为幼虫，在伐根皮层或皮层与边材之间做虫道活动取食。幼虫约 5 龄。到 9 月末，大部分幼虫老熟，在皮层、皮层与边材间或全部在边材以内做椭圆形蛹室休眠；少数孵化较晚的幼虫，越冬时尚未老熟，翌春继续取食一段时间后才做蛹室休眠。前一年秋末已经老熟的休眠幼虫，越冬后于 7~8 月化蛹，蛹期 2~3 周，成虫于 7 月末开始羽化。大部分新成虫潜伏蛹室中；约半月后，即自伐根爬出土面，寻找幼树取食危害；当年不交尾产卵，9 月底后在松树幼树根际的枯枝落叶中越冬。少数羽化较晚的成虫不出土，在蛹室内越冬。成虫发生数量每年春、秋有两次高峰，危害主要出现在春天，而河北则秋季危害较重。

松梢象 *Pissodes nitidus* Roelofs（图 7-29）
（鞘翅目：象甲科）

松梢象

又名红木蠹象、松黄星象。分布于黑龙江、吉林、辽宁、甘肃、陕西、河北、河南、湖北；朝鲜、韩国、日本、俄罗斯。危害红松、油松、樟子松、黑松和赤松。主要危害 7~25 年生人工林幼树的当年和前一年主梢，造成主梢枯死，引起树干分叉，严重影响林木生长和结实。

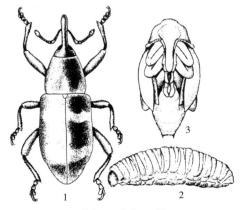

1. 成虫；2. 幼虫；3. 蛹

图 7-29 松梢象

形态特征

成虫 体瘦长，8~9 mm，暗赤褐色，混生白色鳞毛；头部和喙散布刻点，两眼之间凹。头部较小，喙稍向下方弯曲，复眼黑色；前胸背板长大于宽，散布深而密的刻点，中隆线略隆起，中部两侧有 2 个白色斑点。小盾片密布白色鳞片。鞘翅细长，两侧近平行，肩略明显，呈直角形，翅瘤明显。鞘翅有 2 条向外上方倾斜的黄白色横带，前带橙色，后带主要为白色，但第 6 行间处为棕黄色，鞘翅末端收缩，合缝处及鞘翅末端散生白色鳞毛。

幼虫 老熟幼虫体长约 8 mm，乳白色，略弯曲；头淡褐色；臀板上有 1 列弧形刚毛。

生活史及习性

黑龙江小兴安岭地区1年1代,以成虫在枯枝落叶下浅土层中越冬。翌年4月下旬越冬成虫开始出现,取食新梢补充营养,并在新梢上咬成很多直径约2 mm的取食孔,常从孔中流出一小滴松脂。5月下旬开始交尾产卵,交尾多于10:00左右在阳光充足的树梢上进行。成虫主要产卵于当年或前一年生主梢。在该害虫种群数量大时,也钻蛀球果,很少危害侧梢。研究表明,主梢上的挥发性物质与侧梢有明显的差异,可能是引起主梢被害的化学因素。产卵时先在韧皮部与木质部之间咬1个直径约1 mm的产卵孔,在孔中产卵1粒,个别产2~3粒,并用分泌物将产卵孔堵住。单雌产卵量8~24粒。6月上旬幼虫开始孵出,先在韧皮部蛀食,坑道不规则且被虫粪所充塞,进而蛀入边材危害,致使树梢枯死。幼虫期约30 d。7月上旬幼虫老熟,在坑道末端用木屑做长约9 mm的椭圆形蛹室化蛹。蛹期约10 d,于7月中旬羽化,咬圆形羽化孔外出,7月下旬为羽化盛期。新羽化的成虫当年不交尾,只在侧枝和顶梢上补充营养,有假死性。8月下旬开始下树越冬。

此外,象甲科重要种类还有:

长足大竹象 *Cyrtotrachelus buquetii* Guérin-Méneville:分布于江苏、上海、福建、广东、广西、四川、贵州。危害多种竹类。广东、广西1年1代。广东成虫6月中旬开始出土,8月中、下旬为出土盛期。幼虫取食期为6月下旬至10月中旬,7月中旬至10月下旬老熟幼虫入土化蛹,7月底、8月上旬到11月上旬成虫羽化,并以成虫在土下蛹室中越冬。

一字竹象 *C. davidis* Fairmaire:分布于陕西、江苏、浙江、江西、安徽、河南、湖北、湖南、福建、广东、广西、四川。危害多种竹类。浙江1~2年1代,以成虫越冬。翌年4月底至5月初越冬成虫开始出土。

云南木蠹象 *Pissodes yunnanensis* Langor et Zhang:分布于四川、云南。危害云南松、马尾松、高山松。1年1代,以幼虫在受害枝内越冬。翌年5月上旬以后成虫开始羽化。

象甲类的防治方法

(1) 营林措施

①松梢象甲对主梢径级有较严格的选择性,合理密植的人工林可以降低松树的主梢径级,从而有效地抑制松梢象的发生。

②保持合理的林分结构,存有天然阔叶树的松林对抑制松梢象的发生也有一定的作用。

③人工剪除被害的主侧梢,并集中烧毁,减少虫源。

(2) 人工捕杀

利用假死性人工捕杀成虫。

(3) 利用天敌防治

松梢象天敌较多,从红松被害枝梢中已饲养出的寄生性天敌多达50余种,其中以广肩小蜂科、茧蜂科种类最多,应注意保护利用。

(4) 化学防治

成虫发生期，可选用 2.5%溴氰菊酯 10 000 倍液、50~100 mg/L 的 5%氟氯氰菊酯或 20%氰戊菊酯等喷雾。也可用"741"插管烟雾剂，用量 30~45 kg/hm²，流动放烟，熏杀成虫。在成虫上树危害或下树越冬时，用 2.5%溴氰菊酯 3000 倍液做成毒绳围于树干上以毒杀成虫。

7.2.2 蜂类

栗瘿蜂 *Dryocosmus kuriphilus* Yasumatsu（图 7-30）
（膜翅目：瘿蜂科）

栗瘿蜂

又名板栗瘿蜂。分布于北京、天津、河北、辽宁、江苏、浙江、安徽、福建、江西、湖北、湖南、山东、河南、广东、广西、四川、云南、陕西、台湾；日本、朝鲜。危害栗、茅栗、锥栗。受害芽春季形成瘤状虫瘿，不能抽新梢和开花结实，发生严重时，枝条也同时枯死。

形态特征

成虫　体长 2.5~3.0 mm，黑褐色具光泽。触角 14 节，柄节、梗节较粗。小盾片近圆形，向上隆起。产卵管褐色。足黄褐色。

卵　椭圆形，乳白色。长 0.15~0.17 mm，卵末端有细柄，柄长 0.5~0.7 mm，柄的末端略膨大。

幼虫　老熟幼虫长约 2.5~3.0 mm，乳白色，近老熟时黄白色。口器茶褐色，体光滑，胸腹部节间明显。

蛹　体长 2.5~3.0 mm，初化蛹乳白色，近羽化时全体黑褐色，复眼赤色。

生活史及习性

1 年 1 代，以初孵幼虫在芽内越冬。江苏 4 月上旬幼虫开始活动取食，被害芽即逐渐形成瘿瘤。每瘿内具幼虫 1~16 头。4 月下旬起幼虫逐渐老熟，5 月上旬蛹初见，5 月下旬为化蛹盛期。成虫 6 月上旬开始羽化，6 月中旬为羽化盛期。成虫在瘿瘤内羽化后停留 10~15 d，咬成宽约 1 mm 的虫道爬出。成虫飞行能力弱，多在树上爬行，晚间停歇于栗叶反面，无趋光和补充营养习性。行孤雌生殖。成虫卵产于芽内，每次产 2~4 粒。初孵幼虫在芽内取食形成较虫体稍大的虫室，虫室边缘组织肿胀。10 月下旬幼虫在芽内越冬。

寄生性天敌主要有中华长尾小蜂等 24 种小蜂、5 种茧蜂和 1 种姬蜂。

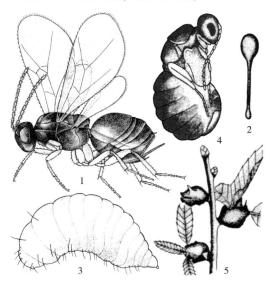

1.成虫；2.卵；3.幼虫；4.蛹；5.危害状
图 7-30　栗瘿蜂

桉树枝瘿姬小蜂 *Leptocybe invasa* Fisher et La Salle
（膜翅目：姬小蜂科）

分布于福建、江西、广东、广西、海南等地；澳大利亚、美国、南亚、西亚、欧洲、非洲。危害葡萄桉、苹果桉等多种桉属植物。

形态特征

成虫　雌体长 1.1～1.4 mm，体褐色，具蓝色至绿色金属光泽。触角柄节黄色，梗节长约为柄节 1/2，鞭节由褐色至浅褐色，包括 4 个环状节、3 个索节和 3 个棒节，其中棒节、索节长方形。单眼三角区周围有 1 个深沟。口器边缘浅褐色至黄色。前足基节黄色，中、后足基节同体色，腿节和跗节黄色，末跗节褐色。腹部短，卵圆形，肛下板延伸到腹部的一半，产卵器鞘短，不到腹部末端。雄体长 0.8～1.2 mm，与雌相似。

生活史及习性

广西 1 年 5～6 代，世代重叠，以幼虫在虫瘿内越冬。2 月下旬成虫羽化出孔。主要出孔时间为 8:00～14:00，占全天的 87%，单雌虫平均怀卵量 173 粒，自然状态下平均 139 粒。该虫多为孤雌生殖，也可进行两性生殖，雌雄性比为(150～200):1，在广西玉林雄成虫达成虫总数的 1%以上。

该虫危害桉树有 3 种情况：第一种是不入侵，第二种是入侵后形成产卵刻痕或只产生异形枝叶，第三种是形成虫瘿，对寄主造成严重危害。对 1～3 年生幼树危害较重，主要危害桉树叶和嫩茎，常在叶脉、叶柄和幼嫩枝条上产卵，寄主会形成明显的虫瘿，虫口密度高时可导致树叶弯曲，树叶和嫩枝表面布满瘤状突起，生长受阻或停止生长，顶梢枯死，甚至落叶和死亡。

刺桐姬小蜂 *Quadrastichus erythrinae* Kim
（膜翅目：姬小蜂科）

分布于福建、广东、广西、海南、香港、台湾；日本、印度、泰国、新加坡、菲律宾、毛里求斯、坦桑尼亚、萨摩亚、留尼汪(法)、美国、南非。主要危害刺桐属植物，幼虫取食叶肉组织，引起叶肉组织畸变，受害部位逐渐膨大，形成虫瘿，严重时可引起大量落叶、甚至整株死亡。2005 年曾被补充列为林业检疫性有害生物。

形态特征

成虫　雌体长 1.45～1.60 mm，黑褐色，间有黄色斑；头黄色，颊后棕色；单眼 3 个，红色，略呈三角形排列；前胸背板黑褐色，有 3～5 根短刚毛，中间具 1 个凹形浅黄色黄斑，小盾片棕黄色，具 2 对刚毛，少数 3 对，中间有 2 条浅黄色纵带；翅透明，翅面纤毛黑褐色，翅脉褐色；前、后足基节黄色，中足基节浅白色；腹部背面第 1 节浅黄色，第 2 节浅黄色斑从两侧斜向中线，止于第 4 节；肛门板较长，可达腹部长度的 0.8～0.9 倍，达到了腹部第 6 节的内缘。雄体长 1.00 mm～1.15 mm，白色至浅黄色，有棕色斑；头和触角浅黄色；单眼 3 个，红色，略呈排列；前胸背板暗褐色，中部有浅黄色白斑，小盾片浅黄色，中间有 2 条浅黄白色纵线；足全部黄白色；腹部上半部浅黄色，下半部深褐色。

生活史及习性

1年多代,广东深圳1年9~10代,世代重叠。成虫羽化不久即可交配。雌虫产卵于寄主新叶、叶柄、嫩枝或幼芽表皮组织内,幼虫孵出后在该组织内取食,形成虫瘿。大多数虫瘿内只有1头幼虫,少数虫瘿内有2头幼虫。幼虫在虫瘿内完成发育并化蛹,成虫从羽化孔内爬出。生活周期短,世代周期约30 d,繁殖能力强,一旦树木受害,短期内便会扩散到全株。

成虫具有飞行能力,可近距离扩散。其卵、幼虫和蛹均生活在寄主植物里,可随带虫寄主的运输远距离传播。

竹瘿广肩小蜂 *Aiolomorphus rhopaloides* Walker(图7-31)
(膜翅目:广肩小蜂科)

分布于江苏、浙江、安徽、福建、江西、湖北、湖南;日本。危害毛竹等多种竹类。幼虫在叶柄中取食,被害竹叶柄受刺激逐渐增生、畸形膨大,虫口密度大时造成竹枝负重过大、弯梢、落叶、竹枯,竹材利用率下降,竹林翌年出笋减少。

形态特征

成虫 体长7.50~8.52 mm,黑色,有光泽,散生灰黄白色的长毛;头略宽于胸,上颚、下唇须红褐色;复眼黑色,单眼呈钝三角形排列,黑褐色;触角长,11节,鞭状,着生颜面中部,柄节、梗节、棒节末端红褐色;胸部厚实略膨起,背板密刻点,前胸大,宽为长的1.5倍,中胸盾纵沟明显;并胸腹节平坦下凹有中纵沟;翅透明,淡黄褐色,翅基片、翅脉红褐色,前翅痣脉约为缘脉长的1/2,后缘脉略短于缘脉,为痣脉长的1.6~1.7倍;腹面橙黄色。

幼虫 初孵幼虫体长0.8~1.0 mm,乳白色。幼虫5龄。老熟时体长7~9 mm,乳白色,被短绒毛,口器黑褐色。

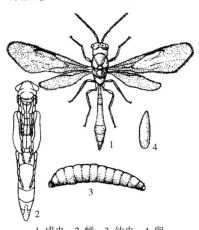

1.成虫;2.蛹;3.幼虫;4.卵

图7-31 竹瘿广肩小蜂

生活史及习性

1年1代,在浙江以蛹越冬。翌年2月中旬成虫开始羽化,3月中、下旬为羽化盛期,4月中旬羽化完毕,羽化后成虫在虫瘿中静息。3月中至下旬日平均温度持续稳定在10 ℃以上,成虫开始出瘿,3月底至4月初出瘿最盛,5月上旬终见。成虫在叶芽基部产卵,每芽产卵1~3粒,最终1个叶柄内能保存1头幼虫,成虫产卵较集中,1个竹小枝的叶芽基本上都能被产卵。卵期出现于3月底至5月上旬。幼虫4月初始见,4月下旬至5月初盛发,幼虫在叶柄中取食,被害叶柄受刺激逐渐增生。9月上、中旬幼虫老熟,并开始化蛹越冬。

植食性蜂类的防治方法

(1) 严格检验检疫

严禁从疫区调运苗木、接穗等相关寄主植物。

(2) 人工防治

幼龄栗园可于5月底前人工摘除栗瘿蜂的瘿瘤。对发现有刺桐姬小蜂危害的叶片、嫩枝进行剪除，并清理干净落在地面的虫瘿及枝叶，或截枝前在地面铺上薄膜布，后及时集中焚烧或挖坑填埋，防止蔓延。对较矮小的树木可采取先喷药后剪枝叶的做法。每隔20~30 d将长出的新叶片、嫩枝剪除、集中焚烧或挖坑填埋。

(3) 诱杀

利用黄色粘虫胶板可大量诱杀成虫，防治效果可达81%。

(4) 保护利用天敌

应注意保护、利用各种天敌，如桉树枝瘿姬小蜂的寄生性天敌长尾啮小蜂、竹瘿广肩小蜂的寄生性天敌竹瘿歹长尾小蜂、竹瘿长角金小蜂、中华大痣小蜂、纹黄枝瘿小蜂、栗瘿旋小蜂等，以及多种捕食性天敌，如蜘蛛、螨类。

(5) 化学防治

对于桉树枝瘿姬小蜂可用40%虫瘿灵乳油1∶300倍液防治，30 d后虫瘿内幼虫死亡率达90%；用0.02%吡虫啉溶液喷雾，15~20 d后再喷1次。对于栗瘿蜂可于6月上、中旬分别喷洒2次50%杀螟硫磷500倍液，防治效果可达90%以上；也可在成虫出瘿盛期喷洒25 g/L高效氯氟氰菊酯乳油2000倍液或2.5%溴氰菊酯3000倍液，防治效果为82%~89.37%。成虫期用10%吡虫啉可湿性粉剂0.5 g/L(氯代烟碱类内吸杀虫剂)喷洒树冠，翌年栗树上栗瘿蜂虫口减退率可达89.65%。对于刺桐姬小蜂，可用40%氧化乐果乳油500倍液或三唑赤粉剂2000倍液、敌敌畏1000倍液、水胺硫磷500倍液、虫线清乳油100~200倍液药液等对刚萌发的新芽进行喷雾防治，喷洒量至树枝、树叶表面湿润为止。将喷洒杀虫剂后的枝叶集中烧毁或用塑料薄膜袋封装，集中偏僻处堆放让其腐烂。之后每隔7 d左右防治一次，连续防治2~3次。同时，采用敌敌畏100倍液浇灌，可有效减轻叶片、嫩枝受刺桐姬小蜂危害。

7.2.3 蛾类

蔗扁蛾 *Opogona sacchari*（Bojer）（图7-32）

（鳞翅目：谷蛾科）

蔗扁蛾

分布于吉林、辽宁、新疆、甘肃、北京、天津、河北、山东、上海、江苏、浙江、河南、江西、山东、福建、广东、广西、四川、海南等地；日本、印度、美国夏威夷，非洲。危害甘蔗、巴西木、发财树、巨丝兰、苏铁、一品红、天竺葵、鱼尾葵、散尾葵、大王椰子、国王椰子、鹅掌柴、木棉、合欢、木槿、印度榕、菩提树、构树、棕竹、香蕉等。蔗扁蛾自20世纪90年代初传入我国，对我国花卉产业、热带农业和制糖业构成巨大威胁；2005 年曾被列为全国林业检疫性有害生物。

形态特征

成虫　体长 8~10 mm，翅展 18~26 mm。体黄褐色。头部鳞片大而光滑，头顶的色暗且向后平覆，额区的则向前弯覆，二者之间由一横条蓬松的竖毛分开，颜面平而斜、鳞片小而色淡；下唇须粗长斜伸微翘，下颚须细长卷折，喙极短小。触角细长纤毛状，长达前翅的 2/3，梗节粗长稍弯。胸背鳞片大而平滑，体较扁，翅平覆。前翅深棕色，披针形，中室端部和后缘各有 1 个黑色斑点，后缘有毛束，停息时毛束翘起如鸡尾状，雌虫前翅基部有一黑色细线，可达翅中部；后翅色淡，披针形，黄褐色，后缘有长毛。后足长，超出后翅端部，后足胫节具有长毛。腹部腹面有 2 排灰色点列。

卵　淡黄色，卵圆形，长 0.5~0.7 mm，宽 0.3~0.4 mm，卵壳密布小刻点及五或六边形网纹。

幼虫　乳白色。低龄幼虫近透明，高龄幼虫半透明。老熟幼虫体长 20~30 mm，宽 2.3~3.0 mm，头红褐色，胸部和腹部各节背部均有 4 个毛片，矩形，前后各 2，排成 2 排，各节侧面分别有 4 个小毛片，腹足 5 对，第 3~6 节的腹足趾钩呈二横带，趾钩单序，第 10 节的一对臀足趾钩呈单横带排列。

蛹　长 14~20 mm，宽约 4 mm，亮褐色，背面暗红褐色而腹面淡褐色，首尾两端多呈黑色。头顶具三角形粗壮而坚硬的额突（用于羽化时破茧），背面 4~8 腹节近基部各有 1 横列小刺突。蛹尾端具 1 对向上钩弯的粗大臀棘固定在茧上。

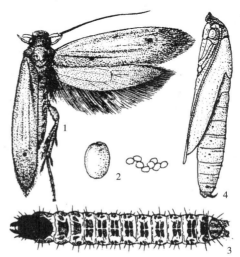

1.成虫；2.卵；3.幼虫；4.蛹

图 7-32　蔗扁蛾

（引自杨集昆等，1997）

生活史及习性

北京 1 年 3~4 代，以幼虫在温室盆栽花木的盆土中越冬。第 2 年温度适宜时幼虫上树危害，以在 3 年以上巴西木木段的干皮内蛀食为多。幼虫期长达 45 d，共 7 龄。老熟幼虫夏季多在木桩顶部或上部的表皮吐丝结茧化蛹，茧外黏着木屑和纤维等；秋冬季多在花盆土下结茧化蛹，茧外黏着土粒等。蛹期约 15 d。羽化前蛹顶破丝茧和树表皮，蛹体一半外露，成虫羽化后，外露的蛹壳经久不落。成虫爬行能力很强，爬行迅速，像蜚蠊，并可做短距离的跳跃。成虫有补充营养和趋糖的习性，寿命约 5 d。卵散产或集中块产，卵期 4 d。幼虫孵化后吐丝下垂，很快钻入树皮下危害。

蔗扁蛾在在温度较高的条件下，生活周期可能会缩短，1 年可发生 8 代。

蔗扁蛾防治方法

(1) 加强检疫

加强对外、对内植物检疫，有力地控制蔗扁蛾的发生、传播和蔓延。

(2) 药液浸泡

用 25 g/L 高效氯氟氰菊酯乳油 1500 倍液浸泡巴西木桩 5 min 后晒干再植入盆中。

(3) 刷干

新植的巴西木桩要加强保护，用5.7%甲氨基阿维菌素苯甲酸盐500倍液刷干。开始时每10 d 1次，以后间隔逐渐延长至1个月1次，有很好的保护效果。

(4) 及时处理严重被害后淘汰的巴西木

淘汰的巴西木应及时烧毁或用25 g/L高效氯氟氰菊酯乳油1000倍液+45%丙澳磷·辛硫磷乳油1000倍液均匀喷布后封盖塑料布熏蒸，3 d熏蒸1次，连续3次。

(5) 锯口处理

巴西木栽培中一般留有锯口，这种创伤伤口正是蔗扁蛾最好的产卵部位。所以，锯口保护是重要的防治措施。调查发现，封红色蜡、黑色蜡的被害率低，封白色蜡的被害率高。封蜡均匀的保护作用好，封蜡不严的受害重。色蜡是把色粉加入溶化的蜡水里调匀即成。蘸蜡时应尽量使蜡均匀，封严密。封蜡后再刷一遍杀虫剂，保护效果更好。

(6) 越冬季节的防治——消灭虫源

在北京地区，越冬季节是防治该虫的有利时机。

①撒毒土。在温度较低的温室里，幼虫有下土的习性。可用90%敌百虫晶体1∶200的比例均匀混入细沙土中，撒在花盆土表，7~10 d 1次，连续3次，防治效果显著。

②挂敌敌畏布条。越冬季节温室较密闭，可在室内挂布条，每30 m^3 挂1个布条，蘸上25 g/L高效氯氟氰菊酯乳油100倍液，每2 d蘸药液1次，连续进行3个月，可除治温室中的蔗扁蛾。

(7) 夏秋季的防治

北京夏秋季节高温高湿，有利于该虫的发生。此期应抓紧防治，压低虫口数量，防止向其他植物上蔓延。

①可用45%丙澳磷·辛硫磷乳油30~60倍液或12%噻虫·高氯氟悬浮剂30~60倍液添加专用渗透剂后高浓度喷涂树干，每7 d喷施1次，连续喷施3~5次。灌药所用药剂同上，从巴西木桩顶部灌药，使之淋洗整个干部。

②斯氏线虫防治。可用注射器将斯氏线虫稀释液注入被害桩皮下，应尽量使线虫液在被害干、皮间空隙处均匀分布。用每毫升含侵染期线虫1000~2000头的线虫液，每株约100 mL。最好选在春、秋温暖季节进行防治。

微红梢斑螟 *Dioryctria rubella* Hampson（图7-33）
（鳞翅目：螟蛾科）

微红梢斑螟

又名松梢螟。分布于全国各地；朝鲜、日本、俄罗斯、欧洲。危害马尾松、黑松、油松、红松、赤松、黄山松、云南松、华山松、樟子松、火炬松、加勒比松、湿地松、雪松、云杉。幼虫蛀害主梢、侧梢、枝干，使松梢枯死；蛀食球果，影响种子产量。主梢枯死后，引起侧梢丛生，使树冠畸形呈扫帚状，严重影响树木的生长，被害木当年生长的材积仅为健康木的1/3；如连年受害，损失更严重。

形态特征

成虫　雌虫体长10~16 mm，翅展26~30 mm，灰褐色；雄虫略小。触角丝状，雄虫触角有细毛，基部有鳞片状突起。前翅灰褐色，有3条灰白色波状横带，中室有1灰白色肾形斑，后缘近内横线内侧有 1 黄斑，外缘黑色，径脉分为 4 支，R_3、R_4 基部合并。后翅灰白色，M_2、M_3 共柄。足黑褐色。

卵　椭圆形，长约 0.8 mm，一端尖，黄白色，有光泽，将孵化时缨红色。

幼虫　共 5 龄。老熟幼虫体长 20.6 mm，体淡褐色，少数淡绿色。头、前胸背板褐色，中、后胸及腹部各节有 4 对褐色毛片，上生短刚毛。腹部各节的毛片，背面的 2 对小，呈梯形排列；侧面的 2 对较大。腹足趾钩双序环式，臀足趾钩双序缺环式。

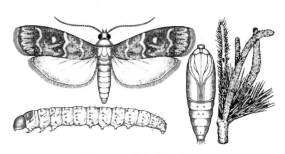

图 7-33　微红梢斑螟

蛹　长 11～15 mm，黄褐色，羽化前黑褐色。腹部末节背面有粗糙的横纹，末端有 1 块深色的横骨化狭条，其上着生 3 对钩状臀棘，中央 1 对较长，外侧 2 对较短。

生活史及习性

吉林 1 年 1 代，辽宁、北京、河南 2 代，长江流域 2～3 代；以幼虫在被害枯梢及球果中越冬，部分幼虫在枝干伤口皮下越冬。越冬幼虫于 3 月底至 4 月初开始活动，在被害梢内继续蛀食，向下蛀到 2 年生枝条内，一部分爬出，转移到另一新梢内蛀食。新梢被蛀后呈钩状弯曲。老熟幼虫化蛹于被害梢蛀道的上端。化蛹前先咬 1 个圆形羽化孔，在羽化孔下面做一蛹室，吐丝连缀木屑封闭孔口，并用丝织成薄网堵塞蛹室两端。幼虫在室内头向上静伏不动，2 d 后化蛹。蛹期约 15 d。成虫羽化时穿破堵塞在蛹室上端的薄网而出，有趋光性，并需补充营养，寿命 3～4 d。卵散产在被害梢枯黄针叶的凹槽处，少数产在被害球果鳞脐处或树皮伤口处，卵期约 6 d。初孵幼虫爬到附近被害枯梢的旧蛀道内隐藏，取食旧蛀道内的碎屑、粪便等。3～4 d 后进入 2 龄，从旧蛀道爬出，吐丝下垂，随风飘荡，并爬行到主梢或侧梢，少数至球果危害。危害时先啃咬嫩皮，形成约指头大小的疤痕，被害处有树脂凝聚，以后逐渐蛀入髓心。蛀口圆形，外有大量蛀屑及粪便堆积。3 龄幼虫从旧被害梢爬出迁移危害另一新梢，迁移率约 47%。

该虫大多发生在郁闭度小、生长不良的 4～9 年生幼林；一般情况下，国外松比国内松受害严重，其中火炬松被害最重。

赤松梢斑螟 *Dioryctria sylvestrella* (Ratzeburg)（图 7-34）
（鳞翅目：螟蛾科）

赤松梢斑螟

分布于黑龙江、辽宁、河北、江苏；日本、芬兰、意大利。危害红松、赤松。幼虫钻蛀红松、赤松球果及幼树梢头轮生枝的基部，致使被害部以上梢头枯死，使侧枝代替主梢，形成分叉，被害部位流脂，形成瘤苞，严重影响成林、成材。

形态特征

成虫　体长 15 mm，翅展 28 mm。触角丝状，密生褐色短茸毛。前翅银灰色，被黑白相间的鳞片；肾形斑明显，白色；外缘浅黑色，内侧密覆白色鳞片；缘毛灰色。后翅灰白色。腹部背面灰褐色，被有白色、银灰色、铜色鳞片。足黑色，被有黑白相间的鳞片。

幼虫　体长 21 mm。淡灰褐色或灰黑色。头暗棕色，前胸背板黑色有亮光，背中线灰

图 7-34 赤松梢斑螟

白色，每节着生黑色毛瘤 3 对。胸、腹部蜡黄色，有亮光，着生 1 圈长刚毛。腹足趾钩 2 序环式。

生活史及习性

黑龙江 1 年 1 代，以幼虫越冬。4 月开始活动，5 月下旬幼虫老熟开始化蛹，6 月中旬到 7 月上旬成虫羽化，6 月下旬为产卵盛期，7 月上旬幼虫孵化，危害至 10 月越冬。

4 月气温上升，幼虫开始活动，危害嫩梢基部的轮生枝、干及球果。危害球果则从球果中、下部蛀入，被害部位流白色透明树脂和褐色虫粪。5 月下旬老熟幼虫大量啃食枝梢木质部，咬出蛹室及蛹室上方的羽化孔，吐丝粘住部分木屑封闭羽化孔，再在蛹室内吐丝结茧化蛹。预蛹期 1 d，蛹期 17 d。6 月中旬成虫开始羽化，羽化期约 20 d。6 月下旬为交尾、产卵盛期。7 月幼虫危害，7 月底至 8 月上旬天热少雨，受害球果流脂多，幼虫易被松脂黏结，如连续下雨、停止排脂，球果被害重。10 月气温下降，幼虫在瘤苞下方结茧越冬。

该虫为喜光性害虫，郁闭度为 0.7 的阔叶树下的红松幼林不被害；郁闭度在 0.3 时被害株率 0.1%；全透光时，被害株率达 45%。

楸螟 *Sinomphisa plagialis* (Wileman)（图 7-35）

（鳞翅目：草螟科）

楸螟

又名楸蠹野螟。分布于辽宁、北京、天津、河北、山东、甘肃、河南、江苏、陕西、上海、山西、安徽、湖北、湖南、浙江、福建、四川、云南、贵州、海南；朝鲜、韩国、日本。危害花楸树、灰楸及梓树。幼虫钻蛀嫩梢、枝干及荚果，尤以苗木及幼树受害最重。被害处形成瘤状虫瘿，造成枯梢、风折、断头及干形弯曲，不仅影响树木正常生长，而且降低木材的工艺价值。

形态特征

成虫 体长约 15 mm，翅展约 36 mm。体灰白色，头部及胸、腹各节边缘处略带褐色。翅白色，前翅基部有黑褐色锯齿状双线，内横线黑褐色，中室内及外端各有 1 个黑褐色斑点，中室下方有 1 个近方形的黑褐色大型斑，近外缘处有黑褐色波状纹 2 条，缘毛白色；后翅有黑褐色横线 3 条，中、外横线的前端与前翅的波状纹相接。

幼虫 老熟幼虫体长约 22 mm，灰白色，前胸背板黑褐色，分为 2 块，体节上有赭黑色毛片。

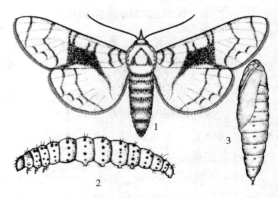

1. 成虫；2. 幼虫；3. 蛹

图 7-35 楸螟

生活史及习性

河南1年2代，以老熟幼虫在枝梢内或苗干中、下部越冬。翌年3月下旬开始化蛹，4月上旬为化蛹盛期。成虫于4月中旬开始羽化，4月底至5月上旬为羽化盛期。第1代幼虫于5月孵化，5月上旬为孵化盛期；第2代幼虫于7月上旬至8月中旬孵化，7月中下旬为孵化盛期；后期世代重叠严重。幼虫危害至10月中下旬越冬。

成虫飞行能力强，有趋光性，寿命2~8 d。成虫羽化后当晚即可交尾，翌日晚开始产卵，雌蛾产卵量约60~140粒。卵多产在嫩枝上端叶芽或叶柄基部隐蔽处，少数产于嫩果、叶片上。一般单粒散产或2~4粒产在一起，卵期平均9 d。幼虫孵化后，多在嫩梢距顶芽5~10 cm处蛀入，蛀入孔黑色，似针尖大小。初孵幼虫在嫩梢内盘旋蛀食，随虫龄增大，开始由下向上危害，枝梢髓心及大部分木质部被蛀空，形成直径约1.5~2.6 cm椭圆形或长圆形虫瘿，严重时瘿瘿相连。幼虫危害期，不断将虫粪及蛀屑从蛀入孔排出，堆积孔口或成串地悬挂于孔口。一般1头幼虫只危害1个新梢，但遇风折等干扰时也转枝危害。幼虫共5龄。第2代幼虫于9月底至10月底全部进入越冬状态。翌年老熟幼虫在虫道下端咬一圆形羽化孔，并在其上方吐丝黏结木屑构筑蛹室化蛹。

一般苗木及5年生以下的幼树受害重；树冠上部、粗壮、早发枝条以及长势旺植株受害重。

螟蛾类的防治方法

(1) 林业技术防治

防治微红梢斑螟时，要做好幼林抚育，促使幼林提早郁闭；同时要加强管理，避免乱砍滥伐，禁牧，修枝留桩短、切口平，减少枝干伤口，以防成虫在伤口上产卵；在越冬幼虫出蛰前剪除被害梢果及时处理。防治赤松梢斑螟时，要在阔叶树林冠下营造幼林，将林分郁闭度控制在0.3以上。防治楸螟时，尽可能截干造林，将带虫苗干烧毁。

(2) 人工防治

防治赤松梢斑螟时，对于红松人工幼林，可于春季剪除被害枝，集中烧毁。防治楸螟时，要在冬、春对苗圃、幼林及散生树进行普查，发现虫瘿立即剪除，集中烧毁。每年进行2次，并且要与相邻单位联防联治。

(3) 灯光诱杀

利用黑光灯诱杀赤松梢斑螟成虫。

(4) 生物防治

当虫口密度低时可释放长距茧蜂防治幼虫；在成虫产卵盛期，释放赤眼蜂，共放蜂3次，每公顷放蜂量22.5万头。

(5) 化学防治

用85%~90%敌敌畏乳油30~80倍液喷射被害梢，毒杀微红梢斑螟和赤松梢斑螟幼虫。防治楸螟时，在1~2年生幼林，可于4月下旬根施3%呋喃丹颗粒剂，每株用药25 g。施药方法：在树干基部周围约30 cm范围内进行三点埋药，入土深20 cm，每点浇水500 mL，然后封土。

松梢小卷蛾 Rhyacionia pinicolana (Doubleday)（图 7-36）
（鳞翅目：卷蛾科）

分布于黑龙江、吉林、辽宁、内蒙古、北京、天津、河北、山西、福建、江西、河南、贵州、陕西、宁夏；韩国、日本、俄罗斯，欧洲。主要以幼虫蛀食油松新梢，使梢部枯萎而易于风折，影响油松生长。

形态特征

成虫 翅展 19~21 mm，体红褐色，复眼黄色。触角丝状。下唇须前伸，第 2 节长，中间膨大呈弧形，末节亦长，末端尖。前翅狭长，红褐色，有银色条纹和钩状纹。后翅深褐色，有灰白色缘毛。

幼虫 头及前胸背板褐色。胸、腹部红褐色。趾钩单序环式，趾钩数 32~50 不等。老熟幼虫体长约 9 mm。

蛹 黄褐色，羽化前灰黑色。第 2~7 腹节背面各有 2 列齿突，第 8 腹节背面只有 1 列齿突，腹部末端有臀棘 12 根。

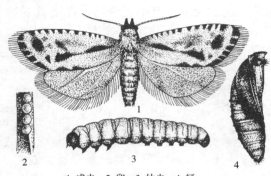

1. 成虫；2. 卵；3. 幼虫；4. 蛹
图 7-36 松梢小卷蛾

生活史及习性

1 年 1 代，以幼虫在被害梢内越冬。翌年 4 月下旬至 5 月上旬开始活动，大多数聚集在雄花序取食，5 月中旬全部蛀入当年生新梢内取食髓部，在蛀孔处常吐丝黏结松脂构成覆盖物。1 梢仅有 1 虫。6 月上旬至 7 月中旬为蛹发生期。幼虫化蛹于被害梢内，蛹期约 20 d，7 月上旬开始出现成虫。成虫羽化 2 d 后交尾，交尾多在 16:00~18:00，交尾后 2 d 多在黄昏时产卵，白天及夜间很少产卵。卵单产或 3~4 粒成排产于松针内侧。卵期约 10 d，8 月上旬出现新幼虫。幼虫孵化后爬至危害过的蛀孔内或尚未脱落的雄花序内隐蔽，取食新梢表皮，然后蛀入梢内取食，至 10 月中旬开始越冬。

杉梢花翅小卷蛾 Lobesia cunninghamiacola (Liu et Bai)（图 7-37）
（鳞翅目：卷蛾科）

分布于甘肃、江苏、浙江、河南、安徽、福建、江西、湖北、湖南、广东、广西、四川、贵州、海南、台湾。幼虫专食杉木的主、侧枝的嫩梢。幼树主梢最易被害，被害主梢年高生长减少 50%，并常萌生几个枝条，使杉木不能形成通直的主干。

形态特征

成虫 体长 4.5~6.5 mm，翅展 12~15 mm。触角丝状，各节背面基部杏黄色，端部黑褐色。下唇须前伸，杏黄色，第 2 节末端膨大，外侧有褐色斑，末节略下垂。前翅深黑褐色，基部有 2 条平行斑，向外有"X"形条斑，沿外缘还有 1 条斑，在顶角和前缘处分为三叉状，条斑均为杏黄色，中间有银条。后翅浅褐黑色，无斑纹，前缘部分浅灰色。前、中足黑褐色，胫节有灰白色环状纹3个；后足灰褐色，有4个灰白色环状纹。

幼虫 体长8~10 mm。头、前胸背板及肛上板暗红褐色，体紫红褐色，每节中间有白色环。

蛹 长4.5~6.5 mm。腹部各节背面有2排大小不同的刺，前排大，后排小。腹末具大小、粗细相等的8根钩状臀棘。

生活史及习性

江苏、安徽等地1年2~3代，江西2~5代，湖南6~7代；均以蛹在枯梢内越冬。翌年3月底至4月初羽化。第1代和第2代发生数量较多，危害较重。第1代幼虫于4月中旬至5月上旬活动危害；第2代幼虫在5月下旬至6月下旬危害，在6月上中旬危害最重。

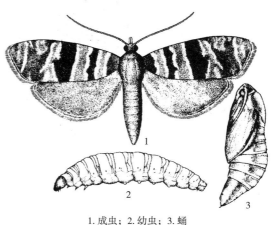

1.成虫；2.幼虫；3.蛹

图7-37 杉梢花翅小卷蛾

成虫羽化后，蛹壳留在羽化孔上，一半外露。成虫夜间活动，有趋光性。羽化2 d后傍晚开始交尾，交尾2 d后开始产卵。卵散产在嫩梢叶背主脉边缘上，1梢1粒，少数2~3粒，单雌产卵量约40粒。成虫寿命4~12 d。卵期约1周。幼虫共6龄。初孵幼虫先在嫩梢上爬行，后蛀入嫩梢内层叶缘取食。1~2龄只食部分叶缘，食量小；3龄后幼虫蛀入梢内取食，食量增大。3~4龄幼虫爬行迅速，有转移危害习性，各代幼虫一生可转移1~2次，危害2~3个梢头，但多为2个。一般1个梢内只有1头幼虫，但危害严重时，也有2~3条的现象。幼虫在梢内蛀道长约2 cm，被害嫩梢枯黄或火红色。幼虫老熟后在离被害梢的尖端6 mm处咬一羽化孔，在孔下部吐丝作长8 mm的蛹室化蛹。

该虫大都发生在海拔300 m以下的平原丘陵区，在500 m以上的山区发生较少。3~5年生杉木受害率高，7年生以上一般不受害；阳坡受害重于阴坡，林缘重于林内，疏林重于密林，纯林重于混交林。

松梢小卷蛾 *Cydia zebeana* (Ratzeburg)（图7-38）
（鳞翅目：卷蛾科）

松梢小卷蛾

分布于华北地区及黑龙江、吉林；俄罗斯西伯利亚地区，欧洲。以幼虫危害落叶松当年生主梢和主干上新生侧枝基部的皮层及韧皮部，引起流脂和瘿状膨大。幼树自被害部以上枯死，主干分叉，干形不良或形成多梢现象。

形态特征

成虫 翅展14~16 mm。前翅橄榄绿褐色到灰绿褐色，前缘有4对黑白相间的沟状纹，顶角有1条黑色斑纹。肛上纹区有4块小黑斑，中室顶端有1近三角形的黑斑，翅外缘毛蓝色。后翅深褐色，外缘毛绿色。

幼虫 体长7~8 mm。污白色。头和前胸背板暗褐色，有光泽。小盾片呈凸形，褐黄色。

生活史及习性

黑龙江 2 年 1 代，以幼虫在蛀道中的丝茧内越冬。翌年 4 月中旬越冬幼虫破茧而出，将皮层蛀食成宽阔坑道，后期可达韧皮部及木质部表层，很少有蛀入木质部的。有的环绕枝、干蛀食，蛀道中松脂凝聚。除侵入孔外，尚有若干排粪孔，在孔口外有条状或堆状褐色蛀屑及松脂，被害部位组织增生形成虫瘿。

图 7-38　松瘿小卷蛾

7~8 月幼虫危害加剧，虫瘿外排出大量的虫粪和流出一堆堆松脂，被害主梢及侧枝逐渐枯死。1 头幼虫一般只危害 1 个嫩梢，偶尔也有转梢危害的。10 月幼虫第 2 次越冬。第 3 年 5 月初越冬 2 次的幼虫老熟，在虫瘿内吐丝结茧化蛹，蛹期约 1 个月。5 月末 6 月初成虫开始羽化，6 月上旬为羽化盛期。成虫羽化后，蛹壳残留在羽化孔处，与虫瘿垂直。成虫羽化以上午为多，羽化后喜欢在阳光照射、生长较为丰满的树冠中、下层栖息和活动，有时在树冠周围或树间作短距离飞翔。成虫 19:00 以后在林内交尾。6 月上旬产卵，卵产于当年生嫩枝基部第 2 层针叶背面的中、下部。卵单产。成虫寿命 2~7 d。幼虫 7 月中旬孵化，直接自当年生嫩梢基部侵入危害，侵入孔排出褐色蛀屑，并留出乳白色松脂。10 月天气变冷时，在蛀道中结灰白色茧越冬。

幼虫一般以危害幼树为主，苗圃大苗及 40 年生以下的树木均可受害。此虫多在阳坡、林缘及疏林发生。高 10 m 左右的树木中、下部嫩枝受害多，幼树以主梢受害最烈。

此外，卷蛾科重要种类还有：

松枝小卷蛾 *Cydia coniferana* (Saxesen)：分布于我国东北地区。主要危害油松、樟子松、红松、冷杉等。辽宁 1 年 1 代，以 3~4 龄幼虫在蛀道内吐丝做网巢越冬。

松皮小卷蛾 *C. pactolana* (Zeller)：分布于我国东北地区。危害落叶松。黑龙江 1 年 1 代，以 6~7 龄幼虫在落叶松皮下吐丝做薄网越冬。

夏梢小卷蛾 *Rhyacionia duplana* (Hübner)：分布于华北、华中、华东地区及辽宁、陕西。危害油松、赤松、黑松。1 年 1 代，以蛹在树干基部或轮枝基部茧内越冬。

云南松梢小卷蛾 *Rhyacionia insulariana* Liu：分布于四川、云南。危害云南松、高山松、思茅松、华山松、马尾松等。1 年 1 代，以幼虫越冬。

卷蛾类的防治方法

(1) 营林措施防治

对于杉梢小卷蛾加强杉木林的抚育管理，以促进林分的生长和提早郁闭；适地适树，营造混交林，或在立地条件差，生长不良的杉木纯林中，套栽马尾松等其他松树改造成混交林，都可减轻受害。

(2) 人工防治

在冬季或幼虫危害期，剪除被害梢放于寄生蜂保护器中，待天敌羽化飞出后集中烧毁。对被杉梢小卷蛾危害的主梢，可捏杀害虫而不要剪除，如有几个主梢，可择其粗壮的保留1个。在成虫盛发期的无风夜晚，设置马灯于林地高处，灯下放一盛水的容器，滴少量煤油，每公顷点灯15~30盏诱杀；或用黑光灯、糖醋液诱杀。

(3) 生物防治

保护及利用天敌，用人工合成的性信息素诱杀成虫。

(4) 化学防治

对幼龄幼虫可用2.5%溴氰菊脂7.5~15.0 g/hm² 或20%杀灭菊脂8000~10 000倍液常规喷雾；对于成虫可用"741"烟雾剂或"741"烟雾剂加硫黄粉（8∶2），用量15.0~22.5 kg/hm²，熏杀。

7.2.4 蝇类

江苏泉蝇 *Pegomya kiangsuensis* (Fan)（图7-39）

（双翅目：花蝇科）

江苏泉蝇

分布于江苏、上海、浙江、安徽、湖南、江西、福建等地。危害多种竹类，以毛竹受害最为严重。幼虫蛀竹笋，使大量竹笋腐烂。

形态特征

成虫　体长6.5~8.5 mm，暗灰黄色。触角黑色，仅第2节端部有时带黄色，第3节约为第2节长的2倍，芒具细毛。复眼紫红色，单眼橙黄色，三角区为黑褐色。下颚须端带黑色而基部棕黄，中缘具粉被。翅略带黄色。足黄色，仅跗节棕黑色。腹部较胸部狭，侧面观胸、腹等长，有狭的正中黑色条。雄虫第3腹板侧缘膨曲，长约为宽的1.5倍；第5腹板较突出，侧叶后部呈亮褐色，无粉被，有楞状纹，后缘内卷；肛尾叶末端狭尖；侧尾叶近端部内缘有1个小指状的短突，着生于亚基节后面。

卵　乳白色，长圆筒形，长径1.5 mm，短径0.5 mm。

幼虫　黄白色，蛆型，前气门呈喇叭形，褐红色，后气门棕褐色。

蛹　深褐色，形似腰鼓，长5.5~7.5 mm，宽2.5~3.0 mm。

生活史及习性

1年1代，以蛹在土中越冬。翌年3月下旬开始羽化，4月中旬雌成虫大量出土，此时正是毛竹出笋期，产卵在刚出土1~8 cm的竹笋笋箨内壁，每笋内产卵数十粒至300多粒。卵期4~5 d。幼虫蛀入笋内取食，开始时被害状不明显，经5~6 d，笋尖清晨无露珠凝结，生长停止，10 d后笋肉腐烂。幼虫5月中旬老熟，沿笋箨向上爬行至顶端，落地，在1~6 cm深的土中化蛹越冬。

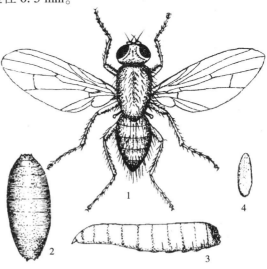

1. 成虫；2. 蛹；3. 幼虫；4. 卵

图7-39 江苏泉蝇

该虫多发生于郁闭度大、土质疏松、卫生状况差的竹林，林内发生程度一般重于林缘，老竹林重于新栽竹林。

毛笋泉蝇 Pegomya phyllostachys（Fan）（图 7-40）
（双翅目：花蝇科）

分布于江苏、浙江、安徽、福建、江西、湖南、四川。危害毛竹、刚竹、淡竹、石竹笋。幼虫在衰弱笋中危害，使被害笋不能成竹；能成竹者，基部 13 节以下节间缩短，竹秆上虫伤节多，利用率下降。

形态特征

成虫 体长 7~8 mm，灰色。头部额鬃列 7~8 个，触角长，黑色。复眼暗红色，单眼棕黄色。翅透明，腋瓣淡黄色，平衡棒、足均为黄色，足各跗节黑色。雌虫腹部与胸等宽，末端渐尖；雄虫腹部比胸部狭，末端圆钝；腹部侧面观与胸部（包括小盾片）等长。

卵 乳白色，长柱形，长径 1.75~2.00 mm，短径 0.23~0.24 mm。表面光滑。

幼虫 老熟幼虫体长 8.0~11.5 mm，黄白色。全体 12 节，第 7~9 节略粗。头尖锐，口钩黑色，第 1 胸节后有前气门 1 对，颜色略深。

蛹 长椭圆形，长 5.8~7.2 mm。黑褐色，全体可见 10 节，各节有环状皱纹，头部突起左右 1 对，尾部截形，气门及乳突的数量、位置同幼虫。

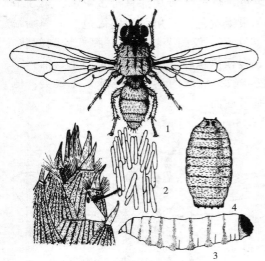

1. 成虫；2. 产卵部位及放大的卵；3. 幼虫；4. 蛹

图 7-40 毛笋泉蝇

生活史及习性

浙江 1 年 1 代，以蛹在土中越冬。翌年 3 月上旬成虫羽化，4 月上旬羽化终止，约有 30% 越冬蛹滞育，待第 3 年羽化。3 月中下旬成虫交尾，3 月底至 4 月上中旬产卵，卵孵化期 3~5 d，幼虫 3 龄，在笋中约 20 d 老熟，4 月下旬至 5 月上旬老熟幼虫入土化蛹。

成虫多在上午羽化，雄虫早羽化约 8 d。3 月上中旬，成虫活动局限在中午。3 月下旬，成虫全天活动。成虫对幼嫩植物发酵味以及伤笋流液、土壤腐殖质、动物尸体气味和其他腥臭味有很强的趋性。成虫经补充营养后，于 3 月下旬交尾；雌成虫再经补充营养后开始产卵；产卵多在一天中湿度最高时，1 片笋箨内产卵 1 块，最多 8 块。在生长衰弱的笋上所产卵块比在健壮的笋上所产卵块多 1.5 倍，卵粒多 2 倍。成虫多在 25 cm 长以下的笋上产卵，以 1~10 cm 长的笋上最多。

生长健壮笋能将卵推出笋箨之外，这些卵多不能孵化。卵在笋箨内经 3~5 d 孵化。初孵幼虫沿笋箨内壁下行，并蛀食笋箨内壁，偶尔蛀食笋箨外壁，留下细小弯曲的虫道。虫道两侧显水渍状。2~4 d 后幼虫下行至笋箨着生的节处，生长衰弱的笋，随即蛀入，再向上蛀食，蛀道两边成浸渍状，笋亦由此腐烂。2~8 d 后幼虫虫体增大，食量增加，可蛀食笋的顶端。1 株笋中有虫 50~300 余条。幼虫在笋中上下左右蛀食，腐烂部分随虫迹扩展，幼虫老熟时，笋已烂空。幼虫在笋中 18~23 d 老熟，再往下行，仍聚集于笋箨边缘入土。幼虫入土后 2~5 d 化蛹。蛹离被害笋最远 30 cm，入土最深有 15 cm。入土深度与蛹离被害笋距离成反比，一般以离笋 5 cm 左右入土化蛹的最多。

笋蝇的防治方法

①加强林内经营管理，增加郁闭度。在林内（特别是种子园）适时进行深翻或清理林地上的枯枝落叶，破坏蛹的栖息场所。竹林内应及早挖除虫退笋，杀死幼虫并切去被害部分后可作食用。

②成虫羽化盛期，利用害虫对糖醋味的趋性，林内设置诱捕器诱杀。配方可为白糖 40 g、白醋 30 mL、白酒 20 mL、水 200 mL 或用白酒 1 份、醋 4 份、白糖 3 份、水 5 份、敌百虫少许。对竹笋害虫，还可利用鲜笋、腥臭物等引诱。

③大面积的竹林用 90% 敌百虫 1500~2000 倍液、50% 敌敌畏乳油 1000 倍液或 20% 氰戊菊酯乳油 2000 倍液喷雾，出笋前喷 1 次，出笋后每周喷 1 次，可杀死成虫并防止其产卵。郁闭度大的林区可施放烟雾剂毒杀成虫，每公顷用量 15 kg。

7.2.5 瘿蚊类

柳瘿蚊 *Rabdophaga salicis*（Schrank）
（双翅目：瘿蚊科）

柳瘿蚊

又名食柳瘿蚊。分布于山东、河南、江苏、安徽、湖北、宁夏、新疆；韩国、日本、土耳其、阿尔及利亚、欧洲。主要危害柳树，引起组织增生，枝干上形成瘿瘤，至使新枝、梢干枯，长期危害则造成寄主枯死。

形态特征

成虫　雌虫体长 3~4 mm，深赤褐色；头部和复眼黑色，触角灰黄色、念珠状，各节有轮生刚毛；前翅膜质透明，后翅特化成平衡棒；中胸背板发达，褐色，多毛；腹部暗红色，末节延伸为伪产卵器，长约为腹部的 1/2。雄虫较小，深紫红色，腹部末端向上弯曲。

幼虫　末龄幼虫体长 4~5 mm，长椭圆形，初为乳白色，半透明，后为橘黄色。前胸腹面有 1 个"Y"形骨化片。

生活史及习性

1 年 1 代，以老熟幼虫在被害部皮下越冬。翌年 3 月越冬幼虫开始化蛹，3 月下旬至 4 月羽化为成虫。随气温的变化，3 月末、4 月上旬、4 月中旬分别出现 3 次羽化高峰；气温高羽化多，尤其雨后天晴，则大量羽化。羽化后随即交尾产卵。卵期 6~10 d。幼虫在皮下危害至 11 月越冬。老熟幼虫化蛹前先做蛹室，并咬 1 个不完全穿透表皮的羽化孔；化蛹后蛹体向外蠕动直至一半体躯露出树表皮止，成虫羽化后蛹皮密集在羽化孔上，极易发现。成虫多产卵在旧羽化孔里的形成层和木质部之间，每孔内可产卵几十粒至上百粒。初孵幼虫做短距离爬行即取食形成层。"柳瘿"一般比正常的枝干粗 1~5 倍，其形成有一定的过程。初次危害时，成虫产卵在枝干叶芽芽痕内，孵化的幼虫即从嫩芽基部钻入皮下，这时虫口密度小，对枝干影响不大；翌年虫口密度加大，枝干开始轻度瘤肿。年复一年，幼虫集中危害瘤肿边缘组织，引起新生组织的增生，瘿瘤越来越大，左右延伸绕树干一圈，这样就形成了完整的大瘿瘤。

此外，瘿蚊科重要种类还有：

云南松脂瘿蚊 *Cecidomyia yunnanensis* Wu et Zou：分布于云南。危害云南松。1年1代，以老熟幼虫在被害枝条的瘿瘤脂穴中越冬。翌年2月中旬始见成虫，2月下旬和3月上旬为成虫羽化盛期。

刺槐叶瘿蚊 *Obolodiplosis robiniae*（Haldemann）：分布于吉林、辽宁、北京、河北、山东。危害刺槐、香花槐。北京1年5代，以老龄幼虫在土壤中越冬。翌年4月中旬越冬代成虫羽化，4月中、下旬即达到羽化高峰。

瘿蚊类的防治方法

(1) 加强检疫

避免直接用柳干扦插造林，杜绝带虫苗出圃，禁止未经处理的带虫干枝外运。

(2) 营林技术防治

营造混交林，保护林下植被；改造林分使成为针阔混交林。

(3) 结合修枝抚育，除去枝干上的瘿瘤并烧毁

利用成虫羽化和产卵时期短而又集中的特点，在3月上、中旬将瘿瘤外糊一层泥，泥外缠上一层稻草，使其成虫羽化后飞不出来，或用刀削去瘿瘤外的薄皮，使幼虫不能化蛹，最后干瘪而死。

(4) 化学防治

①被害树木较小或初期危害的，在冬季或3月底以前，把危害部树皮铲下，或把瘿瘤锯下，集中烧毁。

②3月下旬用20%呋虫胺原液，兑水2倍涂刷瘿瘤及新侵害部位，并用塑料薄膜包扎涂药部位，可彻底杀死幼虫、卵和成虫。

③春季在成虫羽化前用机油乳剂或废机油仔细涂刷瘿瘤及新侵害部位，可以杀死未羽化的成虫和老熟幼虫及蛹。

④5~6月在瘿瘤上钻2~3个孔（孔径0.5~0.8 cm，深入木质部3 cm），向孔注射1~2 mL 20%呋虫胺原液3~5倍液，然后用泥封口，防止药液挥发；也可用45%丙溴磷·辛硫磷乳油30~60倍液或12%噻虫·高氯氟悬浮剂30~60倍液添加专用渗透剂后高浓度喷涂树干。

复习思考题

1. 林木刺吸类枝梢害虫主要有哪些类群？其危害状表现为哪些形式？
2. 介壳虫的个体发育史有什么特点？为什么实施化学防治最好在初孵若虫期？

3. 蚜虫的年生活史中有哪些生活型？其区别是什么？
4. 刺吸类害虫中哪些是(或曾是)全国林业检疫性有害生物？如何识别并进行防治？
5. 林木钻蛀类枝梢害虫主要有哪些类群？各类如何进行防治？
6. 钻蛀类害虫中哪些是(或曾是)全国林业检疫性有害生物？如何识别并进行防治？
7. 常见的螟蛾及卷蛾类枝梢害虫有哪几种？如何进行防治？

第 8 章

食叶害虫

【本章提要】本章主要介绍危害针、阔叶树种叶部的食叶害虫,介绍其大发生指标、种群动态,以及主要种类的分布、寄主、形态、生活史及习性和防治方法。

食叶害虫是危害针、阔叶树种最为常见和最重要的类群之一,由于它们能危害健康林木的叶子,所以一般又称为"初期害虫"。食叶害虫主要包括鳞翅目的枯叶蛾科、尺蛾科、舟蛾科等十余科;鞘翅目的叶甲科、象甲科;膜翅目的叶蜂科;双翅目的潜叶蝇科;直翅目的蝗虫科;竹节虫目的竹节虫科等。其中,一些种类能使林木遭受重大损害,甚至是毁灭性的灾害,如松毛虫、舞毒蛾等。

食叶害虫分布广,大多数营裸露生活,幼虫有迁移能力,成虫飞行能力强,繁殖率高,成虫期多数不需补充营养,其危害能引起树木枯死或生长衰弱,造成次期性蛀干害虫(小蠹虫、天牛等)寄居的有利条件。

(1)食叶害虫大发生的指标

一般情况下,落叶性阔叶树木失叶 30%,甚至达 40%,并不产生大的不利影响;但中等程度甚至严重失叶(50%以上),连续 2 年或多年,径生长将减少 70%~100%;如受害后害虫随即消退,在消退后的第 2 年树木会恢复到失叶前的水平。严重失叶(75%以上)连续 2 年,易遭受次期害虫或病害的侵袭,甚至直接导致死亡。

食叶害虫大发生的指标可分为直接指标与间接指标。

①直接指标。包括绝对虫口密度(如 1 m² 落叶层下或表土层内越冬幼虫或蛹的平均数,一株树上越冬卵平均数等)和相对虫口密度(林分内害虫分布状况的平均值,如所调查的样方或标准木中被害虫寄居的样方或标准木的百分数)。其描述方法如下。

繁殖系数 当年绝对虫口密度与前一年绝对虫口密度之比称为繁殖系数,如这一系数小于 1 就意味着害虫种群数量在缩小,大于 1 则意味着害虫数量在增长。如舞毒蛾在大发生的第 1、2 阶段,繁殖系数可达 10~30 以上,在第 3 阶段则低于 10,而衰退阶段则小于 1。

分布系数 当年相对虫口密度与前一年相对虫口密度之比为分布系数。若小于 1,意味着林分内害虫的分布范围在缩小,反之则意味着扩大。

繁殖强度 繁殖系数乘以分布系数所得的积。

猖獗增长系数 当年繁殖强度(或绝对虫口密度)与大发生前一年的繁殖强度(或绝对虫口密度)之比。在大发生期内每年所求得的害虫猖獗增长系数可以说明害虫种群的增长速率以及对林分的威胁程度。如较干旱的1959年，舞毒蛾大发生时平均每株树上有健康卵40粒，但1958年只有2粒，1960年则急剧增长到了800粒，那么1959年的猖獗增长系数为40/2=20，1960年为800/2=400。

②间接指标。包括天敌的种群数量与活动程度、害虫性比、蛹重、产卵量等。雌雄幼虫龄期相同的种类，通常有固定的性比；雌性幼虫龄期较长的种类(如舞毒蛾、松毛虫等)在大发生初始阶段雌性占优势，末期雄性占优势。某些害虫的产卵量在大发生的前期常显著大于末期。产卵量通常采用解剖虫体或称雌蛹重量的方法进行估算。

(2) 种群动态

食叶害虫的种类十分丰富，生活习性各异。尽管一些种类繁殖潜能较大，但由于受各种天敌、气象等因子的调节作用，使其种群经常保持在较低的数量水平；另一些种类则偶尔达到猖獗成灾的数量(数十年1次)。某些重要害虫尽管种类较少，却具有强大的生殖潜能，产卵量大、保存率高，在适宜的条件下，能保持十分巨大的种群数量，经常猖獗成灾，能对林木造成十分严重的危害。这类害虫往往也由于遭到种种不利因素的制约，使猖獗呈现间歇性波动状态，甚至呈现出某种节律，通常归纳为以下4个阶段。

①初始阶段。是害虫种群处于增殖最有利状态的初始期。此时食料充足(质和量)，物理环境因素适宜，天敌跟随现象尚不明显，具备了充分发挥其生殖潜能的良好基础，但种群仍处于潜在的增殖初期，林木受害不明显，只有采取专门的调查才能发现这种现象。

②增殖阶段。是种群达到猖獗数量的前期。在上述的有利条件下，种群数量显著增大，且继续上升，林木已显现被害征兆，但仍易被忽视；有局部严重受害现象，害虫已开始向四周扩散，受害面积扩大，天敌也相应增多。

③猖獗阶段。可视为一灾变过程，害虫的增殖潜能得到最大的发挥，种群数量达到暴发增长的程度，迅速扩散蔓延，林木遭受十分严重的损害，往往使大面积林地片叶无存，状似被火焚烧。相继出现食料缺乏，幼虫被迫迁移造成大量死亡或提前成熟致生殖力大为减退(雌性减少、产卵量降低、后代存活率降低等)；天敌显著增多，起到明显的抑制作用。

④衰退阶段。是上一阶段的必然结果。由于种群数量得到调整，天敌也随之他迁或伴随衰退的种群而数量大减，预示一次大发生过程的基本结束。

上述阶段性发生过程，往往重复出现而呈现一定的周期性。这种周期性出现的间隔期及每一"重复"持续的时间，因虫种及当时的环境因素而异。据报道，初始阶段往往历时1年，增殖阶段1~3年，猖獗阶段1~2年，衰退阶段1~2年。每一大发生过程，1年1代的通常持续期约7年，2年1代的可长达14年；而1年2代则约3年半。但上述持续的时间并非适用于所有的食叶害虫，且并不是可以依此推算的通用公式。因为害虫种群数量的增长和衰减往往会随时间的推移及各种生态因子的变动而出现较大的变化。尽管如此，上述阶段性现象的出现，仍表明其有规律可循，加以严密监测，可借以预测种群的发展趋势。

由于食叶害虫的突发性很强，一旦虫灾已经形成再采取应急的控制措施，即使局面得到控制，也往往会因此造成巨大的经济损失及对生态环境产生不良影响，同时已大量伴随增殖或集聚的天敌被杀死而强烈削弱其调节作用。因此，研究了解害虫种群动态，充分发挥森林生态系统的自控潜能，使害虫种群保持在相对稳定的状态，有虫而不成灾，是应遵循的基本原则。

8.1 竹蝗类

蝗科竹蝗属（*Ceracris*）昆虫是我国南方竹林具有威协性的重要害虫类群，已记录14种，其中以黄脊竹蝗危害最重，其次是青脊竹蝗。竹蝗曾长期发生成灾，引起大片竹林枯死，虫情虽已得到较好的控制，但近年来又连续有局部猖獗成灾的现象发生。

黄脊竹蝗

黄脊竹蝗 *Ceracris kiangsu* Tsai（图8-1）
（直翅目：蝗科）

又名黄脊雷篦蝗、竹蝗。分布于山东、陕西、山西、江苏、浙江、湖北、湖南、江西、安徽、福建、台湾、广东、广西、云南、四川、海南等地。主要危害毛竹、青皮竹等竹类。

形态特征

成虫 体长29～40 mm，绿或黄绿色。头部背面中央常有较窄的淡黄色纵纹。前胸背板沿中线具有明显的淡黄色纵纹。后足腿节端部暗黑色，近端部处有黑色环；胫节基部暗黑色。头略向上隆起，侧面观略高于前胸背板。颜面颇倾斜，头顶较向前突出。触角丝状，细长，末端淡黄色。前胸背板上中隆线低而明显，侧隆线消失；3条横沟均明显。前翅发达，长明显超过后足腿节端部，前缘及中域暗褐色，臀域绿色。后足腿节两侧有"人"字形沟纹；胫节有刺2排，外排14个，内排15个，刺基部浅黄，端部深黑。

卵 长6～8 mm，宽2.0～2.5 mm。长椭圆形，略弯曲呈茄状，黄色，有网纹。卵块圆筒形，长19～28 mm，宽6.5～8.7 mm，卵斜列于卵块中，每一卵块有卵22～24粒。

若虫 共5龄。1龄蝻体长9.8～10.9 mm，初为浅黄色，经约4 h后变为黄、绿、黑、褐相间的杂色，触角13～14节；2龄蝻体长11～15 mm，浅黄体色较1龄加深，尤以胸部背板及腹部背板中线色最深，触角18～19节；3龄蝻体长14.9～18.0 mm，体色大部分黑黄色，头、胸、腹背面中央黄色线更为鲜艳，沿此线两侧各有1黑色纵纹，此纹下面又为黄色，触角21节；4龄蝻体长20～24 mm，体色与3龄相同，触角23节；5龄蝻体长20.8～30.0 mm，体色与4龄相同，触角24～25节。

生活史及习性

1年1代，以卵在土中越冬。湖南越冬卵于翌年5月初开始孵化，5月中旬至6月初为孵化盛期，6月下旬为孵化末期，有时在7月初尚可看到个别卵块孵化。1龄跳蝻盛见于5月中旬，2龄5月下旬，3龄6月上

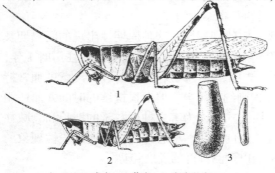

1. 成虫；2. 若虫；3. 卵囊及卵
图8-1 黄脊竹蝗

旬，4龄6月中旬，5龄6月下旬。成虫于7月初开始羽化，7月下旬为羽化盛期，7月中旬开始交尾，7月底至8月初为交尾盛期。8月中旬为产卵盛期。湖南耒阳产卵期一直持续10月底至11月初。若虫历期46~69 d，平均52 d。雌成虫寿命50~84 d，平均69 d；雄成虫寿命54~56 d，平均54.6 d。

成虫和跳蝻有嗜好咸味和人类尿液的习性。成虫多将卵产于杂草稀少、土质较松、坐北向阳的竹山山腰或山窝斜坡上，也有产于山脚的。雄成虫交尾完毕后即死亡，雌成虫产卵完毕后也逐渐死亡。产卵场所常常有头壳、前胸背板和后足等残骸存在。一般在竹梢叶片被害的山地和有红头芫菁的地方有卵存在；又地面小竹、杂草被害严重地方可能有卵块出现。卵块上端有1胶质硬化黑色圆盘形盖，当被水冲刷，常能暴露于土表。

此外，蝗科重要种类还有：

青脊竹蝗 Ceracris nigricornis Walker：分布于江苏、浙江、安徽、福建、江西、湖北、湖南、广东、广西、四川、贵州、云南等地。危害多种竹类，以及玉米、水稻、高粱、芋头等农作物和白茅、棕榈等杂草树木。1年1代，以卵在土表1~2 cm深的卵囊中越冬，成虫活动期为7月上旬至11月中旬。

竹蝗类的防治方法

(1) 除卵

在竹蝗卵期做出标志，并绘制标记图，然后在小满节气挖出卵块置于纱笼中，以便卵寄生蜂飞出，达到除卵和保护天敌的作用；也可于林间栽植泡桐繁殖红头芫菁，以消除蝗卵。

(2) 除蝻

在大多数跳蝻出土但又未上大竹前，于清晨露水未干时，手持扫把于小竹、杂草或灌木上扑打跳蝻；也在露水干后用50%马拉硫磷800~1000倍液或80%敌敌畏1000~1500倍液喷雾；还可用杀虫净油剂超低容量喷雾。当跳蝻已上大竹甚至已有部分成虫出现时，则只有用烟剂或油雾熏杀，放烟时间以清晨东方快要发白至日出前一段时间为最佳，21:00左右亦可放烟。

(3) 诱杀成虫

用混有农药的人类尿液装入竹槽，放到林间，诱杀成虫。

8.2 叶蜂类

本类群包括叶蜂总科和扁蜂总科，种类很多，生活习性不尽相同。大多裸露危害，但也有结成虫巢并有丝道相通的（如扁蜂）、潜叶危害的（如潜叶蜂），甚至有的种类能形成虫瘿。卵单产或成行排列，幼虫单独活动或聚集成团。叶蜂中以松叶蜂科 Diprionidae 和叶蜂科 Tenthredinidae 所属种类危害性最大，严重危害针、阔叶树种。一些叶蜂往往具突发性，种群的增长和消退过程较不稳定。

鞭角华扁蜂 Chinolyda flagellicornis (Smith)(图8-2)
(膜翅目：扁蜂科)

分布于浙江、福建、湖北、四川。危害柏木、柳杉、千头柏、日本扁柏、日本细叶花柏，是三峡水库周围柏木林的重要害虫。

形态特征

成虫 雌体长 11~14 mm。体红褐色。上颚尖端、触角鞭节两端、中窝两旁及单眼区、中胸基腹片、中胸前侧片全部或一部分为黑色。足红褐色。翅半透明、黄色，端部约 1/3 烟褐色；翅痣基部黄色，端部黑褐色。触角 28~33 节。雄体长 9~11 mm。除颈片一部分或全部、前胸基腹片、中胸前盾片、中胸盾片前部为黑色外，其余色泽同雌虫。头部刻点较粗深。触角 30~32 节，个别 28 节。

幼虫 体长 18~23 mm。头部红褐色；胸、腹部有几条白色纵纹。

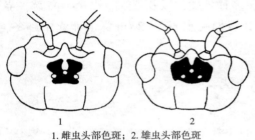

1. 雌虫头部色斑；2. 雄虫头部色斑
图 8-2 鞭角华扁蜂

生活史及习性

四川、湖北 1 年 1 代，以老熟幼虫入土做土室而以预蛹越夏、越冬。翌年 3 月上旬开始化蛹，3 月中旬开始羽化，3 月下旬为盛期；3 月下旬成虫开始产卵，4 月上旬为盛期。4 月上旬卵开始孵化，4 月中旬为盛期。5 月上旬至 6 月中旬老熟幼虫坠落地面，进入土中。

越冬预蛹多分布于树冠投影内 2~13 cm 深土壤中；土室椭圆形，壁坚实光滑。蛹期 12~20 d。刚羽化成虫在地表作短时间爬行，然后展翅活动；早晚或阴天一般静伏不动，晴天 11:00~13:00 常群集林冠上部飞翔和交尾，交尾历时约 1 h。雄虫交尾后 1~3 d 死亡，寿命 8~10 d。雌虫交尾后 3~5 h 开始产卵，卵绝大多数产在 1 年生鳞叶上；每枚针叶有卵 2~27 粒，一般 7~10 粒；每只雌成虫一生产卵 20~39 粒。雌虫产卵 2~4 d 后死亡，寿命 9~11 d。雌雄性比为 1:0.45。

卵期平均 15 d，孵化时幼虫咬破卵壳，约经 50 min 虫体才爬出卵壳。幼虫多在 12:00~16:00 孵出。初孵幼虫在卵壳附近群集并吐丝结网，6~7 h 后开始在网中取食 1 年生嫩叶表皮，食量随着虫龄增大而增加，当将虫网附近鳞叶吃光后，又成群转移到其他枝条，筑新网巢而继续危害。幼虫只作枝条间转移，不作株间转移。末龄幼虫一般分散危害。幼虫 6 龄(少数 4~5 龄)，历期平均 27 d。

海拔低、林木稀疏向阳的纯林虫口密度大，受害较严重。

云杉阿扁蜂 Acantholyda piceacola Xiao et Zhou (图 8-3)
(膜翅目：扁蜂科)

分布于我国甘肃、青海。危害青海云杉及华北落叶松等。1983 年在甘肃首次发现，1987—1989 年连续大发生，使受害树针叶光秃，树势濒于死亡，严重影响林木生长发育。

形态特征

成虫 雌体长 14~15 mm。触角 32 节，第 1 节黄色，第 2 节深黄色，第 3 节以上越向上越黑。头黑色。触角侧区黄色；唇基、内单眼眶大部分、颚眼距、上唇、上颚除内缘、须、颊均深黄色。颈片深黄色。胸部黑色；前胸背板后缘及两侧、中胸前盾片后端、中胸小盾片后端小斑、中胸前侧片、后胸小盾片后端小斑均黄色。翅透明，顶角及外缘部分稍带烟褐色；翅基片深黄色，翅痣黑色，其前端中央深黄色，其后端下面有一淡烟褐色横纹直达 Cu_1 脉前端；翅脉黑褐色，C 脉及 Sc 脉黄色。足红黄色；基节、转节及腿节外侧各有 1 黑斑。腹部背板褐黄色，第 1、7、8 节背板前端一部分黑色，第 2~7 腹板前端具黑色部分。雄体长 11~12 mm。腹部第 1、2 节背板黑色，其余红黄色，冠缝明显，中胸盾片及小盾片刻点较密。其余同雌虫。

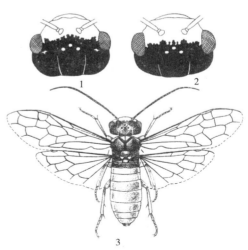

1. 雌虫头部正面观；2. 雄虫头部正面观；3. 成虫
图 8-3 云杉阿扁蜂

幼虫 老熟幼虫体长 16~20 mm。灰绿色。头褐黑色，具光泽；额墨绿色，上唇黄绿色，唇基及下颚须绿色。触角黄褐色。前胸盾黑色。胸部其余部分及腹部墨绿色。2 龄至老熟前有绿色背线 1 条及褐色腹线 3 条。尾须基节绿色。休眠及滞育幼虫橄榄色。

生活史及习性

甘肃 2 年 1 代，以老熟幼虫入土做土室变为预蛹滞育。第 3 年 5 月上旬开始化蛹，中旬为盛期；6 月中旬成虫开始羽化，下旬为盛期；6 月中旬开始产卵，下旬为盛期；7 月上旬幼虫孵出，中旬为盛期；8 月上旬老熟幼虫坠落地面入土，中旬为盛期。成虫羽化后在土室中停留 24 h 左右，然后爬出土室，在地面作短时间爬行，随时进行交尾。交尾后起飞上树，开始产卵。

成虫喜在通风透光良好的林分内活动、产卵，夜间栖息在针叶上。卵多产在 2 年生针叶上端边缘，极少产在当年生及 3 年生针叶上。卵单产或 2~3 粒成排产。成虫寿命 4~7 d。每只雌虫一生产卵 0~22 粒。幼虫 5 龄。幼虫孵出后即在孵化处小枝上取食针叶基部叶肉，并将少数针叶基部咬断，边食边将粪便排于身后。2 龄以后转移到针叶上，吐丝连缀针叶成网，在网内或其附近取食。食剩针叶及粪便则黏结在网上，慢慢形成虫巢。待食光虫巢附近针叶后，便将虫巢扩大或于另一小枝上再筑一巢，并有丝道与老巢相通。一般 2~3 个虫巢连在一起。3 龄以后食量增加，以丝做通道至巢外较远处觅食。4 龄幼虫 1 d 能取食 5~8 枚针叶，5 龄取食 8~10 枚。幼虫一生除 1 龄和即将坠落的幼虫爬行外，其余均以腹面向上，一边吐丝一边用背部向前蠕动。因此，幼虫只在枝间移动。幼虫坠落地面片刻即开始爬行，寻找适宜入土场所；入土后做土室，变成预蛹，静伏其中。土室椭圆形，内壁光滑。入土深度随枯枝落叶层及土壤坚实度而异，幅度为 2~14 cm。

林缘、林中空地周围及郁闭度在 0.4 以下的林分发生最严重；山坡下比山坡上受害严重；中龄林树冠中下部、幼龄林树冠中上部受害严重。

此外，扁蜂科其他部分重要种类见表 8-1。

表 8-1　扁蜂科部分重要种类

种　类	分　布	寄　主	生活史及习性
松阿扁蜂 *Acantholyda posticalis* (Matsumura)	山西、黑龙江、山东、河南、陕西	油松、赤松、樟子松、红松、欧洲黑松、欧洲赤松等	山西、陕西1年1代，以预蛹在树下土室中越冬
红头阿扁蜂 *A. erythrocephala* (L.)	黑龙江、吉林、辽宁	油松、华山松、白皮松、赤松、樟子松、红松等松属植物	辽宁1年1代。成虫翌年4月下旬开始羽化，5月上旬为羽化盛期，6月中、下旬老熟幼虫坠落入土越冬
黄缘阿扁蜂 *A. flavomarginata* Maa	福建、江西、浙江、湖南、广西、贵州、台湾	马尾松、云南松、华山松、台湾五针松	四川1年1代，以预蛹树冠下土壤中做土室越冬。翌年5月初为羽化盛期，5月上、中旬为产卵盛期
云杉腮扁蜂 *Cephalcia abietis* (L.)	黑龙江、吉林、内蒙古	沙地云杉、欧洲云杉	内蒙古1年或1年以上1代。以预蛹越冬
贺兰腮扁蜂 *C. alashanica* Gussakovskij	黑龙江、内蒙古	沙地云杉、红皮云杉、青海云杉	内蒙古1年1代。以预蛹于土中越冬，少数预蛹有滞育性，因此有时1年以上1代个体

落叶松叶蜂 *Pristiphora erichsonii* (Hartig) (图 8-4)

（膜翅目：叶蜂科）

又名红腹锉叶蜂。分布于山西、内蒙古、辽宁、黑龙江、陕西、甘肃；俄罗斯、美国、加拿大、欧洲。危害落叶松。幼虫取食针叶，大发生时可将成片落叶松林针叶食光。在干旱地区，落叶松林连续受害可导致树木死亡。对幼树危害极大，可使新梢弯曲，枝条枯死，树冠变小，难以成林郁闭。

形态特征

成虫　雌虫体长 8.5～10.0 mm。体黑色，有光泽。头黑色，触角茶褐色，唇基黑色，上唇黄色。前胸背板两侧黄褐色；中胸、后胸黑色。翅淡黄色，透明，翅痣黑色，C 脉黄色，翅基片黄色。腹部第 2～5 背板、第 6 背板前缘橘红色，第 1、第 6 背板大部分和第 7～9 背板黑色，第 2～7 腹板中央橘红色；足黄色，前足、中足基节，中足胫节端部，后足基节基部、腿节端部、胫节端部、跗节，均为黑色；爪褐色；锯鞘黑褐色。雄虫体长 8 mm，黑色；触角黄褐色；腹部第 2 背板两侧、第 3～5 节、第 6

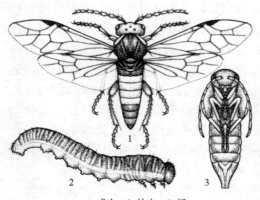

1. 成虫；2. 幼虫；3. 蛹

图 8-4　落叶松叶蜂

节背板中央橘红色。

幼虫 老熟幼虫体长 12~16 mm，黑褐色；前胸背板、气门线至足基部灰黄色；胸部和腹部背面墨绿色；体腹面浅灰色，除臀节外每体节均有 2 横行具毛的浅灰色线纹，每体节具有 3 个环节；胸足黑褐色；腹足黄白色；气门扁椭圆形。

生活史及习性

1 年 1 代，以老熟幼虫结茧变为预蛹在树冠投影内及周围的枯枝落叶层下或松软的土壤中越冬。翌年 5 月中旬开始化蛹，下旬成虫开始羽化，6 月中、下旬为羽化高峰期。成虫羽化后即可产卵。卵期约 10 d。6 月下旬、7 月上旬卵孵化为幼虫。幼虫期约 18 d。7 月中旬至 9 月上旬老熟幼虫下树结茧越冬。越冬茧壳坚韧。越冬时间长达 10 个月。

成虫羽化时用上颚将茧壳顶部咬一小孔爬出，待翅干后飞翔，寻找新梢产卵。成虫喜在强光下飞翔，多云或阴天在树枝上静伏。成虫无趋光性。成虫主要营孤雌生殖，不需补充营养。单雌产卵量 20~110 粒。幼虫共 5 龄，1~4 龄幼虫群集危害，先取食产卵枝附近的针叶，逐渐向枝条的基部扩散。5 龄幼虫开始分散危害，但分散能力较弱，很少由一株树迁移到另一株树。幼虫受惊后胸足紧抓针叶，腹部向背面弯曲静伏不动。5 龄幼虫取食 3 d 后食量逐渐减弱或不再取食，下树结茧。蛹期约 40 d。

叶蜂科其他部分重要种类见表 8-2。

表 8-2 叶蜂科部分重要种类

种 类	分 布	寄 主	生活史及习性
油茶史氏叶蜂 *Dasmithius camellia* (Zhou et Huang)	福建、江西、湖南	油茶	1 年 1 代，以预蛹或蛹在土室中越冬
樟叶蜂 *Moricella rufonota* Rohwer	浙江、江西、湖南、福建、广东、广西、四川、台湾	樟	安徽、江苏、浙江、四川 1 年 1~2 代，江西 1~3 代，广东 1~7 代，以 3 代为主；均以老熟幼虫在土内结茧变为预蛹越冬，有滞育现象
毛竹黑叶蜂 *Eutomostethus nigritus* Xiao	浙江	毛竹、刚竹、淡竹	浙江 1 年 1 或 2 代，以老熟幼虫在土中 1~4 cm 深处结茧变为预蛹越冬
杨扁角叶蜂 *Stauronematus compressicornis* (Fabricius)	新疆	多种杨树和旱柳	1 年 5 代，以老熟幼虫在 20~40 mm 深土中结茧变为预蛹越冬

此外，叶蜂总科还有以下重要种类：

榆三节叶蜂 *Arge captiva* (Smith)：三节叶蜂科。分布于全国大部分地区。危害榆。河南、山东 1 年 2 代，以老熟幼虫在土中结丝质茧变为预蛹过冬。

杨锤角叶蜂 *Cimbex connatus taukushi* Marlatt：锤角叶蜂科。分布于黑龙江、吉林、辽宁、陕西。危害多种杨树和柳树。黑龙江 1 年 1 代，以 5 龄老熟幼虫于枯枝落叶层或土中结茧而以预蛹越冬。

松黄新松叶蜂 *Neodiprion sertifer* (Geoffroy)：松叶蜂科。分布于黑龙江、辽宁、河北、江西、陕西。危害油松、马尾松、红松、云南松、华山松、黑松等。1 年 1 代，以卵在当年生针叶内越冬。

祥云新松叶蜂 Neodiprion xiangyunicus Xiao et Zhou：松叶蜂科。分布于四川、贵州、云南。危害云南松。四川1年1代，以老熟幼虫于土壤中结茧变为预蛹越冬。

靖远松叶蜂 Diprion jingyuanensis Xiao et Zhang：松叶蜂科。分布于山西、甘肃。危害油松。山西多为1年1代，少数2年1代，以茧内预蛹在枯枝落叶层下、杂草基部或其他地被物下越冬越夏。

浙江黑松叶蜂 N. zhejiangensis Xiao et Huang：松叶蜂科。分布于浙江、安徽、广西、广东、湖南、湖北、江西、云南、四川、福建、贵州等地。危害火炬松、湿地松、黑松、马尾松、云南松、思茅松。湖南长沙1年3~4代，以老熟幼虫在针叶上结茧变成预蛹越冬，翌年5月上旬第1代幼虫出现。世代重叠。

叶蜂类的防治方法

(1) 林业技术防治

加强林木抚育管理，增强其生长势，加速郁闭，以提高林木的抗虫能力。有条件的地方在秋末冬初可进行垦山翻土，以消灭越冬预蛹。扁叶蜂老熟幼虫在土中筑土室变为预蛹越夏越冬，可于其羽化前挖取预蛹，加以处理；或将土壤翻开，使越冬虫体暴露于地表，使之干冻而死或为天敌捕食，以防止其大发生。

(2) 人工防治

对低龄幼虫有群集危害习性的种类，可采取人工摘除虫枝的方法。对于有假死性的种类，可以酌情考虑振落捕杀。对于幼虫在虫巢或卷叶中生活的种类，如果树木不过于高大，发生面积也比较小，可以采取人工捕杀。成虫产卵盛期剪除产卵枝也是一个有效控制叶蜂种群的方法。

(3) 生物防治

据报道，深井凹头蚁在黑龙江樟子松林中能取食松阿扁蜂，幼虫虫口减退57.7%；在山东泰山，狗獾及猪獾在6月下旬松阿扁叶蜂老熟幼虫下树入土至翌年4月羽化出土前能取食这种害虫，可使其虫口密度下降77%以上；病菌及黑蚂蚁可使三门峡市油松林中松阿扁蜂越冬预蛹死亡率达20%以上；云杉腮扁蜂被赤眼蜂寄生率在国外高达90%；科罗斯氏线虫和育强斯氏线虫在自然界对高山腮扁蜂的种群具有很好的控制作用。应注意保护和利用这类寄生性和捕食性天敌。

(4) 化学防治

对低龄幼虫可喷施20%甲氰菊酯乳油1500~2000倍液、2.5%溴氰菊酯乳油2000~5000倍液或20%灭幼脲悬浮剂1500~2000倍液。幼虫下树入土期间可以用25%速灭威粉剂撒于树干基部附近的土表层，杀死幼虫；也可以应用80%敌敌畏乳油、25%亚胺硫磷乳油或50%马拉硫磷乳油800~1000倍液喷杀坠落地面老熟幼虫及羽化出来的成虫。对于成虫，可用1%绿色威雷Ⅱ号200~300倍液地面喷雾，毒杀羽化出土成虫；也可利用成虫取食花蜜的习性，喷施50%敌敌畏乳油1500~2000倍液。林地郁闭条件好的情况下可以采用缓释杀虫烟剂。

8.3 叶甲类

榆紫叶甲 *Ambrostoma quadriimpressum*（Motschulsky）（图 8-5）

（鞘翅目：叶甲科）

亦称紫榆叶甲。分布于我国东北地区及内蒙古、宁夏、河北、山东、山西、河南、江苏、湖北、江西、贵州。严重危害多种榆属林木，轻则使之成为小老树，重的则成片枯死。

形态特征

成虫 体长 8.5~11.0 mm，长卵形，背面金绿色杂红铜色。头深紫色，触角深褐色。前胸背板矩形，侧边微弧，侧纵凹内刻点十分粗密。小盾片几乎半圆形、无刻点。鞘翅肩后明显横凹，凹后强烈拱隆，并有 5 条不规则的红铜色纵带纹。足深紫色。体腹面铜绿色。雄虫第 5 腹板末端呈弧形凹入，形成 1 个向内凹的新月形横缝。雌虫第 5 腹节末端钝圆。

卵 长 1.7~2.2 mm，长椭圆形，呈咖啡色、茶色、棕色等。初产时表面有光泽，孵化前颜色变暗，光泽消失。

幼虫 老熟时体长约 10 mm，长楔形，白色，体有许多黑色毛瘤。头部褐色，头顶有 4 黑斑。前胸背板有 2 黑斑，背中线灰色，其下方具 1 淡黄色纵带。

蛹 长约 9.5 mm，乳黄色，体略扁，近椭圆形、羽化前体色变深，背面观微现灰黑色。

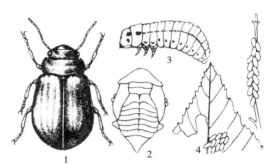

1. 成虫；2. 蛹；3. 幼虫；4. 卵

图 8-5 榆紫叶甲

生活史及习性

1 年 1 代，以成虫在浅土层中越冬。翌年 4 月上中旬出蛰，4 月下旬至 5 月中旬交尾产卵，5 月上、中旬孵化，6 月上中旬化蛹，中、下旬开始羽化；7 月气温升高达 30 ℃以上时，新、老成虫潜伏树干隐蔽处越夏，8 月下旬至 9 月上旬气温下降后又上树危害，新羽化成虫夏眠后开始交尾孕卵，10 月气温下降，新、老成虫入土越冬。成虫不善飞翔，对环境的适应性强，寿命长。早春出蛰即啃食叶芽、花芽，展叶后食叶，对榆树的生长和成活的影响甚大。卵初产于枝梢末端，后成块产于叶片，单雌产卵量 200~300 粒。幼虫取食习性与成虫相近。有迁移危害习性，4 龄幼虫危害较成虫严重，老熟后入土作蛹室化蛹。早春气温骤降并持续低温，可使出蛰成虫大量死亡。

紫榆叶甲天敌有 20 余种，常见有叶甲赤眼蜂 *Asynacta* sp.、叶甲长足寄生蝇 *Maequartia tenebricosa* 和蠋蝽等。

琉璃榆叶甲 *Ambrostoma fortunei* (Baly)（图8-6）
（鞘翅目：叶甲科）

亦称榆夏叶甲。分布于河南、江苏、浙江、安徽、江西、湖南、福建、贵州。危害榆树。由于出蛰成虫取食初萌嫩芽，后啃食梢皮层，继而成、幼虫同期取食新叶，对榆树危害很大。

形态特征

成虫　长10~11 mm，椭圆形，背面隆起，蓝绿色，有金属光泽和紫红光泽。触角紫黑色，稀被黄色短绒毛。前翅状如覆舟，后翅桃红色。足紫蓝色。

幼虫　体长10~11 mm，黄绿色，背线绿色，头部有6个黑点，气门周围黑色，腿节与胫节相接处黄绿色。

生活史及习性

1年1代，以成虫在土室中越冬。翌年3月底榆树萌芽时成虫出蛰，取食嫩芽，相继交尾，交尾次数多，历时也较长，每日连续2~3次，产卵期亦不改变，延续可长达1个月，越冬成虫产卵后相继死亡。4月上旬始见幼虫，4月底至5月初开始化蛹，5月上旬至7月上旬出现新成虫。有越夏习性，一般多在枯落物或枝杈下等庇荫处潜藏。成虫产卵于小枝，竖立，聚生呈2行排列。幼虫孵出后多分散栖息于叶背面，初期危害较轻，只啃食叶缘，后可食尽全叶而仅留下主脉。爬行迁移能力弱，老熟后沿树干下入土中化蛹。一般在树干周围5~20 cm范围内入土2~6 cm深处做土室。成虫经越夏后继续活动危害，不善飞翔，靠爬行迁移，故一般呈点片发生。11月中下旬或12月初正式蛰伏越冬。

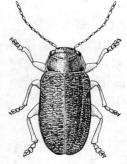

图8-6　琉璃榆叶甲

白杨叶甲 *Chrysomela populi* L.（图8-7）
（鞘翅目：叶甲科）

分布于我国大陆地区各省份。严重危害杨、柳，以幼树受害最为普遍。

形态特征

成虫　体长10~15 mm，长椭圆形，具刻点。头蓝黑色，额区具清楚"Y"形沟痕。触角短，1~6节蓝黑色有光泽，7~11节黑色，无光泽。前胸背板蓝紫色，有光泽，前缘内凹，前角突出，盘区两侧纵隆，其内侧低凹，形成纵凹沟，凹内刻点相当粗密。小盾片蓝黑色，舌形。鞘翅淡棕至棕红色，中缝顶端常有1个小黑斑，沿外侧边缘明显隆凸，紧靠缘折有1行粗刻点。足蓝黑色。体腹面蓝黑色。

幼虫　老熟时体长16~18 mm，头黑色，体橘

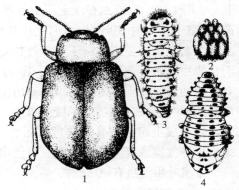

1. 成虫；2. 卵；3. 蛹；4. 幼虫

图8-7　白杨叶甲

黄色。前胸背板有"W"形黑纹，其他各节背面有黑点2列，第2~3节两侧各具1个黑色刺状突起，以下各节于气门上、下线上具黑色瘤状突起，受惊时这些突起溢出乳白色液汁。

蛹 长9~14 mm。羽化前橙黄色。蛹背有成列黑点。蛹体末端留于蜕皮内，借幼虫臀足紧附于寄主嫩梢及叶片背面。

生活史及习性

1年1~2代，以1代为多，以成虫在落叶层或浅土中越冬。翌年4月展新叶时出蛰危害，随即交尾、产卵于叶背，呈块状，一般30~50粒，少则数粒。初孵幼虫密集取食卵壳，后群集危害叶。2龄后分散取食，共4龄。幼虫受惊后自胸、腹背后分泌乳白色黏液，散发恶臭。老熟化蛹于叶背及小枝。月平均温度超过25 ℃时，成虫下树蛰伏越夏，后又上树危害至10月中旬左右越冬。有假死习性。

椰心叶甲 *Brontispa longissima* (Gestro)
（鞘翅目：叶甲科）

椰心叶甲

椰心叶甲是侵入我国的重要外来有害生物之一，是椰子等棕榈科植物的重要食叶害虫。分布于广东、广西、云南、福建、台湾、海南、香港；太平洋诸群岛、东南亚等热带和亚热带地区。2005年曾被列为全国林业检疫性有害生物。

形态特征

成虫 体扁平狭长，体长8.1~10.0 mm。雌虫体形明显大于雄虫。成虫头部红黑色，前胸背板黄褐色；鞘翅黑色，有些个体鞘翅基部1/4红褐色，后部黑色。触角1~6节红黑色，7~11节黑色。前胸背板略呈方形，长宽近等，明显宽于头部，具不规则粗刻点，前缘向前稍突出，两侧缘中部略内凹，后缘平直；前侧角圆，向外扩展，后侧角具1小齿。鞘翅基部平，不前弓，翅两侧基部平行，后渐宽，中后部最宽，往端部收窄，末端稍平截。鞘翅前部具8列刻点，后部10列，刻点整齐。足粗短，跗节第4、5节完全愈合，红黄色。腹面近光滑，刻点细小。

卵 长筒形，两端宽圆；长约1.5 mm，宽约1.0 mm。卵壳表面有细网纹，褐色。

幼虫 幼虫可分为3~6龄。白色至乳白色。成熟幼虫体长约9 mm，体扁平，两侧缘近平行。触角2节，单眼5个，排成2行，前3后2，位于触角之后，上颚具2齿。前胸和各腹节两侧各有1对侧突，腹9节，因8、9节合并，在末端形成1对内弯的尾突，实际可见8节。尾突基部有1对气门开口，末节腹面的肛门有肛门褶。

蛹 浅黄至深黄色，长约10 mm，与幼虫相似，但稍粗，出现翅芽和足，腹末仍有尾突，但基部的气门开口消失。头部具1个突起，腹部第2~7节背面各具8个小刺突，排成2横列，第8腹节仅有2个刺突，腹末具1对钳状尾突。

生活史及习性

1年3~6代，具有世代重叠现象。卵期4~6 d，幼虫期30~40 d，预蛹期3 d，蛹期6 d，成虫期平均寿命156 d，最长可达235 d，雌虫寿命比雄虫短。成虫羽化后无须补充营养即可交配，雌、雄虫均可多次交配。单雌产卵量100多粒，卵产于心叶的虫道内，3~5个一纵列黏着于叶面。成虫惧光，具有一定的飞行能力和假死性。由于成虫期较长，因此成虫的危害远超过幼虫。幼虫分为幼期和成熟期，形态上具有一定的差异。该虫对不健康的树及 4~5 年的幼树危害严重，危害部位仅限于未展开的叶内，一旦心叶展开，成虫即离开并寻找其他合适的寄主。椰心叶甲是偏喜温的昆虫，适宜生长发育温区为 20~28 ℃，干旱有利于此虫的发生。

榆毛胸萤叶甲 *Xanthogaleruca aenescens* (Fairmaire)（图 8-8）
（鞘翅目：叶甲科）

榆毛胸萤叶甲

又名榆绿毛萤叶甲。在我国分布于黑龙江、吉林、辽宁、内蒙古、甘肃、山西、陕西、河北、山东、江苏、河南、江西、湖北、湖南、四川、台湾；成、幼虫均危害榆树，严重时使树冠一片枯黄，是榆树的主要食叶害虫之一。

形态特征

成虫　体长 7.0~8.5 mm，近长方形，黄褐色。鞘翅蓝绿色，有金属光泽。体密被柔毛及刺突。头小，头顶具 1 三角形黑斑。触角 1~7 节，背面及 8~11 节全节黑色。前胸背板有 1 倒葫芦形黑斑，两侧凹陷部分外侧有 1 近卵形黑纹。小盾片黑色。鞘翅各具隆起线 2 条。

幼虫　末龄虫体长 11 mm。体长形，微扁平，深黄色。中、后胸、腹部 1~8 节背面漆黑色。前胸背板近中央后方有 1 近方形黑斑。中、后胸背面各有 8 个毛瘤，两侧各有 2 个毛瘤。腹部 1~8 节背面各有 10 个毛瘤，两侧各有 3 个毛瘤，臀板深黄色。腹面吸盘后方有 2 黑斑。

生活史及习性

1 年 2~3 代，以 2 代为多，以成虫在屋檐、墙缝、土中、石块下等处越冬。翌年 3 月下旬至 4 月上中旬开始活动，未萌叶时可啃食枝皮，产卵于叶背，成两行，4 月底

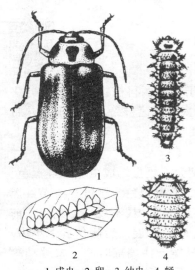
1. 成虫；2. 卵；3. 幼虫；4. 蛹
图 8-8　榆毛胸萤叶甲

至 5 月初出现幼虫，5 月中旬至 6 月上旬为危害盛期。老熟幼虫集聚树干化蛹，下旬羽化、产卵，7 月上中旬是第二代幼虫危害盛期。7~8 月幼虫老熟、化蛹、羽化，8 月下旬至 9 月初越冬。因世代及分布区不同，各虫期出现时间较有差异。

杨梢叶甲 *Parnops glasunowi* Jacobson（图 8-9）
（鞘翅目：叶甲科）

杨梢叶甲

主要分布于东北、华北、西北地区。以成虫取食杨、柳、梨幼苗，以及大树嫩梢和叶柄。成虫咬断新梢或叶柄，造成大量落叶，危害严重时会使全部树叶落光，幼虫在土壤中危害树木根系。

形态特征

成虫　体长 5.0~7.5 mm，体底色黑或黑褐色，密被灰白色平卧的鳞状毛。额唇基、上唇和足淡棕红或淡棕黄色。头宽，基部嵌于前胸内；复眼内缘稍凹切；唇基横宽，与额愈合，前缘中部稍凹，弧形；上唇横宽，内缘凹切。触角 11 节，丝状，等于或稍超过体长之半，第 1 节粗大，长椭圆形，第 2 节短于第 3 节，第 4 节稍长于第 3 节而短于其后各

节。前胸背板宽大于长，与鞘翅基部约等宽，前缘稍弧弯，侧缘平直，前角圆形，稍向前突出，后角呈直角。小盾片舌形，鞘翅两侧平行，端部狭圆，基部稍隆起，肩胛不明显隆起。足粗壮，中、后足胫节端部外侧稍凹切；跗节1~3节宽，略呈三角形；爪纵裂。

卵　长0.7~1.1 mm，长椭圆形，顶端稍尖，初产时乳白色，很快变为乳黄色。

幼虫　老熟幼虫体长9~10 mm，略向腹面弯曲，头部乳黄色，上颚黄色，腹部白色。胸足3对，较长。腹部9节，1~7节各具腹足1对，第8节腹足不明显，第9节具2角状突起尾刺。

蛹　长约6 mm，乳白色，近纺锤形。复眼黄色。触角为弧形，置于前、中足之下。翅芽置于后足之上，前胸背板具数根黄色刚毛。腹部显见5节，各节亦有刚毛。

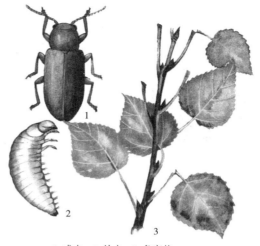

1. 成虫；2. 幼虫；3. 危害状
图8-9　杨梢叶甲

生活史及习性

宁夏1年1代，以幼虫在土中越冬。幼虫在3月下旬至4月上旬天气转暖后上升至距地表12~20 cm处开始取食，4月上旬老熟后在土中做蛹室化蛹。成虫羽化盛期在5月中旬至7月上旬，成虫羽化后即开始上树危害，交尾后在土中产卵，卵期平均7~8 d。6月上旬，幼虫孵化后落到地面爬行，8月上旬至9月下旬钻入土中取食植物的幼根，9月下旬开始越冬，进入15~35 cm深的土层中越冬。

成虫主要在嫩梢顶端5~6 cm处取食，把叶柄及嫩梢咬成2~3 mm长的缺刻，其深度一般为叶柄或嫩梢的1/3~1/2，叶柄嫩梢被害后萎缩下垂，干枯脱落，亦可将叶柄直接咬断，严重时树上挂满干枯叶，干叶脱落后变成光枝秃梢。

北锯龟甲 *Basiprionota bisignata*（Boheman）（图8-10）
（鞘翅目：叶甲科）

北锯龟甲

又名二斑波缘龟甲、泡桐二星叶甲、泡桐金花虫。分布于华北至华南、西南地区大部及辽宁、陕西、甘肃等地。危害泡桐、花楸树、梓树。严重发生时，整株叶片被食成网状，随后变黄焦枯，大量脱落，严重影响泡桐的生长。

形态特征

成虫　体长11~13 mm。橙黄色、椭圆形。触角基部5节淡黄色，端部各节黑色。前胸背板向外延展。鞘翅背面凸起，中间有2条明显的淡黄色隆起线，鞘翅两侧向外扩展，形成明显的边缘，近末端1/3处各有1个大的椭圆形黑斑。

卵　橙黄色，椭圆形，竖立成堆。

幼虫　老熟时体长约10 mm，淡黄色，两侧灰黑色，纺锤形。体节两侧各有1浅黄色肉刺突，末端2节侧刺突较长，背面也有2浅黄色肉刺突，向背上方翘起，上附着蜕。

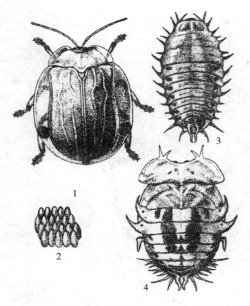

蛹　淡黄色，体长 9 mm，宽 6 mm，体侧各具 2 三角形刺片。

生活史及习性

河南 1 年 2 代，以成虫越冬。翌年 4 月中下旬开始出蛰，飞到新萌发的叶片上活动取食、交尾产卵。幼虫孵化后啃食叶表皮及叶肉，5 月下旬幼虫开始老熟，6 月上旬出现第 1 代成虫。第 2 代成虫于 8 月中旬至 9 月上旬出现，10 月底至 11 月上中旬大部分成虫潜伏石块下、树皮缝内及地被物下或表土中越冬。成虫白天活动，产卵于叶背，数十粒聚集一起，竖立成块。幼虫孵化后，群集叶面，啃食叶肉，残留下表皮及叶脉，随后叶片变黄干枯。幼虫每次脱掉的皮，黏附尾部，向体后上方翘起，形似羽毛扇状，背在体后长期不掉。老熟幼虫将尾端黏附于叶面，然后化蛹。成虫羽化后，在叶面啃食表皮，5 月下旬至 6 月中旬，7 月下旬至 8 月上旬，成虫和幼虫同时发生，一起危害，形成 2 个危害高峰期，常把叶片啃光，树叶呈现焦黄，并造成大量落叶。

1. 成虫；2. 卵；3. 幼虫；4. 蛹
图 8-10　北锯龟甲

此虫主要发生在豫南、豫西和豫北山区。叶面绒毛少或无黏腺的泡桐品种受害重，毛泡桐类受害轻。天敌主要有叶甲卵姬小蜂、瓢虫、蚂蚁。

花椒潜跳甲 *Podagricomela shirahatai* (Chûjô)（图 8-11）
（鞘翅目：叶甲科）

花椒潜跳甲

又名花椒橘啗跳甲、串椒牛，是危害花椒叶片的恶性害虫之一。分布于华北地区及山西、陕西、甘肃、四川等地。只危害花椒。幼虫潜居花椒叶内蛀食叶肉使受害叶变黑脱落，成虫取食嫩叶补充营养。发生区受害株率在 60% 以上，单株有虫数可达千头以上，受害花椒产量及品质明显下降。

形态特征

成虫　椭圆形，长 4~5 mm，褐红色，无光泽。头、触角、复眼和足黑色。头部沟纹完整，上唇前缘凹陷，触角丝状，11 节，长达后足基部。前胸背板刻点小而密。鞘翅上刻点 11 行。前、中足腿节茸毛稀并无刻点；后足腿节宽为中足腿节的 1.5 倍、其后半部有刻点；后足胫节与跗节的毛密。爪单齿式。

幼虫　头部、足黑色，腿节和胫节及体腹面略淡黄色，老熟幼虫体长 5~8 mm。前胸背板及臀板各有 1 褐斑。

生活史及习性

1 年 2~3 代，华北、陕西、甘肃 1 年 2 代，以成虫在土中越冬。翌年 4 月上旬花椒发芽时出土活动取食花椒叶，5 月下旬至 6 月下旬产卵，卵期 4~7 d。幼虫蛀入叶内取食 14~19 d 后于 6 月下旬落地入土化蛹，蛹期 24~31 d。第 1 代成虫 7 月中旬至 8 月上旬出土，上树取食花椒叶补充营养，8~15 d后交配产卵，9月下旬第2代成虫羽化出土，10月后陆续入土越冬。成虫善跳，飞行迅速，白天取食椒叶，晚间多隐匿。雌成虫产卵2~3块、每块14粒。雌虫将卵产于叶背主脉距叶缘顶端1/3处，竖立排列块状，卵粒排列整齐，卵块表面覆盖物呈黑色硬壳。幼虫孵出后先群集潜叶危害，2~3 d后分散潜叶危害，初孵幼虫在硬壳下咬破叶片表皮潜入叶内取食危害，严重时1片叶内有虫10余条，将叶肉食尽仅剩白色透明的表皮，叶片很快焦枯，又转向另一叶背继续潜入危害，1叶常有虫3头以上，幼虫在叶内边吃边向外排粪，排出的粪呈黑褐色丝状弯曲。幼虫4龄，体色由白转黄后即钻出潜道入土结茧化蛹。6月下旬之后严重受害树的椒叶即全部呈火烧状焦枯，使当年的果实难以成熟。

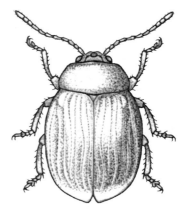

图8-11 花椒潜跳甲

此外，叶甲科其他的重要种类还有：

杨毛臀萤叶甲无毛亚种 *Agelastica alni glabra*（Fischer von Waldheim）：杨毛臀萤叶甲东方亚种 *A. alni orientalis* Baly为本亚种的同物异名。分布于甘肃、青海、陕西、四川、新疆。主要危害杨、柳、榆、苹果、扁桃等。新疆1年1代，以成虫在枯枝落叶下或2~4 cm深土层中越冬。

榆黄毛萤叶甲 *Pyrrhalta maculicollis*（Motschulsky）：分布于东北、华北、西北地区及江苏、浙江、湖北、湖南、江西、广东、广西、福建。主要危害榆树；辽宁1年2代，以成虫在屋檐、墙缝、石块及枯枝落叶层等处越冬。

黄缘樟萤叶甲 *Atysa marginata*（Gressitt et Kimoto）：分布于甘肃、浙江、福建、广东、湖北、四川、贵州。危害樟；福建1年2代，以老熟幼虫在土内越冬。

桤木叶甲 *Plagiosterna adamsi*（Baly）：分布于四川、安徽、云南、浙江、广东、贵州。危害桤木和水冬瓜。1年3代，以成虫于7月起潜藏越夏并越冬。

云南松叶甲 *Cleoporus variabilis*（Baly）：又名李肖叶甲。分布于黑龙江、辽宁、河北、北京、山西、陕西、山东、江苏、上海、浙江、江西、湖南、福建、台湾、广东、广西、四川、云南、贵州、海南。危害云南松、马尾松、华山松、栎类、桤木、马桑、胡枝子、桉、桃、李、梨等；四川1年1代，以卵在土壤中越冬。

柳圆叶甲 *Pl. versicolora*（Laicharting）：又名柳蓝叶甲。国内分布广泛。危害柳属、榛属植物。1年发生世代差异很大，内蒙古1年3代，宁夏3~4代，北京6代，安徽8~9代，以成虫于枯落物、杂草及土壤中越冬。

柽柳条叶甲 *Diorhabda carinulata*（Desbrochers）：分布于内蒙古、宁夏、甘肃、新疆。危害柽柳。1年2~3代，以成虫在枯枝落叶层下或以蛹在10~40 cm深的土中越冬。

核桃扁叶甲 *Gastrolina depressa* Baly：分布于陕西、甘肃、山东、河南、浙江、江苏、湖北、湖南、安徽、福建、广东、广西、四川、贵州。危害核桃、枫杨和胡桃楸。山东泰安1年2~3代，世代重叠，以成虫在土壤中越冬。

黑胸扁叶甲 *Gastrolina thoracica* Baly：分布于东北地区及河北、甘肃、湖北、湖南。危害核桃和胡桃楸。东北地区1年1代，以成虫在枯落物及干基粗糙的树皮裂缝内越冬。

黄色凹缘跳甲 *Podontia lutea* (Olivier)：又名漆树叶甲。分布于陕西、浙江、江西、湖南、湖北、福建、台湾、广东、广西、四川、云南、贵州。危害漆树、野漆树、黄连木。湖北、云南1年1代，以成虫越冬。

铜色潜跳甲 *Podagricomela cuprea* Wang：分布于甘肃、陕西、江苏、四川等地。危害花椒。1年1代，以成虫在花椒冠下及其附近5 cm深土层中越冬。

叶甲类的防治方法

①对检疫害虫加强检疫。

②成虫危害盛期震落捕杀。

③保护利用天敌，如益蝽、猎蝽、大腿小蜂、蜘蛛、胡蜂、螳螂、蠼螋、蚂蚁等；可释放蜀蝽防治榆紫叶甲。

④根据树龄，于根基距树干70~100 cm处，挖25 cm宽环形沟，埋3%呋喃丹50~150 g，浇透水覆土，杀虫效果很好。

⑤危害活动期，尤其是成虫初上树期，喷洒80%敌敌畏乳油、90%敌百虫晶体1000~2000倍液、2.5%溴氰菊酯乳油8000~10 000倍液、40%氧化乐果乳油2000倍液、50%马拉硫磷乳油或25%亚胺硫磷乳油800倍液。

⑥对一些以幼虫或蛹在土中越冬的种类，越冬期间进行土壤翻耕、松土，并可同时施用1%对硫磷粉剂拌土混合，杀灭越冬幼虫和蛹。成虫出土上树前将杀虫胶在树干距地面1 m左右处涂2 cm宽的闭合毒胶环，也可用溴氰菊酯毒笔（拟除虫菊酯：防雨剂：水：石膏粉：滑石粉=1:2:42:40:5）、毒绳等涂扎树干基部，以毒杀爬经毒环、毒绳的幼虫和成虫。在树干胸高处刮15~20 cm宽环形带，以见黄白韧皮为度，涂40%氧化乐果乳油1:1水剂；或于胸高处每隔5 cm纵割一刀，深入形成层，总长度20~30 cm，伤口涂上述药剂，前者防治效果达95%以上，后者达85%以上。但后者操作较易，对树体损伤小。

8.4 象甲类

枣飞象 *Pachyrhinus yasumatsui* (Kono et Morimoto)（图8-12）
（鞘翅目：象甲科）

枣飞象

分布于辽宁、河北、山西、江苏、山东、河南、陕西。危害枣、桃、苹果、梨、杨、白花泡桐等果树林木的嫩芽、幼叶，严重时可将枣叶吃光，影响正常生长和产量。

形态特征

成虫 体长约4 mm（头管除外），灰白色，雄虫色较深。喙粗，在两复眼间深陷；前胸背中部灰棕色。鞘翅弧形，各有细纵沟10条，沟间有黑色鳞毛，翅面有模糊的褐色晕斑，腹面银灰色。

幼虫 乳白色，老熟时长约 5 mm，略弯曲。

生活史及习性

1 年 1 代，以幼虫在 5~10 cm 深土中越冬。翌年 3 月下旬至 4 月上旬化蛹，4 月中旬至 6 月上旬羽化、交尾、产卵。成虫有假死性，5 月前成虫在无风天暖的中午前后群集上树危害幼芽和幼叶，早晚则多在近地面潜伏；5 月以后成虫喜在早晚活动。雌虫寿命约 43.5 d，雄虫 36.5 d。产卵于枣树嫩芽、叶面、枣股翘皮下或脱落性枝痕裂缝内，每卵块 3~10 粒，单雌产卵量约 100 粒。卵期约 12 d。幼虫孵化后沿树干下树潜入土中取食植物细根，9 月以后下迁至 30 cm 左右深处越冬；翌年春气温回升时，再上迁至 10~20 cm 深处活动，化蛹时在距地面 3~5 cm 深处做土室。

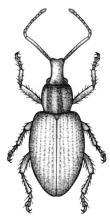

图 8-12　枣飞象

杨潜叶跳象 *Tachyerges empopulifolis* (Chen et Zhang)
（鞘翅目：象甲科）

分布于黑龙江、吉林、辽宁、内蒙古、北京、河北、山东、甘肃、山西等地。危害多种杨树的叶芽和成叶的下表皮及叶肉；危害后易引起树势衰弱，引发杨树溃疡病、杨树黑叶病、天牛等次期病虫害的发生，对树木造成更大的威胁。

形态特征

成虫 体长 2.3~2.7 mm，宽 1.3~1.5 mm，近椭圆形，黑色至黑褐色。喙、触角和足的大部分浅黄褐色；足基节、腿节端部有时为红褐色或黑褐色。前胸被覆黄褐色向内指的尖细卧毛；鞘翅各行间除 1 列褐色长尖卧毛外，还散布短细的淡褐色卧毛；小盾片密被白色鳞毛，眼周围、体腹面和足的毛为浅褐色或白色。

卵 长卵形，乳白色。长 0.6~0.7 mm，宽 0.3~0.4 mm。

幼虫 老熟幼虫体长 3.5~4.0 mm，体宽 1.2~1.5 mm。体扁宽，头小，半圆形，深褐色；前胸较长，色较深，背板 2 节，腹板 3 节，中间 1 节为长方形；无足，腹部 7 节，两侧有泡状突。

蛹 黄色，喙、触角、翅芽和足均分离。

生活史及习性

北京 1 年 1 代，山东 1 年 2 代，以成虫越冬。翌年 3 月下旬越冬成虫开始出蛰上树，危害叶芽、幼叶和成叶的下表皮及叶肉。4 月上旬成虫进入交尾期，4 月中旬成虫开始产卵，孵化期 15 d，幼虫孵化后即开始潜入叶肉危害。4 月下旬幼虫老熟后随叶苞掉落地面，落地后能弹跳至石块下、落叶下、墙脚边等潮湿处，进入预蛹期；5 月上旬进入预蛹期末期，蛹期 10 d。5 月上旬成虫羽化，羽化期 20 d；羽化后继续上树取食叶肉，一直危害到 10 月下旬；9 月下旬成虫开始向树下运动，危害树冠下部叶片。10 月下旬成虫在枯枝落叶、石头下和表土中越冬。

榆跳象 Orchestes alni (L.)（图 8-13）
（鞘翅目：象甲科）

分布于华北地区及吉林、辽宁、江苏、安徽、山东、河南、陕西、宁夏。成虫取食榆树叶片，幼虫潜叶危害、被害部位鼓起变黄，受害严重时全林如同火烧。

形态特征

成虫 体黄褐色，长 3.0~3.5 mm，密被卧毛；头、小盾片、中后胸及腹部第 1~2 腹板黑褐色；触角、前胸和鞘翅黄色，鞘翅中区有 2 条褐色横带。头遍布大瘤突，复眼占头之大部，喙长而下折，触角生于喙基 1/3 处，索节 6 节，棒节卵圆形。前胸两侧和突出的鞘翅肩部有数根直立的长刚毛。前、中足短小，后足腿节粗壮，腹面有刺若干。

幼虫 老熟时体长约 3 mm，乳白色，多皱褶无刚毛，密布细小黑色颗粒。老熟幼虫头部黄褐色，额中纵沟深色。前胸背板黑褐色，中央有 1 条乳白色纵带，腹板有 3 个排成倒三角的黑斑；腹部背中线下凹，背面与侧面的瘤突上生白色刚毛，腹末第 2 节为 1 黑色骨化环。

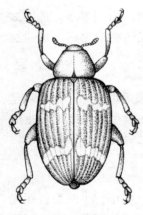

图 8-13 榆跳象

生活史及习性

1 年 1 代，以成虫在粗皮裂缝或伤疤翘皮下及枯枝落叶层、地表松土中越夏和越冬。在陕西关中，3 月中旬出蛰取食榆树嫩皮层、嫩芽和嫩叶，叶面可见 3~4 mm 的椭圆形穿孔；4 月上旬交尾产卵，4 月中旬卵孵化，5 月初幼虫开始在叶面的泡囊内结茧化蛹，5 月下旬至 6 月上旬为成虫羽化盛期，成虫取食 10~30 d 后于 6 月下旬潜伏越夏，秋末越冬。山东比陕西晚 10~20 d，辽宁则晚 17~30 d；江苏北部的发生期约与陕西相同。卵期 6~21 d，幼虫 3 龄，幼虫期 10~21 d，蛹期 6~12 d。

成虫能飞善跳，有假死、多次交尾、多次产卵和不断补充营养的习性。卵多产于叶背主脉上，产卵前用喙在叶脉上蛀 1 小洞，每洞产卵 1 粒，再用分泌物覆盖；单雌产卵量 12~25 粒。幼虫孵化后潜食叶肉，叶面隧道呈轮纹状，充满虫粪；后期被害处的上、下表皮各向外凸起呈焦糊状泡囊。

该虫在林地枯枝落叶多、阴凉、潮湿、郁闭度大的榆树纯林发生重；而在枯枝落叶少、耕翻林地、阳光充足、干燥、郁闭度小的榆树与白蜡树、杨树等混交林内发生轻。冬季低温可导致在树干上越冬的成虫大量死亡。

天敌有蠋蝽、蜘蛛、蚂蚁、柠黄姬小蜂、羽角姬小蜂以及麻雀。

此外，象甲科的其他重要种类还有：

桑象 *Moreobaris deplanata*（Roelofs）：分布于山东、江苏、上海、浙江、安徽、福建、四川、贵州、台湾。危害桑树。浙江、江苏、四川 1 年 1 代，以成虫在桑树修剪后留下的半截枝（枯枝）的蛹室内越冬。

绿鳞象 *Hypomeces pulviger*（Herbst）：又名蓝绿象、大绿象。分布于吉林、甘肃、江苏、浙江、河南、安徽、福建、江西、湖北、湖南、广东、广西、四川、云南、贵州、海南、香港、台湾。危害油茶、栎类、栗、马尾松、桉、茶、柑橘等近百种林木、果树和农作物。浙江1年1代，以成虫及老熟幼虫在土中越冬。

> **象甲类食叶害虫的防治方法**
>
> ①在榆跳象成虫潜伏以前，将剪下的枝叶扎成小捆悬挂在枝间，可以诱集成虫，并集中消灭。
> ②合理采用抚育间伐措施，增加林内通风透光，可减少杨潜叶跳象的发生。
> ③杨潜叶跳象的寄生性天敌有密云金小蜂、皮金小蜂、瑟茅金小蜂、杨跳象三盾茧蜂等，应注意保护和利用。
> ④40%氧化乐果乳油2倍液，于10年生以下幼树涂宽10~15 cm毒环；胸高处按不同方位打洞3个，注入相同浓度的氧化乐果乳油；40%氧化乐果乳油1000倍液、50%辛硫磷800~1000倍液或12%噻虫·高氯氟悬浮剂1000倍液喷雾防治幼虫；用25 g/L高效氯氰菊酯乳油1000倍液处理土壤，对防治杨潜叶跳象的成虫和蛹有很好的效果。

8.5 蛾类

8.5.1 袋蛾类

隶属蓑蛾科。食性杂、分布面广，一些种类能给林木造成严重的灾害。幼虫终生负袋，防治困难，易随寄主植物传播。

大袋蛾 *Eumeta variegata* (Snellen)（图8-14）

（鳞翅目：蓑蛾科）

大袋蛾

又名大蓑蛾、大避债蛾。分布于北京、山东、陕西、河南、湖北、湖南、江苏、浙江、福建、台湾、广东、广西、四川、云南等地；越南、印度、尼泊尔、日本、斯里兰卡、马来西亚、菲律宾、印度尼西亚、巴布亚新几内亚、所罗门群岛、澳大利亚。危害泡桐、悬铃木、杨、柳、榆、刺槐、核桃、苹果、梨、桃、柑橘、池杉、落羽杉、水杉。常将树叶食光而影响林木生长和绿化环境，是常见的食叶害虫。

形态特征

成虫　雄蛾体长15~20 mm，翅展35~44 mm。体黑褐色。前翅2A和1A脉在端部1/3处合并，2A脉在后缘有数条分枝；在R_4与R_5间基半部，R_5与M_1间外缘、M_2与M_3间各有1透明斑，R_3与R_4、M_2与M_3共柄；后翅M_2与M_3共柄；前、后翅均为红褐色，中室内中脉叉状分枝明显。雌蛾体肥大，淡黄色或乳白色，蛆状；头部较小，淡赤褐色；胸部中央有1褐色隆脊；第7腹节后缘有黄色的短毛带，第8腹节以下急剧收缩；外生殖器发达；足、触角、口器、复眼均严重退化。

卵　椭圆形，长0.8 mm，宽0.5 mm，黄色。

幼虫　3龄后可区别雌雄。雌虫老熟时体长32~37 mm，头赤褐色，头顶有环状斑，

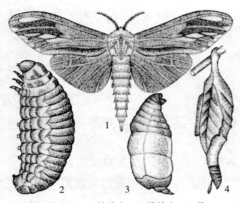

1. 雄成虫；2. 雄幼虫；3. 雌幼虫；4. 袋

图 8-14　大袋蛾

胸部背板骨化强，亚背线、气门上线附近具大型赤褐色斑，有深褐色、淡黄色相间的斑纹。胸部背面黑褐色，各节表面有皱纹。雄性幼虫体较小，黄褐色，蜕裂线及额缝白色。

蛹　雌蛹头、胸的附器均消失，枣红色。雄蛹为正常的被蛹，赤褐色，第 3~8 腹节背板前缘各具 1 横列刺突，腹末有臀棘 1 对，小而弯曲。

袋囊　老熟幼虫袋囊长 40~70 mm，丝质坚实，囊外附有较大的碎叶片，也有少数排列零散的枝梗。

生活史及习性

华南 1 年 2 代，以老熟幼虫在袋囊内越冬。湖南 1 年 1 代，3 月下旬化蛹；4 月上、中旬成虫羽化、交尾、产卵；5 月底至 6 月初出现幼虫危害，幼虫期 240~260 d，耐饥能力强，大龄虫可断食长达半月不死。雌虫羽化后将头、胸伸出囊外分泌性信息素；雄虫活跃，飞趋雌虫并绕袋囊飞行数周后停息囊外，雌虫探知其接近后部缩入虫体，雄虫将腹部伸入囊内交尾。卵产于囊内，3000~6000 粒，最多达 10 000 粒，雌虫在幼虫将孵化时才死亡。幼虫孵出 2 d 后方出囊，不久即咬叶屑等吐丝缀织成护囊，袋囊终身背负，随虫龄增加而扩大体积；幼虫吐丝随风飘散群集危害，啃食嫩枝、叶肉，后食全叶；虫体小时袋竖立，后转为下坠，遇惊扰时虫体缩入囊口紧扣枝、干等。暴食期在 7~9 月。

初孵幼虫营造囊袋期间，如遇中到大雨，将使幼虫大量死亡；若危害期长期有雨，幼虫易染病死亡。据南京观察，干旱年份最易猖獗成灾；6~8 月总降水量 300 mm 以下，将大发生；500 mm 以上则不易成灾。幼虫喜阳光，树冠、疏林、林缘发生多。

天敌主要有瓢虫、蚂蚁、蜘蛛、鸟、病毒、真菌及少数寄生蜂。越冬期间，鸟啄开囊袋取食幼虫，能使袋蛾囊空瘪率提高 20% 左右。

茶袋蛾 *Eumeta minuscula* Butler（图 8-15）

（鳞翅目：蓑蛾科）

茶袋蛾

又名小窠蓑蛾。分布于福建、陕西、河南、江苏、安徽、湖北、浙江、江西、湖南、台湾、广东、广西、四川、云南、贵州、海南等地；日本、印度、马来西亚、泰国。危害茶、悬铃木、木麻黄、柏木、马尾松、槭类、核桃、蔷薇科果树等 70 余种植物。

形态特征

成虫　雄虫体长 10~15 mm，翅展 23~26 mm。体、翅褐色，胸部有 2 条白色纵纹。前翅 M_3 至 Cu_1 间较透明，翅脉两侧色深，A 脉与后缘间无横脉。后翅 $Sc+R_1$ 与 R_5 在中室末端并接。雌虫体长 15~20 mm，黄白色。胸部有显著的黄褐色斑。

卵　椭圆形，米黄色或黄色，长约 0.8 mm。

幼虫　老熟幼虫体长 16~18 mm，头黄褐色，散布黑褐色网状斑，排列成纵带，腹部肉红色，各腹节有 2 对黑点状突起，呈"八"字形排列。

蛹 雌蛹纺锤形，长约 20 mm，头小。腹部第 3 节背面后缘，第 4、5 节前后缘，第 6~8 节前缘各有小刺 1 列，第 8 节小刺较大而明显。

袋囊 长 25~30 mm，囊外附有较多的小枝梗，平行排列。

生活史及习性

浙江、贵州 1 年 1 代，福建、安徽、江苏、湖南 1~2 代，江西 2 代，广西、台湾 3 代。1 代区以老熟幼虫越冬，4 月下旬化蛹，5 月中旬羽化、产卵，6 月上旬幼虫开始危害，6 月下旬至 7 月上旬危害最烈，至 10 月中下

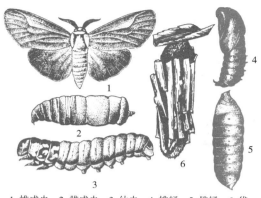

1. 雄成虫；2. 雌成虫；3. 幼虫；4. 雄蛹；5. 雌蛹；6. 袋

图 8-15 茶袋蛾

旬幼虫老熟越冬。2 代区以 3~4 龄幼虫越冬，2 月气温达 10 ℃ 左右开始活动，5 月上旬化蛹，5 月中旬羽化产卵，6 月上旬第 1 代幼虫危害，6 月下旬至 7 月上旬为 1 年内幼虫危害第 1 次高峰。8 月下旬第 2 代幼虫孵出，9 月中、下旬出现第 2 次高峰，取食至 11 月下旬越冬。3 代区也以老熟幼虫越冬，3 月上旬成虫大量羽化，3 月中旬为产卵盛期。第 1 代卵 3 月下旬开始孵化，4 月中旬为盛期。第 2 代卵孵化盛期在 6 月下旬，7~8 月出现第 2 代危害高峰。8 月下旬为蛹盛期，9 月上旬是羽化、产卵盛期。第 3 代幼虫于 9 月上旬大量孵化，危害至 11 月中、下旬老熟越冬。

此外，蓑蛾科重要种类还有：

蜡彩袋蛾 *Acanthoecia larminati* (Heylaerts)：分布于福建、江苏、安徽、湖北、浙江、江西、湖南、台湾、广东、广西、四川、云南、海南、贵州等地。危害油桐、茶、侧柏、桉、桑等 50 余种树木。福建 1 年 1 代，以幼虫越冬。

白囊袋蛾 *Chalioides kondonis* Kondo：分布于淮河以南各地。危害茶、油茶、油桐、侧柏等 70 余种树木。广西 1 年 1 代，以老熟幼虫越冬。

8.5.2 潜蛾类

杨白潜蛾 *Leucoptera sinuella* (Reutti)（图 8-16）
（鳞翅目：潜蛾科）

杨白潜蛾

分布于黑龙江、吉林、辽宁、内蒙古、北京、河北、山东、河南；日本、俄罗斯及西欧一些国家。危害毛白杨、杂交杨、唐柳等。以幼虫在叶肉内潜食，大发生时虫斑相连，成片林木叶片枯焦。

形态特征

成虫 体长 3~4 mm，翅展 8~9 mm。体腹面及足银白色。头顶有 1 丛竖立的银白色毛；复眼黑色，触角银白色，其基部形成大的"眼罩"；唇须短。前翅银白色，近端部有 4 条褐色纹，第 1 至 2 条、第 3 至 4 条之间呈淡黄色，第 2 至 3 条之间为银白色，臀角上有一黑色斑纹，斑纹中间有银色凸起，缘毛前半部褐色，后半部银白色；后翅披针形，银白

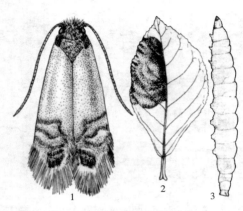

1. 成虫；2. 危害状；3. 幼虫

图 8-16　杨白潜蛾

色，缘毛极长。腹部腹面可见 6 节，雄虫第 9 节背板明显，易与雌虫区别。

幼虫　老熟幼虫体长 6.5 mm，体扁平，黄白色。头部及臀部每节侧方生有长毛 3 根。前胸背板乳白色。体节明显，腹部第 3 节最大，后方各节逐渐缩小。

生活史及习性

河北、山西 1 年 4 代，辽宁 1 年 3 代，新疆 1 年 3~4 代，均以蛹在"H"形白色薄茧内、树干皮缝和落叶等处越冬，河北 4 月中旬成虫开始羽化，5 月下旬第 1 代羽化；7 月上旬为第 2 代成虫；8 月上旬为第 3 代；9 月中旬可以出现第 4 代成虫，并产卵孵化幼虫，但均因寒冷而不能越冬。山西各虫期出现期较上述约推迟 1 个月。成虫有趋光性，产卵于叶面主、侧脉两边，数粒成行。幼虫孵出后从卵底咬孔潜蛀叶内蛀食叶肉，常有多头幼虫同时蛀食，蛀道扩大连成一片，叶面呈现大的黑斑块。老熟幼虫在叶背结茧，但越冬茧多在树干缝隙、疤痕等处，少数在叶片上；树干光滑的幼树树干则很少被结茧。

杨银叶潜蛾 *Phyllocnistis saligna* (Zeller)（图 8-17）

（鳞翅目：细蛾科）

分布于东北、华北地区及山东、河南、甘肃、新疆等地；日本、俄罗斯、欧洲。危害多种杨树，苗木及幼树受害重，危害严重时几乎好叶全无，生长受损很大。

形态特征

成虫　体长 3.5 mm，翅展 6~8 mm。体纤细，银白色，复眼黑色。触角着生于复眼内侧上方，梗节大而宽，密被银白色鳞片，其他各节暗色；下唇须 3 节。前翅中央有 2 褐色纵纹，其间金黄色，上纵纹外方有 1 出于前缘的短纹，下纵纹末端有 1 向前弯曲的褐色弧形纹；顶角的内方有 2 斜纹；外缘有 1 三角形的黑色斑纹，其下方有 1 向后缘弯曲的斜纹，其内方呈现金黄色。后翅窄长，先端尖细，灰白色。前、后翅缘毛细长。腹部腹面可见 6 节。雌蛾腹部肥大，雄蛾尖细。

幼虫　浅黄色，扁平而光滑，足退化。体节明显，以中胸及腹部第 3 节最大。头小，口器褐色，触角 3 节，2 单眼微小褐色。腹部第 8、9 节侧方各生 1 突起，末端分二叉。老熟幼虫体长 6 mm。

生活史及习性

新疆、辽宁 1 年 4 代，以成虫在地表缝隙及枯枝落叶中或以蛹在被害叶上越冬。成虫于

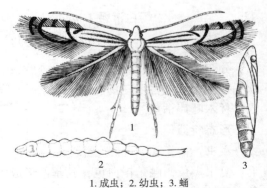

1. 成虫；2. 幼虫；3. 蛹

图 8-17　杨银叶潜蛾

翌年春回暖后开始活动，白天多潜藏于近地面叶背或枯落物中，17:00~20:00 飞翔于苗木间寻找适合场所进行交尾、产卵，卵多单产于嫩梢或嫩叶柄两侧。幼虫孵出后自卵底潜入叶内蛀食叶肉，潜痕不规则、长而弯曲，叶面呈银灰色；老熟后在潜道末端形成褶皱，在其中化蛹。山西以蛹越冬时为 3 代，各代成虫出现期为 4 月下旬至 5 月上旬、6 月中旬至 7 月上旬、7 月下旬至 9 月下旬。

8.5.3 巢蛾类

稠李巢蛾 *Yponomeuta evonymella* (L.)（图 8-18）

（鳞翅目：巢蛾科）

稠李巢蛾

分布于东北、华北地区及西藏；日本、朝鲜、蒙古，欧洲。危害稠李、花楸、夜合花、酸樱桃等。常在次生林缘、城市绿化林内严重发生，可把树叶全部吃光，拉网成大丝巢。

形态特征

成虫　体长 7.6 mm，翅展 11.4 mm。头部、触角、下唇须白色，胸部背面有 4 黑点，前翅白色，共有 45~50 黑点；除翅端区约有 12 黑点外，其余大致分 5 行排列；外缘缘毛白色；后翅灰褐色，翅间缘毛灰白色，其他部分灰褐色。雄性外生殖器的抱器瓣长为宽的 2.3 倍，阳茎长约为囊形突长的 3.5 倍。

幼虫　老熟幼虫体长 15.7 mm，淡绿色。停食后进入预蛹的幼虫体色呈淡黄或黄绿色。头部单眼Ⅲ、Ⅳ和Ⅴ排列成一列，三者间距大致相等，Ⅰ和Ⅱ接近，单眼 6 枚，都不十分圆，大致为卵圆或亚卵圆形。上颚明显分 4 齿，第 1、2 齿尖，第 3、4 齿钝。

图 8-18　稠李巢蛾

生活史及习性

黑龙江伊春 1 年 1 代，以 1 龄幼虫在卵壳内越冬。越冬幼虫于 5 月中旬至下旬寄主发芽时开始出壳活动危害，初危害时，群集嫩叶取食叶肉，留下表皮，叶片卷缩干枯，幼虫在内吐丝做巢栖息，随着寄主植物的生长及幼虫的增大，丝巢逐渐扩大，将全枝、甚至全树冠用丝巢笼罩，把巢内的叶食光，只留下枝干，此时看来好似笼罩一层尼龙纱。幼虫于 6 月下旬老熟，集中结茧化蛹，蛹质厚不透明。7 月上旬成虫羽化。成虫羽化出壳后翅约需 20 min 才能完全伸展，再经过约 60 min 才能硬化。成虫不活泼，有趋光性。

8.5.4 鞘蛾类

兴安落叶松鞘蛾 *Coleophora obducta* (Meyrick)（图 8-19）

（鳞翅目：鞘蛾科）

兴安落叶松鞘蛾

分布于东北地区及河北、内蒙古、河南；朝鲜、日本及俄罗斯远东地区。危害落叶松。

形态特征

成虫　触角 26~28 节，雌虫常少 1 节。翅展 8.5~11.0 mm，灰白色。前翅顶角域色稍

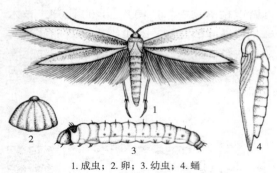

1. 成虫；2. 卵；3. 幼虫；4. 蛹

图 8-19　兴安落叶松鞘蛾

浅，后翅色稍深，腹末端具浅色鳞片丛。雌虫色浅，前翅超过腹端部分短，腹部较粗大。雄蛾外生殖器小瓣宽大，端缘倾斜，下角明显；小瓣中域丘突上绒毛稀少，抱器腹轻度弯曲，并向末端渐窄。

卵　半球形，黄色，表面有棱起 11~13 条。

幼虫　老熟幼虫黄褐色；前胸盾黑褐色，闪亮光，具"田"字形纹。

蛹　黑褐色，长约 3 mm。雄蛹前翅明显超过腹端，雌蛹前翅一般不超过腹端。

生活史及习性

1 年 1 代。多以 3 龄、少数以 2 龄幼虫在短枝、小枝基部、树枝粗糙及开裂等处越冬。翌年春 4 月下旬落叶松萌芽时越冬幼虫苏醒，蜕皮后开始取食，出蛰盛期为 5 月上旬。第 4 龄幼虫期 12~17 d，约于 5 月上旬至下旬化蛹、5 月中旬为盛期，蛹期 16~19 d。成虫早、晚羽化，6 月上旬为盛期，雌雄比约 1∶1。成虫寿命 3~7 d。6 月中旬为产卵盛期，卵散产于针叶背，每叶多具 1 卵、最多 9 粒，单雌产卵量约 30 粒，卵期约 15 d；6 月下旬开始孵化，7 月上旬为孵化盛期。孵化的幼虫从卵底中央直接钻入叶内潜食，直至 9 月下旬、10 月上旬第 3 龄幼虫（少数为 2 龄幼虫）开始制鞘为止。负鞘幼虫爬行蛀食针叶，当叶枯黄、凋落而气温约降至 0 ℃时寻找适宜场所越冬。

4 龄后有明显的向光习性，食量剧增，虫体外的越冬旧筒鞘在虫体增大时以各种方式扩大，每幼虫可食新叶 39.7~48.5 枚；早春遭鞘蛾危害的落叶松林，最初一片灰白，继而呈枯黄色。树冠上越冬的幼虫以中、下层多于上层，当年生枝虫口少于先年生枝；8~150 年生的落叶松均有鞘蛾发生，其中以 15~35 年生的受害重；人工纯林受害重于原始林及混交林；林缘、林间空地及郁闭度较小的林分受害严重。春季大风能使 1/4 以上的 4 龄幼虫落地而死，但部分掉落的老熟幼虫能在灌木或地被物上化蛹甚至羽化；早霜和晚霜能迫使幼虫吐丝下垂向外扩散或因饥饿而死。

捕食性天敌有鸟类、蜘蛛、蚂蚁，寄生性天敌主要是寄生蜂。

8.5.5　卷蛾类

枣镰翅小卷蛾 *Ancylis sativa* Liu（图 8-20）

（鳞翅目：卷蛾科）

枣镰翅小卷蛾

又名枣黏虫。分布于河北、山西、山东、河南、湖北、陕西。危害枣和酸枣。常使大片枣林一片枯黄；轻者减产 40%，严重时减产 80%~90%。

形态特征

成虫　体长 6~7 mm，翅展约 14 mm。体灰褐黄色。触角褐黄色，复眼暗绿色。下唇须下垂，第 2 节鳞毛长大，第 3 节小，部分隐藏在第 2 节鳞毛中。前翅褐黄色，前缘有黑白相间的钩状纹 10 余条，在前数条纹的下方，有斜向翅顶角的银色线 3 条；翅中央有黑褐色纵纹 3 条，其他斑纹不明显。

卵　扁圆形或椭圆形，长 0.6 mm，初产时乳白色，渐变黄色至紫红色，近孵化时灰黄色。

幼虫　初孵幼虫头黑褐色，腹部黄白色，取食后变为绿色。老熟幼虫体长 15 mm，头淡黄褐色，胸、腹部黄白色，前胸背板和臀板均为褐色，体疏生黄白色短毛。

蛹　纺锤形，长约 7 mm。刚化蛹时绿色，后渐变为黄褐色，近羽化时黑褐色。每腹节背面有 2 列锯齿状刺突伸达气门线。尾端有 5 个较大刺突和 12 根钩状长毛。越冬茧薄、灰白色。

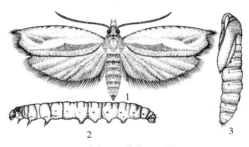

1. 成虫；2. 幼虫；3. 蛹

图 8-20　枣镰翅小卷蛾

生活史及习性

河南、山东 1 年 4 代，山西晋中 1 年 3 代，均以蛹越冬。世代重叠。在河南，成虫于 3 月中、下旬羽化、产卵；4 月中旬第 1 代幼虫出现；5 月中旬开始化蛹；5 月下旬至 6 月上旬羽化并交尾、产卵。以后各代成虫期分别为：5 月下旬至 6 月上旬、7 月中旬、8 月下旬至 9 月下旬，之后幼虫相继老熟化蛹越冬。

成虫白天羽化，栖息枣叶间不动，夜间交尾产卵，趋光性较强。越冬代卵产于光滑的枣枝上，其余各代产在叶片上，多散产，以第 1 代产卵量最多，单雌产卵量约 200 粒。各代幼虫均吐丝连缀枣花、叶及枣吊，隐藏危害，受惊动即迅速逃出吐丝下坠。第 1 代幼虫主要啃食未展开的嫩芽，致被害芽枯死而再次萌芽，展叶后卷叶成筒状而在卷内食叶肉；第 2 代幼虫连缀枣花或叶，啃食叶肉；第 3、4 代幼虫除啃食叶肉外，还常将 1~2 叶片粘连在枣上，在其中危害果皮及果肉而造成落果。1~3 代幼虫结白色茧化蛹，越冬蛹多在主干老树皮下，其次为主枝皮下。此虫的大发生与年降水量大、5~7 月阴雨连绵、空气湿热等关系密切。

松针小卷蛾 Epinotia rubiginosana（Herrich-Schäffer）（图 8-21）

（鳞翅目：卷蛾科）

松针小卷蛾

分布于北京、天津、河北、河南、江西、陕西、甘肃；日本、俄罗斯，欧洲。危害油松。

形态特征

成虫　体长 5~6 mm，翅展 15~20 mm。全体灰褐色。前翅灰褐色，有深褐色基斑、中横带和端纹，但界限不明显，臀角处有 6 条黑色短纹，前缘白色钩状纹清楚。后翅淡褐色。雄蛾前翅无前缘褶。

卵　初产时白色，近孵化时灰白色。长椭圆形，长约 1 mm。有光泽，半透明，表面有刻纹。

幼虫　老熟幼虫体长 8~10 mm，黄绿色。头部淡褐色，前胸背板暗褐色，臀板黄褐色。

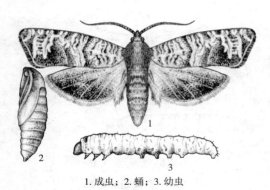

图 8-21　松针小卷蛾
1. 成虫；2. 蛹；3. 幼虫

蛹　长 5~6 mm，浅褐色，羽化前为深褐色。第 2~7 腹节前后缘各有 1 列小刺，腹部末端有数根细毛。茧长 7~8 mm，土灰色，长椭圆形，由幼虫缀土粒、杂草和枯叶而成。

生活史及习性

北京、河南 1 年 1 代，以老熟幼虫于地面结茧越冬。翌年 3 月底至 4 月初化蛹，3 月下旬开始羽化，4 月中旬达盛期。成虫在傍晚前后最活跃，常成群围绕树冠飞舞，夜间多集中在松针上栖息；趋光性不强；喜在 15~25 年生幼树、林缘或稀疏的林木上产卵，多单粒散产于针叶上，每雌产卵约 50 粒。初孵幼虫多选择 2 年生老针叶危害，多从针叶近顶端蛀入，可将叶肉食尽，使针叶中空枯黄；蛀空针叶后咬孔外出，将 6~7 束针叶缀连在一起，在针丛内蛀食，使被害叶枯黄脱落。晚秋至早春，被害树呈现一片枯黄。老熟幼虫吐丝下垂，至地面缀枯落物结茧越冬。树冠下有浮土、碎叶处越冬幼虫最多。

落叶松小卷蛾 *Ptycholomoides aeriferana* (Herrich-Schäffer)（图 8-22）
（鳞翅目：卷蛾科）

落叶松小卷蛾

分布于东北地区；朝鲜、韩国、日本及俄罗斯西伯利亚地区，欧洲。主要危害落叶松，也危害尖叶槭及桦木。严重危害时能将针叶食尽，全林一片枯黄，被害后翌年发叶晚，叶色浅，枝条脆弱易断。幼树连年受害后干枯死亡。

形态特征

成虫　翅展 19~23 mm。头部灰褐色，密布褐色鳞片。下唇须前伸，第 2 节末端不显著膨大，末节稍向上举。前翅有 4 条斑纹，由基部向外，第 1 条褐色至黑褐色，上有银白色横纹及黑褐色小斑；第 2 条杏黄色，较宽，杂有黑色鳞片；第 3 条为黑褐色宽带，即中带，两翅合拢时呈明显的倒"八"字形；第 4 条在最外方，杏黄色，形成 1 杏黄色三角区。外缘灰褐色至黑褐色，缘毛灰黑色。后翅棕褐色，无斑纹。腹部背面灰褐色，末端有杏黄色毛丛。

幼虫　老熟幼虫体长 10~18 mm。头部淡黄褐色，有褐色斑纹。前胸背板有明显褐色斑 2 对。亚背线深绿或浅绿色。

生活史及习性

1 年 1 代，以初孵幼虫在树皮缝隙、芽苞内或枯落物下越冬。翌年 4 月中、下旬蛀入树冠下部的芽苞中，吐丝缀 2~3 片嫩叶危害叶心基部；2 龄幼虫每日可食叶 18~32 片，3 龄后树冠下部针叶食尽后转移至中部危害；幼虫遇惊扰进、退爬行或吐丝下坠逃避；5 月下旬老熟，在叶丛、树皮缝隙或枯落物下化蛹。6 月下旬成虫大量羽化，产卵于叶面，多呈单行或双行排列，

图 8-22　落叶松小卷蛾

一般 2~6 粒，最多可达 15 粒。亦有呈堆状或块状。初孵幼虫不取食即寻找场所越冬。郁闭度大的纯林受害重，前一年雨雪少、较干旱，则翌年将可能猖獗成灾。

8.5.6 刺蛾类

黄刺蛾 *Monema flavescens* Walker（图 8-23）
（鳞翅目：刺蛾科）

俗称洋辣子。分布于除贵州、西藏、宁夏、新疆外的全国各地；日本、朝鲜、韩国及俄罗斯西伯利亚地区。危害数十种林木及果树，尤喜取食枫杨、核桃、苹果、石榴，是林木、果树的重要害虫。

形态特征

成虫　体长 13~17 mm，翅展 30~39 mm。体橙黄色。前翅黄褐色，自顶角向后缘基部与端部斜伸 2 条红褐色细线；内侧 1 条止于后缘近基部 1/3 处，此线内侧为黄色；外侧为褐色，外侧 1 条止于近臀角处。翅的黄色部分有 2 深褐色斑，以雌虫尤为明显。后翅灰黄色，外缘色较深。

卵　扁椭圆形，一端略尖，长 1.4~1.5 mm，宽 0.9 mm，淡黄色，具龟状刻纹。

幼虫　老熟幼虫体长 19~25 mm，粗壮。头黄褐色，隐藏于前胸下。胸部黄绿色。体自第 2 节起各节背线两侧有 1 对枝刺，以第 3、4、10 节的为大，枝刺上长有黑色刺毛；体背有紫褐色大斑纹，其前后宽大而中部狭细呈哑铃形，末节背面有 4 个褐色小斑；体两侧各有 9 个枝刺，体侧中部有 2 条蓝色纵纹。气门上线淡青色，气门下线淡黄色。

蛹　椭圆形，长 13~15 mm，淡黄褐色。头、胸部背面黄色，腹部各节背板褐色。茧椭圆形，质坚硬，黑褐色，有灰白色不规则纵条纹，极似雀卵。

生活史及习性

辽宁、陕西 1 年 1 代，北京、安徽、四川 1 年 2 代，均以老熟幼虫在树干和枝杈处结茧越冬。陕西越冬幼虫于翌年 5 月下旬化蛹，6 月中旬至 7 月上旬羽化、产卵，幼虫 7 月上、中旬孵化，9 月下旬越冬。安徽淮南 1 年 2 代，翌年 5 月中、下旬化蛹，5 月中下旬开始羽化产卵；第 1 代幼虫在 6 月上、中旬发生，7 月中、下旬羽化第 1 代成虫；第 2 代幼虫在 8 月上旬发生，9 月上、中旬开始结茧越冬。成虫有趋光性，昼伏叶背，夜间活动、交配产卵。卵散产于叶背面，每叶产 2~4 粒。初孵幼虫先食卵壳，后取食叶片表皮和叶肉，形成圆形透明小斑，稍大则把叶片咬成不规则的缺刻，严重时仅留有中柄和主脉。

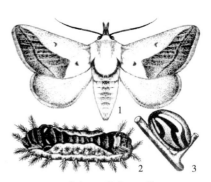

1. 成虫；2. 幼虫；3. 茧

图 8-23　黄刺蛾

天敌有上海青蜂、刺蛾广肩小蜂、姬蜂、螳螂、核型多角体病毒。

褐边绿刺蛾 *Parasa consocia* Walker（图 8-24）
（鳞翅目：刺蛾科）

又称黄缘绿刺蛾、青刺蛾、绿刺蛾。分布于黑龙江、吉林、辽宁、内蒙古、北京、天津、河北、山西、陕西、江苏、浙江、安徽、江西、山东、河南、湖北、福建、台湾、湖南、广东、广西；日本、朝鲜、俄罗斯。取食悬铃木、枫杨、柳、榆、槐树、油桐、苹果、桃、李、梨等50余种林木和果树。发生普遍，危害严重。

形态特征

成虫 翅展20~43 mm。头和胸背绿色，胸背中央有1红褐色纵线。雌蛾触角丝状，雄蛾触角近基部十几节为单栉齿状，均为褐色。前翅绿色，基角有略呈放射状的褐色斑纹；外缘有1条浅黄色宽带，带内有红褐色雾点；带的内缘和带内翅脉红褐色。后翅及腹部浅黄色。

卵 扁椭圆形，长1.2~1.3 mm，浅黄绿色。

幼虫 老熟幼虫体长24~27 mm，头红褐色，前胸背板黑色，体翠绿色，背线黄绿至浅蓝色。中胸及腹部第8节各有1对蓝黑色斑。后胸至第7腹节，每节有2对蓝黑色斑；亚背线带红棕色；中胸至第9腹节，每节着生棕色枝刺1对，刺毛黄棕色，并夹杂几根黑色毛。体侧翠绿色，间有深绿色波状条纹。自后胸至腹部第9节侧腹面均具刺突1对，上着生黄棕色刺毛。腹部第8、9节各着生黑色绒球状毛丛1对。

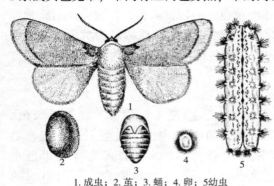

1.成虫；2.茧；3.蛹；4.卵；5幼虫

图 8-24 褐边绿刺蛾

蛹 卵圆形，长14~17 mm，棕褐色。茧近圆筒形，长14.5~16.5 mm，红褐色。

生活史及习性

1年1~3代，因分布区而异；东北地区1年1代，南方地区1年2~3代，均以老熟幼虫结茧越冬。东北地区6月化蛹，7、8月成虫羽化产卵，幼虫相继孵化危害，8月下旬至9月下旬相继老熟下树结茧越冬。河南、贵州均1年2代。在贵州，4月化蛹，5~7月见越冬代成虫，6月初至7月末第1代幼虫危害，8~9月出现成虫；9~10月第2代幼虫危害，11月老熟结茧越冬。成虫有趋光性，成块产卵于叶背主脉附近，呈鱼鳞状排列，卵期5~7 d。1龄幼虫不取食，以后剥食叶肉并食皮蜕；3~4龄食穿叶表皮；6龄后危害最烈，幼虫期约30 d。3龄前具群集性，老熟后结茧于树下草丛、疏松土层中化蛹，蛹期5~46 d。成虫寿命3~8 d。

纵带球须刺蛾 *Scopelodes contracta* Walker（图 8-25）
（鳞翅目：刺蛾科）

分布于北京、河北、陕西、甘肃、江苏、浙江、江西、河南、湖北、湖南、广东、广西、海南、台湾；日本、印度、不丹。危害柿、栗、油桐、大叶紫薇、三球悬铃木、枫香树、八宝树等。危害严重时能食尽全株叶片。

形态特征

成虫 雌蛾翅展 43~45 mm，触角丝状；雄蛾翅展 30~33 mm，触角栉齿状。下唇须端部毛簇褐色，末端黑色。头和胸背面暗灰，腹部橙黄，末端黑褐，背面每节有 1 黑褐色纵纹。雄蛾前翅暗褐到黑褐，雌蛾褐色，翅的内缘、外缘有银灰色缘毛。雄蛾前翅中央有 1 条黑色纵纹，从中室中部伸至近翅尖，雌蛾此纹则不明显。后翅除外缘有银灰色缘毛外，其余为灰黑色；雄蛾后翅灰色。

卵 椭圆形，长 1.1 mm，宽 0.9 mm，鱼鳞状排列成块。

幼虫 幼虫的特征和大小随寄主和世代的不同而略有差异。幼龄幼虫体色淡黄，亚背线上有 11 对刺突，体侧气门下线上有 9 对刺突，各刺突上生有刺毛。老熟幼虫体长 20~30 mm。体上出现许多黑斑，使体色变暗，各刺突上的刺更黑。体背出现 9 对淡褐斑，分别在第 1~10 对刺突之间；体背中央还有 6 个绿点，在第 3~8 对刺突之间。

蛹 长 8~13 mm，长椭圆形，黄褐色。茧卵圆形，长 10~15 mm，灰黄至深褐色。

生活史及习性

广州 1 年 3 代，但由于第 1、2 代有极少数幼虫老熟结茧后滞育，当年不羽化，致出现极少数 1 年 1 代或 2 代现象。第 1 代卵期为 3 月下旬至 4 月下旬，幼虫期 4 月上旬至 6 月上旬，蛹期 5 月中旬至 6 月下旬，成虫期 6 月上旬至 7 月上旬。第 2 代卵期为 6 月上旬至 7 月上旬，幼虫期 6 月中旬

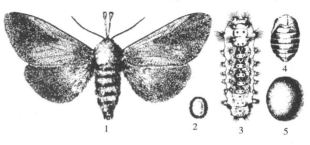

1. 成虫；2. 卵；3. 幼虫；4. 蛹；5. 茧

图 8-25 纵带球须刺蛾

至 7 月下旬，蛹期 7 月中旬至 8 月中旬，成虫期 8 月上旬至下旬。第 3 代卵期为 8 月，幼虫期 8 月中旬至次年 2 月，成虫期 9 月上旬至 10 月上旬，老熟后在土中结茧越冬。

成虫白天静伏，夜间活动，卵多成块产于树冠下部嫩叶背面，每卵块 500~600 粒（300~1000 粒）。初孵幼虫群集卵块附近，1~5 d 内停食；1~3 龄幼虫取食叶肉及叶背表皮，使叶显现白色斑块，或全部白色；4 龄后食全叶仅留叶脉，除末龄幼虫外，其余各龄虫都有群集性，每次蜕皮均停食 1.0~1.5 d，幼虫老熟后随咬断的叶坠地，在石块下或 0.5~4.0 cm 土壤中结茧。

天敌主要是核多角体病毒，常形成流行病，是控制此虫种群的最主要因素。

白痣姹刺蛾 *Chalcocelis albiguttatus* (Snellen) (图 8-26)
（鳞翅目：刺蛾科）

白痣姹刺蛾

分布于浙江、江西、福建、广东、广西、海南、湖北、湖南、云南；越南、缅甸、印度、新加坡、印度尼西亚、泰国、马来西亚、菲律宾、澳大利亚。危害油桐、八宝树、秋枫、柑橘、茶、咖啡、刺桐。是我国南方阔叶树上一种常见的害虫，大发生时将树叶吃光，严重影响树木生长。

形态特征

成虫 雌雄异色。雌蛾黄白色，体长 10~13 mm，翅展 30~34 mm；触角丝状；前翅中

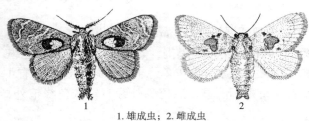

图 8-26 白痣姹刺蛾
1. 雄成虫；2. 雌成虫

室下方有 1 不规则的红褐色斑纹，其内缘有 1 条白线环绕，线中部有 1 白点，斑纹上方有 1 小褐斑。雄蛾灰褐色，体长 9~11 mm，翅展 23~29 mm；触角灰黄色，基半部羽毛状，端半部丝状；下唇须黄褐色，弯曲向上；前翅中室中央下方有 1 黑褐色近梯形斑，内窄外宽，上方有 1 白点，斑内半部棕黄色，中室端横脉上有 1 小黑点。

幼虫　1~3 龄黄白色或蜡黄色，前后两端黄褐色，体背中央有 1 对黄褐色的斑。4~5 龄淡蓝色，无斑纹。老龄幼虫体长椭圆形，前宽后狭，体长 15~20 mm，体上覆有一层微透明的胶蜡物。

生活史及习性

广州 1 年 4 代。以蛹越冬。翌年 3 月底至 4 月初开始危害。成虫以 19:00~20:00 羽化最多。大部分于翌日晚交尾，第 3 晚产卵。卵单产于叶面或叶背。第 3 代成虫单雌产卵量 12~274 粒，平均 108 粒。成虫有趋光性，寿命 3~6 d。

第 1 代卵期 4~8 d，受寒潮影响较大；第 2、3 代卵期 4 d；第 4 代 5 d。1~3 龄幼虫多在叶面或叶背咬食表皮及叶肉，4~5 龄幼虫可取食整叶，幼虫蜕皮前 1~2 d 固定不动，蜕皮后少数幼虫有食蜕现象。幼虫蜕皮 4 次，化蛹前从肛门排出一部分水液才结茧。幼虫期 30~65 d，第 1 代历期 53~57 d；第 2 代 33~35 d；第 3 代 28~30 d；第 4 代 60~65 d。幼虫常在两片重叠叶间或在枝条上结茧。第 1~3 代蛹期 15~27 d；越冬代蛹期 90~150 d，平均 143 d。

该虫在林缘、疏林和幼树发生数量多，危害严重。树冠茂密或郁闭度大的林分受害较轻。在华南地区雨季(3~8 月)发生较轻，旱季危害严重。

幼虫期天敌主要有螳螂，蛹期天敌主要是一种寄生性刺蛾隆缘姬蜂。

此外，刺蛾科重要种类还有：

窃达刺蛾 *Darna furva* (Wileman)：分布于浙江、江西、福建、湖南、广东、广西、海南、贵州、云南、台湾。危害米老排、石梓、火力楠、香梓楠、荷木、山桑、重阳木等多种阔叶树。广西南部 1 年 3 代，以幼虫在叶背面越冬。

枣奕刺蛾 *Phlossa conjuncta* (Walker)：我国分布广泛。危害枣、柿、核桃、苹果、梨、杏等果树和茶。河北 1 年 1 代，以老熟幼虫在树干根颈部附近土内 7~9 mm 深处结茧越冬。

中国绿刺蛾 *Parasa sinica* Moore [= 双齿绿刺蛾 *P. hilarata* (Staudinger)]：我国分布广泛。危害栎类、槭类、桦木类、枣、柿、核桃、苹果、梨、杏、桃、樱桃等。河北 1 年 1 代，以老熟幼虫在树干基部或树干伤疤、粗皮裂缝中结茧越冬。

丽绿刺蛾 *P. lepida* (Cramer)：分布于河北、河南、江苏、浙江、江西、广东、四川、贵州、云南。危害樟、悬铃木、紫叶李、桂花、茶、咖啡、枫杨、乌桕、油桐等阔叶树木。江苏、浙江 1 年 2 代，广东 1 年 2~3 代，以老熟幼虫在茧内越冬。

迹斑绿刺蛾 *Parasa pastoralis* Butler：分布于吉林、浙江、江西、四川、云南。危害鸡爪槭、栗、七叶树、沙朴、重阳木、樟、樱花等。浙江杭州1年2代，以老熟幼虫结茧越冬。

桑褐刺蛾 *Setora postornata*（Hampson）：分布于河北、江苏、浙江、福建、台湾、江西、湖北、湖南、四川、广东、云南。危害樟、楝、木荷、麻栎、杜仲等多种阔叶树及果树。江苏、浙江1年2代，以老熟幼虫在茧内越冬。

中国扁刺蛾 *Thosea sinensis*（Walker）：分布于我国大部分地区。危害枣、柿、核桃、苹果、泡桐等多种林木和果树。长江以南1年2~3代，以老熟幼虫结茧越冬。

8.5.7 斑蛾类

榆斑蛾 *Illiberis ulmivora*（Graeser）（图8-27）

（鳞翅目：斑蛾科）

榆斑蛾

又名榆星毛虫。分布于北京、天津、河北、山西、河南、山东、甘肃等地。危害榆属植物，以幼虫取食榆树叶片，危害严重时将树叶食尽，削弱树势，影响翌年开花结实。

形态特征

成虫　体长10~11 mm，翅展27~28 mm。淡褐色至黑褐色。触角双栉齿状；雄蛾栉齿分枝长，雌蛾的则短。翅半透明。前翅 R_4 与 R_5 在基部共柄，个别不共柄；后翅 $Sc+R_1$ 与 R_5 平行，在中室中部以横脉相连。雄蛾翅缰1根，粗而长；雌蛾翅缰常为4根，细而短。腹部背面各节后缘有黄褐色鳞片。腹侧及腹面末端为黄褐色，后逐渐呈淡褐色。雄虫外生殖器的抱握器外拱，宽而扁，背脊较骨化，顶端具钝齿，中部具1内向的大尖齿；阳具细长，呈棒槌形。

卵　长椭圆形。长约0.5 mm，宽约0.4 mm。米黄色，后逐渐变为黄褐色。

幼虫　老熟幼虫体长14~18 mm，宽约4 mm。体粗短，长筒形。黄色、头小并缩入前胸。中、后胸黑色。第3腹节后半部及第8、9腹节均为黑色，有的第4、5腹节亦为黑色。每体节两侧各布有5个毛疣。其中，足上有2个毛疣，在背中线两侧的3个毛疣最发达，疣上生有长短、粗细不等的淡黄色刚毛多根。气门小而圆。腹足粗而短，趾钩为单序纵带。

蛹　体长9~15 mm，宽4~5 mm。扁长筒形，初化蛹时体较大，淡黄色，唯头、胸及附肢为金黄色；后期蛹变为黄褐色，体较小。蛹腹背第1节前缘有1横列纵褶，第2~9节近前缘处均有1横列锥状刺，刺尖为茶褐色。其中，以第3~7节的锥状刺为最大，且密集。蛹末端钝圆。

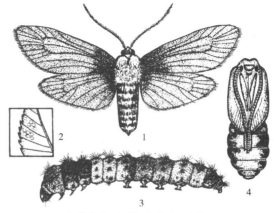

1. 雌成虫；2. 卵；3. 幼虫；4. 蛹

图8-27　榆斑蛾

生活史及习性

甘肃 1 年 1 代，8 月上、中旬老熟幼虫在落叶层、砖土缝、建筑物缝隙及蛀干害虫羽化孔内吐丝结茧，在丝质茧内化蛹越冬；翌年 5 月下旬或 6 月上旬为成虫始发期，7 月下旬为终止期；6 月上、中旬为初卵期，7 月下旬至 8 月上旬为终卵期；6 月中、下旬为幼虫初孵期，10 月上、中旬为终止期；7 月中、下旬至 8 月中旬为危害盛期。成虫多在 9:00 前后羽化，在树冠周围缓慢飞行，当天觅雌，呈"一"字形交尾。交尾 1 次长达 2～3 h。5:00～19:00 均可交尾，但以 11:00 后居多。雌蛾寿命 5～8 d，雄蛾寿命 6～10 d。雌蛾喜在榆树新梢幼嫩叶背的上、中部产卵。卵块排列整齐，通常单层排列，也有部分重叠 2～3 层的卵块。产卵量 18～350 粒，平均 148.3 粒。卵期 7～10 d。卵块孵化较整齐，历期 2～3 d。幼虫孵化后，有取食卵壳的习性，群集于原孵化过的卵块附近，且排列整齐，食量小，不活泼，取食寄主叶片，使叶片呈天窗状。3 龄后幼虫分散取食，被害叶片出现缺刻。随着虫龄的增加，幼虫食量大增，可食光叶片，仅残留叶柄。如此时虫口密度大，则成灾。幼虫发育期约 40 d。7 月底，幼虫老熟，寻找隐蔽场所，于 8 月上、中旬吐丝结茧，进入预蛹期。蛹期长达 9 个月。

梨叶斑蛾 *Illiberis pruni* Dyar
（鳞翅目：斑蛾科）

梨叶斑蛾

又名梨星毛虫。分布于东北、西北、华北、华东、华中地区及福建、广西、四川、云南；日本、韩国及俄罗斯远东地区。主要危害梨树，还可危害苹果、海棠、桃、李、梅、沙果等果树。以幼虫食害花芽和叶片。

形态特征

成虫 体长 6.1～11.9 mm，翅展 18.9～30 mm，体及翅上鳞片较少，头胸部被有黑色绒毛，体与触角暗黑色。雌虫触角锯齿状，雄虫触角短，羽毛状。翅稍带紫色光泽，半透明，翅脉明显，上生许多短毛，翅缘深黑色。

幼虫 体长约 20 mm，黄白色，近纺锤形。低龄幼虫淡紫褐色，头小，黑色，缩于前胸内。前胸背板有褐色斑点和横纹，背线黑褐色，两侧各有 1 列近圆形黑斑 10 个，各节背面横列 6 簇毛丛。

生活史及习性

贵州 1 年 1 代，以幼虫在树干缝隙及粗树皮下结茧越冬。翌年梨树发芽开花时，越冬幼虫出蛰爬至枝上取食嫩芽、花蕾、幼叶，新叶展开后，再转到叶上，先食叶肉，留下表皮，然后吐丝缀叶呈饺子状，幼虫隐匿其中危害。幼虫阶段可结叶苞 4～5 个。4 月幼虫老熟，吐丝卷叶，在卷叶内结薄茧化蛹，蛹期约 10 d；4 月下旬开始羽化，成虫羽化后半天即可交尾，不久即产卵，卵多产在叶背，块产。卵块不规则，每卵块 40～50 粒，多则 200 余粒，也可分散产于树枝或树干上。成虫飞行能力不强，白天多潜伏在叶背上活动，产卵后 2～3 d 即死亡。卵期 7～10 d，初孵幼虫常群集一起，咀食叶片形成透明小孔，1 d 后逐渐分散，此时幼虫食量小，叶片又较老，也不卷叶，因此危害通常不显著。越冬代幼虫危害性最大，幼虫长至 2、3 龄后，即可转到树干缝隙及粗皮下越冬。

重阳木斑蛾 *Histia flabellicornis* (Fabricius)
(鳞翅目：斑蛾科)

重阳木斑蛾

又名重阳木帆锦斑蛾。分布于江苏、上海、浙江、湖北、湖南、福建、广东、广西、云南、重庆、海南、香港、台湾；日本、印度、缅甸、泰国、尼泊尔、马来西亚。寡食性，只危害重阳木，严重发生时可将整株叶片食尽，仅存秃枝。本种已知10余个亚种，我国分布有5个亚种。

形态特征

成虫 体长17~24 mm；翅展47~70 mm。头小，红色，有黑斑。触角黑色，双栉齿状，雄蛾触角较雌蛾宽。前胸背面褐色，前、后端中央红色。中胸背黑褐色，前端红色；近后端有2红色斑纹或连成"U"形。前翅黑色，反面基部有蓝光。后翅亦黑色，自基部至翅室近端部蓝绿色。前后翅反面基斑红色。后翅第2中脉和第3中脉延长成一尾角。腹部红色，有黑斑5列，自前而后渐小，但雌虫黑斑较雄虫大，使雌虫腹面的2列黑斑在第1至第5或第6节合成1列。雄蛾腹末截钝，凹入；雌蛾腹末尖削，产卵器露出呈黑褐色。

幼虫 头常缩进，体肥厚，体表布满刺状突出，突出上还长有毛状刺；随着幼虫长大，体表枝刺越发明显。体色初为浅黄色，而后渐变暗淡，呈淡黄褐色，有黑色星点斑纹与刺状突出相间排列。一般6~7龄，食物充足则幼虫足龄。

生活史及习性

1年4代，以老熟幼虫在树皮、枝干、树洞、墙缝、石块、杂草等处结茧潜伏越冬，也有极少数老熟幼虫入冬后在树下结茧化蛹越冬。越冬幼虫翌年4~5月化蛹，4月中下旬开始羽化为成虫，5月上旬为羽化盛期。第1代幼虫于5月上、中旬孵化，6月上、中旬为危害盛期，6月中、下旬至7月上旬下树结茧化蛹，6月下旬至7月上旬为羽化盛期。第2代幼虫于6月下旬至7月上旬盛孵，7月下旬幼虫能在3~4 d内把全树叶片吃光，8月上、中旬下地结茧化蛹，8月中、下旬为羽化盛期。第3代幼虫于7月下旬至8月上旬盛发，常见于9月上旬食尽全树绿叶，仅余枝杈；10月中、下旬陆续见蛾。第4代幼虫发生于9月上、中旬，11月下旬开始越冬。成虫有趋光性，白天以在树干上栖息为主，有时会在重阳木或附近林木树冠上群集飞舞，卵产于树枝或树干的树皮缝隙，散产或小块聚产。低龄幼虫啃食叶肉表皮，3龄后可蚕食叶片，仅留下叶脉，在食料不足时有吐丝下垂转移危害的习性。幼虫食料不足时会提前化蛹。老熟幼虫大部分吐丝坠地结茧，也有在叶片上、树皮裂缝内结薄茧。

此外，斑蛾科其他部分重要种类见表8-3。

表8-3 斑蛾科部分重要种类

种 类	分 布	寄 主	生活史及习性
竹小斑蛾 *Fuscartona funeralis* (Butler)	华北地区及江苏、浙江、福建、台湾、湖北、广东、云南	多种竹类	浙江、湖南1年3代，广东1年4~5代，以老熟幼虫在竹箨内壁、石块下和枯竹筒内结茧越冬

(续)

种类	分布	寄主	生活史及习性
松针斑蛾 *Soritia pulchella* (Kollar)	四川、云南、贵州	云南松、思茅松、高山松、华山松	四川1年1代，以2~3龄幼虫潜入松针基部或花序内群集越冬，少数潜入树皮裂缝内越冬
黄杨毛斑蛾 *Pryeria sinica* Moore	上海、江苏、浙江、福建、台湾	黄杨、卫矛、扶芳藤和丝棉木等	华东地区1年1代，以卵在枝梢上越冬
黄纹竹斑蛾 *Allobremeria plurilineata* Alberti	湖南、浙江	毛竹、水竹	湖南1年3~4代，以老熟幼虫或蛹在茧内越冬

8.5.8 螟蛾类

黄翅缀叶野螟 *Botyodes diniasalis* (Walker)（图8-28）
（鳞翅目：草螟科）

黄翅缀叶野螟

分布于辽宁、内蒙古、甘肃、宁夏、北京、河北、山东、河南、上海、浙江、江苏、安徽、重庆、福建、广东、广西、贵州、湖北、陕西、山西、四川、云南、海南、台湾；日本、朝鲜、韩国、印度、缅甸。危害杨、柳、沙棘。

形态特征

成虫 翅展约30 mm，体翅黄褐色。头部两侧具白条，下唇须前伸，其下部白色，其余褐色。翅面散布波状褐纹，外缘带褐色，前翅中室端部环状纹褐色，其环心白色。

幼虫 体长15~22 mm，黄绿色。头两侧近后缘的黑褐色斑与胸部两侧的黑斑相连呈1纵纹，体两侧沿气门各具1浅黄色纵带。

生活史及习性

河南1年4代，以初龄幼虫在落叶、地被物及树皮缝隙中结茧过冬。翌年4月初出蛰危害，5月底至6月初幼虫老熟化蛹，6月上旬成虫开始羽化，6月中旬为盛期。2~4代成虫盛发期分别为7月中旬、8月中旬、9月中旬，10月中旬仍可见少数成虫。

成虫白天多隐藏于棉田、豆地及其他的灌木丛中，夜晚活动，趋光性极强。卵呈块状或长条形产于叶背，以中脉两侧最多，每卵块50~100余粒。幼虫孵化后分散啃食叶表皮，并吐出白色黏液涂在叶面，随后吐丝缀嫩叶呈饺子状或在叶缘吐丝将叶折叠后在其中取食。大幼虫群集顶梢吐丝缀叶取食，多雨季节最为猖獗，3~5 d内即将嫩叶吃光，形成秃梢。幼虫极活泼，稍受惊扰即从卷叶内弹跳逃跑或吐丝下垂。老熟幼虫在卷叶内吐丝结白色稀疏的薄茧化蛹。

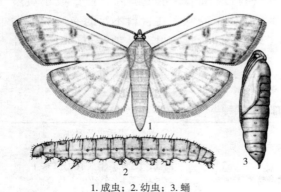

1. 成虫；2. 幼虫；3. 蛹

图8-28 黄翅缀叶野螟

缀叶丛螟 Locastra muscosalis (Walker)（图 8-29）
（鳞翅目：螟蛾科）

缀叶丛螟

又名核桃缀叶螟。分布于辽宁、陕西、河北、天津、河南、浙江、福建、江西、湖北、湖南、广东、香港、广西、海南、四川、贵州、云南、西藏；日本、印度、斯里兰卡。危害漆树、核桃、黄连木、栳木、枫香树、盐肤木、阴香等植物。幼虫缀叶为巢，取食其中，是漆树的主要害虫，危害使树势削弱、甚至死亡。

形态特征

成虫　体长 14~19 mm，翅展 34~39 mm。体红褐色，前翅栗褐色，后翅灰褐色。前、后翅 M_2 及 M_3 脉从中室下角放射状向外伸，R_2 脉自中室上角伸出。前翅基斜矩形、深褐色；内横线锯齿形、深褐色，中室具 1 深黑褐色鳞片丛；褐色外横线波状弯曲，其外侧色浅。内、外 2 横线间栗褐色。雄蛾前翅前缘 2/3 处有 1 腺状突起。后翅外横线不明显，外缘色较深，近外缘中部具 1 弯月形黄色白斑。

幼虫　老熟幼虫体长 34~40 mm；头黑色，有光泽，散布细颗粒。前胸背板黑色，前缘具 6 白斑，中间 2 斑较大。背线褐红色，亚背线、气门上线及气门线黑色；体有纵列白斑，气门上线处白斑较大。腹部腹面、腹足褐红色，气门黑色，黑色臀板两侧具白斑。全体疏生刚毛。

生活史及习性

1 年 1 代，个别地区 2 代；贵州 1 年 1 代，以老熟幼虫结茧越冬。翌年 4 月下旬至 5 月上旬开始化蛹，5 月下旬至 6 月上旬开始羽化，盛期为 6 月下旬到 7 月上旬；6 月中旬至 7 月中旬为产卵盛期。卵于 6 月中旬开始孵化，7 月中旬至 8 月中旬为孵化盛期；8 月下旬还有初龄幼虫出现。9 月中旬后，老熟幼虫在根际周围的杂草、灌丛、枯落物下或疏松表土层中入土 5~10 cm 结茧越冬。蛹期 18~25 d，卵期 10~15 d，幼虫危害期从 6 月中旬至 10 月，成虫寿命 2~5 d。

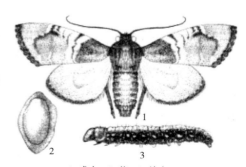
1. 成虫；2. 茧；3. 幼虫
图 8-29　缀叶丛螟

成虫多于夜间羽化，具趋光性，喜栖于树冠外围向阳面，卵多产于树冠顶部向阳面和树冠外围叶面的主脉两侧。单雌产卵量 70~200 粒，多者 1000~1200 粒，卵聚集成鱼鳞状。初孵幼虫群集于卵壳周围，吐丝结网幕，并在其中取食叶表皮和叶肉使其呈网状；3~5 d 后吐丝拉网，缀小枝叶为大巢；随着虫龄增大，由 1 巢分为几巢，咬断叶柄、嫩枝，食尽叶片后，又重新缀巢危害；老熟幼虫 1 头拉 1 网，卷叶成筒，白天静伏叶筒内，多于夜间取食或转移。待整株叶片食光后，又转株危害。此虫可耐饥饿 7~10 d。

卵期天敌有螳螂、瓢虫；幼虫期天敌有茧蜂、姬蜂、山雀、麻雀、灰喜鹊、画眉、黄鹂、拟青霉属真菌、白僵菌等。

螟蛾类重要种还有：

黄杨绢野螟 Cydalima perspectalis (Walker)：隶属鳞翅目草螟科。分布于陕西、山东、天津、河北、江苏、上海、浙江、河南、江西、安徽、湖北、湖南、福建、广东、广西、四川、贵州、青海、西藏、海南。危害黄杨、雀舌黄杨、卫矛等。上海1年3代，以3～4龄幼虫在虫苞内结茧越冬。

8.5.9 枯叶蛾类

马尾松毛虫 *Dendrolimus punctata* (Walker)（图8-30）
（鳞翅目：枯叶蛾科）

广泛分布于长江以南地区，秦岭以南地区是马尾松毛虫的重灾区。主要危害马尾松、湿地松、油松、加勒比松、火炬松和云南松等，是我国南方松林的重要食叶害虫。国内有3亚种：马尾松毛虫指名亚种 *D. punctata punctata* (Walker)、德昌松毛虫 *D. punctata tehchangensis* Tsai et Liu、文山松毛虫 *D. punctata wenshanensis* Tsai et Liu。

形态特征

成虫 灰褐、黄褐、茶褐或灰白色，雌蛾体色较浅。雄成虫翅展36.1～62.5 mm，触角羽状，雌成虫翅展42.8～80.7 mm，触角栉齿状。前翅亚外缘斑列深褐或黑褐色，近长圆形，其内侧有3～4条不很明显而向外弓起的褐色横纹，中室端有1白色小斑；后翅无斑纹。雄性外生殖器的阳具呈短剑状，前半部密布细刺，小抱针长度为大抱针的1/4～1/3，抱器末端高度骨化，向上弯曲。

卵 椭圆形，长约1.5 mm，宽约1.1 mm。初产淡红色，近孵化时紫褐色。

幼虫 3龄前体色变化较大。老熟幼虫体长38～88 mm，体色棕红或灰黑色，贴体纺锤形倒伏鳞片银白或金黄色。头黄褐色，胸部2～3节间背面簇生蓝黑或紫黑色毒毛带，带间银白或黄白色。腹部各节毛簇杂生窄而扁平的片状毛，先端有齿，成对排列；体侧生有许多灰白色长毛，近头部处特别长。由中胸至腹部第8节气门上方的纵带上各有1白色斑点。

蛹 长22～37 mm，纺锤形，栗褐色或棕褐色，密布黄色绒毛。臀棘细长，黄褐色，末端卷曲呈钩状。茧长椭圆形，长30～46 mm，灰白色，羽化前呈污褐色，表面覆有稀疏黑褐色毒毛。

生活史及习性

1年2～4代，发生代数因地区而异，幼虫共6龄，部分世代可达10龄；我国南部以4龄幼虫在树冠顶端松针丛或树干的皮裂内越冬。越冬幼虫翌年2月上旬至3月下旬开始活动、取食，结茧于越冬场所、灌木或地被物中。4月中旬至10月均可见成虫，成虫羽化、交尾、产卵都在夜间进行，性比约1∶1。卵聚产于松针或小枝上，每卵块10～800粒，平均200～400粒。初孵幼虫嚼食卵壳后在附近的针叶上群集取食，1、2龄幼虫

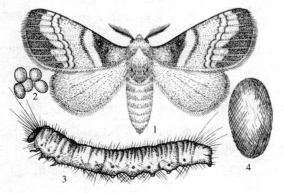

1. 成虫；2. 卵；3. 幼虫；4. 茧
图8-30 马尾松毛虫

受惊后吐丝下垂，并可随风传播，3、4 龄幼虫分散危害，遇惊即弹跳掉落，5、6 龄幼虫有迁移习性，4 龄以后幼虫食叶量占幼虫期食量的 70%~80%。

天敌种类总计多达 300 余种，主要有寄生蜂、寄蝇、白僵菌、病毒、捕食性昆虫及食虫鸟类，在生物防治中广泛应用的有病毒、白僵菌和松毛虫赤眼蜂等。

赤松毛虫 *Dendrolimus spectabilis* Butler（图 8-31）

（鳞翅目：枯叶蛾科）

分布于辽宁、河北、山东、河南及江苏北部的沿海地区；朝鲜、日本。主要危害赤松，其次危害黑松、油松、樟子松等。

形态特征

成虫　雄蛾翅展 48~69 mm、雌 70~89 mm，体灰白、灰褐或赤褐色。前翅中横线与外横线白色，亚外缘斑列黑色，呈三角形，雌蛾亚外缘斑列内侧和雄蛾亚外缘斑列外侧的斑纹白色，雄蛾前翅中横线与外横线之间具深褐色宽带。雄性外生殖器的阳具刀状，较粗短，小抱针退化或仅留针尖状。雌成虫前阴片略呈椭圆形，侧阴片较小，呈鸭梨形。

幼虫　初孵幼虫头黑色，体背黄色，体毛不明显；2 龄体背现花纹，3 龄后体背花纹黄褐、黑褐或黑色。老熟幼虫体长 80~90 mm，体背第 2、3 节丛生黑色毒毛，毛片束明显。

生活史及习性

1 年 1 代，以幼虫越冬。山东半岛 3 月上旬开始上树危害，7 月中旬结茧化蛹，7 月下旬羽化和产卵，盛期为 8 月上、中旬；8 月中旬卵开始孵化，盛期为 8 月底至 9 月初，10 月下旬幼虫开始越冬。

成虫多集中在 17:00~23:00 羽化，羽化当晚或翌日晚开始交尾，成虫寿命 7~8 d，以 18:00~23:00 产卵最多，多产卵 1 次，少数 2~3 次，未交尾的产卵少而分散，卵不能孵化，单雌产卵量

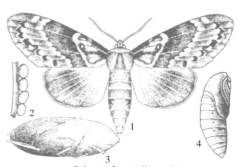

1. 成虫；2. 卵；3. 茧；4. 蛹

图 8-31　赤松毛虫

241~916 粒、平均 622 粒。卵期约 10 d，初孵幼虫先吃卵壳，然后群集附近松针上咬食，1、2 龄幼虫有受惊吐丝下垂习性；2 龄末开始分散，至 3 龄始吃整个针叶，老龄幼虫不取食时多静伏在松枝上；幼虫 8~9 龄，雌性常比雄性幼虫多 1 龄。幼虫取食至 10 月底至 11 月初，即沿树干下爬蛰伏于树皮翘缝或地面石块下及杂草堆内越冬，多蛰伏于向阳温暖处。15 年生幼龄松林因树皮裂缝少，所以全部下树越冬。老熟幼虫结茧于松针丛中，预蛹期约 2 d，蛹期 13~21 d、平均 17 d。

此虫在山东多发生在海拔 500 m 以下的低山丘陵林内；河北 300 m 以下的山区松林被害最重，500~600 m 受害显著轻，800 m 以上不受害，纯林受害重于混交林。

落叶松毛虫 Dendrolimus superans (Butler)（图 8-32）
（鳞翅目：枯叶蛾科）

国内分布于北自大兴安岭，南至北纬约 40°的北京延庆，与我国 3500 ℃等积温线大致相符，即包括东北地区及内蒙古、北京、河北北部、山东、新疆北部阿尔泰的针叶、针叶落叶及针阔混交林区；国外分布于朝鲜、俄罗斯、日本。落叶松及红松为该害虫的嗜食树种。

形态特征

成虫 雌翅展 70~110 mm，雄 55~76 mm。体色灰白至黑褐色。前翅较宽而外缘波状，内、中及外横线深褐色，外横线锯齿状，亚外缘线的 8 个黑斑略呈"3"字形排列，最后 2 斑若连成 1 直线与外缘近于平行，中室端白斑大而明显，翅面斑纹变化较大；后翅中区具淡色斑纹。雄性外生殖器阳具尖刀状，前半部密布骨化小齿，小抱针长为大抱针长的 2/3；雌成虫前阴片略呈等腰三角形，侧前阴片近四方形。

卵 近圆形，长约 1.8 mm，宽约 1.6 mm，淡绿色，排列零乱。

幼虫 老熟时体长 55~90 mm，体色烟黑、灰黑或灰褐。头褐黄色，额区及额傍区暗褐色，额区中央有 1 三角形深褐色斑。中、后胸背面各有 1 束蓝黑色毒毛带。腹部背毛黑色，侧毛银白色，斑纹有时不明显，第 8 腹节背面有 1 对暗蓝色毛束。胸、腹部毛片束长而尖，多呈纺锤形，先端无齿。

1. 成虫；2. 蛹

图 8-32 落叶松毛虫

蛹 长 40~60 mm，黄褐或黑褐色，密被金黄色短毛。茧灰白或灰褐色，缀毒毛。

生活史及习性

东北 2 年 1 代或 1 年 1 代；新疆 2 年 1 代为主，1 年 1 代占 15%，幼虫 7~9 龄。1 年 1 代的以 3~4 龄幼虫，2 年 1 代的则以 2~3、6~7 龄幼虫在浅土层或落叶层下越冬，翌年 5 月可同时见到大小相差悬殊的幼虫，其中大幼虫老熟后于 7~8 月在针叶间结茧化蛹、羽化、产卵，孵化后以小幼虫越冬（1 年 1 代）；而小幼虫当年以大幼虫越冬，翌年 7~8 月化蛹、羽化；如此往复，年代数多由 1 年 1 代转为 2 年 1 代，2 年 1 代的则有部分转为 1 年 1 代。1~3 龄幼虫日取食针叶 0.5~8.0 根，4~5 龄 12~40 根，6~7 龄 168~356 根。成虫羽化后昼伏夜出，可随风迁飞至 10 km 以外。卵堆产于小枝及针叶上，单雌产卵量 128~515 粒、平均 361 粒。

该虫危害有周期性，多发生于背风、向阳、干燥、稀疏的落叶松纯林。在新疆约 13 年大发生 1 次，常在连续 2~3 年干旱后猖獗危害，猖獗后由于天敌数量大增、食料缺乏、虫口密度陡降。多雨的冷湿天气及出蛰后的暴雨和低温对该虫的大发生有显著的抑制作用。

该虫天敌种类很多，其中落叶松毛虫黑卵蜂对卵的寄生率高达 83.5%。

云南松毛虫 *Dendrolimus grisea* (Moore)（图 8-33）

（鳞翅目：枯叶蛾科）

分布于陕西、浙江、福建、湖北、湖南、江西、四川、贵州、云南、海南、印度、泰国、越南。主要危害思茅松，亦危害云南松、圆柏、侧柏及柳杉。该虫是云南南部山区经常性周期发生的害虫，幼树被害后死亡率达 22%，成熟林受害后平均径生长降低 45%，产脂量降低 30%。

形态特征

成虫 雌虫体长 36~50 mm，翅展 110~120 mm，灰褐色。触角栉齿状，触角干黄白色。前翅具 4 深褐色弧线，其中 2 外横线前端为弧形，后端略呈波状；新月形亚外缘斑 9 个，灰黑色，自顶角往下第 1~5 斑列呈弧状，第 6~9 斑列呈直线排列，中室斑点不显；后翅无斑纹。雄体长 34~42 mm，翅展 70~87 mm，赤褐色，触角羽状；翅面斑纹与雌同，唯中室斑点较明显。

幼虫 1 龄幼虫灰褐色，头部褐色，胸部各节背面条纹深褐色，其两侧密生黑褐色毛丛，腹部各节背面具黑褐色斑点 1 对，其上簇生黑色刚毛束。2 龄橙黄色，头部深褐色，中、后胸背面各有 1 深褐色斑纹，其间生白色毛丛，腹部各节背面带状斑纹褐色，第 4~5 节背面各有 1 灰白色蝶形斑。3 龄体色和毛丛鲜明。4 龄腹部各节具呈方形排列的白色小点 4 个。5 龄体色加深，黑褐色斑纹增多，腹部各节背面黑色刚毛丛 2 束，体侧密生白色长毛。老熟幼虫（6~7 龄）体长 90~116 mm，黑色，腹部背面的蝶形斑不及以上各龄清晰。

生活史及习性

云南南部 1 年 2 代，以卵和幼虫越冬。越冬幼虫于翌年 4 月下旬至 5 月中旬开始结茧化蛹，5 月下旬至 6 月下旬出现成虫，7 月中旬出现第 1 代幼虫，该代幼虫 9 月上、中旬结茧化蛹；10 月上、中旬第 1 代成虫羽化，12 月中旬出现第 2 代幼虫，未孵化的卵于翌年春孵化。

成虫多于傍晚羽化，当晚即交尾产卵，少数个体 3~7 d 后产卵。成虫昼伏夜出，趋光性弱，寿命 7~9 d。单雌产卵量 400~600 粒，每卵块 3~300 粒，以当年生松针落卵较多，20 年生以下立木和林缘立木落卵最多，在松针被食尽的林分中极少数产卵于树枝或杂草上。初孵幼虫有群集性及吐丝下垂习性。3、4 龄后食量剧增，9:00~11:00 为取食高峰期，中午气温较高时常潜伏于松针丛基部；5、6 龄至近老熟幼虫食量最大。老熟幼虫常在针叶丛或树枝上结茧化蛹，严重受害林分树皮裂缝、阔叶树或杂草灌木上均可见蛹。

幼虫和蛹期寄蝇的寄生率可达 60%，姬蜂、茧蜂、小蜂及卵蜂的寄生率约 20%，总

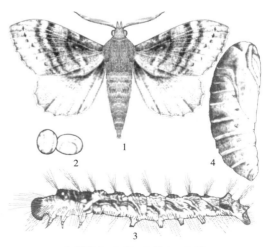

1. 雄成虫；2. 卵；3. 幼虫；4. 蛹

图 8-33 云南松毛虫

寄生率可高达 80%。捕食性天敌有杜鹃、乌鸦、松鼠、螳螂和肉食性螨螈等。

油茶大枯叶蛾 Lebeda nobilis sinina de Lajonquière（图 8-34）
（鳞翅目：枯叶蛾科）

油茶大枯叶蛾

分布于河南、福建、陕西、江苏、安徽、湖北、浙江、江西、湖南、广西、四川等地。主要危害油茶、枫杨、栗、栎类、化香树、山毛榉、水青冈、苦槠、侧柏。

形态特征

成虫 雌蛾翅展 75~95 mm，雌蛾翅展 50~80 mm。体色变化较大，有黄褐色、赤褐色、茶褐色、灰褐色等，雄蛾体色常较深。前翅有 2 淡褐色斜横带，中室末端有 1 银白色斑点，臀角处具 2 黑褐色斑纹；后翅赤褐色，中部有 1 淡褐色横带。

幼虫 1 龄幼虫黑褐色，头深黑色有光泽，疏生白色刚毛；胸背棕黄色，腹背蓝紫色，腹侧灰黄色；每腹节背面生黑毛 2 束，以第 8 节的较长。2 龄蓝色，间有灰白色斑纹，胸背见黑黄 2 色毛丛。3 龄灰褐色，胸背毛丛较 2 龄宽。4 龄第 1~8 节腹背增生浅黄与暗黑相间的毛丛 2 束，静止时前毛束常覆盖后毛束。5 龄麻色，胸背黄黑色，毛丛蓝绿色。6 龄灰褐色，腹下方浅灰色并密布红褐色斑点。7 龄体长 113~134 mm，色斑同 6 龄。

生活史及习性

湖南 1 年 1 代，以幼虫在卵内越冬。翌年 3 月上、中旬开始孵化。幼虫共 7 龄。老熟幼虫于 8 月开始吐丝结茧、化蛹；预蛹期约 7 d，蛹期 20~25 d。9 月中、下旬至 10 月上旬羽化、产卵。

卵内幼虫吃掉 1/3~1/2 卵壳后方孵出，日出前后及日落时孵化最多，初孵幼虫群集取食，3 龄后渐分散日夜取食，6~7 月进入 6 龄后在黄昏和清晨取食，白天停食、静伏于树干基部阴暗处，蜕皮前一天和蜕皮当天不活动。老熟幼虫

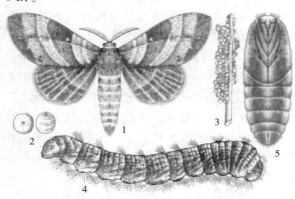

1. 雄成虫；2. 卵；3. 卵块；4. 幼虫；5. 蛹

图 8-34 油茶大枯叶蛾

多在油茶树叶、松树针叶丛或灌丛中结茧化蛹。成虫羽化后 6~8 h 即在凌晨交尾，白天静伏，趋光性较强，多在夜间产卵于油茶、灌木的小枝上或马尾松的针叶上，单雌产卵量约 170 粒，分 2~3 次产完。

该虫多发生在低矮的丘陵地带。一般山脚的虫口密度大于山腰，海拔 300 m 的山顶虫口锐减，500 m 以上的山地少见；在油茶与马尾松的混交林中发生较严重，而在纯油茶林中虫口密度反而较小。

卵期天敌有松毛虫赤眼蜂、油茶枯叶蛾黑卵蜂、平腹小蜂、啮小蜂、金小蜂等；幼虫期天敌有油茶枯叶蛾核型多角体病毒；蛹期天敌有松毛虫黑点瘤姬蜂、松毛虫匙鬃瘤姬蜂、螟蛉瘤姬蜂、松毛虫缅麻蝇等。

黄褐天幕毛虫 Malacosoma neustria testacea (Motschulsky)（图8-35）
（鳞翅目：枯叶蛾科）

黄褐天幕毛虫

分布于东北、华北、华东、华中地区及四川、陕西、甘肃、青海、台湾。危害山楂、苹果、梨、杏、李、桃、海棠、樱桃、沙果、杨、榆、栎类、落叶松、黄波罗、核桃等。常将成片山杏及杨树林的叶子吃光，使受害木树势衰弱，影响山杏产量和林木的生长。

形态特征

成虫 雄翅展24~32 mm，雌翅展29~39 mm。雄蛾黄褐色；前翅中部有2深褐色横线，两线间色稍深，形成上宽下窄的宽带，宽带内外侧衬淡色斑纹；后翅中区褐色横线略见；前、后翅缘毛褐色与灰白色相间。雌蛾褐色，腹部色较深；前翅中部具2深褐色横线，两线间形成深褐色宽带，宽带外侧有黄褐色镶边。后翅淡褐色，斑纹不明显。

卵 椭圆形，灰白色，顶部中间凹下；卵块呈顶针状围于小枝上。

幼虫 老熟幼虫体长55 mm，头部蓝灰色，有深色斑点。体侧色带蓝灰色、黄色或黑色，各节着生淡褐色长毛；体背色带白色，其两侧横线橙黄色，各节具黑色长毛；腹面毛短，气门黑色。

蛹 长13~20 mm，黑褐色，被毛金黄色。茧灰白色，丝质双层。

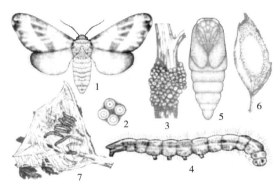

1. 成虫；3. 卵块；4. 幼虫；5. 蛹；6. 茧；7. 危害状

图8-35 黄褐天幕毛虫

生活史及习性

1年发生1代，以卵越冬。北京4月上旬孵化，5月中旬幼虫老熟，5月下旬结茧化蛹，蛹期约15 d，6月羽化产卵；黑龙江伊春和海拔较高的山西太岳山区（海拔1500 m），7月下旬羽化；江南地区5月羽化。翌年春树木吐芽时，初孵幼虫群集在卵块附近小枝上食害嫩叶，后移向树杈吐丝结网，夜晚取食，白天群集潜于天幕状网巢内。幼虫蜕皮于丝网上，近老熟时开始分散活动，食量大增，易暴食成灾，但白天仍群集静伏于树干下部或树杈处，晚间爬上树冠取食。成虫羽化后即交尾产卵，卵多产于被害木当年生小枝梢端；每雌产1~2个卵块，共产卵200~400粒。卵发育至小幼虫后，即在卵壳中休眠越冬。

幼虫期核型多角体病毒（NPV）常流行，一些地区天幕毛虫抱寄蝇寄生率86.3%~93.6%。

此外，枯叶蛾科重要种类还有：

思茅松毛虫 *Dendrolimus kikuchii kikuchii* Matsumura：分布于河南、浙江、安徽、湖南、湖北、江西、福建、台湾、广东、广西、云南、四川、甘肃。危害多种松树、落叶松及云南油杉等。浙江1年2代，广西1年1代，均以幼虫越冬。

栗黄枯叶蛾 *Trabala vishnou* (Lefebure)：分布于陕西、江苏、浙江、安徽、江西、湖北、湖南、福建、台湾、广东、广西、海南、四川、云南、贵州、西藏。危害榄仁树、桉、蒲桃、相思树、三球悬铃木、栎类、柏木、油桐、马桑、核桃、茅栗、柑橘、石榴、苹果等。长江流域1年2代，以卵越冬；在海南1年5代，无越冬现象。

杨枯叶蛾 *Gastropacha populifolia* (Esper)：分布于全国各地。危害杨、旱柳、苹果、梨、桃、樱桃、李、杏等。河南1年1~2代，以幼虫在树干上越冬。

8.5.10 天蛾类

南方豆天蛾 *Clanis bilineata* (Walker)（图8-36）

（鳞翅目：天蛾科）

分布于除西藏外各地区；朝鲜、韩国、日本、俄罗斯、印度、尼泊尔、越南、老挝、泰国。幼虫危害大豆、洋槐、刺槐、藤萝及葛属、黎豆属植物，大发生时常将树叶食尽。

形态特征

成虫 体翅灰黄色；体长40~45 mm、翅展100~120 mm。胸背线紫褐色，腹背灰褐，两侧枯黄，5~7节后缘横纹棕色。中后足胫节外侧银白色。前翅灰褐，前缘中央三角斑灰白色；内、中、外横线及顶角前缘斜纹棕褐色，R_3脉处的纵带棕黑色。后翅棕黑色，前缘及后角近枯黄色，中央有1较细的灰黑色横带。

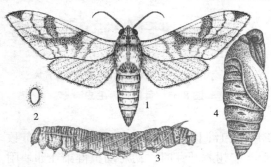

1.成虫；2.卵；3.幼虫；4.蛹

图8-36 南方豆天蛾

幼虫 老熟幼虫淡绿色，体长80~90 mm，头深绿色，口器与胸足橙褐色；前胸颗粒突黄色，中、后胸皱褶分别为4、6个；1~8腹节两侧斜纹黄色，背部具小皱褶与白色刺状颗粒，尾角弯向后下方，黄绿色；气门筛淡黄色，围气门片黄褐色。头冠缝两侧上隆成单峰，正视近三角形。

生活史及习性

湖北以南1年2代、以北1年1代，以老熟幼虫入土近10 cm越冬。1代区6月上、中旬开始化蛹，7月中旬为盛期，蛹期10~15 d；7月中、下旬为羽化盛期，成虫有趋光性，傍晚开始活动，寿命7~10 d，产卵期约3 d，单雌产卵量200~450粒，平均350粒。卵期6~8 d，6月下旬至7月上旬幼虫开始孵化，初孵幼虫吐丝自悬，死亡率高，8月上、中旬为幼虫危害盛期，9月上旬进入末期；幼虫共5龄，幼虫期约39 d；老熟幼虫多在9月下旬入土，呈马蹄形蜷缩越冬。幼虫有避光和转株危害习性，4龄前多藏匿叶背，5龄后体重增加则迁移于枝干；夜间取食最烈，阴天可全天取食。该害虫卵期黑卵蜂的寄生率可达50%，越冬幼虫白僵菌的寄生率可达70%。

蓝目天蛾 Smerinthus planus Walker（图 8-37）

（鳞翅目：天蛾科）

又名柳天蛾。分布于全国各地；朝鲜、韩国、日本、蒙古、俄罗斯。危害杨、柳、苹果、桃等多种果树。

形态特征

成虫 翅展 85~92 mm。体、翅黄褐色，胸背中部具 1 深褐色大斑。前翅外缘浅锯齿状，缘毛极短；亚外缘线、外横线、内横线深褐色，肾形纹灰白色，基线较细、弯曲，外横线、内横线下段被灰白色剑状纹切断。后翅淡黄褐色，中央有 1 蓝色目大眼状斑，斑外圈灰白色，其外围蓝黑色，斑上方粉红色。

幼虫 老熟时体长 70~80 mm；头绿色、近三角形，两侧淡黄色；胸部青绿色，各节均有细横褶，前胸有 6 个粒突排成横列，中胸 4 个、后胸 6 个小环的两侧各具 1 大粒突；腹部黄绿色，1~8 节两侧具淡黄色斜纹，最后 1 条直伸尾角。气门淡黄色，黑色围气门片的前方具 1 紫色斑。胸足褐色，腹足绿色。

生活史及习性

辽宁、北京、兰州一带 1 年 2 代，陕西、河南 1 年 3 代，江苏 1 年 4 代；均以蛹在土中越冬。2 代区成虫发生期分别为 5 月中下

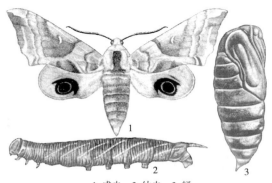

1. 成虫；2. 幼虫；3. 蛹

图 8-37 蓝目天蛾

旬、6 月中下旬；3 代区成虫发生期分别为 4 月中下旬、7 月、8 月；4 代区成虫发生期分别为 4 月中旬、6 月下旬、8 月上旬、9 月中旬。成虫多夜间羽化、活动及产卵，具趋光性，飞翔力强；羽化 2 d 后交尾，4 d 后产卵，卵单产于叶背、枝及枝干，偶见卵成串，单雌产卵量 200~400 粒，卵期 7~14 d。初孵幼虫食卵壳，1~2 龄食嫩叶，4~5 龄幼虫取食量极大，被害枝常成光秃状。老熟幼虫下树入土 55~155 mm 筑土室化蛹越冬。

此外，天蛾科重要种类还有：

榆绿天蛾 Callambulyx tatarinovii（Bremer et Grey）：分布于东北、华北、西北、华东、华中、西南等地区。危害榆、刺榆、柳。1 年 1~2 代。以蛹在土中越冬。

霜天蛾 Psilogramma menephron（Cramer）：又名泡桐灰天蛾。除西北地区尚无记录外，广泛分布于全国各地。危害泡桐、梓、花楸树、梧桐、女贞等多树种。河南 1 年 2 代。以蛹在土中越冬。

8.5.11 大蚕蛾类

银杏大蚕蛾 Caligula japonica Moore（图 8-38）

（鳞翅目：大蚕蛾科）

又名白果蚕，俗称白毛虫，隶属鳞翅目大蚕蛾科。分布于东北、华北、华东、华中、

华南、西南地区。寄主植物有银杏、核桃、漆树、李、梨、柿、苹果、栗、枫杨、柳树、朴树、樟、樱花、蜡梅、紫薇、盐肤木等。

形态特征

成虫 体长25~60 mm，翅展90~150 mm。雄蛾触角羽毛状，雌蛾触角栉齿状。体灰褐色或紫褐色。前翅顶角近前缘处有1黑斑，中室端部有月牙形透明斑，翅反面呈眼珠形，周围有白色至暗褐斑纹；后翅中室端部有1大圆形眼斑，中间黑色，外围有一灰色橙色圆圈及银白色的线两条，翅反面无眼形斑。

卵 短圆柱形，长径为2.0~2.5 mm，短径为1.2~1.5 mm。初产卵为灰褐色，孵化时转为黑色，有灰白色花纹，一端有圆形黑斑。

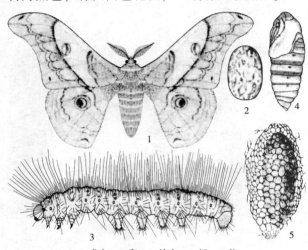

1.成虫; 2.卵; 3.幼虫; 4.蛹; 5.茧

图8-38 银杏大蚕蛾

幼虫 初孵幼虫黑色，体长5~8 mm，体被稀疏白色绒毛，后逐渐变密。3龄后体形明显增大，颜色渐变。4、5龄后，幼虫分有绿和黑两种色型。绿色型气门上至腹中线两侧淡绿色，毛瘤有1~2黑色长刺毛，其余为白色刺毛。黑色型气门上线至腹部门中绒两侧为黑色，气门蓝色，体长密生白色长毛，毛瘤上有3~5根黑色长刺毛，其余为黑色短刺。虫体有毛束2对，由黄绿变为白色，着生于4个瘤上。除尾节外，各节两侧下主竖生1蓝色椭圆形斑。

蛹 蛹为被蛹，外包被黄褐色坚硬的网状茧。初化蛹时为黄褐色，接近羽化时，由黄褐色变为黑褐色。雌蛹较大，长约50 mm，单雌蛹平均重6 g，雄蛹较小，长约35 mm，单雄蛹平均重3.5 g，复眼呈棕色而凹陷，腹部第5、6、7三个节间由3条棕色带组成，茧常附着寄主枝叶上。

生活史及习性

1年1代。卵期由前一年8月中旬至9月中旬开始，到翌年4~5月。4月底至5月初幼虫开始孵化活动；幼虫期约60 d，7月下旬开始结茧，经一周左右化蛹，蛹期约40 d，8月中旬至9月上旬为成虫期，成虫羽化期10~25 d，大多于傍晚羽化。刚羽化时，蛾体周身潮湿，翅紧贴体壁，1~2 h后即能飞翔。羽化后即交尾产卵，从8月上旬开始到9月上旬产卵完成。单雌产卵量250~350粒。卵集中成堆或单层排列，多产于老龄树干表皮裂缝或凹陷地方，位置在树干3 m以下1 m以上。幼虫孵化不整齐，一般阳坡早于阴坡，前后可以相差半个月之久。初孵幼虫群集在卵块处，1 h后开始上树取食，幼虫3龄前喜群集，4~5龄时开始逐渐分散，5~7龄时单独活动，一般在白天取食。

樗蚕 *Samia cynthia* (Drury)（图 8-39）
（鳞翅目：大蚕蛾科）

樗蚕

又名椿蚕，乌桕樗蚕蛾，小柏天蚕蛾等。分布于黑龙江、吉林、辽宁、北京、河北、甘肃、山东、江苏、上海、浙江、安徽、福建、台湾、江西、河南、湖北、湖南、广东、广西、四川、贵州、云南、西藏；朝鲜、韩国、日本、印度、泰国、澳大利亚、法国、奥地利、瑞士、德国、西班牙、保加利亚、意大利、突尼斯、北美洲、南美洲。主要危害核桃、石榴、柑橘、蓖麻、花椒、臭椿、乌桕、银杏、鹅掌楸、喜树、白兰花、槐树、柳等。

形态特征

成虫 雄蛾体长 23~27 mm，翅展 90~125 mm，雌蛾体长 26~32 mm，翅展 95~150 mm，触角羽状。体青褐色，头部四周、颈板前端、前胸后缘、腹部背面、侧线及末端均为白色。腹部背面各节有白色斑纹 6 对，其中间有断续的白纵线。体及翅具有黄褐、青褐、棕褐 3 色。前翅褐色，顶角圆而突出，粉紫色，有 1 黑色眼状纹，纹的上方白色弧形，外横线的外侧呈淡紫红色。前、后翅中央各有 1 新月形斑，其上缘深褐色，中间半透明，下缘土黄色，斑外侧有 1 纵贯全翅的宽带，其中间粉红色，外侧白色，内侧深褐色；肩角褐色，边缘有 1 白色曲纹。雌性腹部粗大而雄性较之细小。

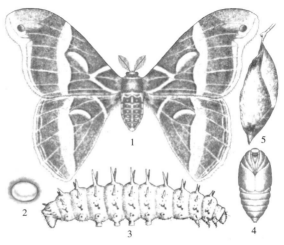

1. 成虫；2. 卵；3. 幼虫；4. 蛹；5. 茧
图 8-39 樗蚕

幼虫 幼龄幼虫淡黄色，有黑色斑点。中龄后体被白粉，青绿色。老熟幼虫体长 55~60 mm。青绿色，被有白粉，各体节的亚背线、气门上线、气门下线部位各有 1 排显著的枝刺，亚背线上的比其他 2 排的更大，在亚背线与气门上线间、气门后方、气门下线、胸足及腹足的基部有黑色斑点。气门筛浅黄色，围气门片黑色，胸足黄色。腹足青绿色，端部黄色。

生活史及习性

1 年 2~3 代，以 2 代为主，以蛹在树上茧内于越冬。越冬蛹于 4 月下旬开始羽化，羽化盛期为 5 月 8 日；4 月下旬即出现第 1 代幼虫，6 月上旬开始化蛹。6 月下旬出现第 1 代成虫，7 月 6 日为羽化盛期；6 月下旬出现第 2 代幼虫，8 月中旬开始结茧化蛹，此时即有大部分进入越冬状态；另一部分蛹则于 8 月下旬羽化，出现第 2 代成虫，9 月进入羽化盛期，9 月上旬出现第 3 代卵，9 月中旬出现第 3 代幼虫，到 10 月下旬结茧越冬，但此代幼虫大多数不能完成生长发育冻饿而死。

此外，大蚕蛾科其他部分重要种类见表 8-4。

表 8-4　大蚕蛾科部分重要种类

种类	分布	寄主	生活史及习性
绿尾大蚕蛾 *Actias ningpoana* C. Felder et R. Felder	东北地区及河北、陕西、甘肃、华东、华中、华南、西南	杨、柳、核桃、樱桃、苹果、杏、山茱萸、丹皮、杜仲和乌桕	吉林1年2代。以茧蛹在树枝上或地被物下越冬
樟蚕 *Eriogyna pyretorum* (Westwood)	全国大部分地区	樟、枫杨、枫香树、栗、枇杷、乌桕、银杏	1年1代。以蛹在枝干、树皮缝隙等处的茧内越冬

8.5.12　尺蛾类

春尺蛾 *Apocheima cinerarius* (Erschoff)（图 8-40）

（鳞翅目：尺蛾科）

春尺蛾

分布于西北、华北、华东、华中地区；俄罗斯。危害沙枣、桑、榆、杨、柳、槐树、核桃、苹果、梨、沙果等，是我国北方地区主要食叶害虫之一。

形态特征

成虫　淡黄至灰黑色，寄主不同体色差异较大。雄翅展28~37 mm，灰褐色；触角羽状；前翅淡灰褐至黑褐色，有3条褐色波状横纹，中间1条弱。雌无翅、体长7~19 mm；触角丝状；体灰褐色，腹部背面各节有数量不等的成排尖端圆钝的黑刺，臀板有突起和黑刺列。

卵　椭圆形，长0.8~1.0 mm，有珍珠光泽，卵壳刻纹整齐；灰白或赭色，孵化前深紫色。

幼虫　老熟时体长22~40 mm，灰褐色。腹部第2节两侧各具1瘤突，腹线白色，气门线淡黄色。

蛹　长12~20 mm，灰黄褐色，臀棘分叉，雌蛹体背有翅痕。

生活史及习性

1年1代，以蛹在树冠下周围土壤中越夏、越冬。2月底至3月初当地表3~5 cm处地温约达0℃时开始羽化出土，3月上、中旬见卵，4月上旬至5月初孵化，5月上旬至6月上旬幼虫老熟，入土化蛹越夏、越冬。桑树芽膨大及杏花盛开为卵始孵期，雌蛾发生高峰与孵化高峰期距20~39 d，预蛹期4~7 d，蛹期9个月。

成虫多在19：00羽化出土，羽化率约89.1%。雄虫有趋光性，白天多潜伏于树干缝隙及枝杈等处，夜间交尾、产卵。雌雄比1.1：1。雌虫寿命较长、约28 d。卵10余粒至

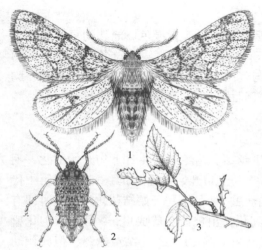

1. 雄成虫；2. 雌成虫；3. 危害状

图 8-40　春尺蛾

数十粒成块产于树皮缝隙、枯枝、枝杈断裂等处,单雌产卵量 200~300 粒、最多 600 粒;卵期 13~30 d,孵化率约 80%。幼虫 5 龄;初孵幼虫取食幼芽和花蕾,较大则食叶片;4~5 龄耐饥能力最强;可吐丝借风飘移传播到附近林木危害,受惊后吐丝下坠,旋又收丝攀附上树。老熟后在树冠下尤其是低洼处的土壤中分泌黏液硬化土壤做土室化蛹,入土深度 1~60 cm,16~30 cm 处约占 65%。

幼虫期天敌有蛀姬蜂,寄生率为 27%,春尺蠖 NPV 病毒对防治幼虫很有效。

槐尺蛾 *Semiothisa cinerearia*（Bremer et Grey）（图 8-41）
（鳞翅目：尺蛾科）

分布于辽宁、北京、河北、山东、江苏、浙江、河南、安徽、台湾、江西、西藏、陕西、甘肃、新疆；日本。幼虫危害槐树、刺槐、龙爪槐,常将叶片食尽。食料不足时,也少量取食刺槐。

形态特征

成虫 体长 12~17 mm,翅展 30~45 mm。雌雄相似,体灰黄褐色,触角丝状,下唇须长卵形。前翅亚基线及中横线深褐色,近前缘处均急弯成一锐角,黑褐色亚外缘线由 3 列长黑褐色斑组成,但在 M_1 至 M_2 脉间消失,近前缘处具 1 褐色三角斑；后翅亚基线不明显,近弧状的中横线及亚外缘线深褐色,中室外缘具 1 黑斑,外缘锯齿状。足上杂有黑色斑点；前足胫节短小,无距,内侧有长毛；中足胫节具 2 端距,外侧端距短；后足胫节除端距外在近基部 1/3 处又有 2 距,外侧者亦小。雄虫后足胫节最宽处为腿节的 1.5 倍,基部与腿节约等；雌虫后足胫节最宽处等于腿节,但基部明显窄于腿节。

幼虫 初孵幼虫黄褐色,取食后绿色。幼虫异型,2~5 龄直至老熟前均为绿色,另一型则 2~5 龄各节体侧具黑褐色条状或圆形斑块。老熟时体长 20~40 mm,体背紫红色。

生活史及习性

1 年 3~4 代,以蛹越冬。在陕西 4、5 月间成虫羽化。各代幼虫出现期分别为 5 月上旬、6 月下旬、8 月初、9 月中旬。幼虫发生盛期分别为 5 月下旬、7 月中旬、8 月下旬、10 月上旬。化蛹盛期分别为 5 月下旬至 6 月上旬、7 月中下旬、8 月下旬至 9 月上旬、10 月下旬；10 月底仍有幼虫入土化蛹越冬。越冬蛹滞育,在 6℃ 处理 54 d 后可在室温下羽化。

成虫多于傍晚羽化,当天即可交尾,羽化 2 d 后产卵。卵散产于叶片及叶柄和小枝上,以树冠南面最多。产卵量 155~213 粒。幼虫以 19:00~21:00 孵化最多,孵化后即开始取食,幼龄食痕呈网状,3 龄后取食叶肉仅留中脉,4~5 龄取食量大、仅留主脉；一生可食 1 个全复叶。小幼虫能吐丝下垂,随风扩散和爬行,而老熟幼虫已不能吐丝,多于白天沿树干下爬或掉落地面,多在树冠投影范围内的东南向入土 3~6 cm 化蛹,少数可

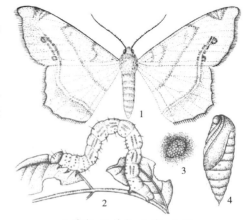

1.成虫；2.幼虫；3.卵；4.蛹

图 8-41 槐尺蛾

深达 12 cm；在城市多在绿篱或墙根浮土中化蛹。成虫寿命 2.5~19.0 d，卵期 7 d，幼虫期约 15 d，共 5 龄。

幼虫期天敌常见有胡蜂、1 种小茧蜂，蛹期天敌有白僵菌，家禽也是其重要天敌。

黄连木尺蛾 *Biston panterinaria* (Bremer et Grey)（图 8-42）
（鳞翅目：尺蛾科）

又名木橑尺蛾。分布于辽宁、北京、河北、山西、山东、河南、陕西、宁夏、甘肃、安徽、浙江、湖北、江西、湖南、福建、广东、海南、广西、四川、贵州、云南、西藏；日本、印度、尼泊尔、越南、泰国。幼虫危害黄连木、核桃等 30 余科 170 多种植物。

形成特征

成虫　体长 18~22 mm，翅展 72 mm。复眼深褐色。雌蛾触角丝状、雄蛾羽状。胸背面后缘、颈板、肩板边缘、腹部末端均被棕黄色鳞片，颈板中央具 1 浅灰色斑纹。足灰白色，胫节和跗节具浅灰色斑纹。翅底白色，具灰色和橙色斑点；前翅和后翅外横线上各有 1 串橙色或深褐色圆斑，前翅基部有 1 大圆橙斑；圆斑及灰斑变异大。

卵　扁圆形，长 0.9 mm，绿色，孵化前黑色。卵块覆黄棕色绒毛。

幼虫　老熟幼虫体长 70 mm，体色常与寄主颜色近似，散生灰色斑点。头部正面略呈四边形，头顶凹陷，头、胸、腹部表面除上唇、唇基及傍额片外满布颗粒；傍额区具 1 深棕色倒 "V" 字形纹。单眼 6 个，其中 4 个呈半圆形排列，3 个具黑色环纹。前胸盾具峰状突及 7 根毛；椭圆形气门两侧各有 1 白斑。腹足趾钩双序中列，32~42 个。臀板前缘中央凹陷，后端尖削。

蛹　长 30 mm，宽 8~9 mm。化蛹初翠绿色，后变黑褐色。体表布满小刻点。

生活史及习性

河北、河南、山西太行山一带 1 年 1 代，以蛹在土中越冬。越冬蛹 5 月上旬开始羽化，7 月中、下旬为盛期；成虫 6 月下旬开始产卵，7 月中、下旬为盛期。幼虫 7 月上旬孵化，7 月下旬至 8 月上旬为盛期；老熟幼虫 8 月中旬开始化蛹。

成虫多在 20:00~23:00 羽化，昼伏夜出，趋光性强，寿命 4~12 d。羽化后即行交尾、产卵。卵多聚产于寄主植物的皮缝里或石块上，单雌产卵量 1000~1500 粒，最多 3000 粒，卵期 9~10 d。幼虫孵化后迅速分散，受惊即吐丝下垂，借风力转移危害，一般在叶尖取食叶肉；2 龄则渐在叶缘危害，将叶食成网状，静止时多直立伸出于叶缘，形如小枯枝；

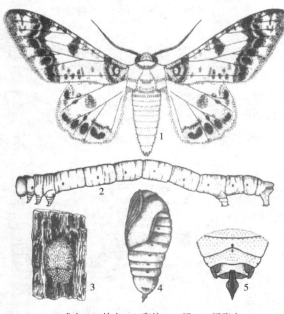

1. 成虫；2. 幼虫；3. 卵块；4. 蛹；5. 蛹腹末

图 8-42　黄连木尺蛾

3 龄后常将整叶食尽方转移危害，静止时攀附在两叶或两小枝之间，此时虫体颜色和寄主颜色相似。幼虫共 6 龄，幼虫期约 40 d，蜕皮前停食 1~2 d，有食蜕现象。幼虫老熟即坠地、吐丝下垂或顺树干下爬，多在土壤松软、阴暗潮湿处化蛹，大发生年份常见几十头到几百头幼虫聚集化蛹，入土深度一般约 3 cm。越冬蛹以土壤含水率 12% 最适宜，低于 10% 则不利其生存；所以冬季少雪，春季干旱时死亡率高。5 月降水较多时成虫羽化率高，幼虫发生量大。

油茶尺蛾 Biston marginata Shiraki（图 8-43）
（鳞翅目：尺蛾科）

油茶尺蛾

分布于浙江、江西、安徽、湖北、湖南、福建、台湾、广东、广西、重庆、云南；日本，越南。危害油茶、油桐、乌桕、茶、板栗、柑橘、相思树等 10 余种树木，是油茶的重要害虫，发生严重时可食尽全株叶片，使未成熟的油茶果干枯脱落，连续危害 2~3 年可使油茶枯死。

形态特征

成虫　体长 13~18 mm、翅展 31~36 mm。灰白色杂以黑色、灰黄色及白色鳞毛。雌蛾体色淡，触角丝状，雄蛾羽状。前翅狭长，外横线和内横线清楚，呈波状，中横线和亚外缘线隐约可见，较翅底色略浅；后翅外横线较直。前翅外缘有 6~7 褐色斑点，缘毛灰白色。雌蛾腹末有黑褐色毛丛，雄蛾腹末则较尖细。

卵　圆形，长约 0.3 mm，初草绿色，渐变绿色至深绿色，卵块被黑褐色绒毛。

幼虫　老熟幼虫体长 50~55 mm，枯黄色，密布黑褐色斑。胸腹部红褐色。头部额区下陷，具"八"字形黑斑，两侧有角状突起。

蛹　长 11~17 mm，暗红褐色；头顶两侧各有 1 小突起；腹末尖细，具臀刺 1 根，先端分叉。

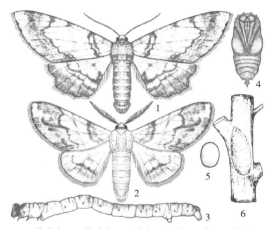

1. 雌成虫；2. 雄成虫；3. 幼虫；4. 蛹；5. 卵；6. 卵块

图 8-43　油茶尺蛾

生活史及习性

1 年 1 代，以蛹在茶树周围的疏松土内越冬。2 月中旬至 3 月下旬羽化出土、交尾、产卵，3 月下旬幼虫孵化，4 月上旬至 6 月上旬为幼虫危害期，6 月上中旬老熟幼虫下树入土化蛹越夏、越冬。幼虫共 6 龄，蛹期约 262 d，成虫寿命 4~6 d，卵期 15~30 d。

成虫多在 19:00~23:00 羽化，有趋光性，抗寒能力强，可耐 0.5 ℃ 低温；夜间交尾、产卵。羽化后 2 d 产卵于树干阴凹面或分叉处，单雌产卵量 412~1234 粒；5:00~13:00 幼虫孵化。初孵幼虫有群集性，能吐丝下垂、随风扩散，2 龄后分散取食，4 龄后食量增大，6 龄食量最大，占总食量 50%，老熟幼虫受惊后坠地。

枣尺蛾 *Chihuo zao* Yang（图 8-44）

（鳞翅目：尺蛾科）

分布于北京、河北、山西、浙江、安徽、山东、河南、陕西。主要危害枣、苹果、梨。

形态特征

成虫 雌蛾无翅，体长 12~17 mm，灰褐色，触角丝状。各足胫节有 5 个白环。雄蛾体长 10~15 mm、翅展 35m，体淡灰色，翅面灰色，触角双栉形；前翅外横线、内横线与基线较清晰，后翅外横线内侧有 1 黑点。

幼虫 老熟幼虫体长 40 mm。初孵化时黑色，后渐变青灰色。1 龄前胸前缘和腹部背面第 1~5 节各有 1 白色环带，2 龄体具 1 白色纵条纹，3 龄具 13 条白色纵条纹，4 龄具 13 条黄白与灰白相间的纵条纹，5 龄有 25 条断续的灰白色纵条纹。

生活史及习性

河南 1 年 1 代，少数 2 年 1 代，以蛹多在树干基部 10~20 cm 深的土中越冬。翌年 3 月中旬开始羽化，3 月下旬至 4 月中旬为盛期。卵于 4 月中旬开始孵化，盛期在 4 月下旬至 5 月上旬，幼虫共 5 龄。老熟幼虫于 5 月中旬开始入土化蛹，越夏、过冬。

成虫多在下午羽化。雄虫出土后多静伏于大枝背阴面，寿命 2~3 d，雌虫则多潜伏在土表下或地面阴暗处，寿命约 20 d。黄昏雄虫飞翔并与雌虫交尾。雌虫于交尾翌日开始产卵，2~3 d 后产卵最多；卵聚产于枝杈粗皮缝隙内，每块卵

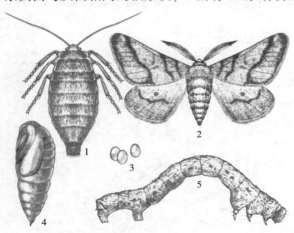

1. 雌成虫；2. 雄成虫；3. 卵；4. 蛹；5. 幼虫

图 8-44 枣尺蛾

几十粒至数百粒，单雌产卵量约 1200 粒，卵期 15~25 d。幼虫喜散居，有假死性，遇惊即吐丝下垂，常借风力垂丝扩散蔓延；1~2 龄幼虫的爬迹吐有虫丝，嫩芽常受丝缠绕难以生长。幼虫食嫩叶、幼芽，如将花蕾吃光则严重影响产枣量。该虫也是靠近枣区的苹果、梨的主要害虫之一。

幼虫期天敌有枣尺蛾肿跗姬蜂、家蚕追寄蝇和枣尺蛾寄蝇等，总寄生率 15%~20%。

八角尺蛾 *Dilophodes elegans sinica* Wehrli（图 8-45）

（鳞翅目：尺蛾科）

分布于广西、云南、台湾。幼虫危害八角树，在广西常大发生，吃光树叶、啃食嫩枝、花蕾和幼果，使八角产量大减，甚至整株枯死。

形成特征

成虫 体长 20~25 mm，翅展 55~60 mm。触角丝状。体、翅灰白色，密布黑斑。雌蛾

腹端无绒毛簇，后翅后缘中部有 1 "Λ" 形黑斑；雄蛾腹端簇生灰黑色绒毛，后翅后缘中部有 1 近圆形黑斑。

幼虫　1~2 龄红褐色，密集的小斑因节间膜相隔而成淡褐相间的环；3~4 龄青绿色或黄绿色，斑点大；5~6 龄淡黄绿色，斑块及"十"字形黑斑明显。老熟时体长 35~40 mm，体光滑，淡黄绿色，第 1~4 腹节背中部各有 1 "十"字形大黑斑，体侧和腹面各有 2 排较大的黑斑，各斑中有 1 根毛。

生活史及习性

广西西北部 1 年 3 代，以蛹在土中越冬；在广西南部玉林、南宁等地 1 年

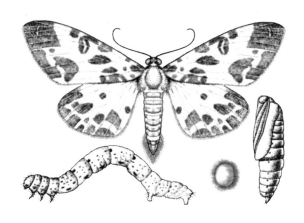

1. 成虫；2. 幼虫；3. 卵；4. 蛹

图 8-45　八角尺蛾

4~5 代，以蛹和幼虫越冬。除 1 月无成虫和卵外，其他虫态全年可见，世代重叠严重。以幼虫越冬者，翌年 2 月恢复活动，3 月中旬化蛹，3 月下旬羽化；各代幼虫发生期分别为 4~5 月、6~7 月、8~9 月、10~11 月；11 月下旬至 12 月上旬；部分中、幼龄阶段的幼虫静伏于树冠下部的叶背或叶缘下越冬，而老熟幼虫则吊丝落地或下爬至树冠下 3~4 cm 深的松土中化蛹越冬。以蛹越冬者翌年 2 月下旬羽化，各代幼虫发生期比前者约早一个月；10 月上、中旬第 4 代幼虫陆续老熟化蛹，部分以蛹越冬，部分蛹则羽化、交尾产卵，于 10 月下旬至 11 月上旬孵化产生第 5 代幼虫，继而越冬。该虫卵期 3~13 d；幼虫 6 或 7 龄；成虫寿命 7~20 d。

卵散产于树冠中、下部的叶背，1 叶常落卵 1 粒，少数 3~8 粒。1、2 龄幼虫在叶背食叶肉，致膜状的上表皮干枯穿破成洞；3 龄自叶缘咬食，后随虫龄及食量的增大而吃尽全叶，该幼虫亦食花蕾、嫩果和嫩枝皮。成虫多于下午羽化，飞行能力弱，白天潜伏，多在晚间活动，趋光性强，喜吸食露水和花蜜。羽化 1~3 d 后多在 1:00~5:00 交尾，单雌产卵量 85~500 粒。幼虫喜食嫩叶，大龄则多吃老叶。凉爽、通风、透光、郁闭度较小的阳坡受害较重。

卵期天敌有赤眼蜂和黑卵蜂等，幼虫和蛹期天敌有姬蜂、小茧蜂、大腿小蜂、寄生蝇、白僵菌、苏云金杆菌等。捕食性天敌有螳螂、猎蝽、蚂蚁、山蛙、树蛙、雨蛙、蟾蜍、蜥蜴以及山鸡、画眉、绣眼、山雀等多种鸟类。

落叶松尺蛾 *Erannis ankeraria* (Staudinger)（图 8-46）
（鳞翅目：尺蛾科）

分布于黑龙江、吉林、内蒙古、北京、河北、山西、陕西；匈牙利。幼虫危害落叶松和栎类，是落叶松的重要害虫，如连年发生，对林木生长的影响极为显著。

形态特征

成虫　雌体长 12~16 mm，纺锤形、灰白色，黑斑不规则，翅退化；头黑褐色，头顶

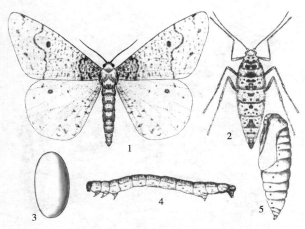

1. 雄成虫；2. 雌成虫；3. 卵；4. 幼虫；5. 蛹
图 8-46　落叶松尺蛾

有 1 白色鳞毛斑，触角、复眼黑色，触角丝状；胸部各节背面各有 1 对黑斑，第 1 腹节 1 对黑斑特别大，其余各节的背中线及其两侧密布不整齐的黑斑。自复眼起至尾部具 1 侧黑线；足细长，黑色，各节有 1~2 白色环斑。雄体长 14~17 mm，翅展 38~42 mm，浅黄褐色；头浅黄色，复眼黑色，触角短栉齿状，触角主干淡黄色，其余黄褐色；胸部密被长鳞片，翅浅黄色。前翅褐色斑点密，中横线、肾状纹、亚基线均褐色。后翅中横线略见其内侧 1 褐色圆斑。

幼虫　体长 27~33 mm，黄绿色，体多皱褶。头黄褐色，头壳粗糙，具红褐色花纹。上唇淡褐色，缺切边缘色较深。触角黄白色，内侧具 1 黑褐色圆点。背、腹面各有 10 条断续黑纹，气门线、腹中线黄绿色。气门长圆形，边缘黑色。

生活史及习性

在大兴安岭 1 年 1 代，以卵越冬。翌年 5 月底幼虫孵化，幼虫共 5 龄，危害期 35~37 d。老熟幼虫 7 月上旬入土化蛹，蛹期 68~79 d，9 月成虫羽化。成虫多在早晨羽化，雌虫善爬行，雄虫有假死性，受惊即坠地，夜间交尾产卵，卵产于张开的球果鳞片中。

郁闭度大的林分受害重；人工纯林受害重于混交林；山洼及林内立木被害多重于林缘。

刺槐眉尺蛾 *Meichihuo cihuai* Yang（图 8-47）
（鳞翅目：尺蛾科）

分布于北京、河北、陕西、山西、河南、新疆。危害刺槐、香椿、臭椿、黄栌、杜仲、银杏、苦楝、漆树、皂荚、白蜡树、栎类、花楸树、杨、枣、栗、核桃以及多种果树和农作物。具有暴发成灾特性。

形态特征

成虫　雄翅展 33~42 mm，红褐色；触角羽状、红褐色，主干灰白色；胸、腹部深红褐色，具长毛；前翅褐黄色，内、外横线黑褐色，2 线之间色深，2 线外侧镶边白色，近前缘有 1 黑纹，中室有 1 小黑点；后翅灰黄色，中室上有 1 小黑点，点外具 2 褐色横线。雌蛾无翅，体长 12~14 mm，黄褐色，绒毛密集；丝状触角；足色较浅。

卵　圆筒形，长 0.8~0.9 mm、宽 0.5~0.6 mm，暗褐色、孵化时黑褐色，表面光滑，卵块排列整齐。

幼虫　老熟时体长约 45 mm，颅侧区黑斑大小不等，胴部淡黄色；背、亚背、气门上线和下线及亚腹线灰褐色或紫褐色，各线边缘淡黑色，气门线黄白色，腹线淡黄色，气门圆形、黑色；第 8 腹节背面有 1 对深黄色突起。

蛹　暗红褐色，纺锤形，长 12~18 mm；各节上半部密布圆形刻点，下半部平滑，黑褐色末节突向背面，臀棘末端并列 2 个斜下伸的刺。茧椭圆形，长 15~22 mm。

生活史及习性

1 年 1 代，以蛹在土茧内越夏、越冬。2 月下旬至 4 月下旬成虫羽化，3 月下旬到 4 月上旬为盛期，成虫发生期长达 50 d。4 月上旬卵开始孵化，中旬达盛期，下旬结束，卵期 10~31 d。4 月上旬至 6 月下旬为幼虫期，5 月中旬开始下树，7 月下旬至 8 月中旬化蛹。前蛹期约 40 d，蛹期约 8 个月。

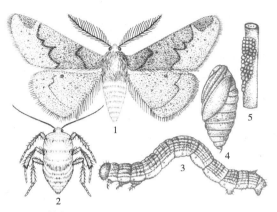

1. 雄成虫；2. 雌成虫；3. 幼虫；4. 蛹；5. 卵块

图 8-47　刺槐眉尺蛾

成虫耐寒，地表解冻时即开始羽化。雄成虫白天静伏树干或草丛间，有趋光性。雌成虫羽化当晚即可交尾、产卵，有多次交尾习性。雌雄比 2∶1，雌蛾寿命 4~9 d、雄蛾 3~6 d。卵产于 1 年生枝梢背面，平均产卵量 462 粒、最多 920 粒。初孵幼虫耐饥饿能力强，有吐丝下垂、随风扩散、日夜取食习性，4 龄后食量大增，抗药力增强，受惊后坠地，随后又上树；老熟幼虫多在树基周围半径约 30 cm 内的土缝或松土中结茧，入土深度 3~6 cm。

天敌众多，包括寄生蜂、捕食性昆虫、白僵菌、鸟类等。其中卵期黑卵蜂寄生率约 18%；幼虫和蛹期屏腹茧蜂寄生率约 10%。

桑尺蛾 *Phthonandria atrilineata*（Butler）（图 8-48）
（鳞翅目：尺蛾科）

桑尺蛾

分布于山东、北京、河北、河南、陕西、上海、江苏、浙江、安徽、江西、湖北、四川、贵州、广东、台湾；朝鲜、日本、印度。幼虫专害桑树，常年可见；以春季桑芽萌发时危害最烈，桑芽被食尽后芽周的桑枝皮层亦遭食害，严重影响春叶产量。

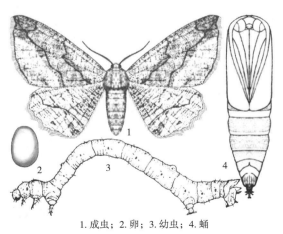

1. 成虫；2. 卵；3. 幼虫；4. 蛹

图 8-48　桑尺蛾

形态特征

成虫　体长 16~20 mm，全体灰黑色。复眼黑色。触角双栉齿状，雌蛾栉齿较短。翅展 60~76 mm，翅灰色，密布不规则黑色短纹。前翅外缘钝锯齿形，缘毛灰褐色。黑色外缘线细、波浪形。翅中部有 2 黑色曲折横线外方的起自后缘中部并斜向翅尖，在至距翅尖 3~4 mm 处折向前缘；内方的起自后缘约 1/4、斜向前缘 1/2 处；2 横线间及其附近深灰黑色。后翅外缘线细而黑色，波浪形，外横线外方颜色较深。

卵　扁平，椭圆形，长约 0.8 mm。褐绿色，孵化前暗紫色。

幼虫　老熟幼虫体长 45~50 mm，灰绿色至灰褐色，毛片稍突起，呈黑色颗粒状。头较小，淡褐色，冠缝侧黑斑不规则；各纵线间波状纹黑色，胸部各节的黑色横带较宽，第1腹节背面具1对月牙形黑斑，第5节背面隆起成峰、黑色，第8节背面有1对黑色乳状突。气门灰黄色，围气门片黑色。胸足灰褐色，前侧方黑斑近三角形，腹足与体色相似，外侧有1黄褐色斑。

蛹　长 19~22 mm，深酱红色，腹部第 4~6 节的后部黄色。头、胸部、翅芽和足布满短皱纹。翅芽伸达第4腹节后缘。臀棘略呈三角形，黑色，表面多皱纹，末端具钩刺。茧质地粗糙疏松，黄褐色。

生活史及习性

江苏1年4代。产卵期分别为5月中旬、6月下旬、8月上旬和9月中旬。以第4代3龄左右的幼虫在树皮裂缝、树皮外、枝干分叉处的阴面越冬。早春当冬芽转色时幼虫开始活动，日夜蛀害桑芽；当定芽被食光后，再食害新萌发的潜伏芽，远看全株光秃，宛如枯死株。春季伐条后，幼虫白天常紧伏于树皮外，其体色与桑皮颜色极相似，难以辨认。静止时腹足固着，斜立于桑枝，并口吐一丝与桑枝相连，少数以腹足立于桑枝顶端，宛如小枝。老熟幼虫在近根际土内或桑树附近的隐蔽处结薄茧化蛹，蛹期 7~20 d，成虫多在下午羽化，昼伏夜出，白天两翅展开附于桑枝，其体色与桑极相似，亦难辨识。雌蛾寿命可达 16 d，雄蛾寿命 9 d。

卵多散产于叶背，但常相对集中，历期 4~8 d。幼虫孵化后在叶背啃食叶下表皮及组织，仅留上皮，迎光可见叶片具无数透光小点。虫龄增大后，咬食叶片成缺刻。幼虫白天静伏，不易见其危害。

天敌以桑尺蛾脊茧蜂最为常见，被寄生致死的幼虫仍固着于桑枝上，但体变黑硬；蛹期天敌有广大腿小蜂。

此外，尺蛾科重要种类还有：

马尾松点尺蛾 *Abraxas flavisinuata* Warren：分布于湖南、贵州、云南。危害马尾松和云南松。贵州1年1代，以初龄幼虫在松针叶鞘处越冬。

油桐尺蛾 *Biston suppressaria* (Guenée)：分布于河南、陕西、江苏、安徽、浙江、湖北、江西、湖南、福建、广东、海南、香港、广西、四川、重庆、贵州、云南、西藏，危害油桐、乌桕、茶、油茶、山核桃、杉木、栗、樟、松、柏木、柑橘等。江西、湖南1年2~3代，以蛹在干基周围土壤中越冬。

丝棉木金星尺蛾 *Abraxas suspecta* Warren：又名卫茅尺蠖。分布于东北、华北、华中、华南地区。危害丝棉木。1年 2~3 代，以蛹在土中越冬。

栓皮栎波尺蛾 *Larerannis filipjevi* Wehrli：分布于陕西。危害植物众多，但以栓皮栎受害最为严重。陕西1年1代，以蛹在土内越冬。

8.5.13　目夜蛾类

舞毒蛾 *Lymantria dispar* (L.)（图 8-49）
（鳞翅目：目夜蛾科）

舞毒蛾

分布于东北、华北、华东、西北、华中、西南、东南沿海；朝鲜、日本、欧洲，美洲。为林木重要害虫，能取食 500 余种植物，在我国以栎类、杨、柳、榆、桦木、槭类、花楸树、油松、云杉、柳杉、柿及蔷薇科果树受害重。

形态特征

成虫　雄翅展 37~57 mm，雌 58~80 mm。雄虫头黑褐色，触角栉齿状，褐色；胸、腹及足红褐色。前翅灰褐色，翅基及中室中央具 1 黑点，横脉上具黑褐色弯月纹，波浪形内、中横线及锯齿形外横线与亚外缘线黑褐色；后翅黄棕色，缘毛棕黄色；前后翅外缘各有 1 列黑褐色点，翅反面黄褐色。雌虫前翅黄白色，中室横脉具 1"<"形黑褐色斑，腹末毛丛黄褐色；其他同雄成虫。

卵　扁圆形，1.3 mm，初期杏黄色，后紫褐色，卵块被黄褐色绒毛。

幼虫　1 龄黑褐色，刚毛长，其中具泡状毛；2 龄黑褐色，胸腹具 2 黄色斑；3 龄黑灰色，斑纹增多；4~5 龄褐色，头面具 2 黑条纹；6~7 龄黄褐色，淡褐色头部散生黑点，"八"字纹宽大；老熟时体长 50~70 mm，头黄褐色，体黑褐色，亚背线、气门上线与下线处的毛瘤呈 6 列，第 1~5 节和第 12 节背毛瘤蓝色，第 6~11 节橘红色，体侧小瘤红色；足黄褐色。

蛹　长 19~34 mm，红褐色或黑褐色，各腹节背毛锈黄色。臀棘钩状。

生活史及习性

1 年 1 代，以完成胚胎发育的幼虫在卵内越冬。4 月下旬至 5 月上旬孵化，初孵幼虫群集于卵块上食卵壳，后上树取食嫩芽及叶，并可吐丝下垂，随风传播距离较长，体毛起"风帆"作用。2 龄后白天潜伏于落叶、树缝等处，黄昏后上树危害；食料缺乏时大龄幼虫成群爬迁。6 月中旬老熟幼虫在枝叶间、树干缝隙与孔洞、地面杂物等隐蔽处吐薄丝化蛹，以 6 月下旬至 7 月上旬化蛹最多；6 月底开始羽化，7 月中、下旬为盛期。幼虫期约 45 d，雄幼虫 5 龄，雌 6 龄、食物不良时 7 龄；蛹期 12~17 d。

1.雌成虫；2.雄成虫

图 8-49　舞毒蛾

雄虫活跃，白天于林间飞舞觅偶，故称舞毒蛾；雌虫较呆滞，所分泌的性信息素对雄虫有强烈的吸引力，交尾后在化蛹场所，甚至墙壁、屋檐下、树干等处产卵；单雌产卵量 400~1500 粒。该虫多发生在郁闭度 0.2~0.3、无林下木的通风透光或新砍伐的阔叶林中，郁闭度大的复层林很少成灾。其猖獗周期约为 8 年，即准备期 1 年、增殖期 2~3 年、猖獗期 2~3 年、衰亡期 3 年。

舞毒蛾核型多角体、质型多角体病毒有利用价值；其他天敌有 3 种寄蝇、2 种寄生蜂、1 种线虫，及步甲、蜘蛛、鸟等捕食性天敌。

条毒蛾 *Lymantria dissoluta* Swinhoe（图 8-50）

（鳞翅目：目夜蛾科）

条毒蛾

分布于江苏、浙江、安徽、福建、台湾、江西、湖北、湖南、广东、广西、四川、云南、香港。食性杂，主要危害马尾松、黑松、湿地松、火炬松、油松、黄松、栗、栓皮栎、小叶栎、槲栎等；猖獗时松林的针叶被害率达90%以上，严重影响林木生长。

形态特征

成虫　雌体长18~24 mm，雄体长12~16 mm；雌翅展44~52 mm，雄翅展34~40 mm。体灰色，雌蛾色较深，雌雄蛾颈片和雌蛾腹背粉红色，腹部下方灰色。前翅外缘线和亚外缘线近平行、黑褐色、锯齿状；中横线和内横线波状纹、黑褐色，在近前缘处色深、向内渐不清晰；横脉纹黑色，缘毛灰白与黑点相间；后翅色较浅。

幼虫　老熟幼虫体长28~32 mm，扁圆筒形，体簇生细长刚毛。前胸背板生黑毛，胸侧着生斜前伸的长毛束。臀板毛瘤3对，上生长短不一的黑刚毛。腹部第6、7节背中央各有1红色近透明的翻缩腺，背线和气门上线灰黑色，亚背线为白色宽纵带。

图8-50　条毒蛾

生活史及习性

安徽1年3代，以卵越冬。越冬卵于4月下旬或5月上旬开始孵化，幼虫共5龄，5月下旬至6月上旬化蛹，蛹期7~10 d，6月中、下旬成虫羽化。以后各代卵期分别为6月中旬、7月下旬至8月上旬、9月下旬至10月上旬。

幼虫由树冠下部渐向上危害，喜食老针叶，白天多不活动，傍晚后上树取食，黎明前躲藏。1、2龄幼虫多群居于枝梢、叶鞘丛和树皮缝等处，能吐丝下垂，随风传播，仅食针叶一侧；3龄后白天分散或数条至十多条栖居于立木隐蔽处，咬断针叶，残留叶基，猖獗成灾时常爬迁数米至数百米危害邻近的林分。幼虫老熟后吐丝数根，兜身于枝、干、叶丛、花序、灌木及杂草上化蛹。成虫多于日落时羽化，交尾2、3次，昼伏夜出，趋光性较强；羽化后2 d日落时开始产卵，共3~4次，单雌产卵量约210粒；卵块多见于树皮缝、针叶等处，每块几粒至百粒以上，卵以中午孵化较多。

该虫在郁闭度0.6~1.0的松栎混交林、尤其20多年生的马尾松纯林发生严重；在丘陵、缓坡、阳坡发生量大，山下比山上虫口密度高。大面积猖獗成灾一般可持续3~6年，且猖獗成灾世代多为5月下旬至6月中旬的越冬代。

卵期天敌有毒蛾黑卵蜂；幼虫期天敌有黑足凹眼姬蜂、单齿腿长尾小蜂、长尾小蜂、绒茧蜂及寄生性真菌；蛹期天敌有舞毒蛾黑瘤姬蜂、广大腿小蜂、羽角姬小蜂、狭颊寄蝇、麻蝇。捕食性天敌有猎蝽、蚂蚁及多种鸟类。

木毒蛾 *Lymantria xylina* Swinhoe（图8-51）

（鳞翅目：目夜蛾科）

木毒蛾

又名木麻黄毒蛾。分布于湖南、福建、广东、广西、台湾；日本、印度。危害普通木麻黄、坚木麻黄、紫穗槐、相思树、南岭黄檀、栓皮栎、栗、枫杨、柳、柠檬桉、油桐、重阳木、梧桐、油茶、杧果、枇杷、梨、无花果等21科39种林木和果树。在福建主要危害木麻黄，幼虫可将木麻黄整片小枝食光秃，影响其生长。

形态特征

成虫 雌体长 22~33 mm，翅展 30~40 mm，体、翅黄白色；头顶被红色及白色长鳞毛；前翅具亚基线，内横线仅前缘处明显，外横线宽、灰棕色；前、后翅缘毛灰棕色与灰白色相间，各具 7~8 灰棕色斑；足被黑色毛，基节端部及腿节外侧被毛红色，中后足胫节各有 2 距；腹部鳞毛黑灰色，第 1~4 节背板后半部及侧面被毛红色。雄体长 16~25 mm，翅展 24~30 mm，灰白色；触角羽毛状，黑色；前翅近顶角处具 3 黑点，中横线、外横线明显，内横线明显或部分消失；前、中足胫节及腹部背面被毛白色。

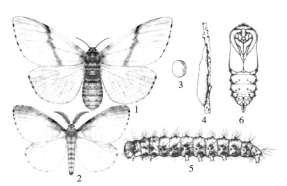

1. 雌成虫；2. 雄成虫；3. 卵；4. 卵块；5. 幼虫；6. 蛹

图 8-51 木毒蛾

幼虫 老熟幼虫体长 38~62 mm，黑灰或黄褐色。冠缝两侧黑斑呈"八"字形，单眼区黑斑呈"C"形。胸、腹各节生毛瘤 3 对；亚背线毛瘤在胸部第 1~2 节蓝黑色，偶紫红色，第 3 节黑色，第 4~11 节紫红色，末节长牡蛎形、紫褐色。腹部黄褐至红褐色，翻缩腺圆锥形、红褐色，顶端凹入。趾钩单序中列，体腹面黑色。

生活史及习性

1 年 1 代，以幼虫在卵内越冬。翌年 3~4 月越冬幼虫出卵、危害，幼虫多数 7 龄，少数 6 或 8 龄，历期 45~64 d。老熟幼虫 5 月中、下旬在枝条、枝干分叉处或树干上吐丝固定虫体进入预蛹期，1~3 d 后化蛹，蛹期 5~14 d。5 月下旬至 6 月上旬成虫开始羽化、产卵，成虫寿命 2~9 d。卵于 9 月发育为幼虫并留在卵内越冬。

出卵幼虫群集于卵块表面及附近，一至数天后爬行或吐丝下垂随风扩散到枝条上食小叶使呈缺刻。3 龄后从小枝一侧的中下部向上啃食直至顶端，再从顶端向下啃食另一侧，常将小枝从中部咬断，除中午烈日时分停食外全天均可取食；4 龄以上幼虫在食完小枝时即下树向光迁移、转株觅食。幼虫耐饥饿能力强，停食后 4 龄 6~10 d 死亡，5~6 龄 7~14 d 死亡。成虫多在 12:00~24:00 羽化，雌蛾羽化较早，傍晚后活动，趋光性强；成虫羽化 0.5~1.5 d 后于夜间交尾，雄蛾交尾 2~3 次，交尾后即产卵；单雌产卵块 1 个、354~1517 粒，卵大多产于枝条，少数产在树干。该虫一般只在没有下木、地被物和枯枝落叶的木麻黄纯林内猖獗危害。

卵跳小蜂、松毛虫黑点瘤姬蜂、红尾追寄蝇、日本追寄蝇、七星瓢虫、澳洲瓢虫等寄生或捕食率极低，木麻黄毒蛾核型多角体病毒可发病流行，芽孢杆菌、白僵菌等亦常见。

松丽毒蛾 Calliteara axutha (Collenette)（图 8-52）

（鳞翅目：目夜蛾科）

松丽毒蛾

又名松毒蛾、松茸毒蛾。分布于东北、华中、华南、西南地区；日本。危害松属树木及油杉，以马尾松及油松受害最重，常大面积吃光松林，严重影响林木生长和松脂生产，加之幼虫毒毛如触及人体皮肤引起红肿辣痛，影响健康和生产活动。

形态特征

成虫 体灰黑色。雌翅展 40~60 mm，雄翅展 30~40 mm。前翅灰褐色，亚基线褐黑色，锯齿状折曲，褐黑色内、外横线前半直而后半钝齿状，波浪形亚外缘线褐色，其内侧的晕影带状，外缘线黑褐色，缘毛褐灰色与黑褐色相间。后翅雌蛾灰白色，雄蛾灰褐色；横脉纹和外横线黑褐色。

卵 灰褐色，半球形，径长约 1 mm；中央凹陷处具 1 黑点。

幼虫 老熟时体长 35~45 mm。头红

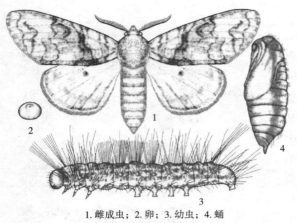

1. 雌成虫；2. 卵；3. 幼虫；4. 蛹
图 8-52 松丽毒蛾

褐色；体棕黄色，杂不规则的褐黑色斑，密生黑毛。胸、腹部各节毛瘤密生棕黑色长毛；前胸背板两侧及第 8 腹节背中央的 1 长黑毛束分别伸向头及腹端。第 1~4 腹节背面的黄褐色毛簇刷状。毒腺位于第 7 腹节背面中央。

蛹 长 14~28 mm；暗红褐色，散生黄毛，背面密生黄褐色毛簇，臀棘坚硬。茧长 20~35 mm，椭圆形，灰褐色，丝稀松，附毒毛，常从茧外可见蛹体。

生活史及习性

华南及广西北部 1 年 3 代，以蛹越冬。翌年 4 月中、下旬成虫羽化，各代幼虫危害期分别为 5~6 月、7~8 月、9 月中旬至 10 月；成虫期分别为 7 月上旬、9 月中旬；第 3 代幼虫于 11 月中、上旬结茧化蛹越冬。广西南部 1 年 4 代，以蛹和大龄幼虫越冬；第 4 代蛹翌年 3 月中旬至 4 月上旬羽化，以后各代成虫期分别为 6 月中旬、8 月中旬、10 月中旬；幼虫期分别为 4~5 月、7~8 月、9~10 月、11~12 月；12 月中旬部分老熟幼虫结茧化蛹越冬，5~6 龄则在针叶丛中蛰伏越冬，冬季晴暖时仍微量取食并陆续结茧化蛹至翌年 2 月上旬结束，但 3~5 龄幼虫遇到气温骤降时多大量死亡。卵期 4~10 d，幼虫共 8 龄，部分越冬幼虫 9 龄，幼虫期 40~65 d，越冬幼虫 100~120 d。蛹期 13~18 d，越冬蛹 80~120 d。成虫寿命 3~8 d。

成虫多在傍晚羽化，昼伏夜出，有趋光性，飞行能力强。羽化当晚或翌日晚交尾，交尾后就地产卵或飞到生长良好的松林产卵，产卵量 250~500 粒。卵常在马尾松针叶上堆积呈不规则的疏松卵块，每块有卵 10~300 粒。大发生时，卵块随处可见。盛孵多在 4:00~12:00，幼虫孵化后多群集取食部分卵壳，数小时后爬上针叶取食而使受害叶渐弯曲枯萎。1、2 龄体毛长而密，能借风力飘散他处；3 龄后分散取食全叶，大龄虫多从针叶中间咬断而使受害林地面出现大量断叶。幼虫老熟后即落地或沿树干爬下寻找隐蔽场所结茧化蛹，如林下地被物稀少则多在树干和针叶丛中结茧，反之则多在灌丛枝叶上结茧；茧常成堆。

该虫多在背风向阳、郁闭度较大、隐蔽湿润的山腰间的马尾松林成灾，如当年越冬虫口密度大、寄生率低、春、夏少雨时，4~6 月有可能局部成灾，形成虫源地，8~9 月扩大为片状的发生中心或大面积成灾。

卵期天敌有黑卵蜂、赤眼蜂、平腹小蜂；幼虫期天敌有黑足凹眼姬蜂、内茧蜂；蛹期

天敌有松毛虫黑点瘤姬蜂、大腿小蜂、蚕饰腹寄蝇、松毛虫狭额寄蝇。白僵菌对蛹的寄生率有时达 95%。

茶毒蛾 *Arna pseudoconspersa* (Strand)（图 8-53）
（鳞翅目：目夜蛾科）

茶毒蛾

又名茶黄毒蛾、茶毛虫。分布于国内茶产区；日本。危害油茶、茶、乌桕、油桐、柿、枇杷、柑橘、玉米等。先食嫩梢后食叶、嫩枝皮及果皮，使茶籽减产，影响植物生长。

形态特征

成虫　雄翅展 20～26 mm，雌翅展 30～35 mm。雄成虫翅棕褐色，布黑色鳞片；前翅橙黄色，中部有 2 条黄白色横带，顶角和臀角各具 1 黄色斑，顶角黄斑内有 2 黑色圆点；内、外横线橙黄色。雌成虫腹末有黄毛簇。春秋季体翅黑褐色。

幼虫　老熟幼虫体长 18～25 mm，黄棕色。头部有褐色小点。气门上线褐色、具 1 白线。第 1～8 腹节亚背线上的黑褐色毛瘤上生黄白色长毛。

生活史及习性

江苏、浙江、安徽、四川、贵州及陕西 1 年 2 代，江西、湖南、广西 1 年 3 代，福建 1 年 3～4 代，台湾 1 年 5 代；以卵在树冠中、下层萌芽条上或叶背越冬。

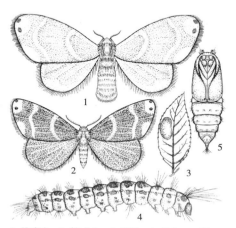

1. 雌成虫；2. 雄成虫；3. 卵块；4. 幼虫；5. 蛹
图 8-53　茶毒蛾

成虫夜间活动，有趋光性，性诱能力强烈。交尾当天或翌日晚产卵，喜产于生长茂盛的茶林及较矮的植株、萌条上，卵块椭圆形，2～3 层排列、有卵 30～200 粒，上覆体毛。3 龄前幼虫群集取食叶肉，被害叶呈网状而枯萎，受惊即吐丝下坠；3 龄后成群迁至树冠食叶，常群集结网；老熟幼虫群集下树于枯落物下、树干间缝及表土层下结茧化蛹，以阴暗潮湿处为多。幼虫怕光及高温干旱，中午及蜕皮前常吐丝下坠或迁至树冠下阴凉处，约 16:00 又上树危害。

天敌中以核型多角体病毒利用价值较高。卵期天敌有黑卵蜂、赤眼蜂；幼虫期天敌有绒茧蜂、日本黄茧蜂、3 种姬蜂、2 种寄蝇，以及步甲、螳螂、蜘蛛、两栖类。

侧柏毒蛾 *Parocneria furva* (Leech)（图 8-54）
（鳞翅目：目夜蛾科）

侧柏毒蛾

分布于东北地区及内蒙古、北京、河北、山西、江苏、浙江、湖北、湖南、江西、安徽、福建、台湾、山东、河南、广东、广西、四川、贵州、陕西、青海；日本。危害侧柏、台湾扁柏及圆柏。

形态特征

成虫　体灰褐色，长 10～20 mm，翅展 19～34 mm。雌蛾触角短栉齿状，灰白色；前翅浅灰色，鳞片薄，略透明，翅面齿状波纹略见，近中室处具 1 暗色斑，翅外缘色较暗、具

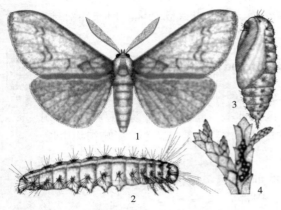

1. 成虫；2. 幼虫；3. 蛹；4. 卵
图 8-54 侧柏毒蛾

若干黑斑。雄蛾触角羽毛状，色较深，前翅斑纹模糊，Cu_2 脉下方近中室处的暗色斑较显著。

卵 扁圆形，0.7~0.8 mm。初绿色，有光泽，渐变黄褐色，孵化前黑褐色。

幼虫 老熟幼虫体长 20~30 mm，体绿灰色或灰褐色，腹面黄褐色。头部灰黑色或黄褐色，有茶色斑点；各体节棕白色毛瘤上着生黄褐色和黑色刚毛，背线黑绿色，第 3、7、8、11 节背面灰白色，亚背线在第 4~11 节黑绿色，亚背线与气门线有白色斑纹；腹部第 6~7 节背面各具 1 淡红色翻缩腺。

蛹 长 10~14 mm，青绿色，羽化前褐色，各腹节有白斑 8 个，白斑生少数细白毛，气门黑色；臀棘钩状，暗红褐色。

生活史及习性

青海 1 年 1 代，北京、山东、陕西 1 年 2 代，江苏 1 年 2~3 代；以卵在侧柏鳞叶或小枝上越冬。1 代区，3 月下旬至 4 月中旬越冬卵孵化，幼虫危害至 8 月中旬，7 月上旬至 8 月下旬幼虫老熟化蛹，7 月下旬至 9 月中旬成虫羽化、产卵越冬。2 代区，3 月中、下旬越冬卵孵化，幼虫危害至 5 月中、下旬，5 月为蛹期，5 月中旬至 6 月下旬成虫羽化，5 月下旬至 6 月上旬产卵；6 月中旬卵开始孵化，危害至 8 月上旬至 9 月初化蛹，成虫 8 月底至 9 月初羽化、产卵越冬。2~3 代区，2 月下旬越冬卵开始孵化，5 月中旬开始化蛹，6 月上、中旬越冬代成虫羽化；第 1 代成虫 7 月至 9 月中旬羽化，7 月下旬产卵，8 月下旬以后产的卵即进入越冬状态；第 2 代成虫 9 月下旬至 10 月中旬羽化、产卵、越冬。卵期 16~21 d、越冬卵历期达 4~5 个月，越冬代幼虫 5 龄，历期 42~62 d。第 1 代幼虫 5~7 龄，历期 40~85 d。第 2 代幼虫 5~6 龄，历期 29~35 d。越冬代蛹期 7~11 d，第 1 代 6~10 d，第 2 代 10~16 d。成虫寿命 11~18 d。

幼虫多在夜间取食，白天隐藏，初孵幼虫食鳞叶尖端和边缘，3 龄后食全叶。老熟幼虫在叶丛吐丝结茧，经 1~3 d 预蛹期后化蛹。成虫多在夜间至上午羽化，白天静伏枝叶上，趋光性较强，傍晚后飞翔交尾、产卵，发生量大时白天亦飞翔。卵堆产于侧柏鳞叶上，单雌产卵量 40~193 粒，每块有卵 3~32 粒。干旱对种群数量有明显的抑制作用，虫灾常发生在郁闭度较大的林分或枝叶茂密的立木上，纯林比混交林发生重。

卵期天敌有跳小蜂；幼虫期天敌有家蚕追寄蝇、狭颊寄蝇；蛹期天敌广大腿小蜂寄生率 36.2%，而黄绒茧蜂寄生率很低。捕食性天敌有蠼螋、鸟类、蜘蛛、蚂蚁、螳螂、胡蜂等。

杨雪毒蛾 *Leucoma candida* (Staudinger)（图 8-55）
（鳞翅目：目夜蛾科）

杨雪毒蛾

分布于北京、河北、山西、内蒙古、辽宁、吉林、黑龙江、上海、江苏、安徽、福建、江西、山东、河南、湖北、湖南、四川、云南、西藏、陕西、宁夏、甘肃、青海、新疆等地；朝鲜、日本、蒙古、俄罗斯。危害多种杨、柳、日本桤木、白桦、榛等。

形态特征

成虫 体长 14～23 mm，翅展 35～52 mm。全身被白色绒毛，略有光泽。触角主干白色，有褐色纹。翅面上鳞片较宽，排列稠密。雄性外生殖器瓣外缘有许多细齿，钩形突基部圆形加宽，阳茎端膜上角状器由许多硬刺组成；雌性外生殖器交配孔上的盖片"M"形。

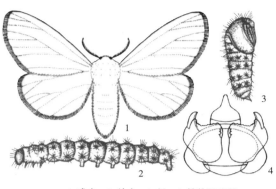

1. 成虫；2. 幼虫；3. 蛹；4. 雄外生殖器

图 8-55 杨雪毒蛾

卵 馒头形，黑棕色。

幼虫 老熟幼虫体长 30～50 mm，体棕黑色，背中线浅黑色，两侧为黄棕色，其下各有 1 灰黑色纵带。第 1、2、6、7 腹节背面有黑色横带，气门线灰褐色，气门棕色，围气门片黑色。体每节均有红色或黑毛瘤 8 个，形成 1 横列，其上密生黄褐色长毛及少数黑色或棕色短毛。体腹面青棕色，胸足棕色，翻缩腺浅红棕色。

蛹 体长 16～26 mm，棕黑色，刚毛棕黄色，表面粗糙，密生孔和纹。

生活史及习性

黑龙江、甘肃等地 1 年 1 代，河南 1 年 2 代，以幼龄幼虫在树皮裂缝中结茧越冬。翌年 4 月中旬杨树展叶时开始活动，5 月下旬在树皮裂缝或土块下化蛹。6 月上旬为化蛹盛期，中旬化蛹结束。7 月上旬羽化结束，6 月上旬开始产卵，中旬为产卵盛期。7 月上旬第 1 代幼虫大量出现，8 月中旬为幼虫化蛹盛期，8 月下旬幼虫化蛹结束。8 月下旬为蛹羽化盛期，9 月上旬出现第 2 代幼虫，后以低龄幼虫越冬。羽化多在晚间，成虫有较强的趋光性，白天静伏。卵大多产于树皮、叶背、枝条等处，呈星块状，卵期 14～18 d。初孵幼虫不立即取食，多群集静伏隐蔽，有吐丝下垂习性。幼虫有强烈的避光性，老龄幼虫更为明显，晚间上树取食，白天下树隐蔽。各龄幼虫在蜕皮前停食 2～3 d，蜕皮后停食 1 d 开始危害。老熟幼虫常在树冠下部外围吐丝将叶片纵卷，做一护膜后蜕皮，以后虫体逐渐收缩，进入预蛹期，3 d 后蜕皮成蛹。

美国白蛾 *Hyphantria cunea*（Drury）（图 8-56）
（鳞翅目：目夜蛾科）

美国白蛾

分布于吉林、辽宁、山东、北京、天津、河北、河南、江苏、安徽；朝鲜、韩国、日本、蒙古、俄罗斯，中亚、西亚、欧洲、北美洲。危害糖槭、白蜡树、桑、樱花、杨、柳、臭椿、悬铃木、榆、栎类、桦木、刺槐、桃等 100 多种植物，5 龄后分散转移可食害附近的农作物、观赏植物和杂草。自 1984 年以来，一直被列为全国林业检疫性有害生物。

形态特征

成虫 雌翅展 34～42.4 mm、雄翅展 25.8～36.4 mm。雄触角双栉齿，雌锯齿状。复眼黑色，前足基节及腿节端部橘红色，前足胫节具 1 对短齿，后足胫节具 1 对短距。翅白色，但雄蛾前翅常有黑斑点；前翅 R_{2-5} 及前、后翅 M_{2-3} 共柄。雄性外生殖器爪突钩状下

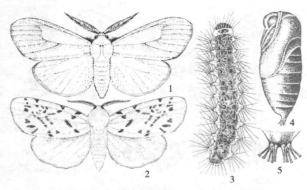

1. 雌成虫；2. 雄成虫；3. 幼虫；4. 蛹；5. 蛹的臀棘

图 8-56 美国白蛾

弯、基部宽，抱器瓣端部细，阳具端有许多小刺。

卵 球形，0.4~0.5 mm。初淡黄绿色或灰绿色，后灰褐色。卵块行列整齐，被鳞毛。

幼虫 分红头与黑头2型，我国多为黑头型。老熟幼虫体长 28~35 mm，黄绿色至灰黑色，背部色深，体侧和腹面色淡；背部毛瘤黑色，体侧毛瘤多橙黄色，毛瘤生黑白2色刚毛。趾钩单序中列，中部的长。

蛹 长 8~15 mm，暗红褐色；臀棘 8~17根，排成扇形。茧薄，灰色杂有体毛。

生活史及习性

辽宁1年2代，陕西2代、有不完全的第3代，以蛹在墙缝、7~8 cm 浅土层内、枯枝落叶层等处越冬。翌年4月初至5月底越冬蛹羽化，4月中旬至6月上旬为卵期；4月下旬至7月下旬为幼虫期，盛期5月中旬至6月下旬，6月上旬至7月下旬为蛹期。第2代成虫出现于6月中旬至8月上旬，盛期7月中、下旬，幼虫6月下旬至9月中旬、盛期7月中旬至8月中旬，8月上旬开始下树化蛹，大多数以蛹越冬，少数羽化。第3代成虫8月下旬至9月下旬发生，9月初出现幼虫并造成一定的危害，但4~5龄因不能化蛹越冬而死亡。幼虫期6龄35 d，7龄42 d；预蛹期2~3 d，蛹期9~20 d、越冬蛹8~9个月。产卵量360~1242粒。成虫寿命4~8 d。

成虫白天静伏，一般远飞约1 km，在海边借助风力可扩散20~22 km，趋光性较弱，灯下诱到的多为雄虫。0:30~1:00 交尾，但常持续8~36 h。卵多在阴天或夜间湿度较大时孵化。幼虫耐饥饿能力强，5龄后可耐饥饿5~13 d。1~4龄为群聚结网阶段，初孵幼虫在叶背吐丝缀叶1~3片成网幕，在其中食叶下表皮和叶肉而使叶片透明；2龄后网内食物不足而分散为2~4小群再结新网；3~4龄食量和网幕不断扩大，其中常有1~4龄幼虫数百头，个别网幕可长达1.5 m；5龄后脱离网幕分散生活；6~7龄食量占幼虫期的56%以上，进入蚕食叶片期，食净叶组织只留主脉，树上无叶后即转移食害其他阔叶树和植物。第1代蛹多集中在枝干老皮缝隙、枯枝落叶层、杂物或2~3 cm深的表土层内，越冬蛹可分散距寄主数百米的建筑物、树干缝隙及其他隐蔽处。

卵期天敌有草蛉、瓢虫和姬蜂类；幼虫期天敌有蜘蛛、草蛉、螳螂及蜂类，1~3龄幼虫由蜘蛛引起的致死率 30%~90%；蛹期天敌有白蛾周氏啮小蜂 *Chouioia cunea* Yang、寄生蝇。

此外，目夜蛾科重要种类还有：

雪毒蛾 *Leucoma salicis*（L.）：常与杨雪毒蛾混合发生。二者成虫非常相似，主要根据雌、雄性外生殖器特征以及幼虫形态区分。该种雄性外生殖器瓣外缘光滑，钩形突基部三角形加宽，阳茎端膜上角状器由带钩的硬片组成；雌性外生殖器交配孔上的盖片梯形。幼虫体黄色，亚背线黑褐色，背部毛瘤橙色或棕黄色，胸黄色，足黑色。

乌桕黄毒蛾 *Arna bipunctapex* (Hampson)：又名枇杷毒蛾。国内分布于陕西、河南、上海、江苏、浙江、福建、台湾、江西、湖北、湖南、广东、广西、云南、四川、西藏。危害乌桕、油桐、油茶、桑、樟等多种林木、果树及农作物。浙江1年发生2代，以幼虫越冬。

榆黄足毒蛾 *Ivela ochropoda* (Eversmann)：又名榆毒蛾。分布于东北地区及陕西、宁夏、北京、河北、山东、山西、河南、福建。危害榆树。北京、辽宁、河南1年2代，以幼龄幼虫在树皮缝隙、孔洞结薄茧越冬。

模毒蛾 *Lymantria monacha* (L.)：又名松针毒蛾。分布于东北地区及陕西、甘肃、河北、山西、山东、河南、浙江、云南、贵州、四川、福建、台湾。西南地区危害油杉、云南松等。云南1年1代，以完成发育的幼虫在卵内越冬。

古毒蛾 *Orgyia antiqua* (L.)：几乎分布于全国各地。危害落叶松、杨、柳、栎类、松科、云杉等多种针、阔叶树及果树。大兴安岭1年1代，河南1年2代，以卵越冬。

褐点粉灯蛾 *Alphaea phasma* (Leech)：又名粉白灯蛾。分布于湖南、贵州、四川、云南。危害樟、滇杨、女贞、桃等55科计110余种植物。云南昆明1年1代，以蛹越冬。

杨裳夜蛾 *Catocala nupta* (L.)：国内广泛分布。危害杨、柳、枣、柿、柏木等。东北地区1年1代，以幼虫在落叶层下越冬。

8.5.14 瘤蛾类

臭椿皮蛾 *Eligma narcissus* (Cramer)（图8-57）

（鳞翅目：瘤蛾科）

臭椿皮蛾

又名旋夜蛾、旋皮夜蛾。分布于辽宁、河北、山东、河南、上海、江苏、浙江、湖北、湖南、福建、台湾、四川、贵州、云南、陕西、甘肃。主要危害臭椿、香椿、红椿、桃和李等园林观赏树木。

形态特征

成虫 体长22~23 mm，翅展69~71 mm。头、胸背面为褐色，胸部腹面及腹部橙黄色，腹部背面有黑色斑纹1列，侧面有黑斑2列。前翅狭长，中间近前方自基部至翅顶有1条白色纵带，近前缘部分灰黑色，后半部瓦灰褐色。后翅基半部橙黄色，端半部紫青色。

卵 近圆形，乳白色。

幼虫 幼虫老熟时体长约48 mm，头深褐至黑色，前胸背板与臀板褐色，体橙黄色，胸部背板第2~9节每节有黑斑1对和透明瘤1对，其上生白色细长毛。

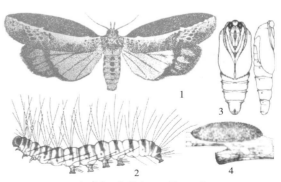

1. 成虫；2. 幼虫；3. 蛹；4. 茧

图8-57 臭椿皮蛾

蛹 扁平,纺锤形,红褐色。蛹腹部5~10节能左右摆动,吱吱作响。椭圆形,红褐色。茧梭形,灰褐色,酷似树皮。

生活史及习性

1年2代,以包在薄茧中的蛹在树枝、树干上越冬。翌年4月中、下旬羽化,成虫有趋光性,交尾后将卵分散产在叶片背面。卵块状,一雌可产卵100多粒,卵期4~5 d。5~6月幼虫孵化危害,喜食幼嫩叶片,1~3龄幼虫群集危害,4龄后分散在叶背取食,受到震动容易坠落和脱毛。幼虫老熟后,爬到树干咬取枝上嫩皮和吐丝黏合,结成丝质的灰色薄茧化蛹。茧多紧附在2~3年生的幼树枝干上,极似树皮的隆起部分,幼虫在化蛹前在茧内常利用腹节间的齿列摩擦茧壳,发出"嚓嚓"的声音,持续4 d左右。蛹期15 d左右。7月第1代成虫出现,8月上旬第2代幼虫孵化危害,严重时将叶吃光。9月中下旬幼虫在枝干上化蛹结茧越冬。

此外,瘤蛾科其他部分重要种类见表8-5。

表8-5 瘤蛾科部分重要种类

种 类	分 布	寄 主	生活史及习性
典皮夜蛾 *Nycteola revayana* (Scopoli)	东北、西北地区	杨、柳	1年2~3代,以成虫在落叶层下或树干翘裂的老皮内越冬
花布夜蛾 *Camptoloma interiorata* (Walker)	东北、华北、华东、华中、华南、西南地区	槲、栎类、栗、苦槠、乌桕、柳等	1年1代,以3龄幼虫在树干或枝杈处结苞群集越冬,或在干基枯落层下群集越冬

8.5.15 夜蛾类

焦艺夜蛾 *Hyssia adusta* Draudt(图8-58)

(鳞翅目:夜蛾科)

焦艺夜蛾

分布于浙江、福建、湖南、安徽、广东。危害马尾松,大发生时幼虫可将整片松林针叶吃光,仅残留针叶基部,使林木材积生长量减少,树势削弱。

形态特征

成虫 体长14~18 mm,翅展34~44 mm。头及胸部暗棕色。前翅暗棕色,间有灰白斑,内横线黑色,外横线黑色锯齿形外弯,后翅灰白色,端区灰褐色,前后翅内面中室均有1黑斑。

卵 半球形,长约0.75 mm。初产时米黄色,渐变为褐色。有约30条纵棱横道构成横长方格。卵孔不明显。

幼虫 体长20~28 mm,头宽2.9~3.4 mm;体有青绿色和红褐色2种色型。头部黄棕色,额区红褐色,唇基及上唇黄白色;上唇缺切线,约为上唇高的1/3;上颚具5齿,臼齿突呈脊状突起。背线、亚背线、气门线均为白色,气门上线深红褐色;气门椭圆形,大小约为第1腹节气门的2倍;气门筛黄褐色,围气门片黑色;腹面灰黄色;腹足草绿色。

趾钩单序中带。

蛹 棕褐色。长 15~19 mm，宽 6~7 mm；中胸背面中部有横形皱纹；腹部第 3~8 节背面近前缘处各有 1 列明显的纵刻纹，腹部末端有 2 乳头状突起，突起两侧各有 1 小突起，腹末有刺 6 根。

生活史及习性

1 年 1 代，以蛹在 3~10 cm 深较疏松湿润土壤中越冬。翌年 3 月上旬始见羽化，卵期 3 月中旬至 5 月中旬。幼虫期 4 月上旬至 7 月中旬，6 月下旬有幼虫开始入土化蛹。成虫白天羽化，以 13：00~16：00 最多，初羽化成虫爬到隐蔽场所停留，30~90 min 全翅才能展开。展翅后原

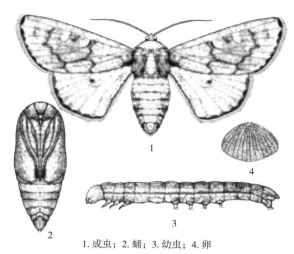

1.成虫；2.蛹；3.幼虫；4.卵

图 8-58 焦艺夜蛾

地振动，然后静伏。成虫有较强趋光性，傍晚开始飞翔活动，补充营养。羽化后 5~10 d 交尾，交尾多在夜间进行。交尾后 5 d 内产卵，多在上半夜分多次产于松针上，成单行排列，一般每排 30 粒左右。产卵量相差很大（几十粒至千余粒），平均 400 粒左右。卵经 7~14 d 孵化，孵化多在 12：00~19：00，一般孵化率在 95% 左右。初孵幼虫有吐丝下垂习性。幼虫 6~7 龄，4 龄以上食量大增。取食时，头朝叶端部倒退取食，退到不好退时便换一针叶取食。因此被食针叶均留下与虫体长差不多的基部，而不取食的幼虫则头朝针叶基部作拟态。老熟幼虫有沿树干爬行习性。老熟幼虫多在树基下方疏松表土中筑室化蛹。

此外，夜蛾类还有以下重要种类：

梦尼夜蛾 *Orthosia incerta*（Hufnagel）：分布于东北、西北、浙江。危害杨、榆、白蜡树、白桦、黑桦、栎类、柳等。1 年 1 代，以蛹在土壤中越冬。翌年 3 月上旬成虫羽化。

8.5.16 舟蛾类

杨扇舟蛾 *Clostera anachoreta*（Denis et Schiffermüller）（图 8-59）

（鳞翅目：舟蛾科）

杨扇舟蛾

又名白杨天社蛾。分布于几乎全国各地；朝鲜、日本、印度、斯里兰卡、俄罗斯，欧洲。危害杨、柳。

形态特征

成虫 雄翅展 23~37 mm、雌翅展 38~42 mm，体灰褐色，前翅具 4 灰白色波状横纹，顶角有 1 褐色扇形斑，外横线通过扇形斑处时双齿形斜伸，外衬 2~3 锈褐色斑，扇斑下方具 1 黑斑。后翅灰褐色。

幼虫 老熟时体长 32~40 mm。头部黑褐色；胸部灰白色，侧面墨绿色。腹背灰黄绿色，两侧有灰褐色宽带；每节具环状排列的橙红色瘤 8 个、其上具长毛，两侧的黑瘤上生

图 8-59 杨扇舟蛾

白细毛 1 束，第 1、8 腹节背中央各具 1 枣红色瘤，臀板赭色。胸足褐色。

生活史及习性

辽宁、吉林 1 年 3 代，河北、河南 3~4 代，安徽、陕西 4~5 代，江西、湖南 5~6 代，以蛹在枯落物等隐蔽处越冬；海南岛 8~9 代，无越冬现象。成虫出现的时间各地不一，东北为 4 月下旬至 5 月初，随着分布区的南移，出现期也渐次提前。

成虫傍晚羽化最多，有趋光性，白天静伏，有多次交尾习性，上半夜交尾，下半夜产卵，寿命 6~9 d。未展叶前卵产于小枝，以后则产于叶背，卵块单层，数粒至 600 粒，单雌产卵量 100~600 粒。初孵幼虫群集啃食叶肉，2 龄后群集缀叶成枯黄虫苞，3 龄后分散尽食全叶，可吐丝随风飘迁他处危害；末龄食量占总食量 70% 左右，老熟幼虫卷叶化蛹。

卵期天敌黑卵蜂寄生率达 36% 以上；幼虫期天敌有毛虫追寄蝇、绒茧蜂，颗粒体病毒对 3 龄以上幼虫有很强的致病力，鸟类对幼虫也具有控制作用；蛹期可见广大腿小蜂寄生。

分月扇舟蛾 *Clostera anastomosis*（L.）（图 8-60）

（鳞翅目：舟蛾科）

分月扇舟蛾

又名银波天社蛾。分布于黑龙江、吉林、内蒙古、新疆、甘肃、陕西、河北、江苏、上海、浙江、安徽、福建、湖北、湖南、重庆、四川、云南、贵州；朝鲜、日本、蒙古、俄罗斯、欧洲、北美洲。危害杨、柳、白桦。

形态特征

成虫　雌虫翅展 39~47 mm，雄虫翅展 32~41 mm，体灰褐色，头顶和胸背中央黑棕色。前翅暗灰褐色，具 3 条灰白色横线，外缘近顶角处略显棕黄色，扇形斑近红褐色；亚外缘线由 1 列褐色点排成波浪形，Cu 至 R_5 脉间有暗褐色波浪形带；翅中区圆形暗褐色斑中央由 1 条灰白色线将其分成两半。后翅色较淡。雄虫腹部较瘦细，尾部有 1 长毛丛，体色较雌虫深。

幼虫　老熟幼虫体长 35~40 mm，纺锤形。头部褐色，胸、腹部暗褐色，亚背线鲜黄色，气门上线淡褐色；中、后胸和腹部第 2 节背面各有 2 红色瘤状突；腹部第 1 节有 1 黑色大瘤状突；第 8 节有 4 黑色瘤状突，其前方具 1 对鲜黄色突起；前、中胸具 4 红点；两条亚背线之间除前胸、腹部第 1、8 节外，每节各有 1 对白色突起。

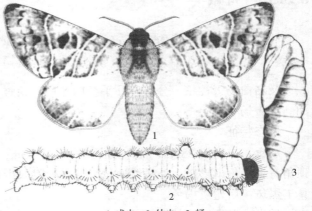

1. 成虫；2. 幼虫；3. 蛹

图 8-60 分月扇舟蛾

生活史及习性

东北 1 年 1 代，以 3 龄幼虫结白色椭圆形薄茧在树下枯枝落叶层内越冬；翌年 5 月下旬越冬幼虫出蛰，群栖危害，6 月中、下旬结茧化蛹，7 月上旬羽化、交尾、产卵；7 月中旬卵孵化，8 月上旬结茧越冬，整个幼虫期 326~338 d，蛹期 17~19 d，成虫寿命 4~19 d，卵期 10~11 d。上海 1 年 6~7 代，以卵在杨树枝干上越冬，少数以 3~4 龄幼虫和蛹越冬；越冬卵翌年 4 月上旬开始孵化，幼虫啃食芽鳞和嫩枝皮，随后取食叶片；5 月中、下旬幼虫老熟化蛹，5 月中旬至 6 月上旬成虫羽化、交尾、产卵，此后连续繁殖危害；至 11 月部分生长缓慢的以 3~4 龄幼虫在枯枝落叶层中越冬，另一部分则在 11 月底至 12 月初羽化、产卵、以卵过冬。

卵产在杨树叶片背面，多在 4:00~6:00 孵化。初孵幼虫群栖叶片取食叶肉，使其呈箩底状、枯黄；2 龄后自叶片边缘咬食，4 龄后咬食整个叶片；幼虫老熟后，吐丝卷叶并在其内化蛹。幼龄幼虫吐丝下垂、随风传播，大龄幼虫受惊后极易落地，不取食时多数栖息在嫩枝上，取食时再爬至叶片。成虫羽化多集中在白天，数小时后即交尾、产卵，白天栖息在杨树或灌木枝叶上，晚上活动，有趋光性。单雌产卵量约 500 粒，最多 1682 粒，卵排列呈块状。该虫在分散而稀疏的林内发生较重，在将整枝的叶片吃光后常转移到邻近的大黄柳和白桦上取食。

幼虫期的天敌有寄生蝇，蛹期常受鸟和蚂蚁侵击。

杨二尾舟蛾 *Cerura erminea*（Esper）（图 8-61）
（鳞翅目：舟蛾科）

杨二尾舟蛾

又名双尾天社蛾。本种具多个亚种，在我国大陆地区分布的为杨二尾舟蛾大陆亚种 *C. erminea menciana* Moore。全国各地均有分布；朝鲜、日本、越南、缅甸。危害杨柳科树种，能暴发成灾。

形态特征

成虫　体长 28~30 mm，翅展 75~80 mm。下唇须黑色，头和胸部紫灰褐色，腹背黑色。胸背 6 黑点排成 2 列，翅基片具黑点 2 个。第 1~6 腹节中央有 1 灰白色纵带，每节两侧各有 1 黑点；腹末 2 节灰白色、两侧黑色，中央具 4 黑纵线。前翅灰白色微呈紫褐色，翅脉黑褐色，所有斑纹黑色，基部鼎立黑点 3 个，亚基线由 1 列黑点组成；内横线 3 条，最外一条在中室下缘以前断裂成 4 黑点，其下段与其余 2 条平行，内 2 条在中室内呈环形、在近前缘处呈弧形分开；横脉纹月牙形，中横线和外横线双道、深锯齿形，外缘线由脉间黑点组成。后翅灰白色微带紫色，翅脉黑褐色，横脉纹黑色。

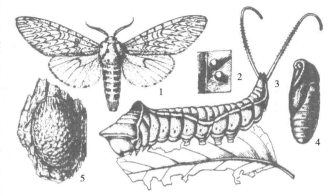

1. 成虫；2. 卵；3. 幼虫；4. 蛹；5. 茧
图 8-61　杨二尾舟蛾

卵　馒头状，直径 3 mm，赤褐色，中央具 1 黑点，边缘色淡。

幼虫　老熟幼虫体长 50 mm，体叶绿色。头褐色，两颊具黑斑。第 1 胸节背面前缘白色，后有 1 紫红色三角斑，其尖端向后伸过峰突，峰突后的纺锤形宽带伸至腹背末端。第 4 腹节近后缘有 1 白色条纹，纹前具褐边；体末端有 2 个褐色长尾角。

蛹　赤褐色，宽 12 mm，长 25 mm。尾端钝圆，有颗粒突起。茧椭圆形，长 37 mm，宽 22 mm，灰黑色，坚实，紧贴树干、与树皮同色，其上端具 1 胶体密封的羽化孔。

生活史及习性

辽宁、宁夏 1 年 2 代，陕西西安 1 年 3 代，以蛹在茧内越冬。2 代区越冬代成虫 4 月下旬出现，5 月下旬幼虫孵化，6 月下旬至 7 月上旬幼虫盛发，7 月上、中旬幼虫老熟结茧，7 月中、下旬第 1 代成虫羽化，8 月上、中旬第 2 代幼虫发生，8 月中、下旬是危害盛期，9 月幼虫老熟结茧越冬。3 代区的各代成虫发生期分别为 4 月中旬至 5 月中、下旬，6 月中旬至 7 月上、中旬，8 月中旬至 10 月上旬；幼虫危害期分别为 4 月下旬至 6 月上旬，7 月上旬至 7 月下旬，8 月下旬至 10 月上、中旬。9 月下旬至 10 月上、中旬老熟幼虫陆续结茧化蛹越冬。

成虫多在 16:00~21:00 羽化，有趋光性，羽化 5~8 h 后交尾，一般只交尾 1 次；当夜产卵，产卵 4~9 次，卵多产在叶片上，1 叶常有卵 1~2 粒。单雌产卵量 132~403 粒，以第 3 代产卵最多，第 2 代次之，第 1 代最少。卵以 4:00~9:00 孵化为多，初孵幼虫在卵附近叶面上爬动、吐丝，约 3 h 后取食。3 龄前食叶量占总食叶量的 4%，4 龄食量占总食叶量的 10%，5 龄暴食期常将树叶吃光、食量占总食叶量的 86%。2、3 代老熟幼虫多在枝干分叉处化蛹，而越冬代在树干基部或树皮裂隙内，咬破枝干、吐丝黏合枝干碎屑结茧化蛹。

杨小舟蛾 *Micromelalopha sieversi*（Staudinger）（图 8-62）
（鳞翅目：舟蛾科）

杨小舟蛾

又名杨天社蛾。黑龙江、吉林、甘肃、山西、陕西、北京、山东、江苏、浙江、安徽、江西、湖北、湖南、重庆、四川、云南、西藏；朝鲜、日本、俄罗斯。危害杨、柳。

形态特征

成虫　体长 9~12 mm；翅展 22~26 mm。全体有赭黄色、黄褐色、红褐色和暗褐色各种变异。前翅后缘和顶角较暗，有 3 条精细的灰白色横线，每线两侧衬暗边；亚基线微波浪形；内线从前缘到亚中褶直向外斜伸，然后呈屋脊状分叉，但外侧不如内侧清晰；外线波浪形；亚端线由 1 列脉间黑点组成，波浪形；横脉纹为 1 小黑点。后翅臀角有 1 赭色或红褐色小斑；横脉纹为 1 小黑点。

幼虫　老熟时体长 21~23 mm。头大，肉色，颅侧区各有 1 条由细点组成的黑纹，呈"人"字形，但头顶的较浓。身体叶绿色，老熟时发暗，灰绿到灰褐色，微带紫色光泽。亚背线黄白色，老熟时呈赭黄色；亚背线以下至腹面灰黑色；腹面叶绿色；气门黑色。在第 1、8 腹节背中央各有 2 较大的毛瘤，其周围紫红色，在 3、5 腹节背中央有 2 紫红色疣。

生活史及习性

在吉林 1 年 2 代，河南 3~4 代，陕西 4~5 代，江西 5 代；以蛹越冬。在陕西关中以第 2~3 代危害严重，次年 4 月中旬成虫开始羽化，预蛹期 1~2、蛹期 6~10、产卵前期 1~4、卵期 5~6、幼虫期 17~24、成虫寿命 3~12 d。各代幼虫发生期为 4 月下旬至 6 月上旬、

5月下旬至7月下旬、6月下旬至8月上旬、越冬代7月下旬至10月中旬缀叶或在树皮缝或地面杂物下结薄茧化蛹越冬、局部世代8月中旬至10月上旬，成虫发生期5月下旬至6月下旬、6月下旬至7月下旬、7月下旬至8月下旬、局部世代8月中旬至9月中旬。

成虫昼伏夜出，有趋光性和多次交尾习性，20:00时后多卵产于叶上；单雌产卵量70~410粒，卵块单层、有卵70~329粒，散产卵多不孵化。幼虫5龄，初孵幼虫在叶背群集取食、被害叶具箩网状透明斑，稍大后分散蚕食、仅留叶脉，4龄后

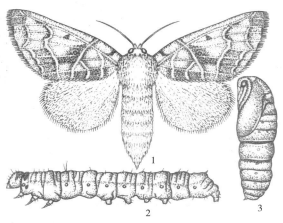

1. 成虫；2. 幼虫；3. 蛹

图8-62　杨小舟蛾

进入暴食期，7、8月高温多雨季节危害最烈。幼虫行动迟缓，白天隐伏于树皮缝隙或枝权间、夜出取食、黎明又潜伏；老熟后下树化蛹。

该虫嗜食黑杨派树种，白杨派受害轻微，青杨派几乎不受害；大龄树受害重于小树，树皮粗糙者受害重，树下杂物、杂草多者受害重。

天敌有蜘蛛、螳螂、毛虫追寄蝇，而舟蛾赤眼蜂、杨扇舟蛾黑卵蜂与扁股小蜂在第4代的混合寄生率85%~96%，广大腿小蜂对越冬蛹的寄生率达70%以上。

苹掌舟蛾 *Phalera flavescens* (Bremer et Grey)（图8-63）
（鳞翅目：舟蛾科）

苹掌舟蛾

又称苹果舟形毛虫，分布于黑龙江、辽宁、陕西、甘肃、北京、河北、山东、山西、上海、江苏、浙江、江西、湖北、湖南、福建、广东、广西、重庆、四川、云南、贵州、海南、台湾；朝鲜、日本、俄罗斯、缅甸。危害苹果、梨、海棠、桃、梨等多种果树，在严重发生的果园，常将大部分叶片吃光，引起二次开花，影响翌年产量。

形态特征

成虫　体长22~25 mm，翅展50 mm，体浅黄色。雌虫触角背面灰白色，雄虫触角各节两侧生淡黄色毛丛。前翅淡黄白色，近基部具银灰与褐紫色组成的混合斑，外缘有相同的大型色斑1列、6个。后翅淡黄色。腹部背面被黄褐色绒毛。

幼虫　老熟幼虫体长50 mm。头黑

1. 成虫；2. 幼虫

图8-63　苹掌舟蛾

褐色,有光泽。体被黄白色长软毛,胴部背面紫褐色,腹面紫红色,体侧有紫红色并稍带黄色的条纹。

生活史及习性

1年1代,以蛹在土中越冬。翌年7月上旬至8月上旬羽化出土,以雨后黎明出土最多,成虫白天隐藏于树叶或杂草丛中,有趋光性,夜间活动。羽化数小时至数天后交尾,交尾后1~3 d产卵,卵数十粒或百余粒成块产于树体的东北面。卵期6~13 d,初孵幼虫多群栖叶背,取食时排列整齐,幼龄幼虫受惊扰后成群吐丝下坠,稍大后渐分散取食并转移危害。幼虫白天多栖于叶柄,头尾上翘如舟,故成舟形毛虫,老熟后沿树干下地入土化蛹越冬。

栎蚕舟蛾 *Phalerodonta bombycina* (Oberthür)(图8-64)
(鳞翅目:舟蛾科)

又名麻栎天社蛾。分布于东北地区及山东、江苏、浙江、安徽、江西、湖北、湖南、福建、四川、陕西;日本、朝鲜、俄罗斯。危害麻栎、栓皮栎、小叶栎、白栎、槲栎。幼虫取食栎叶,大发生时吃光栎叶,残留枝条,影响被害木的生长与结实。

形态特征

成虫 体长15~20 mm,翅展39~50 mm。灰褐色。触角黄褐色,栉齿状。下唇须黑褐色。前翅灰褐色,前缘及基部黑褐色,亚基线锯齿状;内横线双道、内道不明显,外道呈锯齿状;外横线锯齿状,弓形。后翅灰褐色,外横线色淡。腹端绒毛丛三色,即黄褐色、黑褐色和黑褐色。雄蛾体色较深,腹端无绒毛丛。

幼虫 头部橘红色,胸、腹部淡绿色,背、侧面有紫褐色斑纹,趾钩单序中列。

生活史及习性

江苏1年1代,以卵越冬。翌年4月上、中旬越冬卵开始孵化,出卵幼虫群集于小枝条上取食嫩叶叶肉,使其枯萎;3龄以后日夜取食全叶,群集量大时常将小枝压弯;4龄后每头幼虫日食栎叶2片,当将被害株树叶吃光后,则转移危害;略受惊动,即昂首翘尾,口吐黑液;幼虫共5龄,幼虫期42~52 d。5月下旬至6月上旬老熟幼虫下树,在树干基部杂草及根际疏松土中3~10 cm深处结茧化蛹,蛹期4个月。10月下旬至11月上旬成虫羽化,以13:00~18:00羽化较多,羽化后当天即可交尾,交尾1次,有趋光性,寿命3~6 d;成虫白天静伏于灌木、草丛或树干基部,黄昏后活动、产卵。卵产于树冠中、下部的小枝条上,单雌产卵1~3块,多数卵沿枝条排列4~6行,卵块被黑褐色绒毛,每块有卵46~545粒、平均232粒。

此外,舟蛾科重要种类还有:

黑带二尾舟蛾 *Cerura felina* (Butler):分

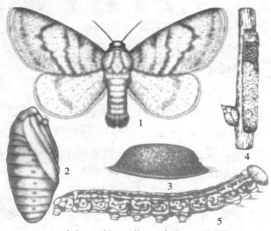

1.成虫;2.蛹;3.茧;4.卵块;5.幼虫

图8-64 栎蚕舟蛾

布于东北地区及北京、河北、甘肃。危害杨、柳。吉林 1 年 2 代,以蛹越冬。

柳扇舟蛾 Clostera pallida (Walker):分布于广西、四川、云南、西藏。是杨柳的重要害虫。1 年发生 1 代,以 2~3 龄幼虫群集缀叶苞于枝上越冬。

栎掌舟蛾 Phalera assimilis (Bremer et Grey)(=榆掌舟蛾 P. fuscescens Butler):分布于辽宁、北京、河北、山西、江苏、浙江、福建、江西、河南、湖北、湖南、广西、海南、四川、云南、陕西、甘肃、台湾。危害栎类、榆树。河南、浙江 1 年 1 代,湖北 1 年 2 代;以蛹在土中越冬。

蛾类的防治方法

1. 松毛虫的防治方法

(1) 营林技术措施

①营造混交林、合理密植、封山育林。松毛虫多在纯林地区及通风透光的疏林、郁闭度小的中、幼林猖獗成灾,林相复杂的针阔叶混交林区不易成灾。因此,造林时可选用壳斗科植物、木荷、木楠、樟、檫、木莲、杨梅、相思树、桉、云南油杉、早冬瓜等作为混交林树种,采用株间、带状或块状混交;并要适当密植,同时适时适度间伐修枝。采取封山育林以逐步增植和保护蜜源植物、改变林分组成、丰富森林生物群落,可创造有利于天敌栖息的环境,抑制松毛虫的发生。

②选育优良树种。火炬松、湿地松、长叶松、短叶松、晚松对马尾松毛虫有一定抗性,其中火炬松的抗性为马尾松的 9 倍。马尾松抗 11 号植株对马尾松毛虫成虫有拒降落性、拒产卵性和拒食性。赤松林中个别植株对赤松毛虫的抗性很强,应进行选育利用。

(2) 生物防治

①保护利用天敌。营造混交林、封山育林是保护天敌的最好方式。卵期利用松毛虫赤眼蜂,寄生率约达 30%;黑卵蜂、平腹小蜂的寿命长、抗逆性强,也可加以利用。幼虫期在水分充足、郁闭度大、植被多的松林里,于冬季引移双齿多刺蚁使 1 hm² 保持约 1 窝,松毛虫就不易成灾;螳螂也有一定的捕食作用。保护和招引有益食虫鸟类,如大山雀对控制毛虫有一定的作用,可设置人工巢箱招引,严禁猎杀。

②利用昆虫病原微生物防治。

质型多角体病毒 CPV:在早晨或黄昏用 50 亿~200 亿多角体悬浮液,采用 12 m 的条带间隔式喷洒,可获得较高的幼虫死亡率。如 CPV 与 Bt 或微量化学农药(如 1/200 000 氯氰菊酯)混用效果更好。

苏云金杆菌 Bt:对 3~4 龄幼虫,可用 0.5 亿~1 亿孢子/mL 的松毛虫杆菌液,1 亿~2 亿孢子/mL 青虫菌液,0.35 亿~1 亿孢子/mL Bt 武汉变种 104,15 亿孢子/g 粉剂,1 亿孢子/mL Bt 天门变种 7216,3 亿孢子/mL Bt 菌液 7402;如在 0.2 亿孢子/mL Bt 武汉变种菌液中加入 0.1% 的 2.5% 敌百虫粉有速效作用,但化学药剂以在使用时加入为宜。

白僵菌:地面常规喷撒 20 亿孢子/g 粉剂或 0.5 亿~2 亿孢子/mL 菌液(加 0.01% 洗衣粉),飞机常规喷洒每公顷用 3.75~7.5 kg 菌粉或 1 万亿左右的白僵菌孢子粉,超低容量喷雾每公顷喷 2250~3000 mL 约 15 万亿孢子的白僵菌纯孢子粉油剂、或 50 亿~100 亿孢子/mL

乳剂。在粤、桂、闽、浙南使用适期为 11 月中、下旬或 2~3 月,黄淮以南、长江流域为梅雨季节或 12 月,黄淮以北为 7、8 月阴雨天。

(3) 化学防治

可供选择药剂有：敌敌畏原液、马拉硫磷原油、二线油按 1∶1∶3 配成超低容量制剂；敌-马、敌-丙、敌-双等油雾剂用柴油稀释 1~2 倍按 1500~2250 mL/hm²；25% 马拉硫磷、25% 乐果、25% 辛硫磷等 3000~3750 mL/hm²；25% 对硫磷或 25% 杀螟松微胶囊剂 2500~3750 mL/hm²；2.5% 溴氰菊酯乳油 15~30 mL/hm²；20% 氰戊菊酯乳油 30~60 mL/hm²；20% 氯氰菊酯乳油 30~45 mL/hm² 或 20% 灭幼脲Ⅲ号胶悬剂 240~300 mL/hm² 低容量或超低容量喷雾防治 3~5 龄幼虫。用溴氰菊酯粉剂防治时 15.0~22.5 kg/hm²。每公顷用柴油 3000 mL 加 2.5% 溴氰菊酯 75 mL 或 20% 氯氰菊酯、20% 氰戊菊酯 75~150 mL 用喷烟雾机喷烟防治 3~4 龄幼虫。也可采取用拟除虫菊酯类药剂制成的毒笔、毒纸、毒绳等在树干上划毒环、缚毒纸、毒绳,毒杀下树越冬和上树危害的幼虫。

2. 其他蛾类的防治方法

(1) 检疫

涉及到的检疫害虫,应严格执行各项检疫措施。

(2) 营林与管理措施

①应根据各害虫危害特点与立地条件、环境的关系,或害虫的化蛹与越冬场所和习性,选择使用抚育、合理间伐、中耕灭蛹和幼虫、清除林下木与杂草、破坏幼虫隐蔽场所,以及封山育林或营造混交林改善林分条件。

②对于个体大、有受惊落地习性的可进行人工捕杀,幼虫期具有群集结网或形成明显虫袋、虫苞、虫叶的可人工摘除；卵块显见的可予以清除,但最好将所收集的卵放入寄生蜂保护器中使寄生蜂飞出。

③对有上下树习性的可在树干基部绑以 5~7 cm 宽的塑料薄膜带阻止上树,或在其下树季节在树干基部捆绑草环诱于其中集中处理,或在树干靠基部涂一毒涂胶环杀虫。

(3) 诱杀

对趋光性强的、有性诱剂的或对特殊物有趋性的害虫种类均可根据实际情况诱杀。

(4) 保护和利用天敌

各种害虫的有效天敌不一,应根据现有技术和利用的难易情况确定使用方式。如人工繁殖周氏啮小蜂控制美国白蛾等。

(5) 生物防治

用 0.5 亿~0.7 亿孢子/mL 的苏云金杆菌、1 亿~2 亿孢子/mL 的青虫菌乳剂、100 亿孢子/g 的白僵菌粉剂或 1 亿孢子/mL 的白僵菌液防治尺蛾类幼虫。用 0.13 亿孢子/mL 油桐尺蠖核多角体病毒防治油桐尺蛾。用白僵菌、苏云金杆菌等防治舟蛾幼虫。用白僵菌、苏云金杆菌、青虫菌、舞毒蛾核型多角体病毒等防治毒蛾幼虫。用 100 亿孢子/g 以上的青虫菌粉 1000 倍液防治刺蛾幼虫。用 0.5 亿孢子/mL 青虫菌防治枣镰翅小卷蛾幼虫,也可用性信息素进行测报和防治。1 亿孢子/mL 的青虫菌防治大袋蛾幼虫,100 亿孢子/mL 以上的苏云金杆菌 600 倍液防治 4 龄以上天蛾幼虫也有效。

(6) 化学防治

①在确定了防治适期后可选用 2.5%溴氰菊酯乳油 2500~5000 倍液、30%增效氰戊菊酯 6000~8000 倍液、10%百树菊酯或 5%高效氯氰菊酯 5000~7000 倍液；50%马拉硫磷、40%乐果、50%辛硫磷及 50%杀螟松乳油 1000~1500 倍液，5%来福灵乳油 2000~3000 倍液；25%西维因可湿性粉剂 300~500 倍液；用 20%灭幼脲Ⅲ号胶悬剂 2000~3000 倍液防治幼龄幼虫；也可用 6 kg/hm² 的 50%杀虫净油剂与柴油 1∶1 混配超低容量喷雾。

②成、幼虫期密度大时可使用烟剂熏杀，15~23 kg/hm² 的敌敌畏插管烟雾剂。

③用含溴氰菊酯毒笔画双环或用毒环、毒纸、毒笔等阻杀群集上下树的幼虫。

④在树干基打孔注射 40%乐果或久效磷乳油原液，每株用量 2~3 年生、4~5 年生、6~7 年生、8 年生以上用量各为 2 mL、3 mL、5 mL、7 mL；或使用树大夫注射液。对桑尺蛾喷药防治时应在早春芽期及伐条后的芽期进行，喷药后隔 7 d 可采桑喂蚕。

(7) 生物制剂和化学药剂混用

如应用春尺蠖 NPV 进行防治时，防治阈值为 2 龄幼虫 4~6 头/50 cm 枝，1~2 龄及 2~3 龄幼虫占 85%时为防治适期；当树高于 6 m 时，以 1.75×10^6~2.00×10^6 PIB/mL、6.45×10^{11}~7.50×10^{11} PIB/hm²，可选用金锋-40 机具按 375 kg/hm² 喷洒；当树高小于 6 m 而面积又较小时，以 1.50×10^6~2.00×10^6 PIB/mL、2.25×10^{11}~3.00×10^{11} PIB/hm²，可选用泰山-18 型机具按 150 kg/hm² 喷洒；使用该病毒制剂时按 150 g/hm² 加入粉末状活性碳作为光保护剂，如添加农药可按正常防治用量的 1/100~1/10 加入。当口密度<4 头/50 cm 枝时，不宜防治，可加强虫情监测与林木管护；如虫口密度为 10~19 头/50 cm 枝，在施用 NPV 时可添加正常用量 1/10~1/5 的化学农药；虫口密度>19 头/50 cm 枝，可根据当地条件使用以化学农药为主的措施进行防治。

8.6 蝶类

山楂绢粉蝶 *Aporia crataegi* (L.)（图 8-65）
（鳞翅目：粉蝶科）

山楂绢粉蝶

分布于东北、华北地区及河南、山东、四川。危害苹果、桃、山楂、春榆、山杨、毛榛、花楸树等。以幼虫危害芽、叶和花蕾。

形态特征

成虫　体长 22~25 mm，翅展 64~76 mm，体黑色，头、胸及足腿节被淡黄白色至灰白色细毛。触角端部淡黄白色。翅白色，雌虫灰白色，翅脉黑色，前翅外缘除臀脉外各脉末端都有 1 三角形黑斑。

卵　鲜黄色，瓶形，顶端稍尖，长 1.0~1.5 mm，宽约 0.5 mm，卵壳有纵脊条纹 12~14 条，初产时金黄色，渐变淡黄色。

幼虫　体长 38~45 mm，具疏稀淡黄色长毛，间有黑毛并布许多小黑点。头胸部、胸

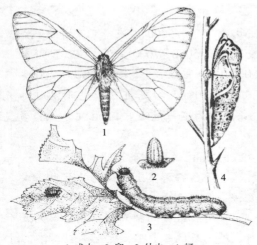

1. 成虫；2. 卵；3. 幼虫；4. 蛹

图 8-65　山楂绢粉蝶

足和臀板黑色，头部疏生较密白色长毛和黑色短毛。胴部背面有 3 黑色纵带，其间夹有 2 黄褐色纵带，体两侧灰色。腹面紫灰，气门近椭圆形，气门周黑色，腹足趾钩单序中带。

蛹　长约 25 mm，分两种色形态。黑型蛹：体黄白色，具许多黑色斑点，头、口器、足、触角、复眼和胸背纵脊、翅缘及腹部腹面均为黑色，头顶瘤突黄色，复眼上缘有 1 黄斑。黄型蛹：体黄色、黑斑较小且少，蛹体较小，其形态特征与黑型蛹相似。

生活习性

1 年 1 代，以 3 龄幼虫群集在树冠上用丝缀叶成巢并在其中越冬。翌年 4 月中旬出蛰，5 月上旬开始化蛹。5 月下旬成虫羽化，6 月中旬为末期，5 月下旬开始产卵至 7 月上旬。6 月中旬开始孵化，7 月中、下旬以 3 龄幼虫越冬。出蛰幼虫在寄主春季发芽时开始活动，群集危害芽、嫩叶和花器，夜伏昼动，并转移危害。4 龄幼虫离巢危害，老熟幼虫在枝干、杂草或灌木等处化蛹。成虫喜在白天阳光下活动，在株间飞舞吸食花蜜。单雌产卵量 200~500 粒，多成块产于嫩叶正面。低龄幼虫在叶面上群居啃食，并吐丝缀连被害叶成巢，8 月间发育至 3 龄，在巢内结茧群集越冬。

柑橘凤蝶 *Papilio xuthus* L.（图 8-66）
（鳞翅目：凤蝶科）

柑橘凤蝶

又名橘黑黄凤蝶，花椒凤蝶、黄波罗凤蝶、黄檗凤蝶等。全国各地广泛分布。主要危害柑橘、花椒、野花椒、枸橘、枳壳、柚子、黄波罗、吴茱萸等。幼虫取食寄主嫩芽、嫩叶和嫩梢，严重时可将整株叶片吃光，影响寄主的生长发育和结实。

形态特征

成虫　分春型和夏型两种。春型体长 21~24 mm，翅展 69~75 mm；夏型体长 27~30 mm，翅展 91~105 mm。雌性略大于雄性，色彩不如雄艳，两型翅上斑纹相似，体淡黄绿色至暗黄色，体背中间有黑色纵带，两侧黄白色。前翅黑色近三角形，近外缘有 8 个黄色月牙斑，翅中央从前缘至后缘有 8 个由小渐大的黄斑，中室基半部有 4 条放射状黄色纵纹，端半部有 2 个黄色新月斑。后翅黑色；近外缘有 6 个新月形黄斑，基部有 8 个黄斑；臀角处有 1 橙黄色圆斑，斑中心

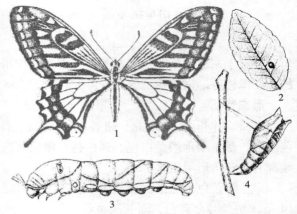

1. 成虫；2. 卵；3. 幼虫；4. 蛹

图 8-66　柑橘凤蝶

为1黑点,有尾突。

卵 近球形,直径1.2~1.5 mm,初产时淡黄白色,后变深黄色,孵化前淡紫灰色至黑色。

幼虫 体长35~48 mm,黄绿色,后胸背两侧有眼斑,后胸和第1腹节间有蓝黑色带状斑,腹部4节和5节两侧各有1条黑色斜纹分别延伸至5节和6节背面相交,各体节气门下线处各有1白斑,臭腺角橙黄色,1龄幼虫黑色,刺毛多;2~4龄幼虫黑褐色,有白色斜带纹,虫体似鸟粪。虫体上肉状突起较多。

蛹 体长29~32 mm,鲜绿色,有褐点,体色常随环境而变化。中胸背突起较长而尖锐,头顶角状突起中间凹入较深。

生活史及习性

横断山脉高寒地区1年1代,东北地区1~2年,黄河流域2~3代,长江流域3~4代,福建、台湾4~5代,广西、广东、海南5~6代;均以蛹在寄主枝条、叶柄及比较隐蔽场所越冬。在发生3代的四川、浙江、湖南,4、5月间羽化的成虫即为春型。第2代成虫于7、8月出现,第3代成虫于9、10月出现,即为夏型。发生6代的广州各代成虫的发生器分别为:3~4月,4月下旬至5月,5月下旬至6月,6月下旬至7月,8~9月,10~11月。成虫白天活动,善于飞翔,中午至黄昏前活动最盛,喜食花蜜。交尾后雌虫当日或隔日开始产卵。卵散产于寄主嫩芽、幼叶尖端、枝梢上,1处1粒。晴天9:00~12:00产卵量最大。单雌产卵量5~48粒。卵期因地区不同而异,7~12 d或14~20 d。

幼虫孵化后先取食卵壳,然后取食叶肉,再取食嫩叶边缘。随着虫龄的增大,食量也逐渐增加。幼虫一般夜出取食,先吃嫩芽和幼叶,然后吃老叶;先危害树冠上部,然后再危害下部。幼虫3龄后食量增大,1头5龄幼虫1 d可取食4~5片大叶。春梢、夏梢和秋梢均能受到不同程度的危害,以4~10月受害最重。幼虫遇惊时伸出臭角释放难闻气味以避敌害,老熟后即吐丝悬空化蛹。

蝶类的防治方法

(1)营林措施

因地置宜,选择多树种营造混交林;培植保护天敌的蜜源植物,同时结合抚育清除引诱物。

(2)人工防治

人工摘除卵块、蛹、虫苞或捕捉老龄幼虫及群集期的低龄幼虫。捕捉的幼虫和蛹如果被寄生率高,应先将其放入纱笼内,使寄生蜂、寄生蝇等天敌羽化后再清除,以保护天敌。

(3)生物防治

在幼虫发生期用100亿/g孢子的青虫菌、苏云金杆菌100~1000倍液,或1亿~2亿孢子/mL的白僵菌悬浮液喷雾;或用5亿孢子/mL乳剂、油剂进行超低容量或低容量喷雾,用量2.5~3.0 kg/hm^{2}或4.5~6.0 kg/hm^2。在毛毛细雨天,也可喷洒20亿~50亿孢子/g白僵菌孢子粉。保护和利用食虫鸟类、螳螂、蚂蚁及寄生性天敌。

(4)化学防治

大面积暴发成灾时,可用90%敌百虫晶体、50%马拉硫磷乳油、50%敌马合剂800~1000倍液,或用20%杀灭菊酯乳油3000~5000倍液,40%乐果乳油800~1000倍液,50%杀螟松乳油1000~1500倍液,40%水胺硫磷乳油500倍液,50%甲胺磷乳油500倍液,2.5%溴氰菊酯乳油10 000倍液喷杀幼虫。对有些林间活动时间长的蝶类成虫,可在害虫羽化盛期和来春出蛰期,每公顷用10~15 kg的10%敌马烟剂薰杀成虫。

复习思考题

1. 食叶害虫的主要特点是什么?
2. 食叶害虫发生为什么具有周期性?大发生分哪几个阶段?
3. 食叶害虫大发生的指标是如何确定的?
4. 食叶害虫主要有哪几大类?其危害及防治有何特点?
5. 危害针叶树的食叶害虫主要有哪些种类?举例说明其主要习性及防治方法。

第 9 章

蛀干害虫

【本章提要】 本章主要介绍危害树木枝干韧皮部及木质部的钻蛀害虫,包括危害健康树木和衰弱树木的种类,并介绍其发生发展的主要原因,以及主要种类的分布、寄主、形态、生活史及习性和防治方法。

蛀干害虫主要包括鞘翅目的小蠹、天牛、吉丁虫、象甲,鳞翅目的木蠹蛾、拟木蠹蛾、蝙蝠蛾、透翅蛾、织蛾,膜翅目的树蜂等种类。其中部分种类,如光肩星天牛、桑天牛、云斑白条天牛、青杨楔天牛、红脂大小蠹、杨干象、白杨透翅蛾、柳蝙蛾等,可危害健康树木,使输导组织受到破坏、引起树木死亡或风折,降低了木材的经济价值;另一部分种类,如大多数的小蠹虫、吉丁虫以及部分天牛等,则危害衰弱木、濒死木,导致树木加速死亡,木材品质下降,因而又称其为次期害虫。

危害健康林木的蛀干害虫其发生原因有:①苗木、木材等调运过程中携带害虫造成传播;②树种选择不当,没有做到适地适树,造成新造林地蛀干害虫大发生;③人工林(包括园林绿化树木)树种搭配不当,造成害虫在不同寄主间传播扩散;④管理不当,局部少量发生时未及时发现并治理,造成大规模灾害。

引起树木衰弱并造成次期害虫发生的主要原因有:①不良的生长条件,如土壤条件不适宜或恶化,林内下层受压木光照不足,密度过大的人工林等;②自然灾害,如风、雪、火、水、冻害、日灼、病虫等灾害;③不当的经营措施,如不适地适树,不当的采伐方式,伐根过高,不及时清理风倒木、风折木、雪折木,伐区未及时清理,过度采脂、放牧,未及时防治病虫害,保留带皮原木在林内过夏等。

蛀干害虫除成虫在树体外裸露活动外,其余虫态均在寄主树木的木质部或韧皮部内隐蔽生活,因而,天敌种类较少且寄生率低,种群数量相对稳定,其生境也很少受外界环境的影响。

9.1 小蠹虫类

小蠹虫类属于鞘翅目象甲科小蠹亚科,全为树栖。世界已知约 225 属 6000 种,我国已知近 350 种,其中 120 余种普遍发生。此类害虫分布广、数量大,往往群集危害,终生蛀食树皮或树干，造成树木衰弱或迅速枯死。

小蠹虫类多1年1代，仅少数种类或在南方1年2代，多以成虫越冬，少数以幼虫或蛹越冬。由于雌虫能多次产卵、立地条件常使发生期差异较大，故各虫态重叠现象普遍，区别世代不易。

小蠹的配偶和繁殖有1雄1雌、1雄多雌两类。前者雌虫侵入寄主后咬蛀母坑道，再招引雄虫配偶繁殖；后者雄虫蛀入后咬筑交配室，引诱雌虫进行交配，雌虫最多可达90头。雌虫在交配室内再蛀1至多条母坑道（随配偶雌虫数而异），在母坑道两侧咬卵室产卵。幼虫孵出后自母坑道两侧向外蛀食，逐渐形成明显的子坑道；老熟后在坑道末端咬蛹室化蛹，羽化后咬羽化孔外出。1个完整的坑道系统常包括侵入孔、侵入道、交配室、母坑道、卵室、子坑道、蛹室、通气孔及羽化孔（图9-1），有些种类再自母坑道向外咬交配孔；虫种不同，坑道各异。

母坑道大致有以下类型：①纵坑型，包括单纵坑和复纵坑；②横坑型，包括单横坑和复横坑；③星形坑型；④梯坑型；⑤共同坑型。前4种类型为分散产卵型种类所具有，这类小蠹的卵逐渐成熟，逐次产下；共同坑型为卵同时成熟，成堆产下，幼虫孵出后聚集蛀食所致；少数种类（如微小蠹）则借用其他虫种的坑道繁殖。这种有固定形式的坑道，也是进行种类鉴别的特征之一（图9-2）。

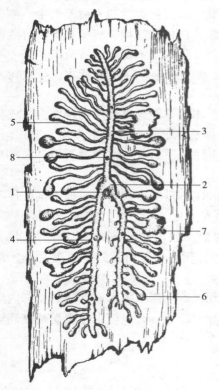

1. 侵入孔；2. 交配室；3. 母坑道；4. 卵室；
5. 子坑道；6. 蛹室；7. 羽化孔；8. 通气孔

图9-1 小蠹虫坑道系统示意图

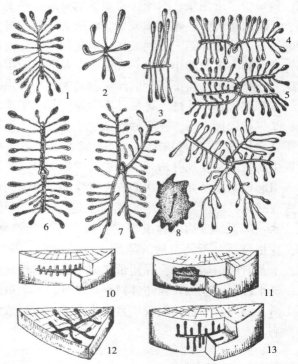

1. 单纵坑；2. 加深坑；3. 单横坑；4. 复横坑；5. 星形复横坑；
6. 复纵坑；7. 星形复纵坑；8. 皮下共同坑；9. 星形坑；10. 梯形坑；11. 木质部共同坑；12. 水平坑；13. 垂直分枝坑

图9-2 小蠹虫的坑道类型

小蠹虫类食性较单一，树木种类、树势、高度不同，其种类、危害特点也有区别，对树皮、韧皮部或木质部均有选择危害性，但也受其生存策略的影响。据其取食部位可将其分为韧皮部小蠹和木材小蠹（也称食菌小蠹）两类；前者主要取食针叶林木树干和枝条的次生皮层组织，可导致被害树木迅速死亡；后者主要危害林木木质部，还以自身携带和在木质部内培养的真菌为食。即使在同一树种的同一立木上，不同虫种选择的侵害部位也不同。如梢小蠹等多在树冠或树梢等部位危害，根颈或根部则是干小蠹的寄居场所，而立木的其他部分则为另外种类所侵害，因而垂直分层和水平分布形成了小蠹类特殊的区系特征。

小蠹虫的发生还与立木的生理状态有密切的关系。树木被害后，常有增强松脂分泌量的保护性反应，因此泌脂量是受害立木健康状况的一种标志。一般衰弱木最易招致小蠹聚集危害，加速树木的死亡；产生这种现象与衰弱树木散发的某些挥发性萜类物质有关，被该物质诱至的同种个体又分泌外激素，既招集了大量的异性个体，也能招致少数同性个体，当虫口增至一定密度后这些激素又可成为阻止其他个体继续聚集的抑制因素。这是小蠹自聚集、再向周围扩散危害的原因之一。

华山松大小蠹 *Dendroctonus armandi* Tsai et Li（图 9-3）
（鞘翅目：象甲科）

分布于湖北、河南、四川、陕西、甘肃。危害华山松的健康立木，属于先锋种。其危害为陕西秦岭林区、大巴山南北坡华山松大量枯死的主要原因。

形态特征

成虫 体长 4.4~6.5 mm，长椭圆形，黑色或黑褐色，有光泽。触角锤状部近扁圆形，宽大于长，有明显横缝 3 条。额表面粗糙，呈颗粒状，被有长而竖起的绒毛。前胸背板宽大于长，基部较宽，前端较窄；背面密布大小刻点及长短绒毛；中央有 1 条隐约可见的光滑纵线，前缘中央向后凹陷，后缘两侧向前凹入，略呈"S"形，中央向后突出呈钝角。鞘翅基缘有锯齿状突起，两侧缘平行，背面粗糙，点沟显著，两侧和近末端处点沟逐渐变浅，有粗糙横皱褶，沟间除 1 列竖立的长绒毛外，还有不甚整齐而散生的短绒毛。腹面有较密布倒伏的绒毛和细小的刻点。

卵 椭圆形，长约 1 mm，宽 0.5 mm，乳白色。

幼虫 老熟时体长约 6 mm，乳白色。头部淡黄色，口器褐色。

蛹 长 4~6 mm，乳白色。腹部各节背面均有 1 横列小刺毛，末端有 1 对刺状突起。

危害状 在侵入孔处有由树脂和蛀屑形成的红褐色或灰褐色大型漏斗状凝脂，直径 10~20 mm；母坑道为单纵坑，长 30~40 cm，最长可达 60 cm，宽 2~3 mm。

生活史及习性

世代数因海拔而不同，在秦岭林区海拔 1700 m 以下林内，1 年 2 代；在 2150 m 以上林带内 1 年 1 代；在 1700~2150 m 的林带，则为 2 年 3 代；一般以幼虫越冬，少数以蛹或成虫越冬。

此虫主要栖居于树干下半部或中下部。每一母坑道内有雌、雄成虫各 1 头。开始蛀入时做靴形交配室，并不产卵，至母坑道出现时，即产卵于坑道两侧。产卵量约 50 粒。子坑道在开始处一般不触及边材，随着幼虫虫体的增长，子坑道亦逐渐变宽加长，并触及边

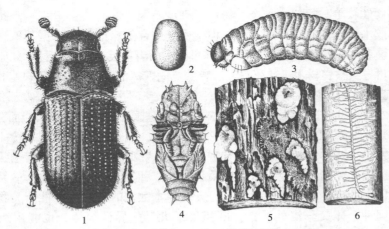

1. 成虫；2. 卵；3. 幼虫；4. 蛹；5. 坑道口凝脂；6. 坑道

图 9-3 华山松大小蠹

材部分。幼虫排泄物紧密填充于坑道内，质地较细，暗褐色。幼虫在化蛹前停止取食，化蛹于子坑道末端的蛹室中。蛹室近椭圆形或呈不规则形。

初羽化成虫取食韧皮部补充营养，完成补充营养后，即向树皮外咬蛀近垂直的圆形羽化孔飞出，以 6:00~13:00 数量最多。成虫飞出后，主要侵害 30 年生以上健壮华山松，间或危害衰弱木。

此虫的发生与林分等环境因子关系密切：发源地一般都开始于纯林，再向混交林发展，且纯林较混交林受害重；地位级越低，此虫发源地出现越早，林木受害越重；过熟林和成熟林受害最重，近熟林次之，中龄林最轻；郁闭度为 0.6~0.8 的林分受害最重，在此范围以外的林分受害较轻；海拔 1800~2100 m 处受害较重，在此范围以外的地区则受害较轻；山上部重于山中部，山下部最轻；陡坡重于缓坡；阳坡重于阴坡。

天敌有秦岭刻鞭茧蜂 *Coeloides qinlingensis*、长痣罗葩金小蜂 *Rhopalicus tutela*、长腹丽旋小蜂 *Calosota longigasteris* 等 14 种寄生蜂，以及步甲、郭公虫等。

红脂大小蠹 *Dendroctonus valens* LeConte
（鞘翅目：象甲科）

红脂大小蠹

又名强大小蠹。分布于河北、山西、河南、陕西；美洲。在我国主要危害油松、华山松和白皮松。此虫由北美洲传入我国，1998 年在山西境内首次发现后，迅速扩散蔓延，并已严重成灾，个别地区油松死亡率高达 30%。我国于 2005 年开始一直将其列为全国林业检疫性有害生物。

形态特征

成虫 体长 5.3~9.6 mm。初羽化时呈棕黄色，后变为红褐色。额面有不规则突起，其中有 3 高点，排成"品"字形；额面上有黄色茸毛，由额心向四外倾伏。触角柄节长，鞭节 5 节，锤状部 3 节，扁平近圆形。口上突边缘隆起，表面光滑有光泽。前胸背板上密被黄色茸毛；鞘翅的长宽比为 1.5，翅长为前胸背板长的 2.2 倍；鞘翅斜面中度倾斜、隆起，第 1、3 沟间部稍陷。各沟间部表面均有光泽，其上刻点较多，茸毛密度适中。

卵　长 0.9~1.1 mm，宽 0.4~0.5 mm。卵圆形，乳白色，有光泽。

幼虫　白色。老熟时体长平均 11.8 mm。腹部末端有胴痣，上下各具 1 列刺钩，呈棕褐色。虫体两侧有 1 列肉瘤，肉瘤中心有 1 根刚毛，呈红褐色。

蛹　平均体长 7.8 mm，翅芽、足、触角贴于体侧。初蛹乳白色。

危害状　坑道为直线型，一般长达 40 cm，宽为 1.5~2.0 cm。侵入孔到达树干形成层之后，大部分是先向上蛀食一小段，然后拐弯向下蛀食，也有一些直接向下蛀食的。坑道内充满红褐色粒状虫粪和木屑混合物，溢出后形成中心有孔的红褐色的漏斗状或不规则凝脂块。侵入孔主要集中在树干基部地表附近，树基部周围堆满了碎屑。

生活史及习性

山西、河北 1 年 1 代，主要以老熟幼虫和成虫在树干基部或根部的皮层内成群越冬。越冬成虫于翌年 4 月下旬开始出孔，5 月中旬为盛期；成虫于 5 月中旬开始产卵；幼虫始见于 5 月下旬，6 月上、中旬为孵化盛期；7 月下旬为化蛹始期，8 月中旬为盛期；8 月上旬成虫开始羽化，9 月上旬为盛期。成虫补充营养后，即进入越冬阶段。

越冬老熟幼虫于 5 月中旬开始化蛹，7 月上旬为盛期；7 月上旬开始羽化，下旬为盛期；7 月中旬为产卵始期，8 月上、中旬为盛期；7 月下旬卵开始孵化，8 月中旬为盛期。8、9 月间越冬代的成虫、幼虫与子代的成虫、幼虫同时存在，世代重叠现象明显。

越冬成虫出孔以 9:00~16:00 最多。出孔后，雌成虫先寻找寄主，主要危害胸径 10 cm 以上的油松和新鲜伐桩。雌成虫向里面蛀入，开掘出新侵入孔，蛀入一段距离后，引诱雄成虫侵入，两成虫共同蛀食坑道。侵入孔直径为 5~6 mm，主要集中在树干基部地表附近，向上较少，最高可达树干 2.0 m。侵入孔数量不定，有时一株树上可见 6~8 个，树基部周围堆满了碎屑。

成虫交尾后，雌虫边蛀食边产卵，卵产于母坑道的一侧，成堆排列。单雌产卵量 30~150 粒。此时，雄成虫继续开掘坑道或从侵入孔飞出。卵期为 10~13 d，卵孵化后，幼虫在韧皮部内背向母坑道群集取食，形成扇形共同坑道，坑道内充满了红褐色细粒状虫粪。幼虫沿母坑道两侧向下取食可延伸至主根和主侧根，甚至距树干基部 2 m 之外的侧根还有幼虫危害，将韧皮部食尽，仅留表皮。幼虫共 4 龄，老熟后，在沿坑道外侧边缘的蛹室内化蛹。在根内越冬的幼虫也陆续向上移动，在树基部做蛹室等待化蛹。蛹室在韧皮部内，由蛀屑构成，肾形，蛹期约 13 d。初羽化成虫在蛹室停留 6~9 d，待体壁硬化后蛀羽化孔飞出。

高温，尤其是暖冬气候，是此虫暴发成灾的主要原因之一。郁闭度小的林分适宜该虫的发育；卫生条件差的林分，危害较重，尤其林内的伐桩、伐木，极易被该虫寄居。另外，过熟林、成熟林受害较重，幼林一般不受害。林缘和道路两旁的树木受害重。

云杉大小蠹 *Dendroctonus micans* (Kugelann)（图 9-4）
（鞘翅目：象甲科）

分布于东北地区及内蒙古、新疆、甘肃、青海、四川、西藏；日本、蒙古、俄罗斯、哈萨克斯坦、土耳其，欧洲。危害鱼鳞云杉、红皮云杉和麦氏云杉。大发生时可造成云杉大面积枯死。

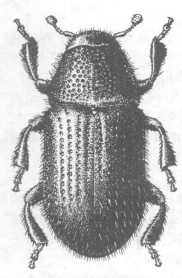

图 9-4 云杉大小蠹

形态特征

成虫 体长 5.7~7.0 mm，粗壮，黑褐或黑色。触角锤状部较长，锤状部外面的第 1 条毛缝平直，里面的第 1 条毛缝略弓曲。额面下部突起，突起的顶部有点状凹陷；额面刻点圆大清楚，稠密而不交合，刻点间隔平滑；口上片中部有平滑光亮区，平滑区中偶有 1~2 刻点。前胸背板底面平滑光亮，刻点圆而显著，刻点间距大于刻点直径。鞘翅刻点沟稍凹陷，沟中刻点圆而平浅，相距较近；沟间部隆起，上面的刻点突起成粒，在鞘翅前半部横排 2~3 枚，在鞘翅后半部横排 1~2 枚；在鞘翅斜面上，沟间部较平坦，有 1 列小颗粒；茸毛竖立疏长，长毛之中间有匍匐短毛。

坑道 共同坑。

生活史及习性

在黑龙江省 1 年 1 代，以成虫和幼虫在干基树皮下越冬。在甘肃祁连山林区，成虫于 8 月中、下旬扬飞。成虫可直接侵入健康树，危害树干下部，侵入孔处常有大型漏斗状凝脂。雌虫产卵数次，产卵 100 余粒，散产于短而弯曲母坑道顶端或边缘大的卵室中。幼虫孵化后密集于卵室边缘向周围蛀食，形成共同坑。初羽化成虫补充营养后继续在子坑中蛀食，性成熟的雄虫与卵巢尚未发育完善的雌虫交配，雄虫不久即死去；雌虫继续危害，有时可转移到毗邻树木上。选择各龄级的云杉林寄居，主要栖息在湿润土壤上的成熟云杉林内。

落叶松八齿小蠹 *Ips subelongatus* (Motschulsky)（图 9-5）
（鞘翅目：象甲科）

落叶松八齿小蠹

分布于东北地区及陕西、山西、内蒙古、山东、河南、云南、新疆；朝鲜、日本、蒙古、俄罗斯，欧洲，向北直至落叶松北限处。主要危害落叶松，在红松、樟子松和云杉上也有发现。近年来，本种作为北方落叶松人工用材林蛀干害虫的先锋种，经常猖獗成灾，侵害健康或半健康活立木，已成为当前落叶松人工林经营中的巨大威胁。

形态特征

成虫 体长 4.4~6.0 mm。鞘翅长为前胸背板长的 1.5 倍，为两翅合宽的 1.6 倍。本种与同属其他近缘种的区别是：翅盘两侧各有 4 独立齿，第 1 齿不很细小，第 2、3 齿间距最大；翅盘表面与鞘翅其余部分同样光亮；额下部中央无瘤。雌雄活成虫鉴别主要依据：雌成虫鞘翅末端宽度大于或等于 0.048 mm，为"几"字形；而雄虫翅缝末端宽度小于或等于 0.024 mm，较狭，为"人"字形。

卵 椭圆形长径 1.1 mm，短径 0.7 mm，乳白色，微透明，有光泽。

幼虫 老熟时体长 4.2~6.5 mm。体弯曲，多皱褶，被有刚毛，乳白色。头灰黄至黄褐色；额三角形，下缘着生 1 对触角。前胸和第 1~8 腹节各有气孔 1 对。

蛹 体长 4.1~6.0 mm。乳白色，足和翅折叠在腹面，第 9 腹节末端有 2 个刺状突起。

危害状 在立木上通常 1 上 2 下，呈倒"Y"形的复纵坑，在倒木上 3 条成放射状向外伸展；子坑道横向，由母坑道两侧伸出，当两条母坑道近接而并行时，子坑道则多由母坑道外侧伸出；补充营养坑道不规则。

生活史及习性

吉林四平 1 年 3 代，黑龙江 1 年 2 代，在第 1、第 2 代之间存在明显的"姊妹"世代；主要以成虫在枯枝落叶层、伐根及楞场原木皮下越冬，少数个体以幼虫、蛹在寄主树皮下越冬。5 月上旬越冬成虫开始出蛰扬飞，筑交配室及坑道进行交尾、产卵，5 月下旬幼虫孵化，6 月下旬开始化蛹，6 月中旬可见到第 1 代新成虫。"姊妹"世代发生于越冬雌虫的部分个体在 6 月下旬产卵过程中从原坑道内飞出，在补充营养的同时重新选择新寄主筑坑道产卵，7 月上旬

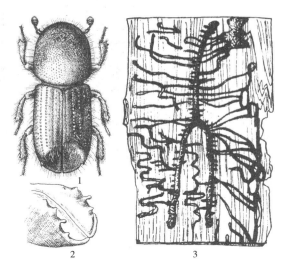

1.成虫；2.鞘翅末端；3.坑道

图 9-5　落叶松八齿小蠹

幼虫孵化，7 月下旬开始化蛹，8 月上旬可见到"姊妹"世代的新成虫。第 1 代及"姊妹"世代的新成虫在原寄主上以不规则延伸坑道方式补充营养后，8 月中、下旬再次扬飞扩散，并筑交配室及坑道进行交尾、产卵；8 月上旬幼虫孵出，8 月下旬化蛹，9 月上旬出现第 2 代新成虫。

1 年有 3 次扬飞高峰。第 1 次为越冬成虫的春季扬飞，始于 5 月上旬，5 月中旬为高峰期。第 2 次为姊妹世代和新成虫的补充营养扬飞，始于 6 月下旬，7 月中旬为高峰期。第 3 次为第 2 代及"姊妹"世代新成虫的扬飞，8 月中旬为高峰期。扬飞扩散中的雄虫在寄主萜烯类化合物的"初级引诱"下，着落寄主树，蛀侵入孔，钻入树皮下筑交配室；一旦排出粪便及钻孔屑则其中所含有的聚集信息素即作为"次级引诱"招引同种虫经侵入孔聚集于交配室。卵期 8~13 d。初孵幼虫从卵室开始向母坑道两侧取食韧皮部。幼虫共 3 龄，老熟幼虫在子坑道末端蛹室内化蛹。蛹期 7~11 d。成虫羽化后，从蛹室开始以延长子坑道的方式取食 10 d 以上，蛀羽化孔飞出，重新侵入新寄主并筑单独的补充营养坑。

根据该虫对落叶松的侵害部位及干枯类型可分为树冠型、基干型和全株型 3 类，其中全株型占受害林木的 90% 以上。树皮厚度在 4~20 mm 范围内均可受害。成虫喜光、喜温。衰弱木、新倒木易受害，闭度小的林分以及林缘受害重。此虫通常发生在森林火灾、食叶害虫猖獗以及风雨旱涝等自然灾害地区，可持续 2~4 年，并可形成猖獗发源地。

天敌有长蠹刻鞭茧蜂 *Coeloides bostrichorum*、八齿小蠹广肩小蜂 *Eurytoma subelongati*、暗绿截尾金小蜂 *Tomicobia seitneri* 等 7 种寄生蜂和红胸郭公虫。

六齿小蠹 *Ips acuminatus* (Gyllenhal)（图 9-6）

（鞘翅目：象甲科）

六齿小蠹

分布于东北地区及北京、河北、内蒙古、湖北、湖南、四川、云南、陕西、新疆；朝鲜、日本、蒙古、俄罗斯，欧洲。主要危害松、落叶松、云杉等针叶树。

形态特征

成虫 体长3.8~4.1 mm。体圆柱形，赤褐色至黑褐色，有光泽。眼肾形，额中部稍隆起，有时上面有2~3枚颗粒。鞘翅黄褐色，长为前胸背板长的1.4倍，为两翅合宽的1.6倍；刻点沟中刻点显著。翅盘开始于鞘翅末端1/3处，两侧各有3齿，由小渐大；雄虫第3齿扁桩形，末端分叉；雌虫3齿均尖锐，第2、3齿有隆起的基部。

幼虫 老熟时体长3.8 mm。乳白色，头部黄褐色。胸腹部圆筒形，常向腹面弯曲呈马蹄状。

坑道 复纵坑。立木上母坑道3~8条，通常上下各3条呈放射状排列，倒木上母坑道可达12个。

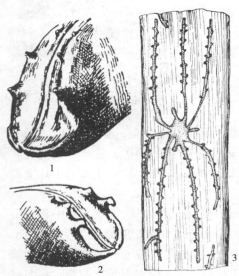

1. 鞘翅末端（♀）；2. 鞘翅末端（♂）；3. 坑道

图9-6 六齿小蠹

生活史及习性

黑龙江和内蒙古呼伦贝尔樟子松林带1年1代，以成虫越冬。越冬成虫扬飞及产卵期较长，5~7月均能发现，通常在6月下旬至8月下旬可以看到各个虫期。成虫侵入寄主有2次高峰，第1次在6月上旬，第2次则在7月中旬。成虫产卵期6~19 d，卵期5~12 d，幼虫期20~28 d，蛹期6~12 d。云南1年3~4代。以第1代危害严重，全年可见各个虫态。

黑龙江越冬成虫于翌年5月下旬经由羽化孔从寄主爬出后，在林内飞翔，选择新寄主。雄虫先在翅裂的树皮下适当部位蛀1个直径2 mm的圆形侵入孔，并在树皮下韧皮与边材之间咬1个近圆形的交配室。随后雌虫相继由侵入孔进入，与雄虫在交配室交尾。交尾后，雌虫以交配室为中心分别向上、下穿凿母坑道。母坑道很长，其中塞满褐色木屑，由于雌虫在母坑道中多次交配，所以还沿母坑道向树皮表面开凿一系列交配穴和开孔，雌虫在这里与外来的雄虫进行交尾，以致在每条母坑道内包含有雌虫与若干雄虫交配受精后所产出的后代。

雌虫边蛀母坑道边产卵。产卵前先在母坑道侧壁咬蛀1个半球形、径长1 mm的卵室，产卵后再塞以灰褐色的蛀屑。各卵室间距离0.5~4.0 cm，成虫筑坑道产卵，持续期6~19 d，单雌产卵量21~57粒。卵孵化后幼虫在韧皮与边材之间钻蛀子坑道。子坑道与母坑道略垂直，和母坑道一样充塞蛀屑。老熟幼虫在子坑道末端做3~4 mm的椭圆形蛹室化蛹。新羽化成虫在蛹室附近经补充营养后，咬1个向边材深陷5 mm的盲孔，头向内越冬。一部分成虫在母坑道内越冬。此虫为多配偶制，以1雄6雌者最多，母坑道有由内向外又开凿的一系列凹穴和开口。子坑道短，长0.5~1.0 cm，彼此间隔约5 mm，甚稀，作分叉状。这是本种坑道与同属其他小蠹的最大区别。

六齿小蠹寄生于枝干的薄树皮部分，在2~8 mm厚树皮下密度最大。因此，对于低龄级林木可以遍布整个树干，自根颈直达树冠；但对于高龄级林木，其最大虫口密度集中于树干上部和树冠。

天敌有暗绿截尾金小蜂、高痣小蠹狄金小蜂 *Dinotiscus colon* 等 21 种寄生蜂。

云杉八齿小蠹 *Ips typographus* (L.)（图 9-7）

（鞘翅目：象甲科）

分布于内蒙古、吉林、黑龙江、四川、甘肃、青海、新疆；朝鲜、日本、俄罗斯，欧洲。已知其寄主树约 18 种，以红皮云杉、雪岭云杉及鱼鳞云杉受害严重。在条件适合时，可直接侵害健康立木，与其他小蠹一起，造成林木大片枯死。

形态特征

成虫　体长 4.2~5.5 mm。红褐色至黑褐色，有光泽，被褐色绒毛。额面具有粗糙颗粒，额下部中央、口器上方有 1 瘤状大突起。前胸背板前半部中央具有粗糙的皱褶，后半部为稀疏的刻点。前翅具刻点沟，沟间平滑，无刻点；鞘翅后半部呈斜面形，斜面两侧缘各具 4 齿状突起，第 3 齿呈纽扣状，其余 3 齿圆锥形，4 齿单独分开。斜面凹窝上有分散的小刻点，斜面无光泽。

幼虫　老熟时体长约 5 mm，体弯曲，多皱褶，乳白色，被有刚毛。

坑道　复纵坑，上下各 1，排成直线。母坑长 3.0~15.0 cm，以 5~8 cm 最多。子坑道沿母坑道两侧横向并向上、下弯曲伸出，逐渐向树皮边材加深变宽。

生活史及习性

吉林和黑龙江 1 年 1 代，以成虫在树干基部和枯枝落叶层下越冬，少数在枯死幼树皮下或旧坑道内越冬。一般翌年 5 月下旬至 6 月上旬越冬成虫开始活动，7 月初为侵入危害盛期。成虫侵入 1~2 d 后开始产卵。卵期 7~14 d；幼虫期 16~26 d；蛹期 10~15 d。从卵到新生成虫共需 33~55 d。新生成虫一般在树皮下停留 28~30 d 飞出。

雄虫先从寄主树皮鳞片缝隙处钻 1 个倾斜的圆形或椭圆形侵入孔，立木上的侵入孔倾斜情况多为从下往上或偏左、右向；在倒木上侵入孔方向无明显的规律性。侵入孔外方留有树脂和木屑。紧接侵入孔在树皮间筑 1 个交配室，通过排出粪便释放信息素引诱雌虫交尾，第 1 雌虫交尾后即向上修筑母坑道；另一雌虫又入交配室交尾，并向下筑 1 个与第 1 雌虫所筑坑道相反方向的母坑道。一般 1 个侵入孔为 1 雄 2 雌，也有 1 雄 3 雌。雌虫在筑母坑道产卵时，雄虫通常在交配室，有保卫、御敌之意。

雌虫在产卵过程中，仍然继续交尾 2~3 次。当第 1 次产卵孵化的幼虫老熟后，成虫即爬出孔外，另找部位或寄主侵入，进行 2 次交尾、产卵。幼虫老熟时在子坑道末端筑

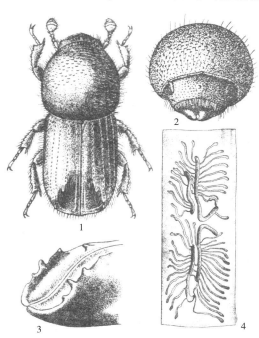

1. 成虫；2. 头部；3. 鞘翅末端；4. 坑道

图 9-7　云杉八齿小蠹

1个椭圆形蛹室，子坑道内充满木屑虫粪。新成虫在虫道附近的树皮下或边材进行补充营养，8月底开始从树皮下穿孔飞出。补充营养坑道在入侵处建有掌形的交配室，坑道较母坑道稍短，粗而弯曲，或呈不规则形，内充满虫粪和木屑。9月下旬开始寻找越冬场所，如在土中可深达10 cm左右。生活史不整齐，在整个生长期内，几乎随时都可找到各虫态。

此虫多寄生于树干的中、下部，在林缘立木上的分布可由树干基部到树梢部。喜通风透光，但又不喜阳光直射。过度透光和极度遮阴对其生存均不利。

天敌有暗绿截尾金小蜂、兴安小蠹广肩小蜂 Eurytoma xinganensis 等8种寄生蜂，以及啄木鸟、阎魔虫等。

十二齿小蠹 Ips sexdentatus (Boerner)（图9-8）
（鞘翅目：象甲科）

分布于东北地区及北京、河北、内蒙古、新疆、甘肃、陕西、河南、四川、云南；泰国、朝鲜、蒙古、俄罗斯，欧洲。主要危害长白松、红松、樟子松、油松、华山松；在红皮云杉、鱼鳞云杉、落叶松上亦有发现。本种能直接侵害健康树，为先锋种，因而常造成较大危害。

形态特征

成虫 体长5.4~7.5 mm。圆柱形，褐色至黑褐色，有强光泽，体周缘腹面及鞘翅端部被黄色绒毛。前胸背板前半部被鱼鳞状小齿，后半部疏布圆形刻点。鞘翅长为前胸背板长的1.5倍，为两翅合宽的1.6倍。刻点沟微陷，沟中刻点圆大而深；沟间部宽阔平坦，无点无毛。翅盘开始鞘翅末端1/3处，盘底深陷光亮，每侧具齿6个，第4齿最大，呈钮扣状。雌雄区别特征：雄虫：第3~4齿间基部显著融合形成共同的基部。雌虫：鞘翅斜面6个齿间基部明显分离，第3~4齿无共同的基部或重齿现象。

幼虫 老熟时体长6.7 mm，圆柱形，体肥硕，多皱褶，向腹面弯曲呈马蹄状。

坑道 复纵坑。母坑道2~4支，多1上2下，长约40 mm，宽约5 mm；子坑道增大迅速，互不交叉，稀而短，长25~50 mm。整个坑道位于皮层内。

生活史及习性

黑龙江1年1代，秦巴林区1年1~2代，均以成虫越冬。由于成虫寿命较长，各地有不同的物候群，所以生活史不整齐。在黑龙江伊春带岭林区有2个物候群：一个在早春5月中、下旬开始活动并筑坑道产卵，子代至7月中旬羽化为新成虫，当年可转移到其他处所补充营养；另一物候群于7月上

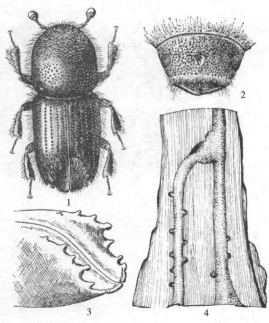

1.成虫；2.头部；3.鞘翅末端；4.坑道

图9-8 十二齿小蠹

旬开始筑坑道产卵,直至8月中旬才羽化为新成虫,它们通常不离开原坑道,就在蛹室附近向木质部内咬筑深2~3 cm的盲孔,头向内钻入越冬。

此虫的每个"家族"由1雄虫和2~4雌虫组成。坑道内蛀屑红褐色,当清晨或湿润天气堆在树干基部和根颈,如漏斗状花朵。全部坑道都在韧皮部中,边材仅留浅痕。

十二齿小蠹主要寄生在树干干基和主干的厚树皮部分,以在8~18 mm厚树皮下密度最大。成虫喜光,一般侵害倒木的向阳面。疏林地、日照良好的阳坡、林相残破的火灾迹地、采伐迹地、公路及森林铁路沿线的过熟衰老林木受害较重。此外,林内未剥皮原木、新伐倒木和枯立木均可促使小蠹虫发生地的形成和发展。

纵坑切梢小蠹 *Tomicus piniperda* (L.) (图9-9)
(鞘翅目:象甲科)

分布于吉林、辽宁、北京、山东、江苏、浙江、安徽、河南、湖南、福建、重庆、四川、云南、贵州、陕西、甘肃等地;朝鲜、日本、蒙古、俄罗斯、瑞典、荷兰、芬兰、北美洲。主要危害马尾松、樟子松、赤松、华山松、油松、黑松。

形态特征

成虫 体长3.4~5.0 mm。头部、前胸背板黑色,鞘翅红褐色至黑褐色,有强光泽。额部隆起,额心有点状凹陷;额面中隆线起自口上片,止于额心凹点,突起显著;额部底面平滑光亮,额面刻点圆形。鞘翅刻点沟凹陷,沟内刻点圆大,点心无毛;沟间部宽阔,翅基部沟间部生有横向隆堤,起伏显著,以后渐平,出现刻点,分布疏散,各沟间部横排1~2枚;翅中部以后沟间部出现小颗粒。斜面第2沟间部凹陷,其表面平坦,只有小点,无颗粒和竖毛。与近缘种区别的主要特征为鞘翅斜面第2沟间部凹陷,其表面平坦,没有颗粒和竖毛。

卵 淡白色,椭圆形。

幼虫 老熟时体长5~6 mm。头黄色,口器褐色,体乳白色,粗而多皱纹,微弯曲。

蛹 体长4~5 mm。白色,腹面后末端有1对针状突起,向两侧伸出。

危害状 该虫繁殖期危害树干,在韧皮部蛀单纵坑,促进松树削弱或死亡;成虫补充营养蛀入梢头,造成大量枯梢,风折落地,被害株酷似被强度切梢的外貌。

生活史及习性

1年1代,以成虫越冬。北方越冬场所在被害树干基部落叶层或土层下0~10 cm处的树皮内,南方在被害枝梢内。吉林长春越冬成虫于翌年4月中旬最高气温7~

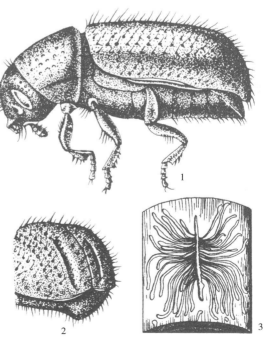

1.成虫;2.鞘翅末端;3.坑道

图9-9 纵坑切梢小蠹

8 ℃时开始离开越冬部位。自4月中旬至7月上旬均可发现越冬成虫钻蛀坑道、交尾、产卵。产卵盛期在4月下旬至5月中旬，卵期9~11 d。5月中旬幼虫开始孵化，5月下旬至6月上旬为孵化盛期，幼虫期15~20 d。6月中旬开始化蛹，6月下旬为化蛹盛期，蛹期8~9 d。7月初出现新成虫，7月中旬为羽化盛期。10月上、中旬当气温降至-5 ℃时，在2~3 d内集中下树越冬。

越冬成虫离开越冬处所后，一部分飞向树冠侵入嫩梢补充营养，然后寻找倒木、濒死木、衰弱木、伐根等处蛀入，雌虫先侵入，筑交配室，然后与雄虫交尾，卵密集地产于母坑道两侧；另一部分不经补充营养，直接飞向倒木、衰弱木进行繁殖。一般每个雌虫产卵40~70粒，最多140粒左右。产卵期达80 d。成虫在繁殖期内分2次产卵，产生"姊妹"世代，第1次产卵繁殖的成虫经过110~120 d补充营养达到性成熟，翌年春开始交尾产卵；第2次产卵繁殖的成虫当年只经过70~90 d的补充营养期，翌年春仍蛀屑补充营养20~40 d，然后蛀干、交尾、产卵。因此出现的越冬代成虫春季不补充营养进行2次产卵、繁殖"姊妹"世代，即越冬成虫于4月上、中旬飞出后在倒木等适宜繁殖处筑坑道产卵，第1次产卵后飞出坑道蛀入梢头，恢复营养20 d左右，5月中、下旬再飞回倒木等处进行第2次产卵。另一种情况是越冬后补充营养成虫2次产卵繁殖"姊妹"世代，即越冬成虫于4月中旬飞出后蛀入嫩梢补充营养20~40 d，5月中旬交尾、产卵。第1次产卵后离开坑道补充营养，6月中、下旬飞回倒木等处进行第2次产卵。

捕食性天敌有啄木鸟、猎蝽、蛇蛉、螳螂、谷盗、隐翅虫、阎魔虫、郭公虫等；寄生性天敌有矛茧蜂、金小蜂、举腹姬蜂、刻鞭茧蜂等。

横坑切梢小蠹 *Tomicus minor* (Hartig)（图9-10）
（鞘翅目：象甲科）

横坑切梢小蠹

分布于东北地区及河北、江西、河南、四川、云南、陕西、甘肃；东南亚、朝鲜、日本、俄罗斯、丹麦、法国以及北美洲。危害马尾松、黑松、油松、红松、华山松、樟子松、云南松、糖松。

形态特征

成虫　体长3.4~5.8 mm。鞘翅基缘升起且有缺刻，近小盾片处缺刻中断，与纵坑切梢小蠹极其相似，其主要区别为本种鞘翅斜面第2列间部与其他列间部一样不凹陷，上面的颗粒和竖毛与其他沟间部相同。

幼虫　老熟时体长5~6 mm，乳白色，头黄色口器褐色，体粗而多皱纹，弯曲如新月，无足。

坑道　复横坑。左右各1，稍呈弧形；在立木上弧形的两端皆朝向下方，在倒木上则方向不一。子坑道短而稀，一般长2~3 cm，自母坑道上、下方分出。

生活史及习性

本种常与纵坑切梢小蠹伴随发生。1年1代，以成虫在松树嫩梢或土内越冬。主要侵害衰弱木和濒死木，亦可侵害健康木。多在树干中部的树皮内蛀筑虫道，常使树木迅速枯死。夏季，新成虫蛀入健康木当年生枝梢补充营养，被害枝梢易被风吹折断。老成虫在恢复营养期内也危害嫩梢，严重时被"剪切"的枝梢可达树冠枝梢的70%以上。蛹室在边材或皮内。在边材上的坑道痕迹清晰。

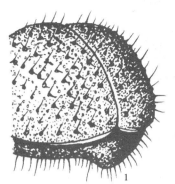
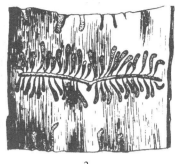

1. 鞘翅末端；2. 坑道

图 9-10　横坑切梢小蠹

柏肤小蠹 *Phloeosinus aubei* (Perris)（图 9-11）
（鞘翅目：象甲科）

分布于北京、天津、河北、辽宁、江苏、山东、河南、四川、云南、陕西、甘肃、青海、台湾等地；日本、朝鲜、俄罗斯以及一些欧洲国家。主要危害侧柏、圆柏和杉树。成虫补充营养时蛀空枝梢，导致枝梢枯黄，易风折，严重时，林地上落许多断梢，影响树形和树势，繁殖发育期危害寄主枝干造成枯枝和立木死亡。

形态特征

成虫　体长 2.0~3.5 mm，赤褐色或黑褐色，无光泽。头部小，藏于前胸下，触角赤褐色，球棒部呈椭圆形，复眼凹陷较浅，前胸背板宽大于长，前缘呈圆形，体密被刻点及灰色细毛，鞘翅前缘弯曲呈圆形。每个鞘翅上有 9 条纵纹，鞘翅斜面具凹面，雄虫鞘翅斜面有齿状突起，雌虫也有突起，但比雄虫小。

幼虫　初孵幼虫乳白色，老熟幼虫体长 2.5~3.5 mm，乳白色，头淡褐色，体弯曲。

坑道　单纵坑，长 15~45 mm。

生活史及习性

北京、山东 1 年 1 代，以成虫在柏树枝梢内越冬。翌年 3~4 月当气温 10~14 ℃时陆续离开越冬场所、蛀食侧柏枝梢补充营养。该虫为昼行性，扬飞多集中于 10:00~16:00，高峰出现在 12:00~14:00，该虫生活史极不整齐。雌虫寻觅生长势弱的侧柏、圆柏蛀圆形侵入孔侵入皮下，雄虫跟随进入，并共同筑成不规则的交配室交尾。交尾后的雌虫向上咬筑单纵母坑道，并沿坑道两侧咬筑卵室产卵。在此期间，雄虫在坑道将雌虫咬筑母坑道产生的木屑由侵入孔推出孔外。雌虫一生产卵 26~104 粒。卵期 7 d。

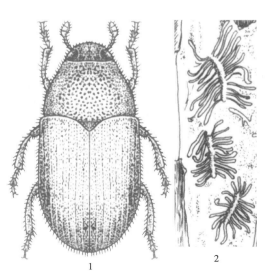

1. 成虫；2. 坑道

图 9-11　柏肤小蠹

4月中旬出现初孵幼虫，由卵室向外沿边材表面筑细长而弯曲的坑道，长30~41 mm。幼虫发育期45~50 d。5月中、下旬老熟幼虫在坑道末端与幼虫坑道呈垂直方向咬筑1个深约4 mm 的圆筒形蛹室化蛹，蛹室外口用半透明膜状物封住。蛹期约10 d。成虫于6月上旬开始出现，成虫羽化期一直延续到7月中旬，6月中下旬为羽化盛期。

成虫羽化后沿羽化孔向上爬行，经过一段时间即飞向健康的柏树树冠上部或外缘枝梢，咬蛀侵入孔向下蛀食补充营养。枝梢常被蛀空，遇风吹即折断，严重时常见树下有成堆被咬折断的枝梢，使柏树遭受严重损害。10月中旬后成虫进入越冬状态。

天敌有柏蠹黄色广肩小蜂 *Phleudecatoma platycladi*、柏蠹长体刺角金小蜂 *Anacalocleonymus gracilis*、柏小蠹啮小蜂 *Tetrastichus cupressi* 等10种寄生蜂和郭公虫、蒲螨等。

杉肤小蠹 *Phloeosinus sinensis* Schedl（图9-12）
（鞘翅目：象甲科）

杉肤小蠹

分布于江苏、浙江、安徽、福建、江西、河南、湖北、湖南、广东、四川、陕西，是我国南方杉木林中常见的蛀干害虫。危害活立木或伐倒木的主干。在韧皮部与边材之间蛀食密集坑道，阻滞营养物质和水分的输送，造成零星或成片杉木枯萎死亡。

形态特征

成虫 体长3.0~3.8 mm，体深褐或赤褐色。复眼肾形，前缘中部有似角状较深凹陷。触角锤状部长饼状，分3节。前胸背板略呈梯形，长略小于宽，基缘中央凸出，尖向鞘翅。背板密布圆形小刻点，并密被茸毛。茸毛出自刻点中心，倒伏指向背中线。鞘翅基缘弧形，略隆起，上面的锯齿大小均一，相距紧密；间部宽阔低平，密被细毛，向后斜竖。鞘翅斜面，第1、3沟间部隆起，第2沟间部低平，间部上的颗瘤似尖桃状。

幼虫 老熟幼虫体长5.0 mm。幼龄幼虫体紫红色，老熟幼虫黄白色。口器褐色。

坑道 单纵坑。

生活史及习性

安徽1年1代，以成虫在杉木树干皮层内越冬。生活史可分为集聚危害和散居越冬两个时期。

集聚危害期：越冬成虫于3月中旬至4月下旬相继从分散的杉株脱离，聚集危害5~15年生健康木树干。雌虫在3 m以下树干蛀入皮层咬交配室与雄虫交尾，咬筑母坑道及卵室产卵。单雌平均产卵量约48粒，卵期3~5 d。3月下旬至4月下旬为产卵期，4月初至6月中旬为幼虫期，5月上旬至7月下旬为蛹期，5月中旬即有新成虫羽化，并继续危害。

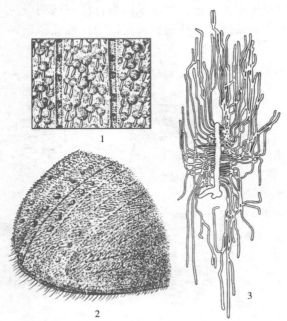

1. 鞘翅中部扩大；2. 鞘翅斜面♂；3. 坑道

图9-12 杉肤小蠹

散居越冬期：7月上旬新成虫陆续自寄主飞离至健康木，分别在枝干皮层蛀穴越冬。

受害木健康可导致外泌树脂，并迫使成虫自蛀口退出，转移侵蛀其他健康木，杉株经重复多次受侵害而严重流脂，生长势迅速衰退，树皮极易剥离。

严重受害区通常在海拔300 m左右，6~10年人工纯幼林。衰弱、林缘木受害重，林中被害株常呈簇状分布。

天敌有杉蠹黄色广肩小蜂 *Phleudecatoma cunninghamiae* Yang 和金小蜂 *Dinotiscus* sp.。

此外，本类群其他重要种类见表9-1。

表9-1 小蠹虫类部分重要种类

种类	分布	寄主	生活史及习性
重齿小蠹 *Ips duplicatus* (Sahlberg)	内蒙古及东北大小兴安岭和长白山	落叶松、云杉	内蒙古赤峰1年1代，以成虫在土中越冬
光臀八齿小蠹 *I. nitidus* Eggers	甘肃、青海、新疆、四川、云南	冷杉、云杉、高山松	甘肃1年1代，以成虫在地下越冬，少数在树干下部或倒木树皮内越冬
黄须球小蠹 *Sphaerotrypes coimbatorensis* Stebbing	河北、山西、安徽、河南、湖南、四川、陕西	核桃、枫杨	陕西、河北1年1代，以成虫在1年生枝条的顶部蛀孔越冬
建庄油松梢小蠹 *Cryphalus tabulaeformis chienzhuangensis* Tsai et Li	陕西	油松	1年2代，以成虫和幼虫在幼干皮层内越冬
马尾松梢小蠹 *C. massonianus* Tsai et Li	江苏、河南	马尾松	1年5代，以第3、4代危害最烈，以成、幼虫或蛹在坑道内越冬
中穴星坑小蠹 *Pityogenes chalcographus* (L.)	内蒙古、东北、四川、新疆	针叶树	内蒙古呼伦贝尔1年1代，以成虫越冬
黑条木小蠹 *Trypodendron lineatum* (Olivier)	黑龙江、山东、四川、陕西、甘肃	多种针、阔叶树及果树	黑龙江1年1代，以成虫在落叶层或土中越冬
脐腹小蠹 *Scolytus schevyrewi* Semenov (=多毛小蠹 *S. seulensis* Murayma)	东北、西北、华北、华东、华中地区	杏、桃、李、榆等多种阔叶树及果树	河北张家口1年2~3代，以不同龄期的幼虫在坑道内越冬
皱小蠹 *S. rugulosus* (Müller)	新疆	苹果、梨、桃、等多种果树	1年2代，以老熟幼虫或幼龄幼虫在蛀道内越冬

小蠹虫类的防治方法

(1) 加强检疫

严禁调运虫害木；对虫害木要及时进行药剂处理或剥皮处理，以防扩散。

(2) 营林措施

森林的合理经营和管理是提高林分抗性、有效预防小蠹虫大发生的根本措施。

①适地适树，合理规划造林地，选择抗逆性强的树种或品种；营造针阔混交林，集约经营管理，加强抚育，封山育林，增加生物多样性。

②适龄采伐，合理间伐；伐根宜低并剥皮，及时清除林内风倒木、风折木、枯立木、梢头木及带皮枝杈，保持林地卫生。

③先行清理采脂林分，伐除低发育级木和衰弱木。

④生长季节严禁在伐区存放带皮原木、小径木、梢头；所有新伐木必须及时运出林外。

⑤贮木场应设在远离林分的地方，必须对原木分类归垛或就地剥皮。

(3) 除治措施

①疏伐及伐除虫害木。虫源地的虫害木要先列入采伐计划，采取卫生择伐措施。疏伐的最佳时间应是其越冬期和幼虫发育期，伐除时应先伐集中危害区，再伐零星危害区；疏伐后应将被害木树干高度4/5以下的树皮全部剥光，并对剥取的树皮和树干喷洒杀虫剂。伐根应低于20 cm，并及时清除林内的伐枝。卫生择伐后疏林的林窗隙地应选用适宜的树种进行补植，改变林相以增加森林本身的抗虫性能。

②饵木诱杀。在林缘、林间空地及郁闭度较小的林分中，在小蠹虫越冬扬飞前一周左右设置饵木。设置方法采用单层垫木法，每3~5根原木为一组，底下加垫木，饵木长2.0 m左右，小头直径要在5.0 cm以上，在饵木上喷施1%的α-蒎烯可提高诱杀效果。每公顷设2堆。饵木处理方法为：在小蠹虫发育至老熟幼虫期开始进行饵木处理，可采用剥皮、水侵或药剂处理，药剂处理可采用喷干或熏蒸等方法。

③信息素诱杀、干扰。在清除虫源木的基础上，在越冬成虫扬飞前将诱捕器挂在拟防治林分中，以林缘、林间空地为重点，每公顷挂1~2个，经2~3年防治效果可达80%以上，其特点是诱集效果好，其诱集量是饵木的数倍至十几倍。在局部地区大量使用信息素类物质，可干扰其入侵和生殖行为，降低其侵害的成功率和产卵能力。

④生物防治。小蠹虫的天敌资源非常丰富，包括线虫、螨类、寄生蜂、寄蝇、捕食性昆虫及鸟类等。维护森林生态系统的多样性、稳定性，减少杀虫剂的使用和人为对森林生态系统的干扰，保护捕食性天敌昆虫和鸟类在森林生态系统内的生存和繁殖，将会加强天敌的作用，有效地降低小蠹虫的危害；已发现有7种以上的华山松大小蠹寄生蜂（茧蜂、金小蜂）对控制该虫的大发生有明显的控制作用。人工饲养和繁殖小蠹虫天敌，如大唼蜡甲可降低红脂大小蠹的危害；生产其病原微生物并在成虫羽化期喷洒，可使大量成虫感病死亡从而降低其危害水平。

⑤药剂防治。小蠹虫的化学防治是倍受争议的防治技术，首先是对每株树木进行化学防治有困难、不经济，其次是会引起森林生态系统的污染和对森林生物多样性的干扰或破坏，因此使用较少。如要使用，可选择下述方法：a. 在越冬代成虫扬飞入侵盛期（5月末至7月初，因地而异）使用40%氧化乐果乳油100~200倍液或2%的毒死蜱、0.5%的林丹、2%的西维因和2%的杀螟松油剂涂抹或喷洒活立木枝干，可杀死成虫。b. 在北方针对纵坑切梢小蠹在根颈树皮内越冬的特点，早春4月可挖开根颈土层10 cm撒施2%杀螟松粉或5%西维因粉，每株用量10 g，然后再覆土踏实，杀虫率高达98%。c. 在南方防治纵坑切梢小蠹可根施3%呋喃丹颗粒剂，每株200 g或于树干基部打孔注射40%氧化乐果乳油或40%SN-851杀虫剂10倍液2 mL，以防止成虫聚集钻蛀。

⑥原木垛楞的熏蒸处理。选用 0.12 mm 厚的农用薄膜，黏合成与楞垛相应大小的帐幕，覆盖并密封，投入溴甲烷 10~20 g/m³，或磷化铝 3 g/m³，或硫酰氟 30 g/m³，密闭熏蒸 2~3 昼夜。本法还兼治蛀入木质部的天牛、象甲和吉丁幼虫。

9.2 天牛类

天牛种类多、分布广、危害普遍，主要以幼虫危害，钻蛀树干、枝条及根部，往往造成树木衰弱或枯死。有些成虫取食花粉、嫩枝、叶、根及果实等，也会造成不同程度的危害。天牛的寿命一般较长，尤其是幼虫期，大多需经历 1~3 年。天牛幼虫对不良环境有很强的耐受力。

9.2.1 针叶树天牛

松墨天牛 *Monochamus alternatus* Hope（图 9-13）

（鞘翅目：天牛科）

松墨天牛

又名松褐天牛、松斑天牛。分布于河北、江苏、浙江、福建、台湾、江西、山东、河南、湖南、广东、广西、四川、贵州、云南、西藏、陕西；日本、韩国、老挝。主要危害马尾松，其次危害黑松、雪松、落叶松、油松、华山松、云南松、思茅松、冷杉、云杉、圆柏、栎类、鸡眼藤、苹果、沙果等生长衰弱的树木或新伐倒木。在南方各地，常由于马尾松毛虫危害使松树生长衰弱后，此虫大量侵入，引起成片松树枯死。此虫是松材线虫病的主要传播媒介昆虫。

形态特征

成虫 体长 15~28 mm，橙黄色至赤褐色。触角栗色，雄虫触角第 1、2 节全部和第 3 节基部具有稀疏的灰白色绒毛；雌虫触角除末端 2、3 节外，其余各节大都灰白色。雄虫触角超过体长 1 倍以上；雌虫触角约超出体长 1/3。前胸宽大于长，多皱纹，侧刺突较大。前胸背板有 2 条相当宽阔的橙黄色纵纹，与 3 条黑色纵纹相间。小盾片密被橙黄色绒毛。每一鞘翅具 5 条纵纹，由方形或长方形的黑色及灰白色绒毛斑点相间组成。腹面及足杂有灰白色绒毛。

卵 长约 4 mm，乳白色，略呈镰刀形。

幼虫 乳白色、扁圆筒形，老熟时体长可达 43 mm。头部黑褐色，前胸背板褐色，中央有波状横纹。

蛹 乳白色，圆筒形，长 20~26 mm。

生活史及习性

1 年 1 代，以老熟幼虫在木质部坑道中越冬。翌年 3 月下旬，越冬幼虫开始在虫道末端蛹室中化蛹。4 月中旬

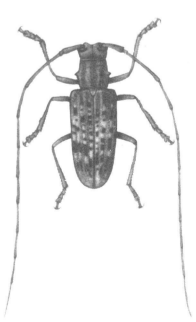

图 9-13 松墨天牛

成虫开始羽化，5月为成虫活动盛期。成虫活动分3个阶段，即移动分散期、补充营养期和产卵期。开始补充营养时主要在树干和1~2年生的嫩枝上取食，以后则逐渐转移到多年生枝条上取食。补充营养后期成虫几乎不再移动，一般在羽化后10 d左右开始产卵，先在树干上咬刻槽，然后将产卵管从刻槽伸入树皮下产卵，交尾和产卵都在夜间进行。单雌产卵量100~200粒。衰弱木和新伐倒木能引诱成虫产卵。幼虫共5龄，1龄幼虫在内皮取食，2龄在边材表面取食，在内皮和边材形成不规则的平坑，导致树木维管组织受破坏。幼虫在3~4龄向木质部内蛀害，秋天穿凿扁圆形孔，侵入木质部3~4 cm后向上或向下蛀纵坑道，纵坑长约5~10 cm，然后弯曲向外蛀食至边材，在坑道末端筑蛹室化蛹，整个坑道呈"U"字形。幼虫蛀食除蛹室附近留下少许蛀屑外，大部分推出堆积于树皮下。

成虫喜光。故一般在稀疏林分发生较重。郁闭度大的林分，则以林缘树木受害最多，或林中空地先发生，再向四周蔓延。伐倒木如不及时运出林外，留在林中过夏或不经剥皮处理，则很快受此虫侵害，成虫迁移距离1.0~2.4 km。

天敌有病原微生物、寄生性线虫、寄生性昆虫、捕食性昆虫、蜘蛛、鸟类等。

成虫是传播松材线虫的媒介。成虫从木质部外出后，体表附着线虫，但大部分线虫在体内，以头、胸部最多，可分布在整个气管系统内，1头成虫携带线虫最高可达289 000条。一般在成虫羽化外出后15~20 d，线虫脱离虫体，脱出率43%~70%，脱离的线虫能侵入树干危害。

云杉小墨天牛 Monochamus sutor (L.)（图9-14）
（鞘翅目：天牛科）

云杉小墨天牛

分布于东北、内蒙古、山东、新疆、陕西、山东、河南、浙江、青海；朝鲜、韩国、日本、蒙古、俄罗斯、哈萨克斯坦。主要危害云杉、冷杉，间或危害落叶松、欧洲赤松和红松。侵害活立木、伐倒木和风倒木。幼虫蛀食木质部，造成树木严重损害，降低木材使用价值。成虫补充营养时期大量啃咬树枝韧皮部，影响立木生长。

形态特征

成虫 体长14~24 mm。体黑色，有时微带古铜色光泽。全身绒毛不密，尤其前胸背板处最稀。绒毛从淡灰色到深棕色，一般在头部及腹面呈淡灰色，在鞘翅呈深棕色，在前胸背板呈淡棕色，但亦有相当变异。雌虫在前胸背板中区前方常有2淡色小斑点，鞘翅上亦常有稀散不显著的淡色小斑，雄虫一般缺如。小盾片具灰白色或灰黄色毛斑，中央有1无毛的细纵纹。雄虫触角超过体长的1倍多，黑色；雌虫触角超过体长的1/4或更长，从第3节起每节基部被灰色毛。腹面被棕色长毛，以后胸腹板处为密。鞘翅末端钝圆。分布很广，它与欧洲分布的指名亚种的区别在于鞘翅上花斑极稀，或全部缺如。

卵 长椭圆形，稍弯曲，长3.3~3.8 mm，宽1.0~1.6 mm，白色。

图9-14 云杉小墨天牛

幼虫　老熟幼虫体长 35~40 mm，体淡黄白色。头部褐色，头壳后段缩入胸部，口器黑褐色，附近密被黄色刚毛；上颚强大。前胸宽大扁平、背板较骨化，上有许多纵向细纹，中间有 1 纵缝。

蛹　长 17~20 mm，白色。触角在中足和后足之间弯成螺旋形。胸部有钝的小齿，腹部有黑色刚毛。最后腹节呈长圆锥形。

生活史及习性

东北 1 年 1 代，以幼虫在木质部虫道内越冬。翌年春继续取食，老熟后于 5 月开始在距树皮 2~3 cm 的虫道内做蛹室化蛹。6 月初成虫咬一圆形羽化孔飞出，盛期在 6 月中、下旬，一直延续到 8 月。成虫飞出后在树冠上取食嫩枝皮补充营养，粗枝上多呈带状危害，在 8 mm 以下的细枝上则呈环状危害，不仅咬食枝皮，还喜欢取食木段断面的韧皮部，常咬成很大的缺口。成虫较活跃，喜光，有假死性；交尾、产卵和补充营养相间进行。该虫喜欢将卵产在适于幼虫生活的新伐倒木或风倒木树干上，产在表皮和韧皮部之间。刻槽长棱形，长 4~66 mm，均匀地分布在木段上。一般 1 个刻槽内有卵 1 粒。雌单产卵量 22~39 粒。卵期 9 d。初孵幼虫开始只取食周围的韧皮部，形成不规则虫道，蛀屑呈褐色紧贴在边材上。经 20~30 d 后，咬 1 个卵形孔蛀入木质部，排出长 3~4 mm 的粗糙虫粪和蛀屑。幼虫蛀道有 3 种类型，一是"一"字形坑道或称直坑，另两种分别是"U"形和"L"形坑道。9 月下旬幼虫开始在木质部虫道内越冬。幼虫共 5 龄。老熟幼虫在蛀道末端咬宽大蛹室，蛹室距木质部外缘约 2 mm，待成虫羽化后，咬穿羽化孔钻出。蛹期平均 10 d。

此虫危害程度与径级有关，径级越大被害越严重。云杉以 28~32 cm，红松以 48 cm，落叶松以 32~36 cm 的径级受害最重。

天敌有啄木鸟、寄生蜂和大蚂蚁。

云杉大墨天牛 *Monochamus urussovii* (Fischer von Waldheim)
（鞘翅目：天牛科）

云杉大墨天牛

分布于黑龙江、吉林、辽宁、内蒙古、新疆、宁夏、陕西、河北、山东、河南、江苏；朝鲜、韩国、日本、蒙古、俄罗斯、哈萨克斯坦、欧洲北部。危害红皮云杉、鱼鳞云杉、红松、臭冷杉、兴安落叶松、长白落叶松、白桦。幼虫危害伐倒木、生长衰弱的立木、风倒木以及贮木场中原木，是北方针叶树木材的主要害虫；成虫危害活树的小枝。

形态特征

成虫　体长 21~33 mm。体黑色，带墨绿色或古铜色光泽。雄虫触角为体长的 2~3.5 倍，雌虫触角比体稍长。前胸背板有不明显的瘤状突 3 个，侧刺突甚发达。小盾片密被灰黄色短毛。鞘翅基部密布颗粒状刻点，并有稀疏的短绒毛，越向后，颗粒越平，毛越密，至末端完全被毛覆盖，呈土黄色；鞘翅前方约 1/3 处，有 1 横压痕。雄虫鞘翅基部最宽，向后渐狭。雌虫鞘翅两侧近平行，中部有灰白色毛斑，聚集成 4 块，但常有许多变化，不规则。

幼虫　老熟幼虫体长 37~50 mm。乳白色至乳黄色。前胸背板淡棕色，有"凸"字形棕色斑，无胸足。

生活史及习性

黑龙江小兴安岭 2 年 1 代，少数 1 年或 3 年 1 代，以幼虫越冬。翌年 6 月上旬成虫开始羽化，6月下旬至9月上旬为产卵期，卵期7~13 d，初孵幼虫直接钻入树皮，在韧皮与边材之间取食，被害部蛀道不规则。当年蜕皮2~3次，约于8月上旬开始向木质部做坑道，9月下旬进入木质部坑道中越冬。当年坑道大部分垂直伸入，长8~12 cm，侵入孔椭圆形。翌年5月上旬，越冬幼虫从木质部回到树皮下，继续取食。7月中旬成熟，再次进入木质部做马蹄形或弧形坑道，坑道末端是蛹室，以老熟幼虫或预蛹第2次越冬，第3年5月上旬至7月中旬化蛹。蛹期20~27 d。整个幼虫期约2年。木质部中的坑道全长平均26.4 cm，深平均9.4 cm。成虫羽化后在蛹室中停留约7 d后钻出。成虫补充营养取食嫩枝树皮；并咬至髓心，经过10~21 d后开始交尾、产卵，产卵期延续10~34 d，单雌产卵量约30粒。雌虫最喜欢在云杉伐倒木上产卵，其次是红松、冷杉和落叶松。在冷杉林内主要把卵产在风倒木和伐倒木上，其次是生长衰弱的树木上，产卵时雄虫常随在雌虫后面，雌虫在树皮上咬一眼形小槽，每槽产卵1粒。在原条上自基部到梢头都有卵。

双条杉天牛 *Semanotus bifasciatus* (Motschulsky)（图9-15）

（鞘翅目：天牛科）

双条杉天牛

分布于北京、河北、内蒙古、甘肃、山西、陕西、山东、河南、上海、江苏、浙江、湖北、安徽、江西、福建、广东、广西、四川、云南、贵州、青海、台湾；朝鲜、韩国、日本、蒙古及俄罗斯远东地区。危害侧柏、圆柏、扁柏、罗汉松等树种的衰弱木、枯立木及新伐倒木。1996年曾被列为全国林业检疫性有害生物。

形态特征

成虫 体长9~15 mm。体形扁，黑褐色。头部生有细密的点刻，雄虫触角略短于体长，雌虫的为体长的1/2。前胸两侧弧形，具有淡黄色长毛，背板上有5个光滑的小瘤突，前面2个圆形，后面3个尖叶型，排列成梅花状。鞘翅上有2条棕黄色或驼色横带，前面的带后缘及后面的带色浅，前带宽约为体长的1/3，末端圆形。腹部末端微露于鞘翅外。

卵 椭圆形，长约2 mm，白色。

幼虫 初龄幼虫淡红色，老熟幼虫体长22 mm，前胸宽4 mm，乳白色。头部黄褐色。前胸背板上有1个"小"字形凹陷及4块黄褐色斑纹。

蛹 淡黄色，触角自胸背迁回到腹面，末端达中足腿节中部。

生活史及习性

山东、陕西1年1代，以成虫越冬；北京大部分1年1代，少数2年1代，以成虫、蛹和幼虫越冬。翌年3月上旬至5月上旬成虫出现。3月中旬至4月上旬为羽化盛期。3月中旬开始产卵，下旬幼虫孵化，5月中旬开始蛀入木质部内，8月下旬幼虫在木质部中化蛹，9月上旬开始羽化为成虫进入越冬阶段。自3月上旬开始，成虫咬破树皮爬出，在树干上形成圆形羽化孔。成虫爬出后不需补充营养。晴天时活动，飞行能力较强。

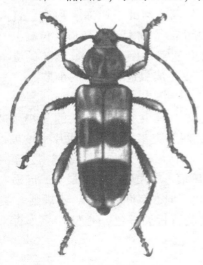

图9-15 双条杉天牛

多在 14:00~22:00 进行交尾和产卵，其余时间钻在树皮缝、树洞、伤疤及干基的松土内潜伏不动，不易被发现。雌雄成虫均可多次交尾，边交尾边产卵。在新修枝、新采伐的树干和木桩以及被压木、衰弱木上均可产卵，直径 2 cm 以上的枝条都可被害。雄虫寿命 8~28 d，雌虫寿命 23~32 d。单雌产卵量约 71 粒，卵多产于树皮裂缝和伤疤处。卵期 7~14 d。幼虫孵化 1~2 d 后才蛀入皮层危害，被害处排出少量细碎粪屑。蛀入树皮后先沿树皮啃食木质部，在木质部表面形成弯曲不规则的扁平坑道，坑道内填满黄白色粪屑。坑道最长可达 20 cm，宽 1.5 cm，深 0.4 cm。树木受害后树皮易于剥落。5 月中旬幼虫开始蛀入木质部内。衰弱木被害后，上部即枯死，连续受害便可使整株死亡。8 月中、下旬幼虫老熟，在木质部中蛀成深 0.6~2.0 cm，长 3~5 cm 的虫道，9 月陆续羽化为成虫越冬。

粗鞘双条杉天牛 *Semanotus sinoauster* Gressitt（图 9-16）
（鞘翅目：天牛科）

粗鞘双条杉天牛

分布于陕西、河北、上海、江苏、浙江、江西、安徽、湖北、湖南、福建、广东、广西、重庆、四川、云南、贵州、台湾；老挝。危害杉木、柳杉，是杉木的一种重要害虫，常导致杉木生长量降低，材质变坏乃至整株枯死。

形态特征

成虫　体长 12~23 mm，体形扁阔。头部黑色，具细刻点。触角黑褐色，雌虫触角约达体长之半，雄虫触角约与体等长。前胸两侧圆弧形，具有较长的淡黄色绒毛，前胸背板具 5 个光滑的呈梅花形排列的疣突。中胸及后胸腹面均有黄色绒毛，鞘翅上有 2 条棕黄色或驼色带和 2 条黑色宽横带相间，刻点很多，末端为弧形，腹部棕色，被绒毛。雌虫腹端微露出。

幼虫　老熟幼虫体长 25~35 mm，乳白色或淡黄色，体略呈扁圆筒形，上颚强大，黑褐色。前胸节较头部及其他各体节均宽，侧缘略呈半圆形，背板黄褐色，生密毛。

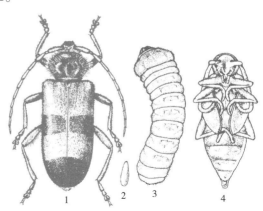

1. 成虫；2. 卵；3. 幼虫；4. 蛹

图 9-16　粗鞘双条杉天牛

生活史及习性

多数地区 1 年 1 代，以成虫越冬；部分地区 2 年 1 代，分别以幼虫和成虫越冬。两种世代型的比例因地区而异。1 年 1 代的无明显越冬现象。广东、广西、福建南部地区每年 9 月中旬成虫开始羽化，羽化后在蛹室内停留 30~60 d，11 月上旬开始外出，11 月下旬至 12 月中旬为外出活动盛期，外出成虫立即交尾产卵，卵期 10 d，孵出的幼虫蛀入皮下取食，故在 11 月、12 月、翌年 1 月可同时见到成虫、卵和幼虫。幼虫于 4 月下旬开始进入木质部蛀食，8 月下旬开始化蛹。2 年 1 代的越冬成虫在日平均温度 13 ℃ 以上的晴朗天气即外出活动。成虫外出盛期约在 3 月中旬到 4 月上旬，不善飞翔，有假死性。成虫外出后，可立即进行交尾产卵。产卵于 3~4 mm 宽的树皮缝里。卵多产于树干 9 m 以下部位；单雌平均产卵量 40~60 粒。卵期 10~20 d。成虫寿命约 7 个月。幼虫危害可分为 3 个阶段，初孵幼虫(初期)由于蛀道穿过韧皮部造成粒状流脂；皮层幼虫(中期)在韧皮部与边材之间危害，蛀成扁圆形不规则的虫道，蛀食后的虫道内充满木屑和排泄物，流脂现象也增加；木质部幼虫(后期)在木质部向下蛀食，蛀道随虫体增大而变粗，粪便及木屑不排出，前蛀后填，充塞坚实，蛀道全长 20~40 cm。幼虫在蛀道末端作蛹室，于 8 月下旬开始化蛹，9 月下旬开始羽化。

此外，针叶树天牛重要种类还有：

小灰长角天牛 Acanthocinus griseus (Fabricius)：分布于东北、华北、西北地区及山东、浙江、江西、福建、河南、湖北、广东、广西、贵州等地。危害红松、云杉、鱼鳞云杉、油松、华山松、栎属树种。1 年 1 代，通常以成虫在蛹室越冬。翌年 5 月，成虫咬 1 个扁圆形羽化孔而出；6 月初在新近死亡的或伐倒的针叶树树干产卵。

杉棕天牛 Callidiellum villosulum Fairmaire：分布于华东、华中地区及广东、广西、四川、云南、贵州。危害杉木和柳杉。江西 1 年 1 代，以初羽化成虫在木质部蛹室越冬。3 月下旬至 4 月上旬为成虫出现盛期。产卵于树皮缝隙中。

光胸断眼天牛 Tetropium castaneum (L.)：分布于东北、西北、华北地区及山东、浙江、福建、江西、云南。危害云杉、冷杉和落叶松。小兴安岭林区 1 年 1 代，以老熟幼虫在木质部内越冬。幼虫在孵化后钻入木质部危害。

9.2.2 阔叶树天牛

光肩星天牛 Anoplophora glabripennis (Motschulsky)（图 9-17）
（鞘翅目：天牛科）

光肩星天牛

分布于我国除海南、澳门、香港外各地；朝鲜、韩国、日本、越南、缅甸、奥地利、美国、加拿大。危害杨、柳、糖槭、元宝枫、榆、七叶树、悬铃木等多种阔叶树。在"三北"防护林及华北平原绿化区广泛发生，严重危害杨树、柳树。受害的木质部被蛀空，导致树干风折或整株枯死。黄斑星天牛 Anoplophora nobilis (Ganglbauer) 为本种的同种不同型。

形态特征

成虫 体长 14~40 mm，体黑色，有光泽。头部比前胸略小，自后头经头顶至唇基有 1 纵沟，以头顶部分最为明显。触角鞭状，自第 3 节起各节基部呈灰蓝色。雌虫触角约为体长的 1.3 倍，最后 1 节末端为灰白色。雄虫触角约为体长的 2.5 倍，最后 1 节末端黑色。前胸两侧各有 1 刺状突起，鞘翅上各有大小不等的白色或乳黄色毛斑约 20 个，毛斑大小、形状、位置、数量变异较大。鞘翅基部光滑无小突起。身体腹面密布蓝灰色绒毛。腿节、胫节中部及跗节背面有蓝灰色绒毛。

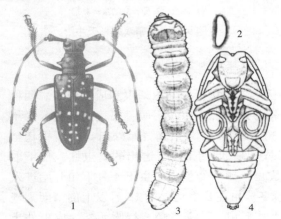

1. 成虫；2. 卵；3. 幼虫；4. 蛹

图 9-17 光肩星天牛

卵 乳白色、长椭圆形，长 5.5~7.0 mm，两端略弯曲，近孵化时变为黄色。

幼虫 初孵幼虫为乳白色，取食后呈淡红色，头部呈褐色。老熟幼虫体长约 50 mm，体带黄色，头部褐色。前胸大而长，其背板后半部较深，呈"凸"字形。

蛹 全体乳白色至黄白色，长 30~37 mm；附肢颜色较浅。

生活史及习性

1 年 1 代或 2 年 1 代，卵、幼虫、蛹均能越冬。成虫羽化后在蛹室内停留约 7 d，然后在侵入孔上方咬羽化孔飞出。成虫 5 月开始出现，7 月上旬为羽化盛期，至 10 月上旬仍有个别成虫活动。成虫白天活动，以 8:00~12:00 最为活跃。阴天或气温达 33 ℃以上时多栖于树冠丛枝内或阴暗处。成虫补充营养时取食杨、柳等叶柄、叶片及小枝皮层，补充营养后 2~3 d 交尾。成虫一生可多次交尾和产卵。产卵前，成虫先用上颚咬 1 椭圆形刻槽，然后将产卵管插入韧皮部与木质部之间产卵，每刻槽产卵 1 粒，产卵后分泌胶黏物封塞产卵孔，单雌产卵量约 32 粒。从树木的根际至 3 cm 粗的小枝上均有刻槽分布，主要集中在树干枝杈或萌生枝条的部位。成虫飞行能力不强，易于捕捉，无趋光习性。雌虫寿命 14~66 d，雄虫 3~50 d。卵期在 6~7 月，一般为 11 d。幼虫孵出后，开始取食腐坏的韧皮部，排出褐色粪便。2 龄幼虫开始向旁侧取食健康树皮和木质部，并从产卵孔中排出褐色粪便及蛀屑。3 龄末或 4 龄幼虫在树皮下经取食约 3.8 cm^2 后，开始进入木质部危害，排出白色木屑。起初隧道横向稍弯曲，然后转向上方。隧道随虫体增长而增大。隧道长 3.5~15.0 cm，平均 9.6 cm。一般木质部的隧道仅为栖息场所，幼虫常回到韧皮部与木质部之间取食，粪便随即排出隧道，所以被害树干、树皮呈掌状陷落，其面积为 120~214 mm^2，平均 166 mm^2。每头幼虫可钻蛀破坏约 10 cm 粗、12 cm 长的一个材段或相当的一块木材。

光肩星天牛对林木的严重危害，是其种群连续危害的结果。在河北，其 1 代的最终存活率约为 17.78%。由于虫道集中分布，常使树干局部中空，外部膨大呈长 30~70 cm 的"虫疱"。树上"虫疱"的数量与林木被害期呈正相关。连续受 4 代天牛危害的林木，树干上常出现 1~2 段"虫疱"；受 6 代天牛危害的林木，树干上呈现 2~5 段"虫疱"；如受害时期再长，则树木的枝干上"虫疱"累累，小枝稀疏，树叶凋零，材质低劣，经济效益和生态效益均受到严重影响。

天敌主要有大斑啄木鸟和花绒寄甲，对该天牛的发生和危害有较好的控制作用。

星天牛 *Anoplophora chinensis* (Foerster)（图 9-18）
（鞘翅目：天牛科）

星天牛

分布于华北、华东、华中、华南地区及辽宁、吉林、广西、贵州、四川、宁夏、甘肃、陕西；朝鲜、日本、缅甸。危害木麻黄、杨、柳、榆、刺槐、核桃、桑、红椿、楸、乌桕、梧桐、相思树、楝、悬铃木、母生、栎类、柑橘及其他林木果树等 19 科 29 属 48 种植物。

形态特征

成虫 雌虫体长 36~41 mm；雄虫体长 27~36 mm。黑色，具金属光泽。头部和身体腹面被银白色和部分蓝灰色细毛，但不形成斑纹。触角第 1、2 节黑色，其他各节基部 1/3

图 9-18 星天牛

有淡蓝色毛环,其余部分黑色,雌虫触角超出身体 1~2 节,雄虫触角超出身体 4~5 节。前胸背板中瘤明显,两侧具尖锐粗大的侧刺突。小盾片一般具不明显的灰色毛,有时较白或杂有蓝色。鞘翅基部密布黑色小颗粒,每翅具大小白斑约 20 个,排成 5 横行。斑点变异较大,有时很不整齐,不易辨别行列,有时靠近中缝的消失。

卵 长椭圆形,长 5~6 mm,宽 2.2~2.4 mm。初产时白色,以后渐变为浅黄白色。

幼虫 老熟幼虫体长 38~60 mm,乳白色至淡黄色。头部褐色,长方形,中部前方较宽,后方缢入;前胸略扁,背板骨化区呈"凸"字形,"凸"字形纹上方有 2 个飞鸟形纹。

蛹 纺锤形,长 30~38 mm,初为淡黄色,后渐变为黄褐色至黑色。

生活史及习性

福建、浙江 1 年 1 代,少数 3 年 2 代或 2 年 1 代。以幼虫在木质部越冬。越冬幼虫翌年 3 月以后开始活动;多数幼虫 4 月上旬开始化蛹,5 月下旬化蛹基本结束。5 月上、中旬成虫开始羽化,5 月下旬至 6 月中、下旬为成虫羽化高峰。成虫羽化后啃食寄主幼嫩枝梢的树皮补充营养,10~15 d 后交尾。交尾后 3~4 d,于 6 月上旬,雌成虫在树干下部或主侧枝下部产卵,6 月下旬至 7 月上旬为产卵高峰期,卵多产在离地面 10 cm 以内的主干上,且以胸径 6~15 cm 的树干居多。产卵前先在树皮上咬"T"形或"人"字形刻槽,用上颚稍微掀开皮层,再将产卵管插入刻槽一边的树皮夹缝中产卵,每处 1 粒,单雌产卵量 23~32 粒。成虫寿命一般 40~50 d,飞行距离约 40 m。卵期 10 d。7 月上、中旬为孵化高峰期,初孵幼虫从产卵处蛀入,在树木表皮与木质部之间蛀食,形成不规则的扁平虫道,虫道内充满虫粪,20~30 d 后开始向木质部蛀食,常见向上蛀成不规则的虫道,也有的向下蛀入根部;并开有通气孔 1~3 个,从中排出似锯木屑的粪便,整个幼虫期长达 10 个月,虫道长 20~60 cm,宽 0.5~9.0 cm。幼虫危害部位在离地面 20 cm 以下的树干上占 91.4%,钻入地下根部的占 2.3%,其余在 20 cm 以上部位。幼虫共 6 龄。老熟幼虫用木屑、木纤维把虫道两头堵紧,构筑蛹室并于其中化蛹。

桑天牛 Apriona germari (Hope)(图 9-19)
(鞘翅目:天牛科)

桑天牛

又名粒肩天牛。分布于除黑龙江、吉林、内蒙古、宁夏、青海、新疆外我国各地;朝鲜、日本、越南、老挝、柬埔寨、缅甸、泰国、印度、孟加拉国。是多种林木、果树的重要害虫,对毛白杨、杂交黑杨、苹果、海棠、桑、无花果等危害最烈,其次为柳、刺槐、榆、构树、朴、枫杨、沙果、梨、枇杷、樱桃、柑橘、山核桃、紫荆。不同地区寄主种类差别较大。寄主被害后,生长不良,树势早衰,影响木材利用价值,降低桑树、果树产量。

形态特征

成虫 体长 34~46 mm。体和鞘翅黑色,被黄褐色短毛,头顶隆起,中央有 1 条纵沟。上颚黑褐色,强大锐利。触角比体稍长,顺次细小,柄节和梗节黑色,以后各节前半黑褐色,后半灰白色。前胸近方形,背面有横皱纹,两侧中间各具 1 刺状突起。鞘翅基部密生颗粒状小黑点。足黑色,密生灰白短毛。雌虫腹末 2 节下弯。

卵 长椭圆形,长 5~7 mm,前端较细,略弯曲,黄白色。

幼虫 圆筒形,老熟幼虫体长 45~60 mm,乳白色。头小、隐入前胸内,上、下唇淡黄色,上颚黑褐色。前胸特大,前胸背板后半部密生赤褐色颗粒状小点,向前伸展成 3 对尖叶状纹。后胸至第 7 腹节背面各有扁圆形突起,其上密生赤褐色粒点。

蛹 纺锤形,长约 50 mm,黄白色。触角后披,末端卷曲。

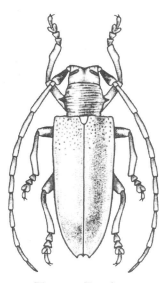

图 9-19 桑天牛

生活史及习性

广东、台湾、海南 1 年 1 代,华东、华中地区以及陕西(关中地区以南)2 年 1 代,辽宁、河北 2~3 年 1 代。南北各地的成虫发生期有差异:如海南一般为 3 月下旬至 11 月下旬,广东为 4 月下旬至 10 月上旬,江西为 6 月初至 8 月下旬,河北为 6 月下旬至 8 月中旬,辽宁南部则为 7 月上旬至 8 月中旬。下面以河北为例,加以说明。幼虫老熟后,在 6 月初开始化蛹,6 月中下旬化蛹最盛,7 月底结束。成虫出现期始于 6 月底,7 月中为羽化高峰,8 月底羽化结束。成虫产卵期在 7 月上旬至 9 月上旬,卵期 10 d。蛹期 26~29 d,成虫寿命平均 55 d,产卵延续期约 45 d。成虫必须取食桑、构、柘等桑科植物嫩梢树皮,才能完成发育至产卵,被害伤疤呈不规则条块状,伤疤边缘残留绒毛状纤维物,如枝条四周皮层被害,即凋萎枯死。昼夜均取食,有假死性,极易捕捉。成虫取食 5~7 d 后,交尾产卵。产卵前先用上额咬破皮层和木质部,呈"U"形刻槽,卵即产于刻槽中,槽深达木质部,每槽产卵 1 粒。产后用黏液封闭槽口。成虫昼夜产卵,单雌 1 d 能产卵 1~10 粒,一生平均产卵 105 粒,最多达 201 粒。卵多产于径粗 5~40 mm 的枝干上,以粗 10~15 mm 的枝条密度最大,约占 80%,产卵刻槽高度因寄主大小而异,距地面 1~20 m 均有。

初孵幼虫先向上蛀食约 10 mm,即调头沿枝干木质部的一边向下蛀食,逐渐深入心材,如植株较矮小,可蛀达根部,将主根蛀空。幼虫在蛀道内,每隔一定距离向外咬 1 圆形排泄孔,粪便即由虫孔向外排出。排泄孔孔径随幼虫增长而扩大,孔间距离,则自上而下逐渐增长,其增大幅度因寄主植物而不同。排泄孔的排列位置,除个别遇有分枝或木质较坚硬而回避于另一边外,一般均在同一方位顺序向下排列。幼虫一生蛀道全长在毛白杨上平均超过 5 m,排泄孔 30 多个。幼虫在取食期间,处于在最下部排泄孔处。幼虫老熟后,即沿蛀道上移,超过 1~3 个排泄孔,先咬羽化孔的雏形,向外达树皮边缘,使树皮出现臃肿或断裂,常见树汁外流;此后,幼虫又回到蛀道内选择适当位置做蛹室化蛹,蛹室长 40~50 mm,宽 20~25 mm,蛹室距羽化孔 70~120 mm。羽化孔圆形,直径 11~16 mm,平均 14 mm。

在环境中有桑树、构树、柘树的地方发生严重，这类树不但为桑天牛提供营养补充，幼虫也能钻蛀取食。如果有桑天牛幼虫喜食树种，再有补充营养寄主，一旦有虫源，必然造成严重危害。

主要天敌有桑天牛卵啮小蜂 *Aprostocetus prolixus*、大斑啄木鸟。

青杨楔天牛 *Saperda populnea* (L.)（图 9-20）
（鞘翅目：天牛科）

又名青杨天牛。分布于华北、东北、西北地区及山东、河南；朝鲜、俄罗斯、欧洲、北非。危害杨柳科植物，以幼虫蛀食枝干，特别是枝梢部分；被害处形成纺锤状瘿瘤，阻碍养分的正常运输，使枝梢干枯，易遭风折或造成树干畸形，呈秃头状，影响成材。如在幼树主干髓部危害，可使整株死亡。

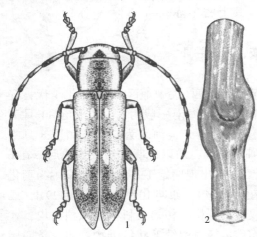

1. 成虫；2. 危害状

图 9-20　青杨楔天牛

形态特征

成虫　体长 11~14 mm。体黑色，密被金黄色绒毛，间杂有黑色长绒毛。复眼黑色。雄虫触角约与体等长，雌虫触角较体短；柄节粗大，梗节最短，均为黑色，鞭节各节基部 2/3 灰白色，端部 1/3 黑色。前胸无侧刺突，背面平坦，两侧各具 1 条较宽的金黄色纵带。鞘翅满布黑色粗糙刻点，并着生有淡黄色绒毛。每鞘翅各有金黄色绒毛圆斑 4~5 个。雄虫鞘翅上金黄色圆斑不明显。

幼虫　初孵时乳白色，中龄浅黄色，老熟时深黄色，体长 10~15 mm。

生活史及习性

1 年 1 代，以老熟幼虫在树枝的虫瘿内越冬。河南 3 月上旬、北京 3 月下旬、沈阳 4 月初开始化蛹，蛹期 20~34 d。成虫在河南 3 月下旬、北京 4 月中旬、沈阳 5 月上旬开始出现。北京 5 月上旬发现卵，5 月中、下旬相继孵化为幼虫，并侵入嫩枝危害，10 月上、中旬开始越冬。成虫羽化时间多集中在白天中午前后。羽化孔圆形，直径 2.4~4.2 mm。成虫羽化后常取食树叶边缘补充营养，被害叶片呈不规则缺刻，经 2~5 d 进行交尾，再经 2 d 开始产卵。产卵前先用上颚咬 1 马蹄形刻槽，产卵其中。刻槽多在 2 年生的嫩枝上。刻槽与树龄有密切关系，2~3 年生幼树的刻槽都在主梢，4 年生以上的树以树冠周围的侧枝为多，危害严重地区 1 个枝条上有多个虫瘿。成虫喜欢在开阔的林分和林缘活动，因此，孤立木、稀疏的林木和树冠周围及上部的枝条被害严重。雌虫一生产卵多为 14~49 粒。雌虫寿命 10~24 d，雄虫 5~14 d。卵期 4~15 d，平均约 10 d。初孵幼虫向刻槽两边的韧皮部侵害，10~15 d 后，蛀入木质部，被害部位逐渐膨大，形成椭圆形虫瘿，幼虫的粪便和木屑堆满虫道。10 月上旬幼虫老熟，将蛀下的木屑堆塞在虫道的末端作为蛹室，幼虫在其内越冬。

天敌有天牛蛀姬蜂和管氏肿腿蜂，寄生天牛幼虫和蛹对抑制其种群数量有一定作用。

青杨脊虎天牛 *Xylotrechus rusticus* (L.)（图 9-21）

（鞘翅目：天牛科）

分布于黑龙江、吉林、辽宁、内蒙古、新疆；朝鲜、日本、蒙古、俄罗斯、伊朗、土耳其、欧洲。主要危害杨属、柳属、桦木属、栎属、山毛榉属、椴属和榆属等树木。近年来，此虫危害日趋严重，在东北地区已泛滥成灾，大片农田防护林、防风林及风景林被害致死。我国自 2005 年开始一直将其列为全国林业检疫性有害生物。

形态特征

成虫　体长 11~22 mm。体黑色，头部与前胸色较暗。额具 2 条纵脊，至前端合并略呈倒"V"字形，后头中央至头顶有 1 条纵隆线，额至后头有 2 条平行的黄绒毛组成的纵纹。雄虫触角长达鞘翅基部，雌虫略短，达前胸背板后缘。前胸球状隆起，宽略大于长，密布不规则细皱脊；背板具 2 条不完整的淡黄色斑纹。小盾片半圆形；鞘翅两侧近平行；翅面密布细刻点，具淡黄色模糊细波纹 3 或 4 条，在波纹间无显著分散的淡色毛；基部略呈皱脊。体腹面密被淡黄色绒毛。后足腿节较粗，胫节距 2 个，第 1 跗节长于其余节之和。

幼虫　黄白色，老熟时长 30~40 mm，体生短毛，头淡黄褐色，缩入前胸内。前胸背板上有黄褐色斑纹。

生活史及习性

辽宁沈阳 1 年 1 代，10 月下旬开始以老龄幼虫在干、枝的木质部深处蛀道内越冬。翌年 4 月上旬越冬幼虫开始活动，继续钻蛀危害，蛀道不规则，迂回曲折。化蛹前蛀道伸达木质部表层，并在蛀道末端堵以少许木屑，4 月下旬开始在此化蛹。5 月下旬成虫开始羽化飞出，6 月初为羽化盛期。羽化孔圆形，孔径 4~7 mm。

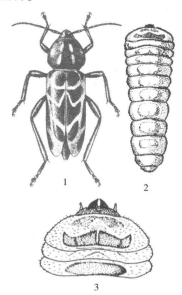

1.成虫；2.幼虫；3.幼虫胸部被面

图 9-21　青杨脊虎天牛

成虫活跃，善于爬行，能作短距离飞行。成虫羽化后即可在干、枝上交尾、产卵。卵成堆产在老树皮的夹层或裂缝里。卵期 10~12 d。幼虫孵化后先在产卵处的皮层内群栖蛀食，并通过产卵孔向外排出纤细的粪屑。7 d 后幼虫开始向内蛀食，在木质部表层群栖蛀道，排泄物均堵塞在蛀道内，不向外排出，因此外部很难发现有幼虫钻蛀危害。随着虫体的增长，幼虫继续在木质部表层穿蛀凿道，蛀道逐渐加宽，由群栖转向分散危害，各蛀其道。蛀道宽 7~10 mm，纵横交错地密布在木质部表层。由于蛀道内堵满虫体排泄物，造成韧皮部与木质部完全分离，树皮成片剥离，输导组织被彻底切断，树势开始明显衰弱。7 月下旬幼虫达中龄后，开始由表层向木质部深处钻蛀，成不规则的弯曲蛀道，尽管纵横密布，但各蛀道互不相通。蛀入孔为椭圆形，长 10 mm，宽 8 mm。10 月下旬幼虫开始在蛀道内越冬。此虫只危害树木的健康部位，已经危害过的干、枝，翌年不再危害。

幼树不受其害，而中、老龄树木因其树皮粗糙，适于产卵，受害较重。在同一林地，林缘比林内受害重，孤立木比群栽林受害重，粗皮树种比光皮树种受害重。同一植株，干比粗枝受害重，下部比上部受害重，干径越粗则受害越重。

栗山天牛 *Neocerambyx raddei* Blessig(图 9-22)

(鞘翅目: 天牛科)

又名栗肿角天牛。分布于黑龙江、吉林、辽宁、山西、陕西、北京、河北、山东、河南、江苏、浙江、安徽、湖北、江西、湖南、福建、重庆、四川、云南、贵州、台湾;朝鲜、韩国、日本及俄罗斯远东地区,东洋区。危害锥栗、麻栎、蒙古栎等栎类和桑、苹果、泡桐等,近年来在东北地区危害有加重的趋势。

形态特征

成虫 体长 40~48 mm。体较大,底色红褐黑,腹面和腿节棕红色,全体被灰黄色绒毛,触角近黑色。头部中央有 1 条深纵沟,在头顶处深陷。雄虫触角约为体长的 1.5 倍,雌虫触角约达鞘翅末端,第 7~10 节的外侧扁平,外端呈角状突出。前胸背板宽大于长,前端狭于后端,两侧圆弧形。小盾片半圆形。鞘翅较长,两侧平行,端缘圆形,缝角具尖刺。足较粗而长。

幼虫 老熟幼虫体长 65~70 mm,乳白色。前胸背板前缘具 2 并列的淡黄色"凹"字形纹。

生活史及习性

栗山天牛在我国 3 年 1 代,跨 4 年,在辽宁、吉林和内蒙古发育很整齐,在山东等地每年都有成虫出现。栗山天牛以幼虫在树干蛀道内越冬。成虫于 7 月上旬开始羽化,7 月下旬为羽化盛期,至 8 月中下旬还有成虫活动。成虫羽化后,体翅较柔软,一般在蛹

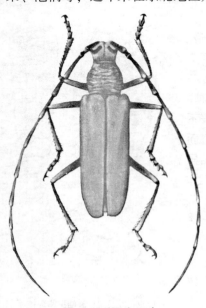

图 9-22 栗山天牛

室内静伏 5~7 d,待体翅变硬后,咬一扁长椭圆形羽化孔钻出。成虫有趋光性和群集习性,一般 7:00 多聚集在树干 1 m 以下,干基 50 cm 处较多;晴天 10:00 后开始上树活动,尤其 16:00~18:00 为活动高峰,多在树冠或树干上爬行。成虫在林分内选择 35 年生以上、木栓层较发达、位于岗脊东南和南坡、山的中上部的树木上聚集,并在树干咬食木栓层补充营养。咬食部位呈穴状,深 5~10 mm,直径 6~12 mm,由于树液和雌虫的分泌物使此处呈水浸状,黑色,招引大量雌雄成虫聚集,这是白天在林地内捕捉成虫的最明显标记。

目前栗山天牛的天敌种类主要有 16 种,其中寄生性天敌 8 种,捕食性天敌 8 种。

橙斑白条天牛 *Batocera davidis* Deyrolle(图 9-23)

(鞘翅目: 天牛科)

分布于华中、华南地区及浙江、江西、福建、台湾、四川、云南、贵州、陕西。危害油桐、核桃、栗、楝、苹果。幼虫钻蛀树干,使树势严重衰弱,以致枯死;成虫补充营养时咬啃 1 年生枝条树皮,使果实脱落,并咬断枝条,导致桐林衰败,造成的伤口又为油桐锯天牛产卵、危害创造了条件。

形态特征

成虫 体长 51~68 mm。体棕褐色，被灰白色绒毛。头黑褐色，背面有 1 纵沟。头胸间有 1 圈金黄色绒毛。前胸侧刺突发达，背面有 2 橙红色肾形大斑。小盾片白色。翅鞘基部 1/4 区生有许多疣状颗粒；肩刺向前方突出；大多数个体的鞘翅上生有 12 个橙红色斑点，翅端 1/3 区有 2 小斑。身体两侧自眼后起至尾端有白色宽带。腹部腹面可见 5 节，末节后缘凹入。雌虫体形比雄虫大，触角较体略长，鞭节内侧刺突不及雄虫发达，腹部末节端缘中部微凹缺。雄虫触角超过体长 1/3，腹部末节端缘呈弧凹。

幼虫 老熟幼虫体长约 100 mm，最长可达 120 mm；前胸背板横宽、棕色，周缘色淡，两侧骨化区向前侧方延伸呈角状，尖端与体侧骨化区相接；前胸背板后方后背板褶发达，新月形，具 6~9 排深色颗粒，第 1 排的颗粒最大，略呈短柱形，向后各列渐细密，略呈圆形。

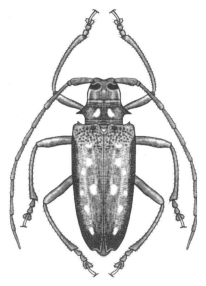

图 9-23 橙斑白条天牛

生活史及习性

湖南 3 年 1 代，陕西 3~4 年 1 代。在湖南，第 1 年以幼虫、第 2 年以成虫在树干内越冬，第 3 年的 4 月下旬越冬成虫开始出孔；陕西 5~6 月成虫出孔。成虫先啃食 1 年生树枝皮层补充营养。性成熟后交尾产卵，成虫寿命长达 4~5 个月。成虫喜选择生长良好的 3 年生油桐，在离地面 7 cm 以下的树干基部咬一深达木质部的扁圆形刻槽，然后插入产卵器，每刻槽内产卵 1 粒，并分泌一些胶状物覆盖。有卵的刻槽树皮稍微隆起，故易识别。每次交尾后产卵 3~5 粒，一生产卵 50~70 粒。卵期 7~10 d。初孵幼虫在韧皮部与木质部之间婉蜓蛀食。稍长大后进入木质部取食，进入孔呈扁圆形，蛀道甚不规则，上下纵横，一般都是向下取食，切断树木输导组织。大幼虫往往爬出孔口，在树皮下取食大面积边材。遇惊扰即迅速退回洞中，排出的虫粪和木屑充塞在树皮下，使树皮膨胀开裂。幼虫老熟后于 7~9 月在木质部边材处筑蛹室化蛹，蛹期约 60 d，9~10 月上旬羽化。成虫在蛹室中越冬，翌年 4 月飞出。

云斑白条天牛 *Batocera horsfieldi* (Hope)（图 9-24）
（鞘翅目：天牛科）

分布于华东、华中、华南、西南地区及吉林、北京、河北、陕西；朝鲜、日本、越南、印度、越南、缅甸、不丹、尼泊尔。危害杨、核桃、桑、麻栎、栓皮栎、柳、榆、女贞、悬铃木、泡桐、枫杨、乌桕、油桐、栗、苹果、梨、枇杷、油橄榄、木麻黄、桉树。成虫啃食新枝嫩皮，幼虫蛀食韧皮部和木质部，轻则影响林木生长，减少结实量，重则使林木枯萎死亡。

形态特征

成虫 体长 34~61 mm，黑褐色至黑色，密被灰白色和灰褐色绒毛。雄虫触角超过体

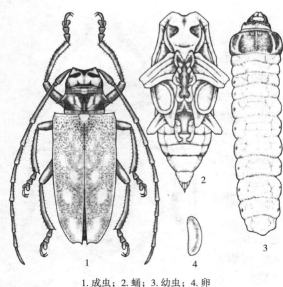

1. 成虫; 2. 蛹; 3. 幼虫; 4. 卵
图 9-24　云斑白条天牛

长约 1/3，雌虫略超过体长，各节下方生有稀疏细刺；第 1~3 节黑色具光泽并有刻点和瘤突，其余黑褐色；第 3 节长约为第 1 节的 2 倍；有时第 9、10 节内端角突出并具小齿。前胸背板中央有 1 对白色或浅黄色肾形斑；侧刺突大而尖锐。小盾片近半圆形，密被白色绒毛。每个鞘翅上有由白色或浅黄色绒毛组成的云片状斑纹，斑纹大小变化较大。鞘翅基部有大小不等的瘤状颗粒，肩刺大而尖端略斜向后上方，末端微向内斜切，外端角钝圆或略尖，缝角短刺状。体两侧自复眼后方起至最后 1 个腹节有由白色绒毛组成的阔纵带 1 条。

卵　长 6~10 mm，宽 3~4 mm，长椭圆形，稍弯，一端略细。初产时乳白色，后渐变成黄白色。

幼虫　老熟时体长 70~80 mm，淡黄白色，粗肥多皱。头部除上额、中缝及额的一部分为黑色外，其余皆浅棕色。

蛹　体长 40~70 mm，淡黄白色。头部及胸部背面生有稀疏的红褐色刚毛。

生活史及习性

2~3 年 1 代，以幼虫和成虫在蛀道和蛹室越冬。越冬成虫翌年 4 月中旬咬 1 个圆形羽化孔爬出。5 月成虫大量出现。成虫喜栖息在树冠庞大的寄主上。成虫出孔后至死亡前都能进行交尾。当腹内卵粒逐渐成熟后，雌虫即开始在树干上选择适当部位，咬 1 圆形或椭圆形中央有小孔的刻槽，然后将产卵管从小孔中插入寄主皮层，把卵产于刻槽上方，随即分泌黏液将刻槽周围的木屑黏合在孔口处。通常每刻槽内产卵 1 粒，单雌产卵约 40 粒。卵粒分批成熟，分批产下，每批可产 10~12 粒。卵多产在胸径 10~20 cm 的树干上，每株树上常产卵 10~12 粒，多时可达 60 余粒。产卵多在气温高时进行。6 月为产卵盛期。成虫寿命包括越冬期在内约 9 个月，而在林中活动的时间仅约 40 d。当受惊动时便坠落地面。卵期 10~15 d。初孵幼虫在韧皮部蛀食，使受害处变黑，树皮胀裂，流出树液，排出木屑、虫粪。20~30 d 后幼虫逐渐蛀入木质部，并不断向上食害。蛀道长达 25 cm 左右，道内无木屑、虫粪。第 1 年以幼虫越冬，翌年春继续危害，幼虫期 12~14 个月，8 月中旬幼虫老熟，在蛀道顶端做 1 个宽大的椭圆形蛹室化蛹，蛹期约 1 个月。9 月中、下旬成虫羽化，在蛹室内越冬。

锈色粒肩天牛 Apriona swainsoni (Hope)（图 9-25）
（鞘翅目：天牛科）

分布于北京、河北、山东、江苏、上海、安徽、福建、河南、湖北、湖南、广西、四川、贵州、云南、陕西、海南；朝鲜、韩国、泰国、越南、老挝、柬埔寨、印度、缅甸、印度尼西亚，马来西亚。危害槐树、柳、云实、黄檀、三叉蕨等。1996年曾被列为全国林业检疫性有害生物。

形态特征

成虫 体长 28~39 mm。黑褐色，全体密被锈色短绒毛，头、胸及鞘翅基部颜色较深暗。头顶突出，中沟明显，直达后头后缘。雌虫触角较体稍短，雄虫触角较体稍长。前胸背板具有不规则的粗皱突起，前、后端横沟明显；两侧刺突发达，末端尖锐。鞘翅基1/4部分密布黑色光滑小颗粒，翅表散布许多不规则的白色细毛斑和排列不规则的细刻点。翅端平切，缝角和缘角具有小刺，缘角小刺短而较钝，缝角小刺长而较尖。

卵 长椭圆形，长径 2.0~2.2 mm，短径 0.5~0.6 mm；黄白色。

幼虫 老熟幼虫扁圆筒形，黄白色。体长 42~60 mm，宽 12~15 mm。前胸背板黄褐色，略呈长方形，其上密布棕色颗粒突起，中部两侧各有1斜向凹纹。

蛹 纺锤形，体长 35~42 mm，黄褐色。

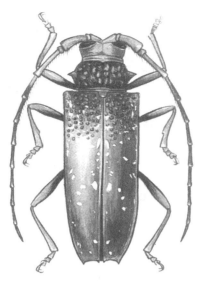

图 9-25 锈色粒肩天牛

生活史及习性

山东2年1代，以幼虫在枝干蛀道内越冬。4月上旬开始蛀食危害；5月上旬开始化蛹，5月中旬为化蛹盛期。蛹期21 d。成虫出现期始于6月上旬，6月中、下旬大量出现。成虫寿命 65~80 d。成虫羽化后，咬破堵塞羽化孔处的愈伤组织，在晚上钻出羽化孔，爬至树冠，取食新梢嫩皮补充营养。成虫不善飞翔，受到振动极易落地。雌虫多在夜间于径粗7 cm以上的枝干上产卵。产卵前，雌虫在树干下部做成刻槽，然后将卵产于槽内，再用分泌物覆盖于卵上。单雌产卵量 43~133 粒。卵期 12~14 d。初孵幼虫自韧皮部垂直蛀入边材，并将粪便排出，悬吊于排粪孔处，在初孵幼虫蛀入5 mm深时，即沿枝干最外年轮的春材部分横向蛀食，不久又向内蛀食。第1年蛀入木质部深可达 0.5~5.5 cm；第2年4月中旬开始活动，向内弯曲蛀食 5~8 cm，当蛀至髓心附近后转而向上蛀食 8~15 cm，然后再向外蛀食 2.5~7.0 cm。第3年4月上旬开始排出木丝，4月中、下旬老熟幼虫蛀食到韧皮部后，向外咬羽化孔，这时粪便很少排出树体外，全填塞在树皮下的蛀道内。幼虫在蛀道内来回活动，用粪便将蛀道上端堵塞，下端咬些长木丝填实，作成长 4.8~6.0 cm、宽 1.7~2.4 cm 蛹室化蛹。幼期22个月，蛀食危害期长达13个月。

瘤胸簇天牛 *Aristobia hispida*（Saunders）（图 9-26）

（鞘翅目：天牛科）

分布于北京、河北、江苏、浙江、安徽、江西、福建、台湾、河南、湖北、湖南、广东、广西、海南、香港、四川、云南、贵州、西藏、陕西、甘肃；越南。危害黄檀属植物以及油桐、漆树、金合欢、柑橘类等。

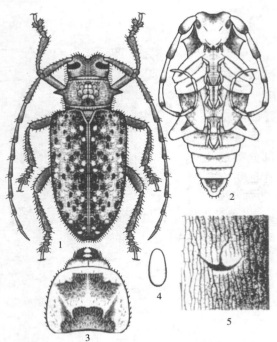

1. 成虫；2. 蛹；3. 幼虫头部及前胸；4. 卵；5. 产卵刻槽

图 9-26　瘤胸簇天牛

形态特征

成虫　体长 26~39 mm。全体密被棕红色绒毛，并杂有黑白色毛斑。头部较平，额微突。触角基部数节棕红色，其余各节灰黄色，自基部至端部色泽逐渐变淡，柄节上有黑斑和竖毛，鞭节第 1~6 节的端部为黑色。雌虫触角伸达或略短于腹末，雄虫触角略超出腹末。前胸侧刺突尖锐，尖端后弯，背板近方形，高低不平，中区有 1 堆瘤突，瘤突基部愈合，上面有若干隆起的瘤。鞘翅基部有颗粒，翅末端凹进，外端角突出很明显，内端角较钝圆。鞘翅上的黑斑大于白斑，胸腹部腹面两侧各具一系列大白斑。并形成断续的纵带，除绒毛之外，还具稀疏的棕黑色坚毛。

幼虫　老熟幼虫体长 70 mm。乳白色微黄，长圆筒形，略扁。前胸背板黄褐色，中央有 1 塔形黄白色斑纹，后缘有略隆起的"凸"字形斑纹。

生活史及习性

海南 1 年 1 代或 2 年 1 代。10~12 月成虫羽化，并蛰伏于蛹室内，不食不动，至翌年 2、3 月间爬离蛹室，经羽化孔外出活动。外出时间为 2 月上旬至 5 月下旬，盛期为 3 月下旬，在野外 8 月下旬还能见到成虫。成虫昼伏夜出，啃食嫩梢皮补充营养，10 d 后，开始交尾产卵。卵产于树干基部高 20 cm 以下部位。产卵时用口器咬新月形刻槽，将卵产于刻槽上方的皮下。每次产卵 1 粒，产卵处树皮表面微开裂成 1 纵缝。产卵延续期 47~78 d，最长者达 154 d。产卵量 22~38 粒，卵期 12~18 d。雌成虫寿命约 4 个月，雄虫约 3 个月。初孵幼虫生活在树皮与木质部之间，以食韧皮部为主，也食少量边材。在皮下做水平向蛀道，经过 44~53 d 后钻进木质部危害。此后食量大增，排粪量亦增多。一般在 7~9 月仅排出少量木屑，此时幼虫已达老熟阶段，以木屑堵塞虫道，做蛹室化蛹。直径 8 cm 以下的被害木，坑道长 31~50 cm。

桑脊虎天牛 *Xylotrechus chinensis* (Chevrolet)（图 9-27）
（鞘翅目：天牛科）

桑脊虎天牛

分布于辽宁、北京、河北、江苏、浙江、安徽、福建、台湾、江西、山东、河南、湖北、广东、香港、广西、四川、陕西、山西、甘肃；朝鲜、韩国、日本。危害桑树，在我国北方地区、华东部分地区老桑园中发生严重，有的桑园被害株率达 100%。受害桑树韧皮部和木质部被幼虫蛀食，隔断营养运输和水份的传导。轻则影响桑叶产量，重则造成桑树大量枯死。

形态特征

成虫　体长 14~28 mm，体背黄褐色，腹面黑褐色，触角粗短，约为体长的 1/2。前胸背板近球形，有黄、赤、褐及黑色横条斑。鞘翅基部宽阔，前半部为3黄3黑条纹交互形成的斜条斑，其下另有褐色横条纹，鞘翅端部黄色。雌虫前胸背板前缘鲜黄色，腹部末端尖，裸露鞘翅之外；雄虫前胸背板前缘灰黄或褐色，腹部末端为鞘翅覆盖。

幼虫　圆筒形，老熟幼虫体长30 mm，淡黄色。头小，隐匿在前胸内。前胸大，近前缘有4个褐色斑纹，2个横列于背面，2个在侧面。

生活史及习性

辽宁1~2年1代，以幼虫越冬。以老熟幼虫越冬者，于翌年5月上旬至6月上旬化蛹，6月上旬成虫羽化外出，6月下旬至7月上旬为羽化高峰。外出后随即交尾产卵。孵化后的幼虫蛀食至11月上旬越冬，翌年继续蛀食，至7月下旬至8月间成虫羽化，完成1个世代，前

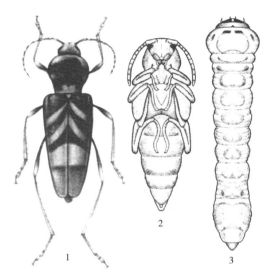

1. 成虫；2. 蛹；3. 幼虫

图9-27　桑脊虎天牛

后约经过14个月。这一代成虫再产卵孵化的幼虫要过2个冬季，约经22个月才完成1个世代。完成先后2个世代发育，需要3年左右的时间。世代重叠，在桑树生长发育季节中，各虫态可同时存在，各龄幼虫终年可见。成虫羽化后可立即交尾。单雌产卵量22~272粒，平均104粒。产卵前不咬任何刻槽，卵产在树干的缝隙及裂口内。成虫期不取食其他食物，但需补充水分。雄成虫寿命平均24.8 d，雌虫寿命平均18.6 d。卵期平均10.6 d。孵化后幼虫沿形成层及其内外迂回蛀食，形成不规则的狭窄虫道，其中充满虫粪。羽化时经蛀入孔再咬破表皮出孔。1~3龄越冬幼虫在春天取食时，树干表面留有烟油状斑迹。随着虫龄增加，由上向下蛀食韧皮部及木质部，虫道由浅入深，逐渐加宽，每隔一段距离向外蛀1通气孔，分布不规则。在桑树生长期间，虫粪常被树液稀释成粥样，由通气孔排出，呈条状，堆积在树干表面，以7~8月最为显著。幼虫老熟前蛀入木质部，以条状木屑堵住上方形成蛹室化蛹。蛹期平均21.2 d(13~28 d)。

栎旋木柄天牛 *Aphrodisium sauteri* (Matsushita)
（鞘翅目：天牛科）

栎旋木柄天牛

又名台湾柄天牛。分布于安徽、江西、山东、河南、广西、台湾等地。危害栓皮栎、麻栎、青冈栎、巴东栎、橿子栎等。幼虫在边材凿成1至数条螺旋形虫道，环绕枝干，常引起风折。

形态特征

成虫　体长21~34 mm。体墨绿色，头部和胸部微带紫色光泽。额中央有1纵沟，伸向头顶，触角紫蓝色，柄节蓝绿色，端部稍膨大，外端突出呈刺状，鞭节第1节最长，以后各节依次缩小，第3节以下各节外端较尖锐；雄触角近于体长，雌触角短于体长。前胸背板长宽近等，前后缘有凹沟，侧刺突短钝，表面具稠密横向皱纹；中部和基部两侧各有1对指纹

形瘤，中央有 1 短纵脊。小盾片倒三角形，光亮，略皱。鞘翅两侧近平行，端缘稍钝，翅面密被刻点，其上有 3 条略凸的暗色纵带。前、中足腿节端部显著膨大，呈梨形，酱红色；胫节略扁，跗节和胫节密被黄色绒毛；后足腿节不达鞘翅末端，蓝紫色，有光泽；胫节和第 1 跗节特别扁平而长。雄虫腹部可见 6 节，第 5 节后缘凹陷；雌虫腹部可见 5 节，第 5 节后缘呈半圆形。

幼虫 老熟幼虫 37~48 mm，头部褐色，体淡黄色。触角 3 节，第 3 节细小，端部具 3 根透明刚毛。前胸背板矩形，中纵沟明显，前端有 1 "凹"字形褐色斑纹，中部椭圆形，凸纹明显，后端色淡，纵向波纹显著，近后缘波纹分枝为 "V"字形，其间有 2 个由褐色刻点组成的圆圈。腹部第 1~7 节背、腹面各有 1 个步泡突；肛节明显，末端开口三裂式，每臀叶上有 1 对小突起，其上着生数根毛。

生活史及习性

河南、安徽等地 2 年 1 代，以幼虫在枝干内越冬 2 次，第 2 次越冬幼虫至第 3 年 5 月上旬陆续化蛹；6 月中、下旬为成虫羽化盛期；7 月上旬发育快的成虫开始产卵；7 月中旬开始孵化为幼虫；11 月上旬进入越冬期。

成虫 多在 9:00~10:00 羽化。刚出蛹壳的成虫体软色淡，在蛹室内停留 1~2 d，体壁变硬并呈现紫罗兰光泽，之后咬破树皮出孔。羽化孔椭圆形，长 7~9 mm，宽 5~6 mm。成虫爬出后在树干来回爬行并抖动鞘翅，约 30 min 即飞去。成虫无趋光性，不进行补充营养。羽化后 1~2 d 开始交尾。成虫可交尾 10~12 次。雌虫在产卵期可多次进行交尾。雌虫交尾后 1~2 d 开始产卵，卵多散产于枝干树皮缝或节疤间。初孵幼虫在枝干皮层与木质部之间取食，约 6 d 即进入木质部，向上侵害 12 cm 左右即向下蛀食，在沿树干纵向蛀食时，横向凿孔向外排粪和蛀屑。虫道平均长 190 cm。翌年 8~9 月幼虫在纵虫道下端凿完最后一个排粪孔，便开始沿水平方向在边材部分环食，虫道排列呈螺旋状，其距地面高度 0.2~5.9 m，以 2.5 m 居多。幼虫进行环状取食树干直径多为 6~8 cm。11 月下旬老熟幼虫在纵虫道内进行第 2 次越冬。翌年 3 月中、下旬越冬幼虫开始活动，4 月上旬作羽化孔和蛹室，准备化蛹。羽化道 2 种，一种与纵虫道斜向连接呈 "人"字形，长约 5 cm；另一种与纵虫道平行，长约 8.5 cm。老熟幼虫化蛹前先用白色分泌物和细木屑堵塞羽化道，下端筑起长椭圆形蛹室。1~5 d 后进入预蛹期，10~18 d 后化蛹，体壳留在蛹室末端，蛹体头部向下。蛹期平均 16 d。

该天牛在栓皮栎纯林内发生重于松栎混交林；对胸径 8~12 cm 的栓皮栎危害严重；在栓皮栎人工幼林中随林龄增大被害加重，同样条件下密度小的受害重于密度大的林分；阳光充足的阳坡、林缘和山顶的栓皮栎被害率高于阴坡、林间和山麓；海拔 400~1750 m 的栎树易被害，其中海拔 400~1200 m 的人工栎林是集中分布区，海拔 1200 m 以上的山区栎林内较少发现栎旋木柄天牛的危害。

天敌有白僵菌、绿僵菌、细菌、姬蜂、红蚂蚁。

此外，阔叶树天牛重要种类还有：

山杨楔天牛 *Saperda carcharias* (L.)：分布于东北地区及陕西、甘肃、新疆、江苏、湖北、湖南、四川、贵州。危害杨、赤杨、柳等。黑龙江 2 年 1 代，以新幼虫与老熟幼虫在树干基部坑道内越冬。5 月上旬至 7 月上旬成虫羽化。

杨红颈天牛 *Aromia moschata* (L.)：分布于东北地区及内蒙古、北京、河北、山东、河南、陕西、甘肃、宁夏、浙江、福建、湖北、江西、重庆、四川。危害杨、桑、山桃等。内蒙古3年1代，以幼虫越冬。成虫于6月下旬出现，7月上旬为成虫羽化盛期。

桃红颈天牛 *Aromia bungii* (Faldermann)：分布于全国各地。危害桃、杏、李、郁李、梅、樱桃、苹果、梨、柳。一般2年(少数3年)1代，以幼虫越冬。成虫于5~8月出现，各地成虫出现期自南至北依次推迟。

黑跗眼天牛 *Bacchisa atritarsis* (Picard)：分布于辽宁、陕西、山东、浙江、安徽、江西、福建、台湾、河南、湖北、湖南、广东、广西、海南、四川、贵州。危害茶、油茶、枫杨、柳。1年1代或2年1代，以幼虫在枝干内越冬。4月下旬至6月中旬出现成虫产卵。

薄翅锯天牛 *Aegosoma sinicum* White：分布于东北、华北、华东、华中、西南、陕西、甘肃、广东、广西、海南，危害橡胶树、杨、柳、白蜡树、桑、榆、栎类、苹果、枣、云杉、冷杉、松树类。长江以南2~3年1代，以幼虫于隧道内越冬。6~8月成虫出现。成虫喜于衰弱、枯老树上产卵。

暗腹樟筒天牛 *Oberea fusciventris* Fairmaire：分布于浙江、江西、香港。危害樟、黄樟、乌药、沉水樟。1年1代，以老熟幼虫在枝干内越冬。

四点象天牛 *Mesosa myops* (Dalman)：分布于东北地区及内蒙古、北京、河北、新疆、甘肃、陕西、青海、河南、湖北、浙江、安徽、台湾、广东、四川、贵州。危害核桃楸、榆、糖槭、柏木、柳、蒙古栎、水曲柳、赤杨、杨、榆、苹果等。黑龙江哈尔滨2年1代，以幼虫和成虫越冬。5月初越冬成虫开始活动取食并交配产卵。

刺角天牛 *Trirachys orientalis* Hope：分布于黑龙江、辽宁、陕西、北京、河北、山西、华东、河南、湖北、广东、海南、重庆、四川、贵州。危害杨、柳、槐树、臭椿、榆、泡桐、栎类、银杏、合欢、柑橘、梨树。北京、山东2年1代，少数3年1代，以幼虫及成虫越冬。成虫每年初见于6月上、中旬。

天牛类的防治方法

天牛类害虫生活方式隐蔽，天敌种类较少，对其种群的控制能力差，受自然因素干扰小，大部分种类主动传播距离有限，其种群数量相对稳定。天牛类害虫的综合治理应以生态控制为根本，林业措施为基础，充分发挥树种的抗性作用，进行区域的宏观控制，辅以物理、化学的防治方法，进行局部、微观治理，并且相关行业、部门相互协调配合，将天牛灾害控制在可以承受水平之下。具体措施应从以下几方面考虑。

(1) 宏观控制措施

根据天牛寄主种类、传播扩散规律，在造林、建园、绿化设计时，一定要考虑对天牛的宏观控制问题，避免将同类寄主树种栽植一起。如在北方不宜将毛白杨、苹果栽植在桑树、构树、柘树附近，以防桑天牛成虫取食桑科植物后，到幼虫寄主树上产卵危害，造成严重损失。在有些地区，梯田埂植桑、梯田中栽苹果，容易造成桑天牛灾害，应改为一面山坡植桑，在相距一定距离(800~1000 m)的其他山坡栽苹果，则不会发生灾害。用抗性树种或品系，如毛白杨、银杏、楝、臭椿、香椿、泡桐、刺槐等进行一定距离的隔离，可阻止光肩星天牛的扩散和危害。

(2) 检疫

严格执行检疫制度,虽然很多天牛未被列为检疫对象,但天牛主动传播距离有限,传播途径主要是人为传播,对可能携带危险性天牛的调运苗木、种条、幼树、原木、木材实行检疫检查很有必要。检验是否有天牛的产卵痕、侵入孔、羽化孔、虫瘿、虫道和粪屑等,并按检疫操作规程进行处理。

(3) 林业措施

①适地适树;选用抗性树种或品系,如毛白杨抗光肩星天牛;臭椿属植物大多含有苦木素类似物而对桑天牛等具有驱避作用;水杉、池杉等抗性品系可防止桑天牛、云斑白条天牛的入侵和危害。

②避免营造人工纯林,可用块状、带状混交方式营造片状林;分段间隔混交方式营造防护林带。

③栽植一定数量的天牛嗜食树种作为诱虫饵木以减轻对主栽树种的危害,并及时清除饵木上的天牛。如栽植糖槭可引诱光肩星天牛,栽植桑树引诱桑天牛,栽植核桃、白蜡树和蔷薇科树种引诱云斑白条天牛等。

④定期清除树干上的萌生枝,可使桑天牛产卵部位升高,减少对主干的危害。

⑤在光肩星天牛产卵期及时施肥浇水,促使树木旺盛生长,可使刻槽内的卵和初孵幼虫大量死亡。

⑥在天牛危害严重地区,可缩短伐期、培育小径材,或在天牛猖獗发生之前及时采伐、加工利用木材可降低虫口的增长速率。

⑦对于次期性天牛采取"两伐三净"的管理措施,对多种天牛均有较好的防治效果;"两伐"指冬季疏伐和夏季卫生伐,及时伐除虫害木、枯立木、濒死木、被压木、衰弱木、风折及风倒木、虫害枯枝等,以调整林分疏密度、增强树势,这是一项改善林分卫生状况的经常性措施;"三净"是采伐木(包括虫害木)从林内运出要做得干净、间伐的虫害木要将其中的害虫及时消灭干净、间伐林地要及时清理,以保持林内卫生良好;冬季疏伐木在林内停放不得超过 1 个月,夏季间伐木材不超过 10 d,枝杈、树皮等残留物集中处理或烧毁,伐根要低,剥皮清理工作应在 1 个月内完成。对青杨楔天牛等带虫瘿的苗木、枝条,应结合冬季管理剪除虫瘿,消灭其中的幼虫,以降低越冬虫口。

(4) 保护、利用天敌

①啄木鸟对控制天牛的危害有较好的效果,如招引大斑啄木鸟可控制光肩星天牛和桑天牛的危害。在林地对桑天牛第一年越冬幼虫控制率可达 50%。

②在天牛幼虫期释放管氏肿腿蜂,林内放蜂量与天牛幼虫数按 3∶1,对粗鞘双条杉天牛、青杨楔天牛、家茸天牛等小型天牛及大型天牛的小幼虫有良好控制效果。利用斑头陡盾茧蜂防治粗鞘双条杉天牛,放蜂量与林间天牛幼虫数按 1∶1,持续防治效果达 90% 以上。桑天牛卵寄生蜂林间寄生率可高达 70%,应加强保护利用。

③花绒寄甲在我国天牛发生区几乎均有分布,寄生星天牛属、松墨天牛、云斑白条天牛、栗山天牛等大型天牛的幼虫和蛹,自然寄生率 40%~80%,是控制该类天牛的有效天敌。

④利用白僵菌和绿僵菌防治天牛幼虫。在光肩星天牛、云斑白条天牛和桑天牛幼虫生长期，气温在20℃以上时，可用琼脂培养基制成菌膏直接塞入虫孔，或用1.6亿孢子/mL菌液喷侵入孔。

⑤利用线虫防治光肩星天牛的效果达70%以上，但有使用不便的缺陷。

(5) 人工物理防治法

①对有假死性的天牛可振落捕杀，也可组织人工捕杀；锤击产卵刻槽或刮除虫疤可杀死虫卵和小幼虫。

②在树干2 m以下涂白或缠草绳，防止双条杉天牛、云斑白条天牛的成虫在寄主上产卵，涂白剂的配方为石灰5 kg、硫黄0.5 kg、食盐25 g、水10 kg，用沥青、清漆等涂桑树剪口、锯口，防止桑天牛产卵。

③用已受害严重无利用价值的松树为饵树，注入百草枯、乙烯利或刺激松脂的分泌，引诱松墨天牛成虫在饵树上产卵，然后进行剥皮处理；将直径10 cm、长20 cm的新伐侧柏，5根1堆立于地面引诱双条杉天牛产卵，5月下旬后用水浸淹以杀死卵。

④伐倒虫害木水浸1~2个月或剥皮后在烈日下翻转暴晒几次，可使其中的活虫死亡。

(6) 药剂防治

①药剂喷涂枝干。对在韧皮下危害尚未进入木质部的幼龄幼虫防效显著。常用药剂有20%益果乳油、20%蔬果磷乳油、50%辛硫磷乳油、40%氧化乐果乳油(果树禁用)、50%杀螟松乳油；加入少量煤油、食盐或醋效果更好；涂抹嫩枝虫道时应适当增大稀释倍数；有些药剂可配成涂干混合剂，如用邻二氯苯乳剂：肥皂：水，按12：1：3配置后稀释6倍使用。

②注孔、堵孔法。对已蛀入木质部、并有排粪孔的大幼虫，如桑天牛、光肩星天牛、云斑白条天牛等使用磷化铝片、磷化铝丸等堵最新排粪孔，毒杀效果显著。用注射器注入50%马拉硫磷乳油、50%杀螟松乳油、50%敌敌畏乳油、40%氧化乐果乳油20~40倍液；或用药棉蘸2.5%溴氰菊酯乳油400倍液塞入虫孔，药效达100%。

③在成虫羽化期间使用常用药剂的500~1000倍液喷洒树冠和枝干，或40%氧化乐果乳油、25%西维因可湿性粉剂、2.5%溴氰菊酯乳油500倍液喷干。对有特殊习性的如桑天牛成虫取食桑科植物嫩枝皮层后才能繁殖后代，可在林间种植少量桑树或构树作为饵树，用磷化锌粉剂的20倍米汤液涂刷饵树枝干，或用40%氧化乐果乳油500倍液喷饵树。对郁闭度0.6以上的林分可用"741"插管烟雾剂防治成虫。

④虫害木处理。密封待处理楞堆，大批量按50~70 g/m³投放溴甲烷，熏杀5 d；小批量处理时按10~20 g/m³投放磷化铝或磷化锌，熏杀2~3 d。

9.3 吉丁虫类

吉丁虫类成虫喜光，白天活动，飞行极速。卵多产于树皮缝内，幼虫孵化后在皮层下蛀成扁平的云纹状隧道，造成整株或整枝枯死。虫道内常充塞粪便和蛀屑，硬化呈块状。幼虫老熟时蛀入木质部作袋形蛹室化蛹。羽化孔常呈扁圆形。以老树和衰弱树受害较多，林缘和稀疏林分发生较重。

杨锦纹截尾吉丁 *Poecilonota variolosa* (Paykull)
（鞘翅目：吉丁虫科）

分布于东北、华北地区及陕西、新疆；俄罗斯，欧洲、非洲北部。主要危害小青杨、青杨、小叶杨。幼虫蛀害树干，使树皮龟裂，组织坏死，导致"破腹"和腐烂病，使整株枯死。

形态特征

成虫 体长 13~19 mm，扁平，纺锤形楔状。体紫铜色，具光泽，鞘翅有黑色的短线及斑纹。触角锯齿状，11节。复眼肾形，较大。前胸背板宽于头部，与鞘翅基部等宽，有均匀的刻点及1条纵隆中线，其两侧各有1纵形黑斑。翅鞘各有10条纵沟及黑色的短线点和斑纹。雌虫臀板先端呈"V"形凹入，雄虫则呈"∩"形凹入。

幼虫 老熟幼虫体长 27~39 mm，扁平。前胸背板有倒"V"形纵沟，上方有4条短纵压迹。从中胸到腹末背部中央有1条纵沟。

生活史及习性

东北地区3年1代，以幼虫在树干内越冬。翌年4月中旬开始活动取食，4月下旬老熟幼虫开始化蛹，5月上旬成虫开始羽化，6月上旬为羽化盛期。新成虫约经1周的补充营养即可交尾、产卵，7月上、中旬为产卵盛期。7月上旬幼虫开始孵化，经2次蜕皮后进入越冬，第2、3年各蜕皮3次，第4年4月下旬开始化蛹。幼虫共9龄。成虫产卵多在树皮、枝节裂缝及破裂伤口处，每处产卵1粒，产卵量少则十几粒，多则百余粒。卵期7~10 d。初孵幼虫先取食卵壳，后蛀入皮层，随虫龄增加渐次进入韧皮部、形成层及木质部危害，钻蛀成弯曲、扁平的虫道。10月中旬幼虫开始越冬；6龄以上幼虫可在木质部内越冬。

衰弱木、郁闭度小的疏林、林缘及强度修枝的林分受害重；15~25年生林分受害重；小青杨受害重。

白蜡窄吉丁 *Agrilus planipennis* Fairmaire
（鞘翅目：吉丁虫科）

又名花曲柳窄吉丁。分布于东北、华北地区及山东、四川、新疆、台湾；韩国、日本、蒙古、俄罗斯，北美洲。危害白蜡树、水曲柳，幼虫取食造成树木疏导组织的破坏，造成树木死亡，是白蜡树重要的病虫害之一。此虫为毁灭性害虫，一旦发生很难控制。

形态特征

成虫 体狭长，楔形。体长 8.5~13.5 mm。体铜绿色，具金属光泽。头扁平，头顶盾形。复眼肾形，古铜色。前胸横长方形，略窄于头部，和鞘翅前缘等宽。前翅前缘隆起成横脊，表面布刻点，尾端圆钝，边缘有小齿突。

卵 米黄色，孵化前呈黄褐色。扁圆形；长径 1 mm，短径 0.6 mm；中央微凸，向边缘有放射状皱褶。

幼虫 老熟幼虫体长 26~32 mm，乳白色，体扁平、带状，头小、褐色，缩于前胸内，仅现口器。前胸膨大，中、后胸较狭，中胸具气孔。腹部10节，第1~8节各有1对气孔，末节有1对褐色锯齿状尾针。

蛹 体长10~14 mm，乳白色，触角向后伸至翅基，腹端数节略向腹面弯曲。
生活史及习性

辽宁1年1代，黑龙江2年1代，以老熟幼虫在树干木质部表层内越冬，少数在皮层内越冬。以幼虫越冬，但在不同纬度地区其幼虫的越冬虫态、发育历期和年发生代数不同。河北唐山、天津及其以南地区，1年1代，以老熟幼虫在浅层木质部蛀建蛹室越冬，第2年有1个化蛹、羽化高峰；辽宁本溪也为1年1代，但以不同龄期的幼虫在蛹室或蛀道内越冬，老熟幼虫比例约占90%，相应的第2年有1大1小两个成虫羽化高峰期；吉林省吉林市有一部分虫体完成1代需要多于1年的时间，可能为1年1代和2年1代混和发生区。在纬度较高的黑龙江哈尔滨，发生1代需要2年时间，幼虫发育需要经历2个冬季。羽化孔扁圆形，成虫羽化后，需取食树冠或树干基部萌生的嫩叶补充营养，成虫取食7 d后开始交尾产卵。初孵幼虫在韧皮部表层取食，6月下旬开始钻蛀到韧皮部和木质部的形成层危害，形成不规则封闭的洞，严重破坏了树木疏导组织，常常造成树木死亡。9月老熟幼虫侵入到木质部表层越冬。

杨十斑吉丁 *Trachypteris picta* (Pallas)（图9-28）
（鞘翅目：吉丁虫科）

分布于山西、内蒙古、陕西、甘肃、宁夏、新疆；土耳其、叙利亚、俄罗斯、欧洲南部、非洲北部。危害多种杨、柳。幼虫蛀食枝干，使树皮翘裂、剥落直至死亡，或诱发烂皮病和腐朽病。

形态特征

成虫 体长11~13 mm，黑色。触角锯齿状。上唇前缘及额有黄色细毛，额、头顶及前胸背板有细小刻点，具古铜色光泽。每鞘翅有纵线4条，黄色斑点5~6个，以5个者为多。腹部腹面可见5节，末腹节两侧各具1小刺。

幼虫 老熟幼虫体长20~27 mm，黄色，头扁平，口器黑褐色。前胸背板黄褐色，扁圆形点状突起区的中央有一倒"V"字形纹，点状突起圆或卵圆形。

生活史及习性

1年1代，以老熟幼虫在坑道内越冬。翌年4月中、下旬老熟幼虫在蛹室内化蛹，5月中旬至6月初大量羽化，出孔的当天即行交尾，3~4 d后开始产卵，5月下旬至6月初为产卵盛期，卵期13~18 d，6月中旬为孵化盛期。初孵幼虫直接蛀入树皮内危害，7月上、中旬开始蛀入木质部危害，10月中、下旬开始越冬。成虫喜光，具有较强的飞行能力，夜间和阴雨天多静伏在树皮裂缝和树冠枝杈处，寿命8~9 d。卵散产，多产在树皮裂缝处，每次产1粒，单雌产卵量22~34粒。初孵幼虫蛀入韧皮部后被害处常有黄褐色液体及虫粪排出，蛀道不规则；蛀食形成层后树皮和边材之间的不规则的虫道内充满虫粪；进入木质部后

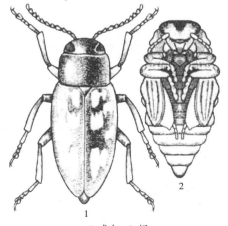

1. 成虫；2. 蛹

图9-28 杨十斑吉丁

不再向外排粪，虫道大多似"L"形，其中充塞虫粪和木屑。树皮粗糙的树种、生长不良、树势衰弱的林木受害较重，郁闭度小的疏林和林缘受害较重。

此外，吉丁虫科其他部分重要种类见表9-2。

表9-2 吉丁虫科部分重要种类

种 类	分 布	寄 主	生活史及习性
柳窄吉丁 *Agrilus pekinensis* Obenberger	华北、华中地区及山东、辽宁、上海、江苏、福建、陕西、甘肃	柳属	山东济南1年1代，以老熟幼虫在木质部边材的隧道顶端越冬。5月底至6月上、中旬为成虫羽化盛期
五星吉丁 *Capnodis cariosa* (Pallas)	甘肃、新疆	新疆杨	新疆吐鲁番1年1代，以老龄幼虫在根颈内越冬
花椒窄吉丁 *A. zanthoxylumi* Zhang et Wang	陕西、甘肃	花椒	陕西1年1代，以幼虫在枝干内3~10 mm深处越冬

吉丁虫类的防治方法

(1) 检疫措施

吉丁虫幼虫期一般较长，跨冬春两个栽植季节，携带虫卵及幼虫的枝干极易随种条、苗木调运而传播，因此应加强对栽植材料的检疫管理，从疫区调运被害木材时需经剥皮、火烤或熏蒸处理，以防止害虫的传播和蔓延。

(2) 林业措施

①选育抗虫树种，营造混交林，加强抚育和水肥管理，适当密植，提早郁闭，增强树势。

②及时清除虫害木，剪除被害枝杈，消灭虫源；伐下的虫害木必须在4~5月幼虫化蛹以前进行剥皮等除害处理。

③利用成虫的假死性、喜光性在成虫盛发期进行人工捕杀。

④饵木诱杀，如杨十斑吉丁对新采伐杨树具有特殊的嗜好性，在成虫羽化前采伐健康木，于5月上中旬以堆式或散式设置在林缘外20 m处引诱其入侵产卵，7月20日左右剥皮后暴晒，不仅可以杀死韧皮部内的幼虫，而且幼虫尚未入侵木质部，不影响饵木的利用价值。

(3) 药剂防治

①成虫盛发期用90%敌百虫晶体、50%马拉硫磷乳油、50%杀螟松乳油1000倍液，或40%乐果乳油800倍液连续2次喷射有虫枝干。②在幼虫孵化初期，用50%内吸磷乳油与柴油的混合液(1：40)；或40%氧化乐果乳油的100倍液，每隔10 d涂抹危害处，连续3次。③在幼虫出蛰或活动危害期用40%增效氧化乐果：矿物油=1：(15~20)的混合物，在活树皮上涂3~5 cm的药环，药效可达2~3个月。

(4) 生物防治

保护利用当地天敌，包括猎蝽、啮小蜂及啄木鸟等；斑啄木鸟是控制杨十斑吉丁虫最有效的天敌，可以采取林内悬挂鸟巢招引，使其定居和繁衍。

9.4 象甲类

杨干象 *Cryptorhynchus lapathi* (L.)（图9-29）

（鞘翅目：象甲科）

杨干象

分布于东北地区及内蒙古、山西、河北、湖南、陕西、甘肃、新疆、四川、台湾；朝鲜、韩国、日本、俄罗斯、西亚、欧洲、北非、北美洲。主要危害杨、柳、桤木和桦木，是杨树的毁灭性害虫，自1984年至今，一直被列入全国林业检疫性有害生物名单。

形态特征

成虫 体长8~10 mm，长椭圆形，黑褐色；喙、触角及跗节赤褐色。全体密被灰褐色鳞片，其间散生白色鳞片，形成的不规则横带，前胸背板两侧和鞘翅后端1/3处及腿节上的白色鳞片较密；黑色毛束在喙基部有3个横列、前胸背板前方1对、后方横列3个、鞘翅第2及第4刻点沟间部6个。喙弯曲，中央具1纵隆线；前胸背板短宽，前端收窄，中央有1细纵隆线；鞘翅宽于前胸背板，后端1/3向后倾斜，逐渐收缩成1个三角形斜面。

卵 椭圆形，长1.3 mm，宽0.8 mm，乳白色。

幼虫 老龄幼虫体长9 mm，乳白色，被稀疏短黄毛。头部前缘中央有2对刚毛，侧缘有3根粗刚毛，背面有3对刺毛。前胸有1对黄色硬皮板，中、后胸各分2小节，1~7腹节各分3小节。胸足退化，退化痕迹处有数根黄毛。气门黄褐色。

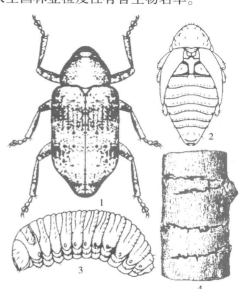

1. 成虫；2. 蛹；3. 幼虫；4. 危害状

图9-29 杨干象

蛹 体长8~9 mm，乳白色，前胸背板有数个刺突，腹部背面散生许多小刺，末端具1对向内弯曲的褐色几丁质小钩。

生活史及习性

1年1代，以卵和初龄幼虫在枝干韧皮部内越冬。翌年4月越冬幼虫或卵开始活动或孵化。初孵幼虫先取食韧皮部，后逐渐深入韧皮部与木质部之间环绕树干蛀道，随着树木的生长，坑道部位树皮愈伤组织形成一圈圈的横向刀砍状裂口。5月中、下旬在坑道末端向木质部钻蛀羽化孔道，并在孔道末端做一椭圆形蛹室，用细木屑封闭孔口并化蛹。蛹期10~15 d，成虫在辽宁6月中旬、陕西6月下旬、黑龙江7月下旬开始羽化。新羽化成虫经5~7 d补充营养后交尾，继续补充营养约一周后方能产卵。卵期14~21 d，幼虫孵化后即越冬或以卵直接越冬。

成虫多在早晚活动，善爬，很少飞行，假死性强。卵多产在于3年生以上幼树或枝条的叶痕及树皮裂缝中，产卵前先咬1小孔，每孔产1粒，然后用黏性排泄物封口，单雌产卵量10~44粒，寿命1~2个月。

萧氏松茎象 *Hylobitelus xiaoi* Zhang（图 9-30）
（鞘翅目：象甲科）

是近年来在我国南方发生发展速度较快的一种危险性蛀干害虫。自 1988 年在江西首次发现以来，已扩散蔓延到广西、广东、湖南、湖北、贵州、福建。危害湿地松、火炬松、马尾松、华山松和黄山松等松属树木，以危害人工松林为主，被害株率为 20%~50%，最高可达 90% 以上。以幼虫在树干基部韧皮部与木质部之间蛀道取食，轻则造成大量流脂，重则整株、成片死亡，危害十分严重。

形态特征

成虫 长椭圆形，暗黑色，长 14.0~17.5 mm，宽 5.4~6.5 mm。前胸背板被赭色毛状鳞片。鞘翅上的毛状鳞片形成 2 行斑点，分别大致位于鞘翅基部 1/3 处和鞘翅端部的 1/4 处，后一排的 4 个斑点有时酷似 1 个不清晰的波状带。鞘翅的其他部分被覆同样的稀疏鳞片。足和身体腹面被覆黄白色毛状鳞片。

喙略短于前胸背板，背面具明显的皱纹状刻点，在两侧各形成 2 条略明显的纵隆线，无中隆线。触角索节 2 略短于索节 1，为索节 3 的 1.5 倍，索节 3 略长于索节 4，索节 4~6 长宽近相等，形状相似，索节 7 宽略大于长，长近等于索节 3；触角棒 3 节，各节长度近等。前胸背板长等于宽，两侧圆，背面中部具有纵向交会的大刻点，刻点间光滑并且较凸，中隆线短且凸。小盾片明显，密被黄白色毛状鳞片。鞘翅行纹具较规则的大刻点，翅坡处的刻点较小。行间与行纹的宽度近相等，略凸。前足胫节内缘略扩展，后足胫节内缘近于直形。雄虫腹部第 1 腹板中部略平坦；第 5 腹板中部平，端部中间略凹，基部具稀疏的黄白色毛状鳞片，端部中间凹陷区密布赭色细毛。雌虫腹部第 1 腹板中部较凸，不凹陷；第 5 腹板中部略凸，端部中间不洼；第 8 腹板"Y"形，端部有许多很小的刚毛。

幼虫 乳白色或米黄色，老熟幼虫体长约 19.25 mm。头棕黄色，口器黑色，前胸背板有浅黄色斑纹，全身具突起，尤以气门处突起较大，每突起一般有细刚毛 1 根，幼虫尾部比胸部细，平时多弯曲成"C"形。

生活史及习性

江西吉安 2 年 1 代，以成虫和幼虫越冬，适宜在湿度较大、郁闭度较高、树龄 5~10 年的人工林松树上大量繁殖危害。此虫主要在离地面 50 cm 以下的树基入蛀树干，蛀食高度因树种而异，在湿地松上蛀食部位较高，一般在 50 cm 以下；危害火炬松、马尾松等树种蛀食部位较低，一般在 30 cm 以下。当年可有多虫入蛀同一株树；同一株树可被多年、多次危害。该虫主要蛀食松树形成层和韧皮部，轻微危害木质部，根部危害以蛀食根皮为主。危害后在韧皮部或韧皮部与木质部之间留下螺旋状或不规则的虫道并造成树木大量流脂，严重影响树木生长。

1. 角蛹；2. 成虫

图 9-30 萧氏松茎象

锈色棕榈象 *Rhynchophorus ferrugineus* (Olivier)
（鞘翅目：椰象甲科）

锈色棕榈象

又名红棕象甲。分布于海南、上海、福建、广东、广西。危害椰树、海枣、台湾海枣、银海枣、桄榔、油棕、糖棕、王棕、槟榔、假槟榔、酒瓶椰子、西谷椰子、三角椰子、甘蔗等。寄主受害后，叶片发黄，后期从基部折断，严重时叶片脱落仅剩树干，直至死亡，是棕榈科植物的重要害虫。我国于2005年开始一直将其列为全国林业检疫性有害生物。

形态特征
成虫 体红褐色，背面具2排黑斑，排列成前、后2行，前排3个或5个，中间1个较大，两侧的较小，后排3个，均较大。鞘翅短，每排鞘上具6条纵沟。

幼虫 乳白色，无足，呈弯曲状，老熟幼虫头部黄褐色，腹部末端扁平，周缘具刚毛。

生活史及习性
1年2~3代，发育不整齐，世代重叠。1年中有2个明显的成虫出现期，即6月和11月。雌虫通常在幼树上产卵，在树冠基部幼嫩松软的组织上蛀洞后产卵，有时也产卵于叶柄的裂缝、组织暴露或由犀甲等害虫造成损伤的部位。卵散产，1处1粒，单雌产卵量162~350粒。幼虫孵出后即向四周钻蛀取食柔软组织的汁液，并不断向深层钻蛀，形成纵横交错的蛀道，取食后剩余的纤维被咬断并遗留在虫道的周围。该虫危害幼树时，从树干的受伤部位或裂缝侵入，也可从根际处侵入。危害老树时一般从树冠受伤部位侵入，造成生长点迅速坏死，危害极大。老熟幼虫用植株纤维结成长椭圆形茧，成茧后进入预蛹阶段。而后蜕皮化蛹，蛹期8~20 d。成虫羽化后，在茧内停留4~7 d，直至性成熟才破茧而出。

大粒横沟象 *Pimelocerus perforatus* (Roelofs)（图9-31）
（鞘翅目：象甲科）

大粒横沟象

分布于山东、山西、江苏、湖北、湖南、福建、台湾、广东、广西、四川、贵州、云南；朝鲜、韩国及俄罗斯远东地区、日本。主要危害油橄榄、楝、桃、栗、香椿、女贞等。在广西和台湾，该虫是油橄榄的主要害虫，幼虫在主干、根颈、枝杈处危害韧皮部，重者可使整株死亡。

形态特征
成虫 体长13~15 mm，黑色，被覆白色发黄的毛状鳞片，前胸两侧、肩的周围和翅坡以后的部分鳞片较密并有白色粉末。喙粗而长、稍弯，端部放宽，呈匙状；触角基部之间有1纵沟，第2鞭节短于第1鞭节。前胸背板颗粒发达，前半部具1宽纵隆线，明显凸起。鞘翅肩显著，翅上具刻点列，刻点大，行间宽，第3、5行间高于其他行间，第5行间端部有1瘤突，鞘翅端部尖。腿节棒状，具1发达的齿，胫节弯曲，端部齿发达。

幼虫 老熟幼虫体长17~20 mm，头黄褐色，体乳白色。

生活史及习性
广西桂林1年1代或2年3代，前者以成虫在土里越冬，后者以幼虫在树皮内越冬。

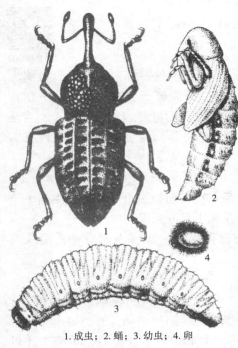

1. 成虫；2. 蛹；3. 幼虫；4. 卵
图 9-31 大粒横沟象

1 年 2 代者，1 月下旬成虫出土危害，2 月中旬至 3 月中旬交尾产卵。卵散产于主干、根颈和大枝杈的皮层内，每次产卵 2 粒，少数 4 粒，产卵后分泌紫红色胶黏物封闭卵孔。幼虫孵化后在皮层内取食危害，5 月中、下旬老熟，在边材做椭圆形蛹室化蛹，约 15 d 后羽化。6 月下旬至 7 月为第 1 代成虫羽化期。新羽化成虫咬食嫩枝皮层，约经 1 个月的补充营养，7 月下旬至 8 月中旬交尾产卵。7 月下旬至 9 月底为幼虫危害期，10 月上、中旬幼虫老熟化蛹，10 月底至 11 月初第 2 代成虫羽化，并在树根周围的土中越冬。

2 年 3 代者，越冬幼虫于 1 月下旬至 2 月上旬化蛹，2 月中旬羽化。成虫补充营养后，于 4 月交尾、产卵，4 月上旬至 7 月中、下旬为幼虫取食危害期，7 月下旬至 8 月上旬化蛹，8 月中旬成虫羽化，补充营养后于 10 月交尾产卵，孵化的幼虫即为越冬幼虫。因世代重叠，同一时期可见各龄幼虫。

成虫 1 年有 3 次高峰，分别在 2~3 月、7~8 月和 10~11 月。成虫有假死性，能飞翔。喜欢在树冠下部阴面活动，茅草丛生的林分虫口密度大。有群聚越冬现象。幼虫危害初期，在孔外有褐色粉末状虫粪排出，在根颈处常误认为泥而被忽视。幼虫危害后，造成块状伤疤，若伤疤环绕树干一圈，树即枯死。

瘤胸雪片象 *Niphades tubericollis* Faust（图 9-32）
（鞘翅目：象甲科）

分布于甘肃、江苏、上海、浙江、安徽、福建、江西、湖南、广东、四川、贵州；朝鲜、韩国、日本及俄罗斯远东地区。危害马尾松、黑松、黄山松、华山松、湿地松、火炬松和金钱松。幼虫钻蛀衰弱松树主干，在皮层内形成不规则坑道；聚集危害时，造成树皮与边材脱离，致树枯死。多瘤雪片象 *Niphades verrucosus* (Voss) 为本种的异名。

形态特征

成虫 体长 7.1~10.5 mm，黑褐色。鞘翅具锈褐色和白色鳞片。行间瘤顶上具直立的锈褐色鳞片。鞘翅基、端部行间的瘤上具雪白的鳞片状毛斑。腿节近端部的白色鳞片状毛排列成环状。头部散布坑形刻点，喙亦具刻点。触角位于喙端前面。前胸背板散布圆形大瘤，小盾片具雪白的毛。鞘翅从第 3 行间开始，奇数行间的瘤较大，偶数行间的瘤较小。腹部具白色鳞片状毛。

卵 椭圆形，乳白色。

幼虫 体长 9.0~15.6 mm。头黄褐色，体黄白色。前胸背板前缘覆盖头壳的 2/3，中、后胸及腹部各节均具横褶。腹部末端宽扁。体两侧疏生黄色细毛。气门黄褐色，8 对。

蛹 长 7.5~11.9 mm，椭圆形，黄白色。前胸背板具数枚突出的刺。腹部背面散生许多小刺。臀节末端具1对刺突。

生活史及习性

浙江1年2代，少数2代，以中、老龄幼虫在树干皮层内越冬。3月下旬至6月中旬为蛹期，4月上旬至10月下旬为越冬代成虫期。5月中旬至8月上旬为第1代幼虫期，7月初至11月上旬为第1代成虫期。9月下旬至翌年5月下旬为第2代幼虫期。1年中均可发现幼虫。成虫昼夜均能羽化，善爬行，有假死性和炎热天饮水习性。成虫白天钻入土内或隐藏于杂草根际，入暮后爬至土表或1~2年生松树嫩枝危害，经1个月的补充营养后开始交尾。成虫寿命41~126 d，交尾2 d后即可产卵。卵期3~4 d。幼虫4龄前蛀食皮层，将红褐色粪粒和蛀屑塞满坑道；4龄后食量大增，在原坑道附近蛀食，虫口密度高时，坑道常连成一片。幼虫大多分布在2 m以下的树干，老熟幼虫在边材筑蛹室，用蛀丝团封口。蛹期9~21 d。

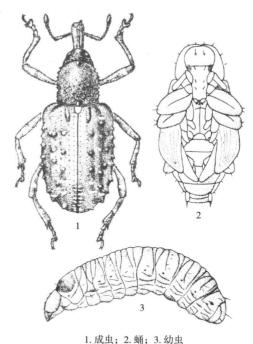

1. 成虫；2. 蛹；3. 幼虫

图9-32 瘤胸雪片象

该虫多发生在潮湿、土壤肥沃、杂草繁茂或山高雾重的林分及存放新鲜松原木的贮木场；成虫喜食马尾松花苞及马尾松、湿地松嫩枝皮。在马尾松、黄山松和黑松林中，常与马尾松角胫象伴随发生。

天敌有兜姬蜂 *Dolichomit* sp.，寄生幼虫和蛹，寄生率达32.7%；小茧蜂，寄生幼虫；蚂蚁，可捕食在地面活动的成虫。

沟眶象 *Eucryptorrhynchus scrobiculatus* (Motschulsky)
（鞘翅目：象甲科）

分布于北京、天津、河北、黑龙江、辽宁、山东、江苏、上海、浙江、河南、湖北、湖南、安徽、福建、贵州、四川、陕西、山西、甘肃、宁夏、青海；朝鲜、韩国。危害臭椿，是臭椿的毁灭性蛀干害虫。

形态特征

成虫 体长13.5~18.0 mm，宽6.6~9.3 mm。长卵形，体黑色，略具光泽。鞘翅被覆乳白色、黑色和赭色细长鳞毛。鞘翅坚厚，上有刻点，散布白色并掺杂赭色。

卵 长圆形，黄白色。

幼虫 长12~16 mm，头部黄褐色，胸、腹部乳白色，每节背面两侧多皱纹。

蛹 长11~13 mm，黄白色。

生活史及习性

1年1代，以幼虫和成虫在寄主植物根部或树干周围2~20 cm深的土层或树皮下越冬。越冬幼虫翌年 5 月化蛹，7 月为羽化盛期；越冬成虫 4 月下旬开始出土活动，5 月上、中旬为第一次成虫盛发期，7 月底至 8 月中旬为第二次盛发期。成虫有假死性，产卵前取食嫩梢、叶片补充营养，危害 1 个月左右，便开始产卵，卵期约 8 d。初孵化幼虫先咬食皮层，稍长大后即钻入木质部危害，老熟后在坑道内化蛹，蛹期约 12 d。

成虫危害嫩梢、叶片、叶柄，造成树木折枝、伤叶、皮层损坏，幼虫蛀咬食树皮、木质部，严重时致使树木死亡。危害症状表现为枝上出现灰白色的流胶和排出虫粪木屑。

此外，象甲科其他重要种类还有：

马尾松角胫象 Shirahoshizo flavonotatus (Voss)：分布于陕西、江苏、上海、浙江、江西、湖北、湖南、安徽、福建、广东、广西、四川、云南、贵州、台湾；朝鲜、韩国、日本。主要危害马尾松及黑松。1 年 1~4 代，因地而异，多以成虫或老熟幼虫越冬。

臭椿沟眶象 Eucryptorrhynchus brandti (Harold)：分布于黑龙江、辽宁、陕西、甘肃、山西、北京、河北、山东、江苏、上海、河南、湖北、安徽、四川。危害臭椿。陕西 1 年 1 代，以幼虫和成虫越冬。

核桃横沟象 Pimelocerus juglans (Chao)：分布于甘肃、陕西、河南、河北、湖北、福建、云南、四川。危害泡核桃、铁核桃等。四川、陕西 2 年 1 代，以成虫和幼虫越冬。

杨黄星象 Lepyrus japonicus Roelofs：分布于东北、华北、西北、华东、华中、西南地区及广东、广西、海南。危害小青杨、北京杨、加杨和旱柳等。1 年 1 代，以成虫及幼虫在土中根部附近越冬，苗木受害最重。

象甲类的防治方法

(1) 加强检疫
严禁带虫苗木及原木外运，或彻底处理后发放。

(2) 林业措施
①选用抗虫品种，如小叶杨、龙山杨、白城杨、赤峰杨等对杨干象是高抗品种。②加强林分的抚育管理，及时修枝，清除林地倒木、风折木、过火木、衰弱木、枯死木及过高伐根。严重受害木，于冬季平茬更新。③砍伐木应随采随运或剥皮处理，或水浸半月以上，以杀死受害木中幼虫。

(3) 物理器械防治
成虫盛发期可利用假死性、群聚性和老熟幼虫聚集性人工捕捉。成虫产卵前，使用药用涂白剂涂干，防止产卵(萧氏松茎象)。产卵痕迹处砸卵(杨干象)，石灰泥涂抹根颈杀卵(核桃横沟象)；设置饵木诱集成虫产卵，待卵孵化后剥皮集杀幼虫(瘤胸雪片象)。

(4) 生物防治
①啄木鸟、蟾蜍、蚂蚁等对杨干象有一定的控制作用，应注意保护利用。②喷洒 0.3 亿孢子/mL 青虫菌或 2 亿孢子/mL 白僵菌，也可用 2 亿孢子/mL 白僵菌涂刷虫孔防治幼虫；对危害苗根的象甲可用 2 亿孢子/mL 的白僵菌灌根。③用斯氏线虫 10^3 个/mL 涂抹杨干象虫孔，效果甚佳；用斯氏线虫、异小杆线虫注孔，或释放下盾螨 Hypoaspis sp. 防治锈色棕榈象。

(5) 化学防治

①成虫盛发期喷洒 50% 三硫磷乳油、50% 杀螟松乳油、50% 马拉硫磷、50% 倍硫磷乳油、75% 辛硫磷乳油、80% 磷胺乳油、40% 氧化乐果乳油 1000 倍液；2.5% 溴氰菊酯 10 000 倍液；50% 西维因可湿性粉剂 300~500 倍液；50~100μL/L 的 5% 氟氯氰菊酯或 20% 氰戊菊酯；25% 亚胺硫磷：65% 代森锌可湿性粉剂：尿素：水＝2：2：5：1000 的混合液，视虫情防治 1~3 次。②幼龄幼虫期，可用 40% 氧化乐果乳油 3~5 倍液涂刷产卵孔；40% 乐果乳油、50% 甲基对硫磷乳油、50% 乙硫磷乳油、25% 乙酰甲胺磷乳油 300 倍液于危害部位打孔注药 1~2 mL，或注射 50% 甲胺磷乳油原液 0.5 mL；25% 灭幼脲Ⅲ号胶悬剂点涂杨干象虫口处。③成虫上树危害期可用 40% 氧化乐果乳油 5 倍液或废机油等在树干上涂 20 cm 宽毒环，或用 2.5% 溴氰菊酯 3000 倍液做成毒绳围于树干上以杀死成虫；地面喷撒 2% 倍硫磷粉剂、5% 辛硫磷粉剂、50% 杀螟松乳油 2000 倍液，杀死以成虫在土中越冬的象甲。

9.5 蛾类

9.5.1 木蠹蛾类

木蠹蛾类主要包括木蠹蛾科和拟木蠹蛾科的种类，可造成大面积成灾的约有 10 余种。主要危害阔叶树及果树的主干和根部，其危害轻则降低林木材质，重则使整株枯死。

东方木蠹蛾 *Cossus orientalis* Gaede（图 9-33）

（鳞翅目：木蠹蛾科）

东方木蠹蛾

曾作为芳香木蠹蛾的一亚种，现已提升为独立的种。分布于华北、东北、西北、华中地区及山东；朝鲜、韩国、日本及俄罗斯东西伯利亚地区。主要危害杨、柳、榆，也危害丁香、槐树、刺槐等阔叶树及果树。幼虫蛀入枝、干和根际的木质部，形成不规则的虫道，使树势衰弱、枯梢风折、甚至整株死亡。

形态特征

成虫　体长 22.6~41.8 mm，翅展 51.0~82.6 mm。灰褐色，粗壮。触角单栉齿状；头顶毛丛和领片鲜黄色，翅基片和胸部背面土褐色，中胸前半部深褐色，后半部白、黑、黄相间；后胸有 1 黑横带。前翅前缘具 8 条短黑纹，中室内 3/4 处及外侧有 2 短横线，臀角 Cu_2 脉末端有 1 伸达前缘并与之垂直的黑线。后翅中室白色，其余浅褐色，端半部具波状横纹。翅反面在中室外有 1 较大的暗斑。中足胫节具 1 对端距，后足胫节具 2 对，中距位于胫节端部 1/3 处，基跗节膨大。成虫分黄褐色和浅褐色 2 种色型。

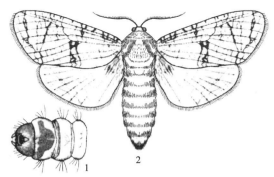

1. 成虫；2. 幼虫

图 9-33　东方木蠹蛾

卵 椭圆形，$(1.1～1.3)$ mm$\times$$(0.7～0.8)$ mm。暗褐色或灰褐色。卵壳表面有数条纵隆脊，脊间具刻纹。

幼虫 老熟幼虫体长 58～90 mm。体粗壮、扁圆筒形。头黑色，体背紫红色，腹面桃红色；前胸背板有 1 倒"凸"字形黑斑，黑斑中央具 1 白色纵纹，中胸背板具 1 深褐色长方形斑，后胸背斑具 2 褐色圆斑。腹足趾钩三序环状，臀足为双序横带。

蛹 体长 26～45 mm，略向腹面弯曲，红棕色或黑棕色。雌 2～6 腹节，雄 2～7 腹节背面均有 2 行刺列，其后各节仅有前刺列；前刺列粗大，长越过气门线，后刺列细小，不达气门；肛孔外围具 3 对齿突。茧土质，肾形，长 32～58 mm。

生活史及习性

2 年 1 代。成虫 4 月下旬开始羽化，5 月上、中旬为羽化盛期，多在白天羽化，趋光性弱。成虫羽化后静伏于杂草、灌木、树干等处，至 19:00 飞翔交配。卵单产或聚产于树冠干枝基部的树皮裂缝、伤口、枝杈或旧虫孔处，无被覆物，单雌产卵量约 584 粒。卵期 13～21 d，初孵幼虫常几头至几十头群集危害树干及枝条的韧皮部及形成层，随后进入木质部，形成不规则的共同坑道，当年幼虫发育到 8～10 龄，在 9 月中、下旬即以虫粪和木屑在坑道内做越冬室越冬。第 2 年 3 月下旬开始活动，4 月上旬至 9 月中、下旬数头幼虫聚集分别向木质部钻蛀纵道，严重时蛀成纵横相连大坑道，并在边材处形成宽大的蛀槽，排出木屑和虫粪，溢出树液，该阶段是其危害的高峰期；9 月下旬至 10 月上旬发育到 15～18 龄后，老熟幼虫陆续由排粪孔爬出坠落地面，在向阳、松软、干燥处钻入土 33～60 mm 深处黏结土粒结薄茧越冬。第 3 年春离开旧茧，在 2～27 mm 土中重结新茧化蛹，蛹期 27～33 d。

该虫发生与树种、树龄、长势等有关。树龄大，长势弱的"四旁"林木及郁闭度小的林分受害重，反之则轻；小叶杨、箭杆杨、加杨、北京杨受害较重。

沙柳木蠹蛾 *Deserticossus arenicola* (Staudinger)（图 9-34）

（鳞翅目：木蠹蛾科）

沙柳木蠹蛾

分布于内蒙古、陕西、甘肃、宁夏、新疆；蒙古、土耳其、阿富汗、伊朗、土库曼斯坦、哈萨克斯坦、乌兹别克斯坦、吉尔吉斯斯坦。危害沙柳、踏郎、沙棘、毛乌柳、柠条等。

形态特征

成虫 体长 20.6～32.5 mm，翅展 43.0～63.2 mm。触角丝状，扁平。体灰黑色略带褐色，前胸背面有 1 "八"字形黑色毛片带，与后缘"一"字形白色或黑色毛片带相连。前翅灰黑色，翅面布满许多黑色条纹，条纹形状在个体间有差异。前翅中室以及前缘基部 2/3 颜色较暗，中室下方 1A 脉之前有 1 较大的浅色区，中室末端有 1 较小的白斑。

卵 椭圆形，长 1.4～1.8 mm，宽 1.1～1.3 mm，初产灰白色，孵化前暗灰色。

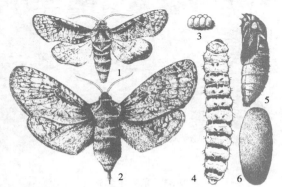

1. 雄成虫；2. 雌成虫；3. 卵；4. 幼虫；5. 蛹；6. 茧
图 9-34 沙柳木蠹蛾

幼虫 老熟幼虫体长 49～59 mm，头小，黑褐色；冠缝及额的两侧为紫红色；体黄白色；前胸盾较硬，其上具长方形黄红色斑；前胸背板横列 3 淡红色斑，中间的为长条形，两侧的为倒三角形。腹部每节背面有由红色斑点组成的横带 2 条，前带宽长而色深，后带细而色浅，长度约为前带之半；腹部腹面黄白色，每节有浅紫色斑纹。胸足橙黄色，跗节和爪紫红色。

蛹 长 19.0～37.8 mm，深褐色。雄蛹腹背第 2～7 节前后缘各具 1 列齿状突，前列齿粗，伸过气门，后列齿细，伸不过气门；第 8 节前缘和第 9 节中部仅具 1 列粗齿。雌蛹第 7 节仅前缘具 1 列粗齿，后缘无齿，其他同雄蛹。

生活史及习性

陕西 4 年 1 代，跨 5 年，幼虫在蛀道内越冬。5 月老熟幼虫入土化蛹，5 月底至 6 月初成虫开始出现，6 月中旬达盛期。幼虫于 6 月底至 7 月上旬开始孵出，10 月下旬越冬。

成虫羽化与天气状况关系极为密切，阴天、气温低，羽化少，雨天不羽化。羽化及交尾多在 18:00～21:30。卵块状、排列紧密，多产在根皮裂缝和靠近沙土的根基处，卵期平均约 24 d。幼虫孵出后，即蛀入皮层，并向下蛀食，第 2 年可蛀入心材危害。由于幼虫生活期长，同一时期可见不同虫龄的幼虫。

此虫主要危害多年生沙柳，以生长在沙丘顶部主根或根茬外露的多年生沙棘受害最重，因根被蛀空可导致整株死亡。

小木蠹蛾 *Streltzoviella insularis* (Staudinger)（图 9-35）

（鳞翅目：木蠹蛾科）

小木蠹蛾

分布于黑龙江、吉林、辽宁、内蒙古、甘肃、河北、陕西、山东、江苏、安徽、江西、湖南、福建；朝鲜、俄罗斯、日本。危害白蜡树、构树、丁香、榆、槐树、银杏、柳、麻栎、苹果、白玉兰、悬铃木、元宝枫、海棠、槠、冬青卫矛、柽柳、山楂、香椿等。一些城市行道树白蜡树、槐树、构树等被害率很高，受害株常发生风折、枯枝，甚至整株死亡。

形态特征

成虫 灰褐色，体长 14～28 mm、翅展 31～55 mm。触角线状。下唇须灰褐色，伸达复眼前缘；头顶毛丛鼠灰色，胸背部暗红褐色，腹部较长。前翅密布细碎条纹，亚外缘线黑色波纹状，在近前缘处呈小"Y"字形，外横线至基角处翅面均为暗色，缘毛灰色，有明显的暗格纹。后翅色较深，有不明显的细褐纹。中足胫节有 1 对距，后足胫节 2 对，中距位于胫节端部 1/3 处。

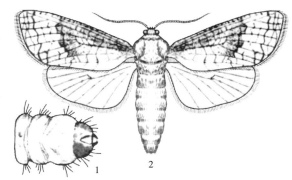

1. 幼虫头部；2. 成虫

图 9-35 小木蠹蛾

幼虫 老龄幼虫体长 30～38 mm，体背浅红色，每体节后半部色淡，腹面黄白色。头褐色，前胸背板深褐色斑纹中间有"◇"形白斑，中、后胸背板的斑纹均浅褐色。

生活史及习性

济南多2年1代,少数1年1代,均以幼虫越冬。越冬幼虫于5月上旬至8月上旬在蛀道内化蛹,5月下旬至6月下旬为盛期,蛹期17~26 d。6月上旬至8月中、下旬成虫羽化、交尾、产卵,盛期为6月下旬至7月中旬。卵期9~21 d,6月上旬至9月中旬幼虫孵化,7月上、中旬为盛期。初孵幼虫群集取食卵壳后蛀入皮层、韧皮部危害,3龄以后分散钻入木质部,于10月开始在隧道内越冬,不做越冬室;翌年幼虫继续在隧道顶端用粪屑做椭圆形小室越冬;老熟后在隧道孔口靠近皮层处黏合木丝粪屑做椭圆形蛹室化蛹。出蛰、化蛹、羽化、产卵早者,当年以大龄幼虫越冬,翌年即羽化。

成虫以18:00~21:00羽化最多,常有多个成虫自1个排粪孔羽化而出,羽化后蛹壳仍留在排粪孔口。成虫羽化后,白天藏于树洞、根际草丛及枝梢等处,夜间活动,有趋光性;当晚即可交尾、产卵,雌虫有多次交尾现象。卵多成块产于树皮裂缝、伤痕、洞孔边缘及旧排粪孔附近等处,单雌产卵量43~446粒。初孵幼虫取食卵壳,蛀入皮层和韧皮部危害,3龄以后作椭圆形侵入孔,钻入木质部蛀入髓心,形成不规则隧道,其中常有数头或数十头幼虫聚集危害;同时自侵入孔每隔7~8 cm向外咬1排粪孔,粪屑呈棉絮状悬于排粪孔外,重害树干、树枝几乎全部被粪屑包裹。

柳干木蠹蛾 *Yakudza vicarius* (Walker)(图9-36)
(鳞翅目:木蠹蛾科)

又名榆木蠹蛾。分布于东北、华北、华东、华中、西北(新疆除外)、西南(西藏除外)、江苏、安徽;俄罗斯、朝鲜、日本、越南。主要危害榆、柳,此外还危害刺槐、杨、麻栎、白蜡树、丁香、核桃、桃、桉、青冈、鹅掌楸、银杏、稠李、苹果、花椒、金银花等。

形态特征

成虫 体粗壮,灰褐色,体长23~40 mm,翅展52~87 mm。触角线状,下唇须伸达触角基部。头顶毛丛、领片和肩片暗褐灰色,中胸背板前缘及后半部毛丛白色,小盾片毛丛灰褐色,其前缘具1黑色横带。前翅灰褐色,密布黑褐色条纹,亚外缘线黑色、明显,外横线以内中室至前缘处呈黑褐色大斑。后翅浅灰色,无明显条纹,其反面条纹褐色,中部褐色圆斑明显。端距中足胫节1对,后足胫节2对;中距位于胫节端部1/4处;后足基跗节膨大,中垫退化。

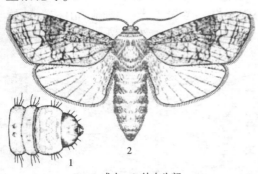

1. 成虫;2. 幼虫头部

图9-36 柳干木蠹蛾

幼虫 扁筒形。老龄幼虫体长63~94 mm。体背面鲜红色,腹面色稍淡,头黑色,前胸背板有1浅色"W"形斑痕,幼龄幼虫该斑痕黑褐色,5龄以后变浅。斑痕前方有1长方形浅色斑纹;后胸背板有2枚圆形斑纹。腹足深橘红色,趾钩三序环状,臀足双序横带。

生活史及习性

多为 2 年 1 代，少数为 3 年 1 代或 1 年 1 代。1 年 1 代者幼虫虫龄仅 10 龄，2 年 1 代者可达 18 龄，3 年 1 代者 20 龄以上。成虫初见于 6 月上旬，盛期为 6 月下旬至 7 月中旬，8 月中下旬结束。成虫以晚间羽化居多，趋光性强。卵成堆产于枝、干伤疤及树皮裂缝处，卵块外无覆盖物。单雌产卵量 134~940 粒，卵期 13~15 d。6 月中、下旬为幼虫孵化盛期，初孵幼虫多群集取食卵壳及树皮，2~3 龄时分散，从伤口及树皮裂缝侵入钻蛀韧皮部及边材，发育至 5 龄时沿树干爬行到根部危害。10 月中、下旬绝大部分幼虫在根颈韧皮部或老虫道内越冬，少数幼虫在枝干上越冬。翌年 4 月上旬越冬幼虫开始活动取食，至 10 月中下旬末龄幼虫入土在 3.0~11.2 cm 深处结土质薄茧越冬。第 3 年重新作丝质土茧化蛹，预蛹期 9~15 d，蛹期 26~61 d。

沙棘木蠹蛾 *Eogystia hippophaecola*（Hua，Chou，Fang et Chen）
（鳞翅目：木蠹蛾科）

沙棘木蠹蛾

分布于河北、辽宁、内蒙古、陕西、山西、宁夏、甘肃。主要危害沙棘，其次危害榆、山杏、沙枣、苹果、梨树、桃、沙柳等，主要以幼虫危害寄主的主干和根部，是我国沙棘林最严重的蛀干害虫，其危害有不断上升、蔓延之势。

形态特征

成虫 雄虫体长 21~36 mm，翅展 49~69 mm；雌虫体长 30~44 mm，翅展 61~87 mm。灰褐色。雌、雄触角均为线状，伸至前翅中央。头顶毛丛和领片浅褐色，胸部中央灰白色，两侧及后缘、翅基片暗黑色。前翅灰褐色，前缘有 1 列小黑点，整个翅面无明显条纹，仅端部翅脉间有模糊短纵纹；后翅浅褐色，无任何条纹，翅反面似正面。中足胫节有 1 对距，后足胫节有 2 对距，跗节腹面有许多黑刺，每一跗分节的末端黑色，前足跗节无爪间突。

幼虫 扁圆筒形，初孵幼虫体长 2.02 mm，头宽 0.44 m；老龄幼虫体长 60~75 mm，头宽 6.5~7.5 mm。头部黑色，胸腹部背面桃红色，前胸背板橙红色，并有一橙黄色"W"形纹，腹足趾钩双序全环状，臀足趾钩双序中带状。

生活史及习性

在辽宁建平 4 年 1 代，以幼虫在被害沙棘根部的蛀道内越冬，极少数初龄幼虫在主干韧皮部和木质部之间越冬。老龄幼虫于 5 月上、中旬入土化蛹，成虫始见于 5 月末，终见于 9 月初，期间经历 2 次羽化高峰：第 1 次 6 月中旬，第 2 次 7 月下旬。初孵幼虫 6 月上旬始见，10 月下旬开始越冬。成虫羽化多集中在 16:00~19:00。羽化后先在地面上静伏不动，至 20:00 左右开始活动。羽化当日即可交尾，交尾高峰在 21:30 左右，历时 15~40 min。雌虫一生只交尾 1 次，而雄虫有重复交尾现象。雌虫昼夜均可产卵，但以夜间产卵居多，一般在交配后的第 2 天 20:30~22:00。卵常成块堆集，十几粒至上百粒不等，单雌产卵量 73~617 粒，卵期 9~33 d。雄虫寿命 2~8 d，雌虫 3~8 d。幼虫常十几头至上百头聚集危害，初孵幼虫先取食部分卵壳，然后开始蛀食树干的韧皮部，小幼虫常于同年入冬前由树干表面转移至基部和根部进行危害。幼虫共 16 龄。老熟幼虫在树基部周围 10 cm 深的土壤中先结一土茧，然后在茧内经过预蛹期，再进入蛹期。蛹期 26~37 d。

咖啡木蠹蛾 *Polyphagozerra coffeae* (Nietner)（图9-37）
（鳞翅目：木蠹蛾科）

又名咖啡豹蠹蛾，分布于河北、陕西、山东、河南、江苏、湖北、浙江、湖南、福建、台湾、广东、广西、四川、云南、贵州、海南等；日本、缅甸、泰国、越南、老挝、印度、斯里兰卡、印度尼西亚等。危害水杉、乌桕、刺槐、咖啡、番石榴、核桃、薄壳山核桃、枫杨、悬铃木、黄檀、柑橘、苹果、梨、荔枝、龙眼以及农作物等多种植物。以刺槐、悬铃木、核桃、薄壳山核桃受害为重，造成受害枝条枯死。

形态特征

成虫 体长11~26 mm，翅展10~18 mm。体灰白色，具青蓝色斑点。触角黑色，上具白色短绒毛，雌虫丝状，雄虫基半部双栉齿状，端半部丝状。复眼黑色，口器退化。胸部具白色长绒毛，中胸背板两侧有3对青蓝色圆斑；翅灰白色，翅脉间密布大小不等的青蓝色短斜斑点，外缘有8个近圆形青蓝色斑。胸足被黄褐色或灰白色绒毛，胫节及跗

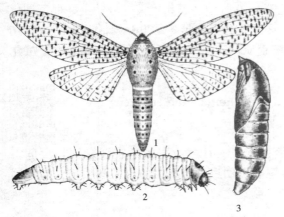

1.成虫；2.幼虫；3.蛹

图9-37 咖啡木蠹蛾

节被青蓝色鳞片，雄虫前足胫节内侧着生1个略短于胫节的前胫突。腹部被白色细毛，第3~7腹节背面及侧面有5个横列的青蓝色毛斑，第8腹节背面几乎全为青蓝色。

幼虫 初孵幼虫紫黑色，随着生长渐变暗紫红色。老熟幼虫体长约30 mm；头橘红色，头顶、上颚、单眼区域黑色；体淡赤黄色，前胸背板黑色，后缘有锯齿状小刺1排；中胸至腹部各节均有横列黑褐色小粒突。

生活史及习性

江西1年2代，成虫期为5月上旬至6月下旬，8月初至9月底。河南、江苏1年1代，以幼虫在被害枝条的虫道内越冬，翌年3月中旬开始取食，4月中、下旬至6月中、下旬化蛹；5月中旬至7月上旬成虫羽化、产卵，5月下旬为羽化盛期，卵期9~15 d，5月底至6月上旬幼虫孵化。幼虫孵化后群集吐丝结网取食卵壳，2~3 d后扩散。在刺槐上，幼虫自复叶总柄中部叶腋处蛀入，而在石榴等植物上，多从嫩梢端部的腋芽处蛀入向下部蛀食；4~5 d后转移至新梢由腋芽处蛀入危害；6~7月再转移至2年生枝条，在木质部与韧皮部之间环蛀，枝条枯死后在枯枝内向上蛀害。10月下旬至11月初在蛀道内吐丝缀合虫粪和木屑封闭虫道两端越冬，越冬后继续取食或转枝危害，转枝率达48.2%。被害枝叶常在1~2 d后枯萎、枯死、遇风折断或落地。老熟幼虫化蛹前在皮层处做1近圆形的羽化孔，在孔下另咬1直径约2 mm的通气孔，然后吐丝缀合木屑将虫道堵塞，筑长20~30 mm的蛹室化蛹，预蛹期3~5 d，蛹期13~37 d。

成虫羽化后蛹壳仍留在羽化孔口。成虫白天静伏，趋光性弱，雌雄性比为1∶1.58；多在20:00~23:00交尾，交尾时长达6~11 h，无重复交尾现象。雌虫交尾后不久即产卵，

产卵历期 1~4 d。单雌产卵量 244~1132 粒、平均 600 粒；卵成块产于旧虫道内、树皮缝、嫩梢及芽腋处，未经交尾的雌蛾所产的卵不孵化。成虫寿命 1~6 d。

天敌有小茧蜂 Bracon sp.，寄生幼虫，寄生率 9.1%~16.8%。蚂蚁可捕食幼虫。串珠镰刀菌感染率为 16.6%~29.5%。病毒亦可感染幼虫，但感染率低。

多纹豹蠹蛾 Zeuzera multistrigata Moore（图 9-38）
（鳞翅目：木蠹蛾科）

又名木麻黄豹蠹蛾。分布于辽宁、北京、陕西、湖北、江西、浙江、上海、广西、四川、云南、贵州、台湾；日本、印度、巴基斯坦、尼泊尔、缅甸、孟加拉国、斯里兰卡、越南、泰国。危害木麻黄、黑荆树、南岭黄檀、台湾相思、银桦、丝棉木、白玉兰、龙眼、荔枝、余甘子、日本柳杉、芭蕉、梨、檀香、冬青等。以幼虫钻食嫩梢、小枝、主干、主根，使被害枝叶枯萎、树干畸形、风折或整株枯死。

形态特征

成虫　雌体长 25~44 mm、翅展 40~70 mm。体灰白色。触角丝状，浅褐色。前翅前缘具 10 蓝斑，中室内斑点较稀疏，有些个体在中室内形成 1 较大的蓝黑斑；后翅灰白色，斑点稀少而色浅，有翅僵 9 根。胸部背面有 3 对椭圆形蓝黑色斑，第 1~7 腹节各有 8 个蓝黑斑，第 8 腹节有 3 条纵黑带。雄蛾体长 16~30 mm、翅展 30~45 mm，触角基半部双栉齿状、端部丝状，后翅翅缰 1 根。

幼虫 老熟幼虫体长 30~80 mm，体浅黄或黄褐色。头部浅褐色，单眼区有褐色小斑；前胸背板发达，后缘有 1 黑斑，并具 4 列小刺和许多小颗粒。各体节生有黄褐色毛瘤，瘤上生灰白色刚毛。胸足黄褐色。腹足赤褐色，趾钩多环式。

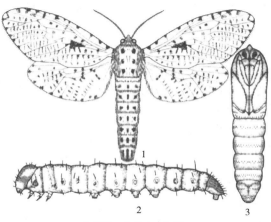

1. 成虫；2. 幼虫；3. 蛹

图 9-38　多纹豹蠹蛾

生活史及习性

福建 1 年 1 代，以老龄幼虫于 12 月初在树干基部的蛀道内越冬。翌年 2 月下旬出蛰蛀食，5 月上旬至 8 月下旬化蛹，蛹期 20 d。6 月中、下旬为成虫羽化盛期；卵期 18 d，6 月上旬开始孵化，7 月上、中旬为盛期。幼虫 19 龄，历期 313~321 d。

初孵幼虫群集在白色丝网下取食卵壳，2 d 后分散爬行、吐丝飘移分散，并蛀入嫩梢形成长 8~20 mm 的虫道，虫道外可见白粉末状木屑和粪便。约 40 d 后以 4 龄幼虫转移到主干上，多从节疤处蛀入，蛀孔直径 2~7 mm。10 龄前有多次转株转位习性，但每株幼树大多只 1 头幼虫。蛀孔即排粪孔，99.5%分布树干 2 m 以下；虫道长 40~150 cm，宽 0.7~1.8 cm。夏季幼虫沿髓心向根部蛀食，可深入地下 10~20 cm 深的主根中。中、老龄幼虫可耐饥饿超过 40 d，在枯死的树干内可提前化蛹。老熟幼虫在皮层上咬筑直径约 10 mm 的羽化孔，在其下方另咬 1 小通气孔，再用丝和木屑封隔虫道筑成长 3.0~5.5 cm 的蛹室，头部朝下化蛹。成虫多在 16:00~20:00 羽化，爬行数小时后即可飞翔，交尾 1 次，于 30 min 后即可产卵。卵多产于树皮裂缝中，单雌产卵 3~5 次，历期 2~3 d，产卵量 361~2108 粒，平均 700 粒。成虫白天静伏，傍晚活动，趋光性强，雌雄比 1.46:1，寿命 4~6 d。年羽化的主高峰在 6 月中、下旬，次高峰在 5 月下旬，雌蛾约提早 3 d 羽化。

10 年生或郁闭度 0.7 或胸径 6 cm 以上的木麻黄林分不受害；3~6 年生幼林、郁闭度小、胸径 2 cm 左右的林分受害重。被害株 2 年内高生长减少 64.7%，冠幅减少 30.7%，地径减少 56.1%。

天敌有黑蚂蚁、棕色小蚂蚁、广腹螳螂、蜘蛛、寄生蝇、白僵菌、细菌、喜鹊。

荔枝拟木蠹蛾 *Indarbela dea* (Swinhoe)（图 9-39）
（鳞翅目：拟木蠹蛾科）

荔枝拟木蠹蛾

分布于福建、台湾、江西、湖北、广东、广西、四川、云南；印度。危害 24 科 50 多种植物，以荔枝、龙眼、红毛榴莲、腰果、木麻黄、台湾相思等受害较重。

形态特征

成虫 体长 10~14 mm、翅展 20~37 mm。雌蛾灰白色，前翅具许多灰褐色横纹，中室及臀区中部各具 1 黑色斑纹，中室中部黑斑大型纵向，外缘有 7~9 灰棕色斑；后翅外缘有等距排列的 8~9 长方形斑块。雄蛾黑褐色，前翅中室中部有 1 黑色斑块。

幼虫 头、体漆黑色，老熟幼虫体长 26~34 mm。头部具许多隆起的皱纹及刻点。毛片在前胸 7 个，中、后胸各 11 个，第 1~8 腹节各 13 个，均以背部的最大。趾钩三序单行，92~97 根。

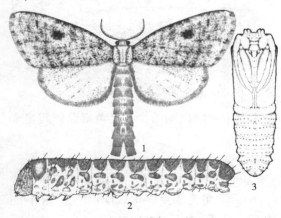

1. 成虫；2. 幼虫；3. 蛹
图 9-39 荔枝拟木蠹蛾

生活史及习性

东南沿海 1 年 1 代，以幼虫在枝干虫道内越冬。翌春开始恢复活动并在夜间外出取食树皮，3 月中旬至 4 月下旬化蛹，蛹期 27~48 d；4 月中旬至 5 月下旬羽化，羽化当晚即交配、产卵。成虫寿命 2~9 d，卵多产于径粗 12.5 cm 以上的枝干树皮上，单雌产卵量约 350 粒。初孵幼虫几小时后分散活动，多在树干分叉、伤口或木栓断裂处蛀食，以丝缀虫粪与树皮屑等在枝干表面形成隧道，然后再蛀入树干形成虫道。虫道长 20~30 cm，最长达 63 cm，为幼虫夜间取食及逃避敌害的通道，其基部与虫道口相接。虫道初位于木栓层下，后则深入木质部成各种形式，是幼虫栖息及化蛹的场所。幼虫老熟后于虫道口缀以薄丝，在虫道中化蛹，羽化时蛹体半部伸出虫道外。被害木因养分输送障碍，致树势衰弱，甚至死亡。

此外，木蠹蛾科重要种类还有：

钻具木蠹蛾 *Acossus terebra* (Denis et Schiffermüller)：又名山杨木蠹蛾。分布于黑龙江、

吉林、内蒙古。主要危害山杨。内蒙古赤峰2年1代，以幼虫越冬。

相思拟木蠹蛾 *Squamura discipuncta*（Wileman）= *Arbela baibarana* Matsumura：分布于福建、台湾、广东、广西及云南。危害木麻黄、台湾相思树、樟、重阳木、母生、合欢、紫荆、刺槐、悬铃木、柳、柑橘、无患子、荔枝、龙眼等。常与荔枝拟木蠹蛾混合发生。福建、广东1年1代，以近老熟幼虫在虫道内越冬。4月下旬至7月上旬成虫羽化、交尾、产卵。

木蠹蛾类的防治方法

(1) 林业技术措施

逐渐淘汰林内受害重的感虫树种，更换抗性品种，如树皮光滑的毛白杨、欧美杨等；当虫口密度过大时，及时清除无保留价值的立木以减少虫源；以带状或块状混交方式营造多树种的混交林，隔离和抑制木蠹蛾的繁殖和蔓延。加强抚育管理，避免在木蠹蛾产卵前修枝，剪口要平滑，防止机械损伤，或在伤口处涂防腐杀虫剂。维持适当的郁闭度，郁闭度0.7以上的林分受害程度明显小于郁闭度小的林分。

(2) 化学药剂防治

①喷雾防治初孵幼虫。可用50%倍硫磷乳油、50%久效磷乳油1000~1500倍液、40%乐果乳油1500倍液、2.5%溴氰菊酯、20%杀灭菊酯3000~5000倍液喷雾毒杀。

②药剂注射虫孔、毒杀干内幼虫。对已蛀入干内的中、老龄幼虫，可用50%久效磷乳油、80%敌敌畏100~500倍液，50%马拉硫磷乳油或20%杀灭菊酯乳油100~300倍液，40%乐果乳油40~60倍液注入虫孔。

③树干基部钻孔灌药。开春树液流动时，在树干基部钻孔灌入50%久效磷乳油或35%甲基硫环磷内吸剂原液。方法是先在树干基部距地面约30 cm处交错打直径10~16 mm的斜孔1~3个，按每1 cm胸径用药1.0~1.5 mL，将药液注入孔内后围薄农膜或外敷黏泥封口。

④将磷化铝片剂（每片3.3 g）研碎，每虫孔填入1/30~1/20片后封口，杀虫率达90%以上。

(3) 灯光诱杀成虫

木蠹蛾成虫均具有不同程度的趋光性。灯诱最佳时间因虫种而略异。灯诱不仅能诱到木蠹蛾雄虫，且能诱到相当数量的怀卵雌虫。灯诱对各种木蠹蛾虽均有效，但在防治运用时必须连年进行，方能对虫口的减少起明显作用。灯诱如与其他防治措施配合，效果更佳。

(4) 性信息素诱杀成虫

如用芳香木蠹蛾东方亚种人工合成性诱剂B种化合物（顺-5-十二碳烯醇乙酸酯），在成虫羽化期采用纸板黏胶式诱捕器，以滤纸芯或橡皮塞芯做诱芯，每芯用量0.5 mg；每晚18:30~21:30按间距30~150 m将诱捕器悬挂于林带内即可。

(5) 生物防治

以1亿~8亿孢子/g白僵菌液喷杀柳干蠹蛾初孵幼虫，死亡率17.85%~100%；或将白僵菌黏膏涂在排粪孔口，或用喷注器在蛀孔注入含孢量为5亿~10亿孢子/mL白僵菌液，死亡率可达95%。也可采用水悬液法和泡沫塑料塞孔法，以浓度1000条/mL斯氏属线虫防治芳香木蠹蛾东方亚种幼虫,死亡率达100%。应注意保护、繁殖利用木蠹蛾的各种天敌。

(6)人工捕杀

在羽化高峰期可人工捕捉成虫,也可在木蠹蛾在土内化蛹期进行捕杀。

9.5.2 蝙蝠蛾类

柳蝙蛾 *Endoclita excrescens* (Butler)(图9-40)

(鳞翅目:蝙蝠蛾科)

柳蝙蛾

又名疣纹蝙蝠蛾。分布于东北地区及北京、河北、内蒙古、山东、安徽、河南、湖南、广西、山西、四川、台湾;朝鲜、韩国、日本、俄罗斯。危害杨、柳、榆等200余种林木、果树、经济作物及草本植物;以幼虫蛀食树木枝、干的髓部,使树势衰弱,影响材质,并极易遭风折,1996年曾被列为全国林业检疫性有害生物。

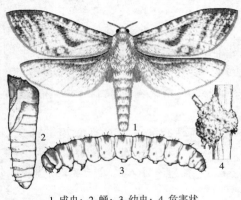

1.成虫;2.蛹;3.幼虫;4.危害状

图9-40 柳蝙蛾

形态特征

成虫 体长30~47 mm、翅展65~90 mm,体绿褐色或粉褐色至茶褐色。触角短,丝状,不超过前胸后缘。前翅狭长,前缘有7~8近环形斑,中央有1深色稍带绿色的三角形斑,其外侧有2褐色宽斜带。前、中足发达,爪较长;后足退化,细而短。雄蛾后足腿节外缘密生橙色刷状毛,雌蛾则无。

卵 球形,直径0.6~0.7 mm,初产乳白色,后变黑色。

幼虫 老熟幼虫体长44~57 mm。头部红褐色至深褐色,胴部污白色,各节均有黄褐色大小不一的斑瘤13~14个,背面的较两侧的为大。

蛹 圆桶形,体长30~60 mm。黄褐色。头部中央隆起,形成1条纵脊。触角上方有4个角状突起。第3~7腹节背面有向后伸的倒刺2列,在腹面第4~6腹节有呈波状向后伸的倒刺1列,第7腹节有2列,第8腹节有1列,中央间断。

生活史及习性

在我国大多1年1代,少数2年1代,以卵在地面或以幼虫在树干蛀道内越冬。越冬卵于翌年5月中旬开始孵化。初孵幼虫以腐殖质为食;6月上旬,2、3龄幼虫转移到木本植物及杂草的干、茎中食害,8月上旬开始化蛹,8月下旬至10月中旬羽化,羽化后即可交尾、产卵。以卵越冬的1年1代,翌年部分孵化较晚或幼虫发育迟缓的,在越冬后第2年7月上旬化蛹,8月中旬开始羽化、交尾、产卵,卵孵化后以幼虫越冬,第3年羽化,为2年1代。

幼虫 蛀食时吐丝黏缀木屑做成木屑包,包被于坑口,咬食边材时使坑口形成穴状或环形凹坑,易引起风折。老熟幼虫化蛹前,在近坑口处吐丝结薄网封闭坑口,2~3 d后化蛹;1年1代者蛹期约29 d,2年1代者26 d。成虫羽化前蛹体蠕动到坑口,羽化后蛹壳前半部露出坑外。

此外，蝙蝠蛾科重要种类还有：

点蝙蛾 *Endoclita sinensis*（Moore）：分布于河北、山西、山东、河南、上海、浙江、江苏、湖北、江西、湖南、福建、广东、海南、广西、四川、云南、台湾。危害海州常山、桃、葡萄、梨、柿、核桃、杧果等。河南、浙江等地 2 年 1 代，以幼虫在树干虫道内越冬。

蝙蝠蛾类的防治方法

①苗木出圃及调入前严格把关，及时挑出带有木屑包的苗木，就地烧毁。
②人工剪除有虫苗木、枝条。
③初龄幼虫在地面活动期间每隔 10 d 连续 2~3 次向地面喷洒有机磷农药 500 倍液。幼虫转移树干危害后可向坑道内注入少许药液、用毒泥堵孔或注入白僵菌液。

9.5.3 透翅蛾类

我国已知透翅蛾科约 100 余种。幼虫蛀食植物的茎、枝条和根，常形成虫瘿。其危害不仅直接影响树木的生长，而且可造成多头树或导致树木死亡。

白杨透翅蛾 *Paranthrene tabaniformis* Rottemburg（图 9-41）
（鳞翅目：透翅蛾科）

白杨透翅蛾

分布于黑龙江、吉林、内蒙古、新疆、宁夏、山西、陕西、北京、河北、江苏、浙江、安徽、河南、湖北、湖南、广东、四川；蒙古、俄罗斯、欧洲。危害各种杨树和柳树，尤以加杨、银白杨、新疆杨、健杨、毛白杨、中东杨、河北杨及旱柳受害严重；苗木和幼树枝干受害后形成瘤状虫瘿，造成枯萎、秃梢，并极易风折。1984 年曾被列为全国林业检疫性有害生物。

形态特征

成虫　体长 11~20 mm、翅展 22~38 mm。头半球形，下唇须基部黑色，密布黄色绒毛，头和胸之间有橙色鳞片围绕，头顶有 1 束黄色毛簇。雌蛾触角栉齿不明显，端部光秃；雄蛾触角具青黑色栉齿 2 列。胸部背面青黑色、有光泽；中、后胸肩板各有 2 簇橙黄色鳞片。前翅狭长，黑褐色，中室与后缘略透明，后翅全部透明。腹部青黑色，有 5 条橙黄色环带。雌蛾腹末有黄褐色鳞毛 1 束，两侧各有 1 簇橙黄色鳞毛。

卵　椭圆形，黑色，有灰白色不规则的多角形刻纹。

幼虫　幼虫体长 30~33 mm。初龄幼虫淡红色、老熟时黄白色。臀节背面有 2 深褐色略向上前方翘起的钩。趾钩单序二横带，臀足为单序横带。

蛹　体长 12~23 mm，纺锤形，褐色。第 2~

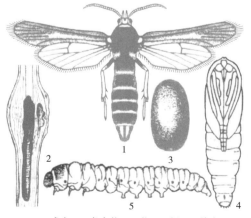

1. 成虫；2. 危害状；3. 茧；4. 蛹；5. 幼虫

图 9-41　白杨透翅蛾

7腹节背面各有横列的刺2排，第9、10节各具刺1排。腹末具臀棘。

生活史及习性

1年1代，以幼虫在枝干虫道内越冬。在东北地区，4月中旬越冬幼虫开始活动，5月上旬化蛹，下旬开始羽化，并交配产卵。初孵幼虫于6月上旬开始侵入茎干内蛀食，一直危害到10月中旬进入越冬。

成虫羽化多集中在午前。羽化期长，从5月末至7月下旬均有成虫羽化，盛期为6月下旬。成虫白天活动，性引诱力强，羽化当天即行交配、产卵。卵多产于叶腋、叶柄基部、孔口、树皮裂缝以及叶片等处。卵期8~17 d。初孵幼虫多在嫩枝的叶腋、皮层及枝干伤口处或旧的虫孔蛀入，再钻入木质部和韧皮部之间，围绕枝干钻蛀虫道，使被害处形成瘤状虫瘿；钻入木质部后沿髓部向上蛀食，蛀道长2~10 cm，虫粪和蛀屑被推出孔外后常吐丝缀封排粪孔；幼虫蛀入树干后常不转移，只有当被害处枯萎、折断而不能生存时才另选适宜部位入侵。9月下旬，幼虫在坑道末端以蛀屑将坑道封闭，吐丝结薄茧越冬。化蛹前吐丝封闭坑道口，并在坑道末端蛀蛹室结茧化蛹。蛹期14~26 d。成虫羽化后，蛹壳留在羽化孔处，经久不落。幼虫随苗木调运是其扩大危害范围的主要原因。

杨干透翅蛾 *Sesia siningensis*（Hsu）（图9-42）
（鳞翅目：透翅蛾科）

杨干透翅蛾

分布于辽宁、内蒙古、山东、山西、安徽、云南、陕西、甘肃、宁夏、青海、西藏；俄罗斯。危害多种杨树和柳树，以幼虫蛀食5年生以上大树的树干基部，也可反复蛀食已有虫道和伤口的衰弱木，造成寄主风折或枯死，1996年曾被列为全国林业检疫性有害生物。

形态特征

成虫　体长20~30 mm，翅展40~50 mm；头部淡黄色，复眼黑褐色。胸部黑褐色。前翅狭长，后翅扇形，均透明。腹部宽阔，有5条黄褐相间的环带。雌蛾触角棍棒状，端部尖而稍弯向后方；腹部肥大，末端尖而向下弯曲，产卵器淡黄色，稍伸出。雄蛾触角栉齿状，较平直，腹部瘦小，末端有1束褐色毛丛。

卵　长圆形，褐色，光滑，无光泽。

幼虫　体长40~45 mm，初孵头黑色，体灰白色；老熟幼虫头深紫色，体黄白色，被稀疏黄褐色细毛。前胸背板两侧各有1褐色浅斜沟，前缘近背中线处有2个并列褐斑。趾钩单序二横带式，臀足为单序横带，臀板后方具1深褐色细刺。

蛹　褐色，纺锤形，长21~35 mm，第2~6腹节背面有细刺2排，尾节具粗壮臀刺10根。

生活史及习性

2年1代，以当年孵化的幼虫在树干皮下或木质部蛀道内越冬。翌春4月初开始活动危害，10月上旬停止取食再次越冬，第3年3月下旬继续危害，7月下旬化蛹，8月中旬成虫

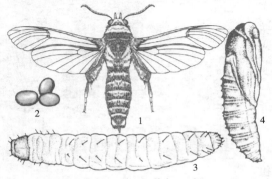

1.成虫；2.卵；3.幼虫；4.蛹
图9-42　杨干透翅蛾

出现，8月末至9月初为羽化盛期。8月末新一代幼虫孵化，9月中旬为盛期。蛀入树干危害的幼虫于9月下旬至10月上旬进入越冬。幼虫8龄，幼虫期长达22个月；蛹期约21 d。

成虫多在9:00~10:00羽化，蛹壳的1/2留在羽化孔中。成虫羽化当晚即交尾，翌日中午开始产卵。卵单粒或堆产于树基部或树干的树皮缝深处，每堆211~791粒，平均509粒。卵期9~17 d，平均12.3 d。幼虫孵化后在卵壳附近爬行，选择适宜场所蛀入树皮，蛀入孔多位于树皮裂缝的幼嫩组织处。老熟幼虫化蛹前停食3~4日，并于虫道顶端下方咬开羽化孔，吐丝黏结木屑作蛹室化蛹。

透翅蛾类的防治方法

(1) 加强检疫
对引进或输出的苗木和枝条要严格检疫，及时剪除虫瘿，以防止传播和扩散。

(2) 林业技术防治
①选用抗虫品系和树种。如小青杨×加拿大杨、小叶杨×黑杨、小叶杨×欧美杨、沙兰杨等杂交杨对白杨透翅蛾均有较高的抗性。②加强苗木管理。如苗木的机械伤口常引发白杨透翅蛾成虫产卵和幼虫入侵，因此在成虫产卵和幼虫孵化期不宜打叶除蘖，并应及时清除虫害苗和枝。③在白杨透翅蛾重害区，可栽植银白杨或毛白杨诱集成虫产卵，待幼虫孵化后彻底销毁。

(3) 人工防治
①杨干透翅蛾成虫羽化集中，并在树干上静止或爬行，可人工捕杀。②早春3月结合修剪铲除虫疤，以冻死或杀死露出幼虫。③对行道树或四旁绿化树木，可在幼虫化蛹前，用细铁丝由侵入孔或羽化孔插入幼虫坑道内，直接杀死幼虫。

(4) 生物防治
保护利用天敌，在天敌羽化期减少农药使用；或用蘸白僵菌、绿僵菌的棉球堵塞虫孔。

(5) 化学防治
①成虫羽化盛期，喷洒40%氧化乐果乳油1000倍液或2.5%溴氰菊酯4000倍液，以毒杀成虫。②幼虫越冬前及越冬后刚出蛰时，用40%氧化乐果：煤油的1:30倍液，或与柴油的1:20倍液涂刷虫斑或全面涂刷树干。③幼虫孵化盛期在树干下部间隔7 d喷洒2~3次40%氧化乐果乳油或50%甲胺磷乳油1000~1500倍液，可毒杀白杨透翅蛾和杨干透翅蛾。④幼虫侵害期如发现枝干上有新虫粪立即用上述混合药液涂刷，或用50%杀螟松乳油与柴油液的1:5倍液滴入虫孔，或用50%杀螟松乳油、50%磷胺乳油20~60倍液在被害处1~2 cm范围内涂刷药环。⑤成虫羽化期用性信息素进行诱杀。

9.5.4 织蛾类

油茶织蛾 *Casmara patrona* Meyrick（图9-43）
（鳞翅目：织蛾科）

油茶织蛾

又名油茶蛀蛾、茶枝镰蛾、油茶蛀梗虫。分布于浙江、安徽、福建、台湾、江西、湖北、湖南、广东、广西、贵州；日本、印度。主要危害油茶和茶树，以幼虫蛀食茶树枝梗，使受害枝干中空而枯死。

形态特征

成虫　体长12~16 mm，翅展32~40 mm；体被灰褐色和灰白色鳞片；触角灰白色，丝状，基部膨大处褐色；下唇须镰刀形上弯，超过头顶。前翅黑褐色，有6丛红棕色和黑褐色的竖起鳞毛，在基部1/4处有3丛，中部弯曲的白纹中有2丛，白纹外侧有1丛。后翅银灰褐色。后足较前足长1倍多，较粗大。

幼虫　老熟幼虫体长25~30 mm，乳黄色。头部黄褐色，前胸背板淡黄褐色，腹末2节背板黑褐色。趾钩三序缺环，臀足趾钩三序半环。

生活史及习性

1年1代，以幼虫在被害枝干内越冬。翌年3月上、中旬幼虫恢复取食，4月中、下旬化蛹，5月下旬至6月上旬羽化并产卵。6月中、下旬为孵化盛期。初孵幼虫从嫩梢顶端叶腋间吐一层薄丝遮护后蛀入，嫩梢被蛀空后枯萎、易折断。此后幼虫逐渐蛀入枝干或主干，并在被害枝上每隔一段距离向外咬1圆形

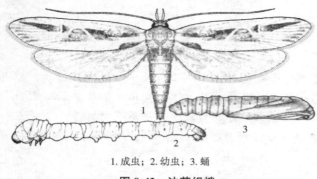

1. 成虫；2. 幼虫；3. 蛹

图9-43　油茶织蛾

排粪孔，蛀道全长70~100 cm，老熟后化蛹于蛀道内，上部咬羽化孔，并以丝封闭孔口。

成虫多在傍晚羽化，昼伏夜出，有趋光性，交尾、产卵均在夜间进行。卵多产于老茶林或较阴湿的油茶林，散产，每处1粒，单雌产卵量30~80粒。

油茶织蛾的防治方法

①每年8月剪除被害枝，集中烧毁。

②羽化盛期，灯光诱杀。

③喷洒20%杀灭菊酯乳油3000~4000倍液、40%乐果乳油1000~1500倍液，防治成虫及初孵幼虫。

④向虫道内注入药液。

9.6　树蜂类

大树蜂指名亚种 *Urocerus gigas gigas* (L.)（图9-44）

（膜翅目：树蜂科）

大树蜂指名亚种

大树蜂 *Urocerus gigas* (L.) 分为4个亚种：黄角亚种 *U. gigas flavicornis* (Fabricius)、东

方亚种 U. gigas orientalis Maa、西藏亚种 U. gigas tibetanus Benson、指名亚种 U. gigas gigas (L.)。国内曾报道的泰加大树蜂 U. gigas taiganus Benson 现为指名亚种 U. gigas gigas (L.) 的异名，分布于东北地区及内蒙古、河北、山西、四川、甘肃、青海、新疆；日本、俄罗斯、波兰、芬兰、挪威。在东北林区危害冷杉、云杉、落叶松，在西北危害铁杉、赤松、黑松等衰弱木、濒死木和枯立木。1996年曾被列为全国林业检疫性有害生物。

形成特征

成虫 雌虫体长 23～37 mm，黑色。触角、眼后区、颊、第1腹节背板后半部、第2、7、8背板、角突及胫节、跗节均橘黄色，爪黑褐色。雄虫体长 19～31 mm，体色与雌虫近似，但触角柄节黑色，其余各节红褐色，第3～6腹节背板红褐色，后足胫节和基跗节大部分黑色。腹部颜色变化较大，或者第9背板两侧各具1黄色大圆斑，或者第8背板后缘中央黑色，第9背板两侧无黄斑，后足胫节末端1/4黑色。

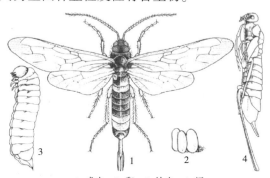

1. 成虫；2. 卵；3. 幼虫；4. 蛹

图9-44 大树蜂指名亚种

卵 长约1.5 mm，乳白色，长圆形，微弯曲，先端较细。

幼虫 体长 20～32 mm，圆筒形，乳白色。头部淡黄色；触角短，3节。胸足短小不分节。第10腹节背面近半圆形，中央具1纵凹沟，沟底淡黄色。腹末角突褐色，其基部两侧及中央上方有小齿。

蛹 体长约30 mm，乳白色。头部淡黄色，复眼和口器褐色。触角伸达第6腹节后缘，翅盖于后足腿节上方。

生活史及习性

甘肃1年1代，以老熟幼虫于虫道末端咬蛀蛹室化蛹，蛹室距边材表面约10 mm。成虫于7～8月间出现，7月中、下旬为盛期。成虫羽化后，向外咬一直径5～7 mm的圆形羽化孔飞出。雌虫于7月中旬开始产卵，卵多产于濒死木、枯立木或新伐倒木上；如在立木上产卵，通常多产在树冠基部的树干上，产卵深度5～7 mm，每次产卵1粒。幼虫孵化后沿树干纵轴斜向上穿蛀虫道，约达心材处又返回向外钻蛀，虫道内充满细而压紧的白色木屑，虫道长约20 cm。

成虫喜在白天中午日光下飞行，对新采伐的云杉有明显趋向性，在伐倒木的周围常见许多成虫飞行。

烟扁角树蜂 Tremex fuscicornis (Fabricius)（图9-45）
（膜翅目：树蜂科）

烟扁角树蜂

分布于东北、华北、华东、华中、西北、华南部分地区、西藏；朝鲜、日本、澳大利亚、欧洲、东南亚、北美洲。危害杨、柳、榆等80余种阔叶树和果树，以幼虫钻蛀树干，形成不规则的纵横坑道，造成树干中空，使树势逐年衰弱，枝梢枯死，以至整株死亡。

图 9-45 烟扁角树蜂

形态特征

成虫 雌体长 16~43 mm。触角中间几节，尤其是腹面为暗色至黑色；唇基、额至头顶中沟两侧前面黑色；前胸背板、近圆形的中胸背板、产卵管管鞘红褐色。前足胫节基部黄褐色；中、后足胫节基半部及后足跗节基半部黄色；各足基节、转节和中、后足腿节黑色。腹部第 2、3、8 节及第 4~6 节前缘黄色，其余黑色。雄体长 11~17 mm，具金属光泽；有些个体触角基部 3 节红褐色；胸、腹部黑色，腹部各节呈梯形。前、中足胫节和跗节以及后足第 5 跗节红褐色。翅淡黄褐色，透明。

幼虫 体长 12~46 mm，圆筒形，乳白色。头黄褐色，胸足短小不分节，腹部末端褐色。

生活史及习性

陕西 1 年 1 代，以幼虫在树干蛀道内越冬。翌年 3 月中、下旬开始活动，老熟幼虫 4 月下旬始化蛹，5 月下旬至 9 月初为盛期。成虫于 5 月下旬开始羽化，8 月下旬至 10 月中旬为盛期。羽化后 1~3 d 交尾、产卵。卵多产在树皮光滑部位和皮孔处的韧皮部和木质部之间，产卵处仅留下约 0.2 mm 的小孔及 1~2 mm 圆形或梭形、乳白色而边缘略呈褐色的小斑。每产卵槽平均孵出 9 头幼虫，形成多条虫道，各时期均可见到不同龄级的幼虫。老熟幼虫多在边材 10~20 mm 处的蛹室化蛹。成虫寿命 7~8 d，单雌产卵量 13~28 粒，卵期 28~36 d，幼虫 6 月中开始孵化，12 月进入越冬；幼虫 4~6 龄。

成虫白天活动，无趋光性，飞行高度可达 15 m。该虫主要危害衰弱木，大发生时也危害健康木，尤以杨树和柳树受害严重。

天敌有褐斑马尾姬蜂、灰喜鹊、伯劳、螳螂和蜘蛛等。

松树蜂 *Sirex noctilio* Fabricius
（膜翅目：树蜂科）

松树蜂

松树蜂为我国外来入侵有害生物，目前分布于黑龙江、辽宁、吉林、内蒙古；蒙古、俄罗斯、土耳其、南非、新西兰、澳大利亚、欧洲、北非、美洲。主要危害樟子松等松属植物。该虫为国际重大林业检疫性害虫。我国于 2013 年首次发现于黑龙江大庆的樟子松林内，其危害造成部分樟子松枯死。

形态特征

成虫 体长 10~44 mm。体大部蓝黑色，有金属光泽。触角黑色。雌蜂触角 21 节，各足大部呈橘黄色，腹末有 1 矛状角突；雄蜂触角 20 节，腹部第 3~7 节橘黄色，前、中足大部橙褐色，后足大部黑色，明显加粗。

幼虫 乳白色，分节明显，通常呈"S"形，直径基本上一致；触角 1 节；胸足短；腹末有 1 明显深褐色硬刺。

生活史及习性

黑龙江鹤岗多1年完成1代，以2或3龄幼虫越冬。成虫始见于7月中旬，终见于9月上旬，羽化高峰集中在8月中、下旬。卵产于树皮下约1 cm处，卵期约2周。以幼虫在树干内越冬，幼虫一般6龄。老熟幼虫在距树皮2~3 cm处化蛹，蛹期3~4周。

此外，树蜂科重要种类还有：

红腹树蜂 Sirex rufiabdominis Xiao et Wu：分布于江苏、浙江、安徽。危害马尾松和油松。1年1代，以低龄幼虫在树干虫道内越冬。

黑顶扁角树蜂 Tremex apicalis Matsumura：又名杨树蜂。分布于黑龙江、吉林、辽宁、北京、河北、天津、陕西、上海、浙江、江苏、四川。危害杨、柳、梧桐的枝干。1年1代，以幼虫越冬。

树蜂类的防治方法

(1) 林业措施

适地适树，选育抗虫树种，营造混交林，加强林木抚育管理。清除林内被害木和衰弱木。对被害木和衰弱木应及时加工或浸泡于水中，以杀死木材内幼虫。新采伐木材应及时剥皮或运出林外。

(2) 饵木诱杀

设置饵木诱集成虫产卵，待幼虫孵化盛期及时剥皮处理。

(3) 化学防治

成虫羽化盛期用2.5%溴氰菊酯乳油5000倍液、40%氧化乐果乳油或50%倍硫磷乳油1500倍液喷干。

(4) 生物防治

保护利用褐斑马尾姬蜂、螳螂、蜘蛛、伯劳、灰喜鹊等天敌。

复习思考题

1. 林木蛀干害虫主要有哪几大类？与食叶害虫相比，蛀干害虫的发生、危害及防治上有何不同？
2. 何谓次期害虫？造成次期害虫发生的主要原因有哪些？
3. 林木蛀干害虫中哪些是全国林业检疫性有害生物？如何进行识别和防治？
4. 小蠹虫的1雄1雌配偶制与1雄多雌配偶制主要有哪些不同？
5. 小蠹虫的坑道系统主要包括哪些结构？坑道主要有哪些类型？
6. 如何根据害虫的坑道和羽化孔大致判断天牛、吉丁虫或小蠹虫的危害？
7. 在林间，通过哪些危害状初步判断红脂大小蠹、杨干象、柳蝙蛾、白杨透翅蛾的危害？

第 10 章

球果种实害虫

【本章提要】 本章主要介绍危害球果、种子及果实的各类害虫的分布、寄主、形态、生活史及习性和防治方法。

球果种实害虫是指危害林木的球果、花、果实和种子的害虫。我国记录的针、阔叶树球果种实害虫约 120 种，隶属 7 目 28 科。重要类群包括双翅目的实蝇科、花蝇科，鞘翅目的象甲科，鳞翅目的举肢蛾科、卷蛾科、螟蛾科，半翅目的长蝽科，以及膜翅目的松叶蜂科、广肩小蜂科和长尾小蜂科等，许多种类是全国林业检疫性或危险性有害生物。

10.1 蝇类

主要包括双翅目实蝇科 Tephritidae、花蝇科 Anthomyiidae 的种类，以幼虫危害针、阔叶树和果树的果实与种子。

落叶松球果花蝇 *Strobilomyia laricicola* (Karl)（图 10-1）
（双翅目：花蝇科）

分布于黑龙江、辽宁、内蒙古、新疆、山西等地；日本、俄罗斯、欧洲。以幼虫危害落叶松球果和种子，严重影响落叶松种子产量，是球果花蝇属中危害最严重的种类。

形态特征

成虫　体长 4~5 mm。雄虫复眼裸，暗红色，两眼毗连，眼眶、颚和颊具银灰色粉被。触角长不达口前喙，芒基部 2/5 裸。上倾口缘鬃 3（或 2）行，粉被薄。胸部黑色，被灰色粉。翅基浅灰褐色，前缘脉下面的毛止于第 1 径脉相接处，腋瓣白色。足黑色，腹部扁平，较短，向末端膨大，具银灰色粉被，在中央形成 1 较宽的纵带。第 5 腹板侧叶端部明显变狭，外缘明显内卷，后观肛尾叶略呈心脏形。雌虫复眼分开，间额微棕色，向后色渐暗，具间额鬃。胸背无明显条纹，腹全黑，略具光泽。

卵　长 1.1~1.6 mm，长椭圆形，一端略粗，中间稍弯曲，乳白色。

幼虫　体长 6~9 mm，圆锥形，淡黄色，不透明。头部尖锐，有黑色口钩 1 对。腹部末端成截形，截面上有 7 对乳头状突起。后气门褐色而突出。

蛹 长 3.0~5.5 mm，长椭圆形，红褐色。

生活史及习性

大兴安岭林区 1 年或 2 年 1 代，以蛹在地被物下或表土层中越冬。翌年 5 月上旬成虫开始羽化，羽化历期 18~25 d。产卵始期为 5 月 10~20 日，卵散产；卵经 7 d 左右孵化，幼虫取食 25~30 d 后于 6 月下旬至 7 月上旬离果坠地化蛹越冬。蛹绝大多数分布在树冠投影范围之内。

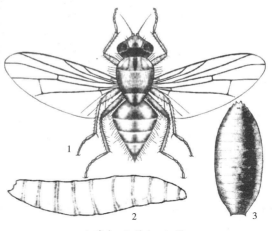

1. 成虫；2. 幼虫；3. 蛹

图 10-1　落叶松球果花蝇

成虫白天活动，阳光充足时活跃，以树液、水滴及蚜虫分泌物为食。经一段时间的补充营养后开始交尾、产卵。雌成虫将产卵器插入球果鳞片间，卵紧贴在两粒种胚上方的鳞片上。一般每球果上只产 1~2 粒卵，欠收年份每球果上可产 5~6 粒，甚至多达 20 粒，但每个鳞片上仅产 1 粒。幼虫取食种胚，随球果的发育，钻入种子内食尽种仁。幼虫取食钻蛀的隧道为茶褐色，排出黄褐色粉末状粪便。受害初期，从球果外部观察，被害症状不明显，但到后期，球果发育受阻，较正常球果小，呈现枯黄色。

落叶松种子的被害程度与结实的周期、种子产量以及花蝇个体发育期的气候因素等密切相关。此虫喜光喜温，受害程度阳坡大于阴坡，郁闭度较小的落叶松纯林大于郁闭度较大的混交林，树冠阳面大于树冠阴面。

枣实蝇 *Carpomya vesuviana* Costa（图 10-2）
（双翅目：实蝇科）

枣实蝇

广泛分布于亚洲、欧洲和非洲，我国于 2007 年 7 月首次发现，仅分布于新疆吐鲁番地区，为新入侵的重大检疫性害虫。枣实蝇是危害枣树最严重的害虫，以幼虫蛀食开始着色的果实，受害果实果肉被蛀空并有大量虫粪，蛀孔周围易变黑腐烂，大量提早萎缩而脱落，落果率 70%~94%。我国于 2008 年开始一直将其列为全国林业检疫性有害生物。

形态特征

成虫 头淡黄色至黄褐色，盾片黄色或红黄色，中间具 3 细窄黑褐色条纹，向后终止于横缝略后；两侧各有 4 黑色斑点，横缝后亚中部有 2 近似椭圆形黑色大斑点，近后缘的中央于 2 小盾前鬃之间有 1 褐色圆形大斑点；横缝后另有 2 近似叉形的白黄色斑纹。小盾片黄白色，具 5 黑色斑点，其中 2 个位于端部，基部的 3 个分别与盾片后缘的黑色斑点连接。翅透明，具 4 黄色至黄褐色横带，横带的部分边缘带有灰褐色；基带和中带彼此隔离，较短，均不达翅后缘；亚端带较长，伸达翅后缘，带的前端与前端带连接呈倒"V"形；前端带伸至翅尖之后，边缘的大部分一般由几个小透明斑带与翅前缘相隔。足完全黄色。

图 10-2 枣实蝇

生活史及习性

新疆吐鲁番 1 年 2 代,以蛹集中在枣树树盘 0~10 cm 土层中越冬。翌年 5 月下旬,头茬枣花约 1/2 坐果时开始羽化出土,5 月下旬至 6 月上旬羽化最盛,7 月初越冬代成虫羽化结束,羽化期 45 d 左右。越冬代成虫于 6 月中旬开始产卵,枣果受害从 6 月中旬一直持续至 10 月中旬。9 月下旬枣果采收期结束时,老熟幼虫开始脱离枣果入土化蛹越冬,至 10 月中旬结束,10 月至 11 月初部分蛹完成蛹期后羽化为成虫,但这部分成虫,因在野外缺乏产卵寄主而无法产卵,则完不成生活史而死亡。

成虫白天羽化,需补充营养 6~10 d 后进行交尾,单雌产卵量 16~26 粒,散产于果实下半部果实表皮下。一个枣果内可以发现 2~4 头幼虫,最多 5~6 头。幼虫蛀食果肉,接近枣核后围绕枣核四周继续蛀食,并有大量虫粪。幼虫不仅是在土壤、麻袋、塑料袋等包装材料中以及干枣内均能化蛹。

此外,本类群还有以下重要种类:

橘小实蝇 *Bactrocera dorsalis*(Hendel):分布于福建、湖南、广东、广西、云南、贵州、海南、四川、台湾、香港等地。寄主范围广,多达 250 种,主要危害番石榴、杨桃、杧果、番荔枝、橄榄、黄皮、枇杷、人心果、莲雾、油梨、橙、柑橘。1 年 3~5 代,世代重叠,完成 1 代最短只需要 31 d,最长约 3 个月。在广州可终年活动,1 年中有 2 个成虫高峰期,即 3 月和 9 月,以 9 月虫口密度大,危害重。

橘大实蝇 *B. minax*(Enderlein):分布于四川、重庆、贵州、云南、湖南、湖北、广西、陕西、台湾等地。危害甜橙、酸橙、柚子、温蜜橘、红橘、柑、京橘、葡萄、柚、佛手等。1 年 1 代,以蛹在土中越冬。成虫于 4 月下旬开始羽化出土,5 月为羽化盛期。5 月下旬至 7 月下旬为交尾产卵,8 月中旬至 9 月初为幼虫发生盛期。10 月上中旬老熟幼虫入土化蛹。

蝇类的防治方法

①加强检疫。封锁疫区,严禁从疫区调运果品,防止疫情扩散。

②销毁虫果。针对实蝇类定期捡拾受害落果并销毁,清楚园内地面和树上的虫果。

③阻止成虫羽化出土。对种子园(落叶松球果花蝇)、枣园(枣实蝇)实行树盘深翻,将土壤中蛹埋于 20 cm 以下,阻止成虫羽化出土。枣实蝇零星发生的枣园越冬蛹羽化前,即 5 月上旬地面覆盖地膜阻止成虫羽化扩散。

④诱杀成虫。成虫发生期每公顷悬挂 60 块黄板诱杀成虫或每公顷设置 15 个糖醋液诱捕器诱杀成虫,具体配方根据种类而定(如落叶松球果花蝇配方为白糖 40 g、白醋 30 mL、白酒 30 mL、水 200 mL,或醋 4 份、白糖 3 份、白酒 1 份、水 5 份、0.1% 杀虫剂)。

⑤土壤喷洒药剂。结合翻耕树下和周围土壤破坏化蛹场所,用50%辛硫磷乳油600倍液、48%乐斯本乳油800~1000倍液等泼浇地面,毒杀越冬蛹。春季在越冬代成虫羽化盛期前,用48%乐斯本乳油800~1000倍液泼浇地面防治。

⑥树冠喷药。在蝇类成虫产卵盛期前,用5%吡虫啉乳油2000倍液、48%乐斯本乳油2000倍喷洒树冠。

10.2 象甲类

象甲类主要包括象甲科 Curculionidae 和齿颚象科 Rhynchitidae 的种类,蛀食林木种子、果实、果枝,引起落果及种子减产。

樟子松木蠹象 *Pissodes validirostris* Gyllenhyl(图 10-3)

(鞘翅目:象甲科)

又名樟子松球果象。分布于陕西、湖北及内蒙古呼伦贝尔、黑龙江大兴安岭、甘肃祁连山;俄罗斯、西亚、欧洲。危害樟子松、华山松、油松、欧洲赤松、意大利五针松、黑松、北美黄杉等。以成虫和幼虫取食球果鳞片和种子,造成球果早落,被害株率一般为30%~50%。严重影响种子产量。

形态特征

成虫 体长5.5~6.3 mm,黑褐色,体表有许多刻点,刻点上被白色或砖红色羽状鳞片。喙管红褐色,圆柱形,略向下弯曲,与前胸等长。触角呈膝状弯曲,着生于喙中部。前胸背板基部狭于鞘翅,两侧拱圆,背面两侧各有1由鳞片组成的白斑;中隆线明显;前胸背板后部与鞘翅连接处中央有1由鳞片组成的白斑。腹面在中、后胸连接处有1由黄色鳞片组成的横带。鞘翅中部有由白色及黄色鳞片形成的2条不规则横带,前横带有时呈斑点状,后横带宽而明显,近横贯全翅。鞘翅上各有11条刻点沟。雄虫鞘翅略越过腹部末端,雌虫鞘翅与腹末等齐。足上被白色鳞片,后足胫节外侧有齿状刚毛,跗节3节,每节腹面有1丛黄色绒毛。

卵 长0.8~0.9 mm,卵圆形,乳黄色,呈半透明状。

幼虫 体长7.0~8.7 mm,头褐色,体白色,被刚毛。

蛹 长6.0~6.6 mm,乳白色。

生活史及习性

1年1代,以成虫在树干或粗枝上的树皮下越冬。翌年5月中旬开始活动,5月下旬开始产卵,6月中下旬为产卵盛期,卵期10~13 d。6月上中旬为孵化盛期。幼虫期40~45 d。7月中下旬幼虫化蛹,9月上旬为化蛹末期,蛹期10~15 d。成虫于8月上

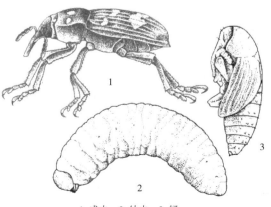

1.成虫;2.幼虫;3.蛹
图 10-3 樟子松木蠹象

旬羽化，8月底9月初为羽化盛期，9月中旬为羽化末期。

成虫具趋光性，羽化后一般不飞翔，爬行到当年生的枝条及叶鞘上取食补充营养。补充营养后，便陆续潜入树干或粗枝上的树皮下越冬。翌年越冬成虫在幼果鳞片上产卵，一般1果3~5粒。初孵幼虫在原产卵孔内取食，数月后便在鳞片内钻蛀坑道扩大危害，被害的鳞片上出现1条深褐色弯曲而突起的条纹，纹上充满透明松脂，到2~3龄时进入鳞片基部及果轴危害。因幼虫主要取食果轴，一般每个球果内只要有1头幼虫，整个球果就受害，被害球果部分萎缩脱落。

该虫的发生危害规律是：孤立木重于成片林，阳坡重于阴坡，松桦或松杨混交林重于纯林，而且樟子松的比例越小被害越严重。

核桃长足象 *Alcidodes juglans* Chao（图10-4）
（鞘翅目：象甲科）

核桃长足象

又名果实象。分布于四川、重庆、湖北、云南、陕西。以成虫、幼虫危害核桃果实。核桃被害，果形不变，但果仁被食，果内充满排泄物，造成6、7月大量落果。

形态特征

成虫　体长9~12 mm，长圆形，黑色，有光泽，稀被分裂成2~5叉状的白色鳞片。喙粗长，密布刻点。雌虫触角着生于头管中部，雄虫触角着生于其前端1/3处。触角膝状，11节，密布灰白色长绵毛。前胸近圆锥形，背面的颗粒大而密。小盾片近方形，中间有纵沟。鞘翅基部宽于前胸，显著向前突出，盖住前胸基部。鞘翅上各有10条刻点沟，散布方刻点。腿节膨大，各具1齿，齿的端部又分为2小齿，胫节外缘顶端有1钩状齿，内缘有2根直刺。

幼虫　体长9~14 mm，头黄褐色或褐色，体乳白色，弯曲。

生活史及习性

四川、陕西1年1代，以成虫越冬。在四川，翌年4月上旬开始上树危害，5月中旬为盛期。5月上旬开始产卵，5月下旬至6月上旬为产卵盛期。卵期3~8 d。幼虫5月中旬开始孵化，6月上旬为盛期，幼虫期16~26 d。6月中旬开始化蛹，6月下旬为盛期。蛹期6~7 d。成虫6月中旬开始羽化，6月下旬至7月上旬为盛期，成虫羽化后，出果继续危害，蛀食果、芽、嫩枝及叶柄，至11月在树干下部皮缝里越冬。越冬成虫出蛰后经取食和多次交尾，将卵产入果面上的产卵刻槽内并用果屑封闭，每果产卵1粒，极少产2粒，单雌产卵量105~183粒，产卵期38~102 d。

成虫喜光，因此树冠阳面受害重，上部重于下部，果实重于芽、枝、叶柄。幼果被蛀成3~4 mm圆形孔，多时1果10~50个洞，从孔中流出褐色汁液，种仁发育不良，果实不能成熟；嫩

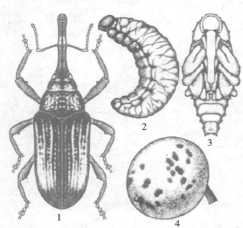

1. 成虫；2. 幼虫；3. 蛹；4. 危害状

图10-4　核桃长足象

枝及叶柄受害后枯死脱落。成虫寿命13~16个月。初孵幼虫取食果皮，3~5 d蛀入果内，取食果仁和中果皮，不转果危害。老熟幼虫在果内化蛹。

山茶象 *Curculio styracis* (Roelofs)（图10-5）
（鞘翅目：象甲科）

又名茶籽象、油茶象。分布于江苏、浙江、安徽、福建、江西、湖北、湖南、广东、广西、四川、贵州、云南。危害油茶、茶树和山茶科植物的果实。成虫钻蛀果实，幼虫取食种仁，引起落果，伤口易被炭疽病菌侵染。全国林业危险性有害生物油茶象 *C. chinensis* Chevrolat 为本种的异名。

形态特征

成虫　体长6.7~8.0 mm，体菱形，黑色，具光泽，被白色和黑色鳞片。雌虫喙约等体长。触角着生于喙基部1/3处，柄节等于索节1~4节之和，索节1、2节等长。前胸背板基部凹形，中区密布皱纹，皱纹围绕中央1个颗粒。鞘翅具纵刻点沟和白色鳞片排成的白斑或横带。中胸两侧的白斑明显，小盾片上有圆点状白色绒毛丛。各腿节末端有1短刺。臀板外露。雄虫喙仅为体长的2/3，触角着生于喙1/2处。

卵　长约1 mm，长椭圆形，乳白色。

幼虫　体长10~20 mm，乳白色，头深褐色，体弯曲成半月形，各节多横皱。

蛹　长8~12 mm，乳白色，复眼黑色，头管及足红褐色，有尾须1对。

生活史及习性

一般2年1代，少数1年1代或3年1代，以幼虫在土室中越冬。2年1代以老熟幼虫越冬，第2年以新羽化的成虫越冬，第3年出土活动繁殖。1年1代，以当年幼虫越冬，翌年化蛹、羽化繁殖。2年1代时，越冬成虫4~6月出土，6月上旬至7月中旬为盛期，5~8月上树食茶果补充营养，危害期约100 d，寿命300 d。喜阴湿环境，飞行能力弱，有假死性，对金银花等植物有趋向性，雄虫趋向糖醋液。成虫取食15~20 d后开始交尾，卵产于种仁内，7月种壳变硬后则产在种壳上，一般1果1~2粒，一生产卵27~124粒，以5~6月所产卵孵化率高，卵期13~22 d。1头幼虫能蛀食种仁2~4粒。

被成虫食害的茶果，易感染炭疽病，造成6月前的早期落果；幼虫蛀食种仁，果面呈现针眼大小的被害孔，果内充满褐色锯末状虫粪，是6~9月落果的主要原因。

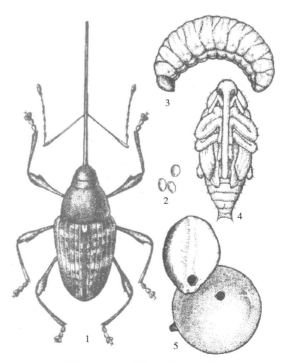

1.成虫；2.卵；3.幼虫；4.蛹；5.危害状

图10-5　山茶象

栗实象 Curculio davidi Fairmaire（图 10-6）
（鞘翅目：象甲科）

分布于内蒙古、河北、辽宁、江苏、浙江、安徽、福建、河南、江西、湖北、湖南、福建、广东、广西、贵州、陕西、甘肃。危害栗、茅栗、锥栗。幼虫蛀食栗实子叶，严重被害地区栗实常在短期内被食一空，并导致病菌感染。

形态特征

成虫　体长 5~9 mm。体菱形，深黑色，被黑褐色或灰色鳞片。雌虫喙略长于体长，端部 1/3 向下弯曲。触角着生于喙基部的 1/3 处，柄节等于第 1~5 索节之和，第 1、2 索节等长。前胸背板宽略大于长，密布刻点，两侧有白斑。鞘翅上有刻点 10 条，鞘翅肩部较圆，向后缩窄，端部圆。足细长，腿节具 1 齿。雄虫的喙短于体长，触角着生于喙中部之前，柄节长等于索节之和。

卵　长约 1.5 mm，椭圆形。初产时白色透明，孵化前为乳浊色。

幼虫　体长 8.5~12.0 mm，乳白色至淡黄色，头黄褐色。体弯曲多皱，疏生短毛。

蛹　长 7~11 mm，灰白色。

生活史及习性

2 年 1 代，以幼虫在土中越冬，第 3 年 6~7 月在土室内化蛹。7 月上旬羽化，持续至 10 月上旬。8 月成虫出土，9 月为产卵盛期。幼虫在板栗果实内生活约 1 个月，9 月下旬至 11 月上旬，老熟幼虫陆续离开板栗果实入土越冬。羽化成虫先取食花蜜，后以板栗和茅栗子叶、嫩枝皮为食，经 7~10 d 补充营养后即可交尾产卵。产卵时，雌虫在栗苞上咬深达子叶表层的刻槽，每次产卵 1 粒，偶 2~3 粒。产卵部位多集中于果实基部，果皮上留 1 黑褐色圆孔，易于识别。单雌产卵量 2~18 粒。雌虫自 8 月下旬至采收前几天均可产卵，接近采收时，多在果皮尚未变成红褐色的栗实上产卵，因此在中熟品种板栗和茅栗上产卵较多，9 月中、下旬，中熟品种采收后即转移到晚熟品种上。10 月上旬晚熟品种采收后，成虫又在栗园附近的茅栗上继续产卵、危害。卵期 10~15 d。初孵幼虫仅在子叶表层取食，随着虫龄增大，虫道逐渐扩大和加深，3~4 龄时坑道宽达 8 mm，其中充满褐色粉状虫粪，坑道半圆形，多在果蒂的一侧。果实采收后，幼虫仍在果内取食。幼虫共 6 龄，老熟幼虫在果皮上咬 1 个直径 2~3 mm 的圆孔，爬出果外，钻入 10~15 cm 深土内筑土室越冬，翌年幼虫滞育于土中。

在北方实生栗园，此虫的发生数量与采收是否及时以及脱粒地点、脱粒方法有关。管理粗放且未能及时全面采收，栗实内幼虫老熟后均就地入土。在栗园附近晒场堆积，剥苞取栗、栗窖沤制脱栗，都会

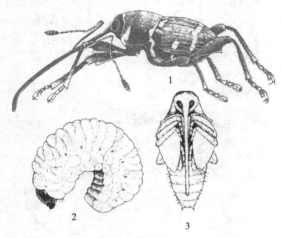

1. 成虫；2. 幼虫；3. 蛹

图 10-6　栗实象

造成入土幼虫高度集中。在南方栗园，其发生还与栗园附近野生茅栗的数量有关，由于茅栗球苞针刺短疏，果肉薄，危害比板栗重。此外，成熟早的品种在一定程度上可避开成虫危害。

球果角胫象 *Shirahoshizo coniferae* Chao（图 10-7）
（鞘翅目：象甲科）

又名华山松球果象。分布于四川、云南、陕西等地。危害华山松、云南油杉。幼虫蛀食种子和果鳞，严重影响天然更新及造林用种。

形态特征

成虫　体长 5.2~6.5 mm。长椭圆形，黑褐色或红褐色，被红褐色鳞片。前胸背板上疏生白色和黑褐色鳞片，中部有 4 个白色鳞片斑，排成 1 横列。鞘翅第 4、5 行中间前部和第 3 行中间各有 1 白色鳞片斑。触角细长，着生于喙基部的 3/5 处，索节 1~4 节长于 5~7 节，棒节椭圆形，长 2 倍于宽。前胸背板宽大于长，基部两侧平行，靠近前缘逐渐收窄，前缘宽仅为后缘的 1/2，背面密布刻点。鞘翅长为宽的 1.5 倍，两侧平行，2/3 以后缩窄。中后足腿节具明显的齿，胫节基部外缘缩成锐角。

幼虫　体长 6~8 mm，稍弯曲，黄白色。头淡褐色。

生活史及习性

陕西 1 年 1 代，以成虫在土内、球果的种子内以及球果鳞片内侧越冬。翌年 5 月中旬成虫大量出现，取食嫩枝补充营养。6 月上旬开始产卵，卵堆产于 2 年生球果鳞片上缘的皮下组织内，外观蜡黄色，有松脂溢出。每果一般有卵 1~3 堆，多者达 6 堆，每堆卵约 10 粒，最多达 28 粒。6 月下旬初孵幼虫蛀食果鳞皮下组织和鳞片基部，后蛀入种子及其他鳞片内继续取食，8 月幼虫老熟并化蛹其中。成虫羽化后，在被害的种壳内或鳞片内的蛹室越冬。受害球果后期呈灰褐色，表皮皱缩，组织干枯，疏松易碎。种子受害后，种仁被取食一空，种壳上留有近圆形的蛀孔，孔口堵以丝状木屑。

此虫主要发生在华山松垂直分布带的下半部，海拔 1200~1650m。

此外，本类群还有以下重要种类：

柞栎象 *Curculio dentipes*（Roelofs）：分布于华中、华北、华南、西南部分地区。危害柞栎、麻栎、栓皮栎、蒙古栎、辽东栎和板栗。南京 1 年 1 代，以幼虫在土内 10~23 cm 深处越冬。

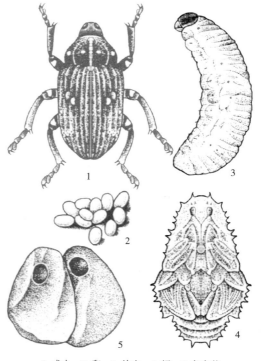

1. 成虫；2. 卵；3. 幼虫；4. 蛹；5. 危害状

图 10-7　球果角胫象

榛实象 *Curculio dieckmanni* (Faust)：分布于东北地区。危害榛、毛榛、辽东栎和蒙古栎。黑龙江2年1代，历经3个年度，以幼虫和成虫在土壤中越冬。

马尾松角胫象 *Shirahoshizo flavonotatus* (Voss)：分布于西北、西南、华南地区及台湾。危害马尾松、黄山松、黑松、华山松等松属植物。1年1~4代，发生世代及越冬虫态因地区不同而有差异。

板栗雪片象 *Niphades castanea* Chao：分布于河南、陕西、甘肃、江西、湖南。危害板栗和油栗。河南1年1代，以幼虫在栗实内越冬。

剪枝栎实象 *Cyllorhynchites ursulus* (Roelofs)：分布于华北、华南、西南地区。危害多种栎类。辽宁1年1代，以老熟幼虫在土室内越冬。

象甲类的防治方法

(1) 加强检疫

严禁带虫种子、苗木外调。对带虫的种子、果实，用 15 g/m³ 磷化铝密封熏蒸 72 h，用二硫化碳 30~40 mL/m³ 密封熏蒸 24~48 h；板栗在脱粒前，栗苞堆沤时，用 13.2 g/m³ 磷化铝密封熏蒸 72 h；栗实脱粒后浸入 50~55℃ 热水中 10~15 min 杀幼虫，晾干后不影响质量。带虫苗木用溴甲烷 60 g/m³ 熏蒸 4 h 或用 40% 氧化乐果乳油 50~100 倍液喷干。

(2) 林业技术措施

加强栗园管理，及时清除园内及周围的茅栗或嫁接改良以减少滋生地；及时采收栗苞，避免自然散落增加林间虫源；选育抗病品种，在危害严重地区应选择栗苞大、苞刺稠密而坚硬的品种（栗实象）；加强抚育，及时修枝整形，垦复树盘以增强树势，并刮去根颈粗皮，消灭越冬成虫（核桃长足象）；采收的油茶果、栗苞、榛实等应堆放在水泥或三合土场地脱粒，阻止幼虫入土；用饵木诱集成虫产卵或种植开花植物诱集成虫，集中处理。

(3) 生物防治

于 7~8 月樟子松木蠹象成虫羽化前，在林内采集或收集地面的被害球果，移至其他受害林分，并罩上纱笼，待曲姬蜂类成虫羽化后，将球果集中烧毁，以增加林地曲姬蜂的数量；6 月喷白僵菌防治油茶象成虫；2 亿个孢子/mL 白僵菌液喷洒防治核桃长足象成虫，僵死率达 85% 以上。

(4) 化学防治

成虫期用 50% 杀螟松乳油、50% 马拉硫磷、40% 氧化乐果乳油 1000 倍液，2.5% 溴氰菊酯、20% 氰戊菊酯 5000 倍液喷雾防治 1~3 次；郁闭度大的林分可施放烟剂熏杀成虫；幼龄幼虫期，用 5% 辛硫磷粉剂或 5% 的西维因粉剂防治脱果入土幼虫；在幼虫下树越冬时，可用药剂涂干；对有蛀芽习性的可用 40% 氧化乐果乳油 1000 倍液喷雾。

10.3 蛾类

危害针、阔叶树种实的蛾类害虫主要包括卷蛾科 Tortricidae、螟蛾科 Pyralidae、草螟科 Crambidae、举肢蛾科 Heliodinidae 昆虫。以幼虫危害多种林木的果实及种子，亦危害嫩梢。

10.3.1 卷蛾类

包括卷蛾科中的球果小卷蛾属 *Gravitarmata*、实小卷蛾属 *Retinia*、食小卷蛾属 *Cydia*、镰翅小卷蛾属 *Ancylis* 等的种类，以幼虫危害针、阔叶树的种实和嫩梢。

油松球果小卷蛾 *Gravitarmata margarotana*（Heinemann）（图10-8）

（鳞翅目：卷蛾科）

分布于黑龙江、辽宁、北京、山西、江苏、浙江、安徽、江西、山东、河南、湖北、湖南、广东、广西、四川、云南、贵州、陕西、甘肃；俄罗斯、韩国、日本、土耳其、瑞典、德国、法国。以幼虫危害油松、马尾松、华山松、白皮松、红松、赤松、黑松、湿地松、云南松、欧洲赤松等。其危害可导致1年生球果被害后提早脱落，2年生球果被害后多干缩枯死，严重影响种子产量。

形态特征

成虫　体长6~8 mm，翅展16~20 mm。体灰褐色。触角丝状，各节密生灰白色短绒毛，形成环带、下唇须细长前伸，末节长而略下垂。前翅有灰褐、赤褐、黑褐3色片状鳞毛相间组成不规则的云状斑纹，顶角处有1弧形白斑纹。后翅灰褐色，外缘暗褐色，缘毛淡灰色。雄性外生殖器的抱器中部有明显的颈部，抱器端略呈三角形，两边具刺，表面被毛，阳茎短粗，阳茎针多枚。雌性外生殖器的产卵瓣宽，交配孔圆形而外露，具2长短不一的囊突。

卵　长0.9 mm，扁椭圆形。初产时乳白色，孵化前黑褐色。

幼虫　体长12~20 mm，初孵幼虫污黄色。老熟幼虫头及前胸背板为褐色，胴部粉红色。

蛹　长6.5~8.5 mm，赤褐色。腹部末端呈叉状，着生钩状臀棘4对。丝质茧黄褐色。

生活史及习性

1年1代，以蛹在枯枝落叶层及杂草下越冬。成虫2~3月羽化，幼虫危害期在3月中旬至5月中旬，成虫羽化的时间因分布区的不同而异。卵散产于球果、嫩梢及2年生针叶上，一般每果2~3粒，卵期14~22 d。初孵幼虫取食嫩梢表皮、针叶及当年生球果，几天后蛀入2年生球果、嫩梢危害；老熟后坠地，在枯枝落叶层及杂草丛中结茧化蛹。

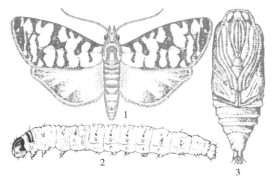

1. 成虫；2. 幼虫；3. 蛹

图10-8　油松球果小卷蛾

苹果蠹蛾 *Cydia pomonella*（L.）（图10-9）

（鳞翅目：卷蛾科）

又名苹果小卷蛾、苹小食心虫。分布于黑龙江、内蒙古、甘肃、宁夏、新疆；有苹果产地分布的70多个国家和地区。主要危害苹果、沙果、香梨，也危害桃、杏和石榴等。

该虫是世界上最重要的蛀果害虫之一，以幼虫蛀食果实。我国于1996年开始一直将其列为全国林业检疫性有害生物。

形态特征

成虫　体长约8 mm，翅展15~22 mm。体灰褐色，略带紫色光泽，雄虫比雌虫色深。触角丝状，背面暗褐色，腹面灰黄色。下唇须向上弯曲，达复眼的前缘毛。前翅臀角处有深褐色椭圆形大斑，内有3青铜色条纹，其间显出4~5褐色横纹；翅基部淡褐色，外缘突出呈三角形，在此区杂有较深的斜行波状纹；翅中部色浅，为淡褐色，也杂有褐色的斜

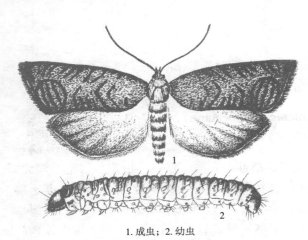

1. 成虫；2. 幼虫

图 10-9　苹果蠹蛾

行波状纹。雄虫前翅腹面沿中室后缘有1长条黑褐色鳞片。后翅深褐色，基部较浅，雌虫后翅有翅缰4根，雄虫仅1根。

卵　长1.1~1.2 mm，椭圆形，乳白色，中突略隆起，表面无刻纹。

幼虫　体长14~18 mm，初孵时半透明，随幼虫的发育，背面呈淡红色至红色。趾钩为单序缺环。

蛹　长7~10 mm，黄褐色，复眼黑色。

生活史及习性

新疆1年2代和不完全3代，以幼虫在树皮下结茧越冬。3月下旬至5月下旬化蛹，蛹期22~30 d。成虫羽化、产卵通常在苹果花期结束时和幼果期，成虫羽化后2~3 d开始交尾、产卵；初产时，正值幼果期，卵多散产于叶片上；随果实发育，卵大量产于果实上。最喜在苹果、沙果等中晚熟品种上产卵，其次为梨。以种植稀疏、树冠四周空旷、向阳面的树冠上层产卵较多。幼虫孵化后蛀入幼果取食果肉及种子，蛀孔外可见褐色虫粪。幼虫在老熟后脱果，常在树干粗皮下、老枝裂缝中或表土内化蛹。

发育与温度相关，适宜的温度为15~30 ℃，当温度低于11 ℃或高于32 ℃时不利发育。

云杉球果小卷蛾 *Cydia strobilella*（L.）（图10-10）

（鳞翅目：卷蛾科）

云杉球果小卷蛾

分布于黑龙江、内蒙古、河北、陕西、甘肃、宁夏、青海、新疆；俄罗斯西伯利亚地区，欧洲、北美洲。幼虫危害红皮云杉、鱼鳞云杉和兴安落叶松的球果和种子。

形态特征

成虫　体长约6 mm，翅展10~13 mm。头、胸、腹灰黑色。下唇须前伸，第2节腹面和顶端有稀疏长鳞毛。前翅狭长，棕黑色，浅黑色基斑中部向前凸出，中横带棕黑色，自前缘中部伸至后缘近臀角处，中部略呈弧形凸出；前缘中部至顶角有3~4组灰白色具金属光泽的钩状纹，钩状纹向下延长成4条具金属光泽的银灰色斜斑伸向后缘、臀角和外

缘。后翅淡棕黑色，基部淡，缘毛黄白色。

幼虫 体长10~11 mm，略扁平，黄白色至黄色。头部褐色，后头较光亮。气门小，褐色。

生活史及习性

黑龙江、内蒙古1年1代或2年1代，以老熟幼虫于7月下旬至8月下旬在云杉成熟球果内越冬。翌年4月下旬越冬幼虫开始活动，5月上旬至6月中旬化蛹，5中旬为盛期。5月中旬成虫羽化并交配、产卵，成虫产卵于幼果果鳞内侧种翅的上方，幼虫6月中、下旬孵化后侵入幼果取食果轴和种子，引起球果流脂和变形。受害严重时，球果提早脱落，造成严重减产。

该幼虫以阳坡、树冠阳面及上部分布较多，幼龄林、疏林、纯林的虫口密度大于中老林和混交林。

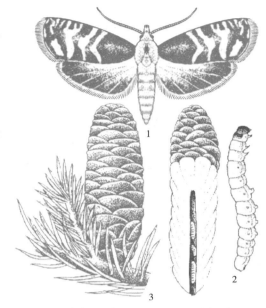

1. 成虫；2. 幼虫；3. 云杉球果及被害果剖面

图10-10　云杉球果小卷蛾

落叶松实小卷蛾 *Retinia impropria* (Meyrick)（图10-11）
（鳞翅目：卷蛾科）

落叶松实小卷蛾

分布于黑龙江、吉林、内蒙古、云南；俄罗斯、波兰、捷克、斯洛伐克。以幼虫危害多种落叶松的球果和种子，球果被害率12%~41%。

形态特征

成虫 体长3.2~5.2 mm，翅展10~15 mm，体褐色。下唇须发达，密布灰褐色鳞片。黑褐色前翅有2条银灰色鳞片组成的横纹，外面1条位于翅长的约1/3处，内面1条位于翅长的约1/2处；前缘有几条银灰色短纹，其中3条靠近翅的顶角，2条位于外面1条横纹的内面；缘毛灰褐色。后翅淡灰褐色，无斑纹，缘毛长，灰褐色。前足基节发达，胫节内侧有1丛羽状鳞毛；中足胫节有一长一短的端距1对；后足胫节有长短不等的端距及亚端距各1对。

幼虫 体长8~10 mm，黄白色。头部黄褐色，前胸背板黄褐色，后部暗褐色。

生活史及习性

大兴安岭林区1年1代，以蛹在树干翘裂的皮层间或球果内越冬；由于越冬蛹有滞育现象，因而部分为2年1代。成虫于5月中旬开始羽化，6月上旬为

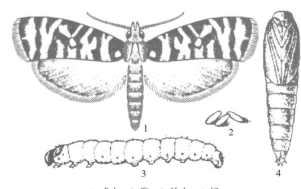

1. 成虫；2. 卵；3. 幼虫；4. 蛹

图10-11　落叶松实小卷蛾

羽化盛期，并开始产卵。卵产在球果基部的苞鳞上，卵期约10 d。卵6月中旬开始孵化，初孵幼虫钻入鳞片内蛀食，鳞片外部不易发现被害痕迹，虫道口有黄色粪便及白色松脂，球果外部完整；2龄以后转移至果鳞基部，沿果轴危害未成熟种子的胚乳，褐色粒状虫粪留在坑道中而不向外排出；7月中旬至8月上旬幼虫老熟，离开球果或在球果内化蛹。受害鳞片枯干变色，球果弯曲变形。

松实小卷蛾 *Retinia cristata*（Walsingham）（图10-12）
（鳞翅目：卷蛾科）

分布于华北、东北、华南、西南地区及陕西；朝鲜、日本。危害松类和侧柏。春季第1代幼虫蛀食当年生嫩梢，使之弯曲呈钩状，逐渐枯死，影响树高生长；夏季第2代幼虫蛀食球果，使大量球果枯死，种子减产。

形态特征

成虫 体长4.6~8.7 mm，翅展11~19 mm，黄褐色。头深黄色，有土黄色冠丛。下唇须黄色。触角丝状，静止时贴伏于前翅上。前翅黄褐色，中央有1条较宽的银色横斑，靠臀角处具1肾形银色斑，内有3个小黑点，翅基1/3处有银色横纹3~4条，顶角处有短银色横纹3~4条。后翅暗灰色，无斑纹。

卵 长约0.8 mm，椭圆形，黄白色，半透明，将孵化时为红褐色。

幼虫 体长约10 mm，体表光滑，无斑纹。头部及前胸背板黄褐色。

蛹 长6~9 mm，纺锤形，茶褐色，末端有3个小齿突。

生活史及习性

南京地区1年4代，以蛹在枯梢及球果内越冬。各代成虫出现时期分别为3月上旬至4月中旬、6月上旬至7月上旬、7月下旬至8月上旬、9月上旬至9月中旬。

成虫昼伏夜出，飞翔迅速，在阴雨闷热天气，常成群在林冠上飞翔。羽化当天即交尾，卵散产在针叶及球果基部鳞片上，卵期15~20 d。初孵幼虫爬行迅速，在当年生嫩梢的上半部即开始吐丝，蛀咬表皮并黏结碎屑于丝上，3~4 d后蛀向髓心，蛀道长约10 mm，内壁粗糙，当组织老化时另蛀新梢，每梢内可有幼虫1~3头，最多可达8头。嫩梢被严重危害后，针叶变黄。梢逐渐枯萎，严重削弱树势。6月后，大部分幼虫爬到2年生球果上危害，蛀入后，蛀孔有幼虫吐丝缀连木屑及松脂等形成的漏斗状物，每球果有幼虫1~3头，被害球果自蛀入后3~4 d开始变黄，后枯死。老熟幼虫在被害梢或球果内化蛹。

此外，本类群还有以下重要种类：

云南油杉种子小卷蛾 *Blastopetrova keteleericola* Liu et Wu：分布于云南。危害云南油杉。1年3代，极少数发生2代，以蛹在球果内越冬。

枣镰翅小卷蛾 *Ancylis sativa* Liu：分布于河北、山西、江苏、浙江、山

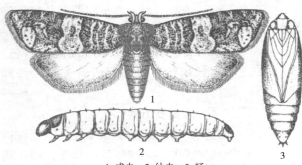

1. 成虫；2. 幼虫；3. 蛹

图10-12 松实小卷蛾

东、河南、湖北、湖南、陕西。危害枣和酸枣。河北、陕西、山东、陕西 1 年 3 代，江苏 4 代，浙江 5 代，均以蛹在枣树粗皮裂缝内越冬。

卷蛾类的防治方法

①营造混交林，加强抚育管理，创造有利于天敌繁殖、不利于害虫发生的环境条件，在种子园和母树林内进行防治。

②冬季落叶后至发芽前，刮去老翘皮集中烧毁；主干涂白并用黄泥堵塞树孔，锯下干枝木橛，以杀灭越冬蛹。9 月下旬以前在树干分叉处绑草把，诱其越冬，11 月以前解下草把烧毁(枣镰翅小卷蛾)。

③采种时尽量把树上球果采尽，待种子处理后，将虫害果烧毁，消灭越冬害虫。

④在虫口密度大、郁闭度较大的林分，成虫羽化期，放烟雾剂熏杀，用药量 15 ~ 30 kg/hm^2；幼虫孵化初期、盛期，喷洒 25% 苏云金杆菌 200 倍液，2.5% 溴氰菊酯乳油 2000 倍液；或用 50% 马拉硫磷、40% 增效氧化乐果、50% 杀螟松进行超低容量喷雾，用量 7.5 kg/hm^2。

10.3.2 螟蛾类

主要包括螟蛾科 Pyralidae 的梢斑螟属 *Dioryctria*、荚斑螟属 *Etiella* 及草螟科 Crambidae 多斑野螟属 *Conogethes* 的种类，以幼虫危害松、落叶松、云杉的球果和嫩梢。

果梢斑螟 *Dioryctria pryeri* Ragonot（图 10-13）

（鳞翅目：螟蛾科）

又名油松球果螟。分布于东北、华北、西北地区及江苏、浙江、安徽、台湾、四川；朝鲜、日本、巴基斯坦、土耳其、法国、意大利、西班牙。危害油松、马尾松、华山松、火炬松、赤松、红松、黑松、黄山松、樟子松、白皮松、落叶松、云杉。幼虫蛀入球果和嫩梢，严重影响树木的生长和种子产量。

形态特征

成虫　体长 9 ~ 13 cm，翅展 20 ~ 30 mm，体灰色具鱼鳞状白斑。前翅红褐色，近翅基有一条灰色短横线，波状内、外横线带灰白色，有暗色边缘；中室端部有 1 个新月形白斑；靠近翅的前、后缘有淡灰色云斑，缘毛灰褐色。后翅浅灰褐色，前、外、后缘暗褐色，缘毛灰色。

卵　长 0.7 ~ 1.0 mm，扁椭圆形，淡黄色，孵化前粉红色。

幼虫　体长 14 ~ 22 mm，蓝黑色到灰色，有光泽，头部红褐色，前胸背板及腹部第 9 ~ 10 节背板为黄褐色，体上具较长的原生刚毛。腹足趾钩为双序环，臀足趾钩为双序缺环。

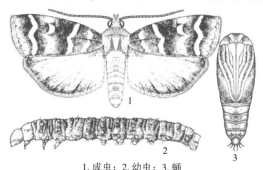

1. 成虫；2. 幼虫；3. 蛹

图 10-13　果梢斑螟

蛹　长 9~14 mm，红褐色，腹末端具钩状臀棘 6 根。

生活史及习性

每年发生世代因地区而异，辽宁、陕西 1 年 1 代，河南 1 年 2 代，四川 1 年 4 代；以幼虫在球果、枝梢及树干皮缝内结网越冬。在辽宁越冬幼虫于翌年 5 月转移危害，多数先蛀入雄花序，后蛀入嫩梢和 2 年生球果，也有部分不经雄花序而直接蛀食嫩梢和 1 年生球果。梢被害后变枯萎，被害果则停止生长，渐变褐色。

桃蛀螟 *Conogethes punctiferalis*（Guenée）（图 10-14）

（鳞翅目：草螟科）

又名桃多斑野螟、桃蠹螟。分布于东北地区南部、华北、华中、华南、西北、西南地区；日本、朝鲜、越南、缅甸、马来西亚、菲律宾、印度尼西亚、印度、斯里兰卡、巴基斯坦、澳大利亚、巴布亚新几内亚。食性杂，危害松、杉、栗、桃、梨、向日葵等多种农林作物的叶及种实。

形态特征

成虫　体长 9~12 mm，翅展 20~26 mm，体、翅均为黄色，触角达前翅的 1/2。下唇须发达、上弯，两侧黑色似镰刀，喙基部背面具黑色鳞毛，胸部颈片中央有由黑色鳞毛组成的黑斑 1 个，肩板前端外侧及近中央处各有 1 黑斑，胸部背面中央有 2 黑斑。前翅基部，内、中、外及亚缘线，中室端部分布 23~28 黑点，后翅黑点 10~16 个，缘毛褐色，腹部背面第 1、3、4、5 节各具 3 黑斑，第 6 节有时只有 1 黑斑，第 2、7 节无黑斑，有的第 8 节末端黑色。

幼虫　体长 22~25 mm，体色淡。灰褐色或灰蓝色，背面紫红色。头暗褐色，前胸背板褐色，臀板灰褐色，腹足趾钩双序缺环。3 龄后各龄幼虫腹部第 5 节背面灰褐色斑下有 2 暗褐色性腺者为雄性，否则为雌性。

生活史及习性

辽宁、山东 1 年 2 代，江苏南京、河南 4 代，江西、湖北 4~5 代，以老熟幼虫在板栗堆放场地、桃树皮下等处越冬。湖北武昌 1 年 4~5 代，越冬代幼虫 4 月中旬至 6 月上旬化蛹，成虫从 4 月下旬至 6 月上旬羽化，盛期在 5 月中、下旬。第 1 代卵产于 5 月上旬至 6 月上旬，幼虫期为 5 月上旬至 6 月下旬，蛹期为 5 月下旬至 7 月中旬。成虫出现于 6 月上旬至 7 月下旬，盛期 6 月上旬至 7 月上旬。第 2 代产卵盛期为 6 月中旬至 7 月上旬；幼虫发生期为 7 月中旬至 8 月上旬，8 月上、中旬为化蛹、羽化盛期。第 3 代产卵盛期为 8 月中、下旬，幼虫盛期为 8 月中旬至 9 月上旬，8 月下旬至 9 月上旬为化蛹盛期；9 月上、中旬为羽化盛期。第 4 代产卵盛期为 9 月上、中旬，9 月中、下旬为化蛹盛期，9 月中旬至 10 月上旬为羽化盛期，其中部分幼虫老熟后即开始越冬。第 5 代

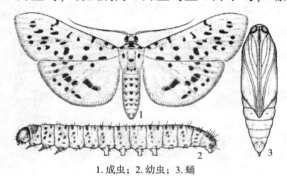

1. 成虫；2. 幼虫；3. 蛹

图 10-14　桃蛀螟

(越冬代)产卵盛期为9月下旬至10月下旬,幼虫始于9月中旬,以中、老龄幼虫在堆积物、缝隙内、秸秆内越冬,少数以蛹越冬。

成虫在夜间羽化,多在黎明交配,有趋光性,取食花蜜补充营养,对糖醋液也有趋性。卵散产于果实表面,危害松杉时则将卵产在枝梢上;危害板栗时则将卵产于栗果的针刺间。初孵幼虫短距离爬行后即蛀入果、梢内危害,从蛀孔排出粪便。桃果受害后还分泌黄色透明胶质,松梢受害后渐枯黄;危害板栗则从果柄附近蛀入,在板栗生长期间幼虫取食果壁,少数蛀入种子内,当采摘堆积7~10 d后幼虫才会蛀食种子。

此外,本类群其他重要种类见表10-1。

表10-1 螟蛾类部分重要种类

种类	分布	寄主	生活史及习性
红脉穗螟 *Tirathaba rufivena* (Walker)	海南、广东、台湾	槟榔、椰子、油棕等棕榈科植物	海南南部1年10代,无明显越冬现象
冷杉梢斑螟 *Dioryctria abietella* (Denis et Schiffermüller)	全国大部分地区	红松、油松、马尾松、华山松、云杉、冷杉等	黑龙江伊春林区1年1代,以老熟幼虫在枝条嫩皮下越冬

螟蛾类的防治方法

①营造混交林,通过纯林内补植,使现有的油松纯林变成针阔混交林,抑制害虫发生。

②在油松种子园内,在保证油松雄花正常授粉的条件下,控制雄花数量,降低越冬虫口密度。

③摘除被害果,剪除被害梢,然后深埋或烧毁;亦可将虫害果、梢放入寄生蜂保护器内;及时脱粒,缩短球果堆积期,可减轻危害。

④幼虫初孵期及越冬幼虫转移危害期,喷洒50%二溴磷乳油或50%杀螟松乳油500倍液,或1亿~3亿个孢子/mL的苏云金杆菌液。成虫羽化期,设置黑光灯诱杀。

10.3.3 举肢蛾类

属鳞翅目举肢蛾科 Heliodinidae,主要种类有核桃举肢蛾和柿举肢蛾(表10-2),主要危害经济林木。

表10-2 举肢蛾类重要种类

种类	分布	寄主	生活史及习性
核桃举肢蛾 *Atrijuglans hetaohei* Yang	华北、西北、中南、西南地区	核桃、核桃楸	河北、山西1年1代,北京、四川、陕西1年1~2代,河南1年2代;均以老熟幼虫在土中结茧越冬
柿举肢蛾 *Stathmopoda massinissa* Meyrick	河北、山西、江苏、安徽、山东、河南、陕西、台湾;日本、斯里兰卡	柿	山东、安徽1年2代,以老熟幼虫在老树皮裂缝或被害果的茧内越冬

> **举肢蛾类的防治方法**
>
> ①林粮间作与垦复树盘对减轻核桃举肢蛾的危害有很好的效果。农耕地比荒地虫茧少,黑果率可降低10%~60%,冬耕翻地对阻止成虫羽化出土效果十分明显。
> ②冬季或早春刮除柿树老皮集中销毁,清除越冬幼虫;树干枝杈处绑草绳等诱集越冬幼虫;及时捡拾、摘收受害果,消灭幼虫和羽化后未出果的成虫,对逐年降低虫口密度有利。
> ③成虫产卵期和幼虫孵化初期。每隔10~15 d喷洒40%氧化乐果乳油1000倍液、2.5%溴氰菊酯3000~5000倍液或20%氰戊菊酯2500~3500倍液,连续3~4次,均有较好的防治效果。

10.4 小蜂类

膜翅目昆虫中危害种子的小型蜂类很多,本节主要介绍隶属于广肩小蜂科Eurytomidae及大痣小蜂科Megastigmidae中的一些种类,幼虫危害松、柏、落叶松、云杉、冷杉、柳杉、刺槐等林木的种子。

落叶松种子小蜂 *Eurytoma laricis* Yano(图10-15)

(膜翅目:广肩小蜂科)

分布于东北地区及河北、山西、内蒙古、山东、甘肃;日本、蒙古、俄罗斯、法国。以幼虫危害多种落叶松属种子,常随种子的运输作远距离传播。曾在1984年、1996年连续2次被列为全国林业检疫性有害生物。

形态特征

成虫 雌蜂体长1.8~3.0 mm,黑色无光泽。复眼赭褐色。口部及足腿节末端、胫节、跗节黄褐色。头、胸、腹末及足和触角密生白色细毛。头球形,略宽于胸。触角11节,柄节长,梗节短,环节小,索节5节,均长大于宽,4、5索节近方形,棒节3节,几乎愈合。胸部长大于宽,前胸略窄于中胸,卵圆形小盾片隆起前翅长约为宽的2.5倍,缘脉长约为痣脉的2倍,后缘脉略长于痣脉、痣脉末端呈鸟头状膨大;后翅缘脉末端具翅钩3个。后足胫节背侧方及第1~2跗节有较粗状的银灰色刚毛,胫节的刚毛排成1列。腹部侧扁,第1腹节呈鳞片状。产卵管短,露出尾端。雄蜂体长约2 mm。触角10节,索节5节呈斧状向一侧突出,棒节2节,几乎愈合。后腹部第1节很长,呈柄状,其余部分近球形。

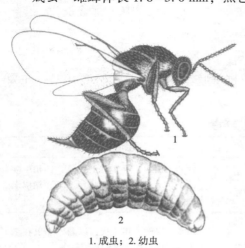

1.成虫;2.幼虫

图10-15 落叶松种子小蜂

卵　长0.1 mm，乳白色，长椭圆形，有1根白色卵柄，略长于卵。

幼虫　体长2~3 mm，白色蛆状，呈"C"形弯曲，无足，头极小，上颚发达，前端红褐色。

蛹　长2~3 mm，乳白色，复眼红色，羽化时蛹体为黑色。

生活史及习性

由于幼虫滞育，发生代数有1年1代、2年1代和3年1代，以老熟幼虫在种子内越冬。翌年5月下旬开始化蛹，但继续滞育的幼虫则不化蛹，仍以幼虫在种子内渡过第2个甚至第3个冬季。6月上旬成虫开始羽化，6月中、下旬为羽化盛期；6月中旬成虫产卵于幼果上，每粒种子内只有1头幼虫，无转移危害习性。被害种子外表不显现被害痕迹，危害程度山腰重于山底和山顶，阳坡重于阴坡，成熟林重于幼林。

杏仁蜂 *Eurytoma samsonowi* Vassiliev（图10-16）

（膜翅目：广肩小蜂科）

杏仁蜂

分布于河北、北京、山西、辽宁、河南、陕西、新疆；俄罗斯、印度。主要危害杏、扁桃。以幼虫蛀食杏仁，造成大量落果，不仅可造成鲜杏减产，还可使杏仁丧失经济价值。1996年曾被列为全国林业危险性有害生物。

形态特征

成虫　雌虫体长4~7 mm。头黑色，复眼暗红色，触角9节，1、2节为橙黄色，其他各节均为黑色。胸部及胸足基节黑色，其他各节均为橙色。腹部橘红色，有光泽，产卵管深棕色，藏于纵裂的腹鞘内。雄虫体长3~5 mm，触角3~9节具环状排列的长毛，腹部黑色。

幼虫　体长6~10 mm，乳白色，体弯曲，两头尖而中部肥大，无足。上颚黄褐色，其内缘有1尖齿。

生活史及习性

新疆1年1代，以幼虫在落地或枝条上枯干的杏核内越冬。翌年3月中旬至4月中旬化蛹，蛹期约30 d。4月上旬成虫开始羽化，成虫羽化后，停留于杏核中，经一段时间后蛀孔飞出。成虫白天活动，交配、产卵。卵产于幼果的核与种仁之间，一般每果只产卵1粒，单雌产卵量约120粒，卵期约30 d，幼虫孵化后在核内取食杏仁，经过5龄，至6月老熟并在核内越冬。

危害程度与杏的品种及环境关系密切，北京地区的白梅子、山黄杏等品种受害重，山杏受害轻。甜杏比苦杏受害重，早熟品种比晚熟品种受害重，阳坡比阴坡受害重。

1. 雌成虫；2. 雄触角

图10-16　杏仁蜂

此外，广肩小蜂科其他重要种类见表10-3。

表10-3 广肩小蜂科部重要种类

种　类	分　布	寄　主	生活史及习性
黄连木种子小蜂 *Eurytoma plotnikovi* Nikol'skaya	河北、山西、河南、陕西	黄连木	河北、河南、陕西大多1年1代，少数2年1代，以幼虫越冬
柠条广肩小蜂 *E. neocaraganae* Liao	辽宁、内蒙古、河北、陕西、宁夏、山西、甘肃	小叶锦鸡儿、柠条叶锦鸡儿	内蒙古鄂尔多斯地区，1年2代，以第2代幼虫在锦鸡儿种子内越冬
刺槐种子小蜂 *E. philorobiniae* (Liao)	辽宁、北京、河北、河南、山东、山西、陕西、甘肃、宁夏	刺槐	辽宁1年2代，以老熟幼虫在种子内越冬
槐树种子小蜂 *Bruchophagus ononis* (Mayr)	北京、天津、河北、山东、贵州	刺槐、槐树	鲁中南地区1年2代，以老熟幼虫在中槐种子内越冬
桃仁蜂 *E. maslovskii* Nikolskaya	辽宁、内蒙古、北京、天津、河北、山东、河南、山西	杏、山杏、大扁杏、桃、山桃等	河北多1年1代，少数2年1代；辽宁1年1代。以老熟幼虫在地面落果、抛弃杏核及干枯枝头的僵果内越冬

柳杉大痣小蜂 *Megastigmus cryptomeriae* Yano（图10-17）

（膜翅目：大痣小蜂科）

柳杉大痣小蜂

分布于浙江、福建、台湾、江西、湖北；日本。幼虫取食柳杉和圆柏种子，导致种子中空，失去发芽力。我国于1996年曾将大痣小蜂属的所有种类列为全国林业检疫性有害生物。

形态特征

成虫　体长2.4~2.8 mm，黄褐色。雌性头部稀被黑色刚毛；头前面观近圆形，宽大于高；唇基端缘具2齿；触角柄节伸达中单眼，第1索节长为宽的2倍，且长于第7索节；棒节3节，上生1簇微毛。胸部细长，前胸背板长为宽的1.1~1.3倍，满布细横皱并散生黑色刚毛；中胸盾片中叶前端具叠瓦状细横刻纹，后端具皱纹；盾纵沟明显，内侧有4~5根黑色刚毛，外侧有3~4根，盾片后端具1对刚毛。前翅基室端部具毛，下方几乎被肘脉上的1列毛所封闭，前缘室上表面端部有1列毛。腹部侧扁，与胸部等长；产卵管管鞘与胸、腹部之和等长。雄性单眼区有黑褐色斑，柄节端部和梗节基部色较暗；鞭节、后头、并胸腹节大部分、前胸腹板、中胸腹板、中沟暗褐色；腹部各节背板上方黑色。

幼虫　体长1.84~2.80 mm，乳白色。头小，可见上颚痕迹。胸、腹部13节。

蛹　长1.88~2.74 mm，裸蛹，初时淡黄色，后期为黄褐色，足深褐色，复眼赤褐色。

生活史及习性

浙江1年1代,以老熟幼虫在树上残留的种子或落地及贮存的种子内越冬。翌年3月中旬至5月下旬为蛹期,化蛹盛期在4月下旬,蛹期约1个月。成虫出现期因分布地区而异,一般盛期在4月下旬至5月初。雌成虫将卵直接产于当年生幼嫩柳杉球果种子内,8月下旬幼虫已食尽胚乳,蛀空种子,末龄幼虫在种子内越冬。成虫大多数在白天羽化、交配。幼虫在种子内生活,一生仅食1粒种子,无转移危害习性。被害的种子外表无明显痕迹,呈饱满状但无光泽,略软,其中充满虫粪。

此外,大痣小蜂属 *Megastigmus* 其他重要种类见表10-4。

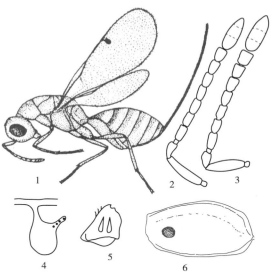

1. 雌成虫;2. 雌触角;3. 雄触角;4. 翅痣;5. 上颚;6. 危害状

图 10-17 柳杉大痣小蜂

表 10-4 大痣小蜂属部分重要种类

种　类	国内分布	寄　主	生活史及习性
圆柏大痣小蜂 *M. sabinae* Xu et He	青海、甘肃等地	多种圆柏	青海1年1代,主要以3龄幼虫在种仁内越冬
欧洲落叶松大痣小蜂 *M. pictus* (Förster)	黑龙江	多种落叶松	通常2年1代,以老熟幼虫在种子中越冬
黄杉大痣小蜂 *M. pseudotsugaphilus* Xu et He	浙江	华东黄杉	2年1代为主,少数1年或多年1代,以老熟幼虫在种子内越冬
丽江云杉大痣小蜂 *M. likiangensis* Roques et Sun	云南	丽江云杉	1年1代,以幼虫在种子内越冬
滇柏大痣小蜂 *M. duclouxiana* Roques et Pan	云南	滇柏	云南昆明2年1代,以末龄幼虫、蛹在2年生球果种子内越冬
垂枝香柏大痣小蜂 *M. pingii* Roques et Sun	云南	垂枝香柏	云南西北1年1代,以幼虫在种子内越冬

种子小蜂类的防治方法

(1)检疫措施

种子小蜂能随种子传播,且多数为检疫对象,应严格执行种子检疫制度,杜绝带虫种子外运。

(2) 林业技术措施

建立种子园和母树林，加强经营管理和虫害防治，提高种子产量和质量。当年采种时尽量将树上成熟球果采光，及时清除林地虫源，以降低翌年虫口密度。

(3) 物理机械处理

应用 GP6-J4 型高频加热设备，功率 6 kW，频率 35 MHz，每次处理种子 5 kg，温度 55~70 ℃，时间 30~90 s(落叶松种子广肩小蜂)；种子用 50 ℃、60 ℃、70 ℃热水恒温浸烫，时间分别为 30 min、20 min、10 min，可有效地杀死种子内害虫。应用 ER-692 型或 WMO-5 kW 型微波炉加热处理种子，每次处理 2.5 kg 种子，在 60 ℃处理 3 min，可杀死种子内的害虫。

(4) 化学防治

①成虫羽化期间隔 5~7 d 施放烟雾剂 2~3 次；用 20%灭扫利乳油 4000~5000 倍液喷雾；80%敌敌畏原液、杀虫灵或 20%速灭杀丁 5 倍液超低容量喷雾；刺槐种子小蜂幼龄期树干打孔注射 40%氧化乐果乳油 3 倍液，10~15 mL/株。②室内密闭条件下，用磷化铝 10 g/m^3，熏蒸种子 72 h(柳杉大痣小蜂)。对落叶松种子使用溴甲烷、硫酰氟，30 g/m^3，处理 48 h；柠条种子含水率 10%以下，室温 13 ℃以上，氯化苦或溴甲烷 30 g/m^3，熏蒸 80 h。

10.5 蝽类

危害种实的蝽类多属长蝽总科 Lygaeoidea、缘蝽科 Coreidae、盾蝽科 Scutelleridae 等。此类害虫主要危害树木营养器官及种子，常匿居于叶鞘间、果鳞下，生活较隐蔽。

杉木扁长蝽 *Sinorsillus piliferus* Usinger (图 10-18)

(半翅目：长蝽科)

分布于浙江、福建、江西、湖北、广东、广西、重庆、四川、贵州、陕西等地。主要危害杉木。成虫和若虫取食杉木球果、嫩梢、花序及嫩叶，造成结子不饱满，新梢萎缩变形，阻碍生长，严重受害时有 40%以上的种子不能发芽，损失严重。

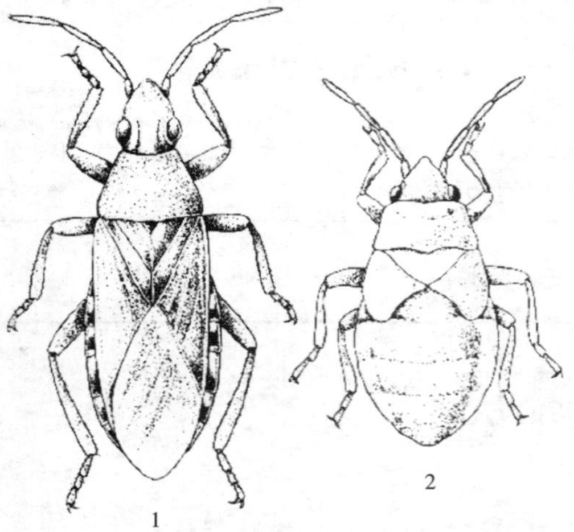

形态特征

成虫 体长 6.1~8.6 mm，长椭圆形，扁平。腹部较宽，密被丝状毛，平伏。头红褐色至黑色、平伸，较为尖长，背面平，复眼远离前胸。触角褐色。喙较长，可伸达第 5 腹节或近腹端。前胸背板梯形，前角宽圆，后缘两侧成叶状，微向后伸。小盾片宽大，具"Y"形脊。前胸背板及小盾片均具刻点。爪片及革片淡黄褐色，有棕红色或灰色光泽，无刻点。腹

1. 成虫；2. 若虫

图 10-18 杉木扁长蝽

部侧接缘宽圆外露,腹气门位于背面。体腹面及足褐色,腹部色常较淡。

若虫 末龄若虫体长4 mm,体棕褐色,扁长形,腹部近圆形,淡褐色。分节明显,第4、5腹节及5、6节交界处有臭腺孔,周缘黑色。

生活史及习性

湖南1年1代,浙江1年2代;湖南以2~3龄若虫在球果果鳞间越冬。翌年3月下旬活动取食,并出现成虫,4月下旬为成虫羽化高峰期,以白天羽化居多,成虫期可持续至10月末。常3~5头聚集在球果果鳞间及新梢头、叶丛背阴处吸食、交配,9月中旬至10月上旬产卵,单雌产卵量约40粒,常3~7粒排列一起,绝大多数的卵产在苞鳞腹面中央或两侧。卵期8~12 d。10月上旬若虫栖息于苞鳞间隙危害,气温高时爬到球果外活动。幼林受害严重,中龄林、成熟林受害较轻;高山和丘陵林地受害轻,而海拔400~700 m的中山区则受害重。

此外,本类群其他重要种类见表10-5。

表10-5 蝽类部分重要种类

种 类	分 布	寄 主	生活史及习性
柳杉球果长蝽(长蝽科) *Orsillus potanini* Linnavuori	四川、湖北	柳杉	1年1代,潜伏在种鳞内越冬
暗黑松果长蝽(地长蝽科) *Gastrodes piceus* Zheng	四川、湖南、浙江、广西等地	杉木、马尾松	浙江1年1代,以成虫在球果内越冬

蝽类的防治方法

①结合球果采收将残留在树上的老球果一并摘除,待种子处理后,将球果集中烧毁,以消灭该虫的越冬场所,减少虫源。

②对杉木种子园及危害严重的林分可喷洒40%乐果乳油、80%敌敌畏乳油1000倍液。

10.6 豆象类

隶属叶甲科豆象亚科。主要蛀害豆科植物的种子。体型小,易随种子运输作远距离传播。

紫穗槐豆象 *Acanthoscelides pallidipennis* (Motschulsky)(图10-19)
(鞘翅目:叶甲科)

又名窃豆象。分布于东北地区及内蒙古、北京、天津、河北、山西、浙江、江西、山东、河南、陕西、宁夏、新疆;朝鲜、蒙古、俄罗斯、美国、欧洲东南部。此虫原产于北美洲,推测是因寄主引入而同步传入我国,在我国只危害紫穗槐,幼虫取食种仁使其丧失发芽力,被害率4.5%~80.0%。1984年曾被列为全国林业检疫性有害生物。

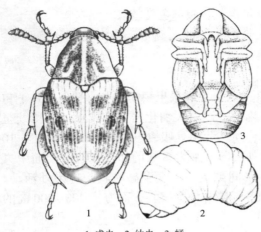

1. 成虫；2. 幼虫；3. 蛹

图 10-19　紫穗槐豆象

形态特征

成虫　体长 2.5~3.0 mm，卵圆形，黑色，密生白毛。黑灰色头部窄于前胸，疏生白色细毛。复眼黑色、肾形，触角黄褐色，锯齿状。前胸背板黑灰色，中域略隆起，有 3 条明显的纵向毛带，中间 1 条纵贯背板，两侧的毛带稍短。小盾片长方形。各鞘翅有 10 条刻点沟，沟间密被白色毛，形成 11 条白色毛带，毛稀处形成棕色斑。腹部黑色，臀板外露。前、中足腿节和胫节棕色，后足腿节下部和跗节黑色，其余部分黄棕色。后足腿节粗壮，内缘端部有 1 大和 2 小齿突。足胫节端部有 1 长的距和数枚短小的齿。

幼虫　体长 2.4~3.5 mm，头部红褐色，体乳黄色，稍弯曲，被刚毛，气门圆形。

生活史及习性

1 年 1~2 代，以老熟幼虫、2~4 龄幼虫在野外紫穗槐上的残留种子和仓贮种子内越冬。辽宁阜新，1 年 1 代，翌年 5 月上旬开始化蛹，5 月下旬至 6 月上旬为化蛹盛期。蛹期约 15 d。6 月上旬成虫羽化，6 月下旬为羽化盛期。8 月下旬可在近成熟的紫穗槐种子内发现 1 龄幼虫，11 月在成熟的种子内全为 3 龄幼虫。羽化孔呈圆形，直径 0.8~1.1 mm，边缘不整齐，其位置大多位于靠近种蒂处，也有位于种子中部的。成虫羽化后，初期不取食，潜伏于前一年尚未落种的果穗中，待 10 d 左右，如果紫穗槐尚未开花，个别的取食小量紫穗槐嫩叶，而后均取食其花瓣、花药。此时全部在花穗上活动。花期过后，多潜伏在紫穗槐下的杂草中。成虫飞行能力强，有假死性，成虫寿命 35~50 d。羽化后 8~10 d 开始交尾，交尾时间一般在 7:00~9:00 和 16:30~18:00。单雌平均产卵量 11 粒。卵产在嫩荚上，在日平均温度 28 ℃、相对湿度 67% 条件下，卵期 7~8 d。初孵幼虫取食嫩种表皮，待 13 d 左右蛀入种内，蛀入孔多靠近花萼处。

柠条豆象 *Kytorhinus immixtus* Motschulsky（图 10-20）
（鞘翅目：叶甲科）

分布于黑龙江、内蒙古、陕西、甘肃、青海、宁夏、新疆；俄罗斯、蒙古。危害小叶柠条等锦鸡儿属植物的种子，种子被害率 30%~80%。1984 年曾被列为全国林业检疫性有害生物。

形态特征

成虫　体长 3.5~5.5 mm，长椭圆形，黑色，密被白色或黄色绒毛。头密布细小刻点，被灰白色毛；触角黄褐色，雌虫触角锯齿状，略长于体长之半，雄虫触角栉齿状，与体等长。前胸背板前端狭窄，中央稍隆起，近后缘中间有 1 条细纵沟；小盾片长方形，被灰白色毛；鞘翅黄褐色，有 10 列刻点沟。腹部 5 节，两节外露，布刻点，被灰白色毛。足细长、后腿节约与胫节等长；后胫节短于跗节，第 1 跗节长于其余各节之和。

幼虫 体长 4~5 mm,头黄褐色,体淡黄色,多皱纹,弯曲。

生活史及习性

1 年 1 代,以幼虫在种子或土内越冬。翌年 4 月上旬化蛹,4 月下旬至 5 月中旬成虫羽化、产卵。5 月下旬幼虫出现,8 月中旬后幼虫进入越夏越冬期,老熟幼虫可滞育 2 年。

成虫羽化期与柠条开花结实期相吻合。成虫飞行能力强,行动敏捷,遇惊扰即飞离,昼伏夜出,取食花蜜、萼片或嫩叶补充营养。成虫羽化后 3 d 即可交尾,卵散产于花萼下部的果荚上,少数产于花萼、花瓣和枝条上。每荚有卵 3~5 粒,最多达 13 粒。卵期 11~17 d。幼虫孵出后多从种脐附近蛀入危害,初期种脐附近有黄色蛀屑排出,随着虫龄增大,绿色种皮上出现枯黄色斑痕。幼虫老熟时,种仁被食尽,只剩种皮。1 头幼虫一生只危害 1 粒种子。幼虫共 5 龄,在种子内生活达 11 个月。

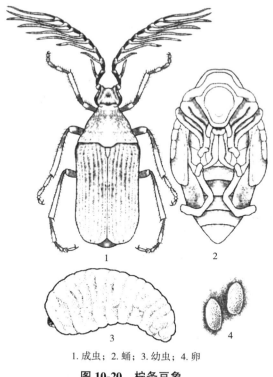

1.成虫;2.蛹;3.幼虫;4.卵

图 10-20 柠条豆象

老熟幼虫随同柠条种子成熟和果荚开裂,钻入土中越冬。有虫果荚比健康果荚早开裂 7~10 d。

一般林缘较林中发生轻;在同一株树下部较上部轻,西南面较东北面危害重。

豆象类的防治方法

①从疫情发生区调运的种子,应严格检疫,带虫种子不可外运,就地处理。

②营林措施。根据立地条件合理搭配树种,营造混交林。秋季当寄主植物落叶后,结合采种割条生产,进行大面积平茬,消灭宿存荚果内越冬的幼虫,而且使翌年成虫羽化后无处产卵。

③在成虫盛发期,于傍晚在柠条林地连续 3 d 燃放苦参烟碱烟剂,熏杀成虫。在林内喷洒 50%马拉硫磷乳油 1500 倍液,5 月下旬,在林内喷洒 50%杀螟松乳油 500 倍液,毒杀幼虫和卵(柠条豆象)。90%敌百虫 1000 倍液,2.5%溴氰菊酯、20%氰戊菊酯 5000 倍液喷雾防治 1~3 次(紫穗槐豆象);养蜂地禁用。

④用磷化铝片剂放入装有种子的塑料袋内熏蒸,用量为 12~16 g/m³,熏蒸时间为 12~16 d,杀虫效果与熏蒸温度相关(柠条豆象)。在仓库用甲硫酰氟 30~50 g/m³ 密闭熏蒸 3~4 d。低温条件下,用磷化铝 12 g 熏蒸 3~4 d,杀虫效果良好,对种子发芽率无不良影响(紫穗槐豆象)。

10.7 蚁类

红火蚁 *Solenopsis invicta* Buren
（膜翅目：蚁科）

红火蚁

红火蚁原产于南美洲，是危险性入侵害虫，不仅危害多种农林植物，如桃、荔枝、花生、桉树、向日葵、柑橘、玉米、大豆、葡萄等的种子、果实、幼芽、嫩茎、根系等，还对人类健康、生态平衡、公共设施等构成重大威胁。分布于福建、湖南、广东、广西、香港、澳门、台湾；新西兰、马来西亚、澳大利亚，以及北美洲和南美洲。目前被列为全国林业检疫性有害生物。

形态特征

成虫　分为工（兵）蚁、雌蚁（蚁后和有翅蚁）和雄蚁 3 个品级，均有螯针，具叮蜇能力。工（兵）蚁体长 2.0~7.2 mm；头部近正方形或心脏形，颊部略凸起，头顶中部有浅凹陷；唇基中齿发达，长度约为侧齿之半；复眼小，黑色；触角 10 节，膝状；鞭节末端 2 节膨大呈锤状；前胸背板前端隆起，中、后胸背板的节间缝明显；胸腹连接处有 2 结节，第 1 节结呈扁锥状，第 2 节结呈圆锥状；腹部卵圆形，第 1 腹节长，占柄后腹的 1/2 以上；末端有螯刺伸出。有翅成虫体长 8.1~9.0 mm，体明显大于无翅型个体；具 2 对翅，前翅前缘约 1/2 处有 1 大翅痣，后翅前缘近 2/3 处有 1 翅痣。

卵　长 0.24~0.3 mm，宽 0.16~0.24 mm，椭圆形，乳白色。

幼虫　无足型，乳白色，形似小蛴螬，不具活动能力，表面有黏液。

蛹　长形，背面拱弧，表皮光滑，初为乳白色，后逐渐变为黄褐色至更深，有翅雄性最后变成黑色，有翅雌性和无翅型个体变为棕褐色或红褐色。

生活史及习性

卵期 7~14 d。幼虫不具活动能力，由工蚁饲喂，幼虫期 6~15 d。工蚁蛹历期 8~13 d，具生殖能力的雌蛹历期 12~16 d，雄蛹历期 11~15 d。成虫在初羽化后 4 d 内较柔软，活动能力较弱或基本不进行活动。工（兵）蚁寿命 30~180 d，雄性有翅蚁羽化后再婚飞交配，交配结束后便死亡，雌性有翅蚁完成交配后便脱去双翅，成为蚁后，蚁后寻找合场所在土中筑蚁巢。

蚁巢圆锥形，高和基部直径约 60 cm。蚁巢常筑在阳光充足之处，顶部无开口，当生殖蚁婚飞时，工蚁才挖出口孔洞。1 个蚁群有 1 或多只有生殖能力的蚁后、数百只有翅雄蚁、10 万~50 万只工蚁。春末初夏为交配季节，雌、雄蚁飞到 90~300 m 的高度进行交配，雄蚁完成交配后即死亡，雌蚁飞到 3~5 km 外，振落翅膀寻找新的地点筑巢。雌蚁交配后 24 h 内产卵，第 1 批产卵 10~15 粒，随后雌蚁每天可产卵 1500~5000 粒。蚁后寿命 6~7 年，工蚁寿命 1~6 个月。

红火蚁的防治方法

（1）物理防治

用开水浇灌蚁巢，5~10 d 处理 1 次，连续处理 3~4 次。成虫婚飞期可灯光诱杀。

（2）化学防治

①毒饵法。将硫氟磺酸胺、氟虫胺、氟蚁腙、氟虫腈、烯虫酯等药剂溶于植物油中，拌入饼干、面包碎末制成毒饵。红火蚁密度高时可大面积撒放；单个蚁巢的则在距蚁巢 50~200 cm 处做环状撒放，每个蚁巢用 5~20 g。投放毒饵 7~10 d 后，再用触杀性药剂处理单个蚁巢。

②灌注法。常用氯氰菊酯、水胺硫磷、联苯菊酯、氟虫腈、毒死蜱等药剂，按说明书加水稀释，向蚁巢内灌注，根据蚁巢大小灌 5~25 L。

（3）红火蚁叮螫后的急救与防护

被红火蚁叮螫后及时用清水或肥皂水冲洗伤口，应抬高患处，局部涂搽类固醇药膏（也可使用皮康霜和清凉油），并口服抗组胺剂来缓解瘙痒和肿胀的症状，并进行冷敷处理，千万不要挠破水泡。极少数人对红火蚁的毒蛋白过敏，应立即送医院救治。为预防被红火蚁叮咬，特别要教育小孩远离蚁巢，不要在红火蚁活动区长时间停留。因工作需要，则应戴橡胶手套，脚穿长筒靴，并在鞋上涂抹凡士林进行保护。

复习思考题

1. 我国常见的种实害虫有哪几类？每类各举一例说明其生活史及习性和防治要点。
2. 简述林业技术措施在种实害虫综合治理中的地位和作用。
3. 在种实害虫综合治理中应如何合理使用化学杀虫剂？
4. 举例说明植物检疫在种实害虫综合治理中的重要性。
5. 如何进行仓库内种实害虫防治？试举例说明。
6. 如何对红火蚁叮螫进行急救与防护？

第 11 章

木材害虫

【本章提要】 本章介绍危害木材的害虫，包括蜚蠊目的白蚁、鞘翅目的粉蠹、长蠹、窃蠹、天牛等。介绍其主要种类的分布、寄主、形态、生活史及习性和防治方法。

木材害虫是指危害成材、加工材、建筑材、家具以及其他木制品的害虫。这类害虫有的直接以木材为营养，有的在木材中营巢作为栖生地。木材害虫的种类很多，主要包括白蚁、天牛、长蠹、窃蠹、粉蠹及木蜂等。该类害虫肠道内含有很多共生原生动物和细菌，因此有很强的消化木材纤维素的能力。木材害虫生活隐蔽，防治难度较大。

11.1 白蚁类

白蚁是地球上现存最古老的社会性昆虫之一，在热带、亚热带自然生态系统中具有重要生态作用——能将其他动物难以利用的枯木转化为动物蛋白。白蚁对环境有重要影响，白蚁产生的甲烷和二氧化碳会促使地球气温升高，其排放的大量蚁酸对环境造成严重的污染。

白蚁危害对象十分广泛，如房屋建筑、树木苗木、铁道枕木、船舶桥梁、江河堤围、水库土坝、地下电缆、经济林木、名胜古迹、仓库物资、文物档案、家具衣物、古树名木等。在美国，每年至少有 200 万幢房屋遭受白蚁严重危害，因地下白蚁危害造成的损失和维修建筑费用已超过火灾、地震、龙卷风和其他自然灾害损失的总和。我国也受到白蚁的严重危害，早在 2600 多年前，我国古书中就有白蚁危害房屋的记载。长江流域房屋遭受的蚁害主要是由家白蚁（*Coptotermes* spp.）和散白蚁（*Reticulitermes* spp.）引起的，受害房屋占总数的 40%~50%。华南地区主要是家白蚁和堆砂白蚁（*Cryptotermes* spp.），受害房屋高达 60%~80%，广东、海南和云南有些地方甚至高达 90%以上。

白蚁隶属蜚蠊目 Blattodea 蜚蠊总科 Blattoidea 白蚁领科 Termitoidae，属于多型性昆虫，成熟个体按生理机能不同，可分为繁殖蚁和不育蚁两个类型。两个类型中，又分为若干品级。不育蚁分为工蚁和兵蚁等品级，繁殖蚁分为长翅型、短翅型、无翅型等。不同品级白蚁体形变化差异显著，即使同一个品级的工蚁或兵蚁，因种类不同，又分化为不同形态个体，如大工蚁、小工蚁或大兵蚁、小兵蚁等。白蚁的各个品级，按其外部形态的变化归为两类：一类为原始型，其形态特征保持原始状态，包括繁殖蚁和工蚁；另一类为蜕变型，脱离了原始的形态构造，特别在头部和胸部更是存在许多变化，如兵蚁。白蚁群体间因复杂的多型现象，常给分类鉴定造成困难。

白蚁属不完全变态，其生物学的显著特点是多型性营社会性的群体生活，脱离群体的个体在自然界里是无法长期存活的。不同类群所包括的个体数量不同，在较低等的木白蚁科，一个群体内仅包括几百至几千个体，而在较高等的种类中，一个群体所包括的个体数很大，如一个黑翅土白蚁群体所包括的个体数可多达 200 万头以上。白蚁的群体不是简单的个体聚集。在同一群体内，由于所处地位不同，各有其特殊职能分工，它们相互依赖、相互帮助、相互制约，使整个巢群不断发展壮大。

有翅成虫是白蚁进行分群繁殖的主要对象。若蚁在完成最后一次蜕皮羽化为有翅成虫后，要暂时留在原群体内，等适宜的外界环境条件到来时才飞离原来的群体，这种现象称为"分飞""群飞""分群"或"婚飞"。有翅成虫多数是在春、秋两季发育完成，尤其在早春为多。有翅成虫的飞行能力很弱，一般在飞出数十米后降落地面。降落地面后，四翅脱落，雄虫即追逐雌虫，一段时间后开始寻觅隐身场所，建立新居。由脱翅后的成虫结成配偶，是一代新群体的开始，婚配后大约一周开始产卵。白蚁从卵孵化幼虫后就分化为工蚁、兵蚁、若蚁等不同的品级，其若虫可成为具有繁殖能力的有翅成虫。

白蚁营巢生活。蚁巢主要有木栖性巢、土木两栖性巢、土栖性巢和寄主巢。蚁巢包括主巢与副巢，有时一群白蚁不止构筑一个蚁巢，而是在邻近地点分散地构筑几个蚁巢。蚁王、蚁后所居住的巢称为主巢，其余仅有其他品级而无蚁王、蚁后的巢则称为副巢。每个巢都有若干条通向巢外的坑道，这些坑道是工蚁、兵蚁进行巢外和巢间活动的通道，称为蚁道或蚁路。白蚁喜欢阴暗、温暖和潮湿的气候，其建巢地点的选择和巢外取食活动一般都符合这样的条件。白蚁以蚁巢为核心，取食活动依靠专门的蚁道进行，这样的蚁巢结构使得整个巢群能在比较安全的条件下生活、繁殖。白蚁巢蚁道是封闭的系统，异群白蚁相遇的机会很少。在黑翅土白蚁高度密集的地点，即使 2 个巢群非常接近，但中间仍有一层土壁相隔，找不到可通的痕迹。在云南土白蚁的土垅内经常发现有密白蚁的巢群，这 2 种不同属的白蚁菌圃和王宫相互交杂分布。尽管同居在一个共同的蚁冢内，但双方的腔室和蚁道都并不相通。

白蚁的抚育行为表现在护卵、喂食和舐吮 3 个方面。白蚁的营养行为是一个群体中成员之间营养物质的交哺现象。在群体营养上工蚁担任着最主要任务，食物首先由工蚁吞入体内，然后将消化的食物液体从口吐出或从肠管末端排出，喂给不能自己取食的幼蚁、兵蚁、蚁王和蚁后。叮、咬、撕打等机械防卫行为普遍存在于白蚁各个类群，每当巢群受到侵犯时，兵蚁和工蚁立即赶到出事地点，与入侵的外敌格斗。叮注、涂抹、喷胶是白蚁的 3 类化学防卫行为，它们不仅在防卫方法上互不相同，而且在分泌液的化学结构上也有差异，这种差异体现了白蚁类昆虫在进化路径的不同方向。

白蚁易随货物、运输工具、包装材料等被人为引进，传播到其他地方，在环境适宜的条件下定居下来，繁殖危害。这种传播方式往往距离较远，在地理分布上会出现跳跃式的断续现象。

温度对白蚁分布的影响最为显著，不同种类的白蚁对温度的适应有显著差异。如北方生活的散白蚁能适应低温。湿度直接影响白蚁的生长发育，湿度过低或过高可抑制白蚁的发育。白蚁的一切新陈代谢都是以水分为介质，水分不足或者无水会导致正常生理活动终止，甚至死亡。白蚁的有翅成虫在分飞时有强烈的趋光性，特别是对黑光即紫外线光（波长 360 nm）有明显的趋性。许多白蚁与真菌共生，最为熟悉的是大白蚁亚科与鸡枞菌所构成的菌圃。许多种白蚁巢内也有真菌、细菌和病毒寄生，其中一些病原微生物能引起白蚁发病，导致白蚁死亡，甚至全巢覆没。巢内寄生的螨类有时也能杀灭白蚁。巢外捕食天敌主要有蜘蛛类、蚂蚁类、蛙类、蛇类等，还有如穿山甲、针鼹、大蚁熊、土豚、犰狳、鸭嘴兽、食蚁兽等哺乳类动物。

<h3 style="text-align:center">家白蚁 Coptotermes formosanus Shiraki（图 11-1）</h3>

（蜚蠊目：鼻白蚁科）

家白蚁

也称台湾乳白蚁或台湾家白蚁。危害房屋建筑、桥梁、家具、古树和四旁绿化树木等，是危害性最严重的土木两栖白蚁之一，也是世界性的大害虫。在我国主要分布于上海、江苏、浙江、安徽、福建、江西、湖北、湖南、广东、广西、海南、重庆、四川、台湾、香港等地；国外分布于日本、菲律宾、南非及美国南部各州和夏威夷等。

形态特征

有翅成虫　长翅型体长 13~15 mm，翅展 20~25 mm；短翅型体长 7~8 mm，翅展 11~12 mm。头背面深黄色。胸腹部背面黄褐色，腹部腹面黄色。翅淡黄色。单眼、复眼发达。复眼近于圆形，单眼椭圆形，触角 20 节。前胸背板前宽后狭，前、后缘向内凹。翅面密布细小短毛，基部有 1 条横肩缝，经分飞后，翅即由肩缝处折断。翅脱落而残留的基部称为翅鳞。前翅鳞大于后翅鳞并盖在后翅鳞之上。

蚁王和蚁后　蚁王较有翅繁殖蚁颜色深，体壁较硬，体略有收缩。蚁后发育到一定阶段，腹部极度增大，而其头、胸部仍和有翅繁殖蚁一样，只是色较深。

补充繁殖蚁　体色较深，体壁较软。中、后胸类似若虫状态的小翅芽，一般称为短翅补充蚁王、蚁后。

兵蚁　体长 5~6 mm。头及触角浅黄色，头背面观呈椭圆形，很大，中部最宽。囟近圆形，大而显著，位于头前端的 1 个微突起的短管上，朝向前方。单眼、复眼均退化。上颚发达，黑褐色，镰刀形，前部内弯。左上颚基部有 1 深凹刻，其前还有 4 个小突起，越靠前者越小，最前面的小突起位于上颚中点之后，颚面的其余部分光滑无齿。上唇近于舌形，但前端尖并附有 1 不很显著的透明尖。触角 14~16 节，末节不变小。前胸背板平坦，较头部狭窄，前缘及后缘中央有缺刻。腹部乳白色。

工蚁　体长约 5 mm，头前部方形，后部圆形，淡黄色，无额腺。单、复眼退化。后唇基短，微隆起。触角 15 节。胸腹部乳白色或白色。前胸背板前缘略翘起。腹部长，略宽于头，被疏毛。

卵　长 0.6 mm，宽 0.4 mm，乳白色，椭圆形。

生活史及习性

属土木两栖白蚁，一个成熟巢群内有数十万至上百万头白蚁，蚁巢较大。蚁巢有主巢和副巢之分，有一个主巢，副巢数量不定，可多达 10 个。主巢用于居住，而副巢仅是取食活动的场所。当主巢受到惊扰、振动或食料不足等情况时，蚁王、蚁后也可迁入某一副巢，使之成为主巢。

蚁巢群经过相当长阶段发展后，开始产生繁殖若蚁。若蚁蜕皮数次，变为有翅成虫（长翅繁殖蚁），伺机分飞。家白蚁当年羽化，当年分飞。纬度越低的地区，分飞越早，一般在4~6月，如海南岛分飞高峰在4月上、中旬，广州在4月底至5月上、中旬，江浙一带出现在5月底至6月上旬，常在雨后晴天的黄昏时分飞。分飞时，先由工蚁打开分飞孔，兵蚁站在孔口警卫，然后有翅成虫成群地从分飞孔涌出，飞行100~500 m，落地脱翅后的雌雄追逐配对后，便在适宜的环境里定居下来，成为巢中原始蚁王、蚁后。配对后3~13 d开始产卵，每天产卵1~4粒。卵经24~32 d后孵化。当年只能繁殖40头左右，到第2、

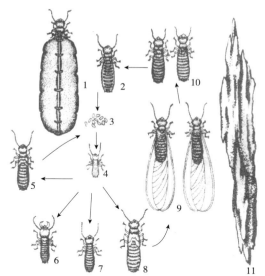

1. 蚁后；2. 蚁王；3. 卵；4. 幼蚁；5. 补充繁殖蚁；6. 兵蚁；7. 工蚁；8. 长翅繁殖蚁若虫；9. 长翅雌雄繁殖蚁；10. 脱翅雌雄繁殖蚁；11. 危害状

图 11-1　家白蚁

3、4年可逐步发展到约50、1250、5000头，第4年开始出现有翅繁殖蚁。此时蚁后腹部剧烈膨胀，产卵量剧增，群体蚁数迅速增多。一个巢群只有1对蚁王、蚁后，蚁王、蚁后死后，由补充繁殖蚁王、蚁后继位，但生殖力较低。巢群中工蚁数量最多，负责开路、筑巢、取食、照料幼蚁等。兵蚁数量较少，负责保卫蚁巢。

白蚁每年活动期在3~11月，其活动范围很大，活动半径最远可达100 m，严重受害的建筑物内并不一定有蚁巢分布，蚁巢可能筑在建筑物外的大树内。

家白蚁巢中一般有多种无脊椎动物，与白蚁长年生存繁育生活在一起，称为"食客"，以弹尾纲（目）、鞘翅目和双翅目较多。这些"食客"一般取食蚁巢内废物或白蚁的排泄物，不危害白蚁的正常生活。家白蚁有多种天敌，有穿山甲、针鼹、蚂蚁、蜻蜓、蜘蛛、蜥蜴、蟾蜍、青蛙、蝙蝠、鸟类和家禽等都能袭击、捕食白蚁。巢中还常有螨类、真菌、细菌和病毒寄生。

此外，其他重要白蚁种类见表11-1。

表 11-1　白蚁类部分重要种类

种类	分布	寄主	生活史及习性
黑胸散白蚁（鼻白蚁科） *Reticulitermes chinensis* Snyder	华北、华东、华中地区及陕西、甘肃、广西、四川、云南	建筑物木构件、木材、家具、衣物、地下电缆和园林树木等	土木两栖性，有翅成虫当年羽化当年分飞，发育成熟群体产生有翅成虫数量多在1000头以内，蚁巢结构简陋
黄肢散白蚁（鼻白蚁科） *R. flaviceps* (Oshima)	华东、华中地区及广东、广西、四川、贵州、云南、陕西	建筑物木构件、木材、家具、衣物、地下电缆和园林树木等	土木两栖性，巢群小，个体数量一般数百头，无定型蚁巢，有翅成虫10月羽化翌年春季分飞

(续)

种 类	分 布	寄 主	生活史及习性
栖北散白蚁(鼻白蚁科) *Reticulitermes speratus* (Kolbe)	河北、辽宁、上海、江苏、浙江、福建、山东、广西、四川、云南、台湾	建筑物木构件、木材、家具、衣物、地下电缆和园林树木等	土木两栖性，蚁巢结构简陋，有翅成虫9月开始羽化，翌年3~6月分飞
铲头堆砂白蚁(木白蚁科) *Cryptotermes declivis* Tsai et Chen	浙江、福建、广东、广西、海南、四川、贵州、云南	各种木材和木制品	木栖性，生活于木材中，如屋梁、木板、办公桌椅等几乎所有木制品中，没有蚁巢
截头堆砂白蚁(木白蚁科) *C. domesticus* (Haviland)	广东、广西、云南、海南、台湾	各种木材和木制品	木栖性，在房屋木材或枯木内穿筑不规则隧道，没有蚁巢
山林原白蚁(草白蚁科) *Hodotermopsis sjostedti* Holmgren	浙江、江西、湖南、福建、广东、广西、海南、四川、云南、贵州、台湾	多种针、阔叶树的活立木、倒木以及树桩	木栖性，生活于高山森林内的潮腐树干中，在树干内穿筑不规则的孔道；有时侵袭住宅；筑巢繁殖。

白蚁类的防治方法

不同种类白蚁习性、危害规律及生存环境不同，所采用防治方法不同。应因地制宜，综合运用各种防治方法，取长补短，还要严格注意对环境及居民生活的影响。

(1) 检疫措施

白蚁类常随原木、木制家具、木包装箱等长距离传播，因此进行严格的检验检疫。

(2) 生态预防措施

通过改变环境条件形成对白蚁生活不利的环境因素，达到控制和减轻白蚁危害的目的。如选用抗虫树种、清除白蚁孳生地、保持环境干燥、改变堤坝表层理化结构、秋冬季采伐老龄竹木、建筑物底层不铺设木地板等。

(3) 人工及物理防治

①挖蚁巢。根据白蚁危害迹象，找到蚁巢后，采用挖巢方法，简便易行，效果好。此法可能会对建筑物造成部分损坏，应因地制宜采用。

②诱杀。a.灯光诱杀。利用黑光灯将有翅成虫诱杀。在灯光下放一大盆水，滴几滴洗洁精，光源距水盆不要太高。有翅成虫被灯光吸引，纷纷跌落水中淹死。b.食饵诱杀。适用于土木栖白蚁，尤其对群体分散、找巢困难，用药可能引起不良环境影响情况下，宜用此法。首先，选择白蚁喜爱的如新鲜松木、甘蔗、松树皮并添加适量食糖等做引诱物，在被害物附近挖长、宽、深30~40 cm的土坑埋藏，或直接堆放于地面，用洗米水淋湿的麻袋覆盖。每隔10~15 d检查一次，当发现白蚁被诱集时，将引诱物连同白蚁一齐烧杀。然后换新鲜引诱物，连续诱杀；也可沿蚁道追寻并挖除蚁巢。另外，还可用直径5 cm，长40 cm的马尾松、大叶桉木段，从中剖一条缝埋入地内20 cm对白蚁进行引诱，称引诱桩。c.跟踪信息素诱杀。白蚁腹腺可分泌跟踪信息素，这是一种低度挥

发性化学物质，根据工蚁出巢外取食的特性，可用人工合成的跟踪信息素事先划好踪迹线，在一定距离内，工蚁可迅速按照踪迹路线进入施药区，并能带药返回蚁巢，造成群体死亡。跟踪信息素也可与食物诱饵混用，增加食饵引诱效果。d.诱食信息素诱杀。诱食信息素由白蚁下唇腺产生，能够诱使白蚁聚集取食，并且取食食物的同一位置，提高白蚁采食效率。目前已确定对苯二酚为所有白蚁的诱食信息素。对苯二酚具有抗热、非挥发性特点，受环境影响小，野外使用时稳定性强。在对苯二酚中添加10% 2,6-2叔丁基对甲酚，可使对苯二酚活性浓度最高值提高1000倍。

③热杀法。将被蛀食的物品置于60℃的温度下，处理1.0~1.5 h，能有效杀死木材中的堆砂白蚁。

④建沙粒屏障阻止白蚁穿越。在房屋及其周围地坪下，用一定大小的沙粒建一道物理屏障，可阻抗白蚁穿越。

⑤高频和微波灭蚁。用高频电流(40 MHz, 5000 W)和微波(2450 MHz, 3900 W)处理木构件，只需1 min就能使木材中的白蚁全部死亡。

⑥采用放射性同位素碘[131]、金[198]示踪原子，通过探测仪器可发现家白蚁蚁巢位置，此法已成功在全国许多地方运用。

⑦声频探巢。声频探巢仪是判断巢位的很好辅助工具，可以探到50 cm厚砖墙内白蚁发出的声音。

⑧电阻率探巢。一般某一特定地段的均质土壤，其电阻率无明显差异，当有白蚁巢群存在时，这部分土体存在很多空洞，空气通常为绝缘介质，因而这部分土体呈现高阻抗性质，排斥电力线，使该处近地表面部分的电场强度增大，从而确定该处有巢群或空洞。

⑨雷达探巢。探地雷达可探测出7.5 cm左右相对较小的空腔，且图像分辨清晰。300 MHz天线可探测的最大深度为3.0 m，500 MHz天线可探测的最大深度为2.4 m左右。探地雷达探测所得图像上有反映空洞性质的异常处，均有菌圃或空腔存在。图像上反映规模大，反射信号强烈的异常区多是主巢位置。

(4) 生物防治

白蚁有诸多的天敌，包括致病细菌、真菌、线虫，以及捕食性动物等，但多数在室内或实验室条件下具有较好的控制效果，而野外应用效果尚不十分理想，应加强对这些天敌的研究、保护及利用。

(5) 化学防治

①预防处理。使用药剂对新建筑物的地基、基石两侧、管道周围和木材及其制品要进行预防处理。一般用残效较长的辛硫磷、毒死蜱、联苯菊酯、二氯苯醚菊酯、硼酸和硼砂合剂等药剂，采用喷雾、浸渍或加压浸注方法处理房屋木构件。

②杀虫处理。a.粉剂。粉剂毒杀法是国内外应用最广的传统方法。将药粉直接喷入蚁巢、分飞孔或蚁路上，白蚁沾染药粉后，通过活动互相传递，达到杀死全巢白蚁的目的。常用灭蚁粉剂有氟铃脲、氟虫腈和氟虫胺粉剂。b.毒饵。将杀虫药剂与对白蚁有诱引作用的食物或白蚁跟踪信息素或诱食信息素结合，配制成毒饵，引诱其取食。如钼酸钠和钨酸钠为主要成分配制的钼钨灵诱饵剂，以氟虫胺、氟虫腈、伏蚁腙、吡虫啉、氟铃脲为杀虫成分的饵剂等，均可作为毒饵灭治白蚁。c.熏蒸。用硫酰氟20 g/m^2、磷化铝8 g/m^{2}等

熏蒸木材内的白蚁。d.乳油和微胶囊剂。通过喷洒、涂刷或向蚁道注入杀虫乳油和油剂的方法可杀灭木构件中木栖性白蚁。如联苯菊酯微胶囊剂等，具有持效期长、对环境影响小的优点。

(6)监测控制技术

包括饵剂技术和监测技术，采取有蚁即灭，无蚁监测的原理，减少化学农药用量，实现白蚁种群长期控制。操作过程为：在房屋四周或其他需要的部位安装饵站，定期检查饵站，通过观察饵站内是否有白蚁活动，监测白蚁发生动态，一旦发现白蚁活动，即投放灭蚁饵剂，并定期补充直至白蚁被彻底消灭，然后将饵站中的灭蚁饵剂换成引诱饵料，再重新开始监测。

①饵剂技术。饵剂系统主要由饵基、药剂和辅助剂三部分组成，另有多种类型盛放饵剂的物理饵站。饵基在饵剂中作为药剂载体，并有引诱白蚁取食的作用，一般为粉状α纤维素，其中混配有低毒灭蚁剂。辅助剂有两类：一类是增加白蚁取食量和诱食性，如蔗糖、白酒、白蚁跟踪信息素、诱食信息素；另一类增加纤维素的防腐性能。饵剂剂型主要有粉剂和颗粒剂。灭蚁剂一般选用低毒、灭杀缓慢的药剂，以达到全歼白蚁巢群的目的。常用灭蚁剂有昆虫生长调节剂和代谢抑制药剂，如氟铃脲、氟啶脲、除虫脲、氟虫胺、多氟脲等。

②白蚁监测技术。白蚁活动隐蔽，监测十分困难。木料监测中多采用松木、杉木木条，欧美杨对黄翅大白蚁和家白蚁有较好的引诱取食监测效果。松木条对黄肢散白蚁和黑翅土白蚁具有较好的引诱取食监测效果。地下饵站有单腔、2腔和4腔饵站，将木条监测室与防护腔分隔开，有利于木条在地下的长时间放置而不受真菌和其他害虫的损害。早期的监测技术主要利用木料对白蚁的诱集而达到监(侦)测的目的，近代则将一些军用与民用电子技术等应用到白蚁监(侦)测中。饵站尽可能安装在有白蚁活动迹象或有利于白蚁生存活动的地方，检查次数与时间随季节、环境和白蚁种类不同而有差异。一般预防监测中，家白蚁危害区，1年检查3~4次，时间在3~10月。散白蚁危害区，1年检查2次，时间在4~9月。在灭治中，灭治家白蚁时，每2~3周检查1次，投放饵剂后每2周检查1次。灭治散白蚁，每3~4周检查1次，投放饵剂后，每2周检查1次，直至白蚁群体被消灭。

11.2 天牛类

鞘翅目天牛科昆虫不仅蛀食活立木，也可在干燥环境中产卵繁殖，危害竹木建筑材料、家具以及商品木包装等。天牛危害后，物体表面常出现圆形或椭圆形的大蛀孔，降低木材使用价值，影响美观。

家茸天牛 *Trichoferus campestris* (Faldermann)（图11-2）
（鞘翅目：天牛科）

几乎分布于全国各地。危害刺槐、枣、油松、杨、榆、柳、臭椿、白蜡树、桦木、云南松、云杉、柏木、桑、苹果、梨等。

形态特征

成虫 体长 9~23 mm，宽 3~6 mm，较细长，褐色，全身被黄褐色茸毛。雄虫触角与体等长或稍长于体长，额中央有 1 细的纵沟。雌虫较雄虫粗大，触角短于体长。前胸背板近圆形，宽大于长。背这样后端有 1 浅纵沟。小盾片半圆形，灰黄色。

卵 长圆形，长 1.4 mm，宽约 0.5 mm，乳白色，头端较尖，尾端较钝。

幼虫 圆柱形，略扁，老龄幼虫体长 9~23 mm，头部较尖，黑褐色，体黄白色。胸部较膨大，尾端较细，前胸背板有 2 黄褐色的横斑，腹板及侧片具有细且密的弯毛。

蛹 黄褐色，体长 9~22 mm，雌雄个体差异较大。

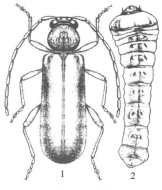

1. 成虫；2. 幼虫

图 11-2 家茸天牛

生活史与习性

陕西、河南、湖北 1 年 1 代，新疆 2 年 1 代；以幼虫在寄主内越冬。翌年 3 月开始继续危害，多在 4 月下旬至 5 月中旬化蛹，蛹期 9~12 d。羽化盛期在 5 月下旬至 6 月中旬，羽化的成虫咬成一圆孔爬出。羽化的成虫需 2~3 d 后方离开寄主，爬到阴暗处，待黄昏后取食、饮水、飞迁及交配。雌、雄虫均可交配 1 次以上，交配时间 10~30 min 不等。成虫寿命 8~19 d，不同环境下产卵量有较大差异，数十粒至上百粒不等，卵期 5~9 d。成虫产卵对寄主有选择，首先选择幼虫寄生过的寄主上产卵，在特定的条件下，可产在仓储的中药材、板材、面袋、报纸上以及其他地方。卵多单产，偶然有 2~3 粒卵一起。幼虫孵化后常吃掉部分卵壳，随后向周围寻找适宜的地方蛀入寄主的韧皮部生活，稍大后即沿着韧皮部及木质部之间蛀成不规则的隧道。隧道扁宽，被幼虫咬的木屑及粪便充满填实。老龄幼虫蛀食木质部渐多，并在木质部做蛹室化蛹，蛹期 10~15 d。家茸天牛幼虫、耐干、耐饥的能力很强，可通过蜕皮缩小虫体，用减少消耗能量的方式来延续生命，在无食料的情况下可存活一个月之久。

此外，天牛类木(竹)材重要害虫还有：

长角凿点天牛 *Stromatium longicorne* (Newman)：分布于吉林、辽宁、内蒙古、山东、江西、浙江、福建、广东、广西、云南、贵州、海南、澳门、香港、台湾。危害栎类、栗、桑、槐树等多种阔叶树木材及其制品。1~5 年完成 1 代。成虫 4 月下旬开始羽化。危害干材，不危害活树和新伐倒木。

竹红天牛 *Purpuricenus temminckii* (Guérin-Méneville)：又名竹紫天牛。分布于辽宁、河北、陕西、河南、江苏、湖北、浙江、江西、湖南、福建、台湾、广东、广西、四川、贵州。危害多种竹类及其竹制品。1 年 1 代，少数 2 年 1 代，多以成虫在竹材中越冬。

天牛类害虫的防治方法

天牛生活周期较长，幼虫在竹木内钻蛀，生活隐蔽，其种群自然死亡率较低。因此，对天牛类害虫的防治难度较大，主要防治方法包括：

(1) 检疫措施

天牛幼虫常随原木、木制家具、货物的木包装箱等长距离传播，因此进行严格的检验检疫，是防止天牛传播危害的重要措施。

(2) 预防处理

使用药剂对木(竹)材及其制品进行预防处理。如对新采伐木材原木进行去皮处理或将其浸泡水中1年左右可以防止家茸天牛等危害；也可使用残效较长的辛硫磷、毒死蜱、联苯菊酯、二氯苯醚菊酯等药剂，采用喷雾、浸渍或加压浸注方法处理房屋木构件，避免天牛危害。

(3) 杀虫处理

①在幼虫未蛀入木质部前彻底剥皮。剥皮时期最好在秋季之前进行，既能除去现有害虫，又可预防再次侵染。若木材中已有幼虫危害，可置于石灰水池中浸2~3 h，或清水池中浸半月，即杀灭幼虫。②房屋椽子、堆积场上的木材或竹木家具、胶合板等建筑材料上发现幼虫危害时，可用药剂密闭熏蒸。常用药剂为硫酰氟20 g/m²、磷化铝8 g/m²。熏蒸剂的使用要严格按照操作规程进行，尽量放入密封的熏蒸室或熏蒸箱中，不得漏气。在房屋内熏蒸处理时，要密闭门窗处理24 h，处理完成后通风24 h才可允许人员入内。③对已蛀入木质部的幼虫，也可采用虫孔注射敌敌畏、氯氰菊酯等具有触杀或熏蒸作用的杀虫剂或向虫孔插入磷化铝毒签方法杀死天牛幼虫。

11.3　蠹虫类

危害木(竹)材制品的蠹虫类主要包括长蠹总科中的蛛甲科和长蠹科昆虫，常与木(竹)材伴生，可对木材或木制品造成危害。

双钩异翅长蠹 *Heterobostrychus aequalis* (Waterhouse)（图11-3）

（鞘翅目：长蠹科）

分布于广东、广西、海南、云南、台湾，是多种木材、竹材、原藤、包装箱、胶合板及门窗等木(竹)质建筑材料上常见的蛀虫。因其寄主广、食性杂、钻蛀力强，是现代木(竹)质装饰的重要害虫，许多国家将其列为检疫性有害生物，我国于1996年开始一直将其列为全国林业检疫性有害生物。

形态特征

成虫　体长6~10 mm，赤褐色，圆柱形。头部黑色，具细粒状突起，后头具很密的纵脊线。触角球状部3节，其长度超过触角全长之半。前胸背板前半部密布锯齿状突起，两侧缘具5~6齿，后半部的突起呈颗粒状。小盾片四边形，光滑无毛。鞘翅具刻点沟，沟间光滑，无毛。雌雄异形，雄虫鞘翅后端倾斜面两侧有2对钩状突起，雌虫鞘翅后端两侧仅微隆起。

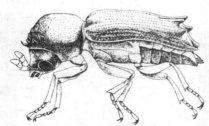

图11-3　双钩异翅长蠹

幼虫 体长8.5~10.0 mm，体壁褶皱肥胖，乳白色，12节。头部大部分被前胸背板覆盖。

生活史及习性

几乎整个世代周期在木材等寄主内部生活，仅在成虫交尾、产卵时出外活动。海南1年2~3代，越冬幼虫翌年3月中、下旬化蛹，3月下旬达到羽化盛期。第1代成虫于6月下旬或7月上旬出现。第2代成虫于10月上、中旬出现。营养不足时幼虫期可延长到1年以上，需2年完成1代。成虫发生期长，世代重叠，全年都可见幼虫和成虫。新羽化成虫必须取食木材补充营养才有生殖能力。成虫弱趋光性，夜晚活动，白天隐藏在板材堆中。成虫正常寿命2个月左右，但越冬成虫寿命最长的达5个月之久。雌虫在锯材或剥皮的原木上产卵，不钻蛀母坑道，钻进缝隙或孔洞中或咬一个不规则的产卵窝，比较分散。幼虫坑道大多数沿木材纵向伸展，弯曲并互相交错，长约达30 cm，直径6 mm，其中充满了紧密的粉状排泄物，蛀入深度5~7 cm。

双棘长蠹 *Sinoxylon anale* Lesne（图11-4）
（鞘翅目：长蠹科）

双棘长蠹

分布于河南、湖南、福建、台湾、广东、广西、四川、云南、海南等地。危害多种阔叶树及其新锯板（方）材和新剥皮的原木。凡有明显心材的树种，只危害边材。

形态特征

成虫 圆柱形，体长4.2~5.6 mm，赤褐色。头密布颗粒，前缘有小瘤1排。触角10节，末端3节单栉齿状。上颚粗而短、末端平截，额上有1条横脊。前胸背板帽状，盖住头部，上有直立短黄毛，前半部有齿状和颗粒状突起，后半部具刻点。鞘翅刻点密粗，被灰黄色细毛，后端急剧下倾的倾斜面黑色、粗糙，斜面合缝两侧有1对刺状隆起。足棕红色，胫节和跗节均有黄毛；胫节外侧有1齿列，端距钩形。中、后胸及腹部腹面密布倒伏的灰白色细毛。腹部5节，第6节缩入腹腔，外露毛1撮。

幼虫 老熟幼虫体长约6 mm，乳白色，胸足仅前足较发达，胫节具密而长的棕色细毛。

生活史及习性

海南1年4代，完成1代需68~98 d。成虫4次发生高峰为3~4月、6~7月、9~10月和12月至翌年1月，以3月下旬至4月上旬最盛。河南1年1代，以成虫在较浅的坑道内越冬。3月中旬天气转暖后开始蛀食，4月中旬至5月上旬成虫陆续爬出坑道活动交尾，而后返回坑道内继续蛀食补充营养。雌虫在坑道内产卵120~200粒后死亡。卵期5~8 d，孵化很不整齐。4月下旬始见幼虫，幼虫期30~40 d。5月底至7月上旬继续化蛹，蛹期约7 d。6月上旬开始出现成虫，至7月上旬羽化基本结束。新羽化的成虫在原坑道中群居，反复串食，使枝干只留表皮和少部分髓心，而不另行迁

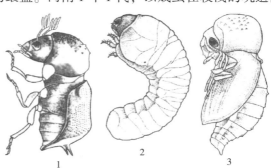

1.成虫；2.幼虫；3.蛹

图11-4 双棘长蠹

移危害。在7月上旬至8月中旬偶有成虫外出活动。直至10月上旬成虫开始转移危害新活枝干，钻蛀环形坑道，然后在其中越冬，直至翌年的3月中旬开始活动，成虫期约10个月。

10月至11月，成虫转移危害，在1~2年生枝梢或伐倒木、新剥皮的原木和湿板材上钻蛀深约5 mm的圆形侵入孔，然后顺年轮方向开凿长15~20 cm的母坑道，随即将蛀屑推出坑道，极易发现。成虫产卵于母坑道壁的小室中，并一直守卫在母坑道中直至死亡。幼虫蛀道密，纵向排列，充塞粉状排泄物。成虫羽化后就地补充营养，钻蛀若干小孔，排出大量蛀屑，约10 d后飞出。被害木材仅留1层纸样外壳，千疮百孔，一触即破。

木材含水率和此虫感染程度有密切关系。新采伐2~3 d后的剥皮白格，含水率约达70%时成虫开始蛀入危害，蛀入虫数逐日增加，干燥至纤维含水率的饱和点（33%）时蛀入虫数开始下降，继续下降至25%以下时仅有个别蛀入，至20%以下则无虫蛀入。

此外，危害木（竹）材制品的蠹虫类还有：

梳角窃蠹 *Ptilinus fuscus* (Geoffroy)：隶属鞘翅目蛛甲科。分布于河北、辽宁、吉林、内蒙古、上海、浙江、安徽、山东、河南、湖北、湖南、广东、广西、四川、云南、贵州、青海、新疆、陕西、甘肃等地。危害杨柳等房屋木质建筑材料，以及麻绳、皮货、布匹、纸张、葛根等。河南1年1代，以幼虫越冬，5月下旬开始出现成虫。

竹长蠹 *Dinoderus minutus* (Fabricius)：隶属鞘翅目长蠹科。分布于浙江、江西、湖南、湖北、广东、广西、四川、台湾等地。危害多种竹材及其制品，也可危害梧桐、柳、酸枣等的木材。通常1年2~3代，广州1年5代，长沙1年3代，长江中下游地区1年2代；以幼虫或成虫过冬，亦发现有蛹过冬。越冬成虫一般在翌年3月下旬至4月中、下旬出孔交配，5~6月为产卵盛期。

日本竹长蠹 *Dinoderus japonicus* Lesne：隶属鞘翅目长蠹科。分布于江苏、浙江、福建、江西、湖南、广东、广西、四川、台湾等地。危害毛竹、苦竹、刚竹等竹材及其制品。江西多数1年1代，少数为不完整的2代，以成虫或幼虫在竹材隧道内越冬。翌年4月中旬越冬成虫开始迁出，5月下旬全部蛀入新竹。5月上旬雌虫开始在新竹材组织内产卵，6月下旬卵开始孵化，7月上旬开始化蛹，7月中旬成虫开始羽化。

鳞毛粉蠹 *Minthea rugicollis* (Walker)：隶属鞘翅目长蠹科。分布于长江以南各地，包括海南和台湾。危害28科约80余种阔叶树木材，不危害针叶树木材。在海南1年3代，以第3代幼虫越冬，翌春羽化。任何季节都有成虫出现，以3月下旬至4月上旬为盛期。

栎粉蠹 *Lyctus linearis* (Goeze)：又名枹扁蠹，隶属鞘翅目长蠹科。分布于江苏、浙江、安徽、山东、河南等地。危害刺槐、壳斗科和杨柳科木材及其制品。1年1代，幼虫越冬，翌年4~7月出现成虫。

褐粉蠹 *Lyctus brunneus* (Stephens)：隶属鞘翅目长蠹科。分布于西南、淮河以南地区及北京、山东、陕西、台湾。危害壳斗科、豆科、楝科、无患子科、梧桐科、锦葵科、龙脑香科等多种阔叶树和竹类的干材。江西1年1代，热带地区1年多代。南方全年均可活动，北方以幼虫在木材蛀道内越冬。6月上旬至7月下旬为成虫羽化期。

蠹虫类的防治方法

(1) 加强检疫

蠹虫类昆虫钻蛀危害,不易被察觉,可能随着木材及木制品的调运而传播至异地。加强产地检疫,严格实施调运检疫,严禁带虫木材运出,切断传播途径。

(2) 预防处理

使用0.08%硼酸或0.1%硼砂水溶液浸渍竹木及其制品,或将新采伐木材原木浸泡水中1年以上,可以防止蠹虫类危害。

(3) 杀虫处理

① 熏蒸处理。发现害虫危害,可采用溴甲烷 $30\sim80\ g/m^2$ 熏蒸 $6\sim24\ h$ 或磷化铝 $20\ g/m^2$ 熏蒸 $72\ h$ 或硫酰氟 $50\ g/m^2$ 熏蒸 $72\ h$,杀灭蛀入木材的蠹虫。

② 注(涂)药防治。用48%毒死蜱乳油、40%乐果乳油50倍药液通过蛀孔注(涂)药,可以杀死90%以上蠹虫。

③ 喷雾防治。在成虫交尾和外出活动期,集中喷雾,可喷洒45%乐果或10%氯氰菊酯 $1000\sim1500$ 倍药液。

④ 药液浸泡。采用0.2%乐果或0.1%氯氰菊酯溶液浸泡受害木材或木制品 $40\sim160\ min$,可杀死绝大部分蠹虫。

⑤ 高温处理。将感染蠹虫的木材或木制品在木材干燥室内,使用蒸汽加热,在 $52\sim60\ ℃$ 下进行高温处理,可杀死侵染的蠹虫。处理时间视受害木材厚度而定,一般厚度2 cm以内板材处理4 h即可。

复习思考题

1. 危害木材的害虫主要有哪几大类?
2. 试述白蚁的基本形态特征和生活习性。
3. 试述家白蚁的发生、危害规律与防治方法。
4. 我国有哪些危害木材的主要白蚁种类?
5. 危害木材的天牛主要有哪些种类?简述其发生危害特点及防治方法。
6. 危害木材的蠹虫主要有哪些种类?简述其发生危害特点及防治方法。
7. 如何根据木材害虫发生危害特点选择防治措施?

参考文献

阿布都加帕·托合提, 孙勇. 墨玉县真葡萄粉蚧发生规律及防治技术研究[J]. 新疆农业科学, 2007, 44(4): 476-480.

阿地力·沙塔尔, 韩春莲, 玛依拉, 等. 乌鲁木齐地区温室花卉害虫调查及无污染防治试验[J]. 新疆农业大学学报, 2007, 30(2): 49-53.

阿地力·沙塔尔, 潘存德, 叶尔江, 等. 南疆巴旦杏园朝鲜球坚蚧不同发育期的防治措施研究[J]. 林业科学研究, 2008, 21(5): 681-685.

阿地力·沙塔尔, 田呈明, 骆有庆, 等. 枣实蝇药剂防治试验初报[J]. 新疆农业大学学报, 2010, 33(3): 206-209.

阿地力·沙塔尔, 田呈明, 骆有庆, 等. 枣实蝇在吐鲁番地区的发生及蛹的分布规律[J]. 植物检疫, 2008, 22(5): 295-297.

安聪敏, 戴秀云, 陈汝新. 日本双棘长蠹的生物学及其防治研究初报[J]. 植物保护, 1990, 16(4): 27-28.

白文钊, 张英俊. 家茸天牛生物学特性的研究[J]. 西北大学学报(自然科学版), 1999, 29(3): 255-258.

白湘云. 糖槭蚧生物学特性及综合防治措施[J]. 内蒙古林业科技, 1997, (增刊): 45-48.

北京农业大学. 普通昆虫学[M]. 北京: 中国农业出版社, 1996.

边秀然, 范月秋. 大青叶蝉发生危害规律及综合防治技术[J]. 北京农业, 2001, (9): 25.

彩万志, 庞雄飞, 花保祯, 等. 普通昆虫学[M]. 北京: 中国农业大学出版社, 2001.

蔡邦华, 黄复生. 中国白蚁[M]. 北京: 科学出版社, 1980.

蔡邦华, 李兆麟. 中国北部小蠹虫区系初志(附记两新种)[J]. 昆虫学集刊, 1959, 73-117.

蔡淑华, 吴水南. 黑蚱蝉发生规律及综合防治[J]. 福建农业科技, 2001, (5): 56.

曾垂惠, 靳敏, 郑继勋, 等. 柏木丽松叶蜂的防治研究[J]. 昆虫学报, 1987, 30(3): 349-352.

柴立英. 河南省苹果绵蚜的发生与防治初报[J]. 植物检疫, 1999, 13(3): 30-31.

陈博尧, 杜心懿, 张尽忠. 我国林木白蚁发生危害特点及其防治对策[J]. 森林病虫通讯, 1995, (4): 40-43.

陈承德, 洪成器. 竹长蠹虫之发生及其防治试验初步观察报告[J]. 福建林学院学报, 1961, (2): 11-23.

陈德兰. 泡桐叶甲防治试验研究[J]. 武夷科学, 2000, 16: 88-92.

陈国发, 熊惠龙, 舒朝然, 等. 兴安落叶松鞘蛾性引诱剂在发生期监测上的应用[J]. 中国森林病虫, 2002, 21(2): 23-25.

陈汉杰, 邱同铎, 张金勇. 用性信息素加农药诱杀器防治梨小食心虫的田间试验[J]. 昆虫知识, 1998, 35(5): 280-284.

陈辉，袁锋. 秦岭华山松小蠹生态系统与综合治理[M]. 北京：中国林业出版社，2000.
陈杰林. 害虫综合管理[M]. 北京：中国农业出版社，1993.
陈尚进. 橄榄片盾蚧的生物学特性及其防治[J]. 昆虫知识，2004，40(3)：266-267.
陈少波，陈瑞英，陈雪霞. 吡虫啉防治家白蚁的室内药效试验[J]. 华东昆虫学报，2002，11(1)：91-94.
陈世骧，谢蕴贞，邓国藩. 中国经济昆虫志：鞘翅目，天牛科，第1册[M]. 北京：科学出版社，1959.
陈顺立，武福华，侯沁文. 松突圆蚧生物学特性的研究[J]. 福建林业科技，2004，31(2)：1-4.
陈义群，黄宏辉，林明光，等. 椰心叶甲在国外的发生及防治[J]. 植物检疫，2004，18(4)：250-253.
陈玉生. 龟蜡蚧生物学特性和防治初步研究[J]. 浙江林业科技，1990，10(6)：30-32.
陈元清，张连翔. 杨树新害虫——杨潜叶跳象(鞘翅目：象虫科)[J]. 林业科学，1988，24(3)：305-306.
陈元清. 柞栎象及其近缘种[J]. 昆虫知识，1987，24(1)：44-45.
陈元清. 中国角胫象属(鞘翅目：象虫科)[J]. 昆虫分类学报，1991，8(3)：211-217.
陈增良，方宇凌，张钟宁. 小菜蛾性信息素微胶囊的合成及其田间诱捕和迷向活性研究[J]. 科学通讯，2007，52(7)：797-801.
陈增良，张钟宁. 昆虫性信息素微胶囊的研究进展[J]. 昆虫知识，2008，45(3)：362-367.
陈志麟，谢森，李国洲. 楼宇蠹虫的发生与防治技术[J]. 昆虫知识，2000，37(4)：220-222.
崔巍，高宝嘉. 华北经济树种主要蚜虫及其防治[M]. 北京：中国林业出版社，1995.
党风锁，张乐平. 国槐双棘长蠹生物学特性及防治的研究[J]. 河北林业科技，1999，72(1)：27-28.
邓天福，莫建初. 常规白蚁预防药物对黄胸散白蚁的毒杀效果[J]. 中国媒介生物学及控制杂志，2010，21(4)：321-323.
邓瑜，祝柳波，李乾明，等. 华栗绛蚧的研究[J]. 江西植保，2000，23(1)：4-8.
邓志坚. 白蚁毒饵诱杀技术研究进展[J]. 华东昆虫学报，2006，15(4)：315-320.
丁岩钦. 论害虫种群的生态控制[J]. 生态学报，1993，13(2)：99-105.
丁岩钦. 昆虫数学生态学[M]. 北京：科学出版社，1994.
东北林业大学. 森林害虫生物防治[M]. 北京：中国林业出版社，1989.
董文勇，林阳武. 福州口岸截获林业危险性有害生物松树皮象[J]. 福建林业科技，2009，36(3)：238-240.
杜家纬. 昆虫信息素及其应用[M]. 北京：中国林业出版社，1988.
杜品，任芳，梅丽茹. 花椒潜跳甲生物学特性及防治试验[J]. 昆虫知识，1999，36(6)：335-337.
杜永均，严福顺. 植物挥发性次生物质在植食性昆虫、寄主植物和昆虫天敌关系中的作用机理[J]. 昆虫学报，1994，37(2)：233-249.
范俊秀. 国外森林保护先进思想和有益做法对我国森林病虫害防治工作之借鉴[J]. 山西林业，2002，(2)：28-29.
方明刚. 华栗绛蚧的生物学特性及防治[J]. 中国森林病虫，2007，26(5)：23-25.
方三阳. 森林昆虫学[M]. 哈尔滨：东北林业大学出版社，1988.
方三阳. 中国森林害虫生态地理分布[M]. 哈尔滨：东北林业大学出版社，1993.
冯崇川，韩明玉，杜志辉，等. 引进日本性信息素迷向丝控制苹果害虫试验初报[J]. 西北农业学报，2002，11(3)：76-77.
弗林特，范德博希. 害虫综合治理导论[M]. 曹骥，赵修复，译. 北京：科学出版社，1985.
福建农学院. 害虫生物防治[M]. 北京：中国农业出版社，1980.
傅鑫，侯小可，康永文，等. 槐花球蚧生物学特性及防治措施[J]. 青海农林科技，1997，(2)：58-59.
高宝嘉. 关于森林有害生物可持续控制的思考[J]. 北京林业大学学报，1999，21(4)：112-115.
高宝嘉. 害虫防治策略的哲学思考[J]. 河北林学院学报，1992，7(2)：148-153.

高道蓉，朱本忠，李小鹰，等. 人工合成新药硫氟酰胺防治白蚁的室内试验[J]. 白蚁科技, 2000, 17(1): 6-8.
高瑞桐, 杨树害虫综合防治研究[M]. 北京: 中国林业出版社, 2003.
高长启, 孙守慧. 中国东北地区主要松皮小蠹生物学特性及防治技术[M]. 哈尔滨: 东北林业大学出版社, 2011.
高兆尉, 陈森米, 杨胜利, 等. 杉木球果扁长蝽的危害及其防治[J]. 浙江林业科技, 1982, 2(2): 30-31.
戈峰. 害虫区域性生态调控的理论、方法及实践[J]. 昆虫知识, 2001, 38(5): 337-341.
葛斯琴, 杨星科, 王书永, 等. 核桃扁叶甲三亚种的分类地位订正(鞘翅目: 叶甲科, 叶甲亚科)[J]. 昆虫学报, 2003, 46(4): 512-518.
龚秀泽, 白志良. 边贸入境越南树苗中截获检疫害虫[J]. 植物检疫, 2002, 16(1): 18.
龚秀泽, 白志良. 从越南入境的椰子树苗中截获椰心叶甲初报[J]. 广西植保, 2001, 14(4): 29-30.
顾耘, 王思芳, 张迎春. 东北与华北大黑鳃金龟分类地位的研究(鞘翅目: 鳃角金龟科)[J]. 昆虫分类学报, 2002, 24(3): 180-186.
关丽荣, 赵胜国, 李永宪. 柳蛎盾蚧化学防治技术研究[J]. 内蒙古林业科技, 1999, (增刊): 106-109.
管致和. 昆虫学通论(上册)[M]. 北京: 农业出版社, 1980.
郭焕敬. 东方盔蚧的生物学特性及防治[J]. 北方果树, 2001, (1): 11-12.
郭建强, 任振洪, 龚跃刚, 等. 白蚁监测控制电子报警网络系统的研究[J]. 中国媒介生物学及控制杂志, 2010, 21(4): 341-342.
郭树平, 张润生, 田丰, 等. 落叶松韧皮部含水量与落叶松八齿小蠹的危害关系[J]. 森林病虫通讯, 1989, (1): 37-38.
郭在滨, 赵爱国, 李熙福, 等. 柏大蚜生物学特性及防治技术[J]. 河南林业科技, 2000, 20(3): 16-17.
国家林业局植树造林司, 国家林业局森林病虫害防治总站. 中国林业检疫性有害生物及检疫技术操作办法[M]. 北京: 中国林业出版社, 2005.
国志锋. 松树皮象生物学、生态学特性及综合控制对策[J]. 河北林果研究, 2004, 19(3): 213-215.
韩崇选, 胡忠朗, 施德祥. 蚱蝉产卵危害与杨树枝条抗性的研究[J]. 陕西林业科技, 1991, (2): 76-79, 39.
何超, 秦玉川, 周天仓, 等. 应用性信息素迷向法防治梨小食心虫试验初报[J]. 西北农业学报, 2008, 17(5): 107-109.
何复梅, 戴自荣, 梁锦英. 家白蚁踪迹信息素类似物及其利用研究[J]. 昆虫天敌, 1997, 19(2): 70-74.
何基伍, 马延明. 七种防治白蚁药剂的药效试验[J]. 中华卫生杀虫药械, 2006, 12(5): 399-401.
何基伍, 王众, 黄中山, 等. 4种药物对黑胸散白蚁的灭效比较研究[J]. 中华卫生杀虫药械, 2011, 17(5): 349-351.
何善勇, 朱银飞, 阿地力·沙塔尔, 等. 吐鲁番地区枣实蝇发生规律[J]. 昆虫知识, 2009, 46(6): 930-934.
何雪香, 刘磊, 徐金柱, 等. 几种防腐剂处理的马尾松材室内抗家白蚁(*Coptotermes formosanus* Shiraki)效果试验[J]. 广东林业科技, 2008, 24(5): 14-18.
贺长洋. 紫穗槐豆象生物学特性及防治[J]. 植物检疫, 2005, 19(5): 318.
侯清敏, 韩春梅, 白九维. 河北省栗实象虫的种类与分布[J]. 河北农业大学学报, 1993, 16(2): 23-25.
侯雅芹, 王小军, 李金宇, 等. 杨潜叶跳象生物学特性及防治[J]. 中国森林病虫, 2009, 28(2): 32-34.
胡耿良, 余道坚, 夏飞平, 等. 热处理试验对木材害虫的影响初报[J]. 植物检疫, 1999, 13(5): 291-293.

胡隐月. 东北地区杨干象综合治理技术研究[M]. 哈尔滨：东北林业大学出版社，1991.
胡隐月. 森林昆虫学研究方法和技术[M]. 哈尔滨：东北林业大学出版社，1988.
胡正坚. 竹笋夜蛾防治试验初报[J]. 竹子研究汇刊，1992，11(3)：37-41.
胡忠朗，韩崇选，施德祥. 蚱蝉生物学特性及防治的研究[J]. 林业科学，1992，28(6)：510-516.
华湘翰，孔繁蕾. 昆虫信息素结构鉴定方法进展[J]. 化学通报，1988，(5)：1-6.
黄复生，李桂祥，朱世模. 中国白蚁分类及生物学[M]. 北京：天则出版社，1989.
黄复生，朱世模，平正明，等. 中国动物志(昆虫纲：等翅目，第17卷)[M]. 北京：科学出版社，2000.
黄钢，刘永占，师鉴，等. 黄胸散白蚁的危害与防制技术[J]. 中国媒介生物学及控制杂志，1998，9(2)：156-157.
黄脊竹蝗研究课题组. 黄脊竹蝗防治指标的研究[J]. 林业科学，1992，28(5)：459-465.
黄力群. 黄山风景区中华松梢蚧的发生特点及防治[J]. 安徽林业科技，1990，(2)：32-36.
黄亮文，陈丽玲. 食料因子对家白蚁初建群体的影响[J]. 昆虫学报，1981，24(2)：147-151.
黄亮文. 家白蚁初建群体的生态学及生物学特性的研究[J]. 白蚁科技，1994，11(3)：1-8.
黄求应，薛东，雷朝亮. 白蚁诱食信息素研究进展[J]. 昆虫学报，2005，48(4)：616-621.
黄日宗，盛金坤. 竹红天牛调查初报[J]. 昆虫知识，1963，7(1)：26-27.
黄伟，张春竹，任德新. 橄榄片盾蚧的田间防治试验初报[J]. 新疆农业科学，2004，41(5)：355-356.
黄新培. 昆虫化学生态学的研究进展[J]. 北京农业大学学报，1991，17(4)：103-112.
黄远达. 中国白蚁学概论[M]. 武汉：湖北科学技术出版社，2001.
黄珍友，戴自荣，谢杏扬. 截头堆砂白蚁原始繁殖蚁有关的生物学特性[J]. 白蚁科技，1994，11(3)：13-15.
黄珍友，戴自荣，钟俊鸿，等. 截头堆砂白蚁的分飞期研究[J]. 昆虫知识，2004，41(3)：236-238.
黄珍友，戴自荣，钟俊鸿，等. 温度、湿度、气压对截头堆砂白蚁原始繁殖蚁分飞的影响[J]. 昆虫天敌，2004，26(3)：126-131.
江建国，赵玉清，江靖，等. 林间白蚁诱杀剂研究[J]. 中国森林病虫，2012，31(2)：30-32.
江世宏，王书永. 中国经济叩甲图志[M]. 北京：中国农业出版社，1999.
蒋平. 竹卵圆蝽危害情况及防治技术[J]. 林业科技开发，1991，(1)：30-31.
焦懿，陈志粦，余道坚，等. 刺桐姬小蜂生物学特性研究[J]. 昆虫学报，2007，50(1)：46-50.
焦懿，陈志粦，余道坚，等. 姬小蜂科中国大陆一新记录属新记录种[J]. 昆虫分类学报，2006，28(1)：69-74.
金重为，施振华. 木材生物败坏及防治药剂的新发展[J]. 人造板通讯，2003，(12)：4-6.
康芝仙，路红，伊伯仁，等. 大青叶蝉生物学特性的研究[J]. 吉林农业大学学报，1996，18(3)：19-26.
孔垂华. 化学生态学前沿[M]. 北京：高等教育出版社，2010.
来振良，袁荣兰，吴英，等. 松果梢斑螟的防治试验[J]. 浙江林学院学报，1990，7(3)：241-245.
乐海洋，李冠雄，喻国泉，等. 硫酰氟熏杀双钩异翅长蠹等害虫试验初报[J]. 植物检疫，1997，11(2)：91-92.
雷朝亮，黄博严，薛东，等. 几种昆虫生长调节剂对家白蚁的毒效试验[J]. 昆虫知识，1996，33(2)：96-99.
雷朝亮，荣秀兰. 普通昆虫学[M]. 北京：中国农业出版社，2003.
李成德. 森林昆虫学[M]. 北京：中国林业出版社，2004.
李法圣. 中国木虱志(昆虫纲：半翅目)[M]. 北京：科学出版社，2011.
李凤耀，刘随存，霍履远，等. 靖远松叶蜂生物学及发生规律的研究[J]. 山西林业科技，2000，(2)：10-16.

李宏, 阿地力·沙塔尔, 蒋萍. 新疆特色林果主要有害生物[M]. 乌鲁木齐: 新疆生产建设兵团出版社, 2009.
李嘉源. 中华松梢蚧生物学特性及其防治的研究[J]. 福建林学院学报, 1991, 11(1): 82-89.
李坚. 木材保护学[M]. 哈尔滨: 东北林业大学出版社, 1999.
李宽胜, 张玉岱, 李养志. 三种油松球果害虫的鉴别[J]. 昆虫知识, 1964, (5): 211-213.
李宽胜. 中国针叶树种实害虫[M]. 北京: 中国林业出版社, 1999.
李孟楼, 张立钦. 森林动植物检疫学[M]. 北京: 中国农业出版社, 2008.
李孟楼. 森林昆虫学通论[M]. 北京: 中国林业出版社, 2002.
李向伟, 杨惠昭, 高水帆, 等. 中华松针蚧的危害对油松生长量的影响[J]. 河南职技师院学报, 1991, 19(3): 36-41.
李小鹰, 高道蓉, 徐卫英. 美国的白蚁及其防治概况[J]. 白蚁科技, 1998, 15(1): 12-17.
李雄生, 李永忠, 王问学, 等. 家白蚁高效诱饵的研制及诱效试验[J]. 中南林学院学报, 2001, 21(2): 75-77, 85.
李亚杰. 中国杨树害虫[M]. 沈阳: 辽宁科学技术出版社, 1983.
李意德, 王宝生. 松突圆蚧危害与森林植被特征关系的调查研究[J]. 广东林业科技, 1990 (4): 6-9.
李振基, 陈小麟, 郑海雷, 等. 生态学[M]. 北京: 科学出版社, 2000.
梁琼超, 黄法余, 黄箭, 等. 从进境棕榈植物中截获的几种铁甲科害虫[J]. 植物检疫, 2002, 16(1): 19-22.
梁琼超, 黄法余, 赖天忠, 等. 南海口岸多次截获椰心叶甲和红棕象甲[J]. 植物检疫, 2000, 14(2): 69.
梁琼超, 黄法余, 赖天忠. 南海局在全国口岸首次截获椰心叶甲[J]. 中国检验检疫, 1999, 13(11): 33.
梁治齐. 胶囊技术及其应用[M]. 北京: 中国轻工业出版社, 1999.
辽宁省林学会. 森林病虫图册[M]. 沈阳: 辽宁科学技术出版社, 1986.
廖定熹. 中国经济昆虫志: 膜翅目, 小蜂总科, 第34册[M]. 北京: 科学出版社, 1987.
林爱寿. 城市公园树木白蚁危害及防治[J]. 中国森林病虫, 2007, 26(5): 38-40.
林树青, 高道蓉. 中国等翅目及其主要危害种类的治理[M]. 天津: 天津科学技术出版社, 1990.
林树青. 我国白蚁危害与防治情况综述[J]. 白蚁科技, 1987, 4(3): 125.
林业部野生动物和森林植物保护司, 林业部森林病虫害防治总站. 中国森林植物检疫对象[M]. 北京: 中国林业出版社, 1996.
刘炳荣, 钟俊鸿. 几丁质合成抑制剂在白蚁防治中的研究进展[J]. 昆虫天敌, 2006, 28(4): 180-187.
刘继辉, 毛冬龙. 白蚁防治实用技术[M]. 南昌: 江西科学技术出版社, 2009.
刘建军. 中国森林病虫害防治现状与展望[M]. 北京农业, 2014, (6): 103.
刘军侠, 刘宽余, 严善春. 杨圆蚧发生规律的研究[J]. 东北林业大学学报, 1997, 25(5): 5-9.
刘晓燕, 钟国华. 白蚁防治剂的现状和未来[J]. 农药学学报, 2002, 14(2): 14-22.
刘晓燕. 广州古树名木白蚁的发生与防治[J]. 昆虫天敌, 1997, 18(4): 169-172.
刘铉基, 李克政. 森林病虫害预测与决策[M]. 哈尔滨: 东北林业大学出版社, 1992.
刘亚春. 树鹨防治松树皮象的措施[J]. 中国林业, 2011, 4(4): 41.
刘永杰. 中国板栗上发生的绛蚧[J]. 昆虫知识, 1997, 34(2): 93-94.
刘友樵, 白九维. 中国经济昆虫志: 鳞翅目, 卷蛾科(一), 第11册[M]. 北京: 科学出版社, 1977.
刘源智, 江涌, 苏祥云, 等. 中国白蚁生物学及防治[M]. 成都: 成都科技大学出版社, 1998.
刘源智, 唐太英. 黑胸散白蚁补充生殖蚁群体的发展与发育规律[J]. 昆虫学报, 1994, 37(1): 38-43.
刘源智. 黑胸散白蚁的研究[J]. 中华卫生杀虫药械, 2003, 9(4): 8-12.
刘振陆, 王洪魁. 落叶松实小卷蛾及其防治的初步研究[J]. 沈阳农学院学报, 1995, 16(4): 36-44.

娄永根,程家安.植物—植食性昆虫—天敌三营养层次的相互作用及其研究方法[J].应用生态学报,1997,8(3):325-331.

卢美榕,许若清,孙跃先,等.云南柞栎象的研究[J].森林病虫通讯,1994,(3):18-19.

卢英颐,方明刚.板栗剪枝象鼻虫的危害及防治[J].安徽林业科技,1992,(4):28-30.

鲁玉杰,张孝羲.信息化合物对昆虫行为的影响[J].昆虫知识,2001,38(4):262-266.

陆鹏飞,黄玲巧,王琛柱.梨小食心虫化学通信中的信息物质[J].昆虫学报,2010,53(12):1390-1403.

陆永跃,曾玲.椰心叶甲传入途径与入侵成因分析[J].中国森林病虫,2004,23(4):12-15.

罗钧泽,何复梅,吕筠,等.白蚁踪迹信息素类似物的利用(Ⅱ):诱杀堤坝白蚁和林木白蚁[J].昆虫天敌,1988,10(4):214-221.

骆昌芳.枣龟蜡蚧药剂涂枝注干浇根防治试验[J].落叶果树,1993,(3):27-29.

骆有庆,李建光.控制杨树天牛灾害的有效措施——多树种合理配置[J].森林病虫通讯,1999,(3):45-48.

吕昌仁.木材害虫及其防治[M].北京:中国林业出版社,1993.

吕淑杰,谢寿安,张军灵,等.红脂大小蠹、华山松大小蠹和云杉大小蠹形态学比较[J].西北林学院学报,2002,17(2):58-59.

马延军.白蚁探测技术发展概况[J].白蚁防治,2005,(3):63-67.

马以桂,王宏伟.双钩异翅长蠹[J].天津农林科技,1995,(4):47-48.

毛宝玉,刘全,高拓新,等.桃仁蜂生物学特性及防治方法初报[J].辽宁林业科技,2001,(6):16-17.

梅特卡夫,勒克曼.害虫管理引论[M].中山大学昆虫研究所,译.北京:科学出版社,1984.

孟庆繁.大兴安岭落叶松毛虫发生发展规律及测报技术研究[D].哈尔滨:东北林业大学硕士学位论文,1993.

孟庆繁.缙云山森林节肢动物群落多样性研究[R].重庆:西南农业大学博士后研究工作报告,1998.

孟宪佐,胡菊华,魏康年,等.梨小食心虫性外激素不同诱芯对诱蛾活性及持效期的影响[J].昆虫学报,1981,14(3):332-335.

孟宪佐,汪宜蕙,叶孟贤.用性信息素诱捕法大面积防治梨小食心虫的田间试验[J].昆虫学报,1985,28(2):142-147.

孟宪佐,汪宜蕙.用性信息素诱捕法防治梨小食心虫的研究[J].生态学报,1984,4(2):167-171.

孟宪佐.昆虫性信息素的应用[J].生物学通报,1997,32(3):46-47.

孟宪佐.我国昆虫信息素研究与应用的进展[J].昆虫知识,2000,37(2):75-84.

莫建初,王问学,王明旭,等.竹小蜂的化学防治试验[J].林业科技通讯,1992,(9):12-14.

莫建初,王问学.我国森林害虫经济阈值研究进展[J].中南林学院学报,1998,18(4):96-101.

莫建初,王问学.竹腔注射氧乐果防治竹广肩小蜂试验[J].植物保护,1994,(3):45.

莫建初,张时妙,滕立,等.细辛对黄胸散白蚁的毒效[J].农药学学报,2003,5(4):80-84.

莫建初.安全有效的白蚁防治法——物理屏障法[J].世界农药,2003,25(2):40-43.

莫建初.城乡白蚁防治实用技术[M].北京:化学工业出版社,2009.

莫建初.中国房屋建筑白蚁防治IPM策略研究及应用现状[J].城市害虫防治,2004,(7):3-14.

牟吉元.普通昆虫学[M].北京:中国农业出版社,1996.

南京农学院.昆虫生态及预测预报[M].北京:农业出版社,1990.

南开大学,中山大学,北京大学,等.昆虫学[M].北京:高等教育出版社,1986.

潘宏阳,秦国夫,柴树良.试论森林有害生物可持续控制的系统管理[J].北京林业大学学报,1999,21(4):119-123.

潘务耀.松突圆蚧花角蚜小蜂引进和利用的研究[J].森林病虫通讯,1993,(1):15-18.

潘涌智，阿兰·罗阔斯，李维刚，等. 丽江云杉种子大痣小蜂的研究[J]. 西南林学院学报, 1998, 18 (2)：118-120.
庞正平，杨建平，徐国兴. 氟蚁腙对乳白蚁的药效试验研究[J]. 中华卫生杀虫药械, 2005, 11(2)：119-120.
庞正平，杨建平. 我国白蚁防治及药械应用与发展概况[J]. 中华卫生杀虫药械, 2004, (3)：167-169.
钱范俊，嗡玉榛，余荣卓，等. 杉木种子园球果虫害及变色对种子影响的研究[J]. 南京林业大学学报, 1992, 16(1)：31-34.
钱兴，黄珍友，钟俊鸿，等. 不同树种木材对截头堆砂白蚁初建群体的影响[J]. 昆虫天敌, 2005, 27 (4)：170-177.
钱兴，黄珍友，钟俊鸿，等. 截头堆砂白蚁新群体的形成及发展[J]. 昆虫天敌, 2005, 27(3)：118-126.
邱名榜，王尊农，赵业霞. 苹果绵蚜综合治理技术[J]. 植物保护, 1998, 24(5)：41-43.
邱南英. 钦州港处理检疫害虫双钩异翅长蠹[J]. 广西植保, 2000, 13(1)：37.
屈邦选，刘满堂，庄世宏，等. 日本单蜕盾蚧的研究[J]. 西北林学院学报, 1995, 10(2)：88-91.
全国白蚁防治中心. 中国白蚁防治专业培训教程[M]. 北京：中国市场出版社, 2004.
任辉，陈沐荣，余海滨，等. 湿地松粉蚧本地寄生天敌——粉蚧长索跳小蜂[J]. 昆虫天敌, 2000, 22 (3)：140-143.
任英，周瑾. 邯郸市发现国内检疫对象——苹果绵蚜[J]. 植物检疫, 2000, 14(6)：369.
森林保护手册编写组. 森林保护手册[M]. 北京：农业出版社, 1971.
佘春仁，潘蓉英，谢雪梅，等. 台湾乳白蚁跟踪信息素粗提物与活性研究[J]. 昆虫知识, 1999, 36(2)：91-94.
沈强. 华栗绛蚧的天敌[J]. 浙江林业科技, 1998, 18(4)：14-16.
盛承发，苏建伟，宣维健，等. 关于害虫生态防治若干概念的讨论[J]. 生态学报, 2002, 22(4)：597-602.
盛茂领，孙淑萍，任玲，等. 中国钻蛀杏果的广肩小蜂（膜翅目：广肩小蜂科）[J]. 中国森林病虫, 2002, 21(5)：9-10.
施振华，岑克国，谭淑清. 家天牛的研究[J]. 昆虫学报, 1982, 25(1)：35-40.
施振华，谭淑清. 鳞毛粉蠹的研究[J]. 林业科学, 1981, 17(4)：406-412.
施振华，谭淑清. 双钩异翅长蠹生物学特性及用防腐剂TWP防治试验[J]. 林业科学研究, 1992, 5(6)：665-670.
施振华. 家天牛的生活习性和防治试验[J]. 昆虫知识, 1974, 11(4)：28-30.
施振华. 中国阔叶材的粉蠹虫害及防治[J]. 林业科学, 1987, 23(10)：109-113.
石敬夫，颜宗琴. 速灭菊酯油雾剂防治一字竹象甲试验[J]. 安徽林业科技, 1993, (2)：36-38.
史洪中，刘煜，张进. 栗绛蚧生物学特性及防治研究[J]. 信阳农业高等专科学校学报, 2000, 10(3)：9-11.
宋继学，李东鸿. 核桃举肢蛾发生规律和防治研究[J]. 西北林学院学报, 1990, 5(1)：39-45.
宋全文，王景芬. 竹笋禾夜蛾的生物学特性及防治试验[J]. 山东林业科技, 1990, (2)：35-37.
宋万里，吴国华，周兴苗，等. 三种有机磷农药对黑胸散白蚁毒杀作用的研究[J]. 湖北植保, 2000, (4)：4-5.
宋玉双，韩少敏. 对加强我国森林病虫害治理工作的思考[J]. 森林病虫通讯, 1999, (2)：42-44.
苏茂文，张钟宁. 昆虫信息化学物质的应用进展[J]. 昆虫知识, 2007, 44(4)：477-485.
孙儒永. 动物生态学原理[M]. 3版. 北京：北京师范大学出版社, 2001.
孙守慧，原忠林，王忠钰，等. 不同信息化学物质对4种松树小蠹虫的野外诱集效果研究[J]. 沈阳农业大学学报, 2008, 39(6)：740-743.

孙守慧，原忠林，王忠钰，等. 利用信息化学物质对松树小蠹虫的扬飞规律的研究[J]. 昆虫知识，2010，47(1)：120-125.

孙绪艮，徐常青，周成刚，等. 针叶小爪螨不同种群在针叶树和阔叶树上的生长发育和繁殖及其生殖隔离[J]. 昆虫学报，2000，44(1)：52-58.

孙绪艮. 林果病虫害防治学[M]. 北京：中国科学技术出版社，2001.

孙绪艮. 五种叶螨生长发育的观察[J]. 昆虫知识，1992，29(5)：277-278.

潭速进，吴加仑，雷泽荣，等. 一种新型菊酯类白蚁防治复合剂的野外土壤残效及残留试验[J]. 浙江大学学报(农业与生命科学版)，2000，26(4)：408-413.

汤祊德，郝静钧. 中国珠蚧科及其它[M]. 北京：中国农业科技出版社，1995.

汤祊德，李杰. 内蒙古蚧害考察[M]. 呼和浩特：内蒙古大学出版社，1989.

汤祊德. 关于松干蚧的讨论及一新种描记——兼与《中国的松干蚧》一文商榷[J]. 昆虫学报，1978，21(2)：164-170.

汤祊德. 中国粉蚧科[M]. 北京：中国农业科技出版社，1992.

汤炎生，圣东，夏明超. 危害居室木构件的主要蛀木害虫与综合治理[J]. 白蚁科技，2000，17(3)：24-26.

汤志馥. 桃仁蜂与杏仁蜂的形态识别[J]. 吉林农业，2012，265(3)：82.

唐冠忠，牛敬生. 桃仁蜂生物学特性研究初报[J]. 森林病虫通讯，1999，(3)：5-7.

田广庆. 梳角窃蠹的识别与防治[J]. 青海农林科技，2002，(4)：69.

田桂芳，马学军，曹川健，等. 杨梢叶甲生物学特性及防治措施[J]. 中国森林病虫，2007，26(5)：19-20.

田立新，胡春林. 昆虫分类学的原理和方法[M]. 南京：江苏科学技术出版社，1989.

田士波，靳杏蕊，赵淑娥. 果内核桃举肢蛾低龄幼虫防治研究初报[J]. 林业科学，1993，(3)：262-265.

王爱芬，王威. Sentricon 系统与传统白蚁防治技术[J]. 农药，2003，42(6)：24-26.

王爱静，李中焕，胡卫江. 大青叶蝉生物学特性的研究[J]. 新疆农业科学，1996，(4)：186-188.

王爱静，席勇，甘露. 新疆林果花草蚧虫及其防治[M]. 乌鲁木齐：新疆科学技术出版社，2006.

王本辉，饶晓明，沈彦刚. 槐木虱的发生规律与防治措施[J]. 甘肃农业科技，2001，(10)：34.

王川才，周政华. 梧桐木虱生物学及其防治[J]. 1994，31(1)：24-25.

王凤英，张闯令，李绪选. 槐花球蚧生物学特性及防治方法研究初报[J]. 辽宁林业科技，2007，(4)：56-57.

王福维，牛延章，张红岩. 杨潜叶跳象形态及生物学特性初报[J]. 吉林林业科技，1990，(6)：34-35.

王桂荣，任莲霞，李先叶，等. 大青叶蝉生物学特性及防治方法的研究[J]. 内蒙古林业科技，1977，(增刊)：28-32.

王桂荣. 大青叶蝉经济受害水平与防治指标[J]. 内蒙古林业科技，1990，(2)：36-37，35.

王慧芙. 中国经济昆虫志：蜱螨目，叶螨总科[M]. 北京：科学出版社，1981.

王缉建. 松大蚜及其天敌[J]. 广西林业，1998，(2)：28.

王金美，张仁吉，黄居平，等. 苗圃蛴螬防治技术的研究[J]. 林业科学，1991，16(4)：25-27.

王蕾，黄华国，张晓丽，等. 3S 技术在森林虫害动态监测中的应用研究[J]. 世界林业研究，2005，18(2)：51-56.

王茂生. 狼毒混配杀虫剂防治梳角窃蠹的研究[J]. 青海科技，2001，(3)：31-34.

王明旭. 竹广肩小蜂危害与竹林立竹度和竹龄结构的关系[J]. 森林病虫通讯，1993，(3)：24-25.

王平，谢文贵，王建华，等. 飞机低容量、超低容量喷洒 25% 灭幼脲Ⅲ号防治泡桐叶甲[J]. 林业科技通讯，1999，(9)：9-11.

王平远. 中国经济昆虫志: 鳞翅目, 螟蛾科, 第21册[M]. 北京: 科学出版社, 1980.
王书永. 潜跳甲属二新种[J]. 动物分类学报, 1990, 7(2): 123-126.
王淑芬. 林业害虫综合管理[J]. 世界林业研究, 1989, (4): 49-54.
王淑英. 中国森林植物检疫对象[M]. 北京: 中国林业出版社, 1996.
王维翔, 王维中. 槐豆木虱研究初报[J]. 辽宁林业科学, 1996, (2): 38-39, 58.
王问学, 莫建初, 王明旭, 等. 竹广肩小蜂的生物、生态学特性及综合治理研究[J]. 中南林学院学报, 1994, 14(1): 29-34.
王锡信, 赵岷阳, 朱宗琪, 等. 梳角窃蠹生物学特性及防治技术研究[J]. 甘肃林业科技, 2001, 26(3): 10-15.
王锡信. 梳角窃蠹防治研究[J]. 林业科学研究, 2000, 13(2): 209-212.
王正军, 程家安, 蒋明星. 专家系统及其在害虫综合管理中的应用[J]. 江西农业学报, 2000, 12(1): 52-57.
王子清. 常见介壳虫鉴定手册[M]. 北京: 科学出版社, 1980.
韦卫, 赵莉蔺, 孙江华. 蛾类性信息素研究进展[J]. 昆虫学报, 2006, 49(5): 850-858.
尉吉乾, 莫建初, 徐文, 等. 黑胸散白蚁的研究进展[J]. 中国媒介生物学及控制杂志, 2010, 21(6): 635-637.
魏鸿钧. 中国地下害虫研究概述[J]. 昆虫知识, 1992, 29(3): 168-170.
魏永宝, 马翠芬, 张百芹. 栗实象的发生与防治[J]. 河北林业科技, 1993, (4): 32.
吴福桢. 中国农业百科全书(昆虫卷)[M]. 北京: 农业出版社, 1990.
吴刚, 夏乃斌, 代力民. 森林保护系统工程引论[M]. 北京: 中国环境科学出版社, 1999.
吴刚, 张杰, 乔旭. 花椒三种跳甲的无公害防治研究[J]. 中国林副特产, 2011, (2): 21-23.
吴宏和. 白蚁危害及防治对经济的影响[J]. 中山大学学报论丛, 1999, (4): 66-69.
吴洪源, 陈道玉. 圆柏大痣小蜂生物生态学研究[J]. 林业科学, 1992, 20(4): 367-371.
吴洪源, 张德海, 陈道玉. 圆柏大痣小蜂的防治试验研究[J]. 陕西林业科技, 1992, (2): 81-83.
吴佳教, 梁帆, 梁广勤, 等. 实蝇类重要害虫鉴定手册[M]. 广州: 广东科技出版社, 2009.
吴建国, 庞正平, 陈尧. 房屋木构件制品害虫危害及防治[J]. 中华卫生杀虫药械, 2002, 8(4): 43-45.
伍月花, 黄琼梅, 梁淑群, 等. 海南万宁礼纪青梅林病虫害及其防治[J]. 热带林业, 1996, 24(2): 47-51.
武春生. 球果角胫象生物学特性的初步研究[J]. 西南林学院学报, 1988, 8(1): 83-86.
武三安. 安粉蚧族 Antoninini 中国种类记述(同翅目: 蚧总科: 粉蚧科)[J]. 北京林业大学学报, 2001, 23(2): 43-48.
席勇, 任玲, 刘纪宝. 沙枣木虱的发生及综合防治技术[J]. 新疆农业科学, 1996, (5): 228-229.
夏诚, 张民. 白蚁防治(二)——白蚁的生物学及生态学[J]. 中华卫生杀虫药械, 2011, 17(2): 149-152.
夏诚, 张民. 白蚁防治(六)——白蚁的综合治理[J]. 中华卫生杀虫药械, 2011, 17(6): 475-477.
夏诚, 张民. 白蚁防治(三)——主要危害蚁种的生物学[J]. 中华卫生杀虫药械, 2011, 17(3): 227-230.
夏诚, 张民. 白蚁防治(四)——白蚁的生物与物理防治[J]. 中华卫生杀虫药械, 2011, 17(4): 297-299.
夏诚, 张民. 白蚁防治(五)——白蚁的化学防治[J]. 中华卫生杀虫药械, 2011, 17(5): 387-389.
夏诚, 张民. 白蚁防治(一)——白蚁的危害和外部形态[J]. 中华卫生杀虫药械, 2011, 17(1): 64-66.
夏传国, 戴自荣. 我国白蚁的危害及白蚁防治剂的应用状况[J]. 农药科学与管理, 2001, (增刊): 16-17, 29.
夏传国. 氟虫胺对台湾乳白蚁的药效研究[J]. 中华卫生杀虫药械, 2003, 9(2): 22-24.
夏乃斌. 有害生物管理及其可持续控制的探讨[J]. 北京林业大学学报, 1999, 21(4): 108-111.

萧刚柔，李振宇. 中国森林昆虫[M]. 3版. 北京：中国林业出版社，2020.
萧刚柔，张友. 危害油松的一种新叶蜂（膜翅目：松叶蜂科）[J]. 林业科学研究，1994，7(6)：663-665.
萧刚柔. 中国扁叶蜂[M]. 北京：中国林业出版社，2002.
萧刚柔. 中国森林昆虫[M]. 2版. 北京：中国林业出版社，1992.
谢鸣荣，谢华鸣，谢保国. 草药烟剂对林木家白蚁的防治[J]. 林业科学研究，1998，11(2)：222-224.
谢贤元. 大面积种群治理APM——一种新的害虫治理对策[J]. 昆虫知识，1987，24(5)：319-320.
谢映平. 山西林果蚧虫[M]. 北京：中国林业出版社，1998.
忻介六，杨庆爽，胡成业. 昆虫形态分类学[M]. 上海：复旦大学出版社，1985.
忻介六. 农业螨类学[M]. 北京：农业出版社，1988.
熊斌，江小兰，江超平. 园林树家白蚁的诱杀[J]. 广西农业科学，2001，(4)：185-186.
熊惠龙，陈国发，舒朝然，等. 0.9%阿维菌素地面喷烟防治兴安落叶松鞘蛾试验[J]. 辽宁林业科技，2002，(2)：10-13.
徐公天，杨志华. 中国园林害虫[M]. 北京：中国林业出版社，2007.
徐家雄，陈泽藩，杨肇兴，等. 油松球果小卷蛾的研究[J]. 广东林业科技，1994，(4)：36-42.
徐家雄，丁克军，司徒荣贵. 湿地松粉蚧生物学特性的初步研究[J]. 广东林业科技，1992，(4)：22-24.
徐家雄，余海滨，方天松，等. 湿地松粉蚧生物学特性及发生规律研究[J]. 广东林业科技，2002，18(4)：1-6.
徐明慧. 园林植物病虫害防治[M]. 北京：中国林业出版社，1993.
徐瑞琴，王晓飞. 油松球果螟的防治[J]. 中国林业，2007，(16)：48.
徐世多，谢伟忠，陈纪文，等. 松突圆蚧传播及控制的研究[J]. 林业科技通讯，1992，(1)：5-8.
徐妍，吴国林，吴学民，等. 梨小食心虫性信息素微囊化及释放特性[J]. 农药学学报，2009，11(1)：65-71.
徐章煌. 昆虫性信息素的结构和性能的关系[J]. 湖北大学学报，1988，10(4)：1-5.
徐志宏，何俊华. 中国大痣小蜂属食植群记述（膜翅目：长尾小蜂科）[J]. 昆虫分类学报，1995，17(4)：1-11.
宣家发，何俊旭. 松实小卷蛾生物学特性及防治研究[J]. 安徽林业科技，1996，(1)：33-36.
薛艳花，马瑞燕，李先伟，等. 桃小食心虫性信息素的研究与应用[J]. 中国生物防治，2010，26(2)：211-216.
薛长坤，李艳飞，聂维良，等. 松梢象甲的生物学特性及防治技术[J]. 林业科技，2000，25(2)：27-28.
闫凤鸣. 化学生态学[M]. 2版. 北京：科学出版社，2011.
杨福清. 紫穗槐豆象生物学特性及其防治研究[J]. 浙江林业科技，1992，12(6)：13-17.
杨刚，彭熙绵，杨礼中，等. 白僵菌与仿生动植物杀虫剂混用灭治散白蚁研究[J]. 医学动物防制，2003，19(12)：731-733.
杨国荣，蒋平. 一字竹象虫防治方法试验研究[J]. 浙江林业科技，1992，12(1)：23-26，56.
杨海波. 杉木扁长蠹的防治[J]. 黄山林业科技，1994，(33)：55-56.
杨集昆，程桂芳. 中国新记录的辉蛾科及蔗扁蛾的新结构[J]. 武夷科学，1997，13：24-30.
杨建平，庞正平. 白蚁群族监测灭杀系统的开发研制[J]. 白蚁防治，2005，(1)：38-40.
杨民益，梁君，陆小明，等. 柠条豆象综合防治试验[J]. 现代农村科技，2010，(3)：23.
杨培昌. 褐粉蠹的生物学特性及其防治[J]. 昆虫知识，1996，33(4)：221-222.
杨鹏辉，寇四宽. 扁平球坚蚧生物学习性观察与防治[J]. 陕西林业科技，1993，(4)：45-48.
杨平澜，胡金林，任遵义. 松梢蚧[J]. 昆虫学报，1980，23(1)：42-46.
杨平澜. 中国蚧虫分类概要[M]. 上海：上海科学技术出版社，1982.

杨仕明. 浅谈刺桐姬小蜂危害及防治方法[J]. 林业勘察设计, 2008, 2: 144-145.
杨伟东, 余道坚, 焦懿, 等. 刺桐姬小蜂的发生、危害与检疫[J]. 植物保护, 2005, 31(6): 36-38.
杨向黎, 杨田堂. 园林植物保护剂养护[M]. 北京: 中国水利水电出版社, 2007.
杨晓梅. 磷化铝熏杀柠条豆象的试验研究[J]. 山西林业科技, 2006, 9(9): 20-21.
杨忠岐. 中国小蠹虫寄生蜂[M]. 北京: 科学出版社, 1996.
姚文生, 方三阳, 刘宽余. 大、小兴安岭落叶松球果花蝇种类及生物学特性的研究[J]. 林业科学, 1993, 29(1): 38-41.
姚远, 齐恒玉, 唐立斌. 松果梢斑螟研究初报[J]. 东北林业大学学报, 1996, 24(1): 107-110.
叶建仁. 中国森林病虫害防治现状与展望[J]. 南京林业大学学报, 2000, 24(6): 1-5.
殷惠芬, 黄复生, 李兆麟. 中国经济昆虫志: 鞘翅目, 小蠹科, 第29册[M]. 北京: 科学出版社, 1984.
殷惠芬. 强大小蠹的简要形态学特征和生物学特征[J]. 动物分类学报, 2000, 25(1): 120, 43.
尹兵, 陈铺尧. 室内蛀虫害虫的发生、危害和防治[J]. 安徽农业大学学报, 2004, 31(2): 151-155.
尹世才. 山林原白蚁的初步研究[J]. 林业科学, 1982, 18(1): 58-63.
于诚铭. 落叶松八齿小蠹聚集信息素生物活性及分泌规律[J]. 东北林业大学学报, 1988, (4): 1-7.
于诚铭. 人工林内落叶松八齿小蠹(*Ips subelongatus* M.)的发生规律[J]. 东北林学院学报, 1984, (2): 27-39.
于冠所, 彭兴龙, 张改香, 等. 豫西地区中华松针蚧生物生态学特性初步研究[J]. 中国森林病虫, 2006, 25(2): 9-11.
余道坚, 焦懿, 陈志. 竹绿虎天牛溴甲烷熏蒸处理技术研究[J]. 植物检疫, 2009, 23(3): 9-13.
余德才, 汪国华, 翁素红, 等. 竹卵圆蝽综合防治技术研究[J]. 浙江林业科技, 1999, 19(6): 43-45.
余民权. 栗绛蚧生物学特性与防治[J]. 安徽林业, 2001, (5): 24.
郁子华. 家茸天牛的初步研究[J]. 新疆农业科学, 1978, (3): 27-29.
袁波, 莫怡琴. 青桐木虱的生物学特性及防治[J]. 耕作与栽培, 2000, (3): 33-34.
袁锋. 昆虫分类学[M]. 北京: 中国农业出版社, 1996.
袁荣兰, 袁继标. 松果梢斑螟生物学特性的研究[J]. 浙江林学院学报, 1990, 7(2): 147-152.
岳书奎. 樟子松种实害虫研究(一)[M]. 哈尔滨: 东北林业大学出版社, 1990.
岳书奎. 樟子松种实害虫研究(二)[M]. 哈尔滨: 东北林业大学出版社, 1990.
詹国平, 王跃进, 李柏树, 等. 低温条件下溴甲烷和硫酰氟对紫穗槐豆象的毒力[J]. 植物检疫, 2011, 25(5): 17-20.
詹仲才. 家茸天牛生物学特性[J]. 昆虫知识, 1984, 21(1): 32-33.
张传忠. 土栖白蚁对现代建筑房屋危害及防治[J]. 白蚁科技, 1997, 14(2): 22-24.
张春竹, 黄伟, 蒋世铮. 橄榄片盾蚧生物学特性的研究[J]. 新疆农业科学, 2004, 41(5): 303-305.
张建文, 司克纲. 桑名球坚蚧生物学特性和防治研究[J]. 甘肃农业科技, 1995, (12): 26-27.
张健华, 刘自力, 黄雷. 白蚁监测饵剂系统的研究进展[J]. 湖南文理学院学报(自然科学版), 2009, 21(3): 78-80.
张丽峰, 陈熙雯, 朱志民, 等. 日本竹长蠹的生物学及其防治[J]. 昆虫学报, 1979, 22(2): 127-132.
张梅雨, 张玉凤. 杨圆蚧 *Quadraspidiotus gigas* 生物学特性及防治技术的研究[J]. 内蒙古林业科技, 1994, (2): 42-48.
张美芳. 真空充氮杀虫灭菌方法的研究[J]. 档案科技, 2000, (7): 43.
张强, 罗万春. 苹果绵蚜发生危害特点及防治对策[J]. 昆虫知识, 2002, 39(5): 340-342.
张庆贺, 刘篆芳, 孙玉剑, 等. 落叶松八齿小蠹在落叶松火烧木上的垂直分布[J]. 东北林业大学学报, 1990, (6): 14-17.

张庆贺，杨永富. 松十二齿小蠹活成虫的两性识别[J]. 东北林业大学学报，1994，22(1)：36-43.
张润志，汪兴鉴，阿地力·沙塔尔. 检疫性害虫枣实蝇的鉴定与入侵威胁[J]. 昆虫知识，2007，44(6)：928-930.
张润志. 萧氏松茎象——新种记述(鞘翅目：象虫科)[J]. 林业科学，1997，33(6)：541-545.
张世权. 华北天牛及其防治[J]. 北京：中国林业出版社，1994.
张树棠，林信恩，梁智. 黑胸散白蚁生物学生态学特性研究[J]. 山西农业科学，1995，23(1)：44-48.
张西民，崔秀梅，杨治科. 磷化铝防治农村住宅蛀木害虫梳角窃蠹药效试验[J]. 现代农业科技，2009，(23)：161.
张心结. 昆虫生长调节剂防治白蚁的研究综述[J]. 白蚁科技，1995，12(2)：16-18.
张学范. 松蜕盾蚧生物学特性的研究[J]. 森林病虫通讯，1999，(4)：13-14.
张学祖. 植物、植食性昆虫及捕食者种间化学信息物质[J]. 昆虫知识，1994，31(1)：52-55.
张岩，刘敬泽. 昆虫的性信息素及其应用[J]. 生物学通报，2003，38(12)：7-10.
张毅丰，王菊英，沈强. 华栗绛蚧的综合防治技术[J]. 森林病虫通讯，2000，(6)：32-33.
张宇光，于国辉. 扁平球坚蚧生活习性及其防治[J]. 吉林林业科技，1996，(6)：22-23.
张珍荫. 中华松针蚧生物学特性及防治技术[J]. 中国森林病虫，2002，21(3)：28-29.
张真. 森林有害生物的可持续治理与有害生物生态管理[J]. 北京林业大学学报，1999，21(4)：116-118.
张执中. 森林昆虫学[M]. 2版. 北京：中国林业出版社，1997.
张志达. 中国竹林培育[M]. 北京：中国林业出版社，1998.
张宗炳. 害虫综合治理[M]. 上海：上海科学技术出版社，1986.
张宗炳. 全部种群治理TPM——一种害虫防治的新策略[J]. 昆虫知识，1985，23(3)：137-139.
章今方，胡国良，汤仁发. 华东黄杉大痣小蜂生物学特性初步观察[J]. 森林病虫通讯，1994，(2)：8-9.
赵春英，仝英. 蚱蝉生物学特性研究初报[J]. 森林病虫通讯，1994，(1)：1-2.
赵桂花，剧吉海. 苹果绵蚜的发生规律及防治技术[J]. 河北林业科技，1999，(3)：33.
赵锦年，陈胜，黄辉. 马尾松种子园松实小卷蛾的研究[J]. 林业科学研究，1991，4(6)：662-668.
赵锦年，陈胜，周世水. 马尾松林油松球果小卷蛾发生及防治[J]. 林业科学研究，1993，6(6)：666-671.
赵平，苏元功. 对竹篦舟蛾的观察[J]. 安徽林业科技，1993，(2)：38-39.
赵清山，邬文波，吕国平，等. 松毛虫种间杂交及其遗传规律的研究[J]. 林业科学，1999，35(4)：45-50.
赵善欢. 松突圆蚧的化学防治[J]. 昆虫学报，1993，36(2)：177-184.
赵石峰. 我国日本松干蚧的发生情况和对策[J]. 林业科技通讯，1990，(12)：1-3.
赵文杰，毛浩龙，袁士云，等. 落叶松球蚜生物学特性及防治试验研究[J]. 甘肃林业科技，1994，(2)：32-34.
赵雯，张秋禹. 缓释技术及应用[J]. 河南化工，2004，(7)：1-3.
赵修复. 寄生蜂分类纲要[M]. 北京：科学出版社，1987.
赵养昌，陈元清. 中国经济昆虫志：鞘翅目，象甲科，第20册[M]. 北京：科学出版社，1980.
赵志模，郭依泉. 群落生态学的原理与方法[M]. 重庆：科学技术文献出版社重庆分社，1990.
赵志模，周新远. 生态学引论——害虫综合防治的理论及应用[M]. 北京：科学技术文献出版社，1984.
郑汉业，夏乃斌. 森林昆虫生态学[M]. 北京：中国林业出版社，1995.
郑汉业，徐天森. 橡实象鼻甲 *Curculio (Balaninus) dentipes* Roelofs 的研究[J]. 林业科学，1959，(1)：68-76.
郑剑，张应阔，钱万红，等. 硫氟酰胺的合成和药效观察[J]. 医学动物防制，1997，13(5)：265-266.
郑乐怡，归鸿. 昆虫分类[M]. 南京：南京师范大学出版社，1999.
中国植物保护协会植物检疫学分会. 植物检疫害虫彩色图谱[M]. 北京：科学出版社，1993.

郑凌世,党清俊.河西地区杨圆蚧的生物学特性及防治研究[J].甘肃农业科技,1996,(7):35.

中国农业大学植保系.病虫遥感基础与应用[M].北京:中国农业大学,1985.

中南林学院.经济林昆虫学[M].北京:中国林业出版社,1997.

钟平生,张颂声,李静关,等.氟虫胺诱饵剂防治白蚁的药效试验[J].中国媒介生物学及控制杂志,2005,16(2):110-111.

钟章成.常绿阔叶林生态学研究[M].重庆:西南师范大学出版社,1988.

周伯军,王瞿华,徐衡,等.刺蛾的发生与综合防治技术[J].中国农学通报,2002,18(6):149-150.

周春江,李松林,恽友兰,等.农药缓释技术研究及应用[J].作物杂志,2005,(1):32-34.

周嘉熹.西北森林害虫及防治[M].西安:陕西科学技术出版社,1994.

周荣,曾玲,崔志新,等.椰心叶甲的形态特征观察[J].植物检疫,2004,(2):84-85.

周荣,曾玲,梁广文,等.椰心叶甲实验种群的生物学特性观察[J].昆虫知识,2004,41(4):336-339.

周时涓.油茶象的生物学及其防治[J].昆虫学报,1981,24(1):48-52.

周尧.中国盾蚧志:第一卷[M].西安:陕西科学技术出版社,1982.

周尧.中国昆虫学史[M].西安:天则出版社,1988.

朱志健.卵圆蝽防治试验及其应用初报[J].竹子研究汇刊,1989,8(4):65-73.

祝长清,朱东明,尹新明.河南昆虫志:鞘翅目(一)[M].郑州:河南科学技术出版社,1999.

邹立杰,刘乃生,何飞月,等.柠条豆象的研究[J].森林病虫通讯,1989,(4):1-3.

邹树文.中国昆虫学史[M].北京:科学出版社,1981.

BEDARD W D, TILDEEN P E, WOOD D L. Western pine beetles: Field response to its sex pheromone and a synergistic host terpene myrcene[J]. Science, 1969, 164: 1284-1285.

BRUIN J, SABELIS M W, DICKEM M. Do plants tap SOS signal form their infested neighbours? [J]. Tree, 1995, 10(4): 167-170.

DeGroot P, Turgeon J J, Miller G E. Status of cone and seed insect pest management in Canadian seed orchards [J]. The Forestry Chronicle, 1995, 70(6): 745-761.

DICKE M, SABELIS M W, TAKABAYASHI J, et al. Plant strategies of manipulating predator-prey interaction through allelochemicals: Prospects for application in pest control[J]. Journal of Chemical Ecology, 1990, 16(11): 3091-3118.

EDWARDS R, MILL A E. Termites in buildings: Their biology and control[M]. East Grinstead (UK): The Rentokil Ltd, 1986.

ELLER F J, HEEATH R R. Factors affecting oviposition by the parasitoid *Microplitis croceipes* (Hymenoptera: Braconidae) in an artificial substrate[J]. Journal of Econmical Entomology, 1990, 83: 398-404.

ELLER F J, TUMLINSON J H, LEWIS W J. Beneficial arthropod behavior mediated by airbrone semiochemicals: Olfactometric studies of host location by the parsitoid *Microplitis croceipes* (Cresson)(Hymenoptera: Braconidae)[J]. Journal of Chemical Ecology, 1988, 14(2): 425-434.

FAIZAL M H, PRATHAPAN D, ANITH K N, et al. Erythrina gall wasp *Quadrastichus erythrinae*, yet another invasive pest new to India[J]. Current Science, 2006, 90(8): 1061-1062.

JANŠTA P, CRUAUD A, DELVARE G, et al. Torymidae (Hymenoptera, Chalcidoidea) revised: molecular phylogeny, circumscription and reclassification of the family with discussion of its biogeography and evolution of life-history traits[J]. Cladistics, 2017, 34(6): 627-651.

KIM I K, DELVARE G, SALLE J L. A new species of *Quadrastichus* (Hymenoptera: Euophidae): A gall-inducing pest on *Erythrina* spp. (Fabaceae)[J]. Journal of Hymenoptera Research, 2004, 13(2): 243-249.

LANDOLT P J, HEALTH R R, CHAMBERS D L. Oriented flight responses of female Mediterranean fruit flies to calling males, ordor of calling males, and a synthetic pheromone blend[J]. Entomologia Experimentalis et Applicata, 1992, 65(3): 259-266.

LANIER G N, BIRCH M C. Pheromones of *Ips pini* (Coleoptera: Scolytidae): Variation in response among three population[J]. Canadian Entomologist, 1972, 104: 1917-1923.

LEWIS W J, MARTHIN W R T. Semiochemicals for use with parasitoids: Status and future[J]. Journal of Chemical Ecology, 1990, 16(11): 3067-3089.

LINGAFELTER S W, HOEBEKE E R. Revision of the genus *Anoplophora* (Coleoptera: Cerambycidae)[M]. Washington: The Entomological Society of Washington, 2002.

ROQUES A, SKRZYPCZYŃSKA M. Seed-infesting chalcids of the genus *Megastigmus* Dalman, 1820 (Hymenoptera: Torymidae) native and introduced to the West Palearctic region: taxonomy, host specificity and distribution[J]. Journal of Natural History, 2003, 37(2): 127-238.

Roques A, Sun J H, Pan Y Z, et al. Contribution to the knowledge of seed chalcids, *Megastigmus* spp. (Hymenoptera: Torymidae), in China, with description of three new species[J]. Mitteilungen der Schweizerischen Entomologischen Gesellschaft, Bulletin De La Societe Entomologique Suisse, 1995, 68(1-2): 211-223.

ROQUES A, SUN J H, ZHANG X D, et al. Cone flies, *Strobilomyia* spp. (Diptera: Anthomyiidae), attacking larch cone in China, with description of a new species[J]. Mitteilungen Der Schweizerischen Entomologischen Gesellschaft, Bulletin De La Sociètè Entomologique Suisse, 1996, 69: 417-429.

SU N Y, SCHEFFRAHN R H. A review of subterranean termite control practices and prospects for integrated pest management programmes[J]. Integrated Pest Management Reviews, 1998, (3): 1-13.

TURLINGS T C, TUMLINSON J H, LEWIS W J. Exploitation of herbivore induced plants odors by host seeking parasitic wasps[J]. Science, 1990, 250: 1251-1253.

VET L E M, DICKE M. Ecology of infochemicals used by natural enemies in a tritrophic context[J]. Annual Review of Entomology, 1992, 37: 141-172.

WHITMAN D W, ELLER F J. Parasitic wasps orient to green leaf volatiles[J]. Chemoecology, 1990, (1): 69-76.

YANG M M, TUNG G S, SALLE J L, et al. Outbreak of erythrina gall wasp on *Erythrina* spp. (Fabaceae) in Taiwan[J]. Plant Protection Bulletin, 2004, 46: 391-396.

YATES H O. Checklist of insect and mite species attacking cones and seeds of world conifers[J]. Journal of Entomological Science, 1986, 21: 142-168.

ZHANG Q H, BIRGERSSON G, ZHU J W. Green leaf volatiles interrupt pheromone response of spruce bark beetle, *Ips typographus*[J]. Journal of Chemical Ecology, 1999, 25(8): 1923-1943.

昆虫中文名称索引
（按拼音排序）

A

阿波罗绢蝶　82
埃及伊蚊　85
桉树枝瘿姬小蜂　220
暗腹樟筒天牛　347
暗黑齿爪鳃金龟　166
暗黑松果长蝽　397
暗绿截尾金小蜂　319
澳洲瓢虫　105

B

八齿小蠹广肩小蜂　319
八角尺蛾　286
白背飞虱　67
白蛾周氏啮小蜂　89
白果蚕　279
白蜡虫花翅跳小蜂　185
白蜡大叶蜂　111
白蜡窄吉丁　74
白毛虫　279
白毛蚜　202
白囊袋蛾　257
白条介壳虫　180
白尾安粉蚧　183
白星花金龟　73
白杨天社蛾　301
白杨透翅蛾　369
白杨叶甲　246
白痣姹刺蛾　265
柏大蚜　203
柏蠹长体刺角金小蜂　326
柏蠹黄色广肩小蜂　326
柏肤小蠹　325

柏红蜘蛛　214
柏小蠹啮小蜂　326
柏小爪螨　93
斑氏跳小蜂　183
斑衣蜡蝉　207
板栗大蚜　204
板栗红蜘蛛　213
板栗球蚜　184
板栗雪片象　384
板栗瘿蜂　219
半球竹链蚧　197
棒毛小爪螨　215
北京油葫芦　63
北锯龟甲　249
鞭角华扁蜂　240
扁平球坚蚧　185
薄翅锯天牛　347

C

蚕饰腹寄蝇　87
草地螟　152
草履蚧　181
侧柏毒蛾　295
茶袋蛾　256
茶毒蛾　295
茶黄毒蛾　295
茶毛虫　295
茶枝镰蛾　371
茶籽象　381
檫树白轮蚧　196
铲头堆砂白蚁　406
长瓣树蟋　63
长棒四节蚜小蜂　193
长蠹刻鞭茧蜂　319
长腹丽旋小蜂　316

长脊冠网蝽　212
长角凿点天牛　409
长痣罗葩金小蜂　316
长足大竹象　218
柽柳条叶甲　251
橙斑白条天牛　340
赤松毛虫　273
赤松梢斑螟　225
赤蚜　200
虫草蝙蝠蛾　79
虫草钩蝠蛾　79
重齿小蠹　327
重阳木斑蛾　269
重阳木帆锦斑蛾　269
稠李巢蛾　259
臭椿沟眶象　358
臭椿皮蛾　299
樗蚕　281
串椒牛　250
吹绵蚧　180
垂枝香柏大痣小蜂　395
春尺蛾　282
椿蚕　281
纯黄蚜小蜂　196
刺槐眉尺蛾　288
刺槐叶瘿蚊　234
刺槐种子小蜂　394
刺角天牛　347
刺桐姬小蜂　220
粗鞘双条杉天牛　333

D

大避债蛾　255
大袋蛾　255
大地老虎　175

大红蛱蝶　82
大灰象　171
大锯龟甲　77
大栗鳃金龟　166
大粒横沟象　355
大绿象　254
大青叶蝉　205
大球蚧　186
大树蜂东方亚种　373
大树蜂黄角亚种　372
大树蜂西藏亚种　373
大树蜂指名亚种　372
大蓑蛾　255
大头金蝇　87
大蟋蟀　159
大隐翅虫　73
大云鳃金龟　165
单刺蝼蛄　157
单带哈茎蜂　88
稻纵卷叶螟　83
德昌松毛虫　272
地红蝽　71
滇柏大痣小蜂　395
典皮夜蛾　300
点蝙蛾　369
蝶蛹金小蜂　90
东北大黑鳃金龟　164
东方绢金龟　165
东方盔蚧　185
东方蝼蛄　157
东方蜜蜂　92
东方木蠹蛾　359
东亚飞蝗　62
兜姬蜂　357

豆秆黑潜蝇　86
短斑普猎蝽　70
断沟短角枝蜢　63
多瘤雪片象　356
多毛小蠹　*327*
多纹豹蠹蛾　365

E

二斑波缘龟甲　249
二斑叶螨　93

F

芳香木蠹蛾东方亚种　80
纺织娘　63
非洲黏虫　152
分月扇舟蛾　302
粉白灯蛾　299
扶桑绵粉蚧　183
副王蛱蝶　55

G

柑橘凤蝶　310
柑橘全爪螨　93
橄榄片盾蚧　196
高痣小蠹狄金小蜂　321
沟金针虫　170
沟眶象　357
沟线角叩甲　170
枸杞木虱　210
古毒蛾　299
谷蟊步甲　72
管氏硬皮肿腿蜂　91
光肩星天牛　334
光臀八齿小蠹　*327*
光胸断颈天牛　334
广黑点瘤姬蜂　105
龟蜡蚧　188
果梢斑螟　389
果实象　380

H

核桃扁叶甲　251
核桃长足象　380
核桃黑斑蚜　204
核桃横沟象　358

核桃举肢蛾　*391*
核桃缀叶螟　271
贺兰腮扁蜂　242
褐边绿刺蛾　264
褐点粉灯蛾　299
褐飞虱　67
褐粉蠹　412
褐盔蜡蚧　185
褐腰赤眼蜂　90
黑翅土白蚁　162
黑刺粉虱　68
黑带二尾舟蛾　306
黑带食蚜蝇　86
黑顶扁角树蜂　375
黑粉虫　76
黑跗眼天牛　347
黑腹四脉绵蚜　204
黑绒鳃金龟　165
黑条木小蠹　*327*
黑胸扁叶甲　252
黑胸散白蚁　*405*
黑圆角蝉　66
黑缘红瓢虫　185
黑蚱蝉　206
横坑切梢小蠹　324
横纹蓟马　65
红点唇瓢虫　185
红腹锉叶蜂　242
红腹树蜂　375
红火蚁　400
红脚绿异丽金龟　169
红蜡蚧　189
红脉穗螟　*391*
红木蠹象　217
红头阿扁蜂　242
红胸郭公虫　75
红胸樟叶蜂　89
红枣大球蚧　186
红脂大小蠹　316
红珠绢蝶　82
红棕象甲　355
红足壮异蝽　212

花布夜蛾　*300*
花椒凤蝶　310
花椒橘啮跳甲　250
花椒潜跳甲　250
花椒窄吉丁　*352*
花弄蝶　82
华北大黑鳃金龟　164
华北蝼蛄　157
华北落叶松鞘蛾　151
华广虻　86
华姬蠊　206
华栗红蚜　184
华栗绛蚜　184
华山松大小蠹　315
华山松球果象　383
槐尺蛾　283
槐豆木虱　209
槐花球蚧　187
槐树种子小蜂　394
黄斑星天牛　334
黄边胡蜂　92
黄波罗凤蝶　310
黄檗凤蝶　310
黄翅大白蚁　161
黄翅缀叶野螟　270
黄刺蛾　263
黄地老虎　175
黄粉虫　76
黄褐天幕毛虫　277
黄花丽蝶角蛉　78
黄喙蜾蠃　92
黄脊蝶角蛉　78
黄脊竹蝗　238
黄连木尺蛾　284
黄连木种子小蜂　*394*
黄色凹缘跳甲　252
黄杉大痣小蜂　395
黄纹竹斑蛾　*270*
黄须球小蠹　*327*
黄杨绢野螟　271
黄杨毛斑蛾　*270*
黄缘阿扁蜂　242

黄缘大龙虱　72
黄缘绿刺蛾　264
黄缘樟萤叶甲　251
黄肢散白蚁　*405*
黄足直头猎蝽　70
灰东玛绢金龟　74
灰胸突鳃金龟　74
火炬松粉蚧　181

J

迹斑绿刺蛾　267
家白蚁　404
家茸天牛　408
尖突巨牙甲　73
剪枝栎实象　384
建庄油松梢小蠹　*327*
江南大黑鳃金龟　164
江苏泉蝇　231
胶虫长尾啮小蜂　185
焦艺夜蛾　300
截头堆砂白蚁　*406*
金斑喙凤蝶　81
靖远松叶蜂　244
橘大实蝇　378
橘黑黄凤蝶　310
橘臀纹粉蚧　183
橘小实蝇　378
绢粉蝶　82
矍眼蝶　82
军配虫　211
君主斑蝶　55

K

咖啡豹蠹蛾　364
咖啡木蠹蛾　364
康氏粉蚧　69
孔雀蛱蝶　82

L

蜡彩袋蛾　257
蓝黄褐花萤　75
蓝灰蝶　82
蓝绿象　254
蓝目天蛾　279

蓝弯顶毛食虫虻 86
冷杉梢斑螟 *391*
梨冠网蝽 211
梨花网蝽 211
梨简脉茎蜂 88
梨笠圆盾蚧 193
梨网蝽 211
梨星毛虫 268
梨叶斑蛾 268
梨圆蚧 193
李肖叶甲 251
丽草蛉 78
丽江云杉大痣小蜂 *395*
丽绿刺蛾 266
荔枝拟木蠹蛾 366
栎蚕舟蛾 306
栎粉蠹 412
栎旋木柄天牛 345
栎掌舟蛾 307
栗黄枯叶蛾 278
栗山天牛 340
栗实象 382
栗瘿蜂 219
栗肿角天牛 340
粒肩天牛 336
两色刺足茧蜂 91
亮腹黑褐蚁 206
鳞毛粉蠹 412
琉璃榆叶甲 246
瘤坚大球蚧 186
瘤胸簇天牛 343
瘤胸雪片象 356
柳蝙蛾 368
柳干木蠹蛾 362
柳尖胸沫蝉 207
柳蓝叶甲 251
柳蛎盾蚧 194
柳瘤大蚜 204
柳杉大痣小蜂 394
柳杉球果长蝽 *397*
柳扇舟蛾 307
柳天蛾 279

柳网蝽 210
柳瘿蚊 233
柳圆叶甲 251
柳窄吉丁 *352*
六齿小蠹 319
六点始叶螨 215
陆马蜂 92
绿刺蛾 264
绿后丽盲蝽 70
绿鳞象 254
绿毛萤叶甲 52
绿尾大蚕蛾 *282*
轮心介壳虫 193
罗斯尼剌结蚁 206
落叶松八齿小蠹 318
落叶松尺蛾 287
落叶松毛虫 274
落叶松鞘蛾 117
落叶松球果花蝇 376
落叶松球蚜指名亚种 198
落叶松实小卷蛾 387
落叶松小卷蛾 262
落叶松叶蜂 242
落叶松种子广肩小蜂 140
落叶松种子小蜂 392

M

麻栎天社蛾 306
麻皮蝽 212
马铃薯瓢虫 75
马尾松长足大蚜 203
马尾松点尺蛾 290
马尾松角胫象 358
马尾松毛虫 272
马尾松毛虫指名亚种 272
马尾松梢小蠹 *327*
毛黄鳃金龟 166
毛笋泉蝇 232
毛竹根毡蚧 197
毛竹黑叶蜂 *243*
美国白蛾 297

美洲斑潜蝇 86
蒙古杉苞蜡蚧 190
蒙古土象 172
梦尼夜蛾 301
绵团介壳虫 180
绵蚜 200
棉花粉蚧 183
棉蝗 62
棉蚜 39
模毒蛾 299
牡蛎蚧 194
木毒蛾 292
木撩尺蛾 284
木麻黄豹蠹蛾 365
木麻黄毒蛾 292

N

南方豆天蛾 278
啮小蜂 185
柠条豆象 398
柠条广肩小蜂 *394*
纽绵蚧跳小蜂 89

O

欧洲落叶松大痣小蜂 *395*

P

泡桐二星叶甲 249
泡桐灰天蛾 279
泡桐金花虫 249
枇杷毒蛾 299
平利短角枝螬 63
苹果巢蛾 79
苹果蠹蛾 385
苹果绵蚜 200
苹果绵蚜蚜小蜂 89
苹果全爪螨 93
苹果小卷蛾 385
苹果舟形毛虫 305
苹毛丽金龟 168
苹小食心虫 385
苹掌舟蛾 305
葡萄二星叶蝉 207
普猎蝽 196

Q

七星瓢虫 75
栖北散白蚁 *406*
桤木叶甲 251
漆树叶甲 252
槭树绵粉蚧 183
脐腹小蠹 *327*
强大小蠹 316
鞘圆沫蝉 67
鞘竹粉蚧 183
窃达剌蛾 266
窃豆象 397
秦岭刻鞭茧蜂 316
青刺蛾 264
青脊竹蝗 239
青桐木虱 208
青杨脊虎天牛 339
青杨天牛 338
青杨楔天牛 338
青叶跳蝉 205
秋四脉绵蚜 204
楸蠹野螟 226
楸螟 226
球果角胫象 383
球蚜花角跳小蜂 187

R

日本方头甲 196
日本龟蜡蚧 188
日本卷毛蜡蚧 190
日本松干蚧 179
日本松花蝽 180
日本围盾蚧 196
日本竹长蠹 412
乳突堆粉蚧 184

S

伞裙寄蝇 87
散白蚁 402
桑白盾蚧 195
桑尺蛾 289
桑盾蚧 195
桑盾蚧黄蚜小蜂 193

桑褐刺蛾 267
桑脊虎天牛 344
桑名长角象 185
桑天牛 336
桑天牛卵啮小蜂 338
桑象 254
沙棘木蠹蛾 363
沙柳木蠹蛾 360
沙漠蝗 152
沙枣个木虱 209
山茶象 381
山林原白蚁 *406*
山杨楔天牛 346
山楂红蜘蛛 212
山楂绢粉蝶 309
山楂叶螨 212
杉蠹黄色广肩小蜂 327
杉肤小蠹 326
杉木扁长蝽 396
杉木红蜘蛛 213
杉梢花翅卷蛾 228
杉棕天牛 334
蛇眼蝶 82
深点食螨瓢虫 215
湿地松粉蚧 181
十二齿小蠹 322
食柳瘿蚊 233
柿广翅蜡蝉 207
柿举肢蛾 *391*
梳角窃蠹 412
栓皮栎波尺蛾 290
双斑唇瓢虫 187
双齿绿刺蛾 266
双刺胸猎蝽 206
双带巨角跳小蜂 193
双钩异翅长蠹 410
双棘长蠹 411
双条杉天牛 332
双尾天社蛾 303
霜天蛾 279
水痘子 184
水木坚蚧 185

丝光绿蝇 87
丝棉木金星尺蛾 290
思茅松毛虫 277
四川大黑鳃金龟 164
四点象天牛 347
四纹丽金龟 168
松阿扁蜂 *242*
松斑天牛 329
松大象甲 216
松大蚜 203
松毒蛾 293
松褐天牛 329
松黄新松叶蜂 243
松黄星象 217
松丽毒蛾 293
松毛虫赤眼蜂 90
松毛虫黑胸姬蜂 90
松毛虫脊茧蜂 91
松毛虫卵宽缘金小蜂 90
松毛虫缅麻蝇 87
松沫蝉 207
松墨天牛 329
松皮小卷蛾 230
松茸毒蛾 293
松梢螟 224
松梢象 217
松梢小卷蛾 228
松实小卷蛾 388
松树蜂 89, 374
松树皮象 216
松突圆蚧 190
松瘿小卷蛾 229
松针斑蛾 *270*
松针毒蛾 299
松针小卷蛾 261
松枝小卷蛾 230
索跳小蜂 89

T
塔六点蓟马 215
台湾柄天牛 345
台湾家白蚁 404

台湾乳白蚁 404
泰加大树蜂 373
糖槭蚧 185
桃蠹螟 390
桃多斑野螟 390
桃粉大尾蚜 201
桃粉绿蚜 201
桃红颈天牛 347
桃潜蛾 79
桃仁蜂 *394*
桃小食心虫 52
桃蚜 204
桃蛀螟 390
条斑次蚁蛉 78
条赤须盲蝽 70
条毒蛾 291
铜绿异丽金龟 167
铜色潜跳甲 252
突笠圆盾蚧 196
突圆蚧异角蚜小蜂 191
吐伦褐球蜡蚧 190

W
瓦同缘蝽 71
网目土甲 76
微红梢斑螟 224
微小花蝽 70
卫矛矢尖蚧 196
温室粉虱 68
温室粉虱恩蚜小蜂 89
文山松毛虫 272
乌桕樗蚕蛾 281
乌桕黄毒蛾 299
乌苏里蝲蟖 62
梧桐裂木虱 208
梧桐木虱 208
五星吉丁 *352*
舞毒蛾 290
舞毒蛾黑瘤姬蜂 90

X
西方蜜蜂 92
细柄跳小蜂 185

细胸金针虫 169
细胸锥尾叩甲 169
相思拟木蠹蛾 367
祥云新松叶蜂 244
萧氏松茎象 354
小柏天蚕蛾 281
小板网蝽 210
小地老虎 173
小花蝽 215
小灰长角天牛 334
小家蚁 92
小茧蜂 365
小窠蓑蛾 256
小木蠹蛾 361
小云鳃金龟 166
小枕异绒螨 206
小皱蝽 212
楔缘金小蜂 185
兴安落叶松鞘蛾 259
兴安小蠹广肩小蜂 322
星天牛 335
杏大尾蚜 201
杏仁蜂 393
锈色粒肩天牛 342
锈色棕榈象 355
旋皮夜蛾 299
旋夜蛾 299
雪毒蛾 298
血色蚜 200

Y
亚利桑那跳小蜂 183
亚洲尸葬甲 73
烟扁角树蜂 373
烟蓟马 65
眼斑芫菁 76
杨白潜蛾 257
杨背麦蛾 80
杨扁角叶蜂 *243*
杨锤角叶蜂 243
杨二尾舟蛾 303
杨二尾舟蛾大陆亚种 303
杨干透翅蛾 370

杨干象 353
杨红颈天牛 346
杨黄星象 358
杨锦纹截尾吉丁 74, 350
杨卷叶象 77
杨枯叶蛾 278
杨毛臀萤叶甲东方亚种 251
杨毛臀萤叶甲无毛亚种 251
杨潜叶跳象 253
杨扇舟蛾 301
杨裳夜蛾 299
杨梢叶甲 248
杨十斑吉丁 351
杨天社蛾 304
杨网蝽 210
杨腺瘿蚜茧蜂 203
杨小舟蛾 304
杨雪毒蛾 296
杨银叶潜蛾 258
杨圆蚧 192
杨圆蚧恩蚜小蜂 193
洋辣子 263
椰心叶甲 247
椰子堆粉蚧 184
叶甲长足寄生蝇 245
叶甲赤眼蜂 245
一字竹象 218
异色瓢虫 138
银杏大蚕蛾 279
隐斑瓢虫 180
油茶尺蛾 285
油茶大枯叶蛾 276
油茶宽盾蝽 212

油茶史氏叶蜂 243
油茶象 381
油茶织蛾 371
油茶蛀蛾 371
油茶蛀梗虫 371
油葫芦 160
油松球果螟 389
油松球果小卷蛾 385
油桐尺蛾 290
油桐大绵蚧 190
疣纹蝙蝠蛾 368
榆斑蛾 81, 267
榆毒蛾 299
榆黄毛萤叶甲 251
榆黄足毒蛾 299
榆绿毛萤叶甲 248
榆绿天蛾 279
榆毛胸萤叶甲 248
榆木蠹蛾 362
榆全爪螨 215
榆三节叶蜂 243
榆跳象 254
榆夏叶甲 246
榆星毛虫 267
榆掌舟蛾 307
榆紫叶甲 245
圆柏大痣小蜂 395
云斑白条天牛 341
云南木蠹象 218
云南松毛虫 275
云南松梢小卷蛾 230
云南松叶甲 251
云南松脂瘿蚊 234
云南油杉种子小卷蛾 388
云杉阿扁蜂 240

云杉八齿小蠹 321
云杉大墨天牛 331
云杉大小蠹 317
云杉球果小卷蛾 386
云杉腮扁蜂 242
云杉小墨天牛 330

Z

枣尺蛾 286
枣大球蚧 186
枣飞象 252
枣龟蜡蚧 188
枣镰翅小卷蛾 260
枣黏虫 260
枣球蜡蚧 186
枣实蝇 377
枣星粉蚧 184
枣奕刺蛾 266
皂荚豆象 140
蚱蝉 206
樟白轮蚧 196
樟蚕 282
樟叶蜂 243
樟子松木蠹象 379
樟子松球果象 379
浙江黑松叶蜂 244
蔗扁蛾 222
针叶小爪螨 213
真葡萄粉蚧 184
榛卷叶象 77
榛实象 384
直红蜻 71
中国扁刺蛾 267
中国花角跳小蜂 185
中国晋盾蚧 196
中国梨喀木虱 209

中国绿刺蛾 266
中华按蚊 85
中华波缘龟甲 77
中华单羽食虫虻 86
中华豆芫菁 76
中华弧丽金龟 168
中华虎甲 72
中华晦萤 74
中华简管蓟马 65
中华剑角蝗 62
中华金星步甲 72
中华虻 86
中华松针蚧 180
中穴星坑小蠹 *327*
皱大球蚧 187
皱球坚蚧 187
皱绒蚧 197
皱小蠹 *327*
竹长蠹 412
竹巢粉蚧 183
竹红天牛 409
竹裂爪螨 93
竹小斑蛾 *269*
竹瘿广肩小蜂 221
蠋蝽 71
缀叶丛螟 271
紫穗槐豆象 397
紫榆叶甲 245
纵带球须刺蛾 264
纵坑切梢小蠹 323
棕色齿爪鳃金龟 166
棕尾别麻蝇 87
钻具木蠹蛾 366
柞蚕蛾 83
柞栎象 383

昆虫拉丁学名索引
（按字母顺序排序）

A

Abraxas flavisinuata　290
Abraxas suspecta　290
Abscondita chinensis　74
Acanthocinus griseus　334
Acanthoecia larminati　257
Acantholyda erythrocephala　242
Acantholyda flavomarginata　242
Acantholyda piceacola　240
Acantholyda posticalis　242
Acanthoscelides pallidipennis　397
Acossus terebra　366
Acrida cinerea　62
Actias ningpoana　282
Adelges laricis laricis　198
Aedes aegypti　85
Aegosoma sinicum　347
Aenasius arizonensis　183
Aenasius bambawalei　183
Aeolothrips fasciatus　65
Agelastica alni glabra　251
Agelastica alni orientalis　251
Agrilus pekinensis　352
Agrilus planipennis　350
Agrilus zanthoxylumi　352
Agriotes subvittatus　169
Agrotis ipsilon　173
Agrotis segetum　175
Agrotis tokionis　175
Aiolomorphus rhopaloides　221
Alcidodes juglans　380
Aleiodes esenbeckii　91
Aleurocanthus spiniferus　68
Allobremeria plurilineata　270

Allothrombium pulvinum　206
Alphaea phasma　299
Ambrostoma fortunei　246
Ambrostoma quadriimpressum　245
Amphitetranychus viennensis　212
Anacallocleonymus gracilis　326
Anacampsis populella　80
Anagyrus dactylopii　89
Ancylis sativa　260，388
Anomala corpulenta　167
Anomala cupripes　169
Anopheles sinensis　85
Anoplophora chinensis　335
Anoplophora glabripennis　334
Anoplophora nobilis　334
Antheraea pernyi　83
Anthribus kuwanai　185
Antonina crawi　183
Aphelinus mali　201
Aphis gossypii　68
Aphrodisium sauteri　345
Aphrophora flavipes　207
Aphrophora pectoralis　207
Aphytis holoxanthus　196
Aphytis proclia　193
Apis cerana　92
Apis mellifera　92
Apochima cinerarius　84
Apoderus coryli　77
Apolygus lucorum　70
Aporia crataegi　309
Apriona germari　336
Apriona swainsoni　342
Aprostocetus prolixus　338

Aprostocetus purpureus　185
Arbela baibarana　367
Arboridia apicalis　207
Arge captiva　243
Aristobia hispida　343
Arma chinensis　245
Arna bipunctapex　299
Arna pseudoconspersa　295
Aromia bungii　347
Aromia moschata　346
Ascalohybris subjacens　78
Asynacta sp.　245
Atrijuglans hetaohei　391
Atysa marginata　251
Aulacaspis sassafris　196
Aulacaspis yabunikkei　196

B

Bacchisa atritarsis　347
Bactericera gobica　210
Bactrocera dorsalis　378
Bactrocera minax　378
Bambusaspis hemisphaerica　197
Basiprionota bisignata　249
Basiprionota chinensis　77
Batocera davidis　340
Batocera horsfieldi　341
Biston marginata　285
Biston panterinaria　284
Biston suppressaria　290
Blastopetrova keteleericola　388
Blastothrix chinensis　185
Blastothrix sericea　187
Blepharipa zebina　87
Botyodes diniasalis　270

Bracon sp. 365
Brontispa longissima 247
Bruchophagus ononis 394
Byctiscus populi 77

C

Cacopsylla chinensis 209
Caligula japonica 279
Callambulyx tatarinovii 279
Callidiellum villosulum 334
Calliteara axutha 293
Calosoma chinense 72
Calosota longigasteris 316
Camptoloma interiorata 300
Capnodis cariosa 352
Carpomya vesuviana 377
Carposina sasakii 52
Carsidara limbata 208
Casmara patrona 371
Catocala nupta 299
Cecidomyia yunnanensis 234
Cephalcia abietis 242
Cephalcia alashanica 242
Ceracris kiangsu 238
Ceracris nigricornis 239
Ceroplastes japonicus 188
Ceroplastes rubens 189
Cerura erminea 303
Cerura erminea menciana 303
Cerura felina 306
Chaitophorus populialbae 202
Chalcocelis albiguttatus 265
Chalioides kondonis 257
Chihuo zao 286
Chilocorus bipustulatus 187
Chilocorus kuwanae 185
Chilocorus rubidus 185
Chinolyda flagellicornis 240
Chondracris rosea 62
Chouioia cunea 298
Chromaphis juglandicola 204
Chrysomela populi 246
Chrysomya megacephala 87

Chrysopa formosa 78
Cicadella viridis 205
Cicindela chinensis 72
Cimbex connatus taukushi 243
Cinara formosana 203
Cinara pinitabulaeformis 203
Cinara tujafilina 203
Clanis bilineata 278
Cleoporus variabilis 251
Clostera anachoreta 301
Clostera anastomosis 302
Clostera pallida 307
Cnaphalocrocis medinalis 83
Coccinella septempunctata 75
Coccobius azumai 191
Coccygomimus disparis 90
Coeloides bostrichorum 319
Coeloides qinlingensis 316
Coleophora obducta 259
Comperiella bifasciata 193
Comstockaspis perniciosa 193
Conogethes punctiferalis 390
Cophinopoda chinensis 86
Coptotermes formosanus 404
Coptotermes spp. 402
Cossus cossus orientalis 80
Cossus orientalis 359
Creophilus maxillosus 73
Cryphalus massonianus 327
Cryphalus tabulaeformis chienzhuangensis 327
Cryptorhynchus lapathi 353
Cryptotermes declivis 406
Cryptotermes domesticus 406
Cryptotermes spp. 402
Cryptotympana atrata 206
Curculio chinensis 381
Curculio davidi 382
Curculio dentipes 383
Curculio dieckmanni 384
Curculio styracis 381
Cyamophila willieti 209

Cybister chinensis 72
Cybocephalus nipponicus 196
Cyclopelta parva 212
Cydalima perspectalis 271
Cydia coniferana 230
Cydia pactolana 230
Cydia pomonella 385
Cydia strobilella 386
Cydia zebeana 229
Cyllorhynchites ursulus 384
Cyrtotrachelus buquetii 218
Cyrtotrachelus davidis 218

D

Danaus plexippus 55
Darna furva 266
Dasmithius camellia 243
Dendroctonus armandi 315
Dendroctonus micans 317
Dendroctonus valens 316
Dendrolimus grisea 275
Dendrolimus kikuchii kikuchii 277
Dendrolimus punctata 272
Dendrolimus punctata punctata 272
Dendrolimus punctata tehchangensis 272
Dendrolimus punctata wenshanensis 272
Dendrolimus spectabilis 273
Dendrolimus superans 274
Deserticossus arenicola 360
Deutoleon lineatus 78
Diaspidiotus gigas 192
Diaspidiotus slavonicus 196
Dilophodes elegans sinica 286
Dinoderus japonicus 412
Dinoderus minutus 412
Dinotiscus colon 321
Dinotiscus sp. 327
Diorhabda carinulata 251
Dioryctria abietella 391
Dioryctria pryeri 389
Dioryctria rubella 224

Dioryctria sylvestrella 225
Diprion jingyuanensis 244
Dolichomit sp. 357
Drosicha corpulenta 181
Dryocosmus kuriphilus 219

E

Eligma narcissus 299
Encarsia formosa 89
Encarsia gigas 193
Encyrtus sasakii 89
Endoclita excrescens 368
Endoclita sinensis 369
Eogystia hippophaecola 363
Eotetranychus sexmaculatus 215
Eotrichia niponensis 166
Epicauta chinensis 76
Epinotia rubiginosana 261
Episyrphus balteatus 86
Erannis ankeraria 287
Eriogyna pyretorum 282
Eriosoma lanigerum 200
Erthesina fullo 212
Eucryptorrhynchus brandti 358
Eucryptorrhynchus scrobiculatus 357
Eulecanium giganteum 186
Eulecanium kuwanai 187
Eumeta minuscula 256
Eumeta variegata 255
Eurytoma laricis 392
Eurytoma maslovskii 394
Eurytoma neocaraganae 394
Eurytoma philorobiniae 394
Eurytoma plotnikovi 394
Eurytoma samsonowi 393
Eurytoma subelongati 319
Eurytoma xinganensis 322
Eutomostethus nigritus 243
Everes argiades 82
Exorista civilis 87

F

Fiorinia japonica 196
Formica gagatoides 206
Fuscartona funeralis 269

G

Gampsocleis ussuriensis 62
Gargara genistae 66
Gastrodes piceus 397
Gastrolina depressa 251
Gastrolina thoracica 252
Gastropacha populifolia 278
Gonocephalum reticulatum 76
Gravitarmata margarotana 385
Gryllotalpa orientalis 157
Gryllotalpa unispina 157

H

Haplothrips chinensis 65
Harpalus calceatus 72
Hartigia agilis 88
Heliococcus zizyphi 184
Hemiberlesia pitysophila 190
Henosepilachna vigintioctomaculata 75
Hepialus armoricanus 79
Heterobostrychus aequalis 410
Histia flabellicornis 269
Hodotermopsis sjostedti 406
Holotrichia diomphalia 164
Holotrichia oblita 164
Holotrichia szechuanensis 164
Homoeocerus walkerianus 71
Hyalopterus amygdali 201
Hydrophilus acuminatus 73
Hylobitelus xiaoi 354
Hylobius haroldi 216
Hyphantria cunea 297
Hypomeces pulviger 254
Hyposoter takagii 90
Hyssia adusta 300

I

Icerya purchasi 180
Illiberis pruni 268
Illiberis ulmivora 267
Inachis io 82
Indarbela dea 366
Ips acuminatus 319
Ips duplicatus 327
Ips nitidus 327
Ips sexdentatus 322
Ips subelongatus 318
Ips typographus 321
Ivela ochropoda 299

J

Janus piri 88

K

Kermes castaneae 184
Kytorhinus immixtus 398

L

Lachnus tropicalis 204
Larerannis filipjevi 290
Lebeda nobilis sinina 276
Lepidosaphes salicina 194
Lepisiota rothneyi 206
Leptocybe invasa 220
Lepyronia coleoptrata 67
Lepyrus japonicus 358
Leucoma candida 296
Leucoma salicis 298
Leucoptera sinuella 257
Libelloides sibiricus 78
Limenitis archippus 55
Liriomyza sativae 86
Lobesia cunninghamiacola 228
Locastra muscosalis 271
Locusta migratoria migratorioides 62
Lucilia sericata 87
Lycorma delicatula 207
Lyctus brunneus 412
Lyctus linearis 412
Lymantria dispar 290
Lymantria dissoluta 291
Lymantria monacha 299
Lymantria xylina 292
Lyonetia clerkella 79

M

Macrophya fraxina 111
Macrotermes barneyi 161
Maequartia tenebricosa 245
Malacosoma neustria testacea 277
Maladera orientalis 165
Matsucoccus matsumurae 179
Matsucoccus sinensis 180
Mecopoda elongata 63
Mecostethus parapleurus 152
Megapulvinaria maxima 190
Megastigmus cryptomeriae 394
Megastigmus duclouxiana 395
Megastigmus likiangensis 395
Megastigmus pictus 395
Megastigmus pingii 395
Megastigmus pseudo tsugaphilus 395
Megastigmus sabinae 395
Meichihuo cihuai 288
Melanagromyza sojae 86
Melolontha hippocastani 166
Melolontha incana 74
Mesosa myops 347
Metaceronema japonica 190
Meteutinopus mongolicus 172
Micromelalopha sieversi 304
Microterys ericeri 185
Minois dryas 82
Minthea rugicollis 412
Miridiba trichophora 166
Monema flavescens 263
Monochamus alternatus 329
Monochamus sutor 330
Monochamus urussovii 331
Monomorium pharaonis 92
Monosteira discoidalis 210
Moreobaris deplanata 254
Moricella rufonota 243
Mylabris variabilis 76
Myzus persicae 204

N

Nabis sinoferus 206
Necrodes littoralis 73
Neocerambyx raddei 340
Neodiprion sertifer 243
Neodiprion xiangyunicus 244
Neoitamus cyanurus 86
Nesodiprion zhejiangensis 244
Nesodiprion zhejiangensis 88
Nesticoccus sinensis 183
Nigrotrichia gebleri 164
Nilaparvata lugens 67
Nipaecoccus nipae 184
Niphades castanea 384
Niphades tubericollis 356
Niphades verrucosus 356
Nycteola revayana 300

O

Oberea fusciventris 347
Obolodiplosis robiniae 234
Odontotermes formosanus 162
Oecanthus longicauda 63
Oligonychus clavatus 215
Oligonychus perditus 214
Oligonychus ununguis 213
Oncocephalus plumicornis 196
Oncocephalus simillimus 70
Opogona sacchari 222
Oracella acuta 181
Orchestes alni 254
Orgyia antiqua 299
Orius minutus 70
Orsillus potanini 397
Orthosia incerta 301

P

Pachyneuron solitarium 90
Pachyneuron sp. 185
Pachyrhinus yasumatsui 252
Panonychus citri 93
Panonychus ulmi 215
Papilio xuthus 310
Paracentrobia andoi 90
Paranthrene tabaniformis 369
Parasa consocia 264
Parasa hilarata 266
Parasa lepida 266
Parasa pastoralis 267
Parasa sinica 266
Parlatoria oleae 196
Parnassius apollo 82
Parnassius bremeri 82
Parnops glasunowi 248
Parocneria furva 295
Parthenolecanium corni 185
Pedinotrichia parallela 166
Pegomya kiangsuensis 231
Pegomya phyllostachys 232
Phalera assimilis 307
Phalera flavescens 305
Phalera fuscescens 307
Phalerodonta bombycina 306
Phassus excrescens 79
Phenacoccus aceris 183
Phenacoccus solenopsis 183
Phleudecatoma cunninghamiae 327
Phleudecatoma platycladi 326
Phloeosinus aubei 325
Phloeosinus sinensis 326
Phlossa conjuncta 266
Phthonandria atrilineata 289
Phyllocnistis saligna 258
Physokermes sugonjaevi 190
Pimelocerus juglans 358
Pimelocerus perforatus 355
Pissodes nitidus 217
Pissodes validirostris 379
Pissodes yunnanensis 218
Pityogenes chalcographus 327
Plagiodera versicolora 251
Plagiosterna adamsi 251
Planococcus citri 183
Pleonomus canaliculatus 170
Podagricomela cuprea 252

Podagricomela shirahatai 250
Podontia lutea 252
Poecilocoris latus 212
Poecilonota variolosa 350
Polistes rothneyi grahami 92
Polyphagozerra coffeae 364
Polyphylla gracilicornis 166
Polyphylla laticollis 165
Popillia quadriguttata 168
Pristiphora erichsonii 242
Proagopertha lucidula 168
Protaetia brevitarsis 73
Pryeria sinica 270
Pseudaulacaspis pentagona 195
Pseudococcus comstocki 69
Pseudococcus maritimus 184
Psilogramma menephron 279
Psilophrys sp. 185
Pteromalus puparum 90
Pteroptrix longiclava 193
Ptilinus fuscus 412
Ptycholomoides aeriferana 262
Purpuricenus temminckii 409
Pygolampis bidentata 206
Pyrgus maculatus 82
Pyrrhalta aenescens 52
Pyrrhalta maculicollis 251
Pyrrhocoris tibialis 71
Pyrrhopeplus carduelis 71

Q
Quadrastichus erythrinae 220

R
Rabdophaga salicis 233
Ramulus intersulcatus 63
Ramulus pingliense 63
Reticulitermes chinensis 405
Reticulitermes flaviceps 405
Reticulitermes speratus 406
Reticulitermes spp. 402
Retinia cristata 388
Retinia impropria 387

Rhizococcus rugosus 197
Rhodococcus turanicus 190
Rhopalicus tutela 316
Rhyacionia insulariana 230
Rhyacionia pinicolana 228
Rhynchium quinquecinctum 92
Rhynchophorus ferrugineus 355
Ricania sublimata 207
Rodolia cardinalis 105

S
Samia cynthia 281
Saperda carcharias 346
Saperda populnea 338
Sarcophaga beesoni 87
Sarcophaga peregrina 87
Schistocerca gregaria 152
Schizotetranychus bambusae 93
Sclerodermus guani 91
Scolytus rugulosus 327
Scolytus schevyrewi 327
Scolytus seulensis 327
Scopelodes contracta 264
Semanotus bifasciatus 332
Semanotus sinoauster 333
Semiothisa cinerearia 283
Sesia siningensis 370
Setora postornata 267
Shansiaspis sinensis 196
Shirahoshizo coniferae 383
Shirahoshizo flavonotatus 358
Shirahoshizo patruelis 384
Sinomphisa plagialis 226
Sinorsillus piliferus 396
Sinoxylon anale 411
Sirex noctilio 89
Sirex rufiabdominis 375
Sirthenea flavipes 70
Smerinthus planus 279
Sogatella furcifera 67
Solenopsis invicta 400
Soritia pulchella 270
Sphaerotrypes coimbatorensis 327

Spodoptera exempta 152
Squamura discipuncta 367
Stathmopoda masinissa 391
Stauronematus compressicornis 243
Stephanitis nashi 211
Stephanitis svensoni 212
Streltzoviella insularis 361
Strobilomyia laricicola 376
Stromatium longicorne 409
Sympiezomias velatus 171

T
Tabanus amaenus 86
Tabanus mandarinus 86
Tachyerges empopulifolis 253
Tarbinskiellus portentosus 159
Teinopalpus aureus 81
Teleogryllus mitratus 160
Tenebrio molitor 76
Tenebrio obscurus 76
Tetraneura akinire 204
Tetraneura nigriabdominalis 204
Tetranychus urticae 93
Tetrastichus cupressi 326
Tetrastichus sp. 185
Tetropium castaneum 334
Thanasimus substriatus 75
Themus coelestis 75
Thitarodes armoricanus 79
Thosea sinensis 267
Thrips tabaci 65
Tirathaba rufivena 391
Tomicobia seitneri 319
Tomicus minor 324
Tomicus piniperda 323
Trabala vishnou 278
Trachypteris picta 351
Tremex apicalis 375
Tremex fuscicornis 373
Trialeurodes vaporariorum 68
Trichoferus campestris 408
Trichogramma dendrolimi 90
Trigonotylus caelestialium 70

Trioza magnisetosa　209
Trirachys orientalis　347
Trypodendron lineatum　327
Tuberolachnus salignus　204

U

Unaspis euonymi　196
Urocerus gigas flavicornis　372
Urocerus gigas gigas　372
Urocerus gigas orientalis　373
Urocerus gigas taiganus　373
Urocerus gigas tibetanus　373
Urochela quadrinotata　212

V

Vanessa indica　82
Vespa crabro　92

X

Xanthogaleruca aenescens　248
Xanthopimpla punctata　105
Xylotrechus chinensis　344
Xylotrechus rusticus　339

Y

Yakudza vicarius　362
Yponomeuta evonymella　259
Yponomeuta pedalla　79
Ypthima balda　82

Z

Zeuzera multistrigata　365
Zombrus bicolor　91